理工系のための
数学基礎

山本 茂樹／五十嵐 浩 共著

電気書院

まえがき

　数学は，理工系の各分野だけでなく，広く経済・経営・政治等の実務をふくむ文科系の各方面でも必要不可欠な道具です．我々が直面するささいな問題に対してさえ，数学あるいは数学的な考え方なくしては，合理的，科学的に考え正しい結論を導くことは困難でしょう．

　数学の本質は，ある事実の説明体系の構築することにあると思います．

　そこでは，「なぜ？」，「どうして？」とか「何かへん！」という根本的な問いかけから出発し，次に，その問いかけ（問題）の答え，真実，解決策を見つけようとするとき，その問いかけの分析が必要となります．その分析の方法には，(1) 問題をいくつかの小部分に分割する．(2) 問題を単純な条件から始めて，徐々に複雑な条件にする．(3) 問題に適合するすべての場合を列挙して検討をする．等があると考えられます．このような分析から順次，各小問題を解決するような説明体系を組み立てる練習により，多種多様な問題でも正しい結論を導くことが可能になります．

　本書では，概ね高校1年生から大学1，2年までで学習する内容で，記憶に留めておいていただきたい要項を厳選し例題の前にまとめてあります．

　次に，問題の解決策が，まるで分からないときには，かまわず次の例題（さき）に進むことをおすすめします．また，例題等の解説に気になることがあっても，分かった気にならないときも，その疑問をなるべくはっきり言葉で言い表すことを試みるくらいで，無理にその場で解決しようとせず，とにかく前進してください．ただし，その疑問を頭の何処かで反芻して，要項に目を通した後，時間を空けてもう一度挑戦してください．また，読み手の方々が，間違えるであろう考え方は幾通りもあるように感じていますので，例題の解説においては極力，別の説明も採用しています．

　終わりに，本書の完成に際しまして多くの力添えをいただいた電気書院　金井秀弥氏，久保田勝信氏に深く感謝いたします．

目次

第1章 数と式の計算
1.1 数 *1*
1.2 数の計算 *2*
  平方根 *2*
  立方根 *2*
  分母の有理化 *2*
  指数法則 *2*
  絶対値 *2*
  二重根号をはずす *2*
  負の数の平方根 *2*
  複素数 *3*
  複素数の四則演算 *3*
  複素数の絶対値 *3*
1.3 式の計算 *4*
  整式 *4*
  整式の和,積の次数 *4*
  展開と因数分解の公式 *5*
1.4 剰余の定理・因数定理 *5*
  剰余の定理 *5*
  因数定理 *5*
  因数分解の手順 *6*
1.5 恒等式 *6*
1.6 分数式 *8*
1.7 比例式 *9*
  第1章問題 *10*

第2章 方程式・不等式
2.1 1次方程式と1次不等式 *13*
  1次方程式 *13*
  連立1次方程式 *13*
  1次不等式 *13*
2.2 2次方程式と2次不等式 *15*
  2次方程式 *15*
  2次不等式 *15*
2.3 高次方程式と高次不等式 *18*
  高次方程式 *18*
  高次不等式 *18*
2.4 分数方程式と無理方程式 *21*
  分数方程式 *21*
  分数不等式 *21*
  無理方程式 *21*
  無理不等式 *22*
2.5 三角方程式と三角不等式 *25*
  三角比 *25*
  三角関数 *25*
  加法定理 *26*
  三角方程式・三角不等式 *27*
2.6 指数方程式と指数不等式 *31*
  指数・指数関数 *31*
  指数方程式 *31*
  指数不等式 *31*
2.7 対数方程式と対数不等式 *32*
  対数・常用対数 *32*
  対数関数 *33*
  対数方程式 *33*
  対数不等式 *33*
  第2章問題 *37*

第3章 関数とグラフ
3.1 関数とグラフ *41*
  関数 *41*
  関数のグラフ *42*
3.2 1次関数のグラフ *43*
3.3 2次関数のグラフ *45*
3.4 分数関数のグラフ *49*
3.5 無理関数のグラフ *52*

3.6　三角関数のグラフ　*54*
3.7　指数関数のグラフ　*56*
3.8　対数関数のグラフ　*57*

第 3 章問題　*60*

第 4 章　場合の数と数列

4.1　場合の数　*65*
　集合の要素（元）の個数　*65*
　和の法則・積の法則　*65*
　順列　*65*
　組合せ　*65*
　重複組合せ　*65*

4.2　数列　*72*
　等差数列　*72*
　等比数列　*72*
　和の記号 Σ　*72*
　いろいろな数列の和　*72*
　階差数列　*72*
　数列の和と一般項　*73*
　数学的帰納法　*73*
　漸化式　*73*

第 4 章問題　*76*

第 5 章　平面ベクトルの性質

5.1　平面上の図形　*79*
　点と座標　*79*
　直線の方程式　*79*
　2 直線と連立方程式　*79*
　2 直線の平行・垂直　*79*
　2 直線の交点を通る直線　*80*
　点と直線の距離　*80*
　円の方程式　*80*
　円の接線の方程式　*80*

5.2　平面上のベクトル　*82*
　ベクトル　*82*
　ベクトルの計算　*82*
　ベクトルの分解　*82*
　3 点が一直線上にあるための条件　*82*
　ベクトルの成分　*82*

　座標と成分表示　*82*
　ベクトルの平行　*82*
　ベクトルの内積　*82*
　ベクトルの内積と成分　*82*
　ベクトルの内積と三角形の面積　*83*
　位置ベクトル　*83*
　直線のベクトル方程式　*84*
　円のベクトル方程式　*84*

第 5 章問題　*88*

第 6 章　微分・積分の計算

6.1　数列の極限　*91*
　数列の収束・発散　*91*
　極限値と四則　*91*
　極限と大小関係　*91*
　数列 $\{a^n\}$ の極限　*91*
　無限級数の和と性質　*91*
　無限等比級数　*92*
　正項級数　*92*

6.2　関数の極限　*96*
　関数の極限　*96*
　右方極限，左方極限　*96*
　関数の重要な極限　*97*
　関数の連続　*97*
　中間値の定理　*97*

6.3　微分　*100*
　関数の微分係数と導関数　*100*
　微分可能と連続　*100*
　微分法の公式　*100*
　いろいろな微分法　*100*
　基本関数の導関数　*100*
　微分　*101*
　高次導関数　*101*
　因数定理の拡張　*101*

6.4　不定積分　*106*
　不定積分　*106*
　基本公式（基本的な関数の不定積分）　*106*
　置換積分　*107*
　部分積分　*107*
　有理関数の積分　*108*

6.5 定積分　*119*
定積分　*119*
定積分の置換積分法　*119*
偶関数，奇関数の定積分　*119*
定積分の部分積分法　*119*

第 6 章問題　*125*

第 7 章　微分・積分の応用

7.1 微分の応用　*129*
接線・法線の方程式　*129*
導関数に関する定理　*129*
不定形の極限値　*129*
関数の増減　*135*
第 2 次導関数の応用　*137*
漸近線　*138*
グラフ　*138*
速度と加速度　*142*
Taylor の定理　*144*
関数の展開　*144*

7.2 積分の応用　*149*
定積分と微分の関係　*149*
定積分と区分求積法　*151*
広義積分　*151*
面積　*155*
回転体の体積　*161*
曲線の弧の長さ　*164*

第 7 章問題　*169*

第 8 章　空間ベクトル，行列の計算

8.1 空間内の図形　*173*
空間座標　*173*
平面の方程式　*173*
点と平面の距離　*173*
球の方程式　*173*

8.2 空間ベクトル　*174*
ベクトルの成分表示　*174*
成分による演算　*174*
座標と成分表示　*174*
分点のベクトル　*175*
ベクトルの内積と成分　*175*
ベクトルの内積と三角形の面積　*175*
直線の方程式　*175*
平面の方程式　*176*
球の方程式　*176*

8.3 行列　*179*
行列の定義　*179*
行列の相等　*179*
行列の演算　*179*
演算の法則　*179*
いろいろな行列　*180*

8.4 連立 1 次方程式　*183*
行基本操作　*183*
行列の階数　*183*
ガウスの消去法　*183*
同次連立 1 次方程式　*185*
逆行列の計算　*185*

第 8 章問題　*191*

第 9 章　行列の固有値と行列式

9.1 行列式　*195*
順列　*195*
行列式の定義　*195*
行列式の性質　*196*
行列式の展開　*197*
余因子と逆行列　*198*
行列式の図形的意味　*199*

9.2 線形変換　*210*
線形変換の性質　*210*
線形変換の合成　*211*
逆変換　*211*
線形変換の表現行列　*211*
直交変換　*212*

9.3 固有値と固有ベクトル　*215*
固有値と固有ベクトル　*215*
固有値と固有ベクトルの性質　*216*
実対称行列の対角化　*216*
一般の行列の対角化　*217*
対称行列と 2 次形式　*217*

第 9 章問題　*223*

第 10 章　2 変数関数の微分・積分

10.1　2 変数関数　*227*
　2 変数関数　*227*
　偏導関数　*227*
　第 2 次偏導関数　*229*
　2 変数関数のテイラー展開　*229*
　2 変数関数の極値　*230*
　陰関数の導関数　*230*
　条件つき極値　*230*

10.2　重積分　*247*
　2 重積分と性質　*247*
　累次積分（逐次積分）　*247*
　変数変換　*248*
　広義積分　*249*
　面積・体積　*249*

第 10 章問題　*262*

付録 A　集合と命題
　A.1.1　集合　*265*
　A.1.2　集合の相等・包含関係　*265*
　A.1.3　和集合と共通部分　*265*
　A.1.4　ド・モルガンの法則　*265*
　A.1.5　有限集合の元の個数　*266*
　A.2.1　命題　*266*
　A.2.2　条件命題　*267*
　A.2.3　「すべての」,「ある」　*267*
　A.2.4　必要条件と十分条件　*267*
　A.2.5　逆・裏・対偶　*267*

付録 B　楕円・双曲線・放物線
　B.1.1　楕円　*270*
　B.2.1　双曲線　*271*
　B.3.1　放物線　*272*
　B.3.2　2 次曲線の接線　*272*

付録 C　不等式の表す領域
　C.1.1　不等式の表す領域　*273*
　C.1.2　領域 D での $f(x, y)$ の最大・最小　*273*

付録 D　絶対不等式
　D.1.1　絶対不等式　*274*
　D.1.2　不等式の証明　*274*

付録 E　正弦定理・余弦定理と三角形の面積
　E.1.1　正弦定理　*275*
　E.1.2　余弦定理　*275*
　E.1.3　正接定理　*275*
　E.2.1　三角形の決定問題　*275*
　E.2.2　三角形の面積　*276*
　E.2.3　扇形の弧の長さと面積　*276*

付録 F　Gauss の消去法・LU 分解
　F.1.1　基本行列　*277*
　F.1.2　LU 分解（Gauss 分解）　*278*
　F.2.1　Gauss の消去法　*280*

付録 G　線形写像
　G.1.1　写像　*281*
　G.1.2　線形写像　*281*
　G.1.3　像と核　*281*
　G.1.4　単射と全射　*282*
　G.2.1　線形写像の表現行列　*282*
　G.2.2　合成写像の表現行列　*283*
　G.3.1　ベクトル空間　*285*

章末問題解答
　第 1 章解答　*289*
　第 2 章解答　*293*
　第 3 章解答　*299*
　第 4 章解答　*304*
　第 5 章解答　*307*
　第 6 章解答　*310*
　第 7 章解答　*315*
　第 8 章解答　*322*
　第 9 章解答　*327*
　第 10 章解答　*333*

第1章 数と式の計算

1.1 数

- 整数 ($\mathbb{Z}$) は，自然数 ($\mathbb{N} = \{1, 2, 3, \cdots\}$) と $0, -1, -2, -3, \cdots$ を合わせた数．
- 有理数 ($\mathbb{Q}$) は，整数と $\dfrac{q}{p}$ (p, q は整数．$p \neq 0$) の形に表される数を合わせた数．
  有理数は有限小数か循環小数．（逆に循環小数は必ず分数の形にできる．）
- 無理数は，循環しない無限小数．
- 実数 ($\mathbb{R}$) は，有理数と無理数を合わせた数．（a が実数ならば $a^2 \geqq 0$．）

$$
\text{実数} \begin{cases} \text{有理数} \begin{cases} \text{整数} \begin{cases} \text{自然数} \\ \text{0と負の符号を付けた自然数} \end{cases} \\ \text{整数以外の分数} \cdots \text{(有限小数, 循環小数)} \end{cases} \\ \text{無理数} \cdots \text{(循環しない無限小数)} \end{cases}
$$

- 最大公約数・最小公倍数
  A と B の最大公約数 G，最小公倍数 L とすると
  $\Rightarrow$ $A = aG$, $B = bG$ (a と b は互いに素) $\cdots \to$ $L = abG$, $AB = LG$.
- 既約分数 $\dfrac{q}{p}$ (p, q は整数．$p \neq 0$) $\cdots \to$ p, q の最大公約数が 1．p, q が互いに素な整数．

例題 1.1.1

自然数 k, l が $\dfrac{1}{k + \dfrac{1}{l + \dfrac{2}{5}}} = \dfrac{12}{17}$ を満たすとき，k, l の値を求めよ．

解 $\dfrac{1}{k + \dfrac{1}{l + \dfrac{2}{5}}} = \dfrac{12}{17} = \dfrac{1}{\dfrac{17}{12}}$ より $k + \dfrac{1}{l + \dfrac{2}{5}} = \dfrac{17}{12} = 1 + \dfrac{5}{12}$．ここで，$l \geqq 1$ より

$0 < \dfrac{1}{l + \dfrac{2}{5}} < 1$ であるから $k = 1$．また，$\dfrac{1}{l + \dfrac{2}{5}} = \dfrac{5}{12} = \dfrac{1}{\dfrac{12}{5}}$ より，$l + \dfrac{2}{5} = \dfrac{12}{5} = 2 + \dfrac{2}{5}$．

よって，$l = 2$．

別解

$\dfrac{1}{k + \dfrac{1}{l + \dfrac{2}{5}}} = \dfrac{1}{k + \dfrac{5}{5l + 2}} = \dfrac{5l + 2}{k(5l + 2) + 5} = \dfrac{12}{17}$ より，

$\begin{cases} 5l + 2 = 12m \\ k(5l + 2) + 5 = 17m \end{cases}$．ここで，$m \in \mathbb{N}$．

したがって，$12mk + 5 = 17m$．$k = \dfrac{17m - 5}{12m} = \dfrac{17}{12} - \dfrac{5}{12m} = \dfrac{17}{12} - \dfrac{5}{12} \cdot \dfrac{1}{m}$．

ここで，$1 \leqq m$ より $0 < \dfrac{1}{m} \leqq 1$ なので，$\dfrac{5}{12} \cdot \dfrac{1}{m} = \dfrac{17}{12} - k$ より，$0 < \dfrac{17}{12} - k \leqq \dfrac{5}{12}$．

∴ $1 \leq k < \dfrac{17}{12} < 2$. したがって，$k = 1$. また，このとき $m = 1$ であるから，$5l + 2 = 12$. よって，$l = 2$.

1.2 数の計算

●平方根

・2乗すると a となる数を a の平方根という．
　$a > 0$ の平方根の正のものを $\sqrt{a}$ で表し，負のものを $-\sqrt{a}$ で表す．
　（$\sqrt{0} = 0$ とし，負の数の平方根は実数の範囲では存在しない．）

・$a > 0$, $b > 0$ のとき，(1) $\sqrt{a}\sqrt{b} = \sqrt{ab}$, (2) $\dfrac{\sqrt{a}}{\sqrt{b}} = \sqrt{\dfrac{a}{b}}$.

●立方根

・3乗すると a となる数を a の立方根（3乗根）という．そのうち実数のものを $\sqrt[3]{a}$ と書く．
・$a > 0$ のとき $\sqrt[3]{a} > 0$, $a < 0$ のとき $\sqrt[3]{a} < 0$.

●分母の有理化

・$a > 0$, $b > 0$, $a \neq b$ のとき，

$$\dfrac{k}{\sqrt{a}} = \dfrac{k\sqrt{a}}{\sqrt{a}\sqrt{a}} = \dfrac{k\sqrt{a}}{a},$$

$$\dfrac{1}{\sqrt{a} + \sqrt{b}} = \dfrac{\sqrt{a} - \sqrt{b}}{(\sqrt{a} + \sqrt{b})(\sqrt{a} - \sqrt{b})} = \dfrac{\sqrt{a} - \sqrt{b}}{a - b},$$

$$\dfrac{1}{\sqrt{a} - \sqrt{b}} = \dfrac{\sqrt{a} + \sqrt{b}}{(\sqrt{a} - \sqrt{b})(\sqrt{a} + \sqrt{b})} = \dfrac{\sqrt{a} + \sqrt{b}}{a - b}.$$

●指数法則

・$\sqrt{a} = a^{\frac{1}{2}}$, $\sqrt[3]{a} = a^{\frac{1}{3}}$, $\cdots$, $\sqrt[m]{a} = a^{\frac{1}{m}}$. ただし，$m$ は自然数，m が偶数のとき $a > 0$.
・r, s を実数．$a^r a^s = a^{r+s}$, $(a^r)^s = a^{rs}$, $(ab)^r = a^r b^r$.

●絶対値

・数直線上で，原点 $\mathbf{O}$ と点 $\mathbf{A}(a)$ 間の長さ（距離）$\mathbf{OA}$ を実数 a の絶対値といい，$|a|$ で表す．
　実数 a において，$|a| = \begin{cases} a & (a \geq 0), \\ -a & (a < 0). \end{cases}$

・平方根と絶対値　　　$\sqrt{a^2} = |a| = \begin{cases} a & (a \geq 0), \\ -a & (a < 0). \end{cases}$

●二重根号をはずす

・$a > 0$, $b > 0$ のとき，　　$\sqrt{a + b + 2\sqrt{ab}} = \sqrt{a} + \sqrt{b}$.
・$a > b > 0$ のとき，　　$\sqrt{a + b - 2\sqrt{ab}} = \sqrt{a} - \sqrt{b}$.

●負の数の平方根

・虚数単位　$\cdots$　平方すると -1 になる数で，i で表す．$i^2 = -1$.
・$a > 0$ のとき，$\sqrt{-a} = \sqrt{a}\,i$, $\sqrt{-1} = i$.
・$\sqrt{-a}$ を含む計算では，$\sqrt{-a}$ を $\sqrt{a}\,i$ にしてから計算する．（i を文字として計算し，i^2 を -1 で置き

換える.)

● **複素数**

・$a + bi$ (a, b は実数) の形の数を複素数，a を実部，b を虚部という.
　特に，$a + bi$ (a, b は実数，$b \neq 0$) の形の数を虚数，虚数 bi (b は実数，$b \neq 0$) を純虚数.

・虚数では，大小関係，正負は考えない.

・複素数の相等 … 複素数 $\alpha = a + bi$, $\beta = c + di$ (a, b, c, d は実数) において，
　$\alpha = \beta \Leftrightarrow a = c, b = d$. (特に $\alpha = 0 \Leftrightarrow a = b = 0$.)

・共役な複素数 … 複素数 $\alpha = a + bi$ (a, b は実数) で，$a - bi$ を α と共役な複素数といい，$\overline{\alpha}$ で表す. $\overline{\alpha} = \overline{a + bi} = a - bi$. ∴ $\dfrac{\alpha + \overline{\alpha}}{2} = \alpha$ の実部，$\dfrac{\alpha - \overline{\alpha}}{2i} = \alpha$ の虚部.

　$\overline{\alpha} = \alpha \Leftrightarrow \alpha$ は実数，$\overline{\alpha} + \alpha = 0 \Leftrightarrow \alpha$ は純虚数.

　(i) $\overline{\alpha \pm \beta} = \overline{\alpha} \pm \overline{\beta}$ (複号同順)，　(ii) $\overline{\alpha \beta} = \overline{\alpha} \, \overline{\beta}$，　(iii) $\overline{\left(\dfrac{\alpha}{\beta}\right)} = \dfrac{\overline{\alpha}}{\overline{\beta}}$.

● **複素数の四則演算**

・$(a + bi) \pm (c + di) = (a \pm c) + (b \pm d)i$　(複号同順),

・$(a + bi)(c + di) = ac + (ad + bc)i + bdi^2 = (ac - bd) + (ad + bc)i$,

・$\dfrac{a + bi}{c + di} = \dfrac{(a + bi)(c - di)}{(c + di)(c - di)} = \dfrac{(ac + bd) + (bc - ad)i}{c^2 + d^2} = \dfrac{ac + bd}{c^2 + d^2} + \dfrac{bc - ad}{c^2 + d^2}i$

(ただし，$c + di \neq 0$).

● **複素数の絶対値**

・複素数 $\alpha = a + bi$ (a, b は実数) の絶対値 $|\alpha|$ は $|\alpha| = \sqrt{a^2 + b^2}$.

　$|\alpha| = |\overline{\alpha}|$,　$|\alpha|^2 = \alpha \cdot \overline{\alpha}$,　$|\alpha| = 1 \Leftrightarrow \overline{\alpha} = \dfrac{1}{\alpha}$.

例題 1.2.1　次の(1)〜(6)の記述のうち，正しいものには○を，間違っているものには×をつけよ．また，×をつけたものに対しては，文章の場合は正しい結論を，式の場合には左辺を表す式にせよ．

(1) $\sqrt{36} = \pm 6$
(2) 36 の平方根は 6
(3) $\sqrt{(-6)^2} = -6$
(4) $(\sqrt{3} + \sqrt{5})^2 = 8$
(5) $\sqrt{(1 - \sqrt{3})^2} = 1 - \sqrt{3}$
(6) $\sqrt{-2}\sqrt{-3} = \sqrt{6}$

解　(1)　×　$\sqrt{36} = \sqrt{6^2} (= |6|) = 6$.

(2)　×　36 の平方根は ± 6.

(3)　×　$\sqrt{(-6)^2} = |-6| = 6$.

(4)　×　$(\sqrt{3} + \sqrt{5})^2 = 3 + 2\sqrt{3}\sqrt{5} + 5 = 8 + 2\sqrt{15}$.

(5)　×　$\sqrt{(1 - \sqrt{3})^2} = |1 - \sqrt{3}| = \sqrt{3} - 1$.

(6)　×　$\sqrt{-2}\sqrt{-3} = \sqrt{2}\,i\sqrt{3}\,i = \sqrt{6}\,i^2 = -\sqrt{6}$.

例題 1.2.2　次の式の分母を有理化せよ．

(1) $\dfrac{\sqrt{2}}{1 + \sqrt{2}}$
(2) $\dfrac{\sqrt{5} + \sqrt{2}}{\sqrt{5} - \sqrt{2}}$

解 (1) $\dfrac{\sqrt{2}}{1+\sqrt{2}} = \dfrac{\sqrt{2}(1-\sqrt{2})}{(1+\sqrt{2})(1-\sqrt{2})} = \dfrac{\sqrt{2}-2}{1-2} = 2-\sqrt{2}$.

(2) $\dfrac{\sqrt{5}+\sqrt{2}}{\sqrt{5}-\sqrt{2}} = \dfrac{(\sqrt{5}+\sqrt{2})(\sqrt{5}+\sqrt{2})}{(\sqrt{5}-\sqrt{2})(\sqrt{5}+\sqrt{2})} = \dfrac{5+2\sqrt{5}\sqrt{2}+2}{5-2} = \dfrac{7+2\sqrt{10}}{3}$.

例題 1.2.3 次の式を簡単にせよ．
(1) $\sqrt{8+2\sqrt{15}}$ (2) $\sqrt{4-\sqrt{15}}$

解 (1) $\sqrt{8+2\sqrt{15}} = \sqrt{(5+3)+2\sqrt{5\times 3}} = \sqrt{(\sqrt{5})^2 + 2\sqrt{5}\times\sqrt{3} + (\sqrt{3})^2}$
$= \sqrt{(\sqrt{5}+\sqrt{3})^2} = \sqrt{5}+\sqrt{3}$.

(2) $\sqrt{4-\sqrt{15}} = \sqrt{\dfrac{8-2\sqrt{15}}{2}} = \sqrt{\dfrac{(5+3)-2\sqrt{15}}{2}} = \dfrac{\sqrt{(\sqrt{5}-\sqrt{3})^2}}{\sqrt{2}} = \dfrac{|\sqrt{5}-\sqrt{3}|}{\sqrt{2}}$
$= \dfrac{\sqrt{5}-\sqrt{3}}{\sqrt{2}} = \dfrac{\sqrt{10}-\sqrt{6}}{2}$.

例題 1.2.4 次の式を簡単にせよ．
(1) $(2+3i)(1-2i)$ (2) $\dfrac{2+3i}{1-2i}$

解 (1) $(2+3i)(1-2i) = 2+(3-4)i-6i^2 = 2-i-6(-1) = 8-i$.

(2) $\dfrac{2+3i}{1-2i} = \dfrac{(2+3i)(1+2i)}{(1-2i)(1+2i)} = \dfrac{2+7i-6}{1+4} = \dfrac{-4+7i}{5} \left(= \dfrac{-4}{5}+\dfrac{7}{5}i\right)$.

例題 1.2.5 次の問いに答えよ．
(1) $x=\sqrt{2}+1$, $y=\sqrt{2}-1$ のとき x^2-xy+y^2 の値を求めよ．
(2) $f(x)=|x-2|+|x+2|$ とするとき，$f(-\sqrt{2})$ の値を求めよ．

解 (1) $x+y = \sqrt{2}+1+\sqrt{2}-1 = 2\sqrt{2}$, $xy = (\sqrt{2}+1)(\sqrt{2}-1) = 1$ より，
$x^2-xy+y^2 = (x+y)^2 - 3xy = (2\sqrt{2})^2 - 3\times 1 = 8-3 = 5$.

(2) $f(-\sqrt{2}) = |-\sqrt{2}-2|+|-\sqrt{2}+2| = -(-\sqrt{2}-2)+(-\sqrt{2}+2)$
$= \sqrt{2}+2-\sqrt{2}+2 = 4$.

1.3 式の計算

●整式

- x についての整式（または，多項式）は，$a_n x^n + a_{n-1}x^{n-1} + \cdots + a_1 x + a_0$ であり，$a_n x^n, a_{n-1}x^{n-1}, \cdots, a_1 x, a_0$ を項，$a_n, a_{n-1}, \cdots, a_1, a_0$ を係数という．
- $a_n \neq 0$ のときは n 次の整式（n 次式）といい，$a_n = 0$ のときも含めて高々 n 次の整式という．
- 定数項 a_0 だけのときは，0 次の整式である．

●整式の和，積の次数

- m, n は自然数，x, y は実数のとき，$x^m x^n = x^{m+n}$，$(x^m)^n = x^{mn}$，$(xy)^m = x^m y^m$．
- 2つの m 次式と n 次式の積は $m+n$ 次式である．

- 2つの m 次式と n 次式の和，差は高々 $\max(m, n)$ 次式である．

● **展開と因数分解の公式**

(i) $(a \pm b)^2 = a^2 \pm 2ab + b^2$ (複号同順)，
(ii) $(a + b)(a - b) = a^2 - b^2$，
(iii) $(ax + b)(cx + d) = acx^2 + (ad + bc)x + bd$，
(iv) $(a \pm b)^3 = a^3 \pm 3a^2b + 3ab^2 \pm b^3$ (複号同順)，
(v) $(a + b + c)^2 = a^2 + b^2 + c^2 + 2ab + 2bc + 2ca$，
(vi) $a^3 \pm b^3 = (a \pm b)(a^2 \mp ab + b^2)$ (複号同順)，
(vii) $a^3 + b^3 + c^3 - 3abc = (a + b + c)(a^2 + b^2 + c^2 - ab - bc - ca)$，
(viii) $a^n - b^n = (a - b)(a^{n-1} + a^{n-2}b + a^{n-3}b^2 + \cdots + ab^{n-2} + b^{n-1})$, $n = 2, 3, \cdots$．

例題 1.3.1 次の式を簡単にせよ．

(1) $(a^3b)^2 \times (ab^2)^3$ 　　　　(2) $\dfrac{(a^3b^2)^3 \cdot b}{a^3b^2}$

解 (1) $(a^3b)^2 \times (ab^2)^3 = a^6b^2 \times a^3b^6 = a^9b^8$．

(2) $\dfrac{(a^3b^2)^3 \cdot b}{a^3b^2} = \dfrac{a^9b^6 \cdot b}{a^3b^2} = a^6b^5$．

例題 1.3.2 次の□に当てはまる数を求めよ．

(1) $\sqrt{\sqrt[5]{a}} = \sqrt[\square]{a}$ 　　　　(2) $ab + 3a + 2b + 6 = (a + \boxed{ア})(b + \boxed{イ})$

解 (1) $\sqrt{\sqrt[5]{a}} = \left(\sqrt[5]{a}\right)^{\frac{1}{2}} = \left(a^{\frac{1}{5}}\right)^{\frac{1}{2}} = a^{\frac{1}{10}}$．∴ $\square = 10$．

(2) $ab + 3a + 2b + 6 = a(b + 3) + 2(b + 3) = (a + 2)(b + 3)$ ∴ $\boxed{ア} = 2$, $\boxed{イ} = 3$．

例題 1.3.3 2つの整式 A, B の最大公約数 G が $x + 2$，最小公倍数 L が $x^4 - 16$ で，A は2次式，B は3次式のとき，A, B を求めよ．

解 $G = x + 2$, $L = x^4 - 16$, $L = x^4 - 16 = abG$ より，$L = x^4 - 16 = (x^2 + 4)(x - 2)(x + 2)$．∴ $A = (x - 2)(x + 2)$, $B = (x^2 + 4)(x + 2)$．

例題 1.3.4 次の式を因数分解せよ．

(1) $x^2 + 3x - 10$ 　　　　(2) $x^3 - 8$

解 (1) $x^2 + 3x - 10 = (x + 5)(x - 2)$．

(2) $x^3 - 8 = (x - 2)(x^2 + 2x + 4)$．

1.4 剰余の定理・因数定理

● **剰余の定理**

多項式 $P(x)$ を，$x - a$ で割ったときの余りは $P(a)$．

● **因数定理**

多項式 $P(x)$ が，$x - a$ で割り切れる．$\Leftrightarrow$ $P(a) = 0$．

多項式 $P(x)$ が, $ax \mp b$ で割り切れる. $\Leftrightarrow$ $P\left(\pm \dfrac{b}{a}\right) = 0$ （複号同順）.

方程式 $P(x) = 0$ の有理数の解は $\dfrac{(\text{定数項})\text{の約数}}{(\text{最高次の係数})\text{の約数}}$ であるから, $P\left(\dfrac{(\text{定数項})\text{の約数}}{(\text{最高次の係数})\text{の約数}}\right) = 0$ となる数を探す.

● **因数分解の手順**
①次数の最も低い文字について整理する. ②共通因数をくくり出す. ③公式, 因数定理を適用する.

例題 1.4.1 整式 $P(x) = 5x^3 + ax^2 - 8x - 3$ が $x - 1$ で割り切れるとき, a の値を求め, $P(x)$ を $x + 1$ で割った余りを求めよ.

解 剰余の定理より $P(1) = 5 + a - 8 - 3 = 0$. $\therefore$ $a = 6$.
これより $P(x) = 5x^3 + 6x^2 - 8x - 3$. $x + 1 = x - (-1)$.
$\therefore$ $P(x)$ を $x + 1$ で割った余りは, $P(-1) = 5(-1)^3 + 6(-1)^2 - 8(-1) - 3 = 6$.

例題 1.4.2 整式 $P(x) = x^4 + x^3 + x^2 + x + 1$ について, 次の各問いに答えよ.
(1) $P(x)$ を $x + 2$ で割ったときの余りを求めよ.
(2) $P(x)$ を $x + 2$ で割ったときの商を $Q(x)$ とするとき, 商 $Q(x)$ を $x - 1$ で割ったときの余りを求めよ.

解 (1) $x + 2 = x - (-2)$ より, 余りは $P(-2) = (-2)^4 + (-2)^3 + (-2)^2 + (-2) + 1 = 11$.
余りだけなら, 剰余の定理で良いが, 割ったときの商も必要なので, 組み立て除法が適切.

```
  1    1    1    1    1 | -2
 ↓    -2    2   -6   10
  1   -1    3   -5   11
```

(2) $Q(x) = x^3 - x^2 + 3x - 5$ であるから, 余りは $Q(1) = 1 - 1 + 3 - 5 = -2$.

別解

(1)において余りのみを求めた場合. (1)より $P(x) - 11 = (x + 2)Q(x)$ と書ける.
次に, $Q(x)$ を $x - 1$ で割ったときの商と余りをそれぞれ $q(x)$, r とすると
$Q(x) = (x - 1)q(x) + r$ より,
$P(x) - 11 = (x + 2)\{(x - 1)q(x) + r\} = (x + 2)(x - 1)q(x) + (x + 2)r$.
ここで, $x = 1$ とおくと, $P(1) - 11 = 3r$. また, $P(1) = 1 + 1 + 1 + 1 + 1 = 5$ より,
$3r = 5 - 11 = -6$. よって, 求める余りは -2.

1.5 恒等式

・x を含む等式において, 両辺の式の値が存在し, x のとり得るすべての値に対して両辺の値が等しいとき, x についての恒等式という.
多項式 $P(x)$ を, $x - a$ で割ったときの商を $Q(x)$, 余りを $P(a)$ であることを示す等式
$P(x) = (x - a)Q(x) + P(a)$ は, x についての恒等式である.
・$ax^3 + bx^2 + cx + d = 0$ が x についての恒等式 $\Leftrightarrow$ $a = b = c = d = 0$.
・$ax^3 + bx^2 + cx + d = a'x^3 + b'x^2 + c'x + d'$ が x についての恒等式

$\Leftrightarrow a = a', \ b = b', \ c = c', \ d = d'$.

例題 1.5.1

(1) $a(x-2)^3 + b(x-2)^2 + c(x-2) + 6 = x^3 - 4x^2 + 7x$ が x についての恒等式であるとき，a, b, c の値を求めよ．

(2) $\dfrac{1}{1 + \dfrac{1}{1 + \dfrac{1}{1+x}}} = \dfrac{x+a}{bx+c}$ が x についての恒等式であるとき，定数 a, b, c の値を求めよ．

解 (1) $a(x-2)^3 + b(x-2)^2 + c(x-2) + 6$
$= ax^3 + (-6a+b)x^2 + (12a - 4b + c)x + (-8a + 4b - 2c + 6)$
$= x^3 - 4x^2 + 7x$.

$a = 1, \ -6a + b = -4, \ 12a - 4b + c = 7$ より，$\therefore \ a = 1, \ b = 2, \ c = 3$.

別解 ··

$x = 3$ を与式の両辺に代入すると $a + b + c + 6 = 27 - 36 + 21 = 12$.
$x = 1$ を与式の両辺に代入すると $-a + b - c + 6 = 1 - 4 + 7 = 4$.
$x = 0$ を与式の両辺に代入すると $-8a + 4b - 2c + 6 = 0$.

連立方程式 $\begin{cases} a + b + c = 6 \\ a - b + c = 2 \\ 4a - 2b + c = 3 \end{cases}$ を解くと $\therefore a = 1, \ b = 2, \ c = 3$.

別解 ··

（微分を学習された後に）
両辺を x で微分すると $3a(x-2)^2 + 2b(x-2) + c = 3x^2 - 8x + 7$ …①.
①の両辺に $x = 2$ を代入すると $\therefore \ c = 3 \times 4 - 8 \times 2 + 7 = 3$.
①の両辺を x で微分すると $6a(x-2) + 2b = 6x - 8$ …②
②の両辺に $x = 2$ を代入すると $2b = 6 \times 2 - 8 = 4$. $\therefore \ b = 2$.
②の両辺を x で微分すると $6a = 6$. $\therefore \ a = 1$.

(2) $\dfrac{1}{1 + \dfrac{1}{1 + \dfrac{1}{1+x}}} = \dfrac{1}{1 + \dfrac{1+x}{\left(1 + \dfrac{1}{1+x}\right) \times (1+x)}} = \dfrac{1}{1 + \dfrac{x+1}{x+2}}$

$= \dfrac{x+2}{\left(1 - \dfrac{x+1}{x+2}\right) \times (x+2)} = \dfrac{x+2}{2x+3}$

$\therefore \ a = 2, \ b = 2, \ c = 3$.

例題 1.5.2
整式 $6x^3 + 7x^2 + x + 10$ を $ax + 3$ で割ると商は $3x^2 - x + b$，余りは 4 である．定数 a, b の値を求めよ．

解 題意より $6x^3 + 7x^2 + x + 10 = (ax + 3)(3x^2 - x + b) + 4$
$= 3ax^3 + (-a + 9)x^2 + (ab - 3)x + 3b + 4$ したがって，$a = 2, \ b = 2$.

1.6 分数式

A, B, C, D は整式, $B \neq 0$, $C \neq 0$, $D \neq 0$.

・四則演算

(ⅰ) $\dfrac{A}{B} = \dfrac{A \times C}{B \times C}$, $\dfrac{A}{B} = \dfrac{A \div C}{B \div C}$, (ⅱ) $\dfrac{A}{D} + \dfrac{B}{D} - \dfrac{C}{D} = \dfrac{A+B-C}{D}$

(ⅲ) $\dfrac{A}{B} \times \dfrac{C}{D} = \dfrac{AC}{BD}$, $\dfrac{A}{B} \div \dfrac{C}{D} = \dfrac{A}{B} \times \dfrac{D}{C} = \dfrac{AD}{BC}$

・(分子の次数) ≧ (分母の次数) のとき ⋯→ 分子 ÷ 分母 = 商 ⋯ 余り ⋯→ $\dfrac{分子}{分母} = 商 + \dfrac{余り}{分母}$

⋯→ $\dfrac{ax+b}{cx+d} = \dfrac{\dfrac{a}{c}(cx+d) - \dfrac{ad}{c} + b}{cx+d} = \dfrac{\dfrac{a}{c}(cx+d)}{cx+d} + \dfrac{-\dfrac{ad}{c}+b}{cx+d} = \dfrac{a}{c} + \dfrac{\dfrac{1}{c}(-ad+bc)}{cx+d}$

・分母が (式×式) の形のとき

⋯→ 部分分数に展開 ⋯→ $\dfrac{\square}{(ax+b)(cx+d)} = \dfrac{A}{ax+b} + \dfrac{B}{cx+d}$.

例題 1.6.1 次の式を簡単にせよ.

(1) $\dfrac{x^2 + \dfrac{1}{x}}{1 + \dfrac{1}{x}}$ (2) $\left(\dfrac{x+2}{x+3} - \dfrac{x+1}{x+2}\right) \div \left(2 - \dfrac{3}{x+2}\right)$ (3) $\dfrac{a - \dfrac{2}{a+1}}{\dfrac{a}{a+1} - 2}$

解 (1) $\dfrac{x^2 + \dfrac{1}{x}}{1 + \dfrac{1}{x}} = \dfrac{\left(x^2 + \dfrac{1}{x}\right) \times x}{\left(1 + \dfrac{1}{x}\right) \times x} = \dfrac{x^3+1}{x+1} = \dfrac{(x+1)(x^2-x+1)}{x+1} = x^2 - x + 1$.

(2) $\left(\dfrac{x+2}{x+3} - \dfrac{x+1}{x+2}\right) \div \left(2 - \dfrac{3}{x+2}\right) = \dfrac{(x+2)^2 - (x+1)(x+3)}{(x+3)(x+2)} \div \dfrac{2x+4-3}{x+2}$

$= \dfrac{1}{(x+3)(x+2)} \div \dfrac{2x+1}{x+2} = \dfrac{1}{(x+3)(x+2)} \times \dfrac{x+2}{2x+1} = \dfrac{1}{(x+3)(2x+1)}$.

(3) $\dfrac{a - \dfrac{2}{a+1}}{\dfrac{a}{a+1} - 2} = \dfrac{\left(a - \dfrac{2}{a+1}\right) \times (a+1)}{\left(\dfrac{a}{a+1} - 2\right) \times (a+1)} = \dfrac{a(a+1) - 2}{a - 2(a+1)} = \dfrac{a^2 + a - 2}{-a - 2}$

$= \dfrac{(a+2)(a-1)}{-a-2} = 1 - a$.

例題 1.6.2

(1) 次の式が x の恒等式になるように定数 A, B の値を求めよ.

$\dfrac{5x+2}{x^2-x-2} = \dfrac{A}{x+1} + \dfrac{B}{x-2}$.　（部分分数分解）

(2) 次の式が x の恒等式になるように定数 A, B, C の値を求めよ.

$\dfrac{2x^2-4}{x^2-3x+2} = A + \dfrac{B}{x-2} + \dfrac{C}{x-1}$.

解 (1) 式の右辺を通分し, 分子を比較すると, $5x + 2 = A(x-2) + B(x+1)$.

各係数を比較すると連立方程式 $A + B = 5$, $B - 2A = 2$ が得られる． $\therefore$ $A = 1$, $B = 4$.

(2) 分子，分母の次数が等しいので，分子÷分母を計算すると，$\dfrac{2x^2 - 4}{x^2 - 3x + 2} = 2 + \dfrac{6x - 8}{x^2 - 3x + 2}$.

$\therefore$ $A = 2$. 次に，$\dfrac{6x - 8}{x^2 - 3x + 2} = \dfrac{B}{x - 2} + \dfrac{C}{x - 1}$ を求める．(1)と同様にして，

$6x - 8 = B(x - 1) + C(x - 2)$. 連立方程式 $B + C = 6$, $B + 2C = 8$ より，

$B = 4$, $C = 2$.

1.7 比例式

- $\dfrac{a}{b} = \dfrac{c}{d} = k$ とおく． $\cdots\!\rightarrow$ $a = bk$, $c = dk$ を目的の式に代入．
- $\dfrac{a}{b} = \dfrac{c}{d} = \dfrac{e}{f} = k$ とおく． $\cdots\!\rightarrow$ $a = bk$, $c = dk$, $e = fk$ を目的の式に代入．

例題 1.7.1 $\dfrac{x}{3} = \dfrac{y}{4} = \dfrac{z}{5} \neq 0$ のとき，次の式の値を求めよ．

(1) $\dfrac{x - y - z}{x + y + z}$ (2) $\dfrac{xy - yz - zx}{x^2 + y^2 + z^2}$

解 (1) $\dfrac{x}{3} = \dfrac{y}{4} = \dfrac{z}{5} = k$ とおくと，$x = 3k$, $y = 4k$, $z = 5k$.

$\dfrac{x - y - z}{x + y + z} = \dfrac{(3 - 4 - 5)k}{(3 + 4 + 5)k} = \dfrac{-6k}{12k} = -\dfrac{1}{2}$.

(2) $\dfrac{xy - yz - zx}{x^2 + y^2 + z^2} = \dfrac{(12 - 20 - 15)k^2}{(9 + 16 + 25)k^2} = -\dfrac{23}{50}$.

第 1 章 問題

問題 1.1 自然数 k, l が $\dfrac{1}{k+\dfrac{1}{l+\dfrac{1}{7}}} = \dfrac{15}{52}$ をみたすとき，k, l の値を求めよ．

問題 1.2 次の (1)〜(8) の記述のうち，正しいものには○を，間違っているものには×をつけよ．

(1) $a>0, b>0$ のとき $\sqrt{-a}\sqrt{-b} = -\sqrt{ab}$ (2) $\sqrt{(-a)^2} = -a$

(3) $\sqrt{(-a)^2} = |a|$ (4) $(\sqrt{a}+\sqrt{b})^2 = a+b$

(5) $\sqrt{a^2+b} = a+\sqrt{b}$ (6) $a>0, b>0$ のとき $\sqrt{a+b} = \sqrt{a}+\sqrt{b}$

(7) $\sqrt{a^2+b^2} = |a|+|b|$ (8) $\sqrt{4a+1} = 2\sqrt{a+1}$

問題 1.3 次の式の分母を有理化せよ．

(1) $\dfrac{1}{\sqrt{3}+1}$ (2) $\dfrac{\sqrt{3}}{\sqrt{3}+5}$ (3) $\dfrac{\sqrt{2}+\sqrt{6}}{\sqrt{2}-\sqrt{6}}$ (4) $\dfrac{2\sqrt{3}-1}{\sqrt{3}-1}$

問題 1.4 次の式を簡単にせよ．

(1) $\sqrt{7+2\sqrt{10}}$ (2) $\sqrt{2-\sqrt{3}}$

問題 1.5 次の式を簡単にせよ．

(1) $\dfrac{\sqrt{6}}{\sqrt{-3}}$ (2) $(2+i)^2$ (3) $\dfrac{8+4i}{1+i}$

(4) $\dfrac{2}{1+i} + (1+3i)$ (5) $\dfrac{1+\sqrt{2}i}{1-\sqrt{2}i} + \dfrac{1-\sqrt{2}i}{1+\sqrt{2}i}$

問題 1.6 次の問いに答えよ．

(1) $x=\sqrt{5}+1, y=\sqrt{5}-1$ のとき x^2+xy の値を求めよ．

(2) $f(x)=|x-3|+|x+3|$ とするとき，$f(\sqrt{5})$ の値を求めよ．

問題 1.7 次の(1)〜(5)の記述のうち，正しいものには○を，間違っているものには×をつけよ．

(1) a, b が同符号ならば $|a+b| = |a|+|b|$．

(2) $|a+1|+|a-1| = 2$ ならば，$(a+1)^2+(a-1)^2 = 4$．

(3) $a^2=16$ ならば $|a|=4$．

(4) α, β が複素数のとき，$\alpha^2+\beta^2=0$ ならば $\alpha=\beta=0$．

(5) $ab=a$ ならば $b=1$．

問題 1.8 次の式を簡単にせよ．

(1) $(a^2b)^3 \times (ab^2)^2$ (2) $\dfrac{(a^2b)^3}{(ab^4)^2}$ (3) $\dfrac{(ab^2)^3 \times (a^3b)^2}{a^4b}$ (4) $(3a^3)^2 \div (6a^4) \times 2a$

問題 1.9 次の□に当てはまる数を求めよ．

(1) $\sqrt[3]{\sqrt{a}} = \sqrt[\Box]{a}$
(2) $ab - 4a + 2b - 8 = (a + \boxed{ア})(b + \boxed{イ})$
(3) $x^3 + 2x^2 - 5x - \boxed{ア} = (x+1)(x-2)(x+\boxed{イ})$
(4) $(3x-2y)^3 = 27x^3 - 54x^2y + \Box xy^2 - 8y^3$

問題 1.10 2つの整式 A, B の最大公約数 G が $x - 1$, 最小公倍数 L が $x^4 + x^2 - 2$ で, A は 2 次式, B は 3 次式のとき, A, B を求めよ．

問題 1.11 次の式を因数分解せよ．

(1) $x^2 - 2x - 24$ (2) $6x^2 + x - 15$ (3) $x^3 + 1$

問題 1.12
(1) 整式 $P(x) = x^3 - x^2 - 3x - 4$ を $x - 2$ で割ったときの余りを求めよ．
(2) 整式 $P(x) = x^4 - 3x^2 + 4$ を $x^2 - 2x + 1$ で割ったときの余りを求めよ．
(3) 整式 $P(x) = x^3 + ax^2 - 2x - 3$ が $x + 1$ で割り切れるとき, a の値を求めよ．

問題 1.13 整式 $P(x) = x^4 + 2x^3 - x^2 - x + 2$ について, 次の各問いに答えよ．
(1) $P(x)$ を $x + 1$ で割ったときの余りを求めよ．
(2) $P(x)$ を $x + 1$ で割ったときの商を $Q(x)$ とするとき, 商 $Q(x)$ を $x + 2$ で割ったときの余りを求めよ．

問題 1.14
(1) 整式 $P(x) = x^3 - x^2 - x + b$ は $x - 2$ で割り切れ, 商は $x^2 + ax + 1$ となった．このときの a, b の値を求めよ．
(2) 整式 $6x^3 - 2x^2 + 2x - 3$ を $ax - 2$ で割ると商は $3x^2 + 2x + b$, 余りは 3 である．定数 a, b の値を求めよ．

問題 1.15 次の式を簡単にせよ．

(1) $\dfrac{2}{x+1} - \dfrac{3}{x+3}$ (2) $\dfrac{x - \dfrac{4}{x}}{1 + \dfrac{2}{x}}$ (3) $\left(\dfrac{x+2}{x+1} - \dfrac{x-1}{x-2}\right) \div \left(1 - \dfrac{3}{x+1}\right)$

(4) $\dfrac{\dfrac{1}{x+y} + \dfrac{1}{x-y}}{\dfrac{1}{x+y} - \dfrac{1}{x-y}}$ (5) $\dfrac{a - \dfrac{3}{a-2}}{\dfrac{3a}{a-2} - 1}$

問題 1.16

(1) $a(x+1)^2 + b(x+1) + 1 = 2x^2 + x$ が x についての恒等式であるとき，a, b の値を求めよ．

(2) $\dfrac{1}{1 - \dfrac{2}{1 - \dfrac{3}{1-x}}} = -\dfrac{x+a}{x+b}$ が x についての恒等式であるとき，a, b の値を求めよ．

(3) 次の式が x の恒等式になるように定数 A, B の値を求めよ．

(ⅰ) $\dfrac{8x+3}{x^2-x-12} = \dfrac{A}{x+3} + \dfrac{B}{x-4}$ (ⅱ) $\dfrac{x+A}{x^2-3x+2} = \dfrac{B}{x-2} + \dfrac{2}{x-1}$

(4) 次の式が x の恒等式になるように定数 A, B, C の値を求めよ．

$\dfrac{3x^2+5x+5}{x^2+x} = A + \dfrac{B}{x} + \dfrac{C}{x+1}$

問題 1.17 $\dfrac{x}{2} = \dfrac{y}{3} = \dfrac{z}{4} \neq 0$ のとき，次の式の値を求めよ．

(1) $\dfrac{x-y+z}{x+y-z}$ (2) $\dfrac{x^2y + y^2z + z^2x}{x^3 + y^3 + z^3}$

問題 1.18 次の式は，方程式または恒等式であるか答えよ．

(1) $3x^2 - 2x - 1 = 0$ (2) $(x-1)^2 = x^2 - 2x + 1$ (3) $(x-1)^3 = x^3 - 1$

(4) $-4(x-1) = (x-2)^2 - x^2$ (5) $\dfrac{1}{x} + \dfrac{1}{x+1} = \dfrac{2x+1}{x(x+1)}$ (6) $\dfrac{1}{x+1} = \dfrac{1}{x} + 1$

第 2 章　方程式・不等式

2.1　1 次方程式と 1 次不等式

● **1 次方程式**　$ax = b$ の解

- $a \neq 0$ のとき　$x = \dfrac{b}{a}$,
- $a = 0$ のとき　(i) $b = 0$　… 不定（解は無数に存在する），
- 　　　　　　　　(ii) $b \neq 0$　… 不能（解は存在しない）．

● **連立 1 次方程式**　$\begin{cases} ax + by + c = 0 \\ a'x + b'y + c' = 0 \end{cases}$ の解

- $ab' - a'b \neq 0$ のとき　$x = \dfrac{bc' - b'c}{ab' - a'b},\ y = \dfrac{a'c - ac'}{ab' - a'b}$,
- $ab' - a'b = 0$ のとき　(i) $\dfrac{a}{a'} = \dfrac{b}{b'} = \dfrac{c}{c'}$　…不定,
- 　　　　　　　　　　　　(ii) $\dfrac{a}{a'} = \dfrac{b}{b'} \neq \dfrac{c}{c'}$　…不能．

- 方程式 $ax + by + c = 0$, $a'x + b'y + c' = 0$ を xy 平面上の直線として考えると，

　　$ab' - a'b \neq 0$ のとき　… 2 直線は交わる．

　　$\dfrac{a}{a'} = \dfrac{b}{b'} = \dfrac{c}{c'}$ のとき　… 2 直線は一致する．

　　$\dfrac{a}{a'} = \dfrac{b}{b'} \neq \dfrac{c}{c'}$ のとき　… 2 直線は平行となる．

● **1 次不等式**

- 実数の大小　2 つの任意の実数 a, b において，$a > b$, $a = b$, $a < b$ のいずれか 1 つのみが成り立つ．
- 不等式の基本的取り扱い
  ① 不等式の両辺に，同じ数を加えても，引いてもよい．
  　　$a < b$, x は実数　$\Rightarrow$　$a + x < b + x$, $a - x < b - x$.
  ② 不等式の両辺に，同じ正の数を掛けても，割ってもよい．
  　　$a < b$, $x > 0$　$\Rightarrow$　$ax < bx$, $\dfrac{a}{x} < \dfrac{b}{x}$.
  ③ 不等式の両辺に，同じ負の数を掛けたり割ったりすると，不等号の向きが変わる．
  　　$a < b$, $x < 0$　$\Rightarrow$　$ax > bx$, $\dfrac{a}{x} > \dfrac{b}{x}$.
  ④ 2 つの不等式で，不等号の向きが同じならば辺々を加えてもよい．
  　　$a < b$, $x < y$　$\Rightarrow$　$a + x < b + y$.
  ⑤ 2 つの不等式が正で，不等号の向きが同じならば辺々を掛けてもよい．
  　　$0 < a < b$, $0 < x < y$　$\Rightarrow$　$ax < by$.
- 不等式で「してはいけない例」
  ① 辺々減じる；誤　　$1 < 2$, $-1 < 1$ のとき $1 - (-1) < 2 - 1$ より $2 < 1$.
  ② 両辺 2 乗　；誤　　$-2 < 1$ のとき $(-2)^2 < 1^2$ より $4 < 1$.

③ 辺々掛ける；誤　$-3<2$, $-1<1$ のとき $(-3)\times(-1)<2\times 1$ より $3<2$.
④ 辺々割る　；誤　$-3<2$, $-1<1$ のとき $(-3)\div(-1)<2\div 1$ より $3<2$.

・1次不等式 a, b は実数で, $a\neq 0$ とする.
① $ax>b$ の解は, $a>0$ のとき $x>\dfrac{b}{a}$, $a<0$ のとき $x<\dfrac{b}{a}$.
② $ax<b$ の解は, $a>0$ のとき $x<\dfrac{b}{a}$, $a<0$ のとき $x>\dfrac{b}{a}$.

例題 2.1.1 次の事柄について, 正しいものには○をつけ, 正しくないものには×をつけよ. また, ×をつけたものに対して, 正しくないことを示す例をあげよ.
(1) $\dfrac{a}{b}>\dfrac{c}{d}$ ならば, $ad>bc$ である.　(2) $a>b$, $c>d$ ならば, $a-c>b-d$ である.
(3) $a>b$, $c>d$ ならば, $a-d>b-c$ である.　(4) $a>b$, $c>d$ ならば, $ac>bd$ である.
(5) $a^2>b^2$ ならば, $a>b$ である.　(6) $ab>0$ で, $a>b$ であれば, $\dfrac{1}{a}<\dfrac{1}{b}$ である.
(7) a, b は正の数で $0<ab<1$, $0<a-b<1$ ならば, a, b ともに1より小さい.

解 (1) ×, 例：$\dfrac{3}{5}>\dfrac{2}{-3}$.

(2) ×, 例：$a=3$, $b=2$, $c=5$, $d=-3$.

(3) ○. ($\because$ $c>d$ より, $-d>-c$. $a>b$, $-d>-c$ を, この順で辺々を加えると $a-d>b-c$.)

(4) ×, 例：$a=3$, $b=-5$, $c=4$, $d=-3$.

(5) ×, 例：$(-5)^2>(-2)^2$

(6) ○. ($\because$ $ab>0$ で, $a>b$ の両辺を割っても不等号の向きは変わらないから
$\dfrac{a}{ab}=\dfrac{1}{b}>\dfrac{b}{ab}=\dfrac{1}{a}$)

(7) ×, 例：$a=1.5$, $b=0.6$

例題 2.1.2 次の不等式を解け.
(1) $\dfrac{2x-1}{3}-2x>5$　(2) $\dfrac{7x+5}{3}>2x>\dfrac{3(4x-2)}{2}$

解 (1) $\left(\dfrac{2}{3}-2\right)x-\dfrac{1}{3}>5$ より, $-\dfrac{4}{3}x>\dfrac{16}{3}$.

両辺に $-\dfrac{3}{4}$ を掛ける.（不等号の向きが逆になることに注意）　$\therefore$ $x<\dfrac{16}{3}\times\left(-\dfrac{3}{4}\right)=-4$.

(2) $\dfrac{7x+5}{3}>2x$ より, $\left(\dfrac{7}{3}-2\right)x>-\dfrac{5}{3}$　$\therefore$ $x>-5$,

$2x>\dfrac{3(4x-2)}{2}$ より, $2x>6x-3$　$3>6x-2x$　$\therefore$ $\dfrac{3}{4}>x$.

よって $\dfrac{3}{4}>x>-5$.

例題 2.1.3 次の□に当てはまる数を求めよ.
$-2\leqq a\leqq 1$, $-3\leqq b\leqq 2$ のとき, ア $\leqq a+b\leqq$ イ , ウ $\leqq a-2b\leqq$ エ である.

解

$$-2 \leq a \quad\quad \leq 1$$
$$\underline{-3 \leq \quad b \leq 2} \;(+\quad\quad \therefore\; ア = -5,\; イ = 3$$
$$-5 \leq a + b \leq 3$$

$$-3 \leq b \leq 2 \;\cdots\to\; -6 \leq 2b \leq 4 \;\cdots\to\; -4 \leq -2b \leq 6$$

$$-2 \leq a \quad\quad \leq 1$$
$$\underline{-4 \leq \quad -2b \leq 6}\;(+\quad\quad \therefore\; ウ = -6,\; エ = 7$$
$$-6 \leq a + (-2b) \leq 7$$

2.2　2次方程式と2次不等式

● **2次方程式**

・$x^2 = a$ の解　$\cdots\to\; x = \pm\sqrt{a}$．

・$(x + p)^2 = q$ の解　$\cdots\to\; x = -p \pm \sqrt{q}$．

因数分解（たすき掛け）$ac \neq 0$

$$acx^2 + (ad + bc)x + bd = (ax + b)(cx + d) \quad\leftarrow\cdots\quad \begin{matrix} a & & b & \to & bc \\ & \times & & & \\ c & & d & \to & ad \\ & & & & \overline{ad + bc} \end{matrix}$$

$(ax + b)(cx + d) = 0$ の解　$\cdots\to\; x = -\dfrac{b}{a},\; -\dfrac{d}{c}$．

・$ax^2 + bx + c = 0$（a, b, c は実数，$a \neq 0$ とする）解の公式　$x = \dfrac{-b \pm \sqrt{b^2 - 4ac}}{2a}$．

$$ax^2 + bx + c = a\left(x^2 + \dfrac{b}{a}x\right) + c = a\left\{x^2 + 2\dfrac{b}{2a}x + \left(\dfrac{b}{2a}\right)^2 - \left(\dfrac{b}{2a}\right)^2\right\} + c \quad \underset{\sim\sim\sim\sim\sim}{\text{（平方完成）}}$$

$$= a\left\{x^2 + 2\dfrac{b}{2a}x + \left(\dfrac{b}{2a}\right)^2\right\} - \dfrac{b^2}{4a} + c$$

$$= a\left\{x^2 + 2\dfrac{b}{2a}x + \left(\dfrac{b}{2a}\right)^2\right\} - \dfrac{b^2 - 4ac}{4a}$$

$$= a\left(x + \dfrac{b}{2a}\right)^2 - \dfrac{b^2 - 4ac}{4a} = 0$$

$$\therefore\; x + \dfrac{b}{2a} = \pm\dfrac{\sqrt{b^2 - 4ac}}{2a}$$

$ax^2 + 2b'x + c = 0$ の解の公式　$\cdots\quad x = \dfrac{-b' \pm \sqrt{(b')^2 - ac}}{a}$

・判別式 $D = b^2 - 4ac$

2次方程式 $ax^2 + bx + c = 0$ の解は，判別式 $D = b^2 - 4ac$ より次のように分類される．

① $D > 0$ … 異なる2つの実数解．

② $D = 0$ … 重解（実数解）．

③ $D < 0$ … （異なる2つの）虚数解．

・解（根）と係数の関係：2次方程式 $ax^2 + bx + c = 0$ の2つの解が α, β であるとき

$$\alpha + \beta = -\dfrac{b}{a},\quad \alpha\beta = \dfrac{c}{a}.\quad \text{これより}\; ax^2 + bx + c = a(x - \alpha)(x - \beta)\; \text{と表される．}$$

$$\left(\text{2根の和} = -\dfrac{x \text{の係数}}{x^2 \text{の係数}},\quad \text{2根の積} = \dfrac{\text{定数項}}{x^2 \text{の係数}}\right)$$

● 2 次不等式

・2 次方程式 $ax^2 + bx + c = 0$ の実数解を α, $\beta (a > 0, \alpha > \beta)$ (b, c は実数)

$ax^2 + bx + c > 0$, $= 0$, < 0

→ $ax^2 + bx + c = a(x - \alpha)(x - \beta)$

$\cdots$ $(x - \alpha)(x - \beta) > 0$ → $x < \alpha$, $\beta < x$

$\cdots$ $(x - \alpha)(x - \beta) < 0$ → $\alpha < x < \beta$.

x	$\cdots$	α	$\cdots$	β	$\cdots$
$x - \alpha$	$-$	0	$+$	$+$	$+$
$x - \beta$	$-$	$-$	$-$	0	$+$
$(x - \alpha)(x - \beta)$	$+$	0	$-$	0	$+$

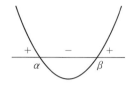
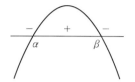

2 次不等式が正：大きい解より大きく，
　　　　　　　　小さい解より小さい．
2 次不等式が負：大きい解と小さい解の間．

・2 次方程式 $ax^2 + bx + c = 0$ の実数解を α, $\beta (a > 0, \alpha < \beta)$, 重解 α とする．

$a > 0$	$D > 0$	$D = 0$	$D < 0$
$ax^2 + bx + c > 0$	$x < \alpha$, $\beta < x$	$x \neq \alpha$ なる実数	実数全体
$ax^2 + bx + c \geqq 0$	$x \leqq \alpha$, $\beta \leqq x$	実数全体	実数全体
$ax^2 + bx + c < 0$	$\alpha < x < \beta$	解なし	解なし
$ax^2 + bx + c \leqq 0$	$\alpha \leqq x \leqq \beta$	$x = \alpha$	解なし

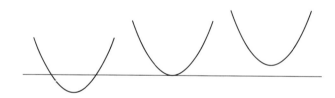

例題 2.2.1 次の 2 次方程式を解け．

(1) $x^2 - 25x - 116 = 0$ (2) $6x^2 + x - 12 = 0$

(3) $x^2 - (2 + \sqrt{5})x + \sqrt{5} = 0$ (4) $3x^2 + 6x + 7 = 0$

解 (1) $x^2 - 25x - 4 \times 29 = (x - 29)(x + 4) = 0$ ∴ $x = -4, 29$.

(2) $2 \times 3x^2 + x - 3 \times 4 = (2x + 3)(3x - 4) = 0$ ∴ $x = -\dfrac{3}{2}, \dfrac{4}{3}$.

(3) $x = \dfrac{-\{-(2+\sqrt{5})\} \pm \sqrt{(2+\sqrt{5})^2 - 4 \times \sqrt{5}}}{2 \times 1} = \dfrac{(2+\sqrt{5}) \pm \sqrt{9}}{2} = \dfrac{(2+\sqrt{5}) \pm 3}{2}$

∴ $x = \dfrac{-1+\sqrt{5}}{2}, \dfrac{5+\sqrt{5}}{2}$.

(4) $x = \dfrac{-3 \pm \sqrt{3^2 - 3 \times 7}}{3} = \dfrac{-3 \pm \sqrt{12}i}{3} = \dfrac{-3 \pm 2\sqrt{3}i}{3}$ ∴ $x = \dfrac{-3 \pm 2\sqrt{3}i}{3}$.

例題 2.2.2 方程式 $2x^2 - x - 2 = 0$ の 2 つの解を α, β とするとき，$\dfrac{1}{\alpha - 1} + \dfrac{1}{\beta - 1}$ の値を求めよ．

解 解と係数の関係より，$\alpha + \beta = \dfrac{1}{2}$, $\alpha \cdot \beta = -1$.

$$\therefore \quad \frac{1}{\alpha-1}+\frac{1}{\beta-1}=\frac{\alpha+\beta-2}{(\alpha-1)(\beta-1)}=\frac{(\alpha+\beta)-2}{\alpha\beta-(\alpha+\beta)+1}=\frac{\frac{1}{2}-2}{-1-\frac{1}{2}+1}=3.$$

例題 2.2.3 a, b を定数とする．2次方程式 $ax^2+bx-3=0$ の解が $x=2$, $x=-\frac{3}{2}$ のとき，a, b の値を求めよ．

解1 $f(x)=ax^2+bx-3$ とおくと，題意より $f(2)=4a+2b-3=0$,
$f\left(-\frac{3}{2}\right)=\frac{9}{4}a-\frac{3}{2}b-3=0$.

これより，連立方程式 $\begin{cases} 4a+2b=3 \\ 3a-2b=4 \end{cases}$ より，$\quad \therefore \quad a=1, b=-\frac{1}{2}$.

解2 解と係数の関係より，$2+\left(-\frac{3}{2}\right)=-\frac{b}{a}$, $2\cdot\left(-\frac{3}{2}\right)=-\frac{3}{a}$. $\quad \therefore \quad a=1, b=-\frac{1}{2}$

解3 題意より，$ax^2+bx-3=a(x-2)\left\{x-\left(-\frac{3}{2}\right)\right\}=a\left(x^2-\frac{1}{2}x-3\right)=0$,

係数を比較すると，$-\frac{1}{2}a=b, -3=-3a$. $\quad \therefore \quad a=1, b=-\frac{1}{2}$.

例題 2.2.4 次の2次不等式を解け．
(1) $2x^2+x-3 \geqq 0$
(2) $-x^2+x+6>0$
(3) $x^2-x-1 \leqq 0$
(4) $x^2-4x+4>0$

解 (1) $2x^2+x-3=0$ とおき解を求める．
$2x^2+x-3=(2x+3)(x-1)=0 \rightarrow x=-\frac{3}{2}, 1$.
方程式が0以上 → 「大きい解以上，小さい解以下，」より $\quad \therefore \quad x \leqq -\frac{3}{2}, x \geqq 1$.

(2) $-x^2+x+6>0 \rightarrow x^2-x-6<0$, $x^2-x-6=0$ より $x=-2, 3$
方程式が0より小 → 「大きい解と小さい解の間」より $\quad \therefore \quad -2<x<3$.

(3) $x^2-x-1=0$ とおき解を求める．$x=\frac{-(-1) \pm \sqrt{1+4}}{2 \times 1}=\frac{1 \pm \sqrt{5}}{2}$

$\therefore \quad \frac{1-\sqrt{5}}{2} \leqq x \leqq \frac{1+\sqrt{5}}{2}$.

(4) $x^2-4x+4=(x-2)^2 \geqq 0$ (x は実数なので常に成立)
$\therefore \quad x=2$ を除くすべての実数．

例題 2.2.5 k を定数とするとき，2次方程式 $x^2-2kx+k^2+k-3=0$ が実数解をもつような k の値の範囲を求めよ．

解 $\frac{D}{4}=k^2-(k^2+k-3) \geqq 0$ より，$-k+3 \geqq 0$. $\quad \therefore \quad k \leqq 3$

例題 2.2.6 2次方程式 $ax^2-13x+b<0$ を満たす x の値の範囲が $\frac{1}{2}<x<\frac{5}{3}$ となるように定数 a, b の値を求めよ．

解 題意より,$a > 0$.また $ax^2 - 13x + b = 0$ の解が $x = \dfrac{1}{2}, \dfrac{5}{3}$ である.

$\left(ax^2 - 13x + b = a\left(x - \dfrac{1}{2}\right)\left(x - \dfrac{5}{3}\right) < 0 \text{であることも分かる.}\right)$

解と係数の関係より $\dfrac{1}{2} + \dfrac{5}{3} = \dfrac{13}{a}$, $\dfrac{1}{2} \times \dfrac{5}{3} = \dfrac{b}{a}$. $\quad \therefore \quad a = 6, b = 5$.

2.3 高次方程式と高次不等式

●高次方程式

・3次以上の一元整方程式を(一元)高次方程式という.

5次以上の方程式は一般に代数的には(+ − ÷ × と開法だけを有限回行うことによって)解けないことが,すなわち解の公式は作成することができないことが知られている.(解が存在することと,解を提示する(解を見出す)ことは別である.)

・次の(i)(ii)により2次以下の方程式の解法に帰着させる.

(i) 因数定理を利用して因数分解する.

(ii) 変数の置き換えをする. $x^2 = t$, $x + \dfrac{1}{x} = t$, $x - \dfrac{1}{x} = t$ とおく.

・因数分解 … n 次方程式 $P(x) = 0$ が異なる解 $\alpha_1, \alpha_2, \cdots, \alpha_m (m \leq n)$ をもつとき,$P(x)$ は次のように因数分解できる.

$$P(x) = (x - \alpha_1)(x - \alpha_2)(x - \alpha_3) \cdots (x - \alpha_m)Q(x) \quad (Q(x)\text{ は整式}).$$

・3次方程式の解と係数の関係

3次方程式 $ax^3 + bx^2 + cx + d = 0$ の解を α, β, γ とすると,

$$\alpha + \beta + \gamma = -\dfrac{b}{a}, \quad \alpha\beta + \beta\gamma + \gamma\alpha = \dfrac{c}{a}, \quad \alpha\beta\gamma = -\dfrac{d}{a}.$$

●高次不等式

与えられた式を因数分解し,表を作成するか,グラフを利用することによって解く.

・3次不等式

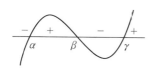

	$\cdots$	α	$\cdots$	β	$\cdots$	γ	$\cdots$
$x - \alpha = A$	$-$	0	$+$	$+$	$+$	$+$	$+$
$x - \beta = B$	$-$	$-$	$-$	0	$+$	$+$	$+$
$x - \gamma = C$	$-$	$-$	$-$	$-$	$-$	0	$+$
$A \times B \times C$	$-$	0	$+$	0	$-$	0	$+$

・4次不等式

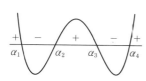

	$\cdots$	α_1	$\cdots$	α_2	$\cdots$	α_3	$\cdots$	α_4	$\cdots$
$x - \alpha_1 = A$	$-$	0	$+$	$+$	$+$	$+$	$+$	$+$	$+$
$x - \alpha_2 = B$	$-$	$-$	$-$	0	$+$	$+$	$+$	$+$	$+$
$x - \alpha_3 = C$	$-$	$-$	$-$	$-$	$-$	0	$+$	$+$	$+$
$x - \alpha_4 = D$	$-$	$-$	$-$	$-$	$-$	$-$	$-$	0	$+$
$A \cdot B \cdot C \cdot D$	$+$	0	$-$	0	$+$	0	$-$	0	$+$

2.3 高次方程式と高次不等式

例題 2.3.1 a, b を実数とする．$2-i$ が 3 次方程式 $x^3 + ax^2 + bx + 10 = 0$ の解であるとき，a, b の値と残りの解を求めよ．

解 $x = 2-i$ とおくと，$x-2 = -i$．両辺を平方すると，$(x-2)^2 = -1$．
∴ $x^2 - 4x + 5 = 0$．（$2-i$ が解であると，共役な虚数 $2+i$ も方程式の解である．）
3 次方程式は因子として，$x^2 - 4x + 5$ をもつ．したがって，3 次方程式を $x^2 - 4x + 5$ で割り，余りを 0 とする．

$$
\begin{array}{r}
x + (a+4) \\
x^2 - 4x + 5 \overline{\smash{)}\, x^3 + ax^2 + bx + 10} \\
\underline{x^3 - 4x^2 + 5x } \\
(a+4)x^2 + (b-5)x + 10 \\
\underline{(a+4)x^2 - 4(a+4)x + 5(a+4)} \\
(b + 4a + 11)x + (-5a - 10)
\end{array}
$$

$4a + b + 11 = 0, \ -5a - 10 = 0$.
∴ $a = -2, \ b = -3$.
よって，$a = -2, \ b = -3$ で，
残りの解は，$2+i, \ -2$.

例題 2.3.2 次の方程式を解け．
(1) $x^4 - 8x^2 - 9 = 0$
(2) $3x^4 - 8x^3 - 6x^2 + 8x + 3 = 0$

解 (1) $x^2 = t \geq 0$ とおくと，$t^2 - 8t - 9 = 0$ より $(t+1)(t-9) = 0$．
$x^2 = -1$ より，$x = \pm i$.
$x^2 = 9$ より，$x = \pm 3$. よって，$x = \pm i, \pm 3$.

(2) 与えられた方程式の両辺を x^2 で割ると $3x^2 - 8x - 6 + 8\dfrac{1}{x} + 3\dfrac{1}{x^2} = 0$.

$3\left(x^2 + \dfrac{1}{x^2}\right) - 8\left(x - \dfrac{1}{x}\right) - 6 = 0$. $x - \dfrac{1}{x} = t$ とおくと，

$x^2 + \dfrac{1}{x^2} = \left(x - \dfrac{1}{x}\right)^2 + 2 = t^2 + 2$. これより，$3(t^2 + 2) - 8t - 6 = 0$. $3t^2 - 8t = 0$

$t = 0$ のとき，$x - \dfrac{1}{x} = 0$ より，$x^2 - 1 = 0$. ∴ $x = \pm 1$.

$t = \dfrac{8}{3}$ のとき，$x - \dfrac{1}{x} = \dfrac{8}{3}$ より，$3x^2 - 8x - 3 = 0$. $(3x+1)(x-3) = 0$

∴ $x = -\dfrac{1}{3}, 3$.

よって，∴ $x = \pm 1, -\dfrac{1}{3}, 3$.

例題 2.3.3 3 次方程式 $x^3 - 1 = 0$ の実数でない解の 1 つを ω とするとき，次の式の値を求めよ．
(1) $\omega^3 - 1$
(2) $\omega^2 + \omega + 1$
(3) $\omega^2 - \overline{\omega}$

解 $x^3 - 1 = (x-1)(x^2 + x + 1) = 0$ より $x = 1$, $x^2 + x + 1 = 0$ から $x = \dfrac{-1 \pm \sqrt{3}\,i}{2}$.
$x = \dfrac{-1 \pm \sqrt{3}\,i}{2}$ の一方が ω である.

(1) ω は $x^3 - 1 = 0$ の解であるから,代入すると $\omega^3 - 1 = 0$.

(2) $\omega^3 - 1 = (\omega - 1)(\omega^2 + \omega + 1) = 0$ および,ω は実数でないことから,$\omega^2 + \omega + 1 = 0$.

(3) ω, $\overline{\omega}$ は 2 次方程式 $x^2 + x + 1 = 0$ の解であるから,解と係数の関係より,
$\omega + \overline{\omega} = -1$, $\omega\overline{\omega} = 1$.
$\overline{\omega} = -1 - \omega$ と,(2)の $\omega^2 + \omega + 1 = 0$ より $\omega^2 - \overline{\omega} = \omega^2 - (-1 - \omega) = \omega^2 + \omega + 1 = 0$.

例題 2.3.4 次の不等式を解け.
(1) $2x^3 - x^2 - 6x + 3 > 0$ (2) $x^4 - 15x^2 + 10x + 24 > 0$

解 (1) $P(x) = 2x^3 - x^2 - 6x + 3$ とおき,因数定理を用いて因数分解する.

方程式 $P(x) = 0$ の有理数の解は $\dfrac{(定数項)の約数}{(最高次の係数)の約数}$ であるから,定数項の約数;$\pm 1, \pm 3$,最高次の係数の約数;$\pm 1, \pm 2$. したがって,$\pm \dfrac{1}{1}$, $\pm \dfrac{3}{1}$, $\pm \dfrac{1}{2}$, $\pm \dfrac{3}{2}$.

$P(1) = 2 \times 1 - 1 - 6 \times 1 + 3 \ne 0$, $P(-1) = 2 \times (-1) - 1 - 6 \times (-1) + 3 \ne 0$,
$P(3) = 2 \times 27 - 9 - 6 \times 3 + 3 \ne 0$, $P(-3) = 2 \times (-27) - 9 - 6 \times (-3) + 3 \ne 0$,
$P\left(\dfrac{1}{2}\right) = 2 \times \dfrac{1}{8} - \dfrac{1}{4} - 6 \times \dfrac{1}{2} + 3 = 0$

したがって,$P(x)$ は $x - \dfrac{1}{2}$ で割り切れる.

$\therefore P(x) = \left(x - \dfrac{1}{2}\right)(2x^2 - 6) = 0$

$2x^3 - x^2 - 6x + 3 = 2(x + \sqrt{3})\left(x - \dfrac{1}{2}\right)(x - \sqrt{3})$

```
2  -1  -6   3 | 1/2
        1   0  -3
─────────────────
2   0  -6   0
```

	$\cdots$	$-\sqrt{3}$	$\cdots$	$\dfrac{1}{2}$	$\cdots$	$\sqrt{3}$	$\cdots$
$x + \sqrt{3}$	$-$	0	$+$	$+$	$+$	$+$	$+$
$x - \dfrac{1}{2}$	$-$	$-$	$-$	0	$+$	$+$	$+$
$x - \sqrt{3}$	$-$	$-$	$-$	$-$	$-$	0	$+$
	$-$	0	$+$	0	$-$	0	$+$

表より $-\sqrt{3} < x < \dfrac{1}{2}$, $\sqrt{3} < x$.

(2) $P(x) = x^4 - 15x^2 + 10x + 24$ とおく.定数項の約数;$\pm 1, \pm 2, \pm 3, \pm 4, \pm 6, \pm 8, \pm 12, \pm 24$.

$P(1) = 1 - 15 + 10 + 24 \ne 0$, $P(-1) = 1 - 15 - 10 + 24 = 0$.

したがって,$P(x)$ は $x + 1$ で割り切れる.

$\therefore P(x) = (x + 1)(x^3 - x^2 - 14x + 24)$

次に,$P_1(x) = x^3 - x^2 - 14x + 24$ とおく.

$P_1(2) = 8 - 4 - 14 \times 2 + 24 = 0$.

したがって,$P_1(x)$ は $x - 2$ で割り切れる.

$\therefore P_1(x) = (x - 2)(x^2 + x - 12) = (x - 2)(x + 4)(x - 3)$.

```
1   0  -15  10   24 | -1
    -1   1  14  -24
─────────────────────
1  -1  -14  24    0

1  -1  -14  24 | 2
     2    2 -24
──────────────────
1   1  -12   0
```

これより，$P(x) = (x+4)(x+1)(x-2)(x-3)$.

	…	-4	…	-1	…	2	…	3	…
$x+4$	$-$	0	$+$	$+$	$+$	$+$	$+$	$+$	$+$
$x+1$	$-$	$-$	$-$	0	$+$	$+$	$+$	$+$	$+$
$x-2$	$-$	$-$	$-$	$-$	$-$	0	$+$	$+$	$+$
$x-3$	$-$	$-$	$-$	$-$	$-$	$-$	$-$	0	$+$
	$+$	0	$-$	0	$+$	0	$-$	0	$+$

表より，$x < -4$, $-1 < x < 2$, $3 < x$.

2.4 分数方程式と無理方程式

● **分数方程式**

・未知数が分母にある分数式を含む方程式を<u>分数方程式</u>という．

・解法；

① 分数方程式中に含まれている各分数式の分母の<u>最小公倍数を方程式の両辺に掛けて整方程式を</u>導く．

② 整方程式を解いて得られる根の中で，もとの方程式の分母を 0 にしないものを根とする．分母を 0 にするものは解でないとして捨てる．

・$\dfrac{f(x)}{g(x)} = 0$ の形 …… $f(x) = 0$ を解く，ただし $g(x) \neq 0$ とするもの．

・$\dfrac{f(x)}{g(x)} = h(x)$ の形 …… $f(x) - h(x)g(x) = 0$ を解く，ただし $g(x) \neq 0$ とするもの．

● **分数不等式**

・解法Ⅰ；不等式 $f(x) > g(x)$ の解 … $y = f(x)$ のグラフが $y = g(x)$ のグラフより上になる x の範囲．

・解法Ⅱ；分母の正負で場合分け…分母を払い解く．（分母 $\neq 0$）

同値性 $\begin{cases} B > 0 \cdots\to \dfrac{A}{B} > C \Leftrightarrow A > BC \\ B < 0 \cdots\to \dfrac{A}{B} > C \Leftrightarrow A < BC \end{cases}$ を利用．

・解法Ⅲ；(分母)^2 を両辺に掛ける…整方程式に直して解く．（分母 $\neq 0$）

(分母)$^2 > 0$ より，不等号の向きの変化を考慮しなくてよい．ただし，高次方程式を解く必要がある．

同値性 $\begin{bmatrix} \dfrac{A}{B} > 0 \Leftrightarrow AB > 0, & \dfrac{A}{B} < 0 \Leftrightarrow AB < 0, \\ \dfrac{A}{B} \geqq 0 \Leftrightarrow AB \geqq 0, B \neq 0, & \dfrac{A}{B} \geqq 0 \Leftrightarrow AB \geqq 0, B \neq 0. \end{bmatrix}$ を利用．

● **無理方程式**

・未知数に関する無理式を含む方程式を<u>無理方程式</u>という．無理方程式の中に含まれている文字はすべて実数を表すものと考える．

・解法；

① 平方根だけを含む無理方程式を解くには，適当に移行して両辺を平方し，これを何回か繰り返して整方程式を導く．

② 整方程式を解いて得た根がもとの方程式を満足するか否か確認して解を決定．

第 2 章　方程式・不等式

・$\sqrt{f(x)} = g(x)$ の形 …… 両辺を平方して …… $f(x) = \{g(x)\}^2$ を解く，ただし $g(x) \geqq 0$.

● **無理不等式**

・解法 I：不等式 $f(x) > g(x)$ の解 … $y = f(x)$ のグラフが $y = g(x)$ のグラフより上になる x の範囲.

・解法 II：同値性に注意 … 両辺を平方 … $\sqrt{}$ をはずす … 整方程式を解く.

① $\sqrt{A} < B \Leftrightarrow A < B^2, A \geqq 0, B > 0$.

② $\sqrt{A} > B$ のとき　(i) $B \geqq 0 \Rightarrow A > B^2$ 両辺 0 以上なので平方しても同値.
　　　　　　　　　　　(ii) $B < 0 \Rightarrow A \geqq 0$ 左辺 $\geqq 0$, 右辺 < 0 なので常に成立.

③ $\sqrt{A} < \sqrt{B} \Leftrightarrow A < B, A \geqq 0$.

((分数および) 無理不等式の解法ではグラフ利用が最良の方法であると考えられる．3 章で解説.)

例題 2.4.1　次の方程式を解け.

(1) $\dfrac{5}{x+1} - 1 = \dfrac{10}{x^2 + 4x + 3}$　　(2) $\dfrac{3}{x-1} - \dfrac{6}{x^2 - 1} = 1$

(3) $\dfrac{3}{x-1} - \dfrac{x+2}{x-2} + 1 = \dfrac{5x-7}{x^2 - 3x + 2}$

解　(1) 分母 $\neq 0$ より $x + 1 \neq 0$, $x^2 - 4x + 3 \neq 0$ より $x \neq -1, -3$.

両辺に $x^2 + 4x + 3 = (x+3)(x+1)$ を掛ける.

$5(x+3) - (x^2 + 4x + 3) = 10$ より $x = -1, 2$. よって　適する解は $x = 2$.

(2) 分母 $\neq 0$ より $x - 1 \neq 0$, $x^2 - 1 \neq 0$ より $x \neq \pm 1$.

両辺に $x^2 - 1$ を掛ける. $3(x+1) - 6 = x^2 - 1$ より $x = 1, 2$. よって　適する解は $x = 2$.

(3) 分母 $\neq 0$ より $x - 1 \neq 0$, $x - 2 \neq 0$, $x^2 - 3x + 2 \neq 0$ より $x \neq 1, 2$.

両辺に $x^2 - 3x + 2$ を掛ける. $3(x-2) - (x+2)(x-1) + x^2 - 3x + 2 = 5x - 7$

より $x = \dfrac{5}{6}$. よって　適する解は $x = \dfrac{5}{6}$.

例題 2.4.2　次の方程式を解け.

(1) $x + \sqrt{2x+1} = 7$　　(2) $\sqrt{1-x} = x + 1$

(3) $\sqrt{x - \sqrt{x-2}} = 2$

解　(1) $\sqrt{2x+1} = 7 - x$ より, $2x + 1 \geqq 0$, $7 - x \geqq 0$. したがって, $-\dfrac{1}{2} \leqq x \leqq 7$.

両辺を平方すると $2x + 1 = x^2 - 14x + 49$, $x^2 - 16x + 48 = 0$. ∴ $x = 4, 12$.

よって適する解は $x = 4$.

(2) $1 - x \geqq 0$, $x + 1 \geqq 0$. したがって, $-1 \leqq x \leqq 1$.

両辺を平方すると $1 - x = x^2 + 2x + 1$, $x^2 + 3x = 0$. ∴ $x = -3, 0$.

よって適する解は $x = 0$.

(3) $x - 2 \geqq 0$, $x - \sqrt{x-2} \geqq 0$ (∵ $x \geqq 2$ より, $x \geqq x - 2 \geqq 0$. これより, $x \geqq \sqrt{x} \geqq \sqrt{x-2}$).

したがって, $2 \leqq x$.

$\sqrt{x - \sqrt{x-2}} = 2$ の両辺を平方すると $x - \sqrt{x-2} = 4$ より, $x - 4 = \sqrt{x-2}$　$4 \leqq x$

∴ $4 \leqq x$.

$x - 4 = \sqrt{x-2}$ の両辺を平方すると $(x-4)^2 = x - 2$ ∴ $x = 3, 6$
よって適する解は $x = 6$.

例題 2.4.3 次の不等式を解け．

(1) $\dfrac{3(x+1)}{x-1} \geqq x + 3$ (2) $\dfrac{6+x}{x} \leqq x$ (3) $\dfrac{6}{x+4} + x \leqq 1$

解 (1) $\dfrac{3(x+1)}{x-1} = 3 \cdot \dfrac{(x-1)+2}{x-1} = 3 + \dfrac{6}{x-1}$ $(x \neq 1)$．

∴ $\dfrac{6}{x-1} \geqq x \cdots ①$．

$x > 1$ のとき，①の両辺に $x - 1$ を掛けると，$6 \geqq x(x-1)$．$x^2 - x - 6 \leqq 0$ より

$(x-3)(x+2) \leqq 0$． ∴ $-2 \leqq x \leqq 3$．

したがって，$1 < x \leqq 3$．

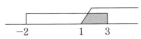

$x < 1$ のとき，①の両辺に $x - 1$ をかけると，（不等号の向きが変わる．）$6 \leqq x(x-1)$．

$x^2 - x - 6 \geqq 0$ より $(x-3)(x+2) \geqq 0$． ∴ $x \leqq -2$, $3 \leqq x$

したがって，$x \leqq -2$．

よって，$x \leqq -2$, $1 < x \leqq 3$．

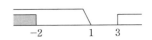

別解 ....

①の両辺に $(x-1)^2$ を掛ける $(x \neq 1)$．

∴ $6(x-1) \geqq x(x-1)^2$．$(x-1)\{x(x-1)-6\} \leqq 0$ より，

$(x+2)(x-1)(x-3) \leqq 0$

よって，$x \leqq -2$, $1 < x \leqq 3$．

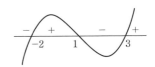

(2) $\dfrac{6+x}{x} = 1 + \dfrac{6}{x} \leqq x$ $(x \neq 0)$． ∴ $\dfrac{6}{x} \leqq x - 1 \cdots ②$．

$x > 0$ のとき，②の両辺に x を掛けると，$6 \leqq x^2 - x$．$x^2 - x - 6 \geqq 0$ より $(x-3)(x+2) \geqq 0$.

∴ $x \leqq -2$, $3 \leqq x$．

したがって，$3 \leqq x$．

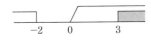

$x < 0$ のとき，②の両辺に x を掛けると，（不等号の向きが変わる．）$6 \geqq x^2 - x$．

$x^2 - x - 6 \leqq 0$ より $(x-3)(x+2) \leqq 0$．

∴ $-2 \leqq x \leqq 3$

したがって，$-2 \leqq x < 0$．

よって，$-2 \leqq x < 0$, $3 \leqq x$．

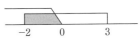

別解 ....

②の両辺に x^2 を掛ける $(x \neq 0)$．

∴ $6x \leqq x^2(x-1)$．$x\{x(x-1)-6\} \geqq 0$ より，

$(x+2)x(x-3) \geqq 0$

よって，$-2 \leqq x < 0$, $3 \leqq x$．

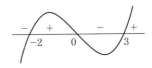

(3) $x > -4$ のとき，与式の両辺に $x + 4$ を掛けると，$6 + x(x+4) \leqq x + 4$．

$x^2 + 3x + 2 \leqq 0$ より $(x+2)(x+1) \leqq 0$．

∴ $-2 \leqq x \leqq -1$．

したがって，$-2 \leqq x \leqq -1$．

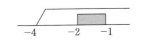

$x<-4$ のとき，与式の両辺に $x+4$ を掛けると，（不等号の向きが変わる.）

$6+x(x+4) \geqq x+4$.

$x^2+3x+2 \geqq 0$ より $(x+2)(x+1) \geqq 0$.

∴ $x \leqq -2$, $-1 \leqq x$.

したがって，$x<-4$.

よって，$x<-4$, $-2 \leqq x \leqq -1$.

別解

与式の両辺に $(x+4)^2$ を掛ける $(x \neq -4)$.

∴ $6(x+4)+x(x+4)^2 \leqq (x+4)^2$.

$(x+4)\{x(x+4)-(x+4)+6\} \leqq 0$ より，

$(x+4)(x^2+3x+2) \leqq 0$. $(x+4)(x+2)(x+1) \leqq 0$.

よって，$x<-4$, $-2 \leqq x \leqq -1$.

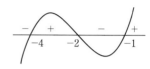

例題 2.4.4 次の不等式を解け．
(1) $\sqrt{x-1}<7-x$ 　　 (2) $\sqrt{3x+4} \geqq x$ 　　 (3) $\sqrt{2-x}<x+2$

解 (1) $x-1 \geqq 0$, $7-x>0$ より，$x \geqq 1$, $7>x$.　∴ $7>x \geqq 1$.

両辺を平方すると $x-1<(7-x)^2$. $x-1<x^2-14x+49$.

$x^2-15x+50>0$ より $(x-5)(x-10)>0$.　∴ $x<5$, $10<x$.

よって，$1 \leqq x<5$.

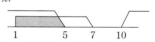

(2) $x \geqq 0$, $3x+4 \geqq 0$ より，$x \geqq 0$.

両辺を平方すると $3x+4 \geqq x^2$. $x^2-3x-4 \leqq 0$ より，

$(x-4)(x+1) \leqq 0$.　∴ $-1 \leqq x \leqq 4$.

したがって，$0 \leqq x \leqq 4$.

$x<0$, $3x+4 \geqq 0$ のとき，不等式は常に成り立つ.　∴ $-\dfrac{4}{3} \leqq x<0$.

よって，$-\dfrac{4}{3} \leqq x \leqq 4$.

(3) $2-x \geqq 0$, $x+2>0$ より，$-2<x \leqq 2$.

両辺を平方すると $2-x<(x+2)^2$. $x^2+5x+2>0$. ここで，$x^2+5x+2=0$ より，

$x=\dfrac{-5 \pm \sqrt{17}}{2}$. したがって，$x<\dfrac{-5-\sqrt{17}}{2}$, $\dfrac{-5+\sqrt{17}}{2}<x$.

$16<17<25$ より，$4<\sqrt{17}<5$. これより，$-\dfrac{1}{2}<\dfrac{-5+\sqrt{17}}{2}<0$.

また，$-5<-\sqrt{17}<-4$, $-5<\dfrac{-5-\sqrt{17}}{2}<-\dfrac{9}{2}$.

よって，$\dfrac{-5+\sqrt{17}}{2}<x \leqq 2$.

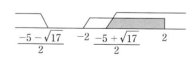

2.5 三角方程式と三角不等式

● 三角比

- 直角三角形 ABC（∠B = 90°）で

  … 正弦 $\sin A = \dfrac{a}{b}$, 余弦 $\cos A = \dfrac{c}{b}$, 正接 $\tan A = \dfrac{a}{c}$,

  正割 $\sec A = \dfrac{1}{\cos A} = \dfrac{b}{c}$,

  余割 $\operatorname{cosec} A = \dfrac{1}{\sin A} = \dfrac{b}{a}$,

  余接 $\cot A = \dfrac{1}{\tan A} = \dfrac{c}{a}$.

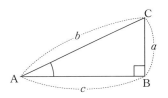

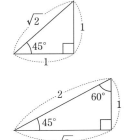

-
A	$0°$	$30°$	$45°$	$60°$	$90°$
$\sin A$	0	$\dfrac{1}{2}$	$\dfrac{1}{\sqrt{2}}$	$\dfrac{\sqrt{3}}{2}$	1
$\cos A$	1	$\dfrac{\sqrt{3}}{2}$	$\dfrac{1}{\sqrt{2}}$	$\dfrac{1}{2}$	0
$\tan A$	0	$\dfrac{1}{\sqrt{3}}$	1	$\sqrt{3}$	

- 余角の三角比 $0° \leqq A \leqq 90°$

  $\sin(90° - A) = \cos A$, $\cos(90° - A) = \sin A$, $\tan(90° - A) = \dfrac{1}{\tan A} = \cot A$

- 鈍角の三角比 $90° \leqq A \leqq 180°$

  $\sin A = \sin(180° - A)$, $\cos A = -\cos(180° - A)$, $\tan A = -\tan(180° - A)$

- 三角比の相互関係

  $\sin^2 A + \cos^2 A = 1$, $\tan A = \dfrac{\sin A}{\cos A}$

● 三角関数

- 弧度法：円の大きさに関係なく，弧の長さと中心角が比例することを用いて表した値である．円の半径の長さと等しい円の弧の上に立つ中心角を 1（ラディアン）とする．弧度には単位をつけない．

  $\pi \,(\text{radian}) = 180°$, $1\,(\text{radian}) = \dfrac{180°}{\pi}$.

- 三角関数

  半径 r の円周上の点 $\mathrm{P}(x, y)$ とする

  $\sin\theta = \dfrac{y}{r}$, $\cos\theta = \dfrac{x}{r}$, $\tan\theta = \dfrac{y}{x}$.

  $-1 \leqq \sin\theta \leqq 1$, $-1 \leqq \cos\theta \leqq 1$, $-\infty < \tan\theta < \infty$.

  $\operatorname{cosec}\theta = \dfrac{r}{y}$, $\sec\theta = \dfrac{r}{x}$, $\cot\theta = \dfrac{x}{y}$.

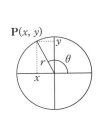

- 各象限の三角関数の符号

・相互関係
$$\sin^2\theta + \cos^2\theta = 1, \quad \tan\theta = \frac{\sin\theta}{\cos\theta}, \quad \cot\theta = \frac{\cos\theta}{\sin\theta}$$
$$\rightarrow \quad \tan^2\theta + 1 = \frac{1}{\cos^2\theta}, \quad 1 + \cot^2\theta = \frac{1}{\sin^2\theta}.$$
$$\frac{1}{\cos\theta} = \sec\theta, \quad \frac{1}{\sin\theta} = \operatorname{cosec}\theta$$

・一般角の三角関数

① 一般角　$\sin(2n\pi + \theta) = \sin\theta, \quad \cos(2n\pi + \theta) = \cos\theta, \quad \tan(2n\pi + \theta) = \tan\theta.$

② 負角　　$\sin(-\theta) = -\sin\theta, \quad \cos(-\theta) = \cos\theta, \quad \tan(-\theta) = -\tan\theta.$

③ 余角　　$\sin\left(\frac{\pi}{2} - \theta\right) = \cos\theta, \quad \cos\left(\frac{\pi}{2} - \theta\right) = \sin\theta, \quad \tan\left(\frac{\pi}{2} - \theta\right) = \cot\theta.$

④ 補角　　$\sin(\pi - \theta) = \sin\theta, \quad \cos(\pi - \theta) = -\cos\theta, \quad \tan(\pi - \theta) = -\tan\theta.$

⑤ 　　　　$\sin\left(\frac{\pi}{2} + \theta\right) = \cos\theta, \quad \cos\left(\frac{\pi}{2} + \theta\right) = -\sin\theta, \quad \tan\left(\frac{\pi}{2} - \theta\right) = -\cot\theta.$

⑥ 　　　　$\sin(\pi + \theta) = -\sin\theta, \quad \cos(\pi + \theta) = -\cos\theta, \quad \tan(\pi + \theta) = \tan\theta.$

覚え方　$\sin\left(\frac{\pi}{2} \times n + \theta\right) = S$　　θは第1象限の角と考える.

　n；偶数のとき　…→　$s = \square \sin\theta$（そのまま）

　n；奇数のとき　…→　$s = \square \cos\theta$（反対）

　$\square$には $\sin\left(\frac{\pi}{2} \times n + \theta\right)$ の符号を記入（＋，－）.

$\left(\frac{\pi}{2} \times n + \theta \text{は第何象限か調べる}\right)$

　同様に，$\cos\left(\frac{\pi}{2} \times n + \theta\right) = C$　　θは第1象限の角と考える.

　n；偶数のとき　…→　$C = \square \cos\theta$（そのまま）

　n；奇数のとき　…→　$C = \square \sin\theta$（反対）

　$\square$には $\cos\left(\frac{\pi}{2} \times n + \theta\right)$ の符号を記入（＋，－）.

$\left(\frac{\pi}{2} \times n + \theta \text{は第何象限か調べる}\right)$

$\frac{\pi}{2} \times n \boxed{-\theta}$ の場合；$-\theta = \Theta$ とおき Θ を第1象限の角と考え $\frac{\pi}{2} \times n - \theta = \frac{\pi}{2} \times n + \Theta$ より,

覚え方が使え，$\sin\left(\frac{\pi}{2} \times n + \Theta\right) = \begin{cases} \square\sin\Theta & n;偶数 \\ \square\cos\Theta & n;奇数 \end{cases}$, $\cos\left(\frac{\pi}{2} \times n + \Theta\right) = \begin{cases} \square\cos\Theta & n;偶数 \\ \square\sin\Theta & n;奇数 \end{cases}$

とし，符号を記入後 $\sin\Theta = \sin(-\theta) = -\sin\theta, \cos\Theta = \cos(-\theta) = \cos\theta$ を適用する.

● **加法定理**

・加法定理
$$\sin(\alpha + \beta) = \sin\alpha\cos\beta + \sin\beta\cos\alpha, \quad \sin(\alpha - \beta) = \sin\alpha\cos\beta - \sin\beta\cos\alpha$$
$$\cos(\alpha + \beta) = \cos\alpha\cos\beta - \sin\alpha\sin\beta, \quad \cos(\alpha - \beta) = \cos\alpha\cos\beta + \sin\alpha\sin\beta$$
$$\tan(\alpha + \beta) = \frac{\tan\alpha + \tan\beta}{1 - \tan\alpha\tan\beta}, \quad \tan(\alpha - \beta) = \frac{\tan\alpha - \tan\beta}{1 + \tan\alpha\tan\beta}$$

・倍角の公式
$$\sin 2\theta = 2\sin\theta\cos\theta,$$
$$\cos 2\theta = \cos^2\theta - \sin^2\theta$$
$$= 2\cos^2\theta - 1 \quad \rightarrow \quad \cos^2\theta = \frac{1}{2}(\cos 2\theta + 1)$$
$$= 1 - 2\sin^2\theta \quad \rightarrow \quad \sin^2\theta = \frac{1}{2}(1 - \cos 2\theta).$$

$$\tan 2\theta = \frac{2\tan\theta}{1-\tan^2\theta}.$$
$$\sin 3\theta = 3\sin\theta - 4\sin^3\theta, \quad \cos 3\theta = 4\cos^3\theta - 3\cos\theta.$$

・積 ⟶ 和の公式
$$\sin\alpha\cos\beta = \frac{1}{2}\{\sin(\alpha+\beta) + \sin(\alpha-\beta)\}, \quad \cos\alpha\sin\beta = \frac{1}{2}\{\sin(\alpha+\beta) - \sin(\alpha-\beta)\},$$
$$\cos\alpha\cos\beta = \frac{1}{2}\{\cos(\alpha+\beta) + \cos(\alpha-\beta)\}, \quad \sin\alpha\sin\beta = -\frac{1}{2}\{\cos(\alpha+\beta) - \cos(\alpha-\beta)\}.$$

・和 ⟶ 積の公式
$$\sin A + \sin B = 2\sin\frac{A+B}{2}\cos\frac{A-B}{2}, \quad \sin A - \sin B = 2\cos\frac{A+B}{2}\sin\frac{A-B}{2},$$
$$\cos A + \cos B = 2\cos\frac{A+B}{2}\cos\frac{A-B}{2}, \quad \cos A - \cos B = -2\sin\frac{A+B}{2}\sin\frac{A-B}{2}.$$

・合成の公式
$$a\sin\theta + b\cos\theta = \sqrt{a^2+b^2}\sin(\theta+\alpha)$$

ただし $\cos\alpha = \dfrac{a}{\sqrt{a^2+b^2}}$, $\sin\alpha = \dfrac{b}{\sqrt{a^2+b^2}}$.

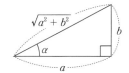

・$\sin\theta$, $\cos\theta$, $\tan\theta$ を $\tan\dfrac{\theta}{2} = t$ で表す.

$$\sin\theta = \sin\left(2\cdot\frac{\theta}{2}\right) = 2\sin\frac{\theta}{2}\cos\frac{\theta}{2} = \frac{2\sin\frac{\theta}{2}\cos\frac{\theta}{2}}{1} = \frac{2\sin\frac{\theta}{2}\cos\frac{\theta}{2}}{\sin^2\frac{\theta}{2}+\cos^2\frac{\theta}{2}} = \frac{2\tan\frac{\theta}{2}}{\tan^2\frac{\theta}{2}+1} = \frac{2t}{1+t^2},$$

$$\cos\theta = \cos^2\frac{\theta}{2} - \sin^2\frac{\theta}{2} = \frac{\cos^2\frac{\theta}{2}-\sin^2\frac{\theta}{2}}{\cos^2\frac{\theta}{2}+\sin^2\frac{\theta}{2}} = \frac{1-\tan^2\frac{\theta}{2}}{1+\tan^2\frac{\theta}{2}} = \frac{1-t^2}{1+t^2},$$

$$\tan\theta = \frac{\sin\left(2\cdot\frac{\theta}{2}\right)}{\cos\left(2\cdot\frac{\theta}{2}\right)} = \frac{2\sin\frac{\theta}{2}\cos\frac{\theta}{2}}{\cos^2\frac{\theta}{2}-\sin^2\frac{\theta}{2}} = \frac{2\tan\frac{\theta}{2}}{1-\tan^2\frac{\theta}{2}} = \frac{2t}{1-t^2}.$$

● 三角方程式・三角不等式

・三角方程式

　$x = \alpha$ を1つの特別解, n を整数とする.

　　$\sin x = a$ $(|a| \leqq 1)$ $\cdots\to$ $x = n\pi + (-1)^n\alpha$,

　　$\cos x = a$ $(|a| \leqq 1)$ $\cdots\to$ $x = 2n\pi \pm \alpha$,

　　$\tan x = a$ $\cdots\to$ $x = n\pi + \alpha$.

解き方

① $\sin x$, $\cos x$, $\tan x$ 等混合の場合

　$\cdots\to$ 1種類だけの三角関数の式に直す.

　$\cdots\to$ $\sin^2 x + \cos^2 x = 1$, $\tan x = \dfrac{\sin x}{\cos x}$, $\tan^2 x + 1 = \dfrac{1}{\cos^2 x}$ を利用する

② 因数分解 $\cdots$ 積 $= 0$ の形に直す.

③ $\sin x$ と $\cos x$ についての連立方程式.

　$\cdots\to$ $\sin^2 x + \cos^2 x = 1$ を利用し, 一方を消去する.

④ $a\sin x + b\cos x$ の形 $\cdots$ 合成公式 $a\sin x + b\cos x = \begin{cases} \sqrt{a^2+b^2}\sin(x+\alpha) \\ \sqrt{a^2+b^2}\cos(x+\beta) \end{cases}$ を利用する.

⑤ 角に制限があるとき　…→　その制限範囲内の角で解く．
　　角に制限がないとき　…→　n を用いて一般角で答える．

・三角不等式

$x = \alpha$ を1つの特別解（$\sin x = a$，$\cos x = a$，$(|a| \leq 1)$），n を整数とする．

　　$\sin x > a \ (|a| \leq 1)$　…→　$2n\pi + \alpha < x < (2n+1)\pi - \alpha$，
　　$\cos x > a \ (|a| \leq 1)$　…→　$2n\pi - \alpha < x < 2n\pi + \alpha$．

解き方

① 単純な場合　…→　そのまま因数分解等を利用する．
　　　　　　　…→　$\sin x > a$，$\cos x > a$ 等に直す．
　　複雑な場合　…→　不等号を等号に直して三角方程式を解く．

② グラフ，単位円を利用する．

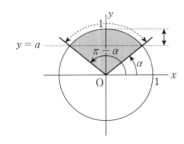
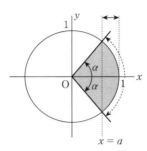

例題 2.5.1 $0° < \theta < 180°$ とする．$\cos\theta = -\dfrac{3}{5}$ のとき，$\sin\theta$，$\tan\theta$ の値を求めよ．

解 条件より，θ は第2象限の角である．したがって，$\sin\theta \geq 0$，$\tan\theta < 0$．

$$\therefore\ \sin\theta = \sqrt{1 - \cos^2\theta} = \sqrt{1 - \dfrac{9}{25}} = \dfrac{4}{5},\quad \tan\theta = \dfrac{\dfrac{4}{5}}{-\dfrac{3}{5}} = -\dfrac{4}{3}.$$

例題 2.5.2 $\sin\theta + \cos\theta = \dfrac{1}{3}$ のとき，$\sin\theta\cos\theta$，$\sin^3\theta + \cos^3\theta$ の値を求めよ．

解 $\begin{cases}\sin\theta + \cos\theta = \dfrac{1}{3}\\ \sin^2\theta + \cos^2\theta = 1\end{cases}$ と連立させて考える（が，$\sin\theta = \cdots$，$\cos\theta = \cdots$ と解かないこと）．

$(\sin\theta + \cos\theta)^2 = \sin^2\theta + \cos^2\theta + 2\sin\theta\cos\theta = 1 + 2\sin\theta\cos\theta = \dfrac{1}{9}$，

$\therefore\ \sin\theta\cos\theta = -\dfrac{4}{9}$．

$\sin^3\theta + \cos^3\theta = (\sin\theta + \cos\theta)(\sin^2\theta - \sin\theta\cos\theta + \cos^2\theta) = (\sin\theta + \cos\theta)(1 - \sin\theta\cos\theta)$

$\qquad\qquad = \dfrac{1}{3}\left(1 - \left(-\dfrac{4}{9}\right)\right) = \dfrac{13}{27}$．

2.5 三角方程式と三角不等式

例題 2.5.3 $0° < \theta < 180°$ とするとき，次の問いに答えよ．

(1) 等式 $\sin\theta = \dfrac{1}{\sqrt{2}}$ を満たす θ の値を求めよ．

(2) 不等式 $\cos\theta < \dfrac{1}{2}$ を満たす θ の範囲を求めよ．

(3) 等式 $2\cos^2\theta + \sin\theta - 2 = 0$ を満たす θ の値を求めよ．

解

(1)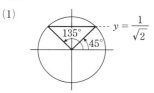
$0° < \theta < 180°$, $y = \dfrac{1}{\sqrt{2}}$ と単位円の交点を求め，原点と各交点を結ぶ．その各動径までの角の大きさを求める．
$\sin\theta = \dfrac{1}{\sqrt{2}}$ より ∴ $\theta = 45°, 135°$.

(2)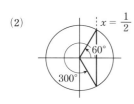
$0° < \theta < 180°$, $x = \dfrac{1}{2}$ と単位円の交点を求め，原点と各交点を結ぶ．
その各動径までの角の大きさを求める．
$\cos\theta = \dfrac{1}{2}$ より $\theta = 60°$, （$300°$）．
∴ $60° < \theta < 180°$.

(3) $\cos^2\theta = 1 - \sin^2\theta$ より $2\cos^2\theta + \sin\theta - 2 = 2(1 - \sin^2\theta) + \sin\theta - 2 = -2\sin^2\theta + \sin\theta = 0$.
∴ $2\sin^2\theta - \sin\theta = 0$. $\sin\theta(2\sin\theta - 1) = 0$, したがって，$\sin\theta = 0$, $\sin\theta = \dfrac{1}{2}$.
$\sin\theta = 0$ より解なし，$\sin\theta = \dfrac{1}{2}$ より $\theta = 30°, 150°$.

例題 2.5.4 $\pi < \theta < 2\pi$ とする．$\cos\theta = \dfrac{\sqrt{6}}{3}$ のとき，$\sin\theta$, $\tan\theta$ の値を求めよ．

解 $\pi < \theta < 2\pi$ かつ $\cos\theta > 0$ より θ は第4象限, → $\sin\theta < 0$, $\tan\theta < 0$.

∴ $\sin\theta = -\sqrt{1 - \cos^2\theta} = -\sqrt{1 - \dfrac{6}{9}} = -\dfrac{\sqrt{3}}{3}$, $\tan\theta = -\dfrac{\sqrt{3}}{\sqrt{6}} = -\dfrac{1}{\sqrt{2}}$.

例題 2.5.5 $\dfrac{\pi}{2} < \alpha < \pi$, $\pi < \beta < \dfrac{3}{2}\pi$ で，$\sin\alpha = \dfrac{4}{5}$, $\cos\beta = -\dfrac{3}{5}$ のとき，$\cos(\alpha - \beta)$ の値を求めよ．

解 $\cos(\alpha - \beta) = \cos\alpha\cos\beta + \sin\alpha\sin\beta$ より, $\cos\alpha$, $\sin\beta$ を求める．

条件より $\cos\alpha < 0$, $\sin\beta < 0$. ∴ $\cos\alpha = -\sqrt{1 - \sin^2\alpha} = -\sqrt{1 - \dfrac{16}{25}} = -\dfrac{3}{5}$,

$\sin\beta = -\sqrt{1 - \cos^2\beta} = -\sqrt{1 - \dfrac{9}{25}} = -\dfrac{4}{5}$.

よって $\cos(\alpha - \beta) = \cos\alpha\cos\beta + \sin\alpha\sin\beta = \left(-\dfrac{3}{5}\right)\left(-\dfrac{3}{5}\right) + \dfrac{4}{5}\left(-\dfrac{4}{5}\right) = -\dfrac{7}{25}$.

例題 2.5.6 $0 \leqq \theta < 2\pi$ とするとき，次の問いに答えよ．

(1) 等式 $2\sin\theta + \sqrt{3} = 0$ を満たす θ の値を求めよ．

(2) 不等式 $2\cos\theta + \sqrt{2} < 0$ を満たす θ の範囲を求めよ．

(3) 不等式 $2\sin\left(\theta - \dfrac{\pi}{3}\right) - 1 > 0$ を満たす θ の値を求めよ．

解 (1) $\sin\theta = -\dfrac{\sqrt{3}}{2}$ より，

$y = -\dfrac{\sqrt{3}}{2}$ と単位円の交点を求め，原点と各交点を結ぶ．

次に，その各動径までの角の大きさを求める．

$\therefore\ \theta = \dfrac{4\pi}{3}, \dfrac{5\pi}{3}$.

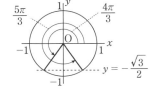

(2) $\cos\theta < -\dfrac{\sqrt{2}}{2}$ なので，$\cos\theta = -\dfrac{1}{\sqrt{2}}$ の解を，範囲 $0 \leqq \theta < 2\pi$ より求める．

$x = -\dfrac{1}{\sqrt{2}}$ と単位円の交点を求め，原点と各交点を結ぶ．

次に，その各動径までの角の大きさを求める．

$\therefore\ \theta = \dfrac{3\pi}{4}, \dfrac{5\pi}{4}$.

よって，$\dfrac{3\pi}{4} < \theta < \dfrac{5\pi}{4}$.

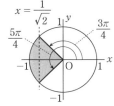

(3) $\sin\left(\theta - \dfrac{\pi}{3}\right) > -\dfrac{1}{2}$ において，$\theta - \dfrac{\pi}{3} = \Theta$ とおくと，

$-\dfrac{\pi}{3} \leqq \Theta < 2\pi - \dfrac{\pi}{3} = \dfrac{5}{3}\pi$.

この範囲で $\sin\Theta > -\dfrac{1}{2}$ を，満たす Θ を決定する．

$\sin\Theta = -\dfrac{1}{2}$ を求めると，$\Theta = -\dfrac{\pi}{6}, \dfrac{7\pi}{6}$.

したがって，$-\dfrac{\pi}{6} < \Theta < \dfrac{7\pi}{6}$.

よって，$\dfrac{\pi}{6} < \theta < \dfrac{3}{2}\pi$.

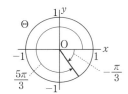
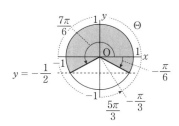

例題 2.5.7 $\dfrac{\pi}{2} < \theta < \pi$ とする．$\cos\theta = -\dfrac{5}{13}$ のとき，$\sin 2\theta$, $\cos 2\theta$, $\tan^2\dfrac{\theta}{2}$ の値を求めよ．

解 $\dfrac{\pi}{2} < \theta < \pi$ より $\sin\theta > 0$. $\therefore\ \sin\theta = \sqrt{1 - \cos^2\theta} = \sqrt{1 - \left(-\dfrac{5}{13}\right)^2} = \dfrac{12}{13}$.

これより，

$\sin 2\theta = 2\sin\theta\cos\theta = 2 \cdot \dfrac{12}{13} \cdot \left(-\dfrac{5}{13}\right) = -\dfrac{120}{169}$.

$\cos 2\theta = \cos^2\theta - \sin^2\theta = (\cos\theta + \sin\theta)(\cos\theta - \sin\theta) = \dfrac{-5+12}{13} \cdot \dfrac{-5-12}{13} = -\dfrac{119}{169}$.

$\tan^2\dfrac{\theta}{2} = \dfrac{\sin^2\dfrac{\theta}{2}}{\cos^2\dfrac{\theta}{2}} = \dfrac{1 - \cos^2\dfrac{\theta}{2}}{\cos^2\dfrac{\theta}{2}} = \dfrac{1}{\cos^2\dfrac{\theta}{2}} - 1 = $ ☆

$$\cos\theta = \cos^2\frac{\theta}{2} - \sin^2\frac{\theta}{2} = 2\cos^2\frac{\theta}{2} - 1 \text{ より, } \cos^2\frac{\theta}{2} = \frac{\cos\theta + 1}{2} = \frac{4}{13}.$$

$$☆ = \frac{1}{\frac{4}{13}} - 1 = \frac{13}{4} - 1 = \frac{9}{4}.$$

例題 2.5.8 $0 \leqq \theta \leqq \pi$ において，$y = \sin\theta + \sqrt{3}\cos\theta$ の最大値，最小値を求めよ．

解 $y = \sin\theta + \sqrt{3}\cos\theta = \sqrt{1+3}\left(\frac{1}{2}\sin\theta + \frac{\sqrt{3}}{2}\cos\theta\right) = 2\sin\left(\theta + \frac{\pi}{3}\right)$.

$0 \leqq \theta \leqq \pi$ より，$\frac{\pi}{3} \leqq \theta + \frac{\pi}{3} \leqq \frac{4\pi}{3}$.

図より $-\frac{\sqrt{3}}{2} \leqq \sin\left(\theta + \frac{\pi}{3}\right) \leqq 1$. したがって，$-\sqrt{3} \leqq 2\sin\left(\theta + \frac{\pi}{3}\right) \leqq 2$.

よって，最大値は $2\ \left(\theta = \frac{\pi}{6}\right)$，最小値は $-\sqrt{3}\ (\theta = \pi)$.

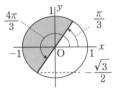

2.6 指数方程式と指数不等式

● **指数・指数関数**

・指数法則

$a > 0$, n が正の整数のとき　$\cdots$　$a^0 = 1$, $a^{-n} = \dfrac{1}{a^n}$, $a^{\frac{1}{n}} = \sqrt[n]{a}$.

$a > 0$, $b > 0$, m, n が実数のとき

　$\cdots$　$a^m \times a^n = a^{m+n}$, $a^m \div a^n = a^{m-n}$, $(a^m)^n = a^{mn}$, $(ab)^m = a^m b^m$.

・指数関数 $y = a^x$

底；$a > 0$, $a \neq 1$.

定義域；$-\infty < x < \infty$，値域；$y > 0$.

大小関係；$a > 1$　$\cdots$　$p < q \Leftrightarrow a^p < a^q$,

　　　　　$0 < a < 1$　$\cdots$　$p < q \Leftrightarrow a^p > a^q$.

● **指数方程式**

① $a^x = a^p$ の形に整理する　$\cdots$　$x = p$.

② $a^x = X$ とおき，X の方程式を解く．$\underline{(X > 0)}$.

③ $a^x = b$ の形に整理する　$\cdots$　両辺の対数をとる　$\cdots$　$x = \log_a b$.

● **指数不等式**

$a > 1$　　　$\cdots$　$a^x > a^p$ の解は $x > p$,

　　　　　　$\cdots$　$a^x < a^p$ の解は $x < p$.

$0 < a < 1$　$\cdots$　$a^x > a^p$ の解は $x < p$,

　　　　　　$\cdots$　$a^x < a^p$ の解は $x > p$.

例題 2.6.1 次の□に当てはまる数または，ものを求めよ．

(1) $3^{\frac{5}{3}} \times 3^{\frac{3}{2}} \div 3^{\frac{7}{6}} = \boxed{ア}$ である．

(2) $\sqrt[3]{a^2} \div \sqrt[6]{a} \times \sqrt{a} = \boxed{イ}$ である．

(3) $\sqrt[3]{-625} + \sqrt[3]{125} + \dfrac{25}{\sqrt[3]{25}} = \boxed{ウ}$ である．

(4) $2^x + 2^{-x} = 3$ のとき, $2^{2x} + 2^{-2x} = \boxed{エ}$ であり, $2^{3x} + 2^{-3x} = \boxed{オ}$ である．

解 (1) 底が同一なので指数部に着目して $\dfrac{5}{3} + \dfrac{3}{2} - \dfrac{7}{6} = 2$. ∴ 与式 $= 3^2 = 9$.

(2) $\sqrt[3]{a^2} \div \sqrt[6]{a} \times \sqrt{a} = a^{\frac{2}{3}} \div a^{\frac{1}{6}} \times a^{\frac{1}{2}} = a^{\frac{2}{3} - \frac{1}{6} + \frac{1}{2}} = a^{\frac{6}{6}} = a$.

(3) $625 = 25 \times 25 = 5^4$, $125 = 5^3$ より $\sqrt[3]{-625} = \sqrt[3]{-5^4} = \{(-1)^3 5^4\}^{\frac{1}{3}} = -5^{\frac{4}{3}}$, $\dfrac{25}{\sqrt[3]{25}} = 25^{\frac{2}{3}} = 5^{\frac{4}{3}}$,

∴ 与式 $= -5^{\frac{4}{3}} + 5 + 5^{\frac{4}{3}} = 5$.

(4) $2^x = t$ とおくと, $2^{-x} = \dfrac{1}{t}$ → $2^{2x} = (2^x)^2 = t^2$, $2^{-2x} = \dfrac{1}{t^2}$, $2^{3x} = t^3$, $2^{-3x} = \dfrac{1}{t^3}$.

$t + \dfrac{1}{t} = 3$ より $\left(t + \dfrac{1}{t}\right)^2 = t^2 + 2 + \dfrac{1}{t^2} = 9$ ∴ $t^2 + \dfrac{1}{t^2} = 7$.

∴ $t^3 + \dfrac{1}{t^3} = \left(t + \dfrac{1}{t}\right)\left(t^2 - t \times \dfrac{1}{t} + \dfrac{1}{t^2}\right) = 3 \times (7 - 1) = 18$.

$\left(\left(t + \dfrac{1}{t}\right)^3 = t^3 + 3t + 3\dfrac{1}{t} + \dfrac{1}{t^3} = t^3 + \dfrac{1}{t^3} + 3\left(t + \dfrac{1}{t}\right) = 27 \text{ も可．}\right)$

例題 2.6.2

(1) 方程式 $2 \cdot 8^x = 4^{2x-1}$ の解を求めよ．

(2) 不等式 $\left(\dfrac{1}{3}\right)^{x-4} > 3 \cdot \left(\dfrac{1}{9}\right)^{2x}$ の解を求めよ．

(3) 方程式 $4^x - 2^{x+1} - 48 = 0$ の解を求めよ．

解 (1) 底を揃える. $2 \cdot 8^x = 2 \cdot (2^3)^x = 2 \cdot 2^{3x} = 2^{3x+1}$, $4^{2x-1} = (2^2)^{2x-1} = 2^{4x-2}$ より
$2^{3x+1} = 2^{4x-2}$. ∴ $3x + 1 = 4x - 2$. よって $x = 3$.

(2) 底を 1 より大きい数に変更する. $\left(\dfrac{1}{3}\right)^{x-4} = 3^{4-x}$, $\left(\dfrac{1}{9}\right)^{2x} = 9^{-2x} = 3^{-4x}$.

$3^{4-x} > 3 \cdot 3^{-4x} = 3^{1-4x}$（底が 1 より大きい → 式の不等号の向きと指数部の不等号の向きが一致）

∴ $4 - x > 1 - 4x$, よって $x > -1$.

(3) $2^x = t$ とおく, $t > 0$.
$4^x - 2^{x+1} - 48 = t^2 - 2t - 48 = (t - 8)(t + 6) = 0$ これより, $t = 8, -6$. ∴ $t = 8$.
よって $2^x = 8 = 2^3$ より $x = 3$.

2.7 対数方程式と対数不等式

● 対数・常用対数

・対数の定義
$a > 0$, $a \neq 1$ のとき $a^n = N$ ⇔ $n = \log_a N$.

$a \cdots$ 底, $N \cdots$ 真数, $n \cdots a$ を底とする N の対数.

・対数の性質 $a > 0$, $a \neq 1$, $M > 0$, $N > 0$ のとき

① $\log_a a = 1$, $\log_a 1 = 0$.

② $\log_a MN = \log_a M + \log_a N$, $\log_a \dfrac{M}{N} = \log_a M - \log_a N$, $\log_a M^p = p\log_a M$

③ 底の変換 $\log_a M = \dfrac{\log_b M}{\log_b a}$ $(b > 0,\ b \neq 1)$.

④ $a^{\log_a N} = N$.

・常用対数

10 を底とする対数 $\cdots$ $\log_{10} N$ (底を省略することもある) $\cdots$ $\log N$.

$A = 10^n a$ $(1 \leqq a < 10,\ n$ 整数$)$, $\log_{10} a = \alpha$, $0 \leqq \alpha < 1$,

$\cdots\cdots$ $\log_{10} A = \log_{10} 10^n a = \log_{10} 10^n + \log_{10} a = n + \alpha$.

整数の桁数

① $10^n \leqq A < 10^{n+1}$ $(n \geqq 0$ 整数$)$

$\quad \Leftrightarrow \quad n \leqq \log_{10} A < n + 1$,

$\quad \Leftrightarrow \quad A$ の<u>整数部分は $n + 1$ 桁</u>.

② $10^{-n} \leqq A < 10^{-n+1}$ $(n \geqq 1$ 整数$)$

$\quad \Leftrightarrow \quad -n \leqq \log_{10} A < -n + 1$.

$\quad \Leftrightarrow \quad A$ は, <u>小数第 n 位にはじめて 0 でない数字が現れる</u>.

● 対数関数

対数関数 $y = \log_a x$

底の条件; $a > 0$, $a \neq 1$. 真数の条件; $x > 0$.

定義域; $x > 0$, 値域; $-\infty < y < \infty$.

大小関係; $a > 1 \quad \cdots \quad p < q \Leftrightarrow \log_a p < \log_a q$.

$\qquad\qquad 0 < a < 1 \cdots \quad p < q \Leftrightarrow \log_a p > \log_a q$.

● 対数方程式

① $\log_a x = \log_a p$ の形に変形して $\cdots\cdots$ $x = p$.

② $\log_a x = X$ とおいて $\cdots\cdots$ X の方程式をつくる.

③ $\log_a x = p$ $\cdots\cdots$ 指数の形に変形する $\cdots\cdots$ $x = a^p$.

● 対数不等式

$a > 1 \quad \cdots \quad \log_a x > \log_a p$ の解は $\quad x > p$,

$\qquad\quad \cdots \quad \log_a x < \log_a p$ の解は $\quad x < p$.

$0 < a < 1 \quad \cdots \quad \log_a x > \log_a p$ の解は $\quad x < p$,

$\qquad\qquad \cdots \quad \log_a x < \log_a p$ の解は $\quad x > p$.

例題 2.7.1 次の式を簡単にせよ.

(1) $\log_2 16$ 　　(2) $\log_9 27$ 　　(3) $\log_3 \dfrac{1}{\sqrt{27}}$

(4) $2\log_2 \dfrac{2}{3} - \log_2 \dfrac{8}{9}$ 　　(5) $\log_3 4 \cdot \log_8 9$

解 (1) $\log_2 16 = \log_2 2^4 = 4\log_2 2 = 4$.

別解

底が 10 の対数を用いる．対数の底の記載を省略する．
$$\log_2 16 = \frac{\log 2^4}{\log 2} = \frac{4\log 2}{\log 2} = 4.$$

(2) $\log_9 27 = \frac{\log_3 27}{\log_3 9} = \frac{\log_3 3^3}{\log_3 3^2} = \frac{3\log_3 3}{2\log_3 3} = \frac{3}{2}.$

別解

底が 10 の対数を用いる．対数の底の記載を省略する．
$$\log_9 27 = \frac{\log 27}{\log 9} = \frac{\log 3^3}{\log 3^2} = \frac{3\log 3}{2\log 3} = \frac{3}{2}$$

(3) $\log_3 \frac{1}{\sqrt{27}} = \log_3 27^{-\frac{1}{2}} = -\frac{1}{2}\log_3 3^3 = -\frac{3}{2}.$

別解

底が 10 の対数を用いる．対数の底の記載を省略する．
$$\log_3 \frac{1}{\sqrt{27}} = \frac{\log 27^{-\frac{1}{2}}}{\log 3} = -\frac{1}{2}\frac{\log 3^3}{\log 3} = -\frac{1}{2}\frac{3\log 3}{\log 3} = -\frac{3}{2}$$

(4) $2\log_2 \frac{2}{3} - \log_2 \frac{8}{9} = \log_2 \frac{4}{9} - \log_2 \frac{8}{9} = \log_2 \frac{\frac{4}{9}}{\frac{8}{9}} = \log_2 \frac{4}{8} = \log_2 \frac{1}{2} = -1.$

別解

与式 $= 2(\log_2 2 - \log_2 3) - (\log_2 8 - \log_2 9) = 2(1 - \log_2 3) - (3 - 2\log_2 3) = -1.$

(5) $\log_3 4 \cdot \log_8 9 = \log_3 4 \times \frac{\log_3 9}{\log_3 8} = 2\log_3 2 \times \frac{2\log_3 3}{3\log_3 2} = 4 \times \frac{\log_3 3}{3} = \frac{4}{3}.$

別解

底が 10 の対数を用いる．対数の底の記載を省略する．
$$\log_3 4 \cdot \log_8 9 = \frac{\log 4}{\log 3} \times \frac{\log 9}{\log 8} = \frac{2\log 2}{\log 3} \times \frac{2\log 3}{3\log 2} = \frac{4}{3}$$

例題 2.7.2

(1) $2^x = 3^y = 6$ のとき，$\frac{1}{x} + \frac{1}{y}$ の値を求めよ．

(2) $\log_2 3 = a$，$\log_3 7 = b$ として $\log_{42} 56$ を a, b を用いて表せ．

解 (1) $2^x = 6$ 底 2 の対数をとると $x = \log_2 6$. $3^y = 6$ 底 2 の対数をとると $y\log_2 3 = \log_2 6$.

$y = \frac{\log_2 6}{\log_2 3}$ より $\frac{1}{x} + \frac{1}{y} = \frac{1}{\log_2 6} + \frac{\log_2 3}{\log_2 6} = \frac{1 + \log_2 3}{\log_2 6} = \frac{1 + \log_2 3}{1 + \log_2 3} = 1$

別解

$2^x = 3^y = 6$；底 10 の対数をとると $x\log 2 = y\log 3 = \log 6$.

$x = \frac{\log 6}{\log 2}$, $y = \frac{\log 6}{\log 3}$ より $\frac{1}{x} + \frac{1}{y} = \frac{\log 2}{\log 6} + \frac{\log 3}{\log 6} = \frac{\log 2 + \log 3}{\log 6} = \frac{\log 6}{\log 6} = 1.$

(2) $b = \log_3 7 = \frac{\log_2 7}{\log_2 3} = \frac{\log_2 7}{a}$ より，$\log_2 7 = ab,$

$\log_{42} 56 = \frac{\log_2 56}{\log_2 42} = \frac{\log_2 (8 \times 7)}{\log_2 (6 \times 7)} = \frac{\log_2 8 + \log_2 7}{\log_2 (2 \times 3) + \log_2 7} = \frac{3 + \log_2 7}{1 + \log_2 3 + \log_2 7} = \frac{3 + ab}{1 + a + ab}.$

別解

$a = \log_2 3 = \dfrac{\log 3}{\log 2}$, $b = \log_3 7 = \dfrac{\log 7}{\log 3}$ より, $\dfrac{\log 7}{\log 2} = ab$,

$$\log_{42} 56 = \dfrac{\log 56}{\log 42} = \dfrac{\log(8 \times 7)}{\log(6 \times 7)} = \dfrac{\log 2^3 + \log 7}{\log(2 \times 3) + \log 7} = \dfrac{3\log 2 + \log 7}{\log 2 + \log 3 + \log 7}$$

$$= \dfrac{3 + \dfrac{\log 7}{\log 2}}{1 + \dfrac{\log 3}{\log 2} + \dfrac{\log 7}{\log 2}} = \dfrac{3 + ab}{1 + a + ab}.$$

例題 2.7.3

(1) $\log_2 3$, $\log_{20} 30$ の大きい数を示せ.

(2) $\dfrac{3}{2}$, $\log_4 9$, $\log_9 25$ を小さい順に並べよ.

解 (1) 底を 10 に揃える. $\log_2 3 = \dfrac{\log 3}{\log 2}$, $\log_{20} 30 = \dfrac{\log 30}{\log 20} = \dfrac{\log 3 \times 10}{\log 2 \times 10} = \dfrac{\log 3 + 1}{\log 2 + 1}$.

$\log_2 3 - \log_{20} 30 = \dfrac{\log 3}{\log 2} - \dfrac{\log 3 + 1}{\log 2 + 1} = \dfrac{\log 3(\log 2 + 1) - \log 2(\log 3 + 1)}{\log 2(\log 2 + 1)} = \dfrac{\log 3 - \log 2}{\log 2(\log 2 + 1)} > 0$

よって $\log_2 3 > \log_{20} 30$.

(2) $\dfrac{3}{2} = \dfrac{3}{2} \times 1 = \dfrac{3}{2} \times \log_4 4 = \log_4 4^{\frac{3}{2}} = \log_4 8$, $\log_4 8 < \log_4 9$ より ∴ $\dfrac{3}{2} < \log_4 9$.

$\dfrac{3}{2} = \dfrac{3}{2} \times 1 = \dfrac{3}{2} \times \log_9 9 = \log_9 9^{\frac{3}{2}} = \log_9 27$, $\log_9 27 > \log_9 25$ より ∴ $\log_9 25 < \dfrac{3}{2}$.

よって $\log_9 25 < \dfrac{3}{2} < \log_4 9$.

例題 2.7.4

(1) 方程式 $2\log_3 x = \log_3(x+2)$ の解を求めよ.

(2) 不等式 $\log_{\frac{1}{2}} x + \log_{\frac{1}{2}}(x-2) < -3$ の解を求めよ.

解 (1) 真数は正であるから $x > 0$, かつ $x + 2 > 0$. ∴ $x > 0$.

変形して, $\log_3 x^2 = \log_3(x+2)$ より $x^2 = x + 2$.

したがって, $x^2 - x - 2 = (x-2)(x+1) = 0$. ∴ $x = -1, 2$. よって $x = 2$.

(2) 真数は正であるから $x > 0$, かつ $x - 2 > 0$. ∴ $x > 2$.

底は 1 より大きい数を用いる. (∵ $0 <$ 底 < 1 の場合, 不等号の向きを逆にする必要があるため.)

$\log_{\frac{1}{2}} x + \log_{\frac{1}{2}}(x-2) = \dfrac{\log_2 x}{\log_2 \frac{1}{2}} + \dfrac{\log_2(x-2)}{\log_2 \frac{1}{2}} = -\log_2 x - \log_2(x-2) = -\log_2 x(x-2)$.

∴ $-\log_2 x(x-2) < -3$ より $\log_2 x(x-2) > 3 = 3 \times 1 = 3\log_2 2 = \log_2 8$.

∴ $x(x-2) > 8$. → $x^2 - 2x - 8 > 0$, $(x-4)(x+2) > 0$. ∴ $x > 4, x < -2$.

よって $x > 4$.

第 2 章　方程式・不等式

> **例題 2.7.5**　$\log_{10} 2 = 0.3010$ とするとき，2^{50} の桁数を求めよ．また，$\left(\dfrac{1}{4}\right)^{50}$ は小数第何位に初めて 0 でない数字が現れるか．

解　(1)　$\log_{10} 2^{50} = 50 \log_{10} 2 = 50 \times 0.3010 = 15.05$ より，$15 < \log_{10} 2^{50} < 16$．

∴　$10^{15} < 2^{50} < 10^{16}$ より 2^{50} は 16 桁の整数である．

(2)　$\log_{10}\left(\dfrac{1}{4}\right)^{50} = \log_{10}(2^{-2})^{50} = -100 \times \log_{10} 2 = -100 \times 0.3010 = -30.1$ より，

∴　$-31 < \log_{10}\left(\dfrac{1}{4}\right)^{50} < -30$，→　$10^{-31} < \left(\dfrac{1}{4}\right)^{50} < 10^{-30}$．

よって $\left(\dfrac{1}{4}\right)^{50}$ は小数第 31 位に初めて 0 でない数字が現れる．

第 2 章 問題

問題 2.1 次の不等式の性質を述べた(1)～(7)の記述のうち，正しいものには○を，間違っているものには×をつけよ．ただし，a, b, c, d は実数とする．

(1) $a > b$ かつ $b > c$ ならば $a > c$ である．
(2) $a > b$ ならば $a + c > b + c$ である．
(3) $a > b$ かつ $c > d$ ならば $a + c > b + c$ である．
(4) $ac > bc$ ならば $a > b$ である．
(5) $a > b$ かつ $c > d$ ならば $ac > bd$ である．
(6) $a > b > 0$ ならば $\dfrac{1}{a} > \dfrac{1}{b}$ である．
(7) $a > b > 0$ ならば $a^2 > b^2$ である．

問題 2.2 次の□に当てはまる数を求めよ．
$-1 \leqq a \leqq 2,\ -4 \leqq b \leqq 2$ のとき，$\boxed{ア} \leqq 3a - \dfrac{1}{2}b \leqq \boxed{イ}$ となる．

問題 2.3 次の2次方程式を解け．
(1) $x^2 - 4x - 12 = 0$
(2) $2x^2 + x - 6 = 0$
(3) $6x^2 + 5x - 6 = 0$
(4) $x^2 + 2x + 5 = 0$
(5) $3x^2 + 4x - 1 = 0$
(6) $(x + 3)^2 = -4$

問題 2.4 次の方程式の実数解の個数を求めよ．
(1) $x^2 + x + 1 = 0$
(2) $2x^2 - 5x - 3 = 0$
(3) $-4x^2 - 12x - 9 = 0$
(4) $x^3 - 3x^2 = 0$
(5) $x^3 - 1 = 0$
(6) $x^3 + 3x = 0$

問題 2.5
(1) $\alpha + \beta = -6,\ \alpha\beta = -5$ を満たす2つの数 α, β を解にもち，定数項が1である2次方程式を求めよ．
(2) 2次方程式 $2x^2 - 3x + 5 = 0$ の2つの解を α, β とするとき，次の値を求めよ．
　(i) $\alpha + \beta$ 　(ii) $\alpha\beta$ 　(iii) $\alpha^2 + \beta^2$ 　(iv) $\dfrac{\alpha}{\beta} + \dfrac{\beta}{\alpha}$

問題 2.6 2次方程式 $x^2 + ax + b = 0$ が $x = 2 + i$ を1つの解にもつときの a, b を求めよ．ただし，a, b は実数である．

問題 2.7 次の2次不等式を解け．
(1) $(2x + 1)(x - 3) < 0$
(2) $x^2 + 5x - 6 \leqq 0$
(3) $x^2 - 2x - 3 \geqq 0$
(4) $x^2 < x$
(5) $-x^2 + x - 2 > 0$
(6) $-x^2 + x - 2 < 0$
(7) $x^2 - 6x + 9 > 0$
(8) $x^2 - 6x + 9 \leqq 0$

問題 2.8

(1) x についての方程式 $\dfrac{1}{x} = kx + 2 \ (k \neq 0)$ がただ 1 つの実数解をもつとき，定数 k の値を定めよ．

(2) 2 次方程式 $(x-1)^2 + k^2 = 1$ が実数解を持つ定数 k の値の範囲を求めよ．

問題 2.9 2 次方程式 $x^2 - kx + k - 1 = 0$ が正と負に 1 つずつ解をもつとき，定数 k の満たす範囲を求めよ．

問題 2.10 解が $2 < x < 3$ となる 2 次不等式で，x の係数が 10 であるものを求めよ．

問題 2.11 2 次不等式 $2x^2 - 6x + a > 0$ がすべての実数 x について成り立つための必要十分条件を求めよ．

問題 2.12 次の連立方程式を解け．

(1) $\begin{cases} y = x^2 + 4x - 10 \\ y = 3x + 2 \end{cases}$
(2) $\begin{cases} x^2 + 3y = 7 \\ y = 2x - 3 \end{cases}$

問題 2.13 次の連立不等式を解け．

(1) $\begin{cases} 2x + 5 \geqq -1 \\ -x + 2 \geqq 3 \end{cases}$
(2) $\begin{cases} x^2 - x - 6 < 0 \\ x + 1 < 0 \end{cases}$
(3) $\begin{cases} x^2 \leqq 4 \\ 3x^2 - 2x > 1 \end{cases}$

問題 2.14 次の方程式を解け．

(1) $x^3 = -8$
(2) $2x^4 - 5x^3 + 4x^2 - 5x + 2 = 0$

問題 2.15 次の分数方程式を解け．

(1) $\dfrac{1-x}{1+x} = 2x + 1$
(2) $\dfrac{1}{x-2} - \dfrac{1}{x+1} = \dfrac{x}{2(x-2)}$
(3) $\dfrac{x^2 - x}{x - 3} = 1 + \dfrac{6}{x - 3}$

問題 2.16 次の無理方程式を解け．

(1) $x = \sqrt{4x - 3}$
(2) $\sqrt{x + 3} = x - 3$
(3) $x = 1 + \sqrt{7 - 3x}$

問題 2.17 次の分数不等式を解け．

(1) $\dfrac{x+3}{x} \geqq x - 1$
(2) $\dfrac{2}{x-2} + x \geqq 5$

問題 2.18 次の無理不等式を解け．

(1) $\sqrt{2x + 3} \leqq x$
(2) $\sqrt{2x - 1} > x - 2$

問題 2.19 次の方程式を解け．

(1) $\sin\theta = \dfrac{1}{2} \ (0 \leqq \theta < 2\pi)$
(2) $2\cos\theta + 1 = 0 \ (0 \leqq \theta < 2\pi)$

(3)　$\sqrt{3}\tan\theta + 1 = 0 \ (0 \leqq \theta < 2\pi)$

問題 2.20　次の不等式を解け．

(1)　$\cos\theta < \dfrac{1}{2} \ (0 \leqq \theta < 2\pi)$　　(2)　$2\sin\theta + 1 < 0 \ (0 \leqq \theta < 2\pi)$　　(3)　$\tan\theta < 1 \ (0 \leqq \theta < 2\pi)$

問題 2.21　$\dfrac{\pi}{2} < \theta < \dfrac{3\pi}{2}$ とする．$\sin\theta = \dfrac{2}{3}$ のとき，$\cos\theta$, $\tan\theta$ の値を求めよ．

問題 2.22

(1)　$\cos\theta = \dfrac{2}{3}$ であるとき，$\cos 2\theta$ の値を求めよ．

(2)　$\sin^2\theta - \cos^2\theta = \dfrac{1}{3}$ のとき，$\tan\theta$ の値を求めよ．ただし，$0 \leqq \theta < \dfrac{\pi}{2}$ とする．

問題 2.23　次の方程式，不等式を解け．

(1)　$3 \cdot 9^x = 27^{x-2}$　　(2)　$\left(\dfrac{1}{2}\right)^x \leqq 8 \cdot \left(\dfrac{1}{4}\right)^{x-1}$　　(3)　$27 \cdot 9^x - 4 \cdot 3^{x+1} + 1 = 0$

問題 2.24　対数に関する次の(a)〜(f)の式のうち，すべての $x > 0$ に対して必ず成り立つものには○を，間違っているものには×をつけよ．

(a)　$\log_3(x + 9) = \log_3 x + 2$　　(b)　$(\log_3 x)^2 = 2\log_3 x$　　(c)　$3^{\log_3 x} = x$

(d)　$\log_3 x - \log_3 2 = \dfrac{\log_3 x}{\log_3 2}$　　(e)　$\log_3 x = \dfrac{\log_{10} x}{\log_{10} 3}$　　(f)　$\log_3 6x = 2 + \log_3 x$

問題 2.25　方程式 $\log_2 x + \log_2(x+1) - \log_2(x+3) = 1$ を解け．

第3章 関数とグラフ

3.1 関数とグラフ

●関数

- 関数；A, B を数の集合とし，A の各元 x に B の1つの元 y を対応させる規則 f があるとき，f を A から B への関数という．（A, $B \subset \mathbb{R}$ とする．）

  f によって x に y が対応するとき，y を x における f の値といい $y = f(x)$ と書く．

  $$f : x \to y, \quad y = f(x), \quad x \overset{f}{\to} y$$

  y は x の関数である．関数 $f(x)$，という．

  x を独立変数，y を従属変数という．

  x の値の集合 A を f の定義域．

  f の値の集合 $\{f(x) | x \in A\}$ を f の値域．（B の部分集合）

- 区間；閉区間 $[a, b] = \{x | a \leq x \leq b\}$

  開区間 $(a, b) = \{x | a < x < b\}$

  半開区間 $[a, b) = \{x | a \leq x < b\}$，$(a, b] = \{x | a < x \leq b\}$

  無限区間 $[a, \infty) = \{x | a \leq x\}$，$(-\infty, b) = \{x | x < b\}$，$(-\infty, \infty) = \{x | -\infty < x < \infty\}$

  (数直線　任意の数直線上の点の全体と実数全体とは1対1に対応することが知られている．)

- 合成関数；A から B への関数 $f : x \to y$ と

  B から C への関数 $g : y \to z$ があるとき，

  A から C への関数 $h : x \to z$，を

  f と g の合成関数といい，$h = g \circ f$ と書く．

  関数 $y = f(x)$ と $z = g(y)$ の合成関数は，$g(y)$ の y に，$y = f(x)$ を代入した関数．$z = (g \circ f)(x) = g(f(x))$．

- 逆関数；A から B への関数 $f : x \to y$ があるとき，逆に B の任意の y に対して $f(x) = y$ となる A の元がただ1つ定まるならば，y に x を対応させる B から A への関数が与えられる．これを，f の逆関数といい，$x = f^{-1}(y)$ と書く．

  （独立変数を x，従属変数を y と書く習慣より，x と y を入れ替えた $y = f^{-1}(x)$ を f の逆関数．）

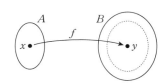

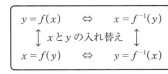

- 増加関数，減少関数

  $f(x)$ が定義域内の区間 I における任意の2点 x_1, x_2 に対して，

  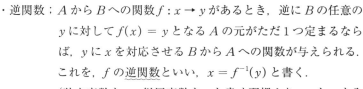

  $x_1 < x_2 \to f(x_1) < f(x_2)$．　…　$f(x)$ は I で増加関数である．　⎫
  $x_1 < x_2 \to f(x_1) > f(x_2)$．　…　$f(x)$ は I で減少関数である．　⎭ 合わせて単調関数．

  （f が A から B への単調関数ならば，B から A への逆関数 f^{-1} が定まる．）

第3章 関数とグラフ

●関数のグラフ

・関数のグラフ

関数 $y = f(x)$ が与えられたとき，直行座標の入った平面で座標が $(x, f(x))$ であるような点全体の集合 $\{(x, y) | y = f(x)\}$ を $y = f(x)$ のグラフという．

・拡大・縮小

$y = f(x)$ のグラフを原点に中心に，x 軸方向に a 倍，y 軸方向に b 倍させたグラフは $\dfrac{y}{b} = f\left(\dfrac{x}{a}\right)$．

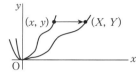

$$\begin{cases} a > 1 \text{のとき}, & \text{拡大}. \\ 1 > a > 0 \text{のとき}, & \text{縮小}. \\ a = -1 \text{のとき}, & y \text{軸に関する対称移動}. \end{cases}$$

$$\begin{cases} b > 1 \text{のとき}, & \text{拡大}. \\ 1 > b > 0 \text{のとき}, & \text{縮小}. \\ b = -1 \text{のとき}, & x \text{軸に関する対称移動}. \end{cases}$$

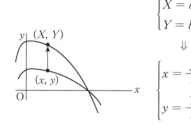

・対称移動

移動	点の移動規則	移動後の曲線
x 軸に関する対称移動	$\begin{cases} X = x \\ Y = -y \end{cases}$	$-y = f(x)$
y 軸に関する対称移動	$\begin{cases} X = -x \\ Y = y \end{cases}$	$y = f(-x)$
直線 $y = x$ に関する対称移動	$\begin{cases} X = y \\ Y = x \end{cases}$	$x = f(y)$
原点に関する対称移動	$\begin{cases} X = -x \\ Y = -y \end{cases}$	$-y = f(-x)$
点 (p, q) に関する対称移動	$\begin{cases} X = 2p - x \\ Y = 2q - q \end{cases}$	$2q - y = f(2p - x)$

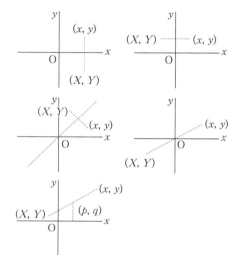

偶関数；$f(-x) = f(x)$．グラフは y 軸に関して対称．
奇関数；$f(-x) = -f(x)$．グラフは原点に関して対称．

・平行移動；$y = f(x)$ のグラフを，x 軸方向に p だけ，y 軸方向に q だけ，平行移動させたグラフは
$$y - q = f(x - p).$$

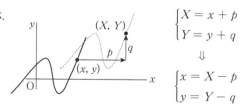

・逆関数のグラフ

① $y = f(x)$ のグラフと $x = f^{-1}(y)$ のグラフは同じ．
② $y = f(x)$ のグラフと $y = f^{-1}(x)$ のグラフは直線 $y = x$ に関して対称である．
③ $(f^{-1} \text{の定義域}) = (f \text{の値域})$, $(f^{-1} \text{の値域}) = (f \text{の定義域})$

例題 3.1.1

(1) $f(x) = \dfrac{x+1}{x}$ のとき，$f\{f(f(1))\}$ を求めよ．

(2) $f(x) = \dfrac{x+1}{1-x}$ のとき，$f(f(x)) = -x$ を解け．

解 (1) $f(1) = \dfrac{1+1}{1} = 2$. $f(f(1)) = f(2) = \dfrac{3}{2}$.

$$f\{f(f(1))\} = f\left(\dfrac{3}{2}\right) = \dfrac{\dfrac{3}{2}+1}{\dfrac{3}{2}} = \dfrac{3+2}{3} = \dfrac{5}{3}.$$

(2) $f(f(x)) = \dfrac{f(x)+1}{1-f(x)} = \dfrac{\dfrac{x+1}{1-x}+1}{1-\dfrac{x+1}{1-x}} = \dfrac{x+1+(1-x)}{1-x-(x+1)} = \dfrac{2}{-2x} = -\dfrac{1}{x}$ より $-\dfrac{1}{x} = -x$.

∴ $x = \pm 1$ また，与えられた式より分母 $\neq 0$, $x \neq 1$. よって $x = -1$.

> **例題 3.1.2** xy 平面上に点 $P(a, b)$ がある．次の問いに答えよ．
> (1) 点 P を y 軸に関して対称移動する．次に x 軸方向に 1 だけ，y 軸方向に -3 だけ平行移動する．この点の座標を a, b を用いて表せ．
> (2) この点を，さらに直線 $y = -x$ に関して対称移動すると元の点 P に一致するという．このとき，a, b の値を求めよ．

解 (1) 点 P を y 軸に関して対称移動した点 P_1 は，$P_1(-a, b)$. 点 P_1 を x 軸，y 軸方向にそれぞれ 1, -3 だけ平行移動した点 P_2 は $P_2(-a+1, b-3)$.

(2) 点 $A(X, Y)$ を直線 $y = -x$ に関して対称移動すると点 $B(-Y, -X)$ となる．これより，点 P_2 は $P_3(-b+3, a-1)$ となる．$P = P_3$ より，$a = -b+3$, $b = a-1$.　∴ $a = 2, b = 1$.

> **例題 3.1.3** 次の関数の逆関数を求めよ．
> (1) $y = -x + 2$　　(2) $y - 1 = \dfrac{1}{x}$　　(3) $y = -x^2$ $(x \geq 0)$

解 与えられた式より，$x = \cdots$ と解き，次に x と y を交換する．または，x と y を交換し，次に $y = \cdots$ と解く．（与えられた関数，求めた関数と直線 $y = x$ のグラフを描いて確認せよ．）

(1) 与式より，$x = -y + 2$, 次に x と y を交換すると，$y = -x + 2$.

(2) 与式より，$x = \dfrac{1}{y-1}$, 次に x と y を交換すると，$y = \dfrac{1}{x-1}$.

(3) x と y を交換すると $x = -y^2$ $(y \geq 0)$. 次に $y = \cdots$ と解くと，$y = \pm\sqrt{-x}$. 条件 $y \geq 0$ より，$y = \sqrt{-x}$.

3.2　1次関数のグラフ

・$y = ax + b$ のグラフ $a \neq 0$
　① グラフは直線．b を y 切片，a を傾きという．
　② $a > 0$ のとき，右上がりの直線．$a < 0$ のとき，右下がりの直線．
　③ a の値を固定し，b の値のみ変える　…　グラフは平行移動．
　　 b の値を固定し，a の値のみ変える　…　グラフは点 $(0, b)$ を中心に回転．

・直線の表現
　標準形：$y = ax + b$
　一般形：$ax + by + c = 0$

$$\Leftrightarrow \begin{cases} y = -\dfrac{a}{b}x - \dfrac{c}{b} & (b \neq 0) \\ x = -\dfrac{c}{a} & (b = 0) \end{cases} \quad (a,\ b \text{のうち少なくとも一方は}0\text{でない}.)$$

例題 3.2.1 右の図で直線(1), (2), (3), (4)は，次の4つの場合に対する直線 $y = ax + b$ のグラフである．( )の中に直線の番号を入れよ．

( ) $\begin{cases} a > 0 \\ b > 0 \end{cases}$, ( ) $\begin{cases} a > 0 \\ b < 0 \end{cases}$

( ) $\begin{cases} a < 0 \\ b > 0 \end{cases}$, ( ) $\begin{cases} a < 0 \\ b < 0 \end{cases}$

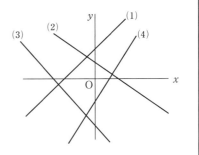

解 $a > 0,\ b > 0$; 傾き正，y 切片正より(1).

$a > 0,\ b < 0$; 傾き正，y 切片負より(4).

$a < 0,\ b > 0$; 傾き負，y 切片正より(2).

$a < 0,\ b < 0$; 傾き負，y 切片負より(3).

例題 3.2.2 次の空欄に適切な数値，言葉を入れよ．

(1) x がすべての実数値をとるとき，関数 $y = ax + b$ の値がつねに正ならば a は ア，b は イ である．

(2) 1次関数 $f(x) = ax + b$ が $0 \leqq f(0) \leqq 1$，$3 \leqq f(2) \leqq 4$ を満たすならば ウ $\leqq a \leqq$ エ，オ $\leqq b \leqq$ カ である．

解 (1) $y = ax + b$ において $a \neq 0$ のとき，$a > 0$ ならば $x \leqq -\dfrac{b}{a}$ で $y \leqq 0$，$a < 0$ ならば $x \geqq -\dfrac{b}{a}$ で $y \leqq 0$ となる．したがって，x がすべての実数値に対して $y > 0$ であるために $a = 0$．このとき，$y = b$ より $b > 0$．アは 0，イは 正．

(2) 条件より $O(0,0)$，$A(0,1)$，$B(2,3)$，$C(2,4)$ が得られる．

1次関数 $f(x) = ax + b$ のグラフは，線分 OA 上の1点と線分 BC 上の1点を結ぶ直線である．したがって，求める傾きは

(AB の傾き) $\leqq$ (求める傾き) $\leqq$ (OC の傾き) であるから $1 \leqq a \leqq 2$．

y 切片 b は線分 OA 上にあるので $0 \leqq b \leqq 1$．

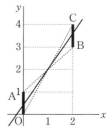

別解 ··

$f(0) = b$ より，$0 \leqq b \leqq 1$．$f(2) = 2a + b$ より，$3 \leqq 2a + b \leqq 4$．

これより $\begin{array}{r} 3 \leqq 2a + b \leqq 4 \\ -1 \leqq\ -b \leqq 0 \\ \hline 2 \leqq 2a\ \ \ \ \ \leqq 4. \end{array}\Big\}+$ よって，$1 \leqq a \leqq 2$．

例題 3.2.3 関数 $f(x) = \begin{cases} -\dfrac{4}{5}x + \dfrac{16}{5} & (1 < x \leqq 4) \\ \dfrac{2}{5}x + 2 & (0 < x \leqq 1) \\ -x + 2 & (-1 < x \leqq 0) \\ x + 4 & (-4 < x \leqq -1) \\ 0 & (以外) \end{cases}$ のグラフを描け．

解 $f(-4) = 0$, $f(-1) = 3$, $f(0) = 2$, $f(1) = 2.4$, $f(4) = 0$ より，点 $(-4, 0)$, $(-1, 3)$, $(0, 2)$, $\left(1, \dfrac{12}{5}\right)$, $(4, 0)$ を結ぶ折れ線で，図の実線のようになる．

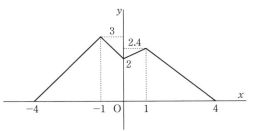

3.3 2次関数のグラフ

- $y = ax^2$ のグラフ $a \neq 0$
  ① 原点を頂点とする放物線で，(対称)軸は y 軸．
  ② $a > 0 \cdots$ 下に凸, $a < 0 \cdots$ 上に凸．
  ③ $|a|$ の大きいほど，開き方が小さい．

- $y = ax^2 + bx + c$ のグラフ
  平方完成 $a \neq 0$
  $$y = ax^2 + bx + c = a\left(x + \dfrac{b}{2a}\right)^2 - \dfrac{b^2 - 4ac}{4a}$$
  $\cdots \to$ (対称)軸 $x = -\dfrac{b}{2a}$, 頂点 $\left(-\dfrac{b}{2a}, -\dfrac{b^2 - 4ac}{4a}\right)$

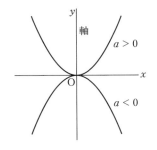

$$y = x^2 \xrightarrow[\substack{y\text{軸方向に} \\ 拡大・縮小}]{} y = ax^2 \xrightarrow[\substack{x\text{軸方向に} \\ 平行移動}]{} y = a\left(x + \dfrac{b}{2a}\right)^2 \xrightarrow[\substack{y\text{軸方向に} \\ 平行移動}]{} y = a\left(x + \dfrac{b}{2a}\right)^2 - \dfrac{b^2 - 4ac}{4a}$$

- y 軸と平行な軸を有する放物線 $a \neq 0$
  ① 一般形 …… $y = ax^2 + bx + c$ とおく．
  ② 頂点が (p, q) …… $y - q = a(x - p)^2$ とおく．
  ③ x 軸との交点が $(\alpha, 0)$, $(\beta, 0)$ …… $y = a(x - \alpha)(x - \beta)$ とおく．（α, β は2次方程式の解．）
  ④ x 軸と $(\alpha, 0)$ で接する …… $y = a(x - \alpha)^2$ とおく．（α は2次方程式の重解．）

- 放物線と x 軸との交点 判別式との関係
  放物線 $y = ax^2 + bx + c$, $D = b^2 - 4ac$
  …… $D > 0 \cdots$ 異なる2点で交わる．x 軸との交点 $\left(\dfrac{-b \pm \sqrt{D}}{2a}, 0\right)$．
  　　　$D = 0 \cdots$ x 軸と接する．x 軸との接点 $\left(-\dfrac{b}{2a}, 0\right)$．
  　　　$D < 0 \cdots$ x 軸と交わらない．

- 2次関数の最大・最小
  ① 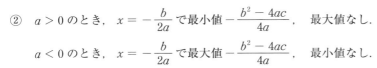　$y = ax^2 + bx + c = a\left(x + \dfrac{b}{2a}\right)^2 - \dfrac{b^2 - 4ac}{4a}$

  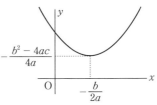

  ② 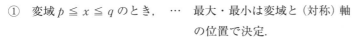　$a > 0$ のとき，$x = -\dfrac{b}{2a}$ で最小値 $-\dfrac{b^2-4ac}{4a}$，最大値なし．

  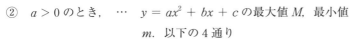　$a < 0$ のとき，$x = -\dfrac{b}{2a}$ で最大値 $-\dfrac{b^2-4ac}{4a}$，最小値なし．

  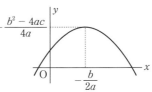

- 条件式のある2次関数の最大・最小
  ① 変域 $p \leqq x \leqq q$ のとき，… 最大・最小は変域と（対称）軸の位置で決定．

  ② $a > 0$ のとき，… $y = ax^2 + bx + c$ の最大値 M，最小値 m．以下の4通り

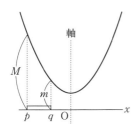 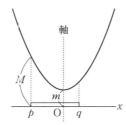 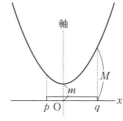 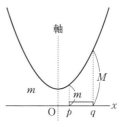

- 直線と放物線との位置関係：直線 $y = mx + n$ と放物線 $y = ax^2 + bx + c$ とは，2次方程式 $ax^2 + bx + c = mx + n$ が

  ① 虚数解をもつときは1点も共有しない．
  ② 相異なる実数解をもつときは2点を共有して交わる．
  ③ 重解をもつときはただ1つの点を共有する．（直線と放物線が接する．）

  （判別式 $D = (b - m)^2 - 4a(c - n)$ より，① … $D < 0$，② … $D > 0$，③ … $C = 0$．）

> **例題 3.3.1**　次の2次関数のグラフの軸の方程式と頂点の座標を求めよ．
> (1) $y = 2x^2 + 3x + 1$　　　　(2) $y = -2x^2 + 8x - 3$

解　(1) $y = 2x^2 + 3x + 1 = 2\left(x^2 + 2 \cdot \dfrac{3}{4}x\right) + 1 = 2\left(x^2 + 2 \cdot \dfrac{3}{4}x + \left(\dfrac{3}{4}\right)^2\right) - 2 \cdot \left(\dfrac{3}{4}\right)^2 + 1$

$= 2\left(x + \dfrac{3}{4}\right)^2 - \dfrac{1}{8}.$

軸の方程式：$x = -\dfrac{3}{4}$，頂点の座標：$\left(-\dfrac{3}{4}, -\dfrac{1}{8}\right)$．

(2) $y = -2x^2 + 8x - 3 = -2(x^2 - 4x) - 3 = -2(x^2 - 2 \cdot 2x + 2^2) + 2 \cdot 2^2 - 3$

$= -2(x - 2)^2 + 5.$

軸の方程式：$x = 2$，頂点の座標：$(2, 5)$．

例題 3.3.2

(1) 2次関数 $y = x^2 + 4x$ のグラフを2次関数 $y = x^2 - 8x + 18$ のグラフに重ねるためには，どのように平行移動すればよいか．

(2) 2次関数 $y = x^2 + bx + c$ のグラフを x 軸方向に 3 だけ，y 軸方向に 2 だけ平行移動すると，2次関数 $y = x^2 - 10x + 28$ のグラフに重なるという．このとき，定数 b, c の値を求めよ．

解 (1) $y = x^2 + 4x = (x+2)^2 - 4$ より，頂点の座標は $(-2, -4)$．

$y = x^2 - 8x + 18 = (x-4)^2 + 2$ より，頂点の座標は $(4, 2)$．頂点を比較することから，x 軸方向に $4 - (-2) = 6$ だけ，y 軸方向に $2 - (-4) = 6$ だけ平行移動すればよい．

別解

x 軸方向に p だけ，y 軸方向に q だけ平行移動すると考える．2次関数 $y = x^2 + 4x$ において，x を $x - p$, y を $y - q$ と置き換えると

$y - q = (x - p)^2 + 4(x - p) = x^2 - 2px + p^2 + 4x - 4p$,

$y = x^2 - (2p - 4)x + p^2 - 4p + q$.

これより，$-2p + 4 = -8$, $p^2 - 4p + q = 18$．よって，$p = 6$, $q = 6$．

(2) $y = x^2 - 10x + 28$ のグラフを x 軸方向に -3 だけ，y 軸方向に -2 だけ平行移動すると求めるグラフになる．$y = x^2 - 10x + 28$ のグラフの頂点の座標は $(5, 3)$ より，求めるグラフの頂点は $(2, 1)$ である．

$y - 1 = (x - 2)^2$ より，$b = -4$, $c = 5$．

($y = x^2 + bx + c$ において，x を $x - 3$, y を $y - 2$ と置き換え，$y = x^2 - 10x + 28$ と比較しても得られる．)

例題 3.3.3

(1) 2次関数 $y = ax^2 + bx + 2$ のグラフが2点 $(1, 3)$, $(2, 10)$ を通るとき，定数 a, b の値をそれぞれ求めよ．

(2) 2次関数 $y = f(x)$ のグラフが次の条件をみたすとき，$f(x)$ を決定せよ．

① 軸の方程式が $x = 3$ で，2点 $(2, -2)$, $(5, 4)$ を通る．

② 3点 $(1, 2)$, $(2, 7)$, $(3, 16)$ を通る．

解 (1) 点 $(1, 3)$ を通る $\cdots$ $3 = a + b + 2$, 点 $(2, 10)$ を通る $\cdots$ $10 = 4a + 2b + 2$.

したがって，連立方程式 $\begin{cases} a + b = 1 \\ 2a + b = 4 \end{cases}$ を解くと，$a = 3$, $b = -2$.

(2) ① 「軸の方程式が $x = 3$」より $y - q = a(x - 3)^2$ とおける．2点 $(2, -2)$, $(5, 4)$ を通るから，連立方程式 $\begin{cases} a + q = -2 \\ 4a + q = 4 \end{cases}$ が得られる．$a = 2$, $q = -4$． $\therefore$ $y + 4 = 2(x - 3)^2$.

② $y = ax^2 + bx + c$ とおくと，

連立方程式 $2 = a + b + c$ $\cdots$ (i), $7 = 4a + 2b + c$ $\cdots$ (ii), $16 = 9a + 3b + c$ $\cdots$ (iii) より

(ii) $-$ (i), (iii) $-$ (i) により c を消去すると連立方程式 $\begin{cases} 3a + b = 5 \\ 4a + b = 7 \end{cases}$ が得られる．

$\therefore$ $a = 2$, $b = -1$, $c = 1$. よって $y = 2x^2 - x + 1$.

例題 3.3.4 2次関数 $y = ax^2 + bx + c$ のグラフが図のように与えられているとき,次の式の正,負を判定せよ.

a, c, $a - b + c$, $a + b + c$, $-\dfrac{b}{2a}$, $b^2 - 4ac$, b

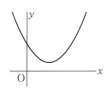

解 $y = ax^2 + bx + c = f(x)$ とおく.

図より下に凸なので $a > 0$.

$f(0) = c$ より $c > 0$. $f(-1) = a - b + c$ より $a - b + c > 0$. $f(1) = a + b + c$ より $a + b + c > 0$.

$y = ax^2 + bx + c = a\left(x + \dfrac{b}{2a}\right)^2 - \dfrac{b^2 - 4ac}{4a}$ より,$-\dfrac{b}{2a}$ は軸の x 座標なので $-\dfrac{b}{2a} > 0$.

$b^2 - 4ac$ は判別式または,頂点の y 座標を考察することから $b^2 - 4ac < 0$.

$-\dfrac{b}{2a} > 0$,$a > 0$ より,$b < 0$.

例題 3.3.5 2次関数 $y = 2x^2 - 2x + \dfrac{3}{2}$ の $0 \leqq x \leqq \dfrac{3}{2}$ における最大値,最小値を求めよ.

解 $y = 2x^2 - 2x + \dfrac{3}{2} = 2\left(x^2 - 2 \cdot \dfrac{1}{2}x + \dfrac{1}{4}\right) - \dfrac{1}{2} + \dfrac{3}{2} = 2\left(x - \dfrac{1}{2}\right)^2 + 1$

より軸の方程式は $x = \dfrac{1}{2}$. $0 \leqq$ 軸 $\leqq \dfrac{3}{2}$ であるから,最小値は $1\ \left(x = \dfrac{1}{2}\right)$.

また,最大値は $3\ \left(x = \dfrac{3}{2}\right)$である.

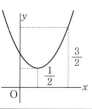

例題 3.3.6 a を定数とするとき,次の問いに答えよ.

(1) 2次関数 $y = -x^2 + 2x + a + 2$ で,$0 \leqq x \leqq 3$ における最大値が 9 である.このとき,a の値と y の最小値を求めよ.

(2) 2次関数 $y = x^2 - 10x + a$ で,$3 \leqq x \leqq 8$ における最大値が 10 である.このとき,a の値と y の最小値を求めよ.

解 (1) $y = -x^2 + 2x + a + 2 = -(x - 1)^2 + a + 3$ より,軸の方程式は $x = 1$.

∴ $0 \leqq$ 軸 $\leqq 3$ である.

したがって,最大値は $x = 1$ のとき $a + 3$.また,最小値は $x = 3$ のとき $a - 1$.

題意より $a + 3 = 9$ より $a = 6$.最小値は 5 である.

(2) $y = x^2 - 10x + a = (x - 5)^2 + a - 25$ より,軸の方程式は $x = 5$.

∴ $3 \leqq$ 軸 $\leqq 8$ である.

したがって,最大値は $x = 8$ のとき $a - 16$.また,最小値は $x = 5$ のとき $a - 25$.

題意より $a - 16 = 10$ より $a = 26$.最小値は 1 である.

例題 3.3.7 対称軸が y 軸に平行で,2点 $(2, 8)$,$(4, 8)$ かつ,直線 $y = 2x$ に接する放物線の方程式を求めよ.

解 $y = ax^2 + bx + c$ とおく．点 $(2, 8)$ より $8 = 4a + 2b + c$，点 $(4, 8)$ より $8 = 16a + 4b + c$．これより，$0 = 6a + b$, $c = 8a + 8$．したがって，$y = ax^2 - 6ax + (8a + 8)$．

次に，直線が接することから $ax^2 - 6ax + (8a + 8) = 2x$ において判別式が 0 であるから
$$\frac{D}{4} = (3a + 1)^2 - a(8a + 8) = 0 \text{ より } a^2 - 2a + 1 = 0.$$
∴ $a = 1$．よって $y = x^2 - 6x + 16$．

別解 ···

与えられた 2 点は直線 $y = 8$（x 軸と平行）上にあるから，$y = a(x - 2)(x - 4) + 8$ とおける．これが，直線 $y = 2x$ に接することから 2 次方程式 $a(x - 2)(x - 4) + 8 = 2x$ の判別式は 0 である．以下同様にして得られる．

3.4 分数関数のグラフ

- $y = \dfrac{a}{x}$ $(a \neq 0)$

  $a > 0$ … 第 1, 3 象限（実線）

  $a < 0$ … 第 2, 4 象限（破線）

  漸近線 …… x 軸，y 軸

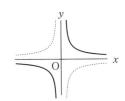

- $y = \dfrac{ax + b}{cx + d} \xrightarrow{\text{帯分数化する}} y = \dfrac{ax + b}{cx + d} = \dfrac{\dfrac{1}{c^2}(-ad + bc)}{x + \dfrac{d}{c}} + \dfrac{a}{c} = \dfrac{k}{x - p} + q$

  ただし，$k = \dfrac{1}{c^2}(-ad + bc)$, $p = -\dfrac{d}{c}$, $q = \dfrac{a}{c}$.

  ···→ 直角双曲線 $y = \dfrac{k}{x}$

  $\left. \begin{array}{l} x \text{軸方向に} p \text{だけ}, \\ y \text{軸方向に} q \text{だけ}, \end{array} \right\}$ 平行移動．

  ···→ 漸近線 …… $x = p$, $y = q$.

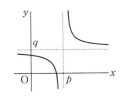

例題 3.4.1 次の方程式を表す曲線は下の図のどれか．記号で答えよ．

(1) $xy = 1$ (2) $xy = -1$ (3) $x^2 y^2 = 1$ (4) $x^2 y = 1$ (5) $xy^2 = 1$

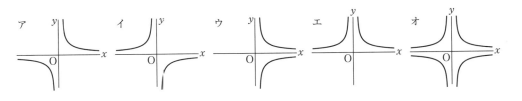

解 (1) $xy = 1$ より $y = \dfrac{1}{x}$．グラフが存在するのは第 1, 3 象限．漸近線；$x = 0$, $y = 0$．ア．

(2) $xy = -1$ よりグラフが存在するのは第 2, 4 象限．漸近線；$x = 0$, $y = 0$．イ．

(3) $x^2 y^2 = 1$ より $xy = \pm 1$．(1), (2) を考慮すると，オ．

(4) $x^2 y = 1$ より $y = \dfrac{1}{x^2}$．$y > 0$．漸近線；$x = 0$, $y = 0$．エ．

(5) $xy^2 = 1$ より $x = \dfrac{1}{y^2}$．$x > 0$．(4) のグラフと $y = x$ に関して対称．ウ．

例題 3.4.2 分数関数 $f(x) = \dfrac{ax+5}{bx+c}$ のグラフは，$x = \dfrac{1}{2}$ と $y = -\dfrac{1}{3}$ を漸近線とし，点 $(1, 1)$ を通る．このとき，a, b, c の値を求めよ．

解 漸近線が $x = \dfrac{1}{2}$ と $y = -\dfrac{1}{3}$ であることから，$y - \left(-\dfrac{1}{3}\right) = \dfrac{d}{x - \dfrac{1}{2}} = \dfrac{2d}{2x-1}$ より，

$y = -\dfrac{1}{3} + \dfrac{2d}{2x-1}$ が点 $(1, 1)$ を通るから，$d = \dfrac{2}{3}$．

したがって，$y = -\dfrac{1}{3} + \dfrac{2 \times \dfrac{2}{3}}{2x-1} = \dfrac{4}{6x-3} - \dfrac{1}{3} = \dfrac{-2x+5}{6x-3}$．

よって $a = -2$, $b = 6$, $c = -3$．

別解

$$bx + c \,\overline{)\, \begin{array}{l} \dfrac{a}{b} \\ ax + 5 \\ ax + \dfrac{ac}{b} \\ \hline 5 - \dfrac{ac}{b} \end{array}}$$

より，$y = \dfrac{ax+5}{bx+c} = \dfrac{a}{b} + \dfrac{5 - \dfrac{ac}{b}}{b\left(x + \dfrac{c}{b}\right)}$ $(b \neq 0)$．これより，

漸近線は，$x = -\dfrac{c}{b}$ と $y = \dfrac{a}{b}$．条件より $-\dfrac{c}{b} = \dfrac{1}{2}$, $\dfrac{a}{b} = -\dfrac{1}{3}$．

$\therefore c = -\dfrac{b}{2}$, $a = -\dfrac{b}{3}$．

点 $(1, 1)$ を通ることから，$1 = \dfrac{a+5}{b+c}$．したがって，$b - \dfrac{b}{2} = -\dfrac{b}{3} + 5$ より，$b = 6$．

よって $a = -2$, $b = 6$, $c = -3$．

例題 3.4.3 関数 $f_1(x) = \dfrac{x}{x-1}$, $f_2(x) = \dfrac{x-1}{x}$ であるとき，

(1) $f_1(x) = \dfrac{x}{x-1}$ の逆関数を求めよ． (2) $f_2(x) = \dfrac{x-1}{x}$ の逆関数を求めよ．

(3) $f_1(g(x)) = 1 - x$ のとき，関数 $g(x)$ を求めよ．

(4) $h(f_2(x)) = \dfrac{1}{1-x}$ のとき，関数 $h(x)$ を求めよ．

解 $f(f^{-1}(x)) = x$, $f^{-1}(f(x)) = x$．

(1) $y = \dfrac{x}{x-1}$ とおくと $xy - y = x$ より，$x(y-1) = y$．したがって $x = \dfrac{y}{y-1}$．よって $f_1(x)$ の逆関数 $f_1^{-1}(x)$ は $f_1^{-1}(x) = \dfrac{x}{x-1} = f_1(x)$．

(2) $y = \dfrac{x-1}{x}$ とおくと $xy = x - 1$ より，$x(y-1) = -1$．したがって $x = \dfrac{1}{1-y}$．よって $f_2(x)$ の逆関数 $f_2^{-1}(x)$ は $f_2^{-1}(x) = \dfrac{1}{1-x}$．

(3) $f_1(g(x)) = 1 - x$ より $g(x)$ を求めるために $f_1^{-1}(f_1(g(x))) = g(x) = f_1^{-1}(1-x) = f_1(1-x)$．したがって $g(x) = f_1(1-x) = \dfrac{1-x}{(1-x)-1} = \dfrac{x-1}{x}$．

(4) $h(f_2(x)) = \dfrac{1}{1-x}$ では，x のかわりに $f_2^{-1}(x)$ を代入する．$h(f_2(f_2^{-1}(x))) = h(x)$．

したがって $h(x) = \dfrac{1}{1 - f_2^{-1}(x)} = \dfrac{1}{1 - \dfrac{1}{1-x}} = \dfrac{1-x}{1-x-1} = \dfrac{x-1}{x}$.

別解

与えられた条件より，関数 $k(x)$ も分数関数と考えられる．$h(x) = \dfrac{ax+b}{cx+d}$ とおくと，

$$h(f_2(x)) = \dfrac{af_2(x)+b}{cf_2(x)+d} = \dfrac{a\dfrac{x-1}{x}+b}{c\dfrac{x-1}{x}+d} = \dfrac{ax-a+bx}{cx-c+dx} = \dfrac{(a+b)x-a}{(c+d)x-c},$$

ここで，条件より $\dfrac{(a+b)x-a}{(c+d)x-c} = \dfrac{1}{1-x}$ であり，これは恒等式である．

∴ $\begin{cases} a+b=0, \ -a=1 \\ c+d=-1, \ -c=1 \end{cases}$ より，$a=-1, \ b=1, \ c=-1, \ d=0$. よって $h(x) = \dfrac{x-1}{x}$.

例題 3.4.4 次の不等式を解け．

(1) $\dfrac{3(x+1)}{x-1} \geqq x+3$ (2) $\dfrac{6+x}{x} \leqq x$ (3) $\dfrac{6}{x+4} + x \leqq 1$

解 (1) $\dfrac{3(x+1)}{x-1} = 3 \cdot \dfrac{(x-1)+2}{x-1} = 3 + \dfrac{6}{x-1}$.

∴ $\dfrac{6}{x-1} \geqq x \ (x \neq 1)$.

$y_1 = \dfrac{6}{x-1}$, $y_2 = x$ のグラフを描く．

$y_1, \ y_2$ の交点の x 座標を求める．

$\dfrac{6}{x-1} = x \ (x \neq 1)$ より，$x^2 - x - 6 = 0 \ (x \neq 1)$

∴ $x = -2, \ 3$.

よって，グラフより $x \leqq -2, \ 1 < x \leqq 3$.

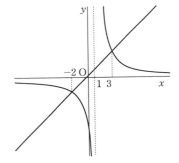

(2) $\dfrac{6+x}{x} = 1 + \dfrac{6}{x} \leqq x$.

∴ $\dfrac{6}{x} \leqq x - 1 \ (x \neq 0)$. $y_1 = \dfrac{6}{x}$, $y_2 = x - 1$

のグラフを描き，$y_1, \ y_2$ の交点の x 座標を求める．

$\dfrac{6}{x} = x - 1 \ (x \neq 0)$ より，$x^2 - x - 6 = 0 \ (x \neq 0)$

$x = -2, \ 3$. よって，$-2 \leqq x \leqq 0, \ 3 \leqq x$.

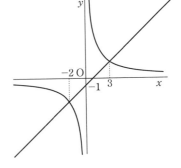

(3) $\dfrac{6}{x+4} \leqq 1 - x \ (x \neq -4)$. $y_1 = \dfrac{6}{x+4}$, $y_2 = 1 - x$

のグラフを描き，$y_1, \ y_2$ の交点の x 座標を求める．

$\dfrac{6}{x+4} = 1 - x \ (x \neq -4)$. $x^2 + 3x + 2 = 0$ より，

$x = -2, \ -1$. よって，$x < -4, \ -2 \leqq x \leqq -1$.

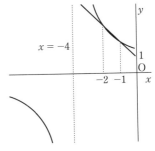

3.5 無理関数のグラフ

- ① $a > 0$

  $y = \sqrt{ax}$ … $y^2 = ax$, $(y \geqq 0)$

  $y^2 = ax$ のグラフの上半分．

  定義域：$\{x | x \geqq 0\}$, 値域：$\{y | y \geqq 0\}$.

  $y = -\sqrt{ax}$ … $y^2 = ax$, $(y \leqq 0)$

  $y^2 = ax$ のグラフの下半分．

  定義域：$\{x | x \geqq 0\}$, 値域：$\{y | y \leqq 0\}$.

- ② $a < 0$

  $y = \sqrt{ax}$ … $y^2 = ax$, $(y \geqq 0)$ $y^2 = ax$ のグラフの上半分．

  定義域：$\{x | x \leqq 0\}$, 値域：$\{y | y \geqq 0\}$.

  $y = -\sqrt{ax}$ … $y^2 = ax$, $(y \leqq 0)$ $y^2 = ax$ のグラフの下半分．

  定義域：$\{x | x \leqq 0\}$, 値域：$\{y | y \leqq 0\}$.

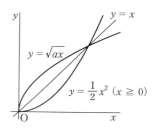

- $y = \sqrt{ax + b} = \sqrt{a\left(x + \dfrac{b}{a}\right)} = \sqrt{a\left\{x - \left(-\dfrac{b}{a}\right)\right\}}$

  …→ $y = \sqrt{ax}$ のグラフを x 軸方向に $-\dfrac{b}{a}$ だけ平行移動．

- 2 次関数と無理関数の関係

  $y = \dfrac{1}{a}x^2$ $(x > 0)$ と $y = \sqrt{ax}$ は互いに逆関数 $(a > 0)$．

  …→ グラフは $y = x$ に関して対称．

  …→ 原点以外の交点は (a, a)．

例題 3.5.1 無理方程式 $\sqrt{x + 1} = x + a$ の解の個数を実数 a によって分類する．次の解の個数となる a の範囲または，値を求めよ．

(1) 解が 1 個のとき．　(2) 解が 2 個のとき．　(3) 重解（1 個）のとき．　(4) 解が無いとき．

解　無理関数のグラフと直線のグラフが接する（判別式 $= 0$）ときの a の値を求め，グラフを参考にして他の場合の a を決める．

両辺を平方して $x + 1 = x^2 + 2ax + a^2$ より，

$x^2 + (2a - 1)x + (a^2 - 1) = 0$.

接する場合（重解をもつ）は判別式 $= 0$ であるから，

$D = (2a - 1)^2 - 4(a^2 - 1) = -4a + 5 = 0$.　∴　$a = \dfrac{5}{4}$.

グラフから，

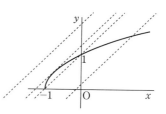

(1) $a < 1$.　(2) $1 \leqq a < \dfrac{5}{4}$.　(3) $a = \dfrac{5}{4}$.　(4) $a > \dfrac{5}{4}$.

3.5 無理関数のグラフ

例題 3.5.2 次の問いに答えよ．

(1) m を実数の定数とするとき，直線 $y = mx - 2m + 1$ は実数 m の値に関係なく 1 つの定点を通る．その定点の座標を求めよ．

(2) 直線 $y = mx - 2m + 1$ と曲線 $y = \sqrt{x-2}$ が相異なる 2 点で交わるように実数 m の範囲を求めよ．

解 (1) どのような実数 m に対しても $m(x-2) + 1 - y = 0$ であるためには（恒等式），$x - 2 = 0$, $y - 1 = 0$．よって，定点の座標は $(2, 1)$ である．

(2) 直線と曲線の交点を調べるために，

連立方程式 $\begin{cases} y = m(x-2) + 1 \\ y = \sqrt{x-2} \end{cases}$ より y を消去し，

x の方程式を作る．$\{m(x-2) + 1\}^2 = (\sqrt{x-2})^2$
より，$x - 2 = t$ とおくと $(mt + 1)^2 = t$.
$m^2 t^2 + (2m - 1)t + 1 = 0$.

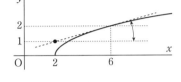

ここで，直線と曲線が接する場合の m を求めると，
判別式が 0 であるから，$D = (2m-1)^2 - 4m^2 = 0$ $-4m + 1 = 0$ $\therefore$ $m = \dfrac{1}{4}$.

よって，相異なる 2 点で交わるためには $0 < m < \dfrac{1}{4}$.

例題 3.5.3 次の不等式を解け．

(1) $\sqrt{x-1} < 7 - x$ (2) $\sqrt{3x+4} \geqq x$ (3) $\sqrt{2-x} < x + 2$

解 (1) $y_1 = \sqrt{x-1}$, $y_2 = 7 - x$ とおいてグラフを描く．
交点の x 座標を求めると $\sqrt{x-1} = 7 - x$ $(1 \leqq x < 7)$ より，
$x^2 - 15x + 50 = (x-5)(x-10) = 0$, $\therefore$ $x = 5$.
よって，$1 \leqq x < 5$.

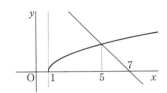

(2) $y_1 = \sqrt{3x+4} = \sqrt{3\left\{x - \left(-\dfrac{4}{3}\right)\right\}}$, $y_2 = x$ とおいてグラフを描く．

交点の x 座標を求めると $\sqrt{3x+4} = x$ $(x \geqq 0)$ より，
$x^2 - 3x - 4 = (x-4)(x+1) = 0$, $\therefore$ $x = 4$.
よって，$-\dfrac{4}{3} \leqq x \leqq 4$.

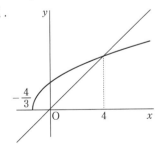

(3) $y_1 = \sqrt{2-x}$, $y_2 = x + 2$ とおいてグラフを描く．
交点の x 座標を求めると $\sqrt{2-x} = x + 2$ $(-2 < x \leqq 2)$ より，
$x^2 + 5x + 2 = 0$, $x = \dfrac{-5 \pm \sqrt{17}}{2}$, $\therefore$ $x = \dfrac{-5 + \sqrt{17}}{2}$.
よって，$\dfrac{-5 + \sqrt{17}}{2} < x \leqq 2$.

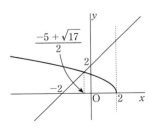

例題 3.5.4 関数 $y = \sqrt{2x+3}$ $\left(-\dfrac{3}{2} \leqq x \leqq 3\right)$ について，次の問いに答えよ．

(1) 与えられた関数の逆関数を求め，その定義域と値域を答えよ．

(2) 与えられた関数と(1)で求めた逆関数のグラフの交点の座標を求めよ．

解 (1) $y = \sqrt{2x+3}$ $\left(-\dfrac{3}{2} \leqq x \leqq 3\right)$ より $0 \leqq y \leqq 3$．

両辺を平方して $y^2 = 2x+3$． ∴ $x = \dfrac{y^2 - 3}{2}$．

x と y を交換すると（定義域と値域も入れ替わる．）

逆関数は $y = \dfrac{1}{2}x^2 - \dfrac{3}{2}$，

値域 $0 \leqq x \leqq 3$，定義域 $-\dfrac{3}{2} \leqq y \leqq 3$．

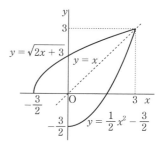

(2) 連立方程式 $\begin{cases} y = \sqrt{2x+3} \\ y = \dfrac{1}{2}x^2 - \dfrac{3}{2} \end{cases}$ を解くべきであるが，逆関数の性質より，

連立方程式 $\begin{cases} y = \sqrt{2x+3} \\ y = x \end{cases}$ または $\begin{cases} y = x \\ y = \dfrac{1}{2}x^2 - \dfrac{3}{2} \end{cases}$ を解く．$x = 3$．よって交点は $(3, 3)$．

3.6 三角関数のグラフ

・三角関数の値の範囲

　$-1 \leqq \sin\theta \leqq 1$，$-1 \leqq \cos\theta \leqq 1$，$-\infty < \tan\theta < \infty$．

・周期関数

　① $f(x) = f(x+p)$ (p は 0 でない定数) のとき …→ $f(x)$ は周期 p の<u>周期関数</u>

　　　…→ 周期のうち最小のもの …→ 基本周期

　② $y = \sin\theta$ …→ 周期 2π，$y = \sin k\theta$ …→ 周期 $\dfrac{2\pi}{|k|}$．

　　　$y = \cos\theta$ …→ 周期 2π，$y = \cos k\theta$ …→ 周期 $\dfrac{2\pi}{|k|}$．

　　　$y = \tan\theta$ …→ 周期 π，$y = \tan k\theta$ …→ 周期 $\dfrac{\pi}{|k|}$．

・三角関数のグラフ

$y = \sin\theta$（正弦曲線）　原点に関して対称

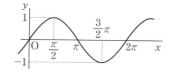

$y = \cos\theta$（正弦曲線）　y 軸に関して対称

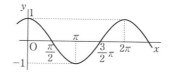

$y = \tan\theta$（正弦曲線）　原点に関して対称

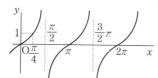

例題 3.6.1 図は $y=a\cos(bx+c)$ のグラフの一部である．定数 a, b, c の値を求めよ．ただし，$a>0$, $b>0$, $-\pi<c\leqq\pi$ とする．

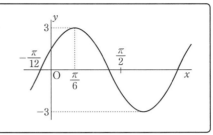

解 $y=a\cos(bx+c)$ より，振幅 a，周期 $\dfrac{2\pi}{|b|}$．

$a=3$. $\quad\dfrac{2\pi}{|b|}=4\left\{\dfrac{\pi}{6}-\left(-\dfrac{\pi}{12}\right)\right\}=\pi$. $\quad\therefore\ |b|=2$ よって $b=2$.

また，$3=3\cos\left(2\times\dfrac{\pi}{6}+c\right)$ より $\cos\left(\dfrac{\pi}{3}+c\right)=1$. したがって，$\dfrac{\pi}{3}+c=2n\pi$（$n$ は整数）．

よって，$c=-\dfrac{\pi}{3}$.

例題 3.6.2 図は $y=2\sin(ax-b)$ のグラフの一部である．定数 a, b の値および図の点 A, B, C の値を求めよ．ただし，$a>0$, $b>0$ とする．

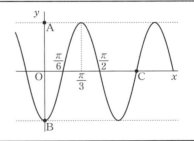

解 $y=2\sin(ax-b)$ より，振幅 2，周期 $\dfrac{2\pi}{a}$．

$\dfrac{2\pi}{a}=2\left\{\dfrac{\pi}{2}-\dfrac{\pi}{6}\right\}=\dfrac{2}{3}\pi$. $\quad\therefore\ a=3$.

また，$2=2\sin\left(3\times\dfrac{\pi}{3}-b\right)$ より $\sin(\pi-b)=1$. したがって，$\pi-b=\dfrac{\pi}{2}+2n\pi$（$n$ は整数）．

$\therefore\ b=\dfrac{\pi}{2}+2m\pi$（$m$ は整数）．$A=2$, $B=-2$, $C=\dfrac{\pi}{2}+\dfrac{\pi}{3}=\dfrac{5}{6}\pi$.

例題 3.6.3 $0\leqq\theta<2\pi$ とするとき，次の問いに答えよ．

(1) 等式 $2\sin\theta+\sqrt{3}=0$ を満たす θ の値を求めよ．

(2) 不等式 $2\cos\theta+\sqrt{2}<0$ を満たす θ の範囲を求めよ．

(3) 不等式 $2\sin\left(\theta-\dfrac{\pi}{3}\right)+1>0$ を満たす θ の値を求めよ．

解 (1) $\sin\theta=-\dfrac{\sqrt{3}}{2}$ より，

$y=\sin\theta$, $y=-\dfrac{\sqrt{3}}{2}$ の交点の θ を求める．

$\therefore\ \theta=\dfrac{4\pi}{3},\dfrac{5\pi}{3}$.

(2) $\cos\theta<-\dfrac{\sqrt{2}}{2}$ なので，$y_1=\cos\theta$, $y_2=-\dfrac{1}{\sqrt{2}}$ のグラ

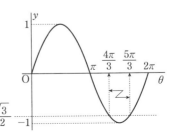

フを描く．まず，交点の θ を求め，それより，直線 y_2 より小さい（グラフでは下）y_1 を与える解 θ を，範囲 $0 \leqq \theta < 2\pi$ より求める．

交点の θ は $\theta = \dfrac{3\pi}{4}, \dfrac{5\pi}{4}$．

よって，$\dfrac{3\pi}{4} < \theta < \dfrac{5\pi}{4}$．

(3) $\sin\left(\theta - \dfrac{\pi}{3}\right) > -\dfrac{1}{2}$ なので，$y_1 = \sin\left(\theta - \dfrac{\pi}{3}\right)$，$y_2 = -\dfrac{1}{2}$ のグラフを描く．まず，交点の θ を求め，それより，直線 y_2 より大きい（グラフでは上）y_1 を与える解 θ を，範囲 $0 \leqq \theta < 2\pi$ より求める．

ただし，$y_1 = \sin\left(\theta - \dfrac{\pi}{3}\right)$ のグラフは $y = \sin\theta$ のグラフを θ 軸方向へ $\dfrac{\pi}{3}$ だけ平行移動したグラフである．

よって，$\dfrac{\pi}{6} < \theta < \dfrac{3}{2}\pi$．

3.7 指数関数のグラフ

・指数関数 $y = a^x$

底 $\cdots$ $a > 0$, $a \neq 1$.

定義域 $\cdots$ $-\infty < x < \infty$，値域 $\cdots$ $y > 0$.

点 $(0, 1)$ を通る．

増減 $a > 1$ $\cdots$ 増加，$0 < a < 1$ $\cdots$ 減少．

指数関数の大小関係 $\cdots$ $a > 1$ $\cdots$ $p < q \Leftrightarrow a^p < a^q$，

$\qquad\qquad\qquad\qquad\quad 0 < a < 1$ $\cdots$ $p < q \Leftrightarrow a^p > a^q$.

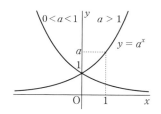

例題 3.7.1 次の関数のグラフは，$y = 3^x$ のグラフをどのように移動したものか．また，それぞれのグラフを描け．
(1) $y = \dfrac{3^x}{9}$　　(2) $y = \dfrac{3}{3^x}$　　(3) $y = -3^{x+1}$　　(4) $y = 3^{-x-1} + 2$

解 (1) $y = \dfrac{3^x}{9} = 3^{x-2}$ より，$y = 3^x$ のグラフを x 軸方向へ 2 だけ平行移動したグラフである．

(2) $y = \dfrac{3}{3^x} = 3^{1-x} = 3^{-(x-1)}$ より，$y = 3^{-x}$ のグラフを x 軸方向へ 1 だけ平行移動したグラフである．

$y = 3^{-x}$ のグラフは $y = 3^x$ のグラフを y 軸に対称に移したものである．

(3) $y = -3^{x+1}$ より，$-y = 3^{x+1}$ であるからグラフは，$y = 3^{x+1}$ のグラフを x 軸に対称に移したものである．また，$y = 3^{x+1}$ のグラフは $y = 3^x$ のグラフを x 軸方向へ -1 だけ平行移動したグラフである．

(4) $y = 3^{-x-1} + 2$ より，$y - 2 = 3^{-(x+1)}$．$y = 3^{-x}$ グラフを x 軸方向へ -1 だけ，y 軸方向へ 2 だけ平行移動したグラフである．$y = 3^{-x}$ グラフは $y = 3^x$ のグラフを y 軸に対称に移したものである．

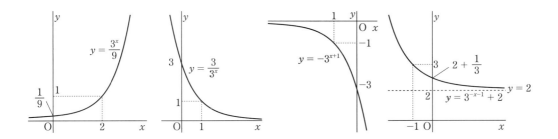

> **例題 3.7.2**　$f(x) = \dfrac{1}{2}(a^x + a^{-x})$, $g(x) = \dfrac{1}{2}(a^x - a^{-x})$ とするとき，次の問いに答えよ．
> (1) $g(3x)$ を $g(x)$ で表せ．
> (2) $f(x+y)$ を $f(x)$, $g(x)$, $f(y)$, $g(y)$ で表せ．

解　$(a^x)^2 = a^{2x}$, $(a^x)^3 = a^{3x}$, $a^x a^{-x} = 1$ に留意して解く．

(1) $a^x = A$, $a^{-x} = B$ とおくと，$g(3x) = \dfrac{1}{2}(a^{3x} - a^{-3x}) = \dfrac{1}{2}\{(a^x)^3 - (a^{-x})^3\} = \dfrac{1}{2}(A^3 - B^3)$．

$A^3 - B^3 = (A-B)(A^2 + AB + B^2) = (A-B)\{(A-B)^2 + 3AB\}$
$ = (A-B)\{(A-B)^2 + 3\}$．

したがって $A^3 - B^3 = 2g(x)[\{2g(x)\}^2 + 3] = 8\{g(x)\}^3 + 6g(x)$．

よって $g(3x) = 4\{g(x)\}^3 + 3g(x)$．

(2) $\begin{cases} a^x + a^{-x} = 2f(x) \\ a^x - a^{-x} = 2g(x) \end{cases}$ より，$a^x = f(x) + g(x)$, $a^{-x} = f(x) - g(x)$．

$f(x+y) = \dfrac{1}{2}(a^{x+y} + a^{-x-y}) = \dfrac{1}{2}(a^x a^y + a^{-x} a^{-y})$
$ = \dfrac{1}{2}[\{f(x) + g(x)\}\{f(y) + g(y)\} + \{f(x) - g(x)\}\{f(y) - g(y)\}]$
$ = f(x)f(y) + g(x)g(y)$．

3.8　対数関数のグラフ

- 対数関数 $y = \log_a x$

  底の条件　$\cdots$　$a > 0$, $a \neq 1$. 真数の条件　$\cdots$　$x > 0$.

  定義域　$\cdots$　$x > 0$, 値域　$\cdots$　$-\infty < y < \infty$.

  点 $(1, 0)$ を通る．

  増減　$a > 1$　$\cdots$　増加, $0 < a < 1$　$\cdots$　減少．

  対数関数の大小関係　$\cdots$　$a > 1$　$\cdots$　$p < q \iff \log_a p < \log_a q$,
  $\ 0 < a < 1$　$\cdots$　$p < q \iff \log_a p > \log_a q$.

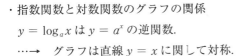

- 指数関数と対数関数のグラフの関係

  $y = \log_a x$ は $y = a^x$ の逆関数．

  $\cdots \rightarrow$　グラフは直線 $y = x$ に関して対称．

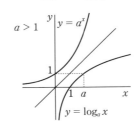
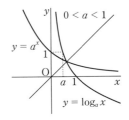

例題 3.8.1 $\log_a 90$ が 3 と 4 の間にあるとき，a の整数値を求めよ．

解 a は底であるから，$a > 0$, $a \neq 1$ であり，また整数であることから $a = 2, 3, 4, \cdots$ である．
底を 10 に変換すると $\log_a 90 = \dfrac{\log_{10} 90}{\log_{10} a} = \dfrac{\log 90}{\log a}$．条件より，$\log a > 0$ であり，$3 < \dfrac{\log 90}{\log a} < 4$ より $3\log a < \log 90 < 4\log a$．

したがって，$\log a^3 < \log 90 < \log a^4$ より，$a^3 < 90 < a^4$ をみたす整数値を探せばよい．
$a = 2$ のとき $a^4 = 16 < 90$ で不適．$a = 3$ のとき $a^4 = 81 < 90$ で不適．
$a = 4$ のとき $a^3 = 64 < 90$, $a^4 = 256 > 90$ となり，適する．
$a = 5$ のとき $a^3 = 125 > 90$ で不適．($y = x^3$, $y = x^4$ ともに $x > 0$ において，単調増加なので，これ以上調べる必要はない．)
よって $a = 4$．

例題 3.8.2 次の数を小さい順に並べよ．

(1) $\dfrac{3}{2}$, $\log_4 9$, $\log_9 25$

(2) $\dfrac{3}{2}$, $\log_3 0.6$, $\log_2 \sqrt[3]{24}$, $\log_4 5$, $\log_5 4$

解 (1) $\dfrac{3}{2} = \dfrac{3}{2}\log_4 4 = \log_4 8 < \log_4 9$, $\dfrac{3}{2} = \dfrac{3}{2}\log_9 9 = \log_9 27 > \log_9 25$．

よって $\log_9 25 < \dfrac{3}{2} < \log_4 9$．

(2) $0.6 < 1$ より，$\log_3 0.6 < 0$．

$\sqrt[3]{24} = 2\sqrt[3]{3}$ より，$\log_2 \sqrt[3]{24} = \log_2 2\sqrt[3]{3} = \log_2 2 + \log_2 \sqrt[3]{3} = 1 + \log_2 \sqrt[3]{3}$．

$\dfrac{3}{2} = 1 + \dfrac{1}{2} = 1 + \dfrac{1}{2}\log_2 2 = 1 + \log_2 \sqrt{2}$．これより，$\sqrt[3]{3}$ と $\sqrt{2}$ を比較すると $(\sqrt[3]{3})^6 = 9$, $(\sqrt{2})^6 = 8$ より，$\sqrt[3]{3} > \sqrt{2}$．　∴ $\log_2 \sqrt[3]{24} > \dfrac{3}{2}$．

$\log_5 4 < 1 < \log_4 5$．次に $\dfrac{3}{2}$ と $\log_4 5$ を比較する．$\dfrac{3}{2} = \dfrac{3}{2}\log_4 4 = \log_4 8$ より，$\log_4 5 < \dfrac{3}{2}$．

よって $\log_3 0.6 < \log_5 4 < \log_4 5 < \dfrac{3}{2} < \log_2 \sqrt[3]{24}$．

例題 3.8.3 次の文章は，式(ア)～(オ)のグラフを説明したものである．各□の中に適切な(ア)～(オ)を記入せよ．

① のグラフは $y = \log_a x$ のグラフを x 軸に平行に移動したもの，

② のグラフは $y = \log_a x$ のグラフを y 軸に平行に移動したもの，

③ のグラフは $y = \log_a x$ のグラフを原点に関して対称に移したもの，

④ のグラフは $y = \log_a x$ のグラフを x 軸に関して対称に移したもの，

⑤ のグラフは $y = \log_a x$ のグラフを直線 $y = x$ に関して対称に移したものである．

(ア) $y = a^x$, (イ) $a^y = x + l$, (ウ) $xa^y = -1$, (エ) $y = \log_a \dfrac{x}{l}$, (オ) $y = \log_{\frac{1}{a}} x$．
ただし $a > 0$, $a \neq 1$, $l > 0$, $l \neq 1$ とする．

解 (ア) $y = a^x$ は，$y = \log_a x$ の逆関数で，直線 $y = x$ に関して対称である．

(イ) $a^y = x + l$ の両辺から底が a の対数をとると，$y = \log_a(x + l)$. $y = \log_a x$ のグラフを x 軸方向に $-l$ だけ平行移動したものである．

(ウ) $xa^y = -1$ より，$-x = \dfrac{1}{a^y} = \left(\dfrac{1}{a}\right)^y$. 両辺から底が a の対数をとると，$-y = \log_a(-x)$. x を $-x$，y を $-y$ に置き換えたものであるから，$y = \log_a x$ のグラフを原点に関して対称に移したものである．

(エ) $y = \log_a \dfrac{x}{l} = \log_a x - \log_a l$ より，$y = \log_a x$ のグラフを y 軸方向に $-\log_a l$ だけ平行移動したものである．

(オ) $y = \log_{\frac{1}{a}} x = \dfrac{\log_a x}{\log_a \frac{1}{a}} = \dfrac{\log_a x}{-1}$ より，$-y = \log_a x$. y を $-y$ に置き換えたものであるから，$y = \log_a x$ のグラフを x 軸に関して対称に移したものである．

よって ① = (イ)，② = (エ)，③ = (ウ)，④ = (オ)，⑤ = (ア)．

第 3 章 問題

問題 3.1 実数全体で定義された関数 $y = f(x)$ について，次の(a)〜(e)の記述のうち正しいものには○を，間違っているものには×をつけよ．

(a) $y = f(x-3)$ のグラフは，$y = f(x)$ のグラフを x 軸方向に -3 平行移動したものである．
(b) $y = f(x)+2$ のグラフは，$y = f(x)$ のグラフを y 軸方向に 2 平行移動したものである．
(c) $y = f(2x)$ のグラフは，$y = f(x)$ のグラフを x 軸方向に 2 倍に拡大したものである．
(d) $y = f(-x)$ のグラフは，$y = f(x)$ のグラフを x 軸に関して対称移動したものである．
(e) $y = -f(x)$ のグラフは，$y = f(x)$ のグラフを x 軸に関して対称移動したものである．

問題 3.2 直線 $kx + 2y = k$ が次の各問の条件を満たす k の値を定めよ．
(1) y 切片が -6 のとき． (2) 傾きが 2 のとき． (3) 点 $(3, -2)$ を通るとき．

問題 3.3
(1) 関数 $y = x^2 - 2x + 4$ の定義域が $0 \leq x \leq 4$ であるとき，y の最大値，最小値を求めよ．
(2) 2 次関数 $y = -3x^2 + ax + b$ のグラフの頂点の座標が $(-1, 10)$ であるとき，a, b の値を定めよ．
(3) 放物線 $y = x^2 + x + 1$ のグラフが直線 $y = ax + a$ と接するとき，a の値を定めよ．

問題 3.4 次の(a)〜(f)の 2 次関数 $y = ax^2 + bx + c$ のグラフについて，a, b, c, 判別式 D の正負（または 0）を答えよ．

(a) 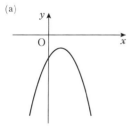 (b) 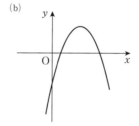 (c)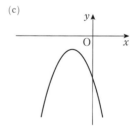

(d) 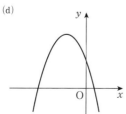 (e) 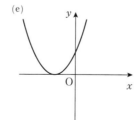 (f)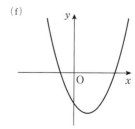

問題 3.5 2次関数 $y = x^2 + x$ のグラフを y 軸について対称移動したグラフを表す方程式を求めよ．

問題 3.6 次の分数関数の漸近線の方程式を書け．また，この関数のグラフと x 軸，y 軸との交点の座標を求めよ．

(1) $y = \dfrac{-5}{x+1} + 2$　　　(2) $y = \dfrac{x+1}{x-2}$　　　(3) $y = \dfrac{6x+10}{2x+3}$

問題 3.7 次の分数不等式を解け．

(1) $\dfrac{x+3}{x} \geqq x - 1$　　　(2) $\dfrac{2}{x-2} + x \geqq 5$

問題 3.8 次の関数の定義域，値域を答えよ．

(1) $y = \sqrt{3-x}$　　　(2) $y = 2\sqrt{x-2} + 1$　　　(3) $y = \sqrt{1-2x} - 3$

問題 3.9 関数 $y = \sqrt{4x-3}$ のグラフと直線 $y = x$ との共有点を求めよ．

問題 3.10
(1) $y = \sqrt{1-2x} + 2$ のグラフを y 軸に関して対称移動したグラフを表す方程式を求めよ．
(2) 関数 $y = \sqrt{3x}$ のグラフを，はじめに x 軸方向に 3 倍に拡大し，次に y 軸に関して対称移動した．その結果，得られるグラフの方程式を求めよ．

問題 3.11 次の無理不等式を解け．
(1) $\sqrt{2x+3} \leqq x$　　　(2) $\sqrt{2x-1} > x - 2$

問題 3.12
(1) 次の無理関数のグラフを表す方程式を求めよ．

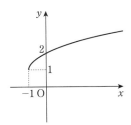

(2) (1)で求めた方程式を $y = f(x)$ とするとき，$y \geqq x$ となる x の範囲を求めよ．

問題 3.13

(1) 次の図は，関数 $y = A\sin\dfrac{x}{B} + C$ のグラフの概形である．このとき，正の定数 A, B, C を求めよ．

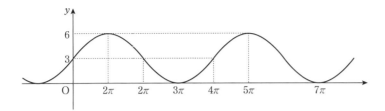

(2) 次の図は，関数 $y = A\sin(Bx - C)$ のグラフの概形である．このとき，正の定数 A, B, C を求めよ．

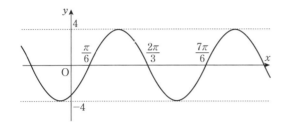

(3) 関数 $f(x) = 5\sin\left(2x + \dfrac{\pi}{3}\right)$ について，次の各問いに答えよ．

 (i) $f(0)$ の値を求めよ．

 (ii) $f(x)$ の最大値は ア であり，周期は イ である．ア, イ に当てはまるものを求めよ．

問題 3.14 次のものを $y = a\sin(x + b)$ の形に直せ．

(1) $y = \sin x + \cos x$

(2) $y = \sqrt{3}\sin x - \cos x$

問題 3.15 xy 平面上で原点を中心とする半径 2 の円周上を反時計回りに回転している点 P について考える．P は時刻 $t = 0$ で点 $A(2, 0)$ を出発し，動径 OP を表す角について，1 秒当たり ω ラジアンという一定の速さで回しているものとする．このとき，次の各問いに答えよ．

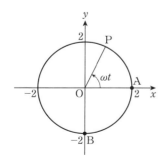

(i) $\omega = 3$ のとき，初めて点 $B(0, -2)$ に到達するのは何秒後か．

(ii) P が 12 秒間に円周上を 1 周する速さで回転しているとき，A を出発して 20 秒後に P のいる点の座標を求めよ．

問題 3.16 3つの数 $\sqrt{2}$, $\sqrt[3]{3}$, $\sqrt[6]{6}$ を小さい順に並べよ.

問題 3.17 関数 $y = 3^{-x} + 2$ において, 定義域を $x \geqq 0$ とするとき, この関数の値域を求めよ.

問題 3.18 関数 $y = 4^x - 2^x + 1$ の最小値を求めよ.

問題 3.19
(1) $\log_x 8 = \dfrac{3}{2}$ のとき, x を求めよ.
(2) $y = 2^x$ のグラフと直線 $y = 3$ のグラフとの交点の x 座標を求めよ.
(3) $3^{-\log_3 2} = \square$ である. $\square$ に当てはまる数を求めよ.

問題 3.20 次の関数の定義域を求めよ. また, この関数のグラフと x 軸との交点の x 座標を求めよ.
(1) $y = \log_2(x - 1) - 3$　　　(2) $y = \log_2(8 - x) - 2$　　　(3) $y = \log_2(x - 4) + 1$

問題 3.21 関数 $y = \log_3 3(x + 4)$ のグラフは, 関数 $y = \log_3 x$ のグラフを x 軸方向に ア, y 軸方向に イ だけ平行移動したものである. ア および イ に当てはまる数を求めよ.

問題 3.22 下の表は, 関数 $y = 3^x$ において, x と y との対応を表している. このとき, 次の各問いに答えよ.

x	0	1	a	b
y	1	3	4	18

(1) a の値を求めよ.
(2) ある整数 n を用いて, $n \leqq a + b < n + 1$ と表されるとき, 整数 n を求めよ.

第4章 場合の数と数列

4.1 場合の数

● 集合の要素（元）の個数

- 有限集合 ……→ 要素の個数が有限個である集合.
- 集合 A の要素（元）の個数 ……→ $n(A)$, ここで，全体集合 U とする.
  (i) 和集合の要素の個数 $n(A \cup B) = n(A) + n(B) - n(A \cap B)$,
    とくに，$A \cap B = \phi$ のとき，$n(A \cup B) = n(A) + n(B)$.
  (ii) 補集合 $\overline{A}$ の要素の個数 $n(\overline{A}) = n(U) - n(A)$.
  (iii) 3つの集合の要素の個数
    $n(A \cup B \cup C)$
    $= n(A) + n(B) + n(C) - n(A \cap B) - n(B \cap C) - n(C \cap A) + n(A \cap B \cap C)$.

● 和の法則・積の法則

- 和の法則 ……→ 2つのことがら A, B が，同時に起こらないとする．A の起こり方が m 通り，B の起こり方が n 通りあるとき，A または B の起こる場合の数は $m + n$ 通り．
- 積の法則 ……→ 2つのことがら A, B が，A の起こり方が m 通りあり，そのおのおのの起こり方に対して B の起こり方が n 通りあるとき，A, B がともに起こる場合の数は $m \times n$ 通り．

● 順列

- n 個の異なるものから r 個取り出して1列に並べた順列の総数は，
$${}_n\mathrm{P}_r = n(n-1)(n-2)\cdots(n-r+1) = \frac{n!}{(n-r)!}, \quad \text{とくに，} {}_n\mathrm{P}_n = n!, {}_n\mathrm{P}_0 = 1.$$
ただし，$0! = 1$ と定める.
- 円順列 ……→ n 個の異なるものを円形に並べる順列の総数は，$(n-1)!$.
    じゅず順列は円順列を裏返したときの重複を考えて，$\dfrac{(n-1)!}{2}$.
- 重複順列 ……→ n 個の異なるものから繰り返しを許して r 個取り出して一列に並べた順列の総数は，n^r.

● 組合せ

- n 個の異なるものから r 個とった組合せの総数は，
$${}_n\mathrm{C}_r = \frac{{}_n\mathrm{P}_r}{r!} = \frac{n(n-1)(n-2)\cdots(n-r+1)}{r!} = \frac{n!}{r!(n-r)!}.$$
とくに，${}_n\mathrm{C}_0 = {}_n\mathrm{C}_n = 1$, ${}_n\mathrm{C}_r = {}_n\mathrm{C}_{n-r}$. さらに，${}_n\mathrm{C}_r = {}_{n-1}\mathrm{C}_{r-1} + {}_{n-1}\mathrm{C}_r$.
- 同じものを含む順列の総数は，$\dfrac{n!}{p!q!r!\cdots}$, $(p + q + r + \cdots = n)$.

● 重複組合せ

- n 種類のものから重複を許して r 個とる重複組合せ ${}_n\mathrm{H}_r$ の総数は，n 個の○と，それを n 種類に区別するための $r - 1$ 個の区切り｜の並び方の総数に等しい．${}_n\mathrm{H}_r = {}_{n+r-1}\mathrm{C}_r = \dfrac{(n+r-1)!}{r!(n-1)!}$.

第4章　場合の数と数列

例題 4.1.1　4つの文字 a, b, c, d を1つずつ用いてできる順列を辞書式に $abcd$ から $dcba$ まで並べるとき、次の問いに答えよ。

(1) $cbad$ は何番目にあるか。

(2) また20番目にあたる順列（文字列）は何か。

解　(1) a が最初にある順列は、a を最初において、その次に残りの3文字を並べたものである。これより、その数は $_3P_3 = 3! = 6$ である。同様に、b が最初にある順列の数も $_3P_3 = 3! = 6$ である。

$ca\bigcirc\bigcirc$ は、ca の次に残りの2文字 b, d を並べたものであるから、その数は $_2P_2 = 2! = 2$ である。$cbad$ は $cb\bigcirc\bigcirc$ のうち最初の順列であるから $cbad$ の前までにある順列の総数は $6 + 6 + 2 = 14$ である。よって、$cbad$ は15番目にある。

(2) $a\bigcirc\bigcirc\bigcirc$, $b\bigcirc\bigcirc\bigcirc$, $c\bigcirc\bigcirc\bigcirc$, $d\bigcirc\bigcirc\bigcirc$ の各順列は6通りある。したがって、20番目は $6 + 6 + 6 < 20 < 6 + 6 + 6 + 6$ より $d\bigcirc\bigcirc\bigcirc$ であることがわかる。次に $da\bigcirc\bigcirc$ の順列は2通りであるから $dabc$, $dacb$ の順になり、求める20番目にあたる順列は $dacb$ である。

例題 4.1.2　次の問いに答えよ。

(1) 異なる4冊の本を4人に1冊ずつ分ける分け方は何通りか。

(2) 異なる4冊の本を6人中4人に1冊ずつ分ける分け方は何通りか。

(3) 同じ4冊の本を6人中4人に1冊ずつ分ける分け方は何通りか。

解　(1) $_4P_4 = 4! = 24$ 通り。

(2) $_6P_4 = 6 \cdot 5 \cdot 4 \cdot 3 = 360$ 通り。

（本を受け取れる人を6人から4人選ぶ。次に、その4人に4冊の本を分ける。

∴ $_6C_4 \cdot 4! = \dfrac{6!}{4! \cdot (6-4)!} \cdot 4! = 360 = {}_6P_4$.）

(3) 本を受け取れる人を6人から4人選べばよいから、$_6C_4 = \dfrac{6!}{4! \cdot 2!} = 15$ 通り。

((2)の条件「異なる」4冊…が、(3)では「同じ」に変わった。これより、例えば a_1, a_2, a_3, a_4 を1列に並べる並べ方 $_4P_4 = 4!$ 通りが、「同じ」a, a, a, a であるため1通りに数えられることになる。(2)の結果より、$_6P_4 \div {}_4P_4 = \dfrac{6!}{(6-4)!} \div 4! = \dfrac{6!}{2!4!}$.）

例題 4.1.3　見かけ上区別のつかないリンゴが7個ある。これを3人の子供たちにあげる仕方について、次の問いに答えよ。

(1) 不公平だが、もらえない子供がいる場合は何通りあるか。

(2) 子供たちは少なくとも1個はもらえる場合は何通りあるか。

解　(1) 子供たちを A, B, C とすると A に x 個、B に y 個、C に z 個あげる仕方の数は、A, B, C から A を x 個、B を y 個、C を z 個合わせて7個取って作った A, B, C の重複組合せの数に等しい。

よって $_3H_7 = {}_{3+7-1}C_7 = {}_9C_7 = {}_9C_2 = 36$ 通り。

> **別解**
>
> リンゴを○,それらを分けるための仕切りを｜とする.
>
> 題意より○は7個,3分割するため｜は2個あればよいから,○○○○○○○｜｜を1列に並べることを考える.例えば,並び;○○○○○○○｜｜はAは7個,B,Cは0個,並び;○○○｜｜○○○○はAは3個,Bは0個,Cは4個,並び;○○｜○○○｜○○はAは2個,Bは3個,Cは2個をそれぞれ表している.
>
> よって,あげる仕方は,$\dfrac{(7+2)!}{7!\,2!}=\dfrac{9!}{7!\,2!}=36$ 通り.

> **別解**
>
> 前もって,リンゴを3人の子供たち1人ずつに1個ずつあげると考えると,リンゴの数は $7+3=10$ 個あればよいことになる.これより,子供たちは少なくとも1個はもらえるから,前出のリンゴと仕切りの考え方を用いると,リンゴを1列に並べ,リンゴとリンゴの間に仕切りを2箇所に入れれば題意に適する.リンゴを○,それらを分けるための仕切り｜とすると,10個の○の間9箇所に2個の仕切り｜を1つずつ入れるとよいことになる.
>
> ○□○□○□○□○□○□○□○□○□○;□に仕切り｜を1個ずつ2箇所入れる.
>
> よって $_9C_2 = 36$ 通り.

(2) 子供たちを A,B,C とし,条件より,リンゴを3人に1個ずつあげておいて残りの4個を子供たちに分ける仕方となる.(4個を子供たちに分ける分け方では1個ももらえない子供もあり得る.)

4個のリンゴを A に x 個,B に y 個,C に z 個あげる仕方の数は,A,B,C から A を x 個,B を y 個,C を z 個,合わせて4個取って作った A,B,C の重複組合せの数に等しい.

よって,3人の子供たちに4個のリンゴを分ける仕方は $_3H_4 = {}_{3+4-1}C_4 = {}_6C_4 = {}_6C_2 = 15$ 通り.

> **別解**
>
> リンゴを○,それらを分けるための仕切り｜とすると,7個の○の間6箇所に2個の仕切り｜を1つずつ入れていけばよいことになる.
>
> ○□○□○□○□○□○□○;□に仕切り｜を1個ずつ2箇所入れる.
>
> よって $_6C_2 = 15$ 通り.

> **note** (1)は,$x+y+z=7$ を満たす x,y,z の負でない整数解は $_3H_7$ 組ある.
> (2)は,$x+y+z=7$ を満たす x,y,z の正の整数解は $_3H_4$ 組ある.

例題 4.1.4 次の問いに答えよ.

(1) 同じ6冊の本を1グループから6グループに分ける分け方は全部で何通りか.
(2) 異なる6冊の本を3冊,1冊,1冊,1冊の4グループに分ける分け方は何通りか.
(3) 異なる6冊の本を2冊,2冊,1冊,1冊の4グループに分ける分け方は何通りか.
(4) 異なる6冊の本を4人に全部分ける分け方は何通りか.ただし,1冊ももらえない人はいないものとする.

解 (1)　1グループ　　6　　　　　　　　　　　　　　　　　　　　　　　　1通り
　　　　2グループ　　$= 5+1$　　　　　$= 4+2$　　　　　$= 3+3$　　　　3通り
　　　　3グループ　　$= 4+1+1$　　　$= 3+2+1$　　　$= 2+2+2$　　3通り

4グループ	$= 3+1+1+1$	$= 2+2+1+1$	2通り
5グループ	$= 2+1+1+1+1$		1通り
6グループ	$= 1+1+1+1+1+1$		1通り

よって，$1+3+3+2+1+1 = 11$ 通り．

> **別解**

分け方の数を求める漸化式を考える．

異なる 6 個のものを 1 グループ，6 グループに分ける式を，それぞれ $P(6,1)$，$P(6,6)$ と書くと，明らかに $P(6,1) = 1$，$P(6,6) = 1$．また，異なる 6 個のものを 0 グループ，7，8，…グループに分ける仕方の数は $P(6,0) = 0$，$P(6,7) = 0$，$P(6,8) = 0$，…であることもわかる．

次に，6 個のものを 2 グループに分ける式ことを考える．図の丸は分割の対象となるもので，下の箱はグループ数を表している．まず，各箱にものを 1 つずつ入れる．これより 4 個のものを 1 グループ，2 グループに分けることになる．

4 個のものを 2 グループに分ける場合，2 つの箱にものを 1 つずつ入れるため，また 2 個のものを 1 グループ，2 グループに分けることになる．

これより，$P(6,2) = P(6-2,1) + P(6-2,2) = 1 + P(4,2)$
$= 1 + P(4-2,1) + P(4-2,2) = 1 + P(2,1) + P(2,2)$
$= 1 + 1 + 1 = 3$．

$P(6,3) = P(6-3,1) + P(6-3,2) + P(6-3,3) = P(3,1) + P(3,2) + P(3,3)$
$= 1 + P(3,2) + 1 = 2 + P(3-2,1) + P(3-2,2) = 2 + P(1,1) + P(1,2)$
$= 2 + 1 + 0 = 3$．

$P(6,4) = P(6-4,1) + P(6-4,2) = P(2,1) + P(2,2) = 1 + 1 = 2$．

$P(6,5) = P(6-5,1) = P(1,1) = 1$．

よって，分け方の数は，

$P(6,1) + P(6,2) + P(6,3) + P(6,4) + P(6,5) + P(6,6) = 1+3+3+2+1+1$
$\qquad\qquad\qquad\qquad\qquad\qquad\qquad\qquad\qquad\qquad\qquad = 11$．

(2) 6 冊の本を a, b, c, d, e, f とし，3 冊，1 冊，1 冊，1 冊と選び出すことを考える．

選び出し方の数は $_6C_3 \cdot {}_3C_1 \cdot {}_2C_1 \cdot {}_1C_1$ となる．

例えば，3 冊 a, b, c，1 冊 d，1 冊 e，1 冊 f とし，1 冊ずつの d, e, f に着目すると d, f, e も e, d, f も同じ選び出し方であるので，d, e, f の順列の数 $3!$ 通り異なる分け方として数えていたことになる．よって，

$$_6C_3 \cdot {}_3C_1 \cdot {}_2C_1 \cdot {}_1C_1 \div 3! = \frac{6!}{3! \cdot 3!} \cdot \frac{3!}{2! \cdot 1!} \cdot \frac{2!}{1! \cdot 1!} \cdot \frac{1!}{1! \cdot 0!} \div 3! = \frac{6!}{3! \cdot 3!} = \frac{6 \cdot 5 \cdot 4}{3 \cdot 2 \cdot 1} = 20 \text{ 通り}．$$

(3) 6 冊の本を a, b, c, d, e, f とし，2 冊，2 冊，1 冊，1 冊と選び出すことを考える．

選び出し方の数は $_6C_2 \cdot {}_4C_2 \cdot {}_2C_1 \cdot {}_1C_1$ となる．

例えば，2 冊 a, b，2 冊 c, d，1 冊 e，1 冊 f とし，2 冊ずつの a, b と c, d および 1 冊ずつの e と f に着目すると $((a,b),(c,d))$ も $((c,d),(a,b))$ も同じ選び出し方であり，(e,f) も (f,e) も

同じ選び出し方であるので，それぞれの順列の数 2! 通り異なる分け方として数えていたことになる．

よって，

$$({}_6C_2 \cdot {}_4C_2 \div 2!) \cdot ({}_2C_1 \cdot {}_1C_1 \div 2!) = \left(\frac{6!}{2! \cdot 4!} \cdot \frac{4!}{2! \cdot 2!} \div 2!\right) \cdot \left(\frac{2!}{1! \cdot 1!} \cdot \frac{1!}{1! \cdot 0!} \div 2!\right) = \frac{6!}{2! \cdot 2! \cdot 2! \cdot 2!}$$
$$= \frac{6 \cdot 5 \cdot 4 \cdot 3}{2 \cdot 2 \cdot 2} = 45 \text{通り}.$$

(4) 6冊の本を4人全員に分けるには，6冊の本を4グループに分ける必要がある．(1)より3冊，1冊，1冊，1冊と2冊，2冊，1冊，1冊の各グループになる．

次に，それぞれのグループに分ける分け方の数を求めると，(2)より3冊，1冊，1冊，1冊の場合は20通りであり，(3)より2冊，2冊，1冊，1冊場合は45通りである．

異なる6冊の本を3冊，1冊，1冊，1冊に分けた異なるグループを4人に配分すればよいから，$20 \times 4!$ 通りである．2冊，2冊，1冊，1冊場合も同様に $45 \times 4!$ 通りある．

よって，$20 \times 4! + 45 \times 4! = 65 \times 4! = 1560$ 通り．

別解

6冊の本 a, b, c, d, e, f を4人に分ける分け方を S_4，3人に分ける分け方を S_3，2人に分ける分け方を S_2，1人に分ける分け方を S_1 とおく．

① 1, 2, 3, 4 の4人に a, b, c, d, e, f を分ける場合．

a, b, c, d, e, f
□□□□□□ 下の□には1, 2, 3, 4の数字を書き込むと，その番号の人に配られるものとする．

ここで，条件「4人に」を緩和し「4, 3, 2, 1人に」とすると，各□に4通りの数字を入れるとよいので，4^6 通りの分け方となる．したがって，この数は4人，3人，2人，1人に分ける場合の和になっている．

3人のときは，123, 124, 134, 234 の各人に分けることになるため ${}_4C_3 S_3$ 通りある．

2人のときは，12, 13, 14, 23, 24, 34 の各人に分けることになるため ${}_4C_2 S_2$ 通りある．

1人のときは，1, 2, 3, 4 の各人に分けることになるため ${}_4C_1 S_1$ 通りある．

∴ $S_4 + {}_4C_3 S_3 + {}_4C_2 S_2 + {}_4C_1 S_1 = 4^6$.

② 1, 2, 3 の3人に a, b, c, d, e, f を分ける場合．

a, b, c, d, e, f
□□□□□□ 下の□には1, 2, 3の数字を書き込むと，その番号の人に配られるものとする．

ここで，条件を無視すると各□には3通りの数字が入るため，3^6 通りの分け方がある．

また，3人，2人，1人に分ける場合の和になっている．

2人のときは，12, 13, 23 の各人に分けることになるため ${}_3C_2 S_2$ 通りある．

1人のときは，1, 2, 3 の各人に分けることになるため ${}_3C_1 S_1$ 通りある．

∴ $S_3 + {}_3C_2 S_2 + {}_3C_1 S_1 = 3^6$.

③ 1, 2 の2人に a, b, c, d, e, f を分ける場合．①，②と同様にすると，

∴ $S_2 + {}_2C_1 S_1 = 2^6$ が得られる．

④ 1 の1人に a, b, c, d, e, f を分ける場合も同様に $S_1 = 1^6$.

したがって，$\begin{cases} S_4 + {}_4C_3 S_3 + {}_4C_2 S_2 + {}_4C_1 S_1 = 4^6 \\ S_3 + {}_3C_2 S_2 + {}_3C_1 S_1 = 3^6 \\ S_2 + {}_2C_1 S_1 = 2^6 \\ S_1 = 1^6 \end{cases}$

$S_2 = 2^6 - {}_2C_1 S_1$

$S_3 = 3^6 - {}_3C_2 S_2 - {}_3C_1 S_1 = 3^6 - {}_3C_2(2^6 - {}_2C_1 S_1) - {}_3C_1 S_1 = 3^6 - {}_3C_2 2^6 - ({}_3C_2 {}_2C_1 - {}_3C_1) S_1$

　　$= 3^6 - {}_3C_2 2^6 + {}_3C_2 S_1$

　　$= 3^6 - {}_3C_2 2^6 + {}_3C_2 S_1$

∴　$S_4 = 4^6 - {}_4C_3 S_3 - {}_4C_2 S_2 - {}_4C_1 S_1$

　　$= 4^6 - {}_4C_3(3^6 - {}_3C_2 2^6 + {}_3C_2 S_1) - {}_4C_2(2^6 - {}_2C_1 S_1) - {}_4C_1 S_1$

　　$= 4^6 - {}_4C_3 3^6 + ({}_4C_3 {}_3C_2 - {}_4C_2) 2^6 - ({}_4C_3 {}_3C_2 - {}_4C_2 {}_2C_1 + {}_4C_1) S_1$

　　$= 4^6 - {}_4C_3 3^6 + {}_4C_2 2^6 - {}_4C_1 S_1$

よって $S_4 = 4^6 - {}_4C_3 3^6 + {}_4C_2 2^6 - {}_4C_1 1^6 = 1560$ 通り．

例題 4.1.5　次の各 □ に適切な数値を入れよ．

(1) 男子4人，女子3人が一列に並ぶとき，両端に男子が来る並び方は ① 通りある．また，女子3人が隣り合う並び方は ② 通りある．

(2) 色の異なる6個のビーズを円形に置く並べ方は ① 通りある．また，このビーズを使って腕輪を作る方法は ② 通りある．

(3) 0，1，2，3の数字を用いて4桁の数字をつくるとき，偶数となるのは ① 個ある．0，1，2，3の4種類の数字から重複を許して4桁の数字をつくるとき，全部で ② 個できる．

解　(1) 両端に男子を並べる方法は

${}_4P_2 = 4 \cdot 3 = 12$ 通り．

残りの5人の並べ方は $5!$ 通り．

よって，${}_4P_2 \times 5! = 12 \times 120 = 1440$ 通り．

隣り合う女子3人を1人とみなす．

4人＋1人で5人を並べると考えると $5!$ 通り．

(4人の間と両端に女子3人を置く．$4! \times 5 = 5!$ 通り)

よって，女子3人が隣り合う並び方は，$5! \times 3! = 720$ 通り．

(2) 円形に並べるには，異なる6個のものを並べる円順列より $(6-1)! = 5! = 120$ 通り．

円順列の1つは，裏返すと必ず他の円順列と一致する．∴ $(6-1)! \div 2 = 5! \div 2 = 60$ 通り．

(3) 偶数となるためには，一の位に使用する数字は0，2でなければならない．

一の位…0の場合；千，百，十の位に (1, 2, 3) の数字を使用すると，$3! = 6$ 通り．

一の位…2の場合；千，百，十の位に (0, 1, 3) の数字を使用する．

千の位には0を除く2種類．百，十の位には，0を含む残りの2種類の数字を使用する．

∴　$2 \times 2! = 4$ 通り．よって，$6 + 4 = 10$ 個．

重複を許す場合では，千の位に使えるのは0を除く3種類，百，十，一の位に使えるのは，それぞれ4種類ある．∴　$3 \times 4 \times 4 \times 4 = 3 \cdot 4^3 = 192$ 個．

例題 4.1.6 次の各 ☐ に適切な数値を入れよ．

(1) 男子 5 人，女子 4 人から 4 人の委員を選ぶとき，男子 2 人，女子 2 人の選び方は ① 通りある．このうち，特定の男女が 1 人ずつ選ばれるのは ② 通りある．

(2) 円周上に異なる 8 個の点 A_1, A_2, $\cdots$, A_8 がある．これらの点を頂点とする三角形は ① 個ある．また，これらの点を頂点とする四角形は ② 個ある．

(3) p, p, p, q, q, r の 6 文字を一列に並べてできる文字列は ① 通りある．このうち，q が隣り合わない文字列は ② 通りある．

(4) $(2x - 3y)^5$ の x^2y^3 の係数は ① である．

解 (1) 男子 5 人から 2 人選出する仕方は，${}_5C_2 = \dfrac{5!}{2! \cdot (5-2)!} = 10$ 通り．

女子 4 人から 2 人選出する仕方は，${}_4C_2 = \dfrac{4!}{2! \cdot (4-2)!} = 6$ 通り．

∴ 男子 2 人，女子 2 人の選び方は ${}_5C_2 \times {}_4C_2 = 60$ 通り．

特定の男女 1 人ずつを除いた男子 1 人を男子 4 人から，女子 1 人を女子 3 人から選出することであるから，求める選び方は ${}_4C_1 \times {}_3C_1 = 4 \times 3 = 12$ 通り．

(2) 円周上の 8 点から 3 点選べば 1 個の三角形が作れる．

${}_8C_3 = \dfrac{8!}{3! \cdot (8-3)!} = \dfrac{8 \cdot 7 \cdot 6}{3 \cdot 2 \cdot 1} = 56$ 個．

円周上の 8 点から 4 点選べば 1 個の四角形が作れる．

${}_8C_4 = \dfrac{8!}{4! \cdot (8-4)!} = \dfrac{8 \cdot 7 \cdot 6 \cdot 5}{4 \cdot 3 \cdot 2 \cdot 1} = 70$ 個．

(3) p, p, p, q, q, r の 6 文字中 p は 3 個，q は 2 個，r は 1 個ある．

求める文字列は，

$\dfrac{6!}{3!2!1!} = 60$ 通り．

p, p, p, r を並べ，その間の 5 箇所に 2 個の q を 1 個ずつ置けばよい．

p, p, p, r を並べる仕方は，$\dfrac{4!}{3!1!} = 4$ 通り．

5 箇所のうちから，2 箇所を選出する仕方は，${}_5C_2 = \dfrac{5!}{2! \cdot (5-2)!} = \dfrac{5 \cdot 4}{2 \cdot 1} = 10$ 通り．

∴ 求める文字列は，$\dfrac{4!}{3!1!} \times {}_5C_2 = 40$ 通り．

別解

最初，6 文字による文字列は $\dfrac{6!}{3!2!1!} = 60$ 通り．

次に，p, p, p, r を並べ，q, q を 1 文字 Q として並べることを考える．

p, p, p, r, Q による文字列は $\dfrac{5!}{3!1!1!} = 20$ 通り．

∴ 求める文字列は，$\dfrac{6!}{3!2!1!} - \dfrac{5!}{3!1!1!} = 40$ 通り．

(p, p, p, r を並べ，q, q を 1 文字 Q として間の 5 箇所に並べる $\cdots \to \dfrac{4!}{3!1!} \times 5 = 20$ 通り．)

(4) $(2x-3y)^5 = \{2x+(-3y)\}^5 = \sum_{r=0}^{5} {}_5C_r(2x)^{5-r}(-3y)^r$ より，x^3y^2 の項は $r=2$ とすると，

$${}_5C_2(2x)^{5-2}(-3y)^2 = \frac{5!}{2!3!}2^3(-3)^2x^3y^2 = 10\times 8\times 9x^3y^2 = 720x^3y^2.$$

よって，求める係数は，720．

4.2 数列

● **等差数列**

初項 a，公差 d，項数 n，末項 l のとき，

・一般項 　⋯→　 $a_n = a+(n-1)d.$

・第 n 項までの和 　⋯→　 $S_n = a_1+a_2+\cdots+a_n = \dfrac{n(a+l)}{2} = \dfrac{1}{2}n\{2a+(n-1)d\}.$

・a, b, c がこの順に等差数列をなす 　⋯→　 $b=\dfrac{a+c}{2}$，（b を a, c の等差中項という）．

● **等比数列**

初項 a，公比 r，項数 n のとき，

・一般項 　⋯→　 $a_n = ar^{n-1}.$

・第 n 項までの和 　→　 $S_n = a_1+a_2+\cdots+a_n = \begin{cases} \dfrac{a(1-r^n)}{1-r} = \dfrac{a(r^n-1)}{r-1} & (r\neq 1) \\ na & (r=1) \end{cases}.$

・a, b, c がこの順に等比数列をなす 　⋯→　 $b^2 = ac$，（b を a, c の等比中項という．）

● **和の記号 $\sum$**

・定義 　⋯→　 $\displaystyle\sum_{k=1}^{n} a_k = a_1+a_2+\cdots+a_{n-1}+a_n.$

・性質 　⋯→　 $\displaystyle\sum_{k=1}^{n}(a_k+b_k) = \sum_{k=1}^{n}a_k + \sum_{k=1}^{n}b_k,\ \sum_{k=1}^{n}ca_k = c\sum_{k=1}^{n}a_k$　（c は定数）．

● **いろいろな数列の和**

(i) $\displaystyle\sum_{k=1}^{n} c = nc$　（c は定数），

(ii) $\displaystyle\sum_{k=1}^{n} k = 1+2+3+\cdots+n = \dfrac{n(n+1)}{2},$

(iii) $\displaystyle\sum_{k=1}^{n} k^2 = 1^2+2^2+3^2+\cdots+n^2 = \dfrac{n(n+1)}{2}\times\dfrac{2n+1}{3},$

(iv) $\displaystyle\sum_{k=1}^{n} k^3 = 1^3+2^3+3^3+\cdots+n^3 = \left\{\dfrac{n(n+1)}{2}\right\}^2,$

(v) $\displaystyle\sum_{k=1}^{n} \dfrac{1}{k(k+1)} = \sum_{k=1}^{n}\left(\dfrac{1}{k}-\dfrac{1}{k+1}\right) = 1-\dfrac{1}{n+1} = \dfrac{n}{n+1}.$

● **階差数列**

・与えられた数列 $\{a_n\}$ 　　$a_1\ a_2\ a_3\ a_4\ \cdots\cdots\ a_{n-1}\ a_n$

・階差数列　　$\{b_n\}$ 　　　$b_1\ b_2\ b_3\ b_4\ \cdots\ b_{n-2}\ b_{n-1}$

$$b_n = a_{n+1}-a_n\ (n=1, 2, 3, \cdots),$$

$$a_n = a_1+(b_1+b_2+\cdots+b_{n-1}) = a_1+\sum_{k=1}^{n-1} b_k\ (n\geq 2).$$

4.2 数列

● **数列の和と一般項**

・数列 $\{a_n\}$ の初項から第 n 項までの和を S_n とすると
$$a_1 = S_1, \quad a_n = S_n - S_{n-1} \quad (n \geq 2).$$

・$n \geq 2$ のとき求めた a_n が $n = 1$ で成り立つかどうか確かめる.

● **数学的帰納法**

・自然数 n に関する命題 $P(n)$ が「すべての自然数 n について成り立つ」事を証明するために, 次の I, II を示す.

(I) $n = 1$ のとき命題 $P(1)$ が成り立つ.

(II) $n = k$ のとき命題 $P(k)$ が成り立つと仮定すると, $n = k+1$ のとき命題 $P(k+1)$ が成り立つ.

I, II より, 命題 $P(n)$ はすべての自然数 n について成り立つ.

● **漸化式**

・$a_{n+1} = pa_n + q$ → 特性方程式 $\alpha = p\alpha + q$ を辺々から引くと, $a_{n+1} - \alpha = p(a_n - \alpha)$.
公比 p の等比数列 $\{a_n - \alpha\}$ である.

・$a_{n+1} = \dfrac{ra_n}{pa_n + q}$ → 両辺の逆数をとり, $b_n = \dfrac{1}{a_n}$ と置き換える.
$$b_{n+1} = \frac{q}{r}a_n + \frac{p}{r} \text{ となり, 等比数列に変形される.}$$

・$a_{n+2} + pa_{n+1} + qa_n = 0$ → 特性方程式 $t^2 + pt + q = 0$ の解を α, β とする.
$$\begin{cases} a_{n+2} - \alpha a_{n+1} = \beta(a_{n+1} - \alpha a_n) = \cdots = \beta^n(a_2 - \alpha a_1) \\ a_{n+2} - \beta a_{n+1} = \alpha(a_{n+1} - \beta a_n) = \cdots = \alpha^n(a_2 - \beta a_1) \end{cases}$$

例題 4.2.1

(1) 第 4 項が 15, 第 7 項が 27 の等差数列 $\{a_n\}$ の一般項を求めよ. また, 初項から第 10 項までの和を求めよ.

(2) 各項が実数で, 第 4 項が 16, 第 7 項が 128 の等比数列 $\{a_n\}$ の一般項を求めよ. また, 初項から第 10 項までの和を求めよ.

(3) 異なる 3 つの整数 a, b, c は和が 6 である. a, b, c がこの順で等差数列であり, b, c, a がこの順で等比数列であるという. a, b, c の値を求めよ.

解 (1) 初項 a, 公差 d とすると, $a_n = a + (n-1)d$. $a_4 = 15$ より $a + 3d = 15$.
$a_7 = 27$ より $a + 6d = 27$. したがって, $3d = 12$. ∴ $a = 3, d = 4$.
よって, 一般項は $a_n = 3 + (n-1) \times 4 = 4n - 1$.
初項から第 10 項までの和 $S_{10} = \dfrac{1}{2} \times 10\{2 \times 3 + (10-1) \times 4\} = 5 \cdot 42 = 210$.

(2) 初項 a, 公比 r とすると, $a_n = ar^{n-1}$. $a_4 = 16$ より $ar^3 = 16$.
$a_7 = 128$ より $ar^6 = 128$. したがって, $r^3 = 8 \; (r \in \mathbb{R})$. ∴ $a = 2, r = 2$.
よって, 一般項は $a_n = 2 \times 2^{n-1} = 2^n$.
初項から第 10 項までの和 $S_{10} = 2 \times \dfrac{1 - 2^{10}}{1 - 2} = 2^{11} - 2 = 2046$.

(3) a, b, c は和が 6 ··· $a + b + c = 6$,

a, b, c がこの順で等差数列 ··· $b = \dfrac{a + c}{2}$,

$b,\ c,\ a$ がこの順で等比数列 $\cdots\ c^2 = a \cdot b$.

$a + c = 6 - b,\ b = \dfrac{a+c}{2}$ より $b = 2$. $a = 4 - c,\ c^2 = 2a$ より $c = -4,\ 2$. 条件より $c = -4$.

よって $a = 8,\ b = 2,\ c = -4$.

例題 4.2.2 次の和を求めよ.

(1) $\displaystyle\sum_{k=1}^{n}(6k+3)$ (2) $\displaystyle\sum_{k=1}^{n}(k-1)k$

(3) $\displaystyle\sum_{k=1}^{n} 2 \cdot 3^{k-1}$ (4) $\displaystyle\sum_{k=1}^{n}\dfrac{1}{k(k+1)}$

解 (1) $\displaystyle\sum_{k=1}^{n}(6k+3) = 6\sum_{k=1}^{n}k + 3\sum_{k=1}^{n}1 = 6 \times \dfrac{n(n+1)}{2} + 3n = 3n\{(n+1)+1\}$
$= 3n(n+2)$.

(2) $\displaystyle\sum_{k=1}^{n}(k-1)k = \sum_{k=1}^{n}k^2 - \sum_{k=1}^{n}k = \dfrac{n(n+1)}{2} \cdot \dfrac{2n+1}{3} - \dfrac{n(n+1)}{2}$
$= \dfrac{n(n+1)}{2}\left\{\dfrac{2n+1}{3} - 1\right\} = \dfrac{n(n+1)}{2} \cdot \dfrac{2(n-1)}{3} = \dfrac{(n-1)n(n+1)}{3}$.

(3) 求める和は,初項 2,公比 3 の等比数列の初項から第 n までの和であるから,

$\displaystyle\sum_{k=1}^{n} 2 \cdot 3^{k-1} = 2 \cdot \dfrac{3^n - 1}{3 - 1} = 3^n - 1$.

(4) $\dfrac{1}{k(k+1)}$ を部分分数に展開すると $\dfrac{1}{k(k+1)} = \dfrac{1}{k} - \dfrac{1}{k+1}$.

$\displaystyle\sum_{k=1}^{n}\dfrac{1}{k(k+1)}$
$= \left(\dfrac{1}{1} - \dfrac{1}{2}\right) + \left(\dfrac{1}{2} - \dfrac{1}{3}\right) + \cdots + \left(\dfrac{1}{n-2} - \dfrac{1}{n-1}\right) + \left(\dfrac{1}{n-1} - \dfrac{1}{n}\right) + \left(\dfrac{1}{n} - \dfrac{1}{n+1}\right)$
$= 1 - \dfrac{1}{n+1}$

例題 4.2.3 数列 $\{a_n\} = \{2,\ 5,\ 10,\ 17,\ 26,\ 37,\ \cdots\}$ の一般項を求めよ.

解 (1)
```
        2    5    10   17   26   37  ⋯
第1階差 →  3    5    7    9    11  ⋯
第2階差 →    2    2    2    2   ⋯
```

上記のように階差をとることにより,第 1 階差数列 $\{b_n\}$ は,初項 3,公差 2 の等差数列であるから,その一般項は $b_n = 3 + 2 \cdot (n-1) = 2n+1$.

ゆえに,$n \geqq 2$ のとき,

$a_n = a_1 + \displaystyle\sum_{k=1}^{n-1}b_k = 2 + \sum_{k=1}^{n-1}(2k+1) = 1 + 2\sum_{k=1}^{n-1}k + \sum_{k=1}^{n-1}1 = 2 + (n-1)n + (n-1) = n^2 + 1$.

この式に $n = 1$ を代入すると,$a_1 = 1^2 + 1 = 2$ となり,$n = 1$ のときも成り立つ.

したがって,一般項 a_n は,$a_n = n^2 + 1$

例題 4.2.4

(1) 数列 $\{a_n\}$ の初項から第 n 項までの和 S_n が，$S_n = n^2 + n + 1$ で表されるとき，a_1 および a_n $(n \geqq 2)$ を求めよ．

(2) 数列 $\{a_n\}$ の初項から第 n 項までの和 S_n が，$S_n = n \cdot 2^n$ で表されるとき，一般項 a_n を求めよ．

解 (1) $n = 1$ のとき，$a_1 = S_1 = 1^2 + 1 + 1 = 3$.
$n \geqq 2$ のとき，$a_n = S_n - S_{n-1} = n^2 + n + 1 - \{(n-1)^2 + (n-1) + 1\}$
$\qquad\qquad\qquad\qquad = \{n^2 - (n-1)^2\} + \{n - (n-1)\} = 2n$.
（$a_n = 2n$ に $n = 1$ を代入すると，$a_1 = 2$ となり，$n = 1$ のとき $a_n = 2n$ は成り立たない．）

(2) $n \geqq 2$ のとき，$a_n = S_n - S_{n-1} = n \cdot 2^n - (n-1) \cdot 2^{n-1}$
$\qquad\qquad\qquad = 2^{n-1} \cdot \{2n - (n-1)\} = 2^{n-1} \cdot (n+1)$.
また，$n = 1$ のとき，$a_1 = S_1 = 1 \cdot 2^1 = 2$. これは，$a_n = 2^{n-1} \cdot (n+1)$ で $n = 1$ とおいた値に等しい．

よって，一般項は $a_n = 2^{n-1} \cdot (n+1)$.

例題 4.2.5

(1) $a_1 = 1$，$a_{n+1} = a_n + 2n - 1$ で定められる数列 $\{a_n\}$ の一般項を求めよ．
(2) $a_1 = 2$，$a_{n+1} = 5a_n - 4$ で定められる数列 $\{a_n\}$ の一般項を求めよ．

解 (1) $n \geqq 2$ のとき，

$a_n - a_{n-1} = 2n - 3$
$a_{n-1} - a_{n-2} = 2n - 5$
$a_{n-2} - a_{n-3} = 2n - 7$
……
……
$a_3 - a_2 = 3$
$a_2 - a_1 = 1 \qquad\qquad (-$

> 式 $a_n - a_{n-1} = \cdots$ が，意味をもつために，$n \geqq 2$ でなければならない．（階差数列を作成している）

$a_n - a_1 = \sum_{k=1}^{n-1}(2k - 1) = (n-1)n - (n-1) = (n-1)^2$

$a_n = 1 + (n-1)^2$ $(n \geqq 2)$ に $n = 1$ を代入すると，$a_1 = 1$ となるから，$n = 1$ のときも成り立つ．

よって，一般項は $a_n = n^2 - 2n + 2$.

(2) （n をドンドン大きくするとき，a_n は限りなく α に近づくと考える．このとき，当然 a_{n+1} も限りなく α に近づく．）そこで，$a_n = \alpha$，$a_{n+1} = \alpha$ とおく．

$\alpha = 5\alpha - 4$ より $\alpha = 1$. $a_{n+1} = 5a_n - 4$ の両辺より $\alpha = 1$ を引くと，
$a_{n+1} - 1 = (5a_n - 4) - 1 = 5(a_n - 1)$. ここで，$a_n - 1 = b_n$ とおくと，
$b_{n+1} = 5b_n$，$b_1 = a_1 - 1 = 1$.
よって，数列 $\{b_n\}$ は，初項 1，公比 5 の等比数列である． $\therefore\ b_n = 1 \cdot 5^{n-1}$.
したがって，数列 $\{a_n\}$ の一般項は $a_n = 1 + b_n = 1 + 5^{n-1}$.

第 4 章 問題

問題 4.1
(1) A地点からB地点までの道路がm本，B地点からC地点までの道路がn本あるとき，A地点からB地点を経由してC地点まで行く方法は全部で何通りか．
(2) 1枚の硬貨をm回投げるとき，表と裏の出方の数は全部で何通りか．

問題 4.2 次の(a)〜(i)の式のうち，正しいものには○を，間違っているものには×をつけよ．
(a) $0! = 0$
(b) $7! = 5! \cdot 2!$
(c) ${}_{10}C_4 = {}_{10}P_4 \cdot {}_4C_4$
(d) ${}_{10}P_0 = 0$
(e) ${}_{10}C_0 = 1$
(f) ${}_{10}C_{10} = 10$
(g) ${}_{10}P_3 = {}_{10}P_7$
(h) ${}_{10}C_2 + {}_{10}C_3 = {}_{10}C_4$
(i) ${}_{10}P_3 = \dfrac{10!}{3!}$

問題 4.3
(1) 10個の異なるものから3個を選んで並べるとき，その並べ方の総数を求めよ．
(2) A，B，C，D，Eの5文字を1列に並べるとき，並べ方の総数は ア 通りあり，AとBが隣り合う並べ方は イ 通りある．ア，イ に当てはまるものを求めよ．
(3) 0，1，2，3，4，5，6の7個の数字の中から，4個の数字を1回ずつ使って4桁の数をつくる．このとき，千の位と一の位が偶数であるものは全部で何個あるか．

問題 4.4
(1) 10個の異なるものから7個を選んで取り出すとき，その取り出し方の組合せの総数を求めよ．
(2) 正八角形の頂点を3つ使ってできる三角形の個数を求めよ．
(3) 正八角形の対角線の本数を求めよ．
(4) 男子7人，女子7人の中からそれぞれ3人ずつ合計6人の代表を選び方は何通りあるか．
(5) A，B，C，D，E，Fの6人の中から，3人を選ぶ．その3人の中にAが含まれる場合の数は何通りあるか．

問題 4.5
(1) $(x+y)^6$ を展開したときの x^4y^2 の係数を求めよ．
(2) $(2x+y)^6$ を展開したときの x^2y^4 の係数を求めよ．
(3) $\left(x - \dfrac{1}{x}\right)^4$ を展開したときの定数項を求めよ．

問題 4.6
(1) 初項が2で公差が3である等差数列の第2016項を求めよ．
(2) 初項が-70，公差が4の等差数列において，-30は第何項であるか．
(3) 初項 $a_1 = 2$，第3項 $a_3 = -6$ である等差数列に対して，第11項を求めよ．

(4) 初項が 13 で，公差が -2 である等差数列について，初項から第 n 項までの和を S_n とする．S_n が最大になる n を求めよ．

(5) 数列 $\{a_n\}$ は初項が 8，公差が 3 の等差数列であり，数列 $\{b_n\}$ は初項が 3，公差が 2 の等差数列である．この 2 つの数列に共通に含まれる項について，最小なものは㋐であり，小さい方から 3 つの項の和は㋑である．㋐，㋑に当てはまる数を求めよ．

(6) 数列 $\{a_n\}$ は初項から第 n までの和を表す式を S_n $(n = 1, 2, 3, \cdots)$ とする．$S_n = 3n - n^2$ であるとき，次の各問いに答えよ．
 (i) 数列の初項を求めよ．
 (ii) 数列 $\{a_n\}$ は等差数列になる．この数列の公差を求めよ．

問題 4.7

(1) 初項が $\sqrt{3}$，公比が $-\dfrac{1}{\sqrt{3}}$ の等比数列の第 10 項を求めよ．

(2) 初項が 5，第 4 項が 40 の等比数列の公比を求めよ．

(3) 初項 $a_1 = \sqrt{2}$，第 2 項 $a_2 = 1$ である等比数列の第 12 項を求めよ．

(4) 初項が 2，公比が 3 の等比数列の初項から第 7 項までの和を求めよ．

(5) 初項が 1，公比が $r(\neq 1)$ の等比数列の第 5 項から第 n 項 $(n \geq 5)$ までの和を求めよ．

問題 4.8 次の(a)〜(h)の式のうち，正しいものには○を，間違っているものには×をつけよ．ただし，$\{a_n\}$，$\{b_n\}$ は任意の数列とする．

(a) $\displaystyle\sum_{k=1}^{3} 3 = 3$

(b) $\displaystyle\sum_{k=2}^{4} k = 9$

(c) $\displaystyle\sum_{k=1}^{3} a_k = a_1 + a_2 + a_3$

(d) $\displaystyle\sum_{k=2}^{4} b_k = b_2 + b_3 + b_4$

(e) $a_1 = \displaystyle\sum_{k=1}^{1} a_k$

(f) $b_4 = \displaystyle\sum_{k=1}^{4} b_k - \displaystyle\sum_{k=1}^{3} b_k$

(g) $\displaystyle\sum_{k=1}^{n}(a_k + b_k) = \displaystyle\sum_{k=1}^{n} a_k + \displaystyle\sum_{k=1}^{n} b_k$

(h) $\displaystyle\sum_{k=1}^{n}(a_k \times b_k) = \left(\displaystyle\sum_{k=1}^{n} a_k\right) \times \left(\displaystyle\sum_{k=1}^{n} b_k\right)$

問題 4.9

(1) $\displaystyle\sum_{k=1}^{n}(k+1)^2$ を n で表せ．ただし，$\displaystyle\sum_{k=1}^{n} k = \dfrac{n(n+1)}{2}$，$\displaystyle\sum_{k=1}^{n} k^2 = \dfrac{n(n+1)(2n+1)}{6}$ である．

(2) $\displaystyle\sum_{k=1}^{n} k = \dfrac{n(n+1)}{2}$ であることを利用して，$\displaystyle\sum_{k=n}^{3n} k$ がどのような式で表されるか求めよ．

問題 4.10 直線 $y = -x + n$ (n は正の整数) を l とする．x 軸，y 軸および l で囲まれた領域内にある，x 座標も y 座標も整数である点の個数を S_n とする (ただし，x 軸，y 軸，直線 l 上の点も含める)．次の問いに答えよ．

(i) S_4 を求めよ．

(ii) S_n を求めよ．

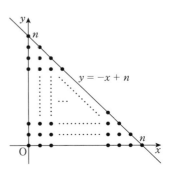

第 5 章 平面ベクトルの性質

5.1 平面上の図形

●点と座標

- 数直線上の2点 A(a), B(b) 間の距離 $\cdots\rightarrow$ AB = $|b - a|$.

  平面上の点を A(x_1, y_1), B(x_2, y_2), C(x_3, y_3) とする.

- 2点 A, B 間の距離 $\cdots\rightarrow$ AB = $\sqrt{(x_2 - x_1)^2 + (y_2 - y_1)^2}$.

  原点 O と A 間の距離 $\cdots\rightarrow$ OA = $\sqrt{x_1^2 + y_1^2}$.

- AB を $m:n$ に内分する点 $\cdots\rightarrow$ $\left(\dfrac{nx_1 + mx_2}{m + n}, \dfrac{ny_1 + my_2}{m + n}\right)$,

  AB の中点 $\cdots\rightarrow$ $\left(\dfrac{x_1 + x_2}{2}, \dfrac{y_1 + y_2}{2}\right)$.

- AB を $m:n$ に外分する点 $\cdots\rightarrow$ $\left(\dfrac{-nx_1 + mx_2}{m - n}, \dfrac{-ny_1 + my_2}{m - n}\right)$.

- △ABC の重心 $\cdots\rightarrow$ $\left(\dfrac{x_1 + x_2 + x_3}{3}, \dfrac{y_1 + y_2 + y_3}{3}\right)$.

●直線の方程式

- 傾きが m, y 切片が n の直線 $\cdots\rightarrow$ $y = mx + n$.
- 点 (x_1, y_1) を通り, 傾きが m の直線 $\cdots\rightarrow$ $y - y_1 = m(x - x_1)$.
- 2点 (x_1, y_1), (x_2, y_2) を通る直線 $\cdots\rightarrow$ $x_1 \neq x_2$ のとき $y - y_1 = \dfrac{y_2 - y_1}{x_2 - x_2}(x - x_1)$,

  $x_1 = x_2$ のとき $x = x_1$.

- x 切片が a, y 切片が b の直線 $\cdots\rightarrow$ $\dfrac{x}{a} + \dfrac{y}{b} = 1$, $ab \neq 0$.

●2直線と連立方程式

2直線 $y = mx + n$, $y = m'x + n'$ の共有点の座標は, 連立方程式 $\begin{cases} y = mx + n \\ y = m'x + n' \end{cases}$ の解.

　　1点で交わる. $\Leftrightarrow$ 解を1組もつ.

　　平行で異なる. $\Leftrightarrow$ 解がない.

　　一致する. $\Leftrightarrow$ 解を無数にもつ.

●2直線の平行・垂直

- 2直線 $y = mx + n$, $y = m'x + n'$ において,

  平行条件 $\cdots\rightarrow$ $m = m'$ (傾き等しい),

  垂直条件 $\cdots\rightarrow$ $mm' = -1$ (傾きの積が -1).

- 2直線 $a_1x + b_1y + c_1 = 0$, $a_2x + b_2y + c_2 = 0$ において,

  平行条件 $\cdots\rightarrow$ $a_1b_2 - b_1a_2 = 0$,

  垂直条件 $\cdots\rightarrow$ $a_1a_2 + b_1b_2 = 0$.

- 点 $P(p_1, p_2)$ を通り，直線 $ax + by + c = 0$ に，

  平行な直線の方程式 $\cdots \to$ $a(x - p_1) + b(y - p_2) = 0$,

  垂直な直線の方程式 $\cdots \to$ $b(x - p_1) - a(y - p_2) = 0$.

● **2直線の交点を通る直線**

2直線 $a_1 x + b_1 y + c_1 = 0$, $a_2 x + b_2 y + c_2 = 0$ の交点を通る直線の方程式

$\cdots \to$ $k(a_1 x + b_1 y + c_1) + (a_2 x + b_2 y + c_2) = 0$. （ただし，$k$ は定数である．）

● **点と直線の距離**

点 (x_1, y_1) と直線 $a_1 x + b_1 y + c_1 = 0$ との距離 ρ $\cdots \to$ $\rho = \dfrac{|a_1 x + b_1 y + c_1|}{\sqrt{a^2 + b^2}}$.

● **円の方程式**

- 点 (a, b) を中心とする半径 r の円 $\cdots \to$ $(x - a)^2 + (y - b)^2 = r^2$.

  原点が中心のとき $\cdots \to$ $x^2 + y^2 = r^2$.

- 円の方程式 $x^2 + y^2 + lx + my + n = 0$,

  x, y について平方完成する $\cdots \to$ $\left(x + \dfrac{l}{2}\right)^2 + \left(y + \dfrac{m}{2}\right)^2 = \dfrac{l^2 + m^2 - 4n}{4}$,

  中心が $\left(-\dfrac{l}{2}, -\dfrac{m}{2}\right)$，半径 $\dfrac{\sqrt{l^2 + m^2 - 4n}}{2}$ の円．

● **円の接線の方程式**

- 円 $x^2 + y^2 = r^2$ の円周上の点 (x_1, y_1) における接線の方程式 $\cdots \to$ $x_1 x + y_1 y = r^2$,

- 円 $(x - a)^2 + (y - b)^2 = r^2$ の円周上の点 (x_1, y_1) における接線の方程式

  $\cdots \to$ $(x_1 - a)(x - a) + (y_1 - b)(y - b) = r^2$.

例題 5.1.1 2点 $A(-2, 1)$, $B(4, 8)$ について，次の問いに答えよ．

(1) 線分 AB を $1:3$ の比に内分する点 C の座標を求めよ．

(2) 点 C を通り，直線 AB に垂直な直線の方程式を求めよ．

解 (1) $x = \dfrac{3 \times (-2) + 1 \times 4}{1 + 3} = -\dfrac{1}{2}$, $y = \dfrac{3 \times 1 + 1 \times 8}{1 + 3} = \dfrac{11}{4}$. $\therefore C\left(-\dfrac{1}{2}, \dfrac{11}{4}\right)$.

(2) 直線 AB の傾きは $\dfrac{8 - 1}{4 - (-2)} = \dfrac{7}{6}$. これより，直線 AB に垂直な直線の傾きは $-\dfrac{6}{7}$.

求める直線の方程式は，$y - \dfrac{11}{4} = -\dfrac{6}{7}\left(x + \dfrac{1}{2}\right)$ より $y = -\dfrac{6}{7}x + \dfrac{65}{28}$.

例題 5.1.2

(1) 直線 $y = -2x + 1$ 上の点で，2点 $(2, 4)$, $(6, 0)$ から等距離にある点の座標を求めよ．

(2) 直線 $y = 2x$ に関して点 $A(4, 3)$ と対称な点 B の座標を求めよ．

解 (1) 直線 $y = -2x + 1$ 上の点を (p, q) とすると，$q = -2p + 1$,

等距離にあることから $\sqrt{(p - 2)^2 + (q - 4)^2} = \sqrt{(p - 6)^2 + q^2}$ より，

$(p - 2)^2 + (-2p + 1 - 4)^2 = (p - 6)^2 + (-2p + 1)^2$,

$\therefore 5p^2 + 8p + 13 = 5p^2 - 16p + 37$.

したがって，$p = 1$. よって，求める点の座標は $(1, -1)$.

(2) 点 B を (p, q) とすると，線分 AB の中点は直線 $y = 2x$ 上にあるから $\frac{3+q}{2} = 2 \times \frac{4+p}{2}$.

直線 AB と直線 $y = 2x$ は直交するから $2 \times \frac{q-3}{p-4} = -1$ $(p \neq 4)$. これより，$(p, q) = (0, 5)$.

例題 5.1.3 2 直線 $l_1 : ax + 2y = 1$, $l_2 : x + (a+1)y = a$ において，次の各条件をみたす定数 a の値を，それぞれ求めよ．
(1) 2 直線が一致を除き，平行．　　(2) 2 直線が一致．　　(3) 2 直線が垂直．

解 (1) $l_1 : ax + 2y = 1$ より，$y = -\frac{a}{2}x + \frac{1}{2}$.

$l_2 : x + (a+1)y = a$ より，$y = -\frac{1}{a+1}x + \frac{a}{a+1}$, $(a \neq -1)$.

題意をみたすのは $-\frac{a}{2} = -\frac{1}{a+1}$ かつ，$\frac{1}{2} \neq \frac{a}{a+1}$. $a = -2, 1$ かつ，$a \neq 1$.

よって，$a = -2$.

(2) 2 直線が一致するのは，(1) より $-\frac{a}{2} = -\frac{1}{a+1}$ かつ，$\frac{1}{2} = \frac{a}{a+1}$. よって，$a = 1$.

(3) $-\frac{a}{2} \times \left(-\frac{1}{a+1}\right) = -1$ より，$a = -\frac{2}{3}$.

例題 5.1.4
(1) 点 $(2, 1)$ を通り，x 軸，y 軸の両方に接する円の方程式を求めよ．
(2) 2 点 $(3, 5)$, $(-5, -1)$ を直径の両端とする円の方程式を求めよ．
(3) 3 点 $(-1, 2)$, $(3, 0)$, $(5, 4)$ を通る円の方程式を求めよ．

解 (1) x 軸，y 軸の両方に接する円より，$(x-r)^2 + (y-r)^2 = r^2$ とおける．
点 $(2, 1)$ を通るから $(2-r)^2 + (1-r)^2 = r^2$, $r^2 - 6r + 5 = 0$, $(r-5)(r-1) = 0$.
∴ $r = 1, 5$.
円の方程式は $(x-1)^2 + (y-1)^2 = 1$ または，$(x-5)^2 + (y-5)^2 = 25$.

(2) 円の中心は，直径の両端の中点より，$(-1, 2)$. 半径は $\sqrt{(3+1)^2 + (5-2)^2} = 5$.
円の方程式は $(x+1)^2 + (y-2)^2 = 25$.

(3) $x^2 + y^2 + lx + my + n = 0$ とおく．

点 $(-1, 2)$ を通る　$\cdots$　$1 + 4 - l + 2m + n = 0$,
点 $(3, 0)$ を通る　$\cdots$　$9 + 3l + n = 0$,
点 $(5, 4)$ を通る　$\cdots$　$25 + 16 + 5l + 4m + n = 0$,

$$\begin{cases} -l + 2m + n = -5 & \cdots ① \\ 3l + n = -9 & \cdots ② \\ 5l + 4m + n = -41 & \cdots ③ \end{cases}$$

② − ① より $2l - m = -2$, ③ − ② より $l + 2m = -16$.
したがって，$l = -4$, $m = -6$, $n = 3$. 円の方程式は $x^2 + y^2 - 4x - 6y + 3 = 0$.

例題 5.1.5
(1) 円 $x^2 + y^2 = 5$ 上の点 $(1, -2)$ における接線の方程式を求めよ．
(2) 点 $(1, -3)$ から円 $x^2 + y^2 = 5$ に引いた接線の方程式を求めよ．また，その接点の座標を求めよ．

解 (1) 接線の方程式は $x - 2y = 5$.

(2) 円 $x^2 + y^2 = 5$ 上の点 (x_1, y_1) における接線の方程式は $x_1 x + y_1 y = 5$.

この接線が点 $(1, -3)$ を通る． $x_1 - 3y_1 = 5$.

∴ $\begin{cases} x_1^2 + y_1^2 = 5 \\ x_1 - 3y_1 = 5 \end{cases}$ より，$y_1^2 + 3y_1 + 2 = 0$. $y_1 = -1, -2$.

$y_1 = -1$ のとき $x_1 = 2$. 接線の方程式は $2x - y = 5$.

$y_1 = -2$ のとき $x_1 = -1$. 接線の方程式は $x + 2y = -5$.

5.2 平面上のベクトル

●ベクトル

・線分 AB に向きを表す矢印を付けて表した有向線分 AB において，その位置を問題にせず，向きと長さ（大きさ）だけに注目して分類したものをベクトルという．

・文字による表現 … $\overrightarrow{AB}$, $\vec{a}$, $\vec{b}$.

●ベクトルの計算

・$\vec{a} + \vec{b} = \vec{b} + \vec{a}$, （交換法則）
・$\vec{a} - \vec{b} = \vec{b} + (-\vec{a})$.
・$(\vec{a} + \vec{b}) + \vec{c} = \vec{a} + (\vec{b} + \vec{c})$, （結合法則）
・$k(l\vec{a}) = (kl)\vec{a}$.
・$(k + l)\vec{a} = k\vec{a} + l\vec{a}$.
・$k(\vec{a} + \vec{b}) = k\vec{a} + k\vec{b}$.
・$|k\vec{a}| = |k||\vec{a}|$.

●ベクトルの分解

・$\vec{a} \neq \vec{0}$, $\vec{b} \neq \vec{0}$ かつ $\vec{a}$ と $\vec{b}$ が平行でないとき，$\vec{a}$ と $\vec{b}$ を<u>一次独立</u>という．k, l を実数とする．

・任意のベクトル $\vec{p}$ は，ただ一通りに $\vec{p} = k\vec{a} + l\vec{a}$ の形に表される．

（ $\overrightarrow{OA} = \vec{a}$, $\overrightarrow{OB} = \vec{b}$, $\overrightarrow{OP} = \vec{p}$ とする．CP∥OB, DP∥OA となる点 C, D をとると，$\overrightarrow{OC} = k\overrightarrow{OA}$, $\overrightarrow{OD} = l\overrightarrow{OB}$ となる実数 k, l が一意に決まり，$\vec{p} = k\overrightarrow{OA} + l\overrightarrow{OB} = k\vec{a} + l\vec{a}$ の表し方は，ただ一通りである．）

・$k\vec{a} + l\vec{a} = k'\vec{a} + l'\vec{a} \Leftrightarrow k = k', l = l'$.

・$k\vec{a} + l\vec{a} = \vec{0} \Leftrightarrow k = l = 0$.

●3 点が一直線上にあるための条件

・2 点 A, B が異なるとき，3 点 A, B, C が一直線上にある．

$\Leftrightarrow \overrightarrow{AC} = k\overrightarrow{AB}$ となる実数 k がある．

●ベクトルの成分

$\vec{a} = (a_1, a_2)$, $\vec{b} = (b_1, b_2)$ のとき，

・ベクトルの相等 …→ $\vec{a} = \vec{b} \Leftrightarrow a_1 = b_1, a_2 = b_2$. （向きが同じ，かつ大きさが等しい）．

・ベクトルの大きさ …→ $|\vec{a}| = \sqrt{a_1^2 + a_2^2}$.

・和・差 …→ $\vec{a} \pm \vec{b} = (a_1, a_2) \pm (b_1, b_2) = (a_1 \pm b_1, a_2 \pm b_2)$, （複号同順）．

・実数倍 …→ $k\vec{a} = k(a_1, a_2) = (ka_1, ka_2)$.

●座標と成分表示

2 点 A, B の座標がそれぞれ A(a_1, a_2), B(b_1, b_2) のとき，

5.2 平面上のベクトル

- $\overrightarrow{AB}$ の成分 　　⋯→　 $\overrightarrow{AB} = (b_1 - a_1, b_2 - a_2)$.
- $\overrightarrow{AB}$ の大きさ　⋯→　 $|\overrightarrow{AB}| = \sqrt{(b_1 - a_1)^2 + (b_2 - a_2)^2}$.

● ベクトルの平行
- $\vec{a} \neq \vec{0}$, $\vec{b} \neq \vec{0}$ のとき 　　⋯→　 $\vec{a} // \vec{b} \Leftrightarrow \vec{b} = k\vec{a}$ となる実数 k がある.
- $\vec{a} = (a_1, a_2)$, $\vec{b} = (b_1, b_2)$ のとき　⋯→　 $\vec{a} // \vec{b} \Leftrightarrow \vec{b} = k\vec{a} \Leftrightarrow a_1 b_2 = a_2 b_1$.

● ベクトルの内積
- 定義　 $\vec{a}$, $\vec{b}$ のなす角を θ とするとき, $\vec{a} \cdot \vec{b} = |\vec{a}||\vec{b}|\cos\theta$.
- 性質

$\vec{a} \cdot \vec{b} = \vec{b} \cdot \vec{a}$, 　　　　　　　　　　　$\vec{a} \cdot \vec{a} = |\vec{a}|^2$,

$|\vec{a}| = \sqrt{\vec{a} \cdot \vec{a}}$, 　　　　　　　　　　　$(k\vec{a}) \cdot \vec{a} = k(\vec{a} \cdot \vec{a}) = \vec{a} \cdot (k\vec{a})$,

$\vec{a} \cdot (\vec{b} + \vec{c}) = \vec{a} \cdot \vec{b} + \vec{a} \cdot \vec{c}$, 　　　　　$(\vec{a} + \vec{b}) \cdot \vec{c} = \vec{a} \cdot \vec{c} + \vec{b} \cdot \vec{c}$.

- 展開公式

$|\vec{a} + \vec{b}|^2 = (\vec{a} + \vec{b}) \cdot (\vec{a} + \vec{b}) = |\vec{a}|^2 + 2\vec{a} \cdot \vec{b} + |\vec{b}|^2$,

$|\vec{a} - \vec{b}|^2 = (\vec{a} - \vec{b}) \cdot (\vec{a} - \vec{b}) = |\vec{a}|^2 - 2\vec{a} \cdot \vec{b} + |\vec{b}|^2$,

$(\vec{a} + \vec{b}) \cdot (\vec{a} - \vec{b}) = |\vec{a}|^2 - |\vec{b}|^2$,

$|k\vec{a} + l\vec{b}|^2 = (k\vec{a} + l\vec{b}) \cdot (k\vec{a} + l\vec{b}) = k^2 |\vec{a}|^2 + 2kl\vec{a} \cdot \vec{b} + l^2 |\vec{b}|^2$.

● ベクトルの内積と成分
- 内積の成分表示　⋯→　 $\vec{a} = (a_1, a_2)$, $\vec{b} = (b_1, b_2)$ のとき $\vec{a} \cdot \vec{b} = a_1 b_1 + a_2 b_2$.
- ベクトルのなす角　⋯→　 $\cos\theta = \dfrac{\vec{a} \cdot \vec{b}}{|\vec{a}||\vec{b}|} = \dfrac{a_1 b_1 + a_2 b_2}{\sqrt{a_1^2 + a_2^2}\sqrt{b_1^2 + b_2^2}}$, $(\vec{a} \neq \vec{0}, \vec{b} \neq \vec{0})$.
- ベクトルの垂直　⋯→　 $\vec{a} \perp \vec{b} \Leftrightarrow \vec{a} \cdot \vec{b} = 0 \Leftrightarrow a_1 b_1 + a_2 b_2 = 0$. $(\vec{a} \neq \vec{0}, \vec{b} \neq \vec{0})$.

(2つのベクトル $\vec{a}$, $\vec{b}$ において, $\vec{a} \cdot \vec{b} = 0 \Leftrightarrow \vec{a} \perp \vec{b}$ または $\vec{a} \neq \vec{0}$ または $\vec{b} \neq \vec{0}$.

∴ 内積 $= 0$ は, 2つのベクトルが垂直であるための必要条件ではあるが十分条件ではない.)

● ベクトルの内積と三角形の面積
- $\overrightarrow{OA} = \vec{a}$, $\overrightarrow{OB} = \vec{b}$ のとき $\triangle OAB$ の面積 　⋯→　 $S = \dfrac{1}{2}\sqrt{|\vec{a}|^2 |\vec{b}|^2 - (\vec{a} \cdot \vec{b})^2}$.
- $\vec{a} = (a_1, a_2)$, $\vec{b} = (b_1, b_2)$ のとき $\triangle OAB$ の面積 　⋯→　 $S = \dfrac{1}{2}|a_1 b_2 - a_2 b_1|$.

● 位置ベクトル
- 位置ベクトル 　　　　　⋯→　 A$(\vec{a})$, B$(\vec{b})$ に対して $\overrightarrow{AB} = \vec{b} - \vec{a}$.
- 分点の位置ベクトル 　⋯→　 A$(\vec{a})$, B$(\vec{b})$ に対して

AB を $m:n$ に内分する点 P$(\vec{p})$ は　 $\vec{p} = \dfrac{n\vec{a} + m\vec{b}}{m + n}$,

AB の中点 M$(\vec{m})$ は　 $\vec{m} = \dfrac{\vec{a} + \vec{b}}{2}$.

AB を $m:n$ に外分する点 P$(\vec{p})$ は　 $\vec{p} = \dfrac{(-n)\vec{a} + m\vec{b}}{m + (-n)}$.

- 重心の位置ベクトル　⋯→　 A$(\vec{a})$, B$(\vec{b})$, C$(\vec{c})$ に対して, $\triangle OAB$ の重心 G$(\vec{g})$ は,

$\vec{g} = \dfrac{\vec{a} + \vec{b} + \vec{c}}{3}$.

● 直線のベクトル方程式

・点 $A(\vec{a})$ を通り，ベクトル $\vec{u}$ に平行な直線の方程式　…→　$\vec{p} = \vec{a} + t\vec{u}$　（t は実数）．

点 $A(a_1, a_2)$，$\vec{u} = (u_1, u_2)$ のとき，t を媒介変数とする直線の方程式

…→ $\begin{cases} x = a_1 + u_1 t \\ y = a_2 + u_2 t \end{cases}$ （t は実数），　…→　t を消去　…→　$\dfrac{x - a_1}{u_1} = \dfrac{y - a_2}{u_2}$．

・2点 $A(\vec{a})$，$B(\vec{b})$ を通る直線の方程式

…→　$\vec{p} = (1-t)\vec{a} + t\vec{b}$　または　$\vec{p} = s\vec{a} + t\vec{b}$，$(s+t=1)$．

・点 $A(\vec{a})$ を通り，ベクトル $\vec{n}$ に垂直な直線の方程式

…→　$\vec{n} \cdot (\vec{p} - \vec{a}) = 0$，（$\vec{n}$ は法線ベクトル）．

$A(a_1, a_2)$，$\vec{n} = (n_1, n_2)$ のとき，$\vec{n}$ に垂直な直線の方程式　…→　$n_1(x - a_1) + n_2(y - a_2) = 0$．

● 円のベクトル方程式

・原点を中心とし，半径 r の円　…→　$|\vec{p}| = r$ または $\vec{p} \cdot \vec{p} = r^2$．$(x^2 + y^2 = r^2)$．

・点 $C(\vec{c})$ を中心とする半径 r の円　…→　$|\vec{p} - \vec{c}| = r$ または $(\vec{p} - \vec{c}) \cdot (\vec{p} - \vec{c}) = r^2$．

$C(c_1, c_2)$ とすると，この円の方程式は $(x - c_1)^2 + (y - c_2)^2 = r^2$．

・2点 $A(\vec{a})$，$B(\vec{b})$ を直径の両端とする円　…→　$(\vec{p} - \vec{a}) \cdot (\vec{p} - \vec{b}) = 0$．

例題 5.2.1

(1) ベクトル $\vec{c} = (4, 13)$ をベクトル $\vec{a} = (2, 3)$，$\vec{b} = (-1, 2)$ の和の形で表せ．

(2) ベクトル $\vec{a} + \vec{b} = (2, 1)$，$\vec{a} - \vec{b} = (-1, 0)$ のとき，$\vec{c} = 3\vec{a} - 2\vec{b}$ の大きさを求めよ．

(3) ベクトル $\vec{a} = (2, 4)$，$\vec{b} = (1, -3)$ のなす角 θ $(0 \leq \theta \leq \pi)$ を求めよ．

解　(1) $\vec{c} = k\vec{a} + l\vec{b}$（$k, l$ は実数）とすると，

$k\vec{a} + l\vec{b} = k(2, 3) + l(-1, 2) = (2k - l, 3k + 2l)$．

∴ $\begin{cases} 2k - l = 4 \\ 3k + 2l = 13 \end{cases}$　したがって，$k = 3$，$l = 2$．よって，$\vec{c} = 3\vec{a} + 2\vec{b}$．

(2) $\vec{a} + \vec{b} + (\vec{a} - \vec{b}) = 2\vec{a} = (1, 1)$．　∴ $\vec{a} = \left(\dfrac{1}{2}, \dfrac{1}{2}\right)$．

$\vec{a} + \vec{b} - (\vec{a} - \vec{b}) = 2\vec{b} = (3, 1)$．　∴ $\vec{b} = \left(\dfrac{3}{2}, \dfrac{1}{2}\right)$．

$\vec{c} = 3\vec{a} - 2\vec{b} = 3\left(\dfrac{1}{2}, \dfrac{1}{2}\right) - 2\left(\dfrac{3}{2}, \dfrac{1}{2}\right) = \left(-\dfrac{3}{2}, \dfrac{1}{2}\right)$．

したがって，$|\vec{c}| = \sqrt{\left(-\dfrac{3}{2}\right)^2 + \left(\dfrac{1}{2}\right)^2} = \dfrac{\sqrt{10}}{2}$．

(3) $\vec{a} \cdot \vec{b} = 2 \times 1 + 4 \times (-3) = -10$，$|\vec{a}| = \sqrt{4 + 16} = 2\sqrt{5}$，$|\vec{b}| = \sqrt{1 + 9} = \sqrt{10}$．

∴ $\cos\theta = \dfrac{\vec{a} \cdot \vec{b}}{|\vec{a}||\vec{b}|} = \dfrac{-10}{2\sqrt{5} \times \sqrt{10}} = -\dfrac{1}{\sqrt{2}}$ と $0 \leq \theta \leq \pi$ より $\theta = \dfrac{3\pi}{4}$．

例題 5.2.2

(1) 独立なベクトル $\vec{a}, \vec{b}$ に対して，$\overrightarrow{OP} = 2\vec{a} + 2\vec{b}$，$\overrightarrow{OQ} = k\vec{a} + \vec{b}$，$\overrightarrow{OR} = -2\vec{a} + k\vec{b}$ であるとき，3点 P，Q，R は同一直線上にあるという．このときの実数 k の値を求めよ．（平行でない）

(2) ベクトル $\vec{a} = (2, -1)$ に平行な単位ベクトル $\vec{e_1}$，垂直な単位ベクトル $\vec{e_2}$ をそれぞれ求めよ．

解 (1) 題意より $\overrightarrow{PQ} = l\overrightarrow{PR}$．$\overrightarrow{PQ} = (k-2)\vec{a} - \vec{b}$，$\overrightarrow{PR} = -4\vec{a} + (k-2)\vec{b}$ より，
$(k-2)\vec{a} - \vec{b} = l\{-4\vec{a} + (k-2)\vec{b}\}$．$\therefore (k-2+4l)\vec{a} + \{-1-(k-2)l\}\vec{b} = \vec{0}$．
これより，$k-2 = -4l$，$(k-2)l = -1$．したがって，$(k-2)^2 = 4$．よって，$k = 0, 4$．

(2) $|\vec{a}| = \sqrt{5}$．よって，$\vec{e_1} = \pm\dfrac{\vec{a}}{|\vec{a}|} = \pm\dfrac{1}{\sqrt{5}}(2, -1) = \pm\left(\dfrac{2}{\sqrt{5}}, \dfrac{-1}{\sqrt{5}}\right)$．

$\vec{e_2} = (x, y)$ とすると，$x^2 + y^2 = 1$（∵ 単位ベクトル）．
また，$\vec{a} \cdot \vec{e_2} = 2x - y = 0$（∵ 直交している）．
$\begin{cases} x^2 + y^2 = 1 \\ y = 2x \end{cases}$ より，$x = \pm\dfrac{1}{\sqrt{5}}, y = \pm\dfrac{2}{\sqrt{5}}$（複号同順）．よって，$\vec{e_2} = \pm\left(\dfrac{1}{\sqrt{5}}, \dfrac{2}{\sqrt{5}}\right)$．

例題 5.2.3
ベクトル $\vec{a}, \vec{b}$ において，$|\vec{a}| = 2$，$|\vec{b}| = 3$，$|2\vec{a} - \vec{b}| = 4$ とする．

(1) ベクトル $\vec{a}, \vec{b}$ の内積 $\vec{a} \cdot \vec{b}$ を求めよ．
(2) ベクトル $\vec{a} + t\vec{b}$，$\vec{a} - \vec{b}$ が直交するように，実数 t の値を求めよ．
(3) $|\vec{a} + t\vec{b}|$ の最小値と，そのときの実数 t の値を求めよ．

解 (1) $|2\vec{a} - \vec{b}|^2 = (2\vec{a} - \vec{b}) \cdot (2\vec{a} - \vec{b}) = 4|\vec{a}|^2 - 4\vec{a} \cdot \vec{b} + |\vec{b}|^2 = 16$ より，
$16 - 4\vec{a} \cdot \vec{b} + 9 = 16$．
よって，$\vec{a} \cdot \vec{b} = \dfrac{9}{4}$．

(2) $(\vec{a} + t\vec{b}) \cdot (\vec{a} - \vec{b}) = |\vec{a}|^2 + (t-1)\vec{a} \cdot \vec{b} - t|\vec{b}|^2 = 0$ より，$4 + (t-1)\dfrac{9}{4} - t \times 9 = 0$．
よって，$t = \dfrac{7}{27}$．

(3) $|\vec{a} + t\vec{b}| \geqq 0$ であるから，$|\vec{a} + t\vec{b}|^2$ が最小値をとるとき，$|\vec{a} + t\vec{b}|$ も最小値をとる．
$|\vec{a} + t\vec{b}|^2 = (\vec{a} + t\vec{b}) \cdot (\vec{a} + t\vec{b}) = |\vec{b}|^2 t^2 + 2(\vec{a} \cdot \vec{b})t + |\vec{a}|^2 = 9t^2 + 2 \times \dfrac{9}{4}t + 4$．
$= 9\left(t + \dfrac{1}{4}\right)^2 + \dfrac{55}{16}$

これより，$t = -\dfrac{1}{4}$ のとき $|\vec{a} + t\vec{b}|^2$ は最小値 $\dfrac{55}{16}$ をとる．
よって，$|\vec{a} + t\vec{b}|$ は，$t = -\dfrac{1}{4}$ のとき，最小値 $\dfrac{\sqrt{55}}{4}$ をとる．

例題 5.2.4 △ABC の辺 AB, AC 上に, それぞれ点 P, Q を AP:PB = 3:2, AQ:QC = 1:2 となるようにとる. BQ と CP の交点を R とし, AR の延長が BC と交わる点を S とする. $\overrightarrow{AB} = \vec{a}$, $\overrightarrow{AC} = \vec{b}$ とするとき, 次の問いに答えよ.

(1) $\overrightarrow{AR}$ を $\vec{a}$, $\vec{b}$ を用いて表せ.
(2) AR:RS を求めよ.

解

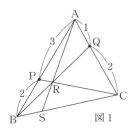
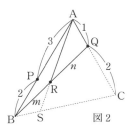
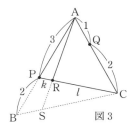

図 1 は, 題意に沿って作図したものであり, 図 2, 3 は $\overrightarrow{AR}$ を $\vec{a}$, $\vec{b}$ を用いて表す 2 通りの表現を作図したもの. 図 2 では, 点 R は辺 BQ を $m:n$ に内分する点, 図 3 では, R は辺 PC を $k:l$ に内分する点である.

(1) 図 2 より $\overrightarrow{AR} = \dfrac{n\vec{a} + m\dfrac{1}{3}\vec{b}}{m+n}$, 図 3 より $\overrightarrow{AR} = \dfrac{l\dfrac{3}{5}\vec{a} + k\vec{b}}{k+l}$.

∴ $\dfrac{n\vec{a} + m\dfrac{1}{3}\vec{b}}{m+n} = \dfrac{l\dfrac{3}{5}\vec{a} + k\vec{b}}{k+l}$.

これと $\vec{a}$, $\vec{b}$ が独立であることから,

$\dfrac{n}{m+n} = \dfrac{3l}{5(k+l)}$, $\dfrac{m}{3(m+n)} = \dfrac{k}{k+l}$, $\dfrac{m}{m+n} = \dfrac{3k}{k+l}$

辺々を加えて $\dfrac{n}{m+n} + \dfrac{m}{m+n} = \dfrac{3l}{5(k+l)} + \dfrac{3k}{k+l}$, $1 = \dfrac{\dfrac{3}{5}l}{k+l} + \dfrac{3k}{k+l}$ より,

$k+l = \dfrac{3}{5}l + 3k$, $\dfrac{2}{5}l = 2k$.

∴ $l = 5k$. よって, $\overrightarrow{AR} = \dfrac{5k \times \dfrac{3}{5}\vec{a} + k\vec{b}}{6k} = \dfrac{1}{2}\vec{a} + \dfrac{1}{6}\vec{b}$.

(2) ここでも, $\overrightarrow{AS}$ を 2 通りの表現をする. $\overrightarrow{AS} = t\overrightarrow{AR}$, $\overrightarrow{AS} = \overrightarrow{AB} + s\overrightarrow{BC}$.

$\overrightarrow{AS} = t\left(\dfrac{1}{2}\vec{a} + \dfrac{1}{6}\vec{b}\right)$, $\overrightarrow{AS} = \vec{a} + s(\vec{b} - \vec{a})$. したがって, $t\left(\dfrac{1}{2}\vec{a} + \dfrac{1}{6}\vec{b}\right) = \vec{a} + s(\vec{b} - \vec{a})$.

∴ $\dfrac{1}{2}t = 1-s$, $\dfrac{1}{6}t = s$. これより, $t = \dfrac{3}{2}$. よって, AR:RS $= 1:\left(\dfrac{3}{2} - 1\right) = 2:1$.

例題 5.2.5 4 点 O(0,0), A(3,0), B(2,2), C(4,1) において, 点 P(x,y) が $|3\overrightarrow{OP} - \overrightarrow{OA} - \overrightarrow{OB} - \overrightarrow{OC}| = 3$ をみたしているとき, x, y のみたす方程式を求めよ.

解 $3\overrightarrow{OP} - \overrightarrow{OA} - \overrightarrow{OB} - \overrightarrow{OC} = 3(x,y) - (3,0) - (2,2) - (4,1) = 3(x-3, y-1)$,

∴ $|(x-3, y-1)| = 1$　したがって，$(x-3)^2 + (y-1)^2 = 1$.
(点 $(3,1)$ を中心とする半径 1 の円.)

別解

$3\left|\overrightarrow{OP} - \dfrac{\overrightarrow{OA} + \overrightarrow{OB} + \overrightarrow{OC}}{3}\right| = 3$．ここで，$\dfrac{\overrightarrow{OA} + \overrightarrow{OB} + \overrightarrow{OC}}{3}$ は，△ABC の重心である．

重心を G とすると $\dfrac{\overrightarrow{OA} + \overrightarrow{OB} + \overrightarrow{OC}}{3} = \overrightarrow{OG}$．　∴ $|\overrightarrow{OP} - \overrightarrow{OG}| = |\overrightarrow{GP}| = 1$．

よって，点 P は G を中心とする半径 1 の円周上を動く．$\overrightarrow{OG} = \dfrac{\overrightarrow{OA} + \overrightarrow{OB} + \overrightarrow{OC}}{3} = (3, 1)$ より，G$(3, 1)$．よって $(x-3)^2 + (y-1)^2 = 1$．

例題 5.2.6

(1) 点 A$(2, 1)$ を通り，ベクトル $\vec{n} = (3, 4)$ に平行な直線と垂直な直線の方程式を求めよ．

(2) 点 O$(0, 0)$，A$(-2, 1)$，B$(4, 8)$ において，∠AOB の二等分線の方程式を求めよ．

解　(1) 平行な直線上の点を P(x, y) とする．題意より $\overrightarrow{AP} = k\vec{n}$ (k は実数)．

$\overrightarrow{AP} = (x-2, y-1)$，$k\vec{n} = (3k, 4k)$ であるから，$x-2 = 3k$，$y-1 = 4k$．これより k を消去すると，$4(x-2) = 3(y-1)$ より $4x - 3y - 5 = 0$．

垂直な直線上の点を Q(x, y) とする．題意より $\overrightarrow{AQ} \cdot \vec{n} = 0$．$\overrightarrow{AQ} = (x-2, y-1)$．これより，

$\overrightarrow{AQ} \cdot \vec{n} = (x-2, y-1) \cdot (3, 4) = 3(x-2) + 4(y-1) = 3x + 4y - 10 = 0$．

(2) $\overrightarrow{OA} = \vec{a}$，$\overrightarrow{OB} = \vec{b}$ とする．$\vec{a}$，$\vec{b}$ のなす角を 2 等分するベクトルの 1 つは $\dfrac{\vec{a}}{|\vec{a}|} + \dfrac{\vec{b}}{|\vec{b}|}$ で表される．

$\vec{a} = \overrightarrow{OA} = (-2, 1)$，$\vec{b} = \overrightarrow{OB} = (4, 8)$．これより，$|\vec{a}| = \sqrt{5}$，$|\vec{b}| = 4\sqrt{5}$．

二等分線上の点を P(x, y) とすると，

$\overrightarrow{OP} = k\left(\dfrac{\vec{a}}{|\vec{a}|} + \dfrac{\vec{b}}{|\vec{b}|}\right) = k\left(\dfrac{1}{\sqrt{5}}(-2, 1) + \dfrac{1}{4\sqrt{5}}(4, 8)\right)$．

したがって，$x = k\left(\dfrac{-2}{\sqrt{5}} + \dfrac{4}{4\sqrt{5}}\right) = \dfrac{-1}{\sqrt{5}}k$，$y = \dfrac{3}{\sqrt{5}}k$．よって，$y = -3x$．

別解

$\overrightarrow{OA} = \vec{a}$，$\overrightarrow{OB} = \vec{b}$ とする．$\vec{a} = \overrightarrow{OA} = (-2, 1)$，$\vec{b} = \overrightarrow{OB} = (4, 8)$．

これより，$|\vec{a}| = \sqrt{5}$，$|\vec{b}| = 4\sqrt{5}$．

これより，∠AOB の二等分線は，線分 AB を $\sqrt{5} : 4\sqrt{5} = 1 : 4$ の比に内分する点 C を通る．

∴ $\overrightarrow{OC} = \dfrac{4\overrightarrow{OA} + 1\overrightarrow{OB}}{1 + 4} = \dfrac{4}{5}(-1, 3)$．二等分線上の点を P$(x, y)$ とすると，

$\overrightarrow{OP} = l\overrightarrow{OC} = l\dfrac{4}{5}(-1, 3)$．したがって，$x = -\dfrac{4}{5}l$，$y = \dfrac{12}{5}l$．よって，$y = -3x$．

第 5 章 問題

問題 5.1 2点 A$(-1, 7)$, B$(7, 3)$ について，次の問いに答えよ．

(1) 線分 AB の中点の座標を求めよ．

(2) 線分 AB を $3 : 1$ の比に内分する点 C の座標を求めよ．

(3) 点 C を通り，直線 AB に垂直な直線の方程式を求めよ．

問題 5.2

(1) 点 $(-4, -2)$ を通り，x 軸，y 軸の両方に接する円の方程式を求めよ．

(2) 2点 A$(2, -1)$, B$(-4, 3)$ を直径とする円の方程式を求めよ．

(3) 点 $(2, 4)$ から円 $x^2 + y^2 = 10$ に引いた接線の方程式を求めよ．また，その接点の座標を求めよ．

問題 5.3 次の図のように正三角形 ABC において辺 BC, CA, AB の中点を，それぞれ L, M, N とする．このとき，次の各等式の□に A, B, C, L, M, N のいずれかを記入せよ．

(i) $\overrightarrow{NB} + \overrightarrow{BL} = \overrightarrow{A\Box}$

(ii) $\overrightarrow{AN} - \overrightarrow{AM} = \overrightarrow{L\Box}$

(iii) $|\overrightarrow{AM} + \overrightarrow{AN}| = |\overrightarrow{B\Box}|$

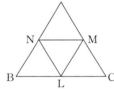

問題 5.4

(1) 2点 A$(-1, 3)$, B$(4, 2)$ について，$\overrightarrow{AB}$ を求めよ．

(2) $\vec{a} = (-1, 1), \vec{b} = (3, 4)$ について，$|\vec{a} - \vec{b}|$ の値を求めよ．

(3) 平面上の 3 点 A$(2, 4)$, B$(-2, 6)$, C$(-2, -4)$ に対して，次の各問いに答えよ．

  (i) $\overrightarrow{AB}$ と $|\overrightarrow{AB}|$ の値を求めよ．

  (ii) 原点を O$(0, 0)$，線分 AC を $3 : 1$ に内分する点を D とするとき，$\overrightarrow{OD}$ を求めよ．

問題 5.5

(1) $|\vec{a}| = 3$, $|\vec{b}| = 2$ であり，$\vec{a}$ と $\vec{b}$ のなす角（作る角）が $\frac{\pi}{3}$ のとき，内積 $\vec{a} \cdot \vec{b}$ の値を求めよ．

(2) $\vec{a}, \vec{b}$ が $|\vec{a}| = \sqrt{2}$, $|\vec{b}| = \sqrt{6}$, $\vec{a} \cdot \vec{b} = 3$ を満たすとき，$\vec{a}$ と $\vec{b}$ のなす角を求めよ．

(3) $|\vec{a}| = 2$, $|\vec{b}| = 3$, $\vec{a} \cdot \vec{b} = 3$ のとき，$|\vec{a} - \vec{b}|^2$ の値を求めよ．

(4) 次の図で，辺 AB, BC, CD, DA, AC の長さはすべて 2 である．$\overrightarrow{AB} = \vec{a}$, $\overrightarrow{AD} = \vec{b}$ とするとき，$\vec{a} \cdot \vec{b}$ の値と $(\vec{a} + \vec{b}) \cdot (\vec{a} - \vec{b})$ の値を求めよ．

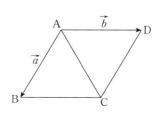

問題 5.6

(1) $\vec{a} = (2, 1)$, $\vec{b} = (1, -2)$ のとき, $\vec{a} \cdot (\vec{a} + 2\vec{b})$ の値を求めよ.

(2) $\vec{a} = (3, -2)$, $\vec{b} = (1, -5)$ とするとき, 次の各問いに答えよ.

　(i) $|\vec{a}|$ の値を求めよ.

　(ii) $\vec{a} \cdot \vec{b}$ の値を求めよ.

　(iii) $\vec{a}$, $\vec{b}$ のなす角 θ $(0 \leq \theta \leq \pi)$ を求めよ.

(3) $\vec{a} = (\sqrt{5}, 1)$, $\vec{b} = (2\sqrt{5}, -8)$ とするとき, 次の各問いに答えよ.

　(i) $|\vec{a}|$ の値を求めよ.

　(ii) $\vec{a} \cdot \vec{b}$ の値を求めよ.

　(iii) $\vec{a}$ と $\vec{a} - k\vec{b}$ は垂直である. k の値を求めよ.

問題 5.7

(1) $\vec{a} = (x - 8, 2)$, $\vec{b} = (-2, y)$, $\vec{c} = (-6, 4 - x)$ とするとき, 次の各問いに答えよ.

　(i) $2\vec{a} + \vec{b} = \vec{0}$ であるときの x, y の値を求めよ.

　(ii) $\vec{a}$ と $\vec{c}$ が垂直であるときの x の値を求めよ.

　(iii) $\vec{a}$ と $\vec{c}$ が平行であるときの x の値を求めよ.

(2) 平面上の 3 点を A$(-1, 2)$, B$(2, 4)$, C$(x, 5)$ とするとき, 次の各問いに答えよ.

　(i) A, B, C が一直線上にあるときの x の値を求めよ.

　(ii) $\overrightarrow{AB}$ と $\overrightarrow{BC}$ が垂直であるときの x の値を求めよ.

　(iii) $|\overrightarrow{BC}| = 1$ であるときの x の値を求めよ.

問題 5.8

(1) 直線 $l : \dfrac{x - 1}{2} = y + 2$ に平行なベクトルと垂直なベクトルの 1 つを描け.

(2) 直線 $3x - 2y = -1$ に平行なベクトルと垂直なベクトルの 1 つを描け.

問題 5.9 平行四辺形 ABCD において, 辺 AB を $2 : 1$ に内分する点を P, 辺 BC を $7 : 3$ に内分する点を Q とする. 次に, 辺 CD 上に点 R, 辺 DA 上に点 S を, それぞれ PR ∥ BC, SQ ∥ AB となるようにとる. $\overrightarrow{BP} = \vec{a}$, $\overrightarrow{BQ} = \vec{b}$ とするとき, 次の各問いのベクトルを $\vec{a}$, $\vec{b}$ を用いて表せ.

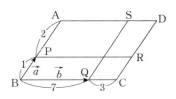

　(i) $\overrightarrow{PS}$

　(ii) $\overrightarrow{QD}$

問題 5.10 平行四辺形 ABCD において，辺 AB を $3:2$ に内分する点 P をとし，線分 PD を $3:5$ に内分する点を Q とする．$\overrightarrow{AB}=\vec{a}$，$\overrightarrow{AD}=\vec{b}$ とするとき，次の問いに答えよ．

(1) ベクトル $\overrightarrow{AQ}$ を $\vec{a}$，$\vec{b}$ を用いて表せ．

(2) $\overrightarrow{AQ}=k\overrightarrow{AC}$ であるという．k の値を求めよ．

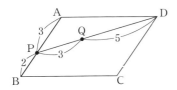

問題 5.11 下の図の $\triangle OAB$ において，線分 AB を $s:(1-s)$ に内分する点を C，辺 OB を $1:2$ に内分する点を D とする $(s>0)$．$\overrightarrow{OA}=\vec{a}$，$\overrightarrow{OB}=\vec{b}$ とするとき，次の各問いに答えよ．

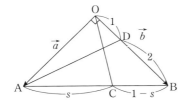

(i) $\overrightarrow{OC}$ を $\vec{a}$，$\vec{b}$ を用いて表せ．

(ii) $OA=OB=1$，$\angle AOB=90°$ であるとする．$\overrightarrow{OC}$ と $\overrightarrow{AD}$ が垂直になるときの s の値を求めよ．

第 6 章 微分・積分の計算

6.1 数列の極限

● 数列の収束・発散

・数列 $\{a_n\}$ において
$$\begin{cases} 収束 & \lim_{n\to\infty} a_n = \alpha \quad (一定値\alpha に収束) \\ 発散 & \begin{cases} \lim_{n\to\infty} a_n = \infty \\ \lim_{n\to\infty} a_n = -\infty \\ 振動 \end{cases} \end{cases}$$

● 極限値と四則

数列 $\{a_n\}$, $\{b_n\}$ が収束して, $\lim_{n\to\infty} a_n = \alpha$, $\lim_{n\to\infty} b_n = \beta$ のとき,

・$\lim_{n\to\infty} ka_n = k\alpha$ (k は定数), ・$\lim_{n\to\infty} a_n b_n = \alpha\beta$,

・$\lim_{n\to\infty}(a_n \pm b_n) = \alpha \pm \beta$ (複号同順), ・$\lim_{n\to\infty} \dfrac{a_n}{b_n} = \dfrac{\alpha}{\beta}$ ($b_n \neq 0$, $\beta \neq 0$)

(数列 $\{a_n\}$, $\{b_n\}$ が発散して, $\dfrac{\infty}{\infty}$, $\infty - \infty$ 等の不定形になる場合は要注意.
計算上, 分母の最高次の項で分子, 分母を割る. 分子または分母の有理化.)

● 極限と大小関係

・数列 $\{a_n\}$, $\{b_n\}$ が収束して, $\lim_{n\to\infty} a_n = \alpha$, $\lim_{n\to\infty} b_n = \beta$ のとき,

$\quad a_n \leqq b_n$ ($n = 1, 2, 3, \cdots$) $\Rightarrow \alpha \leqq \beta$. ($a_n < b_n$ でも $\alpha = \beta$ となることもある.)

・数列 $\{a_n\}$, $\{b_n\}$ において, $a_n \leqq b_n$ ($n = 1, 2, 3, \cdots$) のとき,

$\quad \lim_{n\to\infty} a_n = \infty \quad \Rightarrow \quad \lim_{n\to\infty} b_n = \infty,$

$\quad \lim_{n\to\infty} b_n = -\infty \quad \Rightarrow \quad \lim_{n\to\infty} a_n = -\infty.$

・はさみうちの原理　数列 $\{a_n\}$, $\{b_n\}$, $\{c_n\}$ において,

$\quad a_n \leqq b_n \leqq c_n$ ($n = 1, 2, 3, \cdots$) かつ $\lim_{n\to\infty} a_n = \lim_{n\to\infty} c_n = \alpha$ $\Rightarrow$ $\{b_n\}$ も収束して, $\lim_{n\to\infty} b_n = \alpha$.

● 数列 $\{a^n\}$ の極限

・$a > 1$ のとき, $\cdots\to \lim_{n\to\infty} a^n = \infty$,

・$a = 1$ のとき, $\cdots\to \lim_{n\to\infty} a^n = 1$,

・$-1 < a < 1$ のとき, $\cdots\to \lim_{n\to\infty} a^n = 0$,

・$a \leqq -1$ のとき, $\cdots\to$ 数列 $\{a^n\}$ は振動する. $\cdots\to \lim_{n\to\infty} a^n$ は存在しない.

● 無限級数の和と性質

・無限級数の和 $\cdots\to \sum_{n=1}^{\infty} a_n = \lim_{n\to\infty} \sum_{k=1}^{n} a_k$.

・和の性質 $\sum_{n=1}^{\infty} a_n$, $\sum_{n=1}^{\infty} b_n$ が収束して，$\sum_{n=1}^{\infty} a_n = S$, $\sum_{n=1}^{\infty} b_n = T$ のとき，

$$\sum_{n=1}^{\infty} k a_n = k \sum_{n=1}^{\infty} a_n = kS \quad (k\text{は定数}),$$

$$\sum_{n=1}^{\infty} (a_n + b_n) = \sum_{n=1}^{\infty} a_n + \sum_{n=1}^{\infty} b_n = S + T.$$

・無限数列と無限級数 $\sum_{n=1}^{\infty} a_n$ が収束する $\Rightarrow$ $\lim_{n \to \infty} a_n = 0$. (逆は成り立たない).

　　　　対偶をとると　…→　$\lim_{n \to \infty} a_n \neq 0 \Rightarrow \sum_{n=1}^{\infty} a_n$ が発散する.

　　　(無限級数が収束して $\sum_{n=1}^{\infty} a_n = S$ であるとき，$S_n = a_1 + a_2 + \cdots + a_n$ とすると，

$$\lim_{n \to \infty} a_n = \lim_{n \to \infty}(S_n - S_{n-1}) = \lim_{n \to \infty} S_n - \lim_{n \to \infty} S_{n-1} = S - S = 0.)$$

● **無限等比級数**

$a \neq 0$ のとき，無限等比級数 $\sum_{n=1}^{\infty} ar^{n-1} = a + ar + ar^2 + \cdots + ar^{n-1} + \cdots$ は，

・$|r| < 1$ のとき収束し，その和は $\dfrac{a}{1-r}$.

・$|r| \geq 1$ のとき発散する.

(無限等比級数 $\sum_{n=1}^{\infty} ar^{n-1}$ の収束条件は $-1 < r < 1$, 無限等比数列 $\{r^n\}$ の収束条件は $-1 < r \leq 1$.)

● **正項級数**

数列 $\{a^n\}$ で，$a_i \geq 0$ $(i = 1, 2, \cdots, n, \cdots)$ を満たすとき，$\sum_{n=1}^{\infty} a_n$ を正項級数という.

・無限級数の収束・発散の評価は，式変形による等式変形，不等式評価，または，積分を用いた不等式評価を用いる.

・$a_n, b_n > 0$ とする．十分大きな n $(n \geq N)$ に対し a_n が対応する b_n を超えないとき，

　　x $\sum_{n=1}^{\infty} b_n$ が収束するならば，$\sum_{n=1}^{\infty} a_n$ も収束する．逆に $\sum_{n=1}^{\infty} a_n$ が発散するならば，$\sum_{n=1}^{\infty} b_n$ も発散する．

a_n は b_n で抑えられる $\left(a_n \leq K b_n \ (K > 0), \text{ or } \lim_{n \to \infty} \dfrac{a_n}{b_n} < +\infty\right)$ ときも，上記と同じ結果になる．

・$\sum_{n=1}^{\infty} \dfrac{1}{n^p}$ は $\begin{cases} p > 1 & \text{のとき収束,} \\ 0 < p \leq 1 & \text{のとき発散.} \end{cases}$

・正項級数と等比級数を比較することから，次の収束判定法が得られる．

(i) 等比級数は公比 $|r| < 1$ のとき収束… → $0 \leq r < 1$… → $0 \leq r^n < 1$. これより，

　　<u>コーシーの判定法</u>　正項級数 $\sum_{n=1}^{\infty} a_n$ で，極限値 $\lim_{n \to \infty} \sqrt[n]{a_n} = r$ が得られるとき，

$$0 \leq r < 1 \to 収束, \quad 1 < r \to 発散. \quad (r = 1 \text{のとき不明.})$$

(ii) 等比級数は公比 $|r| \left(= \left|\dfrac{a_{n+1}}{a_n}\right|\right) < 1$ のとき収束. これより，

　　<u>ダランベールの判定法</u>　正項級数 $\sum_{n=1}^{\infty} b_n$ で，極限値 $\lim_{n \to \infty} \dfrac{b_{n+1}}{b_n} = r$ が得られるとき，

$$0 \leq r < 1 \to 収束, \quad 1 < r \to 発散. \quad (r = 1 \text{のとき不明.})$$

> **例題 6.1.1** 次の極限を求めよ．

(1) $\displaystyle\lim_{n\to\infty}\frac{n^2+2}{n^2+n+1}$ 　　(2) $\displaystyle\lim_{n\to\infty}\frac{n^2+n+2}{n+1}$ 　　(3) $\displaystyle\lim_{n\to\infty}\frac{1-n}{2+\sqrt{n}}$

(4) $\displaystyle\lim_{n\to\infty}(\sqrt{n^2+n}-n)$ 　　(5) $\displaystyle\lim_{n\to\infty}(n-3\sqrt{n})$ 　　(6) $\displaystyle\lim_{n\to\infty}\frac{3^{n+1}+1}{3^n+2^n}$

(7) $\displaystyle\lim_{n\to\infty}\frac{\left(\frac{1}{3}\right)^n-\left(\frac{1}{2}\right)^n}{\left(\frac{1}{3}\right)^n+\left(\frac{1}{2}\right)^n}$ 　　(8) $\displaystyle\lim_{n\to\infty}2^{-n}\sin n$ 　　(9) $\displaystyle\lim_{n\to\infty}a^{\frac{1}{n}}$ （a は正の定数．）

解 (1) 分母の最高次の項 n^2 で分子，分母を割ると　　$\text{与式}=\displaystyle\lim_{n\to\infty}\frac{1+\frac{2}{n^2}}{1+\frac{1}{n}+\frac{1}{n^2}}=\frac{1}{1}=1$．

(2) 分母の最高次の項 n で分子，分母を割ると　　$\text{与式}=\displaystyle\lim_{n\to\infty}\frac{n+1+\frac{2}{n}}{1+\frac{1}{n}}=\frac{\infty}{1}=\infty$．

(3) 分母の最高次の項 $\sqrt{n}$ で分子，分母を割ると　　$\text{与式}=\displaystyle\lim_{n\to\infty}\frac{\frac{1}{\sqrt{n}}-\sqrt{n}}{\frac{2}{\sqrt{n}}+1}=\frac{-\infty}{1}=-\infty$．

(4) $\dfrac{\sqrt{n^2+n}-n}{1}$ として分子の有理化をする．

$\text{与式}=\displaystyle\lim_{n\to\infty}\frac{n^2+n-n^2}{\sqrt{n^2+n}+n}=\lim_{n\to\infty}\frac{n}{\sqrt{n^2+n}+n}=☆$，

分母の最高次の項 n で分子，分母を割ると（$\because \sqrt{n^2+n}=\sqrt{n(n+1)}\approx\sqrt{n^2}=n$）

$☆=\displaystyle\lim_{n\to\infty}\frac{1}{\sqrt{1+\frac{1}{n}}+1}=\frac{1}{1+1}=\frac{1}{2}$．

(5) $\text{与式}=\displaystyle\lim_{n\to\infty}\frac{n^2-9n}{n+3\sqrt{n}}=\lim_{n\to\infty}\frac{n-9}{1+3\sqrt{\frac{1}{n}}}=\frac{\infty}{1}=\infty$．

(6) $3>2$ より $3^n>2^n$．分子，分母を 3^n で割ると　$\text{与式}=\displaystyle\lim_{n\to\infty}\frac{3+\frac{1}{3^n}}{1+\frac{2^n}{3^n}}=\frac{3}{1}=3$．

(7) $\dfrac{1}{2}>\dfrac{1}{3}$ より $\left(\dfrac{1}{2}\right)^n>\left(\dfrac{1}{3}\right)^n$．分子，分母を $\left(\dfrac{1}{2}\right)^n$ で割ると，

$\text{与式}=\displaystyle\lim_{n\to\infty}\frac{\left(\frac{2}{3}\right)^n-1}{\left(\frac{2}{3}\right)^n+1}=\frac{-1}{1}=-1$．

(8) $2^{-n}\sin n=\dfrac{\sin n}{2^n}$ より $\dfrac{-1}{2^n}\leqq\dfrac{\sin n}{2^n}\leqq\dfrac{1}{2^n}$．$n\to\infty$ のとき $\dfrac{-1}{2^n}\to 0$，$\dfrac{1}{2^n}\to 0$ である．

よって $\displaystyle\lim_{n\to\infty}2^{-n}\sin n=0$．

(9) $a>1$ のとき，　　$a^{\frac{1}{n}}=1+l$ とおくと，$l>0$, $a=(1+l)^n\geqq 1+nl$．

$$\therefore \quad \frac{a-1}{n} \geq l > 0.$$

$n \to \infty$ とすると $\frac{a-1}{n} \to 0$　　$\therefore$　$l \to 0$．よって $\lim_{n \to \infty} a^{\frac{1}{n}} = 1$．

$a = 1$ のとき，　　$a^{\frac{1}{n}} = 1^{\frac{1}{n}} = 1$．よって $\lim_{n \to \infty} a^{\frac{1}{n}} = 1$．

$1 > a > 0$ のとき，　$a = \frac{1}{b}$ とおくと，$b > 1$．$a^{\frac{1}{n}} = (b^{-1})^{\frac{1}{n}} = \left(b^{\frac{1}{n}}\right)^{-1}$ と，

$a > 1$ のとき，　$\lim_{n \to \infty} a^{\frac{1}{n}} = 1$ より，

$b > 1$ のとき，　$\lim_{n \to \infty} b^{\frac{1}{n}} = 1$ だから，$1 > a > 0$ のときも $\lim_{n \to \infty} a^{\frac{1}{n}} = 1$．

例題 6.1.2. 次の事項は正しいか．正しくないときは，それが成り立たない例をあげよ．

(1) 極限が α である数列 $\{a_n\}$ において，すべての n に対して $a_n < l$ であるならば $\alpha < l$ である．

(2) $\lim_{n \to \infty}(a_n - b_n) = 0$ であるならば，数列 $\{a_n\}$, $\{b_n\}$ は収束し，同じ極限値をもつ．

(3) 2つの数列 $\{a_n\}$, $\{b_n\}$ において，$\lim_{n \to \infty} a_n = \alpha$, $\lim_{n \to \infty} b_n = \beta$ で，かつ，つねに $a_n < b_n$ であると $\alpha < \beta$ である．

解 (1) 正しくない．$a_n = 1 - \frac{1}{n} < 1$, $\lim_{n \to \infty} a_n = 1$．

(2) 正しくない．$a_n = \frac{n}{n+1} + (-5)^n$, $b_n = 3^{\frac{1}{n}} + (-5)^n$．

(3) 正しくない．$a_n = \frac{n+1}{n}$, $b_n = \frac{n+2}{n}$．

例題 6.1.3. 次の無限級数の和を求めよ．

(1) $\sum_{n=1}^{\infty} \frac{1}{n(n+1)}$　　(2) $\sum_{n=1}^{\infty}(\sqrt{n} - \sqrt{n+1})$　　(3) $\sum_{n=1}^{\infty}(-1)^n$

(4) $\frac{1}{\sqrt{1}+\sqrt{2}} + \frac{1}{\sqrt{2}+\sqrt{3}} + \frac{1}{\sqrt{3}+\sqrt{4}} + \cdots + \frac{1}{\sqrt{n}+\sqrt{n+1}} + \cdots$

(5) $2 - \frac{3}{2} + \frac{3}{2} - \frac{4}{3} + \frac{4}{3} - \frac{5}{4} \cdots + \frac{n+1}{n} - \frac{n+2}{n+1} + \frac{n+2}{n+1} - \cdots$

解 (1) $a_n = \frac{1}{n(n+1)} = \frac{1}{n} - \frac{1}{n+1}$．

$$S_n = \sum_{k=1}^{n}\left(\frac{1}{k} - \frac{1}{k+1}\right) = \left(\frac{1}{1} - \frac{1}{2}\right) + \left(\frac{1}{2} - \frac{1}{3}\right) + \left(\frac{1}{3} - \frac{1}{4}\right) + \cdots + \left(\frac{1}{n} - \frac{1}{n+1}\right)$$

$$= 1 - \frac{1}{n+1},$$

$\therefore \lim_{n \to \infty} S_n = \sum_{n=1}^{\infty} \frac{1}{n(n+1)} = \lim_{n \to \infty}\left(1 - \frac{1}{n+1}\right) = 1$．よって，級数は収束し，その和は 1 である．

(2) $S_n = \sum_{k=1}^{n}(\sqrt{k} - \sqrt{k+1})$

$= (\sqrt{1} - \sqrt{2}) + (\sqrt{2} - \sqrt{3}) + (\sqrt{3} - \sqrt{4}) + \cdots + (\sqrt{n} - \sqrt{n+1}) = 1 - \sqrt{n+1}$,

$$\therefore \lim_{n\to\infty} S_n = \sum_{n=1}^{\infty}(\sqrt{n} - \sqrt{n+1}) = \lim_{n\to\infty}(1 - \sqrt{n+1}) = -\infty.$$ よって，級数は $-\infty$ に発散する.

(3) $S_{2m} = (-1+1) + (-1+1) + (-1+1) \cdots + (-1+1) = 0,$ $\quad \therefore \lim_{m\to\infty} S_{2m} = 0.$

$S_{2m+1} = S_{2m} - 1 = -1,$ $\quad \therefore \lim_{m\to\infty} S_{2m} = -1.$

したがって，$\lim_{m\to\infty} S_{2m+1} \neq \lim_{m\to\infty} S_{2m}$ で $\lim_{n\to\infty} S_n$ は存在しない．よって，級数は発散（振動）する.

(4) $a_n = \dfrac{1}{\sqrt{n} + \sqrt{n+1}} = \dfrac{\sqrt{n+1} - \sqrt{n}}{(n+1) - n} = \sqrt{n+1} - \sqrt{n}.$

$S_n = (\sqrt{2} - \sqrt{1}) + (\sqrt{3} - \sqrt{2}) + (\sqrt{4} - \sqrt{3}) + \cdots + (\sqrt{n+1} - \sqrt{n}) = \sqrt{n+1} - 1$

$\therefore \lim_{n\to\infty} S_n = \lim_{n\to\infty}(\sqrt{n+1} - 1) = \infty.$ よって，級数は $+\infty$ に発散する.

(5) $S_{2m+1} = \left(2 - \dfrac{3}{2}\right) + \left(\dfrac{3}{2} - \dfrac{4}{3}\right) + \left(\dfrac{4}{3} - \dfrac{5}{4}\right) \cdots + \left(\dfrac{m+1}{m} - \dfrac{m+2}{m+1}\right) + \dfrac{m+2}{m+1} = 2.$

$\therefore \lim_{m\to\infty} S_{2m+1} = 2.$

$S_{2m} = S_{2m+1} - \dfrac{m+2}{m+1} = 2 - \dfrac{m+2}{m+1},$ $\quad \therefore \lim_{m\to\infty} S_{2m} = \lim_{m\to\infty}\left(2 - \dfrac{m+2}{m+1}\right) = 2 - 1 = 1.$

したがって，$\lim_{m\to\infty} S_{2m+1} \neq \lim_{m\to\infty} S_{2m}$ で $\lim_{n\to\infty} S_n$ は存在しない．よって，級数は発散（振動）する.

例題 6.1.4 $1 + \dfrac{1}{2} + \dfrac{1}{3} + \dfrac{1}{4} + \cdots = \sum_{k=1}^{\infty} \dfrac{1}{k} = \infty$ であることを示せ.

解 $1 + \dfrac{1}{2} + \dfrac{1}{3} + \dfrac{1}{4} > 1 + \dfrac{1}{2} + \left(\dfrac{1}{4} + \dfrac{1}{4}\right) = 1 + \dfrac{1}{2} + \dfrac{1}{2},$

$1 + \dfrac{1}{2} + \dfrac{1}{3} + \dfrac{1}{4} + \dfrac{1}{5} + \dfrac{1}{6} + \dfrac{1}{7} + \dfrac{1}{8} > 1 + \dfrac{1}{2} + \left(\dfrac{1}{4} + \dfrac{1}{4}\right) + \left(\dfrac{1}{8} + \dfrac{1}{8} + \dfrac{1}{8} + \dfrac{1}{8}\right)$

$= 1 + \dfrac{1}{2} + \dfrac{1}{2} + \dfrac{1}{2},$

$1 + \dfrac{1}{2} + \dfrac{1}{3} + \dfrac{1}{4} + \dfrac{1}{5} + \dfrac{1}{6} + \dfrac{1}{7} + \dfrac{1}{8} + \dfrac{1}{9} + \dfrac{1}{10} + \dfrac{1}{11} + \dfrac{1}{12} + \dfrac{1}{13} + \dfrac{1}{14} + \dfrac{1}{15} + \dfrac{1}{16}$

$> 1 + \dfrac{1}{2} + \left(\dfrac{1}{4} + \dfrac{1}{4}\right) + \left(\dfrac{1}{8} + \dfrac{1}{8} + \dfrac{1}{8} + \dfrac{1}{8}\right)$

$\quad + \left(\dfrac{1}{16} + \dfrac{1}{16} + \dfrac{1}{16} + \dfrac{1}{16} + \dfrac{1}{16} + \dfrac{1}{16} + \dfrac{1}{16} + \dfrac{1}{16}\right)$

$= 1 + \dfrac{1}{2} + \dfrac{1}{2} + \dfrac{1}{2} + \dfrac{1}{2},$

したがって，$\sum_{k=1}^{2^p} \dfrac{1}{k} \geqq 1 + \dfrac{p}{2}.$ ここで，$p \to \infty$ とすると，前式の右辺は発散する.

よって，級数は $+\infty$ に発散する.

別解

$e^x \geqq 1 + x$ であることから（この不等式を示せ.），

$e^{1 + \frac{1}{2} + \frac{1}{3} + \frac{1}{4} + \cdots + \frac{1}{n}} = e^1 e^{\frac{1}{2}} e^{\frac{1}{3}} e^{\frac{1}{4}} \times \cdots \times e^{\frac{1}{n}} \geqq (1+1)\left(1 + \dfrac{1}{2}\right)\left(1 + \dfrac{1}{3}\right)\left(1 + \dfrac{1}{4}\right)\cdots\left(1 + \dfrac{1}{n}\right)$

$= 2 \cdot \dfrac{3}{2} \cdot \dfrac{4}{3} \cdot \dfrac{5}{4} \cdot \cdots \cdot \dfrac{n+1}{n} = n+1.$

したがって，$\sum_{k=1}^{n}\frac{1}{k} \geqq \log(n+1)$．ここで $n \to \infty$ とすると，前式の右辺は発散する．
よって，級数は $+\infty$ に発散する．
（e については，p97 を，指数関数 e^x については p101 を見て下さい．
$e^x - 1 - x = f(x)$ とおき，$f'(x) = 0$ より増減表を作成し $y = f(x)$ グラフを考察する．）
（別解は積分 $\sum_{k=1}^{n}\frac{1}{k} \geqq \int_{1}^{n+1}\frac{1}{x}dx$ を用いる方法もある．）

例題 6.1.5 次の無限級数の和を求めよ．

(1) $\sum_{n=1}^{\infty}\frac{1}{n+\sqrt{n}}$ (2) $\sum_{n=1}^{\infty}\frac{(n+1)^n}{2^n n^n}$ (3) $\sum_{n=1}^{\infty}\frac{n^3}{2^n}$

解 (1) $n + \sqrt{n} \leqq n + n = 2n$ より $\frac{1}{n+\sqrt{n}} \geqq \frac{1}{2n}$．

$\sum_{n=1}^{\infty}\frac{1}{n}$ は発散より $\sum_{n=1}^{\infty}\frac{1}{2n} = \frac{1}{2}\sum_{n=1}^{\infty}\frac{1}{n}$ も発散．よって，級数は発散．

(2) $\sqrt[n]{\frac{(n+1)^n}{2^n n^n}} = \frac{n+1}{2n} = \frac{1}{2}\left(1 + \frac{1}{n}\right)$．$\lim_{n \to \infty}\sqrt[n]{\frac{(n+1)^n}{2^n n^n}} = \lim_{n \to \infty}\frac{1}{2}\left(1 + \frac{1}{n}\right) = \frac{1}{2} < 1$．

よって，コーシーの判定法より級数は収束．

(3) $\frac{\frac{(n+1)^3}{2^{n+1}}}{\frac{n^3}{2^n}} = \frac{1}{2}\left(1 + \frac{1}{n}\right)^3$．$\lim_{n \to \infty}\frac{\frac{(n+1)^3}{2^{n+1}}}{\frac{n^3}{2^n}} = \lim_{n \to \infty}\frac{1}{2}\left(1 + \frac{1}{n}\right)^3 = \frac{1}{2} < 1$．

よって，ダランベールの判定法より級数は収束．

6.2 関数の極限

●関数の極限

$\lim_{x \to a}f(x) = \alpha$，$\lim_{x \to a}g(x) = \beta$ のとき，

- $\lim_{x \to a}kf(x) = k\alpha$ （k は定数）．
- $\lim_{x \to a}\{f(x) \pm g(x)\} = \alpha \pm \beta$ （複号同順），
- $\lim_{x \to a}f(x)g(x) = \alpha\beta$，
- $\lim_{x \to a}\frac{f(x)}{g(x)} = \frac{\alpha}{\beta}$ （$\beta \neq 0$），

$\lim_{x \to a}f(x) = \lim_{x \to a}g(x) = 0$ となるとき，分母または分子の因数分解，有理化等の工夫が必要．

$\lim_{x \to a}\frac{f(x)}{g(x)} = 0$ かつ $\lim_{x \to a}g(x) = 0$ $\Rightarrow$ $\lim_{x \to a}f(x) = 0$．

- $f(x) \leqq g(x)$ $\Rightarrow$ $\alpha \leqq \beta$，
- $f(x) \leqq h(x) \leqq g(x)$ かつ $\alpha = \beta$ $\Rightarrow$ $\lim_{x \to a}h(x) = \alpha$，

●右方極限，左方極限

- 右方極限 $\cdots$ 関数 $f(x)$ において，x が a より大きい値をとりながら a に近づくとき，

$f(x)$ が限りなく α' に近づく．$\cdots\cdots$ $\lim_{x \to a+0}f(x) = \alpha'$，

- 左方極限 $\cdots$ 関数 $f(x)$ において，x が a より小さい値をとりながら a に近づくとき，

$f(x)$ が限りなく α'' に近づく．$\cdots\cdots$ $\lim_{x \to a-0}f(x) = \alpha''$．

- $\lim_{x \to a+0} f(x) = \lim_{x \to a-0} f(x) = \alpha \implies \lim_{x \to a} f(x) = \alpha$,

  ($\lim_{x \to a} f(x)$ が存在するのは，$\lim_{x \to a+0} f(x) = \alpha'$，$\lim_{x \to a-0} f(x) = \alpha''$ がともに存在し，$\alpha' = \alpha''$ である．)

● **関数の重要な極限**

・指数関数

$a > 1$ のとき　　$\lim_{x \to -\infty} a^x = 0$，$\lim_{x \to \infty} a^x = \infty$，

$0 < a < 1$ のとき　$\lim_{x \to -\infty} a^x = \infty$，$\lim_{x \to \infty} a^x = 0$．

・対数関数

$a > 1$ のとき　　$\lim_{x \to +0} \log_a x = -\infty$，$\lim_{x \to \infty} \log_a x = \infty$，

$0 < a < 1$ のとき　$\lim_{x \to +0} \log_a x = \infty$，$\lim_{x \to \infty} \log_a x = -\infty$．

・三角関数　$\lim_{\theta \to 0} \dfrac{\sin \theta}{\theta} = 1$，$\lim_{\theta \to 0} \dfrac{\tan \theta}{\theta} = 1$．

・$\lim_{x \to \infty} \left(1 + \dfrac{1}{x}\right)^x$ は収束することがわかっていて，その極限値を e とする．

$$\lim_{x \to -\infty} \left(1 + \dfrac{1}{x}\right)^x = e,\ \lim_{x \to 0}(1+x)^{\frac{1}{x}} = e,\ (e = 2.71828\cdots で，e は1つの無理数.)$$

・$\lim_{x \to 0} \dfrac{\log(1+x)}{x} = 1$，$\lim_{x \to 0} \dfrac{e^x - 1}{x} = 1$．

（ここで，$\log(1+x)$ は e を底とする対数で自然対数といい，以後 $\log x$ と書いてあれば自然対数 $\log_e x$ の意．$\ln x (= \log_e x)$ もよく用いられる．）

● **関数の連続**

関数 $f(x)$ が $x = a$ で連続である．$\iff$ $\begin{cases} f(a) が定義されている, \\ \lim_{x \to a} f(x) が存在する, \\ f(a) = \lim_{x \to a} f(x). \end{cases}$

● **中間値の定理**

・関数 $f(x)$ が閉区間 $[a, b]$ で連続であるとき，$f(a) \neq f(b)$ ならば，$f(a)$ と $f(b)$ の間の任意の数 m に対して $f(c) = m$ となるような実数 c が a と b の間に少なくとも1つ存在する．

・関数 $f(x)$ が閉区間 $[a, b]$ で連続であるとき，$f(a)$ と $f(b)$ が異符号ならば，方程式 $f(x) = 0$ は a と b の間に少なくとも1つ実数解をもつ．

例題 6.2.1　次の極限を求めよ．

(1) $\lim_{x \to 1} \dfrac{x^3 - 1}{x - 1}$

(2) $\lim_{x \to 9} \dfrac{\sqrt{x} - 3}{x - 9}$

(3) $\lim_{x \to 0} \dfrac{x}{\sqrt{x+1} - 1}$

(4) $\lim_{x \to 0} \dfrac{1}{x}\left(1 - \dfrac{1}{\sqrt{1-x}}\right)$

(5) $\lim_{x \to \infty} \dfrac{5x^2 + 1}{x^2 - 3x - 2}$

(6) $\lim_{x \to -\infty} \dfrac{x - 2}{\sqrt{x^2 - 1}}$

(7) $\lim_{x \to \infty}(\sqrt{x^2 - 2x} - x)$

(8) $\lim_{x \to -\infty}(\sqrt{x^2 - 4x - 1} + x)$

解　(1) 与式 $= \lim_{x \to 1} \dfrac{(x-1)(x^2 + x + 1)}{x - 1} = \lim_{x \to 1} \dfrac{x^2 + x + 1}{1} = 3$．

(2) 与式 $= \lim_{x \to 9} \dfrac{\sqrt{x} - 3}{(\sqrt{x} - 3)(\sqrt{x} + 3)} = \lim_{x \to 9} \dfrac{1}{\sqrt{x} + 3} = \dfrac{1}{\sqrt{9} + 3} = \dfrac{1}{6}$.

(3) 与式 $= \lim_{x \to 0} \dfrac{x(\sqrt{x+1} + 1)}{(\sqrt{x+1} - 1)(\sqrt{x+1} + 1)} = \lim_{x \to 0} \dfrac{x(\sqrt{x+1} + 1)}{x + 1 - 1} = \lim_{x \to 0}(\sqrt{x+1} + 1) = 2$.

(4) 与式 $= \lim_{x \to 0} \dfrac{1}{x}\left(\dfrac{\sqrt{1-x} - 1}{\sqrt{1-x}}\right) = \lim_{x \to 0} \dfrac{1}{x} \dfrac{1 - x - 1}{\sqrt{1-x}(\sqrt{1-x} + 1)} = \lim_{x \to 0} \dfrac{-1}{\sqrt{1-x}(\sqrt{1-x} + 1)}$

$= \dfrac{-1}{1(1+1)} = -\dfrac{1}{2}$.

(5) 与式 $= \lim_{x \to \infty} \dfrac{5 + 1\dfrac{1}{x^2}}{1 - 3\dfrac{1}{x} - 2\dfrac{1}{x^2}} = \dfrac{5}{1} = 5$.

(6) $-x = t$ とおくと, $t \to \infty$.

与式 $= \lim_{t \to \infty} \dfrac{-t - 2}{\sqrt{t^2 - 1}} = \lim_{t \to \infty} \dfrac{\dfrac{-t-2}{t}}{\dfrac{\sqrt{t^2-1}}{t}} = \lim_{t \to \infty} \dfrac{-1 - \dfrac{2}{t}}{\sqrt{1 - \dfrac{1}{t^2}}} = \dfrac{-1}{1} = -1$.

(7) 与式 $= \lim_{x \to \infty} \dfrac{x^2 - 2x - x^2}{\sqrt{x^2 - 2x} + x} = \lim_{x \to \infty} \dfrac{-2x}{\sqrt{x^2 - 2x} + x} = \lim_{x \to \infty} \dfrac{-2}{\sqrt{1 - \dfrac{2}{x}} + 1} = \dfrac{-2}{1 + 1} = -1$.

(8) $-x = t$ とおくと, $t \to \infty$.

与式 $= \lim_{t \to \infty}(\sqrt{t^2 + 4t - 1} - t) = \lim_{t \to \infty} \dfrac{t^2 + 4t - 1 - t^2}{\sqrt{t^2 + 4t - 1} + t} = \lim_{t \to \infty} \dfrac{4t - 1}{\sqrt{t^2 + 4t - 1} + t}$

$= \lim_{t \to \infty} \dfrac{4 - \dfrac{1}{t}}{\sqrt{1 + \dfrac{4}{t} - \dfrac{1}{t^2}} + 1} = \dfrac{4}{1 + 1} = 2$.

例題 6.2.2 次の極限を求めよ.

(1) $\lim_{x \to 0} \dfrac{\sin 5x}{2x}$ (2) $\lim_{x \to 0} \dfrac{1 - \cos x}{x^2}$ (3) $\lim_{x \to \infty}\left(1 + \dfrac{3}{x}\right)^{2x}$

(4) $\lim_{x \to 0}(1 + 2x)^{\frac{1}{x}}$ (5) $\lim_{x \to 0} \dfrac{\log(1 + 3x)}{x}$ (6) $\lim_{x \to 0} \dfrac{e^{2x} - 1}{x}$

解 (1) $\lim_{x \to 0} \dfrac{\sin 5x}{2x} = \dfrac{1}{2} \lim_{x \to 0}\left(\dfrac{\sin 5x}{5x} \times 5\right) = \dfrac{5}{2} \lim_{5x \to 0} \dfrac{\sin 5x}{5x} = \dfrac{5}{2}$.

(定義より, $\lim_{\square \to 0} \dfrac{\sin \square}{\square}$ において □ の文字は揃っていることを要請されるが, $\lim_{x \to 0} \dfrac{\sin 5x}{5x}$ も可.)

(2) $\cos x = \cos^2 \dfrac{x}{2} - \sin^2 \dfrac{x}{2} = 1 - 2\sin^2 \dfrac{x}{2}$ より $1 - \cos x = 2\sin^2 \dfrac{x}{2}$.

与式 $= \lim_{x \to 0} \dfrac{1 - \cos x}{x^2} = \lim_{x \to 0} \dfrac{2\sin^2 \dfrac{x}{2}}{x^2} = \lim_{x \to 0} \dfrac{2\sin^2 \dfrac{x}{2}}{\left(\dfrac{x}{2}\right)^2 \times 4} = \dfrac{1}{2} \lim_{\frac{x}{2} \to 0} \dfrac{\sin^2 \dfrac{x}{2}}{\left(\dfrac{x}{2}\right)^2} = \dfrac{1}{2}\left(\lim_{\frac{x}{2} \to 0} \dfrac{\sin \dfrac{x}{2}}{\dfrac{x}{2}}\right)^2$

$= \dfrac{1}{2} \times 1^2 = \dfrac{1}{2}$.

(3) 与式 $= \lim_{x \to \infty}\left(1 + \dfrac{1}{x/3}\right)^{2x}$，ここで，$\dfrac{x}{3} = X$ とおくと，

与式 $= \lim_{X \to \infty}\left(1 + \dfrac{1}{X}\right)^{2 \times 3X} = \left\{\lim_{x \to \infty}\left(1 + \dfrac{1}{X}\right)^X\right\}^6 = e^6$.

(4) $\dfrac{1}{x} = t$ とおくと，$x \to 0$ より $t \to \pm\infty$．与式 $= \lim_{t \to \pm\infty}\left(1 + 2 \times \dfrac{1}{t}\right)^t = \lim_{t \to \pm\infty}\left(1 + \dfrac{1}{t/2}\right)^t$，

ここで，$\dfrac{t}{2} = X$ とおくと，与式 $= \lim_{X \to \pm\infty}\left(1 + \dfrac{1}{X}\right)^{2X} = \left\{\lim_{X \to \pm\infty}\left(1 + \dfrac{1}{X}\right)^X\right\}^2 = e^2$.

(5) 与式 $= \lim_{x \to 0} \dfrac{1}{x}\log(1 + 3x) = \lim_{x \to 0} \log(1 + 3x)^{\frac{1}{x}} = \log\left\{\lim_{x \to 0}(1 + 3x)^{\frac{1}{x}}\right\}$ より $\dfrac{1}{x} = t$ とおく．

$x \to 0$ より $t \to \pm\infty$．$\{\cdot\} = \lim_{x \to 0}(1 + 3x)^{\frac{1}{x}} = \lim_{t \to \pm\infty}\left(1 + \dfrac{3}{t}\right)^t$．ここで，$\dfrac{t}{3} = X$ とおくと，

$\{\cdot\} = \lim_{X \to \pm\infty}\left(1 + \dfrac{1}{X}\right)^{3X} = e^3$．よって 与式 $= \log e^3 = 3$.

(6) $e^{2x} - 1 = t$ とおくと，$x \to 0$ より $t \to 0$．また，$e^{2x} = t + 1$ の両辺の対数をとると，

$2x = \log(t + 1)$.

与式 $= \lim_{t \to 0} \dfrac{t}{\frac{1}{2}\log(1 + t)} = \lim_{t \to 0} \dfrac{2}{\frac{1}{t}\log(1 + t)} = \lim_{t \to 0} \dfrac{2}{\log(1 + t)^{\frac{1}{t}}}$.

ここで，分母 $= \log\left\{\lim_{t \to 0}(1 + t)^{\frac{1}{t}}\right\}\left(= \log\left\{\lim_{X \to \pm\infty}\left(1 + \dfrac{1}{X}\right)^X\right\}\right) = \log e = 1$．よって，与式 $= 2$.

例題 6.2.3 $\lim_{x \to 1}\dfrac{a\sqrt{x} + 1}{x - 1} = k$（$k$：有限確定値）が成り立つように，定数 a，k の値を求めよ．

解 分母 $x - 1 \to 0$ であるとき，極限値が有限確定となるためには，分子 $\to 0$ でなければならない．したがって，$a + 1 = 0$ より $a = -1$.

次に $\lim_{x \to 1} \dfrac{1 - \sqrt{x}}{x - 1} = \lim_{x \to 1} \dfrac{1 - \sqrt{x}}{-(1 + \sqrt{x})(1 - \sqrt{x})} = \lim_{x \to 1} \dfrac{-1}{1 + \sqrt{x}} = -\dfrac{1}{2}$，よって，$k = -\dfrac{1}{2}$.

例題 6.2.4 次の関数が $x = 0$ で連続であるように空欄に数値を入れよ．

(1) $f(x) = \begin{cases} \dfrac{\sin 3x}{5x} & (x \neq 0) \\ \boxed{} & (x = 0) \end{cases}$

解 $\lim_{x \to 0} \dfrac{\sin 3x}{5x} = \dfrac{1}{5}\lim_{x \to 0}\left(\dfrac{\sin 3x}{3x} \times 3\right) = \dfrac{3}{5}\lim_{x \to 0}\dfrac{\sin 3x}{3x} = \dfrac{3}{5}$.

よって $x = 0$ において関数が連続であるためには関数値が $\dfrac{3}{5}$ でなければならない．

例題 6.2.5 次の無限級数の和を求めよ．

(1) $\displaystyle\sum_{n=1}^{\infty} \dfrac{\log n}{n^3}$ (2) $\displaystyle\sum_{n=2}^{\infty} \dfrac{1}{\log n}$ (3) $\displaystyle\sum_{n=1}^{\infty} \dfrac{\log n}{n}$

解 (1) $\log n < n$ より，$0 \leq \dfrac{\log n}{n^3} < \dfrac{n}{n^3} = \dfrac{1}{n^2}$．$\displaystyle\sum_{n=1}^{\infty} \dfrac{1}{n^2}$ は収束．よって，級数は発散．

(2) $\log n < n$ より，$\dfrac{1}{\log n} > \dfrac{1}{n}$．$\displaystyle\sum_{n=1}^{\infty}\dfrac{1}{n}$ は発散より，$\displaystyle\sum_{n=2}^{\infty}\dfrac{1}{\log n}$ も発散．よって，級数は発散．

(3) $n \geqq 3 > e \approx 2.71828\cdots$ のとき，$\log n > 1$ より $\dfrac{\log n}{n} > \dfrac{1}{n}$．また，$\displaystyle\sum_{n=1}^{\infty}\dfrac{1}{n}$ は発散より，$\displaystyle\sum_{n=3}^{\infty}\dfrac{\log n}{n}$ も発散．

$\therefore\ \displaystyle\sum_{n=1}^{\infty}\dfrac{\log n}{n} = 0 + \dfrac{\log 2}{2} + \sum_{n=3}^{\infty}\dfrac{\log n}{n} > \sum_{n=3}^{\infty}\dfrac{1}{n}$．よって，級数は発散．

6.3　微分

●関数の微分係数と導関数

・$f(x)$ の $x=a$ から $x=b$ までの<u>平均変化率</u> $\dfrac{f(b)-f(a)}{b-a}$（2点における関数値だけで定まる．）

・$x=a$ における<u>微分係数</u>（変化率）

$$\cdots\ f'(a) = \lim_{h\to 0}\dfrac{f(a+h)-f(a)}{h} = \lim_{x\to a}\dfrac{f(x)-f(a)}{x-a}.$$

（有限の極限値 $f'(a)$ が存在するとき，$f(x)$ は $x=a$ で<u>微分可能</u>である．）

（$f'(a)$ は，曲線 $y=f(x)$ 上の点 $(a,\ f(a))$ における<u>接線の傾き</u>である．）

・関数 $f(x)$ の導関数 $f'(x)$ $\cdots$ $f'(x) = \displaystyle\lim_{h\to 0}\dfrac{f(x+h)-f(x)}{h}$．

●微分可能と連続

・関数 $f(x)$ が $x=a$ において微分可能 $\Rightarrow$ 関数 $f(x)$ は $x=a$ において連続である．
<u>逆は成り立たない</u>．

●微分法の公式

・$(c)' = 0$ （c は定数），
・$(x^\alpha)' = \alpha x^{\alpha-1}$ （α は実数），

・$\{kf(x)\}' = kf'(x)$ （k は定数），
・$\{f(x) \pm g(x)\}' = f'(x) \pm g'(x)$ （複号同順），

・$\{f(x)g(x)\}' = f'(x)g(x) - f(x)g'(x)$
・$\left\{\dfrac{f(x)}{g(x)}\right\}' = \dfrac{f'(x)g(x) - f(x)g'(x)}{\{g(x)\}^2}$

●いろいろな微分法

・合成関数の微分　$\cdots$　$y=f(u),\ u=g(x)$ のとき　$\cdots\to\ \dfrac{dy}{dx} = \dfrac{dy}{du}\cdot\dfrac{du}{dx} = f'(u)g'(x)$，

・逆関数の微分　$\cdots$　$x=f(y)\ (y=f^{-1}(x))$ のとき　$\cdots\to\ \dfrac{dy}{dx} = \dfrac{1}{\dfrac{dx}{dy}} = \dfrac{1}{f'(y)}$　ただし，$\dfrac{dx}{dy} \neq 0$，

・媒介変数の微分　$\cdots$　$x=f(t),\ y=g(t)$ のとき　$\cdots\to\ \dfrac{dy}{dx} = \dfrac{\dfrac{dy}{dt}}{\dfrac{dx}{dt}} = \dfrac{g'(t)}{f'(t)}$．

・陰関数の微分　$\cdots$　$f(x,y)=0$ において，$y=y(x)$ とみなし

$f(x,y)=0$ の両辺を x で微分することにより，$\dfrac{dy}{dx}$ を求める．

●基本関数の導関数

・三角関数　$\cdots$　$(\sin x)' = \cos x,\ (\cos x)' = -\sin x,\ (\tan x)' = \dfrac{1}{\cos^2 x} = 1 + \tan^2 x$．

・逆三角関数　$\cdots$　$(\sin^{-1} x)' = \dfrac{1}{\sqrt{1-x^2}},\ \left(-\dfrac{\pi}{2} < \sin^{-1} x < \dfrac{\pi}{2}\right)$，

$$(\cos x)' = -\frac{1}{\sqrt{1-x^2}}, \ (0 < \cos^{-1} x < \pi),$$

$$(\tan x)' = \frac{1}{1+x^2}, \ \left(-\frac{\pi}{2} < \tan^{-1} x < \frac{\pi}{2}\right).$$

・指数関数 … $(e^x)' = e^x$, $(e^{ax})' = ae^{ax}$, $(e^{f(x)})' = f'(x)e^{f(x)}$,

$(a^x)' = a^x \log a$ $(a > 0, \ a \neq 1)$.

$(a^x = e^\square$ 底の変換 … 両辺から底 e の対数をとる … $\square = x\log_e a$, ∴ $a^x = e^{x\log a})$

・対数関数 … $(\log x)' = \dfrac{1}{x}$, $(\log_a x)' = \dfrac{1}{x \log a}$,

$(\log|x|)' = \dfrac{1}{x}$, $(\log_a |x|)' = \dfrac{1}{x \log a}$.

<u>対数微分法</u>　$y = f(x)$ の両辺から底 e の対数をとる. …→　$\log|y| = \log|f(x)|$ の両辺を x で微分.

$(\log|y|)' = \dfrac{d}{dx}\log|y| = \dfrac{d}{dy}\log|y| \dfrac{dy}{dx} = \dfrac{y'}{y}$ を用いる.

● **微分**

・関数 $y = f(x)$ が微分可能のとき … $\dfrac{dy}{dx} = f'(x)$ (導関数) ⇔ $dy = f'(x)dx$ (微分)

$f'(x) \neq 0$ のとき, y の増分 Δy は y の微分 dy で近似される. … $\Delta y \approx dy$.

● **高次導関数**

関数 $y = f(x)$ を n 回微分することにより得られる関数を, $y = f(x)$ の第 n 次導関数といい,

$y^{(n)}$, $f^{(n)}(x)$, $\dfrac{d^n y}{dx^n}$, $\dfrac{d^n}{dx^n}f(x)$ などの記号で表す.

・ $(\sin x)^{(n)} = \sin\left(x + \dfrac{n\pi}{2}\right)$,

・ $(\cos x)^{(n)} = \cos\left(x + \dfrac{n\pi}{2}\right)$,

・ $(e^x)^{(n)} = e^x$,

・ $\{\log(1+x)\}^{(n)} = (-1)^{n-1}\dfrac{(n-1)!}{(1+x)^n}$,

・ $\{(1+x)^\alpha\}^{(n)} = \alpha(\alpha-1)\cdots(\alpha-n+1)(1+x)^{\alpha-n}$.

● **因数定理の拡張**

$f(x)$ が $(x-a)^n$ で割り切れる. ⇔ $f(a) = f'(a) = f''(a) = \cdots\cdots = f^{(n-1)}(a) = 0$.

例題 6.3.1　2次関数 $f(x) = px^2 + qx + r$ において,

(1) $x = a$ から $x = b$ までの間の, 関数の平均変化率を求めよ.

(2) $x = a$ と $x = b$ の間の点における関数の変化率で, $x = a$ から $x = b$ までの間の平均変化率に等しくなる点を求めよ.

解　(1) $f(b) - f(a) = p(b^2 - a^2) + q(b-a) = (b-a)\{p(a+b) + q\}$,

∴ 平均変化率 $= \dfrac{f(b) - f(a)}{b-a} = p(a+b) + q$.

(2) $x = x_1$ における変化率は $f'(x) = \lim_{h \to 0}\dfrac{f(x_1 + h) - f(x_1)}{h} = 2px_1 + q$,

したがって, $2px_1 + q = p(a+b) + q$ より $x_1 = \dfrac{a+b}{2}$.

($a<b$ とすると，$a+a<b+a$，$\dfrac{a+a}{2}<\dfrac{b+a}{2}$．また，$a+b<b+b$，$\dfrac{a+b}{2}<\dfrac{b+b}{2}$．したがって $a<\dfrac{b+a}{2}<b$．）

例題 6.3.2

(1) $\displaystyle\lim_{h\to 0}\dfrac{f(a-2h)-f(a)}{h}$ を $f'(a)$ で表せ．

(2) (1)の考え方を用いて，次の極限を求めよ．

① $\displaystyle\lim_{x\to 0}\dfrac{\log(1+3x)}{x}$ ② $\displaystyle\lim_{x\to 0}\dfrac{e^{2x}-1}{x}$

解 (1) $-2h=H$ とおくと，$h\to 0$ のとき $H\to 0$．

$$\text{与式}=\lim_{H\to 0}\dfrac{f(a+H)-f(a)}{-\dfrac{H}{2}}=-2\lim_{H\to 0}\dfrac{f(a+H)-f(a)}{H}=-2f'(a).$$

(2) ① $3x=h$ とおくと，$h\to 0$．

$$\text{与式}=\lim_{h\to 0}\dfrac{\log(1+h)-0}{\dfrac{h}{3}}=3\lim_{h\to 0}\dfrac{\log(1+h)-\log 1}{h}=3\{(\log x)'|_{x=1}\}=3\cdot\left(\dfrac{1}{x}\Big|_{x=1}\right)=3.$$

② $2x=h$ とおくと，$h\to 0$．

$$\text{与式}=\lim_{h\to 0}\dfrac{e^h-1}{\dfrac{h}{2}}=2\lim_{h\to 0}\dfrac{e^{0+h}-e^0}{h}=2\{(e^x)'|_{x=0}\}=2\{e^x|_{x=0}\}=2.$$

例題 6.3.3 次の関数を微分せよ．

(1) $2x^3-4x^2+15x+3$ (2) $\left(x-\dfrac{1}{\sqrt{x}}\right)^2$ (3) $(4-3x)^8$

(4) $(1+x^2)^2(3-2x)^3$ (5) $\sqrt{3-4x}$ (6) $\sqrt{3x^2-4x+7}$

(7) $(3x-5)\sqrt{7-2x}$ (8) $\dfrac{3}{1+x^2}$ (9) $\dfrac{4x+3}{x^2-3x+4}$

(10) $4\sqrt{x^3}+\dfrac{3}{\sqrt{x}}-\dfrac{2}{x^3}$ (11) $6\sqrt[3]{x^4}$ (12) $\dfrac{3x-4}{\sqrt[3]{x}}$

解 (1) $(2x^3-4x^2+15x+3)'=6x^2-8x+15.$

(2) $\left(x-\dfrac{1}{\sqrt{x}}\right)^2=x^2-2\sqrt{x}+\dfrac{1}{x}.$

$\left\{\left(x-\dfrac{1}{\sqrt{x}}\right)^2\right\}'=\left(x^2-2\sqrt{x}+\dfrac{1}{x}\right)'=2x-2\cdot\dfrac{1}{2}\cdot\dfrac{1}{\sqrt{x}}-\dfrac{1}{x^2}=2x-\dfrac{1}{\sqrt{x}}-\dfrac{1}{x^2}.$

(3) $4-3x=u$ とおくと，$y=u^8$，$u=4-3x$．

$\dfrac{dy}{dx}=\dfrac{dy}{du}\dfrac{du}{dx}=8u^7\cdot(-3)=-24(4-3x)^7=24(3x-4)^7.$

(4) $\{(1+x^2)^2(3-2x)^3\}'=\{(1+x^2)^2\}'(3-2x)^3+(1+x^2)^2\{(3-2x)^3\}'=$ ☆，

$\{(1+x^2)^2\}'=2(1+x^2)(1+x^2)'=2(1+x^2)2x=4x(1+x^2),$

$\{(3-2x)^3\}'=3(3-2x)^2(3-2x)'=3(3-2x)^2(-2)=-6(3-2x)^2,$

$$☆ = \{4x(1+x^2)\}(3-2x)^3 + (1+x^2)^2\{-6(3-2x)^2\} = 2(1+x^2)(3-2x)^2\{2x(3-2x) - 3(1+x^2)\}$$
$$= 2(1+x^2)(3-2x)^2(-7x^2 + 6x - 3) = -2(1+x^2)(2x-3)^2(7x^2 - 6x + 3).$$

(5) $3 - 4x = u$ とおくと,$y = \sqrt{u}$,$u = 3 - 4x$.
$$\frac{dy}{dx} = \frac{dy}{du}\frac{du}{dx} = \frac{1}{2}\frac{1}{\sqrt{u}}(-4) = -\frac{2}{\sqrt{3-4x}}.$$

(6) $3x^2 - 4x + 7 = u$ とおくと,$y = \sqrt{u}$,$u = 3x^2 - 4x + 7$.
$$\frac{dy}{dx} = \frac{dy}{du}\frac{du}{dx} = \frac{1}{2}\frac{1}{\sqrt{u}}(6x-4) = \frac{3x-2}{\sqrt{3x^2-4x+7}}.$$

(7) $\{(3x-5)\sqrt{7-2x}\}' = (3x-5)'\sqrt{7-2x} + (3x-5)(\sqrt{7-2x})' = ☆,$
$$(\sqrt{7-2x})' = \frac{1}{2}\frac{1}{\sqrt{7-2x}}(7-2x)' = -\frac{1}{\sqrt{7-2x}},$$
$$☆ = 3\sqrt{7-2x} + (3x-5)\left(-\frac{1}{\sqrt{7-2x}}\right) = \frac{3(7-2x) - 3x + 5}{\sqrt{7-2x}} = \frac{26-9x}{\sqrt{7-2x}}.$$

(8) $\left(\dfrac{3}{1+x^2}\right)' = \dfrac{(3)'(1+x^2) - 3(1+x^2)'}{(1+x^2)^2} = \dfrac{-6x}{(1+x^2)^2}.$

(9) $\left(\dfrac{4x+3}{x^2-3x+4}\right)' = \dfrac{(4x+3)'(x^2-3x+4) - (4x+3)(x^2-3x+4)'}{(x^2-3x+4)^2}$
$$= \frac{4(x^2-3x+4) - (4x+3)(2x-3)}{(x^2-3x+4)^2}$$
$$= \frac{4x^2 - 12x + 16 - 8x^2 + 6x + 9}{(x^2-3x+4)^2} = \frac{-4x^2 - 6x + 25}{(x^2-3x+4)^2}.$$

(10) $\left(4\sqrt{x^3} + \dfrac{3}{\sqrt{x}} - \dfrac{2}{x^3}\right)' = \left(4x^{\frac{3}{2}} + 3x^{-\frac{1}{2}} - 2x^{-3}\right)' = 4\cdot\dfrac{3}{2}x^{\frac{1}{2}} - \dfrac{3}{2}x^{-\frac{3}{2}} + 6x^{-4}$
$$= 6\sqrt{x} - \frac{3}{2x\sqrt{x}} + \frac{6}{x^4}.$$

(11) $\left(6\sqrt[3]{x^4}\right)' = \left(6x^{\frac{4}{3}}\right)' = 6 \times \dfrac{4}{3}x^{\frac{1}{3}} = 8\sqrt[3]{x}.$

(12) $\left(\dfrac{3x-4}{\sqrt[3]{x}}\right)' = \left(3x^{\frac{2}{3}} - 4x^{-\frac{1}{3}}\right)' = 3\cdot\dfrac{2}{3}x^{-\frac{1}{3}} - 4\left(-\dfrac{1}{3}\right)x^{-\frac{4}{3}} = \dfrac{2}{\sqrt[3]{x}} + \dfrac{4}{3}\dfrac{1}{x\sqrt[3]{x}} = \dfrac{6x+4}{3x\sqrt[3]{x}}.$

例題 6.3.4 次の関数を微分せよ.

(1) $\sin(3x+2)$ (2) $\cos^4 x$ (3) $\sqrt{\sin x}$

(4) $\sin^5 x \cos 5x$ (5) $\tan 3x$ (6) $\tan^3 \sqrt{x+2}$

解 (1) $3x + 2 = u$ とおくと,$y = \sin u$,$u = 3x + 2$.
$$\frac{dy}{dx} = \frac{dy}{du}\frac{du}{dx} = \cos u \cdot (3x+2)' = 3\cos(3x+2).$$

(2) $\cos x = u$ とおくと,$y = u^4$,$u = \cos x$. $\dfrac{dy}{dx} = \dfrac{dy}{du}\dfrac{du}{dx} = 4u^3 \cdot (\cos x)' = -4\cos^3 x \cdot \sin x.$

(3) $\sin x = u$ とおくと,$y = \sqrt{u}$,$u = \sin x$. $\dfrac{dy}{dx} = \dfrac{dy}{du}\dfrac{du}{dx} = \dfrac{1}{2}\dfrac{1}{\sqrt{u}}(\sin x)' = \dfrac{\cos x}{2\sqrt{\sin x}}.$

(4) $(\sin^5 x \cos 5x)' = (\sin^5 x)' \cdot \cos 5x + \sin^5 x \cdot (\cos 5x)' = ☆,$
$\sin x = u$ とおくと,$y_1 = u^5$,$u = \sin x$. $\dfrac{dy_1}{dx} = \dfrac{dy_1}{du}\dfrac{du}{dx} = 5u^4 \cdot (\sin x)' = 5\sin^4 x \cdot \cos x.$

$5x = v$ とおくと，$y_2 = \cos v$, $v = 5x$. $\dfrac{dy_2}{dx} = \dfrac{dy_1}{dv}\dfrac{dv}{dx} = -\sin v \cdot (5x)' = -5\sin 5x$.

よって，$☆ = 5\sin^4 x(\cos x)\cos 5x - 5\sin^5 x \sin 5x = 5\sin^4 x(\cos x \cos 5x - \sin x \sin 5x)$
$= 5\sin^4 x \cos 6x.$

(5) $3x = u$ とおくと，$y = \tan u$, $u = 5x$. $\dfrac{dy}{dx} = \dfrac{dy}{du}\dfrac{du}{dx} = \dfrac{1}{\cos^2 u} \cdot (3x)' = \dfrac{3}{\cos^2 3x}$.

(6) $y = \tan^3\sqrt{x+2}$, $\sqrt{x+2} = u$, $\tan u = v$ とおくと，$y = v^3$, $v = \tan u$, $u = \sqrt{x+2}$ より，

$\dfrac{dy}{dx} = \dfrac{dy}{dv}\dfrac{dv}{du}\dfrac{du}{dx} = (3v^2) \cdot \left(\dfrac{1}{\cos^2 u}\right) \cdot \left(\dfrac{1}{2}\dfrac{1}{\sqrt{x+2}}\right) = 3\tan^2 u \cdot \dfrac{1}{\cos^2 u} \cdot \dfrac{1}{2\sqrt{x+2}}$

$= \dfrac{3}{2} \cdot \dfrac{\tan^2\sqrt{x+2}}{\cos^2\sqrt{x+2}} \cdot \dfrac{1}{\sqrt{x+2}}.$

$\left(= \dfrac{3}{2} \cdot \dfrac{\tan^2\sqrt{x+2} \cdot \sec^2\sqrt{x+2}}{\sqrt{x+2}} = \dfrac{3}{2} \cdot \dfrac{\sin^2\sqrt{x+2}}{\cos^4\sqrt{x+2}} \cdot \dfrac{1}{\sqrt{x+2}}.\right)$

例題 6.3.5 次の $\dfrac{dy}{dx}$ を求めよ．

(1) $\begin{cases} x = t^2 - t \\ y = t^3 - 1 \end{cases}$ (2) $\begin{cases} x = \sin\theta \\ y = \cos 2\theta \end{cases}$

解 (1) $\dfrac{dy}{dx} = \dfrac{\dfrac{dy}{dt}}{\dfrac{dx}{dt}} = \dfrac{(t^3-1)'}{(t^2-t)'} = \dfrac{3t^2}{2t-1}$.

(2) $\dfrac{dy}{dx} = \dfrac{\dfrac{dy}{d\theta}}{\dfrac{dx}{d\theta}} = \dfrac{(\cos 2\theta)'}{(\sin\theta)'} = \dfrac{-2\sin 2\theta}{\cos\theta} = \dfrac{-4\sin\theta\cos\theta}{\cos\theta} = -4\sin\theta$.

例題 6.3.6 次の関数を微分せよ．

(1) $\sin^{-1}\dfrac{x}{a}$ (2) $\tan^{-1}\dfrac{2x}{1-x^2}$ (3) $e^{\sqrt{x}}$ (4) $\dfrac{e^{2x}-1}{e^{2x}+1}$ (5) $e^{2x}\cos 3x$

(6) $3^{\frac{1}{x}}$ (7) $(2^x+1)^3$ (8) $\log(1+x^2)$ (9) $\log\left|x+\sqrt{x^2-4}\right|$

解 (1) $y = \sin^{-1}\dfrac{x}{a}$, $\dfrac{x}{a} = u$ とおくと，

$\dfrac{dy}{dx} = \dfrac{dy}{du}\dfrac{du}{dx} = \dfrac{1}{\sqrt{1-u^2}}\dfrac{1}{a} = \dfrac{1}{\sqrt{1-\left(\dfrac{x}{a}\right)^2}}\dfrac{1}{a} = \dfrac{1}{\sqrt{a^2-x^2}}$.

(2) $y = \tan^{-1}\dfrac{2x}{1-x^2}$, $\dfrac{2x}{1-x^2} = u$ とおくと，$\dfrac{dy}{dx} = \dfrac{dy}{du}\dfrac{du}{dx} = \dfrac{1}{1+u^2}u' = ☆$.

$\dfrac{1}{1+u^2} = \dfrac{1}{1+\left(\dfrac{2x}{1-x^2}\right)^2} = \dfrac{(1-x^2)^2}{(1-x^2)^2+4x^2} = \dfrac{(1-x^2)^2}{(1+x^2)^2}$,

$u' = \dfrac{(2x)'(1-x^2) - 2x(1-x^2)'}{(1-x^2)^2} = \dfrac{2x^2+2}{(1-x^2)^2}$.

$☆ = \dfrac{(1-x^2)^2}{(1+x^2)^2} \times \dfrac{2x^2+2}{(1-x^2)^2} = \dfrac{2}{1+x^2}$.

(3) $y = e^{\sqrt{x}}$, $\sqrt{x} = u$ とおくと, $y = e^u$, $u = \sqrt{x}$.

$$\frac{dy}{dx} = \frac{dy}{du}\frac{du}{dx} = e^u u' = e^{\sqrt{x}}\frac{1}{2}\frac{1}{\sqrt{x}} = \frac{e^{\sqrt{x}}}{2\sqrt{x}}.$$

別解 ....

両辺の対数をとると, $\log y = \log e^{\sqrt{x}} = \sqrt{x}$. 両辺を微分すると,

$$\frac{d}{dx}\log y = \frac{d}{dy}\log y \frac{dy}{dx} = \frac{y'}{y} = \frac{1}{2\sqrt{x}}.$$ したがって, $y' = \frac{y}{2\sqrt{x}} = \frac{e^{\sqrt{x}}}{2\sqrt{x}}$.

(4) $\left(\dfrac{e^{2x}-1}{e^{2x}+1}\right)' = \dfrac{(e^{2x}-1)'(e^{2x}+1)-(e^{2x}-1)(e^{2x}+1)'}{(e^{2x}+1)^2} = \dfrac{2e^{2x}(e^{2x}+1)-(e^{2x}-1)2e^{2x}}{(e^{2x}+1)^2}$

$$= \dfrac{(2e^{2x})^2}{(e^{2x}+1)^2} = \left(\dfrac{2e^{2x}}{e^{2x}+1}\right)^2.$$

(5) $(e^{2x}\cos 3x)' = (e^{2x})'\cos 3x + e^{2x}(\cos 3x)' = 2e^{2x}\cos 3x - 3e^{2x}\sin 3x = e^{2x}(2\cos 3x - 3\sin 3x)$.

(6) $y = 3^{\frac{1}{x}}$ とおき, 両辺の対数をとると, $\log y = \log 3^{\frac{1}{x}} = \dfrac{1}{x}\log 3$.

この両辺を微分すると,

$$\frac{d}{dx}\log y = \frac{d}{dy}\log y\frac{dy}{dx} = \frac{y'}{y} = \frac{d}{dx}\frac{1}{x}\log 3 = -\frac{1}{x^2}\log 3,$$

よって $y' = \left(-\dfrac{1}{x^2}\log 3\right)y = \left(-\dfrac{1}{x^2}\log 3\right)3^{\frac{1}{x}}$.

(7) $\{(2^x+1)^3\}' = 3(2^x+1)^2(2^x+1)' = $ ☆

$u = 2^x$ とおいて対数をとると $\log u = \log 2^x = x\log 2$. 両辺を微分すると, $\dfrac{u'}{u} = \log 2$.

$u' = 2^x\log 2$ より ☆ $= 3(2^x+1)^2(2^x\log 2)$.

(8) $\{\log(1+x^2)\}' = \dfrac{1}{1+x^2}\times 2x = \dfrac{2x}{1+x^2}$.

(9) $(\log|x+\sqrt{x^2-4}|)' = \dfrac{(x+\sqrt{x^2-4})'}{x+\sqrt{x^2-4}} = \dfrac{1+\dfrac{1}{2}\dfrac{1}{\sqrt{x^2-4}}(2x)}{x+\sqrt{x^2-4}} = \dfrac{\sqrt{x^2-4}+x}{x\sqrt{x^2-4}+(\sqrt{x^2-4})^2}$

$$= \dfrac{\sqrt{x^2-4}+x}{\sqrt{x^2-4}(x+\sqrt{x^2-4})} = \dfrac{1}{\sqrt{x^2-4}}.$$

例題 6.3.7 対数微分法を用いて, 関数 $y = \dfrac{(x+1)^2}{(x+2)^3(x+3)^4}$ を微分せよ.

解 両辺の対数をとると,

$$\log y = \log\dfrac{(x+1)^2}{(x+2)^3(x+3)^4} = 2\log|x+1| - 3\log|x+2| - 4\log|x+3|.$$

両辺を x で微分すると $\dfrac{d}{dx}\log y = \dfrac{d}{dy}\log y\dfrac{dy}{dx} = \dfrac{y'}{y} = $ ☆,

☆ $= \dfrac{d}{dx}\{2\log|x+1| - 3\log|x+2| - 4\log|x+3|\}$

$= 2\times\dfrac{(x+1)'}{x+1} - 3\times\dfrac{(x+2)'}{x+2} - 4\times\dfrac{(x+3)'}{x+3}$

$= 2\times\dfrac{1}{x+1} - 3\times\dfrac{1}{x+2} - 4\times\dfrac{1}{x+3}$.

$$\therefore \frac{y'}{y} = \frac{2}{x+1} - \frac{3}{x+2} - \frac{4}{x+3}.$$

したがって,

$$\therefore y' = \frac{(x+1)^2}{(x+2)^3(x+3)^4} \times \left(\frac{2}{x+1} - \frac{3}{x+2} - \frac{4}{x+3}\right)$$

$$= \frac{(x+1)^2}{(x+2)^3(x+3)^4} \times \frac{-5x^2 - 14x - 5}{(x+1)(x+2)(x+3)} = \frac{(x+1)(-5x^2 - 14x - 5)}{(x+2)^4(x+3)^5}$$

$$= -\frac{(x+1)(5x^2 + 14x + 5)}{(x+2)^4(x+3)^5}.$$

例題 6.3.8 x の整式 $x^n - 1$ を $(x-1)^3$ で割ったときの余りを求めよ.

解 $x^n - 1$ を $(x-1)^3$ で割った商を $Q(x)$, 余りを $px^2 + qx + r$ とすると,

$$x^n - 1 = (x-1)^3 Q(x) + px^2 + qx + r \qquad \cdots\cdots(\text{i})$$

両辺を x で微分すると $nx^{n-1} = 3(x-1)^2 Q(x) + (x-1)^3 Q'(x) + 2px + q$, $\cdots\cdots(\text{ii})$

さらに両辺を x で微分すると,

$$n(n-1)x^{n-2} = 6(x-1)Q(x) + 3(x-1)^2 Q'(x) + 3(x-1)^2 Q'(x) + (x-1)^3 Q''(x) + 2p,$$
$$\cdots\cdots(\text{iii})$$

そこで, 恒等式(i), (ii), (iii)において $x = 1$ とおくと,

$p + q + r = 0$, $n = 2p + q$, $n(n-1) = 2p$. これを解くと,

$$\therefore p = \frac{n(n-1)}{2}, \quad q = 2n - n^2, \quad r = \frac{n(n-3)}{2}.$$

よって $\dfrac{n(n-1)}{2}x^2 + n(2-n)x + \dfrac{n(n-3)}{2}$.

6.4 不定積分

●不定積分

ある変域で, 関数 $F(x)$ の導関数が $f(x)$ であるとき i.e. $\dfrac{dF(x)}{dx} = f(x)$.

　…→　$F(x)$ は $f(x)$ の<u>原始関数</u>, または<u>不定積分</u>, または積分であるという.

$f(x)$ は<u>被積分関数</u>という. $\left(\displaystyle\int f(x)dx = F(x) + C\right)$

・性質

(1) $F(x)$ が $f(x)$ の不定積分であるときには $F(x) + C$ (任意の積分定数) も $f(x)$ の不定積分である.

(2) $f(x)$ の1つの不定積分を $F(x)$ とすると, $f(x)$ の不定積分はいずれも $F(x) + C$ という形で表される.

(3) k を定数とすると, $\displaystyle\int kf(x)dx = k\int f(x)dx + C$.

(4) $\displaystyle\int \{f_1(x) + f_2(x) + \cdots + f_n(x)\}dx = \int f_1(x)dx + \int f_2(x)dx + \cdots + \int f_n(x)dx + C$.

●基本公式 (基本的な関数の不定積分)

($a > 0$, $A \neq 0$), C は任意の積分定数.

6.4 不定積分

$f(x)$	$\int f(x)\,dx$
$x^\alpha\ (\alpha \neq -1)$	$\dfrac{x^{\alpha+1}}{\alpha+1} + C$
$\dfrac{1}{x}$	$\log|x| + C$
e^x	$e^x - C$
$\sin x$	$-\cos x + C$
$\cos x$	$\sin x + C$
$\tan x$	$-\log|\cos x| + C$
$\dfrac{1}{\cos^2 x}$	$\tan x + C$

$f(x)$	$\int f(x)\,dx$
$\dfrac{1}{x^2 - a^2}$	$\dfrac{1}{2a}\log\left|\dfrac{x-a}{x+a}\right| + C$
$\dfrac{1}{x^2 + a^2}$	$\dfrac{1}{a}\tan^{-1}\dfrac{x}{a} + C$
$\dfrac{1}{\sqrt{a^2 - x^2}}$	$\sin^{-1}\dfrac{x}{a} + C$
$\dfrac{1}{\sqrt{x^2 + A}}$	$\log\left|x + \sqrt{x^2 + A}\right| + C$

● **置換積分**

・ $\displaystyle\int f(x)\,dx = \int f(u(t))\,u'(t)\,dt$

$\displaystyle\int \{f(x)\}^\alpha f'(x)\,dx = \dfrac{\{f(x)\}^{\alpha+1}}{\alpha+1} + C\ (\alpha \neq -1),\quad \int \dfrac{f'(x)}{f(x)}\,dx = \log|f(x)| + C.$

・次の $f(u)$, $f(u, v)$ は u および u, v の有理関数とする.

	被積分関数	置換
三角関数	$f(\sin x)\cos x$	$\sin x = t$
	$f(\cos x)\sin x$	$\cos x = t$
	$f(\cos^2 x, \sin^2 x)$	$\tan x = t$
	$f(\cos x, \sin x)$	$\tan\dfrac{x}{2} = t$
無理関数	$f(x, \sqrt[n]{ax+b})\ (a \neq 0)$	$\sqrt[n]{ax+b} = t$
	$f\left(x, \sqrt[n]{\dfrac{ax+b}{cx+d}}\right)\ (ad - bc \neq 0)$	$\sqrt[n]{\dfrac{ax+b}{cx+d}} = t$
	$f(x, \sqrt{a^2 - x^2})\ (a > 0)$	$x = a\sin\theta\ \left(-\dfrac{\pi}{2} \leq \theta \leq \dfrac{\pi}{2}\right)$
	$f(x, \sqrt{x^2 + a^2})\ (a > 0)$	$x = a\tan\theta\ \left(-\dfrac{\pi}{2} < \theta < \dfrac{\pi}{2}\right)$
	$f(x, \sqrt{x^2 - a^2})\ (a > 0)$	$x = a\dfrac{1}{\cos\theta}\ \left(0 \leq \theta \leq \pi,\ \theta \neq \dfrac{\pi}{2}\right)$
指数関数	$f(e^x)e^x$	$e^x = t$
対数関数	$f(\log x)\dfrac{1}{x}$	$\log x = t$

● **部分積分**

・ $\displaystyle\int f(x)g'(x)\,dx = f(x)g(x) - \int f'(x)g(x)\,dt.$

・ $\displaystyle\int f(x)\,dx = \int 1 \cdot f(x)\,dx = xf(x) - \int xf'(x)\,dt.$

・ $\displaystyle\int f(x)P(x)\,dx = I$（$P(x)$ は x の多項式のときが多い）.

　（Ⅰ）$f(x)$ の不定積分が簡単に見つけられるとき（基本公式が利用できる関数のとき）

第 6 章　微分・積分の計算

$$\cdots\longrightarrow\ I=F(x)P(x)-\int F(x)P'(x)dx\ \ \left(F(x)=\int f(x)dx\right).$$

（Ⅱ）　$f(x)$ の不定積分が簡単に見つけられないとき…（$f(x)$ を微分．）

$$\cdots\longrightarrow\ I=f(x)\left\{\int P(x)dx\right\}-\int f'(x)\left\{\int P(x)dx\right\}dx.$$

● **有理関数の積分**

・有理関数 $\dfrac{f(x)}{g(x)}$ の積分手順

　(1)　$\dfrac{f(x)}{g(x)}=q(x)+\dfrac{r(x)}{g(x)}$　（$q(x)$ は多項式，$r(x)$ の次数は $q(x)$ の次数より低い）．

　(2)　$\dfrac{r(x)}{g(x)}$ を部分分数に展開する．

　(3)　$\displaystyle\int\dfrac{f(x)}{g(x)}dx=\int q(x)dx+\int\dfrac{r(x)}{g(x)}dx$ を計算する．

・よく使用される積分公式

$$\int\frac{dx}{x-a}=\log|x-a|+C,\quad \int\frac{1}{(x-a)^n}dx=-\frac{1}{(n-1)(x-a)^{n-1}}+C\ (n\neq 1).$$

$$\int\frac{1}{(x-a)^2+b^2}dx=\frac{1}{b}\tan^{-1}\frac{x-a}{b}+C.$$

$$\int\frac{x}{(x-a)^2+b^2}dx=\frac{1}{2}\log\{(x-a)^2+b^2\}+\frac{a}{b}\tan^{-1}\frac{x-a}{b}+C.$$

例題 6.4.1　次の関数を積分せよ．（基本的公式利用）

(1)　$4x^3-6x+5$ 　　　　(2)　$\sqrt[3]{x^2}-\dfrac{3}{x\sqrt{x}}+\dfrac{8}{x^5}$ 　　　(3)　$\dfrac{x^3+1}{x+2}$

(4)　$\dfrac{1}{2}e^{2x}-\dfrac{1}{4}e^{-4x}-2e^{-x}$ 　(5)　$\cos^2 x$ 　　　　　　　　(6)　$\sin^4 x$

(7)　$\dfrac{4}{\sqrt{3-x^2}}$ 　　　　　　　(8)　$\dfrac{5}{4x^2+3}$ 　　　　　　　(9)　$\dfrac{1}{\sqrt{9+x^2}}$

解　(1)　$\displaystyle\int(4x^3-6x+5)dx=x^4-3x^2+5x+C.$

(2)　$\displaystyle\int\left(\sqrt[3]{x^2}-\dfrac{3}{x\sqrt{x}}+\dfrac{8}{x^5}\right)dx=\int\left(x^{\frac{2}{3}}-3x^{-\frac{3}{2}}+8x^{-5}\right)dx=\dfrac{3}{5}x^{\frac{5}{3}}+6x^{-\frac{1}{2}}-2x^{-4}+C$

$$=\dfrac{3}{5}x\sqrt[3]{x^2}+\dfrac{6}{\sqrt{x}}-\dfrac{2}{x^4}+C.$$

(3)　$\dfrac{x^3+1}{x+2}=x^2-2x+4+\dfrac{-7}{x+2}$ より，

$$\int\dfrac{x^3+1}{x+2}dx=\int\left(x^2-2x+4+\dfrac{-7}{x+2}\right)dx=\dfrac{1}{3}x^3-x^2+4x-7\log|x+2|+C.$$

(4)　$\displaystyle\int\left(\dfrac{1}{2}e^{2x}-\dfrac{1}{4}e^{-4x}-2e^{-x}\right)dx=\dfrac{1}{2}\times\dfrac{1}{2}e^{2x}-\dfrac{1}{4}\times\dfrac{1}{-4}e^{-4x}-2\times\dfrac{1}{-1}e^{-x}+C$

$$=\dfrac{1}{4}e^{2x}+\dfrac{1}{16}e^{-4x}+2e^{-x}+C.$$

(5)　$\cos^2 x=\dfrac{1+\cos 2x}{2}$ より，　$\displaystyle\int\cos^2 x\,dx=\int\dfrac{1+\cos 2x}{2}dx=\dfrac{1}{2}x+\dfrac{1}{4}\sin 2x+C.$

(6) $\sin^4 x = \left(\dfrac{1-\cos 2x}{2}\right)^2 = \dfrac{1}{4}(1 - 2\cos 2x + \cos^2 2x) = \dfrac{1}{4}\left(1 - 2\cos 2x + \dfrac{1+\cos 4x}{2}\right)$,

$\displaystyle\int \sin^4 x\, dx = \dfrac{1}{4}\int\left(1 - 2\cos 2x + \dfrac{1+\cos 4x}{2}\right)dx = \dfrac{1}{4}\left(\dfrac{3}{2}x - \sin 2x + \dfrac{1}{8}\sin 4x\right) + C$

$\qquad\qquad = \dfrac{3}{8}x - \dfrac{1}{4}\sin 2x + \dfrac{1}{32}\sin 4x + C.$

(7) $\displaystyle\int \dfrac{4}{\sqrt{3-x^2}}\,dx = 4\sin^{-1}\dfrac{x}{\sqrt{3}} + C.$

(8) $\displaystyle\int \dfrac{5}{4x^2+3}\,dx = \dfrac{5}{4}\int \dfrac{1}{x^2 + \left(\dfrac{\sqrt{3}}{2}\right)^2}\,dx = \dfrac{5}{4}\times\dfrac{2}{\sqrt{3}}\tan^{-1}\dfrac{2x}{\sqrt{3}} + C.$

(9) $\displaystyle\int \dfrac{1}{\sqrt{9+x^2}}\,dx = \log\left|x + \sqrt{9+x^2}\right| + C.$

例題 6.4.2 次の関数を積分せよ．（置換積分法利用）

(1) $(3-4x)^5$ (2) $\sin(4-3x)$ (3) $\sin^2 x \cos^5 x$ (4) $\dfrac{\sin^3 2x}{\cos^4 2x}$ (5) $\dfrac{x}{(x^2+1)^2}$

(6) $\cot x$ (7) $\dfrac{4}{\sqrt{3-x^2}}$ (8) $x\sqrt{4-x^2}$ (9) $\dfrac{1}{\sqrt{9+x^2}}$

解 (1) $3-4x = t$ とおくと，$-4dx = dt$ より，

$\displaystyle\int (3-4x)^5 dx = \int t^5 \dfrac{1}{-4}dt = -\dfrac{1}{4}\times\dfrac{1}{6}t^6 + C = -\dfrac{1}{24}(3-4x)^6 + C.$

(2) $4-3x = \theta$ とおくと，$-3dx = d\theta$ より，

$\displaystyle\int \sin(4-3x)\,dx = \int \sin\theta\,\dfrac{1}{-3}d\theta = -\dfrac{1}{3}(-\cos\theta) + C = \dfrac{1}{3}\cos\theta + C$

$\qquad\qquad = \dfrac{1}{3}\cos(4-3x) + C.$

(3) 奇数次の項に着目して $\sin^2 x \cos^5 x = \sin^2 x \cos^4 x \cos x$ より，

$\displaystyle\int \sin^2 x \cos^5 x\, dx = \int \sin^2 x \cos^4 x \underline{\cos x\, dx} = ☆$

ここで，$\cos x\, dx$ となる置き換えを考える．

$\sin x = u$ とおくと $\cos x\, dx = du$ より，

$☆ = \displaystyle\int u^2(1-u^2)^2 du = \int (u^2 - 2u^4 + u^6)du$

$\qquad = \dfrac{1}{3}u^3 - 2\times\dfrac{1}{5}u^5 + \dfrac{1}{7}u^7 + C = \dfrac{1}{3}\sin^3 x - \dfrac{2}{5}\sin^5 x + \dfrac{1}{7}\sin^7 x + C.$

(4) 奇数次の項に着目して $\sin 2x\, dx$ となる置き換えを考える．$\cos 2x = u$ とおくと，

$-2\sin 2x\, dx = du.\ \sin 2x\, dx = -\dfrac{1}{2}du$ より，

$\displaystyle\int \dfrac{\sin^3 2x}{\cos^4 2x}dx = \int \dfrac{\sin^2 2x}{\cos^4 2x}\sin 2x\, dx = \int \dfrac{1-u^2}{u^4}\left(-\dfrac{1}{2}\right)du$

$\qquad = \dfrac{1}{2}\displaystyle\int\left(\dfrac{1}{u^2} - \dfrac{1}{u^4}\right)du = \dfrac{1}{2}\int (u^{-2} - u^{-4})du = \dfrac{1}{2}\left(-u^{-1} + \dfrac{1}{3}u^{-3}\right) + C$

$\qquad = \dfrac{1}{6\cos^3 2x} - \dfrac{1}{2\cos 2x} + C.$

(5) $x^2+1=u$ とおくと $2xdx=du$ より，

$$\int \frac{x}{(x^2+1)^2}dx = \int \frac{x\,dx}{(x^2+1)^2} = \int \frac{\left(\frac{1}{2}\right)du}{u^2} = \frac{1}{2}\int \frac{du}{u^2} = \frac{1}{2}(-1)u^{-1}+C$$
$$= -\frac{1}{2(x^2+1)}+C.$$

(6) $\int \cot x\,dx = \int \frac{\cos x}{\sin x}dx = ☆$ ここで，$\cos x = (\sin x)'$ より，

$$☆ = \int \frac{(\sin x)'}{\sin x}dx = \log|\sin x|+C.$$

(7) $x = \sqrt{3}\sin\theta$ とおくと，$dx = \sqrt{3}\cos\theta d\theta$, $\sqrt{3-x^2} = \sqrt{3(1-\sin^2\theta)} = \sqrt{3}\cos\theta$.

$$\int \frac{4}{\sqrt{3-x^2}}dx = \int \frac{4}{\sqrt{3}\cos\theta}\sqrt{3}\cos\theta d\theta = \int 4d\theta = 4\theta+C = 4\sin^{-1}\frac{x}{\sqrt{3}}+C.$$

(8) $4-x^2 = t$ とおくと，$-2xdx = dt$. これより，$xdx = (-1/2)dt$.

$$\int x\sqrt{4-x^2}dx = \int \sqrt{t}(-1/2)dt = -\frac{1}{2}\cdot\frac{2}{3}t^{\frac{3}{2}}+C = -\frac{1}{3}t\sqrt{t}+C.$$

よって，$\int x\sqrt{4-x^2}dx = -\frac{1}{3}(4-x^2)\sqrt{4-x^2}+C.$

別解

$x = 2\sin\theta$ とおくと，$dx = 2\cos\theta d\theta$, $\sqrt{4-x^2} = \sqrt{4(1-\sin^2\theta)} = 2\cos\theta$.

$$\int x\sqrt{4-x^2}dx = \int (2\sin\theta)(2\cos\theta)2\cos\theta d\theta = 8\int \cos^2\theta\sin\theta d\theta = ☆.$$

ここで $\sin\theta d\theta$ となる置き換えを考え，$\cos\theta = u$ とおく．$-\sin\theta d\theta = du$ より，

$$☆ = 8\int u^2(-1)du = -\frac{8}{3}u^3+C = -\frac{8}{3}u^3+C. \qquad \sin\theta = \frac{x}{2},\ \cos\theta = u$$ より θ を消去すると $u = \sqrt{1-\left(\frac{x}{2}\right)^2}$.

よって $\int x\sqrt{4-x^2}dx = -\frac{8}{3}\left(1-\frac{x^2}{4}\right)\sqrt{1-\left(\frac{x}{2}\right)^2}+C = -\frac{1}{3}(4-x^2)\sqrt{4-x^2}+C.$

(9) $x = 3\tan\theta$ とおくと $dx = 3\frac{1}{\cos^2\theta}d\theta$, $\sqrt{9+x^2} = \sqrt{9(1+\tan^2\theta)} = \frac{3}{\cos\theta}.$

$$\int \frac{1}{\sqrt{9+x^2}}dx = \int \frac{\cos\theta}{3}\frac{3}{\cos^2\theta}d\theta = \int \frac{1}{\cos\theta}d\theta = \int \frac{\cos\theta}{\cos^2\theta}d\theta = ☆.$$

ここで，$\sin\theta = u$ とおくと，$\cos\theta d\theta = du$.

$$☆ = \int \frac{du}{1-u^2} = -\int \frac{du}{u^2-1} = -\frac{1}{2}\log\left|\frac{u-1}{u+1}\right|+C = \frac{1}{2}\log\left|\frac{u+1}{u-1}\right|+C = \diamondsuit.$$

$x = 3\tan\theta$ より，$\frac{9}{x^2} = \frac{\cos^2\theta}{\sin^2\theta} = \frac{1-\sin^2\theta}{\sin^2\theta} = \frac{1}{\sin^2\theta}-1 = \frac{1}{u^2}-1.$ ∴ $u = \frac{|x|}{\sqrt{9+x^2}}$

$$\frac{u+1}{u-1} = \frac{\frac{|x|}{\sqrt{9+x^2}}+1}{\frac{|x|}{\sqrt{9+x^2}}-1} = \frac{|x|+\sqrt{9+x^2}}{|x|-\sqrt{9+x^2}} = \frac{(|x|+\sqrt{9+x^2})^2}{x^2-(9+x^2)} = \frac{(|x|+\sqrt{9+x^2})^2}{-9}.$$

$$\diamondsuit = \frac{1}{2}\log\left|\frac{(|x|+\sqrt{9+x^2})^2}{-9}\right|+C = \frac{1}{2}\log(|x|+\sqrt{9+x^2})^2 - \frac{1}{2}\log 9+C$$
$$= \log(|x|+\sqrt{9+x^2})+C_1.$$

例題 6.4.3　次の関数を積分せよ．（部分積分利用）
(1) $x^2 \cos 3x$　　(2) xe^{-2x}　　(3) $\cos x \log(\sin x)$　　(4) $\tan^{-1} x$

解 (1) $\displaystyle\int x^2 \cos 3x\, dx = x^2 \frac{1}{3}\sin 3x - \frac{2}{3}\int x \sin 3x\, dx = \text{☆}$,

$\displaystyle\int x \sin 3x\, dx = x\left(-\frac{1}{3}\right)\cos 3x + \frac{1}{3}\int \cos 3x\, dx = -\frac{1}{3}x\cos 3x + \frac{1}{9}\sin 3x + C_1$.

$\text{☆} = \dfrac{1}{3}x^2 \sin 3x + \dfrac{2}{9}x\cos 3x - \dfrac{2}{27}\sin 3x + C$.

(2) $\displaystyle\int xe^{-2x}dx = x\left(-\frac{1}{2}\right)e^{-2x} + \frac{1}{2}\int e^{-2x}dx = -\frac{1}{2}xe^{-2x} - \frac{1}{4}e^{-2x} + C$.

(3) $\sin x = u$ とおくと $\cos x\, dx = du$.

$$\int \cos x \log(\sin x)\, dx = \int \log u\, du = \int 1 \cdot \log u\, du$$
$$= u\log u - \int u \cdot \frac{1}{u}du = u\log u - u + C = \sin x \log(\sin x) - \sin x + C.$$

(4) $\displaystyle\int \tan^{-1} x\, dx = \int 1 \cdot \tan^{-1} x\, dx = x\tan^{-1} x - \int x(\tan^{-1} x)'\, dx = \text{☆}$,

$(\tan^{-1} x)' = \dfrac{1}{1+x^2}$ より，$\text{☆} = x\tan^{-1} x - \displaystyle\int x \cdot \frac{1}{1+x^2}dx = \diamondsuit$,

$1 + x^2 = t$ とおくと $2x\,dx = dt$ より，

$\displaystyle\int \frac{x}{1+x^2}dx = \int \frac{(1/2)}{t}dt = \frac{1}{2}\log|t| + C_1 = \frac{1}{2}\log(1+x^2) + C_1$,

$\diamondsuit = x\tan^{-1} x - \dfrac{1}{2}\log(1+x^2) + C$.

例題 6.4.4　次の関数を積分せよ．
(1) $\dfrac{x^5 + 5x^4 - 4x^3 - 8}{x^3 - 4x}$　　(2) $\dfrac{3x-7}{(x+3)(x+1)^3}$

解　部分分数展開を施す分数式は，分母の次数 > 分子の次数に直しておく．
部分分数展開における各分数式では，分子の次数 = 分母の次数 -1 となる多項式を用いる．

(1) $\dfrac{x^5 + 5x^4 - 4x^3 - 8}{x^3 - 4x} = \dfrac{x^2(x^3-4x) + 5x(x^3-4x) + 20x^2 - 8}{x^3 - 4x} = x^2 + 5x + \dfrac{20x^2 - 8}{x^3 - 4x}$

$\qquad\qquad\qquad = x^2 + 5x + 4 \cdot \dfrac{5x^2 - 2}{x^3 - 4x}$

$\dfrac{5x^2 - 2}{x^3 - 4x} = \dfrac{5x^2 - 2}{x(x+2)(x-2)} = \dfrac{a}{x} + \dfrac{b}{x+2} + \dfrac{c}{x-2}$ とおく．右辺を通分して分子のみを比較して次の恒等式を得る．$5x^2 - 2 = a(x+2)(x-2) + bx(x-2) + cx(x+2)$（なるべく展開しない，数値を代入．）

$x = 0$　を代入　$\cdots$　$-2 = -4a$　　$\therefore\ a = \dfrac{1}{2}$,

$x = 2$　を代入　$\cdots$　$18 = 8c$　　$\therefore\ c = \dfrac{9}{4}$,

$x = -2$　を代入　$\cdots$　$18 = 8b$　　$\therefore\ b = \dfrac{9}{4}$.

$$\int \frac{x^5 + 5x^4 - 4x^3 - 8}{x^3 - 4x} dx = \int \left(x^2 + 5x + \frac{2}{x} + \frac{9}{x+2} + \frac{9}{x-2} \right) dx$$
$$= \frac{1}{3}x^3 + \frac{5}{2}x^2 + 2\log|x| + 9\log|x+2| + \log|x-2| + C.$$

(2) 部分分数展開 $\dfrac{3x-7}{(x+3)(x+1)^3} = \dfrac{a}{x+3} + \dfrac{bx^2+cx+d}{(x+1)^3}$ において,

$\dfrac{bx^2+cx+d}{(x+1)^3}$ を $\dfrac{b'(x+1)^2+c'(x+1)+d'}{(x+1)^3}$ とおくほうが, 後の計算が楽になる.

$\dfrac{b'(x+1)^2+c'(x+1)+d'}{(x+1)^3} = \dfrac{b'}{x+1} + \dfrac{c'}{(x+1)^2} + \dfrac{d'}{(x+1)^3}$ とおける. これより,

$\dfrac{3x-7}{(x+3)(x+1)^3} = \dfrac{a}{x+3} + \dfrac{b}{x+1} + \dfrac{c}{(x+1)^2} + \dfrac{d}{(x+1)^3}$ とおくと, 次の恒等式が得られる.

$3x - 7 = a(x+1)^3 + b(x+3)(x+1)^2 + c(x+3)(x+1) + d(x+3)$

(a, b, c, d を決定するために, x の値は 4 個必要である. x の値は, 予め式より $x = -1$, $x = -3$ は既知であるが, 残りの 2 個は, $-1, -3$ 以外の 0 と, 0 に近い整数を選ぶ.)

$x = -1$ を代入 $\cdots$	$-10 = 2d$	$\therefore\ d = -5$,
$x = -3$ を代入 $\cdots$	$-16 = -8a$	$\therefore\ a = 2$,
$x = 0$ を代入 $\cdots$	$2 = b + c$,	$\therefore\ \begin{cases} b+c=2 \\ 2b+c=0 \end{cases} \cdots\ b=-2,\ c=4.$
$x = 1$ を代入 $\cdots$	$0 = 2b + c$,	

$$\int \frac{3x-7}{(x+3)(x+1)^3} dx = \int \left(\frac{2}{x+3} - \frac{2}{x+1} + \frac{4}{(x+1)^2} - \frac{5}{(x+1)^3} \right) dx$$
$$= 2\log|x+3| - 2\log|x+1| - \frac{4}{x+1} + \frac{5}{2(x+1)^2} + C.$$

例題 6.4.5 次の関数を積分せよ.

(1) $\dfrac{\sqrt[4]{x}}{\sqrt{x}+1}$ (2) $\dfrac{1}{x+\sqrt{x-1}}$ (3) $\dfrac{1}{x}\sqrt{\dfrac{x+4}{1-x}}$

解 (1) $\sqrt[4]{x} = t$ とおくと, $x = t^4$ より, $dx = 4t^3 dt$.

$$\int \frac{\sqrt[4]{x}}{\sqrt{x}+1} dx = \int \frac{t}{t^2+1} 4t^3 dt = 4 \int \frac{t^4}{t^2+1} dt = 4 \int \frac{t^2(t^2+1) - (t^2+1) + 1}{t^2+1} dt$$
$$= 4 \int \left(t^2 - 1 + \frac{1}{t^2+1} \right) dt = \frac{4}{3} t^3 - 4t + 4\tan^{-1} t + C$$
$$= \frac{4}{3} \sqrt[4]{x^3} - 4\sqrt[4]{x} + 4\tan^{-1} \sqrt[4]{x} + C.$$

(2) $\sqrt{x-1} = t$ とおくと, $x = t^2 + 1$ より, $dx = 2t dt$.

$$\int \frac{1}{x+\sqrt{x-1}} dx = \int \frac{2t}{t^2+1+t} dt$$
$$= \int \frac{(t^2+t+1)' - 1}{t^2+t+1} dt = \int \frac{(t^2+t+1)'}{t^2+t+1} dt - \int \frac{1}{t^2+t+1} dt = ☆$$

$$\int \frac{1}{t^2+t+1} dt = \int \frac{1}{\left(t+\frac{1}{2}\right)^2 + \left(\frac{\sqrt{3}}{2}\right)^2} dt = \frac{2}{\sqrt{3}} \tan^{-1} \frac{2t+1}{\sqrt{3}} + C_1,$$

$$☆ = \log(t^2 + t + 1) - \frac{2}{\sqrt{3}} \tan^{-1} \frac{2t+1}{\sqrt{3}} + C$$

$$= \log(x + \sqrt{x-1}) - \frac{2}{\sqrt{3}} \tan^{-1} \frac{2\sqrt{x-1}+1}{\sqrt{3}} + C.$$

(3) $\sqrt{\dfrac{x+4}{1-x}} = t$ とおくと, $x + 4 = t^2 - t^2 x$, $x = \dfrac{t^2-4}{1+t^2} = 1 - \dfrac{5}{1+t^2}$ より,

$$dx = \frac{10t}{(1+t^2)^2} dt.$$

$$\int \frac{1}{x} \sqrt{\frac{x+4}{1-x}} dx = 10 \int \frac{t^2}{(t^2-4)(t^2+1)} dx = ☆$$

$$\frac{t^2}{(t^2-4)(t^2+1)} = \frac{a}{t+2} + \frac{b}{t-2} + \frac{ct+d}{t^2+1} \text{ より恒等式}$$

$t^2 = a(t-2)(t^2+1) + b(t+2)(t^2+1) + (ct+d)(t-2)(t+2)$ を得る.

$x = -2$ を代入 $\cdots$ $4 = a(-4)5$ $\therefore$ $a = -\dfrac{1}{5}$,

$x = 2$ を代入 $\cdots$ $4 = b \cdot 4 \cdot 5$ $\therefore$ $b = \dfrac{1}{5}$,

$x = 0$ を代入 $\cdots$ $0 = \dfrac{4}{5} - 4d$, $\therefore$ $d = \dfrac{1}{5}$

$x = 1$ を代入 $\cdots$ $-\dfrac{3}{5} = -3\left(c + \dfrac{1}{5}\right)$, $\therefore$ $c = 0$

$$☆ = 10 \int \left\{ \left(-\frac{1}{5}\right) \frac{1}{t+2} + \left(\frac{1}{5}\right) \frac{1}{t-2} + \left(\frac{1}{5}\right) \frac{1}{t^2+1} \right\} dx$$

$$= -2\log|t+2| + 2\log|t-2| + 2\tan^{-1}t + C = 2\log\left|\frac{t-2}{t+2}\right| + 2\tan^{-1}t + C$$

$$= 2\log\left|\frac{\sqrt{x+4} - 2\sqrt{1-x}}{\sqrt{x+4} + 2\sqrt{1-x}}\right| + 2\tan^{-1}\sqrt{\frac{x+4}{1-x}} + C.$$

例題 6.4.6 次の関数を積分せよ. ただし, $a > 0$ とする.

(1) $\sqrt{a^2 - x^2}$ (2) $\sqrt{x^2 + a^2}$ (3) $\sqrt{x^2 - a^2}$

解 (1) $x = a\sin\theta$ とおくと, $dx = a \cdot \cos\theta d\theta$, $\sqrt{a^2-x^2} = \sqrt{a^2 \cdot (1-\sin^2\theta)} = a \cdot \cos\theta$.
($\pm$, 絶対値を付けないでおく.)

$$\int \sqrt{a^2-x^2} dx = \int a \cdot \cos\theta \cdot a \cdot \cos\theta d\theta = a^2 \int \cos^2\theta d\theta = a^2 \int \frac{1+\cos 2\theta}{2} d\theta$$

$$= a^2 \int \frac{1+\cos 2\theta}{2} d\theta = \frac{a^2}{2}\left(\theta + \frac{1}{2}\sin 2\theta\right) + C = \frac{a^2}{2}(\theta + \sin\theta\cos\theta) + C = ☆,$$

$x = a\sin\theta$ より, $\sin\theta = \dfrac{x}{a}$, $\theta = \sin^{-1}\dfrac{x}{a}$. $\sqrt{a^2-x^2} = a \cdot \cos\theta$ より, $\cos\theta = \dfrac{\sqrt{a^2-x^2}}{a}$.

$$☆ = \frac{a^2}{2}(\theta + \sin\theta\cos\theta) + C = \frac{a^2}{2}\left(\sin^{-1}\frac{x}{a} + \frac{x}{a} \cdot \frac{\sqrt{a^2-x^2}}{a}\right) + C$$

$$= \frac{1}{2}\left(x\sqrt{a^2-x^2} + a^2\sin^{-1}\frac{x}{a}\right) + C.$$

別解

部分積分法と公式 $\int \dfrac{dx}{\sqrt{a^2-x^2}} = \sin^{-1}\dfrac{x}{a} + C$ を用いる．

$$\int \sqrt{a^2-x^2}\,dx = \int 1\cdot\sqrt{a^2-x^2}\,dx = x\cdot\sqrt{a^2-x^2} - \int x\cdot(\sqrt{a^2-x^2})'\,dx$$

$$= x\cdot\sqrt{a^2-x^2} - \int x\cdot\dfrac{1}{2}\cdot\dfrac{-2x}{\sqrt{a^2-x^2}}\,dx$$

$$= x\cdot\sqrt{a^2-x^2} - \int \dfrac{-x^2}{\sqrt{a^2-x^2}}\,dx = x\cdot\sqrt{a^2-x^2} - \int \dfrac{(a^2-x^2)-a^2}{\sqrt{a^2-x^2}}\,dx$$

$$= x\cdot\sqrt{a^2-x^2} - \int \sqrt{a^2-x^2}\,dx + a^2\int \dfrac{dx}{\sqrt{a^2-x^2}}$$

$$= x\cdot\sqrt{a^2-x^2} - \int \sqrt{a^2-x^2}\,dx + a^2\sin^{-1}\dfrac{x}{a} + C_1.$$

ここで，右辺の $\int \sqrt{a^2-x^2}\,dx$ を左辺に移項すると，

$$\int \sqrt{a^2-x^2}\,dx = \dfrac{1}{2}\left(x\cdot\sqrt{a^2-x^2} + a^2\sin^{-1}\dfrac{x}{a}\right) + C.$$

別解

積分定数 C を省略する．

$$\int \sqrt{a^2-x^2}\,dx = \int \dfrac{a^2-x^2}{\sqrt{a^2-x^2}}\,dx = a^2\int \dfrac{dx}{\sqrt{a^2-x^2}} - \int \dfrac{x^2}{\sqrt{a^2-x^2}}\,dx$$

$$= a^2\sin^{-1}\dfrac{x}{a} - \int x\cdot\dfrac{x}{\sqrt{a^2-x^2}}\,dx,$$

上記，最終式の 2 項において x と $\dfrac{x}{\sqrt{a^2-x^2}}$ に部分積分法を行うため，$a^2-x^2=t$ とおくと，$(-2x\,dx=dt)$

$$\int \dfrac{x}{\sqrt{a^2-x^2}}\,dx = -\dfrac{1}{2}\int \dfrac{dt}{\sqrt{t}} = -\sqrt{t} = -\sqrt{a^2-x^2},$$

$$\therefore\ \int x\cdot\dfrac{x}{\sqrt{a^2-x^2}}\,dx = x\cdot(-\sqrt{a^2-x^2}) - \int (x)'\cdot(-\sqrt{a^2-x^2})\,dx$$

$$= -x\sqrt{a^2-x^2} + \int \sqrt{a^2-x^2}\,dx.$$

よって，$\int \sqrt{a^2-x^2}\,dx = a^2\sin^{-1}\dfrac{x}{a} + x\sqrt{a^2-x^2} - \int \sqrt{a^2-x^2}\,dx.$ 以下省略．

$$\left(\begin{array}{l}
(2),\ (3)\text{の別解として，次のようにできる．}\\[4pt]
\displaystyle\int \sqrt{x^2+a^2}\,dx = \int \dfrac{x^2+a^2}{\sqrt{x^2+a^2}}\,dx = \int \dfrac{x^2}{\sqrt{x^2+a^2}}\,dx + a^2\int \dfrac{dx}{\sqrt{x^2+a^2}}\\[6pt]
\qquad = \displaystyle\int x\cdot\dfrac{x}{\sqrt{x^2+a^2}}\,dx + a^2\log|x+\sqrt{x^2-a^2}|,\\[6pt]
\displaystyle\int \sqrt{x^2-a^2}\,dx = \int \dfrac{x^2-a^2}{\sqrt{x^2-a^2}}\,dx = \int \dfrac{x^2}{\sqrt{x^2-a^2}}\,dx - a^2\int \dfrac{dx}{\sqrt{x^2-a^2}}\\[6pt]
\qquad = \displaystyle\int x\cdot\dfrac{x}{\sqrt{x^2-a^2}}\,dx - a^2\log|x+\sqrt{x^2-a^2}|.
\end{array}\right)$$

(2) $x=a\tan\theta$ とおくと，$dx = a\cdot\dfrac{1}{\cos^2\theta}\,d\theta$, $\sqrt{x^2+a^2} = \sqrt{a^2\cdot(1+\tan^2\theta)} = a\cdot\dfrac{1}{\cos\theta}$.

$$\int \sqrt{x^2+a^2}\,dx = \int a\cdot\dfrac{1}{\cos\theta}\cdot\dfrac{a}{\cos^2\theta}\,d\theta = a^2\int \dfrac{1}{\cos^3\theta}\,d\theta = a^2\int \dfrac{\cos\theta}{\cos^4\theta}\,d\theta = ☆,$$

$\sin\theta = u$ とおくと $\cos\theta d\theta = du$. $\cos^4\theta = (\cos^2\theta)^2 = (1-\sin^2\theta)^2 = (1-u^2)^2$.

☆ $= a^2 \int \dfrac{du}{(1-u^2)^2} = a^2 \int \dfrac{1}{(u-1)^2(u+1)^2} du = \diamondsuit$. ここで, $\dfrac{1}{(u-1)^2(u+1)^2}$ を部分分数展開する.

$\dfrac{1}{(u-1)^2(u+1)^2} = \dfrac{A}{u-1} + \dfrac{B}{u+1} + \dfrac{C}{(u-1)^2} + \dfrac{D}{(u+1)^2}$ より, 次の恒等式を得る.

$1 = A(u-1)(u+1)^2 + B(u-1)^2(u+1) + C(u+1)^2 + D(u-1)^2$.

$u=1$ とおくと, $C = \dfrac{1}{4}$. $u=-1$ とおくと, $D = \dfrac{1}{4}$. $u=0$ とおくと, $-A+B = \dfrac{1}{2}$.

$u=2$ とおくと, $3A+B = -\dfrac{1}{2}$. $\therefore A = -\dfrac{1}{4}$, $B = C = D = \dfrac{1}{4}$.

$\diamondsuit = \dfrac{a^2}{4} \int \left(\dfrac{-1}{u-1} + \dfrac{1}{u+1} + \dfrac{1}{(u-1)^2} + \dfrac{1}{(u+1)^2} \right) du$

$= \dfrac{a^2}{4} \left(\log\left|\dfrac{u+1}{u-1}\right| - \dfrac{1}{u-1} - \dfrac{1}{u+1} \right) + C = ★$.

$x = a\tan\theta$, $\sin\theta = u$ から u を x で表す. $x = a\tan\theta = a\dfrac{\sin\theta}{\cos\theta}$ の両辺を a で割り平方すると,

$\dfrac{x^2}{a^2} = \dfrac{\sin^2\theta}{\cos^2\theta} = \dfrac{\sin^2\theta}{1-\sin^2\theta}$. $\dfrac{a^2}{x^2} = \dfrac{1-\sin^2\theta}{\sin^2\theta} = \dfrac{1-u^2}{u^2} = \dfrac{1}{u^2} - 1$, $u^2 = \dfrac{x^2}{x^2+a^2}$.

$\therefore u = \pm \dfrac{x}{\sqrt{x^2+a^2}} = \dfrac{|x|}{\sqrt{x^2+a^2}}$.

$\dfrac{1+u}{1-u} = \dfrac{1+|x|/\sqrt{x^2+a^2}}{1-|x|/\sqrt{x^2+a^2}} = \dfrac{\sqrt{x^2+a^2}+|x|}{\sqrt{x^2+a^2}-|x|} = \dfrac{(\sqrt{x^2+a^2}+|x|)^2}{a^2}$.

$-\dfrac{1}{u-1} - \dfrac{1}{u+1} = \dfrac{1}{1-u} - \dfrac{1}{u+1} = \dfrac{2u}{1-u^2} = \dfrac{2|x|/\sqrt{x^2+a^2}}{1-x^2/(x^2+a^2)} = \dfrac{2|x|\sqrt{x^2+a^2}}{x^2+a^2-x^2}$

$= \dfrac{2|x|\sqrt{x^2+a^2}}{a^2}$.

★ $= \dfrac{a^2}{4}\left(\log\left| (\sqrt{x^2+a^2}+|x|)^2/a^2 \right| + \dfrac{2|x|\sqrt{x^2+a^2}}{a^2} \right) + C$

$= \dfrac{1}{2}|x|\sqrt{x^2+a^2} + \dfrac{a^2}{2}\log(\sqrt{x^2+a^2}+|x|) - \dfrac{a^2}{2}\log a^2 + C$

$= \dfrac{1}{2}\{|x|\sqrt{x^2+a^2} + a^2\log(|x|+\sqrt{x^2+a^2})\} + C_1$. $\left(C_1 = C - \dfrac{a^2}{2}\log a^2\right)$

別解

部分積分法と公式 $\int \dfrac{dx}{\sqrt{x^2+a^2}} = \log|x+\sqrt{x^2+a^2}| + C$ を用いる.

$\int \sqrt{x^2+a^2}\, dx = \int 1 \cdot \sqrt{x^2+a^2}\, dx = x\cdot\sqrt{x^2+a^2} - \int x \cdot (\sqrt{x^2+a^2})'\, dx$

$= x\cdot\sqrt{x^2+a^2} - \int x\cdot\dfrac{1}{2}\cdot\dfrac{2x}{\sqrt{x^2+a^2}}\, dx$

$= x\cdot\sqrt{x^2+a^2} - \int \dfrac{x^2}{\sqrt{x^2+a^2}}\, dx = x\cdot\sqrt{x^2+a^2} - \int \dfrac{(x^2+a^2)-a^2}{\sqrt{x^2+a^2}}\, dx$

$= x\cdot\sqrt{x^2+a^2} - \int \sqrt{x^2+a^2}\, dx + a^2 \int \dfrac{dx}{\sqrt{x^2+a^2}}$

$= x\cdot\sqrt{x^2+a^2} - \int \sqrt{x^2+a^2}\, dx + a^2\log|x+\sqrt{x^2+a^2}| + C_1$.

ここで，右辺の $\int \sqrt{x^2+a^2}\,dx$ を左辺に移項すると，

$$\int \sqrt{x^2+a^2}\,dx = \frac{1}{2}\left(x\cdot\sqrt{x^2+a^2}+a^2\log|x+\sqrt{x^2+a^2}|\right)+C.$$

(3) $x=\dfrac{a}{\cos\theta}$ とおくと，$dx = a\cdot\dfrac{-(-\sin\theta)}{\cos^2\theta}d\theta = a\cdot\dfrac{\sin\theta}{\cos^2\theta}d\theta$,

$\sqrt{x^2-a^2}=\sqrt{a^2\cdot\left(\dfrac{1}{\cos^2\theta}-1\right)}=a\sqrt{\dfrac{1-\cos^2\theta}{\cos^2\theta}}=a\cdot\dfrac{\sin\theta}{\cos\theta}$. （±，絶対値を付けないでおく.）

$\int \sqrt{x^2-a^2}\,dx = \int a\cdot\dfrac{\sin\theta}{\cos\theta}\cdot a\cdot\dfrac{\sin\theta}{\cos^2\theta}d\theta = a^2\int\dfrac{\sin^2\theta}{\cos^3\theta}d\theta = a^2\int\dfrac{\sin^2\theta\cos\theta}{\cos^4\theta}d\theta=\text{☆}$,

$\sin\theta=u$ とおくと $\cos\theta\,d\theta=du$. $\cos^4\theta=(\cos^2\theta)^2=(1-\sin^2\theta)^2=(1-u^2)^2$.

$\text{☆}=a^2\int\dfrac{u^2}{(1-u^2)^2}du=a^2\int\dfrac{u^2}{(u-1)^2(u+1)^2}du=\diamondsuit$. ここで，$\dfrac{u^2}{(u-1)^2(u+1)^2}$ を部分分数展開する.

$\dfrac{u^2}{(u-1)^2(u+1)^2}=\dfrac{A}{u-1}+\dfrac{B}{u+1}+\dfrac{C}{(u-1)^2}+\dfrac{D}{(u+1)^2}$ より，次の恒等式を得る.

$u^2 = A(u-1)(u+1)^2 + B(u-1)^2(u+1) + C(u+1)^2 + D(u-1)^2$.

$u=1$ とおくと，$C=\dfrac{1}{4}$. $u=-1$ とおくと，$D=\dfrac{1}{4}$.

$u=0$ とおくと，$0 = -A+B+C+D$, $-A+B = -\dfrac{1}{2}$.

$u=2$ とおくと，$4 = 9A+3B+9C+D$, $3A+B=\dfrac{1}{2}$. ∴ $A=C=D=\dfrac{1}{4}$, $B=-\dfrac{1}{4}$.

$\diamondsuit = \dfrac{a^2}{4}\int\left(\dfrac{1}{u-1}-\dfrac{1}{u+1}+\dfrac{1}{(u-1)^2}+\dfrac{1}{(u+1)^2}\right)du$

$=\dfrac{a^2}{4}\left(-\log\left|\dfrac{u+1}{u-1}\right|-\dfrac{1}{u-1}-\dfrac{1}{u+1}\right)+C_1 = \bigstar$,

$x=\dfrac{a}{\cos\theta}$, $\sin\theta = u$ から u を x で表す. $\cos\theta=\dfrac{a}{x}$, $\sin\theta=u$ より，

$1=\left(\dfrac{a}{x}\right)^2+u^2$. ∴ $u=\pm\sqrt{1-\left(\dfrac{a}{x}\right)^2}=\dfrac{\sqrt{x^2-a^2}}{|x|}$.

$\dfrac{1+u}{1-u}=\dfrac{1+\sqrt{a^2+x^2}/|x|}{1-\sqrt{a^2+x^2}/|x|}=\dfrac{|x|+\sqrt{a^2+x^2}}{|x|-\sqrt{a^2+x^2}}=\dfrac{(|x|+\sqrt{a^2+x^2})^2}{a^2}$,

$-\dfrac{1}{u-1}-\dfrac{1}{u+1}=\dfrac{1}{1-u}-\dfrac{1}{u+1}=\dfrac{2u}{1-u^2}=\dfrac{2\cdot\dfrac{\sqrt{x^2-a^2}}{|x|}}{\dfrac{a^2}{x^2}}=\dfrac{2|x|\sqrt{x^2-a^2}}{a^2}$,

$\bigstar=\dfrac{a^2}{4}\left(\dfrac{2|x|\sqrt{x^2-a^2}}{a^2}-\log\dfrac{(|x|+\sqrt{a^2+x^2})^2}{a^2}\right)+C_1$

$=\dfrac{1}{2}(|x|\sqrt{x^2-a^2}-a^2\log|x+\sqrt{x^2-a^2}|)+C$. $\left(C=C_1+\left(\dfrac{a^2}{2}\right)\cdot\log a\right)$

別解

部分積分法と公式 $\int\dfrac{dx}{\sqrt{x^2-a^2}}=\log|x+\sqrt{x^2-a^2}|+C$ を用いる.

$\int\sqrt{x^2-a^2}\,dx = \int 1\cdot\sqrt{x^2-a^2}\,dx = x\cdot\sqrt{x^2-a^2}-\int x\cdot(\sqrt{x^2-a^2})'\,dx$

$= x\cdot\sqrt{x^2-a^2}-\int x\cdot\dfrac{1}{2}\cdot\dfrac{2x}{\sqrt{x^2-a^2}}\,dx$

$$= x \cdot \sqrt{x^2 - a^2} - \int \sqrt{x^2 - a^2}\, dx - a^2 \int \frac{dx}{\sqrt{x^2 - a^2}}$$

$$= x \cdot \sqrt{x^2 - a^2} - \int \sqrt{x^2 - a^2}\, dx - a^2 \log| x + \sqrt{x^2 - a^2} | + C_1.$$

ここで，右辺の $\int \sqrt{x^2 - a^2}\, dx$ を左辺に移項すると，

$$\int \sqrt{x^2 - a^2}\, dx = \frac{1}{2}(x \cdot \sqrt{x^2 - a^2} - a^2 \log| x + \sqrt{x^2 - a^2} |) + C.$$

例題 6.4.7 $\tan\dfrac{x}{2} = t$ とおくとき，$\sin x$, $\cos x$, $\tan x$ を t で表せ.

解
$$\sin x = 2\sin\frac{x}{2}\cos\frac{x}{2} = \frac{2\sin\frac{x}{2}\cos\frac{x}{2}}{1} = \frac{2\sin\frac{x}{2}\cos\frac{x}{2}}{\sin^2\frac{x}{2} + \cos^2\frac{x}{2}} = \frac{2\dfrac{\sin\frac{x}{2}}{\cos\frac{x}{2}}}{\dfrac{\sin^2\frac{x}{2}}{\cos^2\frac{x}{2}} + 1}$$

$$= \frac{2\tan\frac{x}{2}}{\tan^2\frac{x}{2} + 1} = \frac{2t}{t^2 + 1},$$

$$\cos x = \cos^2\frac{x}{2} - \sin^2\frac{x}{2} = \frac{\cos^2\frac{x}{2} - \sin^2\frac{x}{2}}{1} = \frac{\cos^2\frac{x}{2} - \sin^2\frac{x}{2}}{\cos^2\frac{x}{2} + \sin^2\frac{x}{2}} = \frac{1 - \dfrac{\sin^2\frac{x}{2}}{\cos^2\frac{x}{2}}}{1 + \dfrac{\sin^2\frac{x}{2}}{\cos^2\frac{x}{2}}} = \frac{1 - t^2}{1 + t^2},$$

$$\tan x = \frac{2\tan\frac{x}{2}}{1 - \tan^2\frac{x}{2}} = \frac{2t}{1 - t^2}.$$

例題 6.4.8 $\tan x = t$ とおくことにより，次の関数を積分せよ.

(1) $\dfrac{\tan x}{\sqrt{1 + \tan^2 x}}$ (2) $\dfrac{1}{1 + 2\sin^2 x}$

解 (1) $\tan x = t$ とおくと，$\dfrac{1}{\cos^2 x} dx = dt$,

$\therefore\ dx = \dfrac{1}{1 + t^2} dt.$ $\left(\because\ \dfrac{1}{\cos^2 x} = \tan^2 x + 1\right)$

$$\int \frac{\tan x}{\sqrt{1 + \tan^2 x}}\, dx = \int \frac{t}{\sqrt{1 + t^2}} \cdot \frac{1}{1 + t^2}\, dt = ☆,$$

$1 + t^2 = u$ とおくと，$2t\, dt = du$ より，

$$☆ = \int \frac{\dfrac{1}{2}}{u\sqrt{u}}\, du = \frac{1}{2}(-2)u^{-\frac{1}{2}} + C = -\frac{1}{\sqrt{1 + t^2}} + C = -\frac{1}{\sqrt{1 + \tan^2 x}} + C.$$

(2) $\tan x = t$ とおくと，$\dfrac{1}{\cos^2 x}dx = dt$，$\therefore\ dx = \dfrac{1}{1+t^2}dt$．

$$\sin^2 x = \dfrac{\sin^2 x}{1} = \dfrac{\sin^2 x}{\sin^2 x + \cos^2 x} = \dfrac{\dfrac{\sin^2 x}{\cos^2 x}}{\dfrac{\sin^2 x}{\cos^2 x}+1} = \dfrac{t^2}{t^2+1},$$

$$\int \dfrac{1}{1+2\sin^2 x}dx = \int \dfrac{1}{1+\dfrac{2t^2}{t^2+1}} \cdot \dfrac{1}{1+t^2}dt = \int \dfrac{1}{1+3t^2}dt = \dfrac{1}{3}\int \dfrac{1}{\left(\dfrac{1}{\sqrt{3}}\right)^2 + t^2}dt$$

$$= \dfrac{1}{\sqrt{3}}\tan^{-1}(\sqrt{3}\tan x) + C.$$

例題 6.4.9 $\tan\dfrac{x}{2} = t$ とおくことにより，次の関数を積分せよ．
(1) $\dfrac{1+\sin x}{\sin x(1+\cos x)}$
(2) $\dfrac{1}{2\sin x + \cos x}$

解 (1) $\tan\dfrac{x}{2} = t$ とおくと，$\dfrac{1}{2}\dfrac{1}{\cos^2\dfrac{x}{2}}dx = dt$，$\therefore\ dx = \dfrac{2}{1+t^2}dt$．

$\sin x = \dfrac{2t}{t^2+1}$，$\cos x = \dfrac{1-t^2}{t^2+1}$ より，

$$\int \dfrac{1+\sin x}{\sin x(1+\cos x)}dx = \int \dfrac{1+\dfrac{2t}{t^2+1}}{\dfrac{2t}{t^2+1}\left(1+\dfrac{1-t^2}{t^2+1}\right)} \cdot \dfrac{2}{1+t^2}dt = \int \dfrac{t^2+1+2t}{t(t^2+1+1-t^2)}dt$$

$$= \int \dfrac{t^2+2t+1}{2t}dt = \dfrac{1}{2}\int \left(t+2+\dfrac{1}{t}\right)dt$$

$$= \dfrac{1}{2}\left(\dfrac{1}{2}t^2 + 2t + \log|t|\right) + C$$

$$= \dfrac{1}{2}\left(\dfrac{1}{2}\tan^2\dfrac{x}{2} + 2\tan\dfrac{x}{2} + \log\left|\tan\dfrac{x}{2}\right|\right) + C.$$

(2) $\tan\dfrac{x}{2} = t$ とおくと $\dfrac{1}{2}\dfrac{1}{\cos^2\dfrac{x}{2}}dx = dt$，

$\therefore\ dx = \dfrac{2}{1+t^2}dt$，$\sin x = \dfrac{2t}{t^2+1}$，$\cos x = \dfrac{1-t^2}{t^2+1}$ より，

$$\int \dfrac{1}{2\sin x + \cos x}dx = \int \dfrac{1}{\dfrac{4t}{t^2+1}+\dfrac{1-t^2}{t^2+1}} \cdot \dfrac{2}{1+t^2}dt = \int \dfrac{2}{4t+1-t^2}dt$$

$$= -2\int \dfrac{1}{(t-2)^2-(\sqrt{5})^2}dt = -2\int \dfrac{1}{(t-2)^2-(\sqrt{5})^2}dt$$

$$= -2 \cdot \dfrac{1}{2\sqrt{5}}\log\left|\dfrac{t-2-\sqrt{5}}{t-2+\sqrt{5}}\right| + C = \dfrac{1}{\sqrt{5}}\log\left|\dfrac{\tan\dfrac{x}{2}-2+\sqrt{5}}{\tan\dfrac{x}{2}-2-\sqrt{5}}\right| + C.$$

6.5 定積分

●定積分

- **定義** 関数 $f(x)$ の不定積分を $F(x) + C$ とし，定数 a, b において，C の値によらずに，値 $\{F(b) + C\} - \{F(a) + C\} = F(b) - F(a)$ を a から b までの定積分といい，記号 $\int_a^b f(x)\,dx$ で表す．$F(b) - F(a)$ を記号 $[F(x)]_a^b$ で表す．

$$\int_a^b f(x)\,dx = [F(x)]_a^b = F(b) - F(a) \qquad a, b をそれぞれ下端，上端という．$$

- **基本定理** $F(x) = \int_a^x f(t)\,dt \;\Rightarrow\; F'(x) = f(x)$ \quad i.e. $\dfrac{d}{dx}\int_a^x f(t)\,dt = f(x)$，（$a$ は定数）．

- **計算法** $F(x)$ が $f(x)$ の不定積分 $\;\Rightarrow\; \int_a^b f(x)\,dx = [F(x)]_a^b = F(b) - F(a)$．

- **性質** $\int_a^b kf(x)\,dx = k\int_a^b f(x)\,dx$ （k は定数）．

$$\int_a^b (f(x) \pm g(x))\,dx = \int_a^b f(x)\,dx \pm \int_a^b g(x)\,dx \quad (複号同順).$$

$$\int_a^b f(x)\,dx = -\int_b^a f(x)\,dx,\quad 上端と下端とを取り替えると，定積分は符号だけを変える．$$

$$\int_a^b f(x)\,dx = \int_a^c f(x)\,dx + \int_c^b f(x)\,dx.$$

区間 $[a, b]$ において $f(x), g(x)$ が連続で，$f(x) \geqq g(x)$（恒等的に $f(x) = g(x)$ でない．），

$a < b$ のときは $\int_a^b f(x)\,dx > \int_a^b g(x)\,dx$，

$a > b$ のときは $\int_a^b f(x)\,dx < \int_a^b g(x)\,dx$．

●定積分の置換積分法

- $x = u(t)$ とおくと，$dx = u'(t)dt$．$a = u(\alpha)$，$b = u(\beta)$，$\begin{array}{c|c} x & a \to b \\ \hline t & \alpha \to \beta \end{array}$．

$$\Rightarrow \int_a^b f(x)\,dx = \int_\alpha^\beta f(u(t))u'(t)\,dt.$$

（積分区間を変更，次に dx を $\dfrac{dx}{dt}dt = \left(\dfrac{d}{dt}u(t)\right)dt$ に変更．）

●偶関数，奇関数の定積分

- $f(x)$ が偶関数 $\;\Rightarrow\; \int_{-a}^a f(x)\,dx = 2\int_0^a f(x)\,dx$．

- $f(x)$ が奇関数 $\;\Rightarrow\; \int_{-a}^a f(x)\,dx = 0$．

●定積分の部分積分法

- $\int_a^b f(x)g'(x)\,dx = [f(x)g(x)]_a^b - \int_a^b f'(x)g(x)\,dx$．

- $\int_a^b f(x)\,dx = \int_a^b 1 \cdot f(x)\,dx = [xf(x)]_a^b - \int_a^b xf'(x)\,dx$．

例題 6.5.1　次の定積分を求めよ．

(1) $\displaystyle\int_{-1}^{3}(3x^2+4x-3)\,dx$　　(2) $\displaystyle\int_{-2}^{2}(3x^2+6x-1)\,dx$　　(3) $\displaystyle\int_{1}^{0}\sqrt{x}\,dx$

(4) $\displaystyle\int_{0}^{1}(e^{2x}-4e^{-4x})\,dx$　　(5) $\displaystyle\int_{0}^{\pi}\cos^2\frac{x}{2}\,dx$　　(6) $\displaystyle\int_{0}^{\frac{\pi}{2}}\sin 3x\cos 2x\,dx$

解　(1)　与式 $=[x^3+2x^2-3x]_{-1}^{3}=(3^3+2\cdot 3^2-3\cdot 3)-((-1)^3+2(-1)^2-3(-1))$
$\qquad\qquad =32$．

(2)　上端と下端の絶対値が等しいとき，被積分関数が偶関数ならば，関数の 2 倍で積分区間半分，奇関数ならば 0．

$\quad$ 与式 $=\displaystyle\int_{-2}^{2}(3x^2-1)\,dx=2[x^3-x]_{0}^{2}=2\times(8-2)=12$．

(3)　与式 $=\displaystyle\int_{1}^{0}x^{\frac{1}{2}}\,dx=\left[\frac{2}{3}x^{\frac{3}{2}}\right]_{1}^{0}=-\frac{2}{3}$．

(4)　与式 $=\left[\dfrac{1}{2}e^{2x}-4\cdot\dfrac{1}{-4}\cdot e^{-4x}\right]_{0}^{1}=\left(\dfrac{1}{2}e^2+e^{-4}\right)-\left(\dfrac{1}{2}+1\right)=\dfrac{1}{2}e^2+\dfrac{1}{e^4}-\dfrac{3}{2}$．

(5)　与式 $=\displaystyle\int_{0}^{\pi}\frac{1+\cos x}{2}\,dx=\frac{1}{2}[x+\sin x]_{0}^{\pi}=\frac{\pi}{2}$．

(6)　積→和の公式：$\sin\alpha\cos\beta=\dfrac{1}{2}\{\sin(\alpha+\beta)+\sin(\alpha-\beta)\}$，

$\cos\alpha\cos\beta=\dfrac{1}{2}\{\cos(\alpha+\beta)+\cos(\alpha-\beta)\}$, $\sin\alpha\sin\beta=-\dfrac{1}{2}\{\cos(\alpha+\beta)-\cos(\alpha-\beta)\}$ を適用．$\sin 3x\cos 2x=\dfrac{1}{2}(\sin 5x+\sin x)$ より，

$\quad$ 与式 $=\displaystyle\int_{0}^{\frac{\pi}{2}}\frac{1}{2}(\sin 5x+\sin x)\,dx=\frac{1}{2}\left[-\frac{1}{5}\cos 5x-\cos x\right]_{0}^{\frac{\pi}{2}}$
$\qquad =-\dfrac{1}{10}\left(\cos\dfrac{5\pi}{2}-1\right)-\dfrac{1}{2}\left(\cos\dfrac{\pi}{2}-1\right)=\dfrac{1}{10}+\dfrac{1}{2}=\dfrac{3}{5}$．

例題 6.5.2　次の定積分を求めよ．（置換積分法利用）

(1) $\displaystyle\int_{0}^{1}x\sqrt{1-x}\,dx$　　　　(2) $\displaystyle\int_{0}^{\pi}\frac{\sin x}{2+\cos x}\,dx$

(3) $\displaystyle\int_{0}^{\frac{1}{2}}\sqrt{1-x^2}\,dx$　　　　(4) $\displaystyle\int_{0}^{1}\frac{1}{1+x^2}\,dx$

解　(1)　$\sqrt{1-x}=t$ とおくと，$x=1-t^2$．$\therefore\ dx=-2t\,dt$,　
x	$0\to 1$
t	$1\to 0$
．

$\quad$ 与式 $=\displaystyle\int_{1}^{0}(1-t^2)t(-2t)\,dt=2\int_{0}^{1}(t^2-t^4)\,dt=2\left[\frac{1}{3}t^3-\frac{1}{5}t^5\right]_{0}^{1}=2\left(\frac{1}{3}-\frac{1}{5}\right)=\frac{4}{15}$．

(2)　$\cos x=u$ とおくと，$-\sin x\,dx=du$,　
x	$0\to\pi$
u	$1\to -1$
．

$\quad$ 与式 $=\displaystyle\int_{1}^{-1}\frac{1}{2+u}(-1)\,du=\int_{-1}^{1}\frac{1}{2+u}\,du=[\log|2+u|]_{-1}^{1}=\log 3-\log 1=\log 3$．

(3) $x = \sin\theta$ とおくと，$dx = \cos\theta d\theta$．$\sqrt{1-x^2} = \sqrt{1-\sin^2\theta} = |\cos\theta| = \cos\theta$，

x	$0 \to \dfrac{1}{2}$
θ	$1 \to \dfrac{\pi}{6}$

与式 $= \displaystyle\int_0^{\frac{\pi}{6}} \cos^2\theta d\theta = \int_0^{\frac{\pi}{6}} \dfrac{1+\cos 2\theta}{2} d\theta$
$= \dfrac{1}{2}\left[\theta + \dfrac{1}{2}\sin 2\theta\right]_0^{\frac{\pi}{6}} = \dfrac{\pi}{12} + \dfrac{\sqrt{3}}{8}$．

(4) $x = \tan\theta$ とおくと，$dx = \dfrac{1}{\cos^2\theta}d\theta$．$\dfrac{1}{1+x^2} = \dfrac{1}{1+\tan^2\theta} = \cos^2\theta$．

x	$0 \to 1$
θ	$1 \to \dfrac{\pi}{4}$

与式 $= \displaystyle\int_0^{\frac{\pi}{4}} \cos^2\theta \cdot \dfrac{1}{\cos^2\theta} d\theta = \int_0^{\frac{\pi}{4}} 1 d\theta = [\theta]_0^{\frac{\pi}{4}} = \dfrac{\pi}{4}$．

例題 6.5.3 次の定積分を求めよ．（部分積分利用）

(1) $\displaystyle\int_0^{\frac{\pi}{6}} x\cos 3x\, dx$ (2) $\displaystyle\int_0^1 xe^x dx$ (3) $\displaystyle\int_e^{2e} \log x\, dx$ (4) $\displaystyle\int_0^{\frac{\pi}{4}} \tan^{-1}x\, dx$

解 (1) 与式 $= \left[x\dfrac{1}{3}\sin 3x\right]_0^{\frac{\pi}{6}} - \dfrac{1}{3}\displaystyle\int_0^{\frac{\pi}{6}} \sin 3x\, dx = \dfrac{\pi}{18} + \dfrac{1}{9}[\cos 3x]_0^{\frac{\pi}{6}} = \dfrac{\pi}{18} - \dfrac{1}{9}$．

(2) 与式 $= [xe^x]_0^1 - \displaystyle\int_0^1 e^x dx = e - [e^x]_0^1 = e - (e-1) = 1$．

(3) 与式 $= [x\log x]_e^{2e} - \displaystyle\int_e^{2e} x\dfrac{1}{x}dx = (2e\log 2e - e\log e) - [x]_e^{2e} = 2e\log 2$．

(4) 与式 $= [x\tan^{-1}x]_0^{\frac{\pi}{4}} - \displaystyle\int_0^{\frac{\pi}{4}} x\cdot\dfrac{1}{1+x^2}dx = \dfrac{\pi}{4}\tan^{-1}\dfrac{\pi}{4} - \dfrac{1}{2}[\log(1+x^2)]_0^{\frac{\pi}{4}}$
$= \dfrac{\pi}{4}\tan^{-1}\dfrac{\pi}{4} - \dfrac{1}{2}\log\left(1+\dfrac{\pi^2}{16}\right)$．

例題 6.5.4 m, n が整数のとき，次の等式が成り立つことを示せ．

(1) $\displaystyle\int_0^{2\pi} \sin mx\cos nx dx = \int_{-\pi}^{\pi} \sin mx\cos nx dx = 0$

(2) $\displaystyle\int_0^{2\pi} \cos mx\cos nx dx = \int_{-\pi}^{\pi} \cos mx\cos nx dx = \begin{cases} 0 \ (m\pm n \neq 0) \\ \pi \ (m = \pm n(\neq 0)) \end{cases}$

(3) $\displaystyle\int_0^{2\pi} \sin mx\sin nx dx = \int_{-\pi}^{\pi} \sin mx\sin nx dx = \begin{cases} 0 \ (m\pm n \neq 0) \\ \pi \ (m = n(\neq 0)) \\ -\pi \ (m = -n(\neq 0)) \end{cases}$

解 積を和に直す公式 $\sin\alpha\cos\beta = \dfrac{1}{2}\cdot\{\sin(\alpha+\beta) + \sin(\alpha-\beta)\}$，

$\cos\alpha\cos\beta = \dfrac{1}{2}\cdot\{\cos(\alpha+\beta) + \cos(\alpha-\beta)\}$，$\sin\alpha\sin\beta = -\dfrac{1}{2}\cdot\{\cos(\alpha+\beta) - \cos(\alpha-\beta)\}$

より，

(1) $\displaystyle\int \sin mx\cos nx dx = \dfrac{1}{2}\left\{\int \sin(m+n)x dx + \int \sin(m-n)x dx\right\} = I_1$．

$m+n \neq 0$，$m+n = 0$ または，$m-n \neq 0$，$m-n = 0$ の各場合に分ける．

(i) $m \pm n \neq 0$ のとき，$I_1 = -\dfrac{1}{2(m+n)}\cos(m+n)x - \dfrac{1}{2(m-n)}\cos(m-n)x$．

$$\int_0^{2\pi} \sin mx \cos nx \, dx = -\dfrac{1}{2(m+n)}[\cos(m+n)x]_0^{2\pi} - \dfrac{1}{2(m-n)}[\cos(m-n)x]_0^{2\pi}$$
$$= -\dfrac{1}{2(m+n)} \cdot (1-1) - \dfrac{1}{2(m-n)} \cdot (1-1) = 0.$$

$$\int_{-\pi}^{\pi} \sin mx \cos nx \, dx = -\dfrac{1}{2(m+n)}[\cos(m+n)x]_{-\pi}^{\pi} - \dfrac{1}{2(m-n)}[\cos(m-n)x]_{-\pi}^{\pi}$$
$$= -\dfrac{1}{2(m+n)} \cdot (\cos(m+n)\pi - \cos(m+n)\pi) - \dfrac{1}{2(m-n)} \cdot (\cos(m+n)\pi - \cos(m+n)\pi)$$
$$= 0.$$

(ii) $m = n (\neq 0)$ のとき，$I_1 = -\dfrac{1}{4m}\cos 2mx$．

$$\int_0^{2\pi} \sin mx \cos nx \, dx = -\dfrac{1}{4m}[\cos 2mx]_0^{2\pi} = -\dfrac{1}{4m} \cdot (1-1) = 0.$$

$$\int_{-\pi}^{\pi} \sin mx \cos nx \, dx = -\dfrac{1}{4m}[\cos 2mx]_{-\pi}^{\pi} = -\dfrac{1}{4m} \cdot (1-1) = 0.$$

(iii) $m = -n(\neq 0)$ のとき，$I_1 = -\dfrac{1}{4m}\cos 2mx$．

$$\int_0^{2\pi} \sin mx \cos nx \, dx = \int_{-\pi}^{\pi} \sin mx \cos nx \, dx = 0.$$

(2) $\displaystyle\int \cos mx \cos nx \, dx = \dfrac{1}{2}\left\{\int \cos(m+n)x \, dx + \int \cos(m-n)x \, dx\right\} = I_2$．

$m+n \neq 0$, $m+n=0$ または，$m-n \neq 0$, $m-n=0$ の各場合に分ける．

(i) $m \pm n \neq 0$ のとき，$I_2 = \dfrac{1}{2(m+n)}\sin(m+n)x + \dfrac{1}{2(m-n)}\sin(m-n)x$．

$$\int_0^{2\pi} \cos mx \cos nx \, dx = \dfrac{1}{2(m+n)}[\sin(m+n)x]_0^{2\pi} + \dfrac{1}{2(m-n)}[\sin(m-n)x]_0^{2\pi} = 0.$$

$$\int_{-\pi}^{\pi} \cos mx \cos nx \, dx = \dfrac{1}{2(m+n)}[\sin(m+n)x]_{-\pi}^{\pi} + \dfrac{1}{2(m-n)}[\sin(m-n)x]_{-\pi}^{\pi} = 0.$$

(ii) $m = n(\neq 0)$ のとき，$I_2 = \dfrac{1}{4m}\sin 2mx + \dfrac{1}{2}x$．

$$\int_0^{2\pi} \cos mx \cos nx \, dx = \dfrac{1}{4m}[\sin 2mx]_0^{2\pi} + \dfrac{1}{2}[x]_0^{2\pi} = \pi.$$

$$\int_{-\pi}^{\pi} \cos mx \cos nx \, dx = \dfrac{1}{4m}[\sin 2mx]_{-\pi}^{\pi} + \dfrac{1}{2}[x]_{-\pi}^{\pi} = \pi.$$

(iii) $m = -n(\neq 0)$ のとき，$I_1 = \dfrac{1}{2}x + \dfrac{1}{4m}\sin 2mx$．

$$\int_0^{2\pi} \cos mx \cos nx \, dx = \int_{-\pi}^{\pi} \cos mx \cos nx \, dx = \pi.$$

(3) $\displaystyle\int \sin mx \sin nx \, dx = -\dfrac{1}{2}\left\{\int \cos(m+n)x \, dx - \int \cos(m-n)x \, dx\right\} = I_3$．

$m+n \neq 0$, $m+n=0$ または，$m-n \neq 0$, $m-n=0$ の各場合に分ける．

(i) $m \pm n \neq 0$ のとき，$I_3 = -\dfrac{1}{2(m+n)}\sin(m+n)x + \dfrac{1}{2(m-n)}\sin(m-n)x$．

$$\int_0^{2\pi} \sin mx \sin nx \, dx = -\dfrac{1}{2(m+n)}[\sin(m+n)x]_0^{2\pi} + \dfrac{1}{2(m-n)}[\sin(m-n)x]_0^{2\pi} = 0.$$

$$\int_{-\pi}^{\pi} \sin mx \sin nx\, dx = -\frac{1}{2(m+n)}[\sin(m+n)x]_{-\pi}^{\pi} + \frac{1}{2(m-n)}[\sin(m-n)x]_{-\pi}^{\pi} = 0.$$

(ii) $m = n(\neq 0)$ のとき，$I_2 = -\frac{1}{4m}\sin 2mx + \frac{1}{2}x$.

$$\int_0^{2\pi} \sin mx \sin nx\, dx = -\frac{1}{4m}[\sin 2mx]_0^{2\pi} + \frac{1}{2}[x]_0^{2\pi} = \pi.$$

$$\int_{-\pi}^{\pi} \sin mx \sin nx\, dx = -\frac{1}{4m}[\sin 2mx]_{-\pi}^{\pi} + \frac{1}{2}[x]_{-\pi}^{\pi} = \pi.$$

(iii) $m = -n(\neq 0)$ のとき，$I_1 = -\frac{1}{2}x + \frac{1}{4m}\sin 2mx$.

$$\int_0^{2\pi} \sin mx \sin nx\, dx = -\frac{1}{2}[x]_0^{2\pi} + \frac{1}{4m}[\sin 2mx]_0^{2\pi} = -\pi.$$

$$\int_{-\pi}^{\pi} \sin mx \sin nx\, dx = -\frac{1}{2}[x]_{-\pi}^{\pi} + \frac{1}{4m}[\sin 2mx]_{-\pi}^{\pi} = -\pi.$$

（不定積分において任意の積分定数 C を省略した．）

例題 6.5.5 n が非負の整数のとき，次の等式が成り立つことを示せ．

$$\int_0^{\pi/2} \sin^n x\, dx = \int_0^{\pi/2} \cos^n x\, dx = \begin{cases} \dfrac{(n-1)\cdot(n-3)\cdots 3\cdot 1}{n\cdot(n-2)\cdots 4\cdot 2}\dfrac{\pi}{2} & (n\ \text{偶数}) \\[2mm] \dfrac{(n-1)\cdot(n-3)\cdots 4\cdot 2}{n\cdot(n-2)\cdots 5\cdot 3} & (n\ \text{奇数}) \end{cases}$$

解
$$\int \sin^n x\, dx = \int \sin^{n-2}x \cdot \sin^2 x\, dx = \int \sin^{n-2}x \cdot (1-\cos^2 x)\, dx$$
$$= \int \sin^{n-2}x\, dx - \int \sin^{n-2}x \cdot \cos^2 x\, dx$$
$$= \int \sin^{n-2}x\, dx - \int \cos x \cdot (\sin^{n-2}x \cdot \cos x)\, dx.$$

$\int \cos x \cdot (\sin^{n-2}x \cdot \cos x)\, dx$ に部分積分法と置換積分法を用いる．$\sin x = t$ とおくと，$\cos x\, dx = dt$．

$$\int \sin^{n-2}x \cdot \cos x\, dx = \int t^{n-2}\, dt = \frac{1}{n-1}t^{n-1} = \frac{1}{n-1}\sin^{n-1}x.$$

$$\therefore \int \cos x \cdot (\sin^{n-2}x \cdot \cos x)\, dx = \cos x \cdot \frac{1}{n-1}\sin^{n-1}x - \int (\cos x)' \cdot \frac{1}{n-1}\sin^{n-1}x\, dx$$
$$= \frac{1}{n-1}\sin^{n-1}x \cdot \cos x + \frac{1}{n-1}\int \sin^n x\, dx.$$

したがって，$\int \sin^n x\, dx = \int \sin^{n-2}x\, dx - \frac{1}{n-1}\sin^{n-1}x \cdot \cos x - \frac{1}{n-1}\int \sin^n x\, dx$.

これより，$\int \sin^n x\, dx = \frac{n-1}{n}\int \sin^{n-2}x\, dx - \frac{1}{n}\sin^{n-1}x \cdot \cos x$ を得る．

ここで定積分に戻し，$\int_0^{\pi/2} \sin^n x\, dx = I_n$ とおくと，

$$I_n = \frac{n-1}{n}I_{n-2} - \frac{1}{n}[\sin^{n-1}x \cdot \cos x]_0^{\pi/2} = \frac{n-1}{n}I_{n-2}.$$

漸化式 $I_n = \frac{n-1}{n}I_{n-2}$ により，n を 2 つずつ下げてより簡単な $I_1 = \int_0^{\pi/2} \sin x\, dx$ または，

$I_0 = \int_0^{\pi/2} dx$ で求められる．n が偶数のとき，2 つずつ下げるので最終項は $I_0 = \dfrac{\pi}{2}$ であり，n が奇数のときは最終項は $I_1 = 1$ である．

n が偶数のとき
$$I_n = \frac{n-1}{n} I_{n-2} = \frac{n-1}{n} \cdot \frac{n-3}{n-2} I_{n-4} = \cdots\cdots = \frac{n-1}{n} \cdot \frac{n-3}{n-2} \cdots \frac{3}{4} \cdot \frac{1}{2} \cdot I_0.$$

n が奇数のとき
$$I_n = \frac{n-1}{n} I_{n-2} = \frac{n-1}{n} \cdot \frac{n-3}{n-2} I_{n-4} = \cdots\cdots = \frac{n-1}{n} \cdot \frac{n-3}{n-2} \cdots \frac{4}{5} \cdot \frac{2}{3} \cdot I_1.$$

$\int_0^{\pi/2} \cos^n x \, dx$ の場合も，同様にする．

$\int \cos^n x \, dx = \int \cos^{n-2} x \, dx - \int \sin x \cdot (\cos^{n-2} x \cdot \sin x) \, dx.$

$\int \sin x \cdot (\cos^{n-2} x \cdot \sin x) \, dx = -\dfrac{1}{n-1} \sin x \cdot \cos^{n-1} x + \dfrac{1}{n-1} \int \cos^n x \, dx.$

$\int \cos^n x \, dx = \int \cos^{n-2} x \, dx + \dfrac{1}{n-1} \sin x \cdot \cos^{n-1} x - \dfrac{1}{n-1} \int \cos^n x \, dx.$

$\therefore \int \cos^n x \, dx = \dfrac{n-1}{n} \int \cos^{n-2} x \, dx + \dfrac{1}{n} \sin x \cdot \cos^{n-1} x.$

ここで，$\int_0^{\pi/2} \cos^n x \, dx = J_n$ とおくと，漸化式 $J_n = \dfrac{n-1}{n} J_{n-2}$ が得られる．

n が偶数のとき
$$J_n = \frac{n-1}{n} J_{n-2} = \frac{n-1}{n} \cdot \frac{n-3}{n-2} J_{n-4} = \cdots\cdots = \frac{n-1}{n} \cdot \frac{n-3}{n-2} \cdots \frac{3}{4} \cdot \frac{1}{2} \cdot J_0.$$

n が奇数のとき
$$J_n = \frac{n-1}{n} J_{n-2} = \frac{n-1}{n} \cdot \frac{n-3}{n-2} J_{n-4} = \cdots\cdots = \frac{n-1}{n} \cdot \frac{n-3}{n-2} \cdots \frac{4}{5} \cdot \frac{2}{3} \cdot J_1.$$

（$J_1 = \int_0^{\pi/2} \cos x \, dx = 1$，$J_0 = \int_0^{\pi/2} dx = \dfrac{\pi}{2}$ である．定積分の積分定数 C は省略した．）

第 6 章 問題

問題 6.1 次の極限を求めよ．

(1) $\displaystyle\lim_{n\to\infty}\frac{3n-4}{\sqrt{n^2+3n}}$

(2) $\displaystyle\lim_{n\to\infty}(\sqrt{n+3}-\sqrt{n})$

(3) $\displaystyle\lim_{n\to\infty}\frac{(\sqrt{2})^n+2^{n+2}}{(\sqrt{2})^n-2^n}$

(4) $\displaystyle\lim_{n\to\infty}\frac{e^n-e^{-n}}{e^n+e^{-n}}$

(5) $\displaystyle\lim_{n\to\infty}e^{-n}\cos n$

(6) $\displaystyle\lim_{n\to\infty}\{\log(n+2)-\log n\}$

問題 6.2 次の無限級数の和を求めよ．

(1) $\displaystyle\sum_{n=1}^{\infty}\frac{1}{(2n-1)(2n+1)}$

(2) $\displaystyle\sum_{n=1}^{\infty}\log\frac{n}{n+1}$

(3) $\displaystyle\sum_{n=1}^{\infty}\cos n\pi$

問題 6.3 次の極限を求めよ．

(1) $\displaystyle\lim_{x\to-2}\frac{x^2-2x-8}{x+2}$

(2) $\displaystyle\lim_{x\to 0}\frac{\sqrt{x+4}-2}{x}$

(3) $\displaystyle\lim_{n\to 1}\left(\frac{1}{x-1}-\frac{2}{x^2-1}\right)$

問題 6.4 次の極限を求めよ．

(1) $\displaystyle\lim_{x\to 0}\frac{\sin 3x}{4x}$

(2) $\displaystyle\lim_{x\to\infty}\left(1+\frac{1}{2x}\right)^{3x}$

(3) $\displaystyle\lim_{x\to\infty}x\log\left(1+\frac{2}{x}\right)$

問題 6.5 関数 $f(x)=\sin x$ の $x=\dfrac{\pi}{3}$ における微分係数 $f'\left(\dfrac{\pi}{3}\right)$ を定義に従って求めよ．

問題 6.6 関数 $f(x)=x^2+x$ について，x が a から b まで変化するときの平均変化率と，$x=c$ における微分係数が一致するときの c を求めよ．

問題 6.7 $f(x)$，$g(x)$ を実数全体で微分可能な任意の関数，c を定数とするとき，次の(a)〜(g)の記述のうち正しいものには○を，間違っているものには×をつけよ．

(a) $\{f(x)g(x)\}'=f'(x)g'(x)$

(b) $g(x)\neq 0$ のとき $\left(\dfrac{f(x)}{g(x)}\right)'=\dfrac{f(x)g'(x)-f'(x)g(x)}{\{g(x)\}^2}$

(c) $\{f(x)^3\}'=3f(x)^2$

(d) $\{f(x)^3\}'=3x^2f'(x^3)$

(e) $f(x)\neq 0$ のとき $\{\log|f(x)|\}'=\dfrac{1}{f(x)}$

(f) $\left\{\dfrac{1}{f(x)}\right\}'=\dfrac{f'(x)}{\{f(x)\}^2}$

(g) $\{\sqrt{f(x)}\}'=\dfrac{1}{2\sqrt{f'(x)}}$

問題 6.8 次の関数の導関数を求めよ.

(1) $y = (2x - 3)^3$
(2) $y = \sin^2 3x$
(3) $y = x^2 \cos 2x$
(4) $y = \dfrac{\cos x}{x + 1}$

(5) $y = xe^{-2x}$
(6) $y = e^{x^2 - 2x}$
(7) $y = x \log x$
(8) $y = \dfrac{\log x}{x^2}$

問題 6.9

(1) 関数 $f(x) = 5x - x^2$ の $x = 1$ における微分係数を求めよ.

(2) 関数 $f(x) = \dfrac{2x + 5}{x + 1}$ の $x = -2$ における微分係数を求めよ.

(3) 関数 $f(x) = \sqrt{x^2 - 5}$ の $x = 3$ における微分係数を求めよ.

問題 6.10

(1) 媒介変数表示 $\begin{cases} x = 2t^2 - 1 \\ y = 3t + 1 \end{cases}$ で与えられる曲線の, $t = 1$ に対応する点における接線の傾きを求めよ.

(2) 媒介変数表示 $\begin{cases} x = \log t \\ y = t^2 + t \end{cases}$ で与えられる曲線の, $t = 2$ に対応する点における接線の傾きを求めよ.

(3) 媒介変数表示 $\begin{cases} x = t - \sin t \\ y = 1 - \cos t \end{cases}$ $(0 \leqq t < 2\pi)$ で与えられる曲線の, $t = \dfrac{\pi}{3}$ に対応する点における接線の傾きを求めよ.

問題 6.11 対数微分法を用いて, 関数 $y = x^{2x}$ を微分せよ.

問題 6.12 x の整式 x^n を $(x - 1)^2$ で割ったときの余りを求めよ.

問題 6.13 次の不定積分を求めよ.

(1) $\displaystyle\int (3x - 2)^4 dx$
(2) $\displaystyle\int x\sqrt{x}\, dx$
(3) $\displaystyle\int \cos 2x\, dx$
(4) $\displaystyle\int x^2 e^{-x} dx$

(5) $\displaystyle\int \log x\, dx$
(6) $\displaystyle\int x \sin x\, dx$
(7) $\displaystyle\int \dfrac{x}{x^2 + 1} dx$
(8) $\displaystyle\int \dfrac{x + 1}{(x - 2)(x - 1)} dx$

問題 6.14 $f(x)$ を実数全体で定義された連続な関数とするとき, 次の(a)〜(f)の記述のうち正しいものには○を, 間違っているものには×をつけよ.

(a) 任意の実数 a に対して $\displaystyle\int_a^a f(x) dx = 0$

(b) 任意の実数 a, b, c に対して $\displaystyle\int_a^b f(x) dx + \int_b^c f(x) dx = \int_a^c f(x) dx$

(c) 任意の実数 a, b に対して $\displaystyle\int_a^b f(x) dx = \int_b^a f(x) dx$

(d) 任意の実数 a, b に対して $\displaystyle\int_a^b \{-f(x)\} dx = -\int_a^b f(x) dx$

(e) 任意の実数 a, b に対して $\displaystyle\int_a^b \{f(x)\}^2 dx = \left\{\int_a^b f(x) dx\right\}^2$

(f)　$f(x)$ が奇関数のとき，任意の実数 a に対して $\int_{-a}^{a} f(x)\,dx = 0$

問題 6.15　次の定積分の値を求めよ．

(1) $\displaystyle\int_0^3 \sqrt{x+1}\,dx$
(2) $\displaystyle\int_0^{\sqrt{3}} \frac{x}{\sqrt{4-x^2}}\,dx$
(3) $\displaystyle\int_1^e \frac{(1+\log x)^2}{x}\,dx$
(4) $\displaystyle\int_0^1 x e^{x^2+1}\,dx$
(5) $\displaystyle\int_0^1 \frac{e^x}{(e^x+1)^2}\,dx$
(6) $\displaystyle\int_0^3 \sqrt{9-x^2}\,dx$
(7) $\displaystyle\int_1^e x\log x\,dx$

問題 6.16　ある関数 $f(x)$ を微分しようとして誤って積分し，$x^2\cos x + C$（C は積分定数）を得た．この積分結果が正しいとすると，$f(x) = $ ア で，$f(x)$ を正しく微分した結果は イ である．ア，イ に当てはまる式を答えよ．

問題 6.17　n を正の整数として，$I_n = \displaystyle\int (\log x)^n\,dx$ とおく．このとき，次の各問いに答えよ．

(i)　I_n を漸化式で表すと，$I_n = x(\log x)^n - \square$ となる．$\square$ に当てはまる式を求めよ．

(ii)　(i) で求めた漸化式を用いて $I_3 = \displaystyle\int (\log x)^3\,dx$ を求めよ．

第 7 章 微分・積分の応用

7.1 微分の応用

● 接線・法線の方程式

曲線 $y = f(x)$ 上の 1 点 $P(x_1, y_1)$ における

接線の方程式 … $y - y_1 = f'(x_1)(x - x_1)$,

法線の方程式 … $y - y_1 = -\dfrac{1}{f'(x_1)}(x - x_1)$, $(f'(x_1) \neq 0)$.

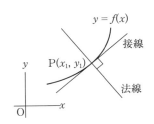

● 導関数に関する定理

- 関数 $f(x)$ が区間 I 内（内部）で微分可能であるとき，この区間内部で $f(x)$ の値を最大または最小にする x の値は，方程式 $f'(x) = 0$ の解である．（必要条件）
- （Rolle の定理）関数 $f(x)$ は区間 $[a, b]$ で連続で，区間 (a, b) で微分可能であり，かつ，$f(a) = 0$, $f(b) = 0$ であるとする．このとき，a と b との間において $f'(x)$ を 0 にする x の値が少なくとも 1 つある．
- （平均値の定理）関数 $f(x)$ は区間 $[a, b]$ において連続で，区間 (a, b) において微分可能であるときには，$f(b) - f(a) = (b - a)f'(x_1)$ であるような x の値 x_1 が a と b との間に少なくとも 1 つ存在する．
- $f(b) - f(a) = (b - a)f'\{a + \theta(b - a)\}$, $0 < \theta < 1$ であるような θ の値が少なくとも 1 つある．
- $f(a + h) - f(a) = hf'(a + \theta h)$, $0 < \theta < 1$ であるような θ の値が少なくとも 1 つある．
- （Cauchy の平均値の定理）関数 $f(x)$, $g(x)$ は区間 $[a, b]$ において連続で，かつ区間 (a, b) において微分可能であって $g'(x) \neq 0$ であるときは，$\dfrac{f(b) - f(a)}{g(b) - g(a)} = \dfrac{f'(x_1)}{g'(x_1)}$ を成立させる x の値 x_1 が a と b との間に少なくとも 1 つ存在する．

● 不定形の極限値

- 関数の極限 $\lim\limits_{x \to a} \dfrac{f(x)}{g(x)}$ を求めるとき，形式的に計算すると $\dfrac{0}{0}$, $\dfrac{\infty}{\infty}$, $0 \times \infty$, $\infty - \infty$, 0^0, 1^∞, ∞^0 などになるものを<u>不定形</u>という．ここで，0, 1 は真の値ではなく 0 または 1 に限りなく近い値を意味する．

- 関数 $f(x)$, $g(x)$ が a を含むある区間で連続，かつ a を除いて微分可能で $g'(x) \neq 0$ とする．

  ① $f(a) = g(a) = 0$ のとき $\quad \lim\limits_{x \to a} \dfrac{f'(x)}{g'(x)} = \alpha \Rightarrow \lim\limits_{x \to a} \dfrac{f(x)}{g(x)} = \alpha$.

  ② $\lim\limits_{x \to a} |f(x)| = \lim\limits_{x \to a} |g(x)| = \infty$ のとき $\quad \lim\limits_{x \to a} \dfrac{f'(x)}{g'(x)} = \alpha \Rightarrow \lim\limits_{x \to a} \dfrac{f(x)}{g(x)} = \alpha$.

  また，ある数 a に対して区間 $x > a$ で $f(x)$, $g(x)$ が微分可能で $g'(x) \neq 0$ とする．

  ③ $\lim\limits_{x \to \infty} |f(x)| = \lim\limits_{x \to \infty} |g(x)| = \infty$ のとき $\quad \lim\limits_{x \to \infty} \dfrac{f'(x)}{g'(x)} = \alpha \Rightarrow \lim\limits_{x \to \infty} \dfrac{f(x)}{g(x)} = \alpha$.

第7章 微分・積分の応用

例題 7.1.1 次の曲線において括弧内の x または θ に応じる点での接線と法線の各方程式を求めよ.

(1) $y = x^3 + 2x + 1 \quad (x = 0)$

(2) $y = \dfrac{4}{x^2+1} \quad (x = -2)$

(3) $x = 3\cos\theta,\ y = 2\sin\theta \quad \left(\theta = \dfrac{\pi}{6}\right)$

解 (1) $y' = 3x^2 + 2$ より接線の傾きは $y'|_{x=0} = 2$. また, $y|_{x=0} = 1$ より接線は点 $(0,1)$ を通る. よって, 接線の方程式は, $y = 2x + 1$. 法線の方程式は, $y = -\dfrac{1}{2}x + 1$.

(2) $y' = \dfrac{-8x}{(x^2+1)^2}$ より接線の傾きは $y'|_{x=-2} = \dfrac{16}{25}$. また, $y|_{x=-2} = \dfrac{4}{5}$ より接線は点 $\left(-2, \dfrac{4}{5}\right)$ を通る.

よって, 接線の方程式は, $y - \dfrac{4}{5} = \dfrac{16}{25}(x+2)$. 法線の方程式は, $y - \dfrac{4}{5} = -\dfrac{25}{16}(x+2)$.

(3) $\dfrac{dy}{dx} = \dfrac{dy}{d\theta}\dfrac{d\theta}{dx} = \dfrac{\frac{dy}{d\theta}}{\frac{dx}{d\theta}} = \dfrac{2\cos\theta}{-3\sin\theta}$ より接線の傾きは $\dfrac{dy}{dx}\bigg|_{\theta=\frac{\pi}{6}} = -\dfrac{2}{\sqrt{3}}$.

また, 接線は点 $\left(3\cos\dfrac{\pi}{6}, 2\sin\dfrac{\pi}{6}\right) = \left(\dfrac{3\sqrt{3}}{2}, 1\right)$ を通る.

よって, 接線の方程式は, $y - 1 = -\dfrac{2}{\sqrt{3}}\left(x - \dfrac{3\sqrt{3}}{2}\right)$.

法線の方程式は, $y - 1 = \dfrac{\sqrt{3}}{2}\left(x - \dfrac{3\sqrt{3}}{2}\right)$.

例題 7.1.2 曲線 $y = x^3 - 3x$ 上の $x = a$ に応じる点における接線が, この曲線と交わる. この交点の x 座標を b とするとき, b を a を用いて表せ.

解 $y' = 3x^2 - 3$ より接線の傾きは $y'|_{x=a} = 3a^2 - 3$. また, $y|_{x=a} = a^3 - 3a$ より接線は点 $(a, a^3 - 3a)$ を通る. したがって, 接線の方程式は, $y - (a^3 - 3a) = (3a^2 - 3)(x - a)$.

これより曲線と接線の交点の x 座標を求める.

$\begin{cases} y = x^3 - 3x \\ y - (a^3 - 3a) = (3a^2 - 3)(x - a) \end{cases}$ より,

$x^3 - 3x - \{(3a^2 - 3)(x - a) + (a^3 - 3a)\} = (x^3 - a^3) - 3a^2(x - a)$
$= (x - a)(x^2 + ax - 2a^2) = (x - a)^2(x + 2a)$.

よって, $b = -2a$.

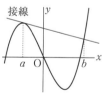

例題 7.1.3 曲線 $y = e^{ax}$ 上のある点における接線が $y = 10x$ であるとき, a の値を求めよ.

解 接点の x 座標を α とするとき, 接線の傾きは $y'|_{x=\alpha} = ae^{a\alpha}$. また接線は点 $(\alpha, e^{a\alpha})$ を通るから, 接線の方程式は, $y - e^{a\alpha} = ae^{a\alpha}(x - \alpha)$. ∴ $y = ae^{a\alpha}x - \alpha ae^{a\alpha} + e^{a\alpha}$.

これが, $y = 10x$ であるから, $ae^{a\alpha} = 10$, $e^{a\alpha} - \alpha ae^{a\alpha} = 0$, $e^{a\alpha} \neq 0$ より, $\alpha a = 1$.

∴ $ae^1 = 10$. よって, $a = \dfrac{10}{e}$.

例題 7.1.4 原点を通り，曲線 $y=\sqrt{2x-1}$ に接する直線の方程式と，その接点の座標を求めよ．

解 接点を $(a, \sqrt{2a-1})$ とすると，$y' = \dfrac{1}{\sqrt{2x-1}}$ より，

接線の傾きは $y'|_{x=a} = \dfrac{1}{\sqrt{2a-1}}$．接線の方程式は，

$$y - \sqrt{2a-1} = \dfrac{1}{\sqrt{2a-1}}(x-a).$$

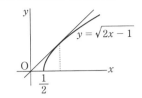

この接線が原点を通ることから $-\sqrt{2a-1} = \dfrac{1}{\sqrt{2a-1}}(-a)$. $\therefore\ a = 1$

よって，接線の方程式は，$y = x$，接点は $(1, 1)$．

別解

接線の方程式を $y = mx$ とし，$\begin{cases} y = \sqrt{2x-1} \\ y = mx \end{cases}$ より y を消去すると，$m^2 x^2 - 2x + 1 = 0$ を得る．

また，この方程式は条件より重解をもつから，$\dfrac{D}{4} = 1 - m^2 = 0$． $\therefore\ m = \pm 1$．

与えられたグラフは第1象限に存在するので $m = 1$ である．よって，接線の方程式は，$y = x$．
接点の x 座標は，$m=1$ を $m^2 x^2 - 2x + 1 = 0$ に代入すると $(x-1)^2 = 0$ より，$(1, 1)$．

例題 7.1.5 楕円 $\dfrac{x^2}{a^2} + \dfrac{y^2}{b^2} = 1$ 上の点 (x_1, y_1) における接線の方程式を求めよ．

解 楕円の方程式の両辺を x で微分すると，$\dfrac{2x}{a^2} + \dfrac{2y}{b^2}\dfrac{dy}{dx} = 0$．

（ここでは，「y は微分可能である x の関数であること」が必要であるが，y について解くと $y = \pm\dfrac{b}{a}\sqrt{a^2 - x^2}$ であるから区間 $(-a, a)$ において y は微分可能である．）

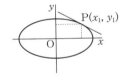

$\therefore\ \dfrac{dy}{dx} = -\dfrac{b^2 x}{a^2 y}\ (y \neq 0)$．

また，$x = x_1$ のとき $y = y_1$ であるから $\dfrac{dy}{dx}\bigg|_{x=x_1} = -\dfrac{b^2 x_1}{a^2 y_1}\ (y_1 \neq 0)$．したがって，点 (x_1, y_1)

における接線の方程式は $y - y_1 = -\dfrac{b^2 x_1}{a^2 y_1}(x - x_1)$，

$\therefore\ a^2 y_1 y - a^2 y_1^2 = -b^2 x_1 x + b^2 x_1^2$．両辺を $a^2 b^2$ で割ると，$\dfrac{x_1 x}{a^2} + \dfrac{y_1 y}{b^2} = \dfrac{x_1^2}{a^2} + \dfrac{y_1^2}{b^2}$．

(x_1, y_1) は楕円周上の点であるから $\dfrac{x_1^2}{a^2} + \dfrac{y_1^2}{b^2} = 1$．よって，接線の方程式は $\dfrac{x_1 x}{a^2} + \dfrac{y_1 y}{b^2} = 1$．

別解

$x = a\cos\theta,\ y = b\sin\theta$ とおき，接点の座標 $x_1 = a\cos\theta_1,\ y_1 = b\sin\theta_1$ とする．

$\dfrac{dy}{dx} = \dfrac{dy}{d\theta}\dfrac{d\theta}{dx} = \dfrac{dy/d\theta}{dx/d\theta} = \dfrac{b\cos\theta}{-a\sin\theta}$ より接線の傾きは $\dfrac{dy}{dx}\bigg|_{\theta=\theta_1} = \dfrac{b\cos\theta_1}{-a\sin\theta_1}$．これより接線

の方程式は $y - b\sin\theta_1 = \dfrac{b\cos\theta_1}{-a\sin\theta_1}(x - a\cos\theta_1)$，したがって，$x\dfrac{\cos\theta_1}{a} + y\dfrac{\sin\theta_1}{b} = 1$．

ここで，$\cos\theta_1 = \dfrac{x_1}{a},\ \sin\theta_1 = \dfrac{y_1}{b}$ より，接線の方程式は $\dfrac{x_1 x}{a^2} + \dfrac{y_1 y}{b^2} = 1$．

> **別解**

接線の方程式を $y - y_1 = m(x - x_1)$ とし，楕円の方程式と連立させ，y を消去し x の 2 次式を作る．∴ $\dfrac{x^2}{a^2} + \dfrac{1}{b^2}\{m(x - x_1) + y_1\}^2 - 1 = 0$．

したがって，$b^2 x^2 + a^2\{m(x - x_1) + y_1\}^2 - a^2 b^2 = 0$．

これより，$(a^2 m^2 + b^2)x^2 - 2a^2 m(mx_1 - y_1)x + a^2(-b^2 + m^2 x_1^2 - 2mx_1 y_1 + y_1^2) = 0$．

これは，重解をもつから，判別式 $D = 0$．これより，

$\dfrac{D}{4} = a^4 m^2 (mx_1 - y_1)^2 - (a^2 m^2 + b^2)a^2(-b^2 + m^2 x_1^2 - 2mx_1 y_1 + y_1^2) = 0$．

$a^2 b^2 (a^2 m^2 + b^2 - m^2 x_1^2 + 2mx_1 y_1 - y_1^2) = 0$,

∴ $(a^2 - x_1^2)m^2 + 2x_1 y_1 m + (b^2 - y_1^2) = 0$．

$a^2\left(1 - \dfrac{x_1^2}{a^2}\right)m^2 + 2x_1 y_1 m + b^2\left(1 - \dfrac{y_1^2}{b^2}\right) = 0$ と $\dfrac{x_1^2}{a^2} + \dfrac{y_1^2}{b^2} = 1$ より，

$a^2 \dfrac{y_1^2}{b^2} m^2 + 2x_1 y_1 m + b^2 \dfrac{x_1^2}{a^2} = 0$．したがって，$\left(a\dfrac{y_1}{b}m + b\dfrac{x_1}{a}\right)^2 = 0$．∴ $m = -\dfrac{b^2 x_1}{a^2 y_1}$．

接線の方程式は $y - y_1 = -\dfrac{b^2 x_1}{a^2 y_1}(x - x_1)$．よって，$\dfrac{x_1 x}{a^2} + \dfrac{y_1 y}{b^2} = 1$．

例題 7.1.6 関数 $f(x)$ が $x = a$ で微分できるとき，次の値を $f(a)$，$f'(a)$ を用いて表せ．

(1) $\displaystyle\lim_{h \to 0} \dfrac{f(a + 3h) - f(a)}{h}$ (2) $\displaystyle\lim_{x \to a} \dfrac{x^2 f(x) - a^2 f(a)}{x^2 - a^2}$

解 $x = a$ の近くで微分可能とは言っていないので平均値の定理が使えない．

$\displaystyle\lim_{\boxed{h} \to 0} \dfrac{f(a + \boxed{h}) - f(a)}{\boxed{h}} = f'(a)$；定義式の四角で囲った 3 箇所は，文字が揃っていなければならない．

(1) $3h = H$ とおく．$h \to 0$ のとき $H \to 0$ である．

$\displaystyle\lim_{h \to 0} \dfrac{f(a + 3h) - f(a)}{h} = \lim_{H \to 0} \dfrac{f(a + H) - f(a)}{H/3} = 3\lim_{H \to 0} \dfrac{f(a + H) - f(a)}{H} = 3f'(a)$.

(2) $\displaystyle\lim_{x \to a} \dfrac{x^2 f(x) - a^2 f(a)}{x^2 - a^2} = \lim_{x \to a} \dfrac{x^2(f(x) - f(a)) + x^2 f(a) - a^2 f(a)}{x^2 - a^2}$

$= \displaystyle\lim_{x \to a} \dfrac{x^2(f(x) - f(a)) + (x^2 - a^2)f(a)}{x^2 - a^2}$

$= \left\{\displaystyle\lim_{x \to a} \dfrac{x^2(f(x) - f(a))}{(x + a)(x - a)}\right\} + f(a)$

$= \left\{\displaystyle\lim_{x \to a} \dfrac{x^2}{x + a} \dfrac{f(x) - f(a)}{x - a}\right\} + f(a)$ ここで，$x - a = h$ とおくと，$x = a + h$，$h \to 0$．

$= \left\{\displaystyle\lim_{h \to 0} \dfrac{(a + h)^2}{2a + h} \dfrac{f(a + h) - f(a)}{h}\right\} + f(a) = \dfrac{a}{2}f'(a) + f(a)$.

例題 7.1.7

(1) $f(x) = x^2$ のとき，$f(a+h) - f(a) = hf'(a+\theta h)$ を満たす θ の値を求めよ．$(0 < \theta < 1)$

(2) $f(x) = x^3$ のとき，$f(a+h) - f(a) = hf'(a+\theta h)$ を満たす θ を a, h を用いて表せ．$(0 < \theta < 1)$　また，$\displaystyle\lim_{h \to 0} \theta$ の値を求めよ．

解 (1) $\dfrac{f(a+h) - f(a)}{h} = 2a + h$, $f'(x) = 2x$ より，$f'(a+\theta h) = 2a + 2\theta h$.

∴ $2a + h = 2a + 2\theta h$. よって，$\theta = \dfrac{1}{2}$.

(2) $\dfrac{f(a+h) - f(a)}{h} = \dfrac{1}{h}\{(a+h)^3 - a^3\} = \dfrac{1}{h}\{a^3 + 3a^2h + 3ah^2 + h^3 - a^3\}$
$= 3a^2 + 3ah + h^2$,

$f'(a + \theta h) = 3(a + \theta h)^2 = 3(a^2 + 2a\theta h + \theta^2 h^2)$.

∴ $3a^2 + 3ah + h^2 = 3(a^2 + 2a\theta h + \theta^2 h^2)$.

したがって，$a^2 + ah + \dfrac{h^2}{3} = a^2 + 2a\theta h + \theta^2 h^2$, $ah + \dfrac{h^2}{3} = 2a\theta h + \theta^2 h^2$.

これを θ の 2 次式とみると，

$\theta^2 + 2a\dfrac{\theta}{h} - \left(\dfrac{a}{h} + \dfrac{1}{3}\right) = 0$ より，

$\theta = -\dfrac{a}{h} \pm \sqrt{\left(\dfrac{a}{h}\right)^2 + \dfrac{a}{h} + \dfrac{1}{3}} = -\dfrac{a}{h} \pm \dfrac{\sqrt{a^2 + ah + \dfrac{1}{3} \cdot h^2}}{h}$.

$a = 0$ のとき　∴ $\theta = \dfrac{1}{\sqrt{3}}$.

$a \neq 0$ のとき

(I) $\pm$ の $+$ の場合：$\theta = \dfrac{-a + \sqrt{a^2 + ah + \dfrac{1}{3} \cdot h^2}}{h}$.

$\theta = \dfrac{-a + \sqrt{a^2 + ah + \dfrac{1}{3} \cdot h^2}}{h} = \dfrac{a^2 - (a^2 + ah + \dfrac{1}{3} \cdot h^2)}{h} \times \dfrac{1}{-a - \sqrt{a^2 + ah + \dfrac{1}{3} \cdot h^2}}$

$= -\left(a + \dfrac{1}{3}h\right) \times \dfrac{1}{-a - \sqrt{a^2 + ah + \dfrac{1}{3} \cdot h^2}} \to -a \times \dfrac{1}{-a - |a|}$　$(h \to 0)$.

ここで，式が意味を持つためには，$a > 0$ でなければならない．　∴ $\theta = \dfrac{1}{2}$　$(a > 0)$.

(II) $\pm$ の $-$ の場合：$\theta = \dfrac{-a - \sqrt{a^2 + ah + \dfrac{1}{3} \cdot h^2}}{h}$.

$\theta = \dfrac{-a - \sqrt{a^2 + ah + \dfrac{1}{3} \cdot h^2}}{h} = \dfrac{a^2 - (a^2 + ah + \dfrac{1}{3} \cdot h^2)}{h} \times \dfrac{1}{-a + \sqrt{a^2 + ah + \dfrac{1}{3} \cdot h^2}}$

$= -\left(a + \dfrac{1}{3}h\right) \times \dfrac{1}{-a + \sqrt{a^2 + ah + \dfrac{1}{3} \cdot h^2}} \to -a \times \dfrac{1}{-a + |a|}$　$(h \to 0)$.

ここで，式が意味を持つためには，$a < 0$ でなければならない． $\therefore \theta = \dfrac{1}{2}$ $(a<0)$.

例題 7.1.8 次の極限値を求めよ．

(1) $\displaystyle\lim_{x \to \frac{\pi}{2}} \dfrac{1-\sin x}{\left(x-\dfrac{\pi}{2}\right)^2}$ (2) $\displaystyle\lim_{x \to 0} \dfrac{\sin x - x}{x^3}$ (3) $\displaystyle\lim_{x \to 0} \dfrac{1}{x} \log \dfrac{1+x}{1-x}$ (4) $\displaystyle\lim_{x \to \infty} \dfrac{1}{x} \log x$

(5) $\displaystyle\lim_{x \to +0} x \log x$ (6) $\displaystyle\lim_{x \to \infty} x\left(\tan^{-1} x - \dfrac{\pi}{2}\right)$ (7) $\displaystyle\lim_{x \to \infty} \dfrac{e^x}{x^n}$ $(n \in \mathbb{N})$ (8) $\displaystyle\lim_{x \to +0} x^x$

解 (1) $x - \dfrac{\pi}{2} = t$ とおくと，$x \to \dfrac{\pi}{2}$ より，$t \to 0$．また，$\sin\left(t+\dfrac{\pi}{2}\right) = \cos t$．

与式 $= \displaystyle\lim_{t \to 0} \dfrac{1-\cos t}{t^2} = \dfrac{0}{0}$．不定形であるから，

与式 $= \displaystyle\lim_{t \to 0} \dfrac{1-\cos t}{t^2} = \lim_{t \to 0} \dfrac{(1-\cos t)'}{(t^2)'} = \lim_{t \to 0} \dfrac{\sin t}{2t} = \dfrac{1}{2} \lim_{t \to 0} \dfrac{\sin t}{t} = \dfrac{1}{2}$.

note $\displaystyle\lim_{t \to 0}\left(\dfrac{\sin t}{t}\right)$ の極限値を求めるためにド・ロピタルの定理は決して適用しないこと．

$\because$ $\displaystyle\lim_{\theta \to 0}\left(\dfrac{\sin \theta}{\theta}\right) = 1$ は $(\sin t)'$ を求めるのに使用した．$\displaystyle\lim_{t \to 0}\left(\dfrac{\sin t}{t}\right)$ を求めるのにド・ロピタルの定理を用いると矛盾が生じる．

(2) $\displaystyle\lim_{x \to 0} \dfrac{\sin x - x}{x^3} = \dfrac{0}{0}$，不定形であるから，与式 $= \displaystyle\lim_{x \to 0} \dfrac{\cos x - 1}{3x^2} = \dfrac{0}{0}$．さらに不定形であるから，与式 $= \displaystyle\lim_{x \to 0} \dfrac{-\sin x}{6x} = -\dfrac{1}{6} \lim_{x \to 0} \dfrac{\sin x}{x} = -\dfrac{1}{6}$.

(3) $\displaystyle\lim_{x \to 0} \dfrac{1}{x} \log \dfrac{1+x}{1-x} = 0 \cdot \infty$，不定形である．$\log \dfrac{1+x}{1-x} = \log(1+x) - \log(1-x)$ より，

与式 $= \displaystyle\lim_{x \to 0} \dfrac{\log(1+x) - \log(1-x)}{x} = \dfrac{0}{0}$，不定形であるから，

与式 $= \displaystyle\lim_{x \to 0} \dfrac{\dfrac{1}{1+x} - \dfrac{-1}{1-x}}{1} = 2$.

(4) $\displaystyle\lim_{x \to \infty} \dfrac{1}{x} \log x = 0 \cdot \infty$，不定形であるから，

与式 $= \displaystyle\lim_{x \to \infty} \dfrac{\log x}{x} \left(= \dfrac{\infty}{\infty} ;\text{不定形}\right) = \lim_{x \to \infty} \dfrac{(\log x)'}{(x)'} = \lim_{x \to \infty} \dfrac{\dfrac{1}{x}}{1} = 0$.

(5) $\displaystyle\lim_{x \to +0} x \log x = 0 \cdot (-\infty)$，不定形であるから，

与式 $= \displaystyle\lim_{x \to +0} \dfrac{\log x}{\dfrac{1}{x}} \left(= \dfrac{\infty}{\infty} ;\text{不定形}\right) = \lim_{x \to +0} \dfrac{(\log x)'}{\left(\dfrac{1}{x}\right)'} = \lim_{x \to +0} \dfrac{\dfrac{1}{x}}{\dfrac{-1}{x^2}} = \lim_{x \to +0}(-x) = 0$.

(6) $\displaystyle\lim_{x \to \infty} x\left(\tan^{-1} x - \dfrac{\pi}{2}\right) = \infty \cdot 0$，不定形であるから，

$$\text{与式} = \lim_{x\to\infty}\frac{\tan^{-1}x - \dfrac{\pi}{2}}{\dfrac{1}{x}}\left(=\frac{0}{0}\,;\text{不定形}\right) = \lim_{x\to\infty}\frac{\left(\tan^{-1}x-\dfrac{\pi}{2}\right)'}{\left(\dfrac{1}{x}\right)'} = \lim_{x\to\infty}\frac{\dfrac{1}{1+x^2}}{-\dfrac{1}{x^2}}$$

$$= \lim_{x\to\infty}\left(-\frac{x^2}{1+x^2}\right) = \lim_{x\to\infty}\left(-\frac{1}{\dfrac{1}{x^2}+1}\right) = -1.$$

(7) $\displaystyle\lim_{x\to\infty}\frac{e^x}{x^n} = \frac{\infty}{\infty}$, 不定形である.

$$\lim_{x\to\infty}\frac{(e^x)'}{(x^n)'} = \lim_{x\to\infty}\frac{e^x}{nx^{n-1}} = \frac{\infty}{\infty}, \quad \lim_{x\to\infty}\frac{(e^x)''}{(x^n)''} = \lim_{x\to\infty}\frac{e^x}{n\cdot(n-1)\cdot x^{n-2}} = \frac{\infty}{\infty}, \cdots,$$

$$\lim_{x\to\infty}\frac{(e^x)^{(n-1)}}{(x^n)^{(n-1)}} = \lim_{x\to\infty}\frac{e^x}{n\cdot(n-1)\cdots 2\cdot x} = \frac{\infty}{\infty}, \quad \text{すべて不定形である}.$$

$(e^x)^{(n)} = e^x$, $(x^n)^{(n)} = n!$ より,繰り返して適用して,

$$\lim_{x\to\infty}\frac{e^x}{x^n} = \lim_{x\to\infty}\frac{(e^x)^{(n)}}{(x^n)^{(n)}} = \lim_{x\to\infty}\frac{e^x}{n\cdot(n-1)\cdots 2\cdot 1} = \infty.$$

(8) $\displaystyle\lim_{x\to +0}x^x = 0^0$,不定形である. $f(x) = x^x$ とおいて対数をとると,$\log f(x) = x\log x$ より,

$$\lim_{x\to +0}\log f(x) = \lim_{x\to +0}x\log x = \lim_{x\to +0}\frac{\log x}{\dfrac{1}{x}} = \frac{-\infty}{\infty}, \quad \text{不定形である}.$$

これより,$\displaystyle\lim_{x\to +0}\log f(x) = \lim_{x\to +0}\frac{\log x}{\dfrac{1}{x}} = \lim_{x\to +0}\frac{\dfrac{1}{x}}{-\dfrac{1}{x^2}} = -\lim_{x\to +0}x = 0$.

ここで,$y = \log x$ は連続関数だから,$\log\left(\displaystyle\lim_{x\to +0}f(x)\right) = 0$. よって,$\displaystyle\lim_{x\to +0}f(x) = e^0 = 1$.

● **関数の増減**

$y = f(x)$ において,x の増分 Δx に対する y の増分を Δy とする.

・$f(x)$ が増加関数 …… $\left.\begin{array}{l}\Delta x > 0 \text{ のとき } \Delta y > 0 \\ \Delta x < 0 \text{ のとき } \Delta y < 0\end{array}\right\}$ であるから $\dfrac{\Delta y}{\Delta x} > 0$,

$\Delta x \to 0$ のときには $\dfrac{\Delta y}{\Delta x} \to f'(x)$,

かつ正の数は負の数に限りなく近づくことはできないから $f'(x) \geqq 0$.

$f(x)$ が減少関数 …… $\left.\begin{array}{l}\Delta x > 0 \text{ のとき } \Delta y < 0 \\ \Delta x < 0 \text{ のとき } \Delta y > 0\end{array}\right\}$ であるから $\dfrac{\Delta y}{\Delta x} < 0$,

$\Delta x \to 0$ のときには $\dfrac{\Delta y}{\Delta x} \to f'(x)$,

かつ負の数は正の数に限りなく近づくことはできないから $f'(x) \leqq 0$.

⇓

x のある変域に属するすべての x の値に対して,常に

$f'(x) > 0$ のときは,その変域では $f(x)$ は増加関数,

$f'(x) < 0$ のときは,その変域では $f(x)$ は減少関数.

・関数 $f(x)$ が連続ある区間内で $|h|$ を十分小さく取ると h の値にかかわらず $f(a+h) < f(a)$ であるとき($x = a$ の近傍では $f(a)$ は $f(x)$ の最大値であるとき),$f(x)$ は $x = a$ において<u>極大</u>となるといい,$f(a)$ を<u>極大値</u>という.逆に,$f(a+h) > f(a)$ であるとき($x = a$ の近傍では $f(a)$ は $f(x)$ の最

小値であるとき），$f(x)$ は $x = a$ において極小となるといい，$f(a)$ を極小値という．

⇓

x が増加するとき $x = a$ の近傍においては，a を境として

　　　$f'(x)$ の符号が正から負

　　　　…→ $f(x)$ は $x = a$ において極大となる．

　　　$f'(x)$ の符号が負から正

　　　　…→ $f(x)$ は $x = a$ において極小となる．

x		a	
$f'(x)$	正	0	負
$f(x)$	↗	(極大)	↘

x		a	
$f'(x)$	負	0	正
$f(x)$	↘	(極小)	↗

例題 7.1.9 次の関数の極値を求め，そのグラフの概形を描け．

(1) $y = x^2(3 - x)$　　　　　　　　(2) $y = x^4 - 4x^3 + 7$

(3) $y = 2\sin x + \sin 2x \ (0 \leqq x \leqq 2\pi)$　　(4) $y = x + \sin 2x \ (0 \leqq x \leqq \pi)$

解 (1) $y' = 3x(2 - x)$．y' を 0 とおき，解くと，$3x(2 - x) = 0$, $x = 0, 2$.

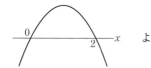 より

x	…	0	…	2	…
y'	−	0	+	0	−
y	↘	0	↗	4	↘

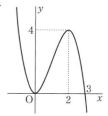

$x = 2$ のとき極大値 4 をとり，$x = 0$ のとき極小値 0 をとる．

(2) $y' = 4x^3 - 12x^2 = 4x^2(x - 3)$．$y'$ を 0 とおき，解くと，$4x^2(x - 3) = 0$, $x = 0, 3$.

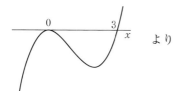 より

x	…	0	…	3	…
y'	−	0	−	0	+
y	↘	7	↘	−20	↗

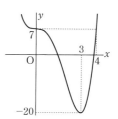

$x = 3$ のとき極小値 -20 をとる．

(3) $y' = 2\cos x + 2\cos 2x$．y' を 0 とおくと，$\cos x + \cos 2x = 0$.

∴ $\cos x + \cos 2x = 2\cos^2 x + \cos x - 1 = (2\cos x - 1)(\cos x + 1) = 0$．$\cos x = -1, \dfrac{1}{2}$．

$\cos x = \dfrac{1}{2}$ より $x = \dfrac{\pi}{3}, \dfrac{5\pi}{3}$．$\cos x = -1$ より $x = \pi$．

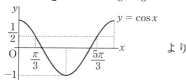 より

x	0	…	$\dfrac{\pi}{3}$	…	π	…	$\dfrac{5\pi}{3}$	…	2π
y'		+	0	−	0	−	0	+	
y	0	↗	$\dfrac{3\sqrt{3}}{2}$	↘	0	↘	$-\dfrac{3\sqrt{3}}{2}$	↗	0

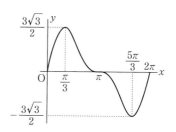

$x = \dfrac{\pi}{3}$ のとき極大値 $\dfrac{3\sqrt{3}}{2}$ をとり，$x = \dfrac{5\pi}{3}$ のとき極小値 $-\dfrac{3\sqrt{3}}{2}$ をとる．

(4) $y' = 1 + 2\cos 2x$，y' を 0 とおくと，$\cos 2x = -\dfrac{1}{2}$，

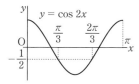

x	0	$\cdots$	$\dfrac{\pi}{3}$	$\cdots$	$\dfrac{2\pi}{3}$	$\cdots$	π
y'		$+$	0	$-$	0	$+$	
y	0	↗	y_1	↘	y_2	↗	π

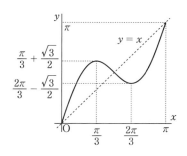

$y_1 = \dfrac{\pi}{3} + \dfrac{\sqrt{3}}{2}$，$y_2 = \dfrac{2\pi}{3} - \dfrac{\sqrt{3}}{2}$．

$x = \dfrac{\pi}{3}$ のとき極大値 $\dfrac{\pi}{3} + \dfrac{\sqrt{3}}{2}$ をとり，$x = \dfrac{2\pi}{3}$ のとき極小値 $\dfrac{2\pi}{3} - \dfrac{\sqrt{3}}{2}$ をとる．

例題 7.1.10

(1) 関数 $f(x) = 4x^3 - 3x^2 - 6x + 2$ のグラフの概形を描け．
(2) 閉区間 $[-1, 2]$ における $f(x)$ の最大値および最小値を求めよ．
(3) この区間において常に $|af(x)| \leqq 1$ であるように a の範囲を求めよ．

解 (1) $f'(x) = 12x^2 - 6x - 6$，$f'(x) = 0$ より，$2x^2 - x - 1 = 0$，$x = -\dfrac{1}{2}$，1．

したがって，

x	$\cdots$	$-1/2$	$\cdots$	1	$\cdots$
y'		$+$	0	$-$	0	$+$
y		↗	$15/4$	↘	-3	↗

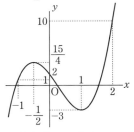

$x = -\dfrac{1}{2}$ のとき極大値 $\dfrac{15}{4}$ をとり，$x = 1$ のとき極小値 -3 をとる．

(2) グラフの図より，$f(x)$ は $x = 2$ のとき最大値 10 をとり，$x = 1$ のとき，最小値 -3 をとる．

(3) 最大値と最小値の各絶対値を比較すると，$10 > |-3|$．

$\therefore\ |a \times 10| \leqq 1$．よって， $\therefore\ -\dfrac{1}{10} \leqq a \leqq \dfrac{1}{10}$．

●第 2 次導関数の応用

・極大・極小の判定

$f(x)$ が連続な導関数 $f'(x)$，$f''(x)$ をもつ区間 I 内の 1 点 $x = a$ において $f'(a) = 0$ であるとき

$f''(a) > 0 \Rightarrow f(x)$ は $x = a$ において極小，
$f''(a) < 0 \Rightarrow f(x)$ は $x = a$ において極大．

・曲線の凹凸

曲線 $y = f(x)$ 上の 1 点 $\mathrm{P}(a, f(a))$ において接線を引くとき，点 P にごく近い曲線上の点がすべてこの接線の上方にあるときには

…… 曲線 $y = f(x)$ は $x = a$ において下に凸.
この接線の下方にあるときには
 …… 曲線 $y = f(x)$ は $x = a$ において上に凸.
点 P にごく近い曲線の部分が直線 $x = a$ の左側部分と右側部分とが点 P における接線の反対側にあるときは
 …→ 点 P は変曲点である.
 ⇓

関数 $f(x)$ が連続な導関数 $f'(x)$, $f''(x)$ を有する区間内における x の値 a に対して

$f''(a) > 0$ … 曲線 $y = f(x)$ は $x = a$ において下に凸,
$f''(a) < 0$ … 曲線 $y = f(x)$ は $x = a$ において上に凸,
$f''(a) = 0$ で $x = a$ を境として $f''(x)$ が符号を変える … 点 $P(a, f(a))$ は変曲点.

● 漸近線

・y 軸に平行な漸近線; $\lim_{x \to a \pm 0} f(x) = \pm\infty$ のとき　　　　漸近線は直線 $x = a$.

・x 軸に平行な漸近線; $\lim_{x \to \pm\infty} f(x) = b$ のとき　　　　漸近線は直線 $y = b$.

・各軸に平行でない漸近線; $\lim_{x \to \pm\infty} \{f(x) - (ax + b)\} = 0$ のとき　　漸近線は直線 $y = ax + b$.

　ここで, $a = \lim_{x \to \pm\infty} \dfrac{f(x)}{x}$, $b = \lim_{x \to \pm\infty} \{f(x) - ax\}$.

● グラフ

関数 $y = f(x)$ の概形を調べるとき, 次のことに注意!

・定義域. (特に不連続点がある場合　…→　漸近線.)
・対称性　…　対称軸, 対称の中心.
・周期性.
・座標軸との交点など特別な点.
・不連続点, 微分可能でない点の近くの状態.
・漸近線 (定義域の端の近くの状態, $x \to \infty$, $x \to -\infty$ の場合も).
・増減, 極値. ($y' = 0$ とおく)
・凹凸, 変曲点. ($y'' = 0$ とおく)

例題 7.1.11 次の関数の漸近線を調べることにより, グラフの概形を描け.

(1) $y = \dfrac{x^2 + 4}{2x}$ 　　　　　　　　(2) $y = \dfrac{x^3}{x^2 - 1}$

note $\lim_{x \to \pm\infty} f(x) = b$ のとき, 直線 $y = b$ は曲線 $y = f(x)$ の漸近線である.
$\lim_{x \to a} f(x) = \pm\infty$ のとき, 直線 $x = a$ は曲線 $y = f(x)$ の漸近線である.
$f(x) = ax + b + R(x)$ で, $\lim_{x \to \pm\infty} R(x) = 0$ のとき, 直線 $y = ax + b$ は曲線 $y = f(x)$ の漸近線である.

解 (1) 関数は $x = 0$ で不連続であるから,

$\lim_{x \to +0} \dfrac{x^2 + 4}{2x} = \lim_{x \to +0} \left(\dfrac{1}{2}x + \dfrac{2}{x}\right) = +\infty$, $\lim_{x \to -0} \dfrac{x^2 + 4}{2x} = -\infty$.

したがって，直線 $x=0$ は漸近線である．

次に，$y=\dfrac{x^2+4}{2x}=\dfrac{1}{2}x+\dfrac{2}{x}$，$\displaystyle\lim_{x\to\pm\infty}\dfrac{2}{x}=0$．したがって，直線 $y=\dfrac{1}{2}x$ は漸近線である．

$y'=\dfrac{(x+2)(x-2)}{2x^2}$，$y'=0$ より $x=-2, 2$．

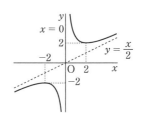

x	$\cdots$	-2	$\cdots$	0	$\cdots$	2	$\cdots$
y'	$+$	0	$-$	×	$-$	0	$+$
y	↗	-2	↘	×	↘	2	↗

$x=-2$ のとき極大値 -2，$x=2$ のとき極小値 2 をとる．

(2) $y=\dfrac{x^3}{x^2-1}=\dfrac{x(x^2-1)+x}{x^2-1}=x+\dfrac{x}{(x+1)(x-1)}=x+\dfrac{1}{2}\left(\dfrac{1}{x+1}+\dfrac{1}{x-1}\right)$．

$x=\pm 1$ で不連続であるから，

$\displaystyle\lim_{x\to -1+0}\dfrac{x^3}{x^2-1}=\lim_{x\to -1+0}\left\{x+\dfrac{1}{2}\left(\dfrac{1}{x+1}+\dfrac{1}{x-1}\right)\right\}=+\infty$，$\displaystyle\lim_{x\to -1-0}\dfrac{x^3}{x^2-1}=-\infty$．

$\displaystyle\lim_{x\to 1+0}\dfrac{x^3}{x^2-1}=\lim_{x\to 1+0}\left\{x+\dfrac{1}{2}\left(\dfrac{1}{x+1}+\dfrac{1}{x-1}\right)\right\}=+\infty$，$\displaystyle\lim_{x\to 1-0}\dfrac{x^3}{x^2-1}=-\infty$．

したがって，直線 $x=-1, x=1$ は漸近線である．

次に，$y=\dfrac{x^3}{x^2-1}=x+\dfrac{1}{2}\left(\dfrac{1}{x+1}+\dfrac{1}{x-1}\right)$，$\displaystyle\lim_{x\to \pm\infty}\dfrac{1}{2}\left(\dfrac{1}{x+1}+\dfrac{1}{x-1}\right)=0$．

したがって，直線 $y=x$ は漸近線である．

$y'=\dfrac{x^2(x+\sqrt{3})(x-\sqrt{3})}{(x+1)^2(x-1)^2}$，$y'=0$ より，

$x=-\sqrt{3}, 0, \sqrt{3}$．$(x\neq \pm 1)$

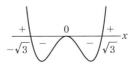

y' の分母の符号は $x=\pm 1$ を除いて正であるから，分子の符号のみ調べる．

x	$\cdots$	$-\sqrt{3}$	$\cdots$	-1	$\cdots$	0	$\cdots$	1	$\cdots$	$\sqrt{3}$	$\cdots$
y'	$+$	0	$-$	×	$-$	0	$-$	×	$-$	0	$+$
y	↗	$-\dfrac{3\sqrt{3}}{2}$	↘	×	↘	0	↘	×	↘	$\dfrac{3\sqrt{3}}{2}$	↗

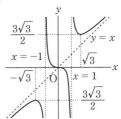

$x=-\sqrt{3}$ のとき極大値 $-\dfrac{3\sqrt{3}}{2}$，$x=\sqrt{3}$ のとき極小値 $\dfrac{3\sqrt{3}}{2}$ をとる．

例題 7.1.12 関数 $y=x^2+\dfrac{1}{x}$ のグラフは，

(1) x が 0 に近づくと，どのような曲線に近づくか．

(2) $|x|$ が大きくなると，どのような曲線に近づくか．

(3) (1), (2)の結果から $y=x^2+\dfrac{1}{x}$ のグラフの概形を描け．

解 関数 $y=x^2+\dfrac{1}{x}$ のグラフは，$x=0$ で不連続である．

($\displaystyle\lim_{x\to +0}\left(x^2+\dfrac{1}{x}\right)=+\infty$，$\displaystyle\lim_{x\to -0}\left(x^2+\dfrac{1}{x}\right)=-\infty$ であるため，$x=0$（y 軸）は漸近線である．）

(1) $\lim_{x \to +0} \dfrac{1}{x} = +\infty$, $\lim_{x \to -0} \dfrac{1}{x} = -\infty$, $\lim_{x \to 0} x^2 = 0$ であるため，x が 0 に近づくと，$y = x^2 + \dfrac{1}{x}$ のグラフでは，$y = \dfrac{1}{x}$ の影響が大きくなる．したがって，双曲線 $y = \dfrac{1}{x}$ に近づく．

(2) $\lim_{x \to \pm\infty} \dfrac{1}{x} = 0$, $\lim_{x \to \pm\infty} x^2 = \infty$ であるため，$|x|$ が大きくなると，$y = x^2 + \dfrac{1}{x}$ のグラフでは，$y = x^2$ の影響が大きくなる．したがって，放物線 $y = x^2$ に近づく．

(3)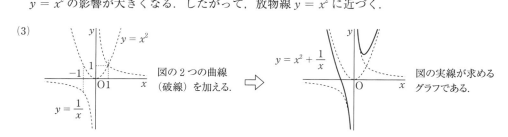

> **例題 7.1.13** 不等式 $x < \tan x$ $\left(0 < x < \dfrac{\pi}{2}\right)$ を示せ．

解 $f(x) = \tan x - x$ とおく．$f'(x) = \dfrac{1}{\cos^2 x} - 1 = \dfrac{1 - \cos^2 x}{\cos^2 x} > 0$, $\left(0 < x < \dfrac{\pi}{2}\right)$ より $f(x)$ は単調増加関数で，また $\lim_{x \to +0} f(x) = \lim_{x \to +0}(\tan x - x) = 0$ であるから $f(x) > 0$．

別解 ....

$g(x) = \tan x$, $\left(0 < x < \dfrac{\pi}{2}\right)$ とおく．平均値の定理 $\dfrac{g(x) - g(0)}{x - 0} = g'(0 + \theta x)$, $(0 < \theta < 1)$ より，$\dfrac{\tan x}{x} = \dfrac{1}{\cos^2 \theta x} > 1$．よって，$\tan x > x$．

> **例題 7.1.14** 次の関数の極値，グラフの凹凸または漸近線を求め，そのグラフの概形を描け．
> (1) $y = e^{\frac{1}{x}}$　(2) $y = x^2 \log x$　(3) $y = \dfrac{x+1}{x^2+1}$

解 (1) $y = e^{\frac{1}{x}} > 0$．$x = 0$ で不連続である．

$\lim_{x \to +0} e^{\frac{1}{x}} = +\infty$, $\lim_{x \to -0} e^{\frac{1}{x}} = \lim_{t \to +0} e^{-\frac{1}{t}} = \lim_{t \to +0}\left(\dfrac{1}{e}\right)^{\frac{1}{t}} = 0$,

($x = -t$ とおいた．) $x \to +0$ のとき，直線 $x = 0$ (y 軸) が漸近線である．

$\lim_{x \to \infty} e^{\frac{1}{x}} = 1$, $\lim_{x \to -\infty} e^{\frac{1}{x}} = \lim_{t \to \infty} e^{-\frac{1}{t}} = \lim_{t \to \infty} \dfrac{1}{e^{\frac{1}{t}}} = 1$, ($x = -t$ とおいた．) $x \to \pm\infty$ のとき，直線 $y = 1$ が漸近線である．

$y' = -\dfrac{1}{x^2} e^{\frac{1}{x}} < 0$, $(x \neq 0)$.

これより，関数は減少関数である．

$y'' = \dfrac{1}{x^4} e^{\frac{1}{x}} (2x + 1)$．$y'' = 0$ より $x = -\dfrac{1}{2}$．

これより，

x	$-\infty$	$\cdots$	0	$\cdots$	∞
y'		$-$	×	$-$	
y	1	$\searrow$	$(0)(+\infty)$	$\searrow$	1

x	$\cdots$	$-1/2$	$\cdots$	0	$\cdots$
y''	$-$	0	$+$		$+$
y	$\cap$	e^{-2}	$\cup$	×	$\cup$

極値無し，変曲点は $\left(-\dfrac{1}{2},\ e^{-2}\right)$ である．

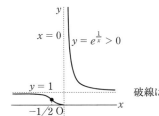

破線は漸近線である．

(2) 定義域 $x > 0$．

$$\lim_{x\to\infty} x^2 \log x = \infty,\quad \lim_{x\to +0} x^2 \log x = \lim_{x\to +0} \dfrac{(\log x)'}{\left(\dfrac{1}{x^2}\right)'} = \lim_{x\to +0} \dfrac{\dfrac{1}{x}}{-2\left(\dfrac{1}{x^3}\right)} = \lim_{x\to +0} \dfrac{x^2}{-2} = 0.$$

$y' = 2x \log x + x$．$y' = 0$ より $x = \dfrac{1}{\sqrt{e}}$．

$y'' = 2\log x + 3$．$y'' = 0$ より $x = \dfrac{1}{e\sqrt{e}}$．

x	0	$\cdots$	$1/\sqrt{e}$	$\cdots$
y'	×	$-$	0	$+$
y	(0)	↘	$-1/(2e)$	↗

x	0	$\cdots$	$1/(e\sqrt{e})$	$\cdots$
y''	×	$-$	0	$+$
y	(0)	$\cap$	$-3/(2e^3)$	$\cup$

$x = \dfrac{1}{\sqrt{e}}$ のとき極小値 $-\dfrac{1}{2e}$ をとり，変曲点は $\left(\dfrac{1}{e\sqrt{e}},\ -\dfrac{3}{2e^3}\right)$ である．

(3) 不連続点はない．

$$\lim_{x\to\infty} \dfrac{x+1}{x^2+1} = \lim_{x\to\infty} \dfrac{\dfrac{1}{x}+\dfrac{1}{x^2}}{1+\dfrac{1}{x^2}} = 0,\quad \lim_{x\to -\infty} \dfrac{x+1}{x^2+1} = \lim_{t\to\infty} \dfrac{-t+1}{t^2+1} = \lim_{t\to\infty} \dfrac{-\dfrac{1}{t}+\dfrac{1}{t^2}}{1+\dfrac{1}{t^2}} = 0.$$

$(x = -t)$ したがって，漸近線は $y = 0$（x 軸）である．

$y' = \dfrac{(x+1)'(x^2+1) - (x+1)(x^2+1)'}{(x^2+1)^2}$

$= -\dfrac{x^2 + 2x - 1}{(x^2+1)^2}$．

$y' = 0$ より $x = -1 \pm \sqrt{2}$．

x	$\cdots$	$-1-\sqrt{2}$	$\cdots$	$-1+\sqrt{2}$	$\cdots$
y'	$-$	0	$+$	0	$-$
y	↘	$(1-\sqrt{2})/2$	↗	$(1+\sqrt{2})/2$	↘

$y'' = -\dfrac{(x^2+2x-1)'(x^2+1)^2 - (x^2+2x-1)((x^2+1)^2)'}{(x^2+1)^4}$

$= \dfrac{2(x^3 + 3x^2 - 3x - 1)}{(x^2+1)^3}$．

$y'' = 0$ より

$x^3 + 3x^2 - 3x - 1 = (x^3 - 1) + 3x(x - 1)$
$\qquad\qquad\qquad = (x-1)(x^2 + x + 1 + 3x)$
$\qquad\qquad\qquad = (x-1)(x^2 + 4x + 1) = 0$,

$x = -2 \pm \sqrt{3},\ 1$．

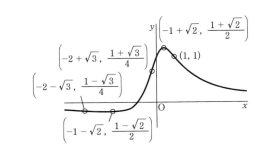

x	$\cdots$	$-2-\sqrt{3}$	$\cdots$	$-2+\sqrt{3}$	$\cdots$	1	$\cdots$
y''	$-$	0	$+$	0	$-$	0	$+$
y	$\cap$	$(1-\sqrt{3})/4$	$\cup$	$(1+\sqrt{3})/4$	$\cap$	1	$\cup$

$x=-1-\sqrt{2}$ のとき極小値 $\dfrac{1-\sqrt{2}}{2}$, $x=-1+\sqrt{2}$ のとき極大値 $\dfrac{1+\sqrt{2}}{2}$ をとる.

変曲点は $\left(-2-\sqrt{3}, \dfrac{1-\sqrt{3}}{4}\right)$, $\left(-2+\sqrt{3}, \dfrac{1+\sqrt{3}}{4}\right)$, $(1,1)$ である.

●速度と加速度

・直線上の点の運動

速度…大きさと方向をもつ量. 速さは大きさだけで, 0 以上の量.

1 直線 g 上を動点がある法則に従って運動する. このとき, 時刻 t で動点が P にあり, 時間が Δt だけ経過して Q に達したとする. $PQ=\Delta s$ とするとき $\dfrac{\Delta s}{\Delta t}$ は P から Q に達する間の平均の速度. (等速運動をするときは, $\dfrac{\Delta s}{\Delta t}$ は動点の速度に等しい.)

$$ \text{点 P (時刻 } t\text{) における動点の速度 } v \ \cdots \ \ v=\lim_{\Delta t \to 0}\dfrac{\Delta s}{\Delta t}=\dfrac{ds}{dt}. $$

加速度…点 P における動点の速度 v, 点 Q における動点の速度 $v+\Delta v$ とすると, $\dfrac{\Delta v}{\Delta t}$ は P から Q に至る間の平均の加速度. (等加速運動をするときは, $\dfrac{\Delta v}{\Delta t}$ は動点の加速度に等しい.)

$$ \text{点 P (時刻 } t\text{) における動点の加速度 } \alpha \ \cdots \ \ \alpha=\lim_{\Delta t \to 0}\dfrac{\Delta v}{\Delta t}=\dfrac{dv}{dt}. $$

(速度は距離を時間で微分したもので, 加速度は速度を時間で微分したもの.)

点 P の座標 x が, 時刻 t の関数 $x=f(t)$ で表されるとき,

$$ \text{速度} \quad v=\dfrac{dx}{dt}=f'(t), \quad \text{加速度} \quad \alpha=\dfrac{dv}{dt}=\dfrac{d^2x}{dt^2}=f''(t). $$

・平面上の点の運動

点 P の座標 (x,y) が, 時刻 t の関数 $x=f(t)$, $y=g(t)$ で表されるとき,

$$ \text{速度} \quad \vec{v}=\left(\dfrac{dx}{dt},\dfrac{dy}{dt}\right), \quad \text{速度の大きさ} \quad |\vec{v}|=\sqrt{\left(\dfrac{dx}{dt}\right)^2+\left(\dfrac{dy}{dt}\right)^2}. $$

(時間 Δt で P から Q $(x+\Delta x, y+\Delta y)$ まで進んだとき, Δt が小さければ, 動いた長さ Δs は, ほぼ PQ に等しい. $\Delta s \approx \sqrt{\Delta x^2+\Delta y^2}$, $\dfrac{\Delta s}{\Delta t}\approx \sqrt{\left(\dfrac{\Delta x}{\Delta t}\right)^2+\left(\dfrac{\Delta y}{\Delta t}\right)^2}$. $\therefore \ |\vec{v}|=\dfrac{ds}{dt}$.)

速度の方向 $\dfrac{\frac{dy}{dt}}{\frac{dx}{dt}}=\dfrac{dy}{dx}$. (点の描く曲線の接線方向になる.)

$$ \text{加速度} \ \vec{\alpha}=\left(\dfrac{d^2x}{dt^2},\dfrac{d^2y}{dt^2}\right), \quad \text{加速度の大きさ}\ |\vec{\alpha}|=\sqrt{\left(\dfrac{d^2x}{dt^2}\right)^2+\left(\dfrac{d^2y}{dt^2}\right)^2}. $$

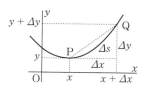

例題 7.1.15 直線軌道上を走っている列車がブレーキをかけたときから t 秒間に走った距離を s m とする．$s = 27t - 0.45t^2$ であるとき，この列車はブレーキをかけてから何秒後に，何 m 走って停止するか．

note 距離→（微分）→速度，速度→（微分）→加速度，速度→（積分）→距離．

解 $\dfrac{ds}{dt} = 27 - 0.9t = v$ であるから，$v = 0$ になるのは $t = 30$ 秒後である．

$s|_{t=30} = 27 \times 30 - 0.45 \times 30^2 = (27 - 0.45 \times 30) \times 30 = 405$ (m).

note 現時点から 30 秒間走る距離は
$$s = \int_0^{30} (27 - 0.9t)\,dt = [27t - 0.45t^2]_0^{30} = 27 \times 30 - 0.45 \times 30^2 = 405.$$

例題 7.1.16 数直線上を運動する点 P が，原点から出発して座標 x における速度を $1 + \sin x$ とする．P の x における加速度を求めよ．

解 題意より速度 $v = 1 + \sin x = \dfrac{dx}{dt}$ である．また，加速度は速度を時間 t で微分すると得られる．

$\therefore\ a = \dfrac{dv}{dt} = \dfrac{d}{dt}(1 + \sin x) = \dfrac{d}{dx}(1 + \sin x) \cdot \dfrac{dx}{dt} = \cos x \cdot (1 + \sin x)$.

例題 7.1.17 点 $(0, 1)$ から出発して曲線 $y = \dfrac{1}{2}(e^x + e^{-x})$ の第 1 象限の部分を毎秒 1 で動く点 P がある．P から x 軸におろした垂線の足（点 P から x 軸に引いた垂線と x 軸の交点）Q の t 秒後の速さを t で表せ．

解 動点 $P(x(t), y(t))$ の情報は，$y = \dfrac{1}{2}(e^x + e^{-x})$，$x(0) = 0$，$(y(0) = 1)$．

毎秒 1 で動く → 速さ → $\left(\dfrac{d}{dt}x(t)\right)^2 + \left(\dfrac{d}{dt}y(t)\right)^2 = 1^2$．

目的は，動点 $Q(x(t), 0)$ の速さ → $\dfrac{dx}{dt}$ を t で表す．

$\dfrac{d}{dt}y(t) = \dfrac{d}{dx}y\dfrac{dx}{dt} = \dfrac{1}{2}(e^x - e^{-x})\dfrac{dx}{dt}$ から，

$\left(\dfrac{dx}{dt}\right)^2 + \left(\dfrac{1}{2}(e^x - e^{-x})\dfrac{dx}{dt}\right)^2 = \left(\dfrac{dx}{dt}\right)^2 \left\{1 + \dfrac{1}{4}(e^x - e^{-x})^2\right\} = \left(\dfrac{dx}{dt}\right)^2 \left(\dfrac{e^x + e^{-x}}{2}\right)^2 = 1$.

$\therefore\ \left(\dfrac{dx}{dt}\right)^2 = \left(\dfrac{e^x + e^{-x}}{2}\right)^{-2}$ より，$\dfrac{dx}{dt} = \dfrac{2}{e^x + e^{-x}}$. $\left(\because\ \dfrac{dx}{dt} > 0\right)$

この関係式から x と t の関係を導きたい．

$\dfrac{dx}{dt}$ は，Δx と Δt の比であったことを考慮すると，逆数をとって $\dfrac{dt}{dx} = \dfrac{e^x + e^{-x}}{2}$ である．

したがって，$t = \displaystyle\int \dfrac{e^x + e^{-x}}{2}dx = \dfrac{e^x - e^{-x}}{2} + C$．これより $x(0) = 0$ から，

$0 = \dfrac{0 - 0}{2} + C$, $\therefore\ C = 0$.

第7章　微分・積分の応用

$$t = \frac{e^x - e^{-x}}{2} \text{ と } \left(\frac{dx}{dt}\right)^2 + \left(\frac{1}{2}(e^x - e^{-x})\frac{dx}{dt}\right)^2 = \left(\frac{dx}{dt}\right)^2 \left\{1 + \frac{1}{4}(e^x - e^{-x})^2\right\} = 1 \text{ より,}$$

$$\left(\frac{dx}{dt}\right)^2 (1 + t^2) = 1. \quad \text{よって,} \quad \frac{dx}{dt} = \frac{1}{\sqrt{1+t^2}}.$$

● Taylor の定理

・関数 $f(x)$ が連続な導関数 $f'(x), f''(x), \cdots, f^{(n)}(x)$ をもつ区間において任意の 2 数 a, b をとると,

$$f(b) = f(a) + \frac{(b-a)}{1!}f'(a) + \frac{(b-a)^2}{2!}f''(a) + \cdots + \frac{(b-a)^{n-1}}{(n-1)!}f^{(n-1)}(a) + R_n$$

ここで，$R_n = \frac{(b-a)^n}{n!}f^{(n)}(x_1)$ で，この x の値 x_1 が a と b との間に少なくとも 1 つある．

(<u>Taylor の定理</u>，R_n を <u>Taylor の展開式の剰余</u>)

・$a = 0, b = x$ で置き換えると，

$$f(x) = f(0) + \frac{x}{1!}f'(0) + \frac{x^2}{2!}f''(0) + \cdots + \frac{x^{n-1}}{(n-1)!}f^{(n-1)}(0) + R_n.$$

ここで，$R_n = \frac{x^n}{n!}f^{(n)}(\theta x), \ 1 > \theta > 0$. (<u>Maclaurin の定理</u>，$R_n$ を <u>Lagrange の剰余形式</u>)

● 関数の展開

・関数 $f(x)$ が連続な導関数 $f'(x), f''(x), \cdots, f^{(n)}(x)$ をもつ区間で $f(x)$ の $x = a$ におけるテイラーの展開式の剰余 R_n が $\lim_{n \to \infty} R_n = 0$ であるとき，$f(x)$ は次の無限級数で表される．(<u>Taylor の級数</u>)

$$f(x) = f(a) + \frac{(x-a)}{1!}f'(a) + \frac{(x-a)^2}{2!}f''(a) + \cdots + \frac{(x-a)^{n-1}}{(n-1)!}f^{(n-1)}(a) + \cdots.$$

・$a = 0$ とおくと (<u>Maclaurin の級数</u>)

$$f(x) = f(0) + \frac{x}{1!}f'(0) + \frac{x^2}{2!}f''(0) + \cdots + \frac{x^{n-1}}{(n-1)!}f^{(n-1)}(0) + \cdots.$$

① $\sin x = x - \frac{x^3}{3!} + \frac{x^5}{5!} - \cdots + (-1)^{m-1}\frac{x^{2m-1}}{(2m-1)!} + \cdots \quad (-\infty < x < \infty)$,

② $\cos x = 1 - \frac{x^2}{2!} + \frac{x^4}{4!} - \cdots + (-1)^m \frac{x^{2m}}{(2m)!} + \cdots \quad (-\infty < x < \infty)$,

③ $e^x = 1 + \frac{x}{1!} + \frac{x^2}{2!} + \frac{x^3}{3!} + \cdots + \frac{x^n}{n!} + \cdots \quad (-\infty < x < \infty)$,

④ $\log(1+x) = \frac{x}{1} - \frac{x^2}{2} + \frac{x^3}{3} - \cdots + (-1)^{n-1}\frac{x^n}{n} + \cdots \quad (-1 < x \leqq 1)$,

⑤ m を任意の実数，$-1 < x < 1$ とする (二項定理).

$$(1+x)^m = 1 + \frac{m}{1!}x + \frac{m(m-1)}{2!}x^2 + \frac{m(m-1)(m-2)}{3!}x^3$$
$$+ \cdots + \frac{m(m-1)\cdots(m-n+1)}{n!}x^n + \cdots.$$

例題 7.1.18 次の問に答えよ．

(1) 等式 $\dfrac{1}{1+t} = 1 - t + t^2 - t^3 + \cdots + (-1)^{n-1}t^{n-1} + \dfrac{(-1)^n t^n}{1+t},\ (t \neq -1)$ を示せ．

(2) (1)を利用して
$$\log(1+x) = x - \frac{1}{2}x^2 + \frac{1}{3}x^3 - \frac{1}{4}x^4 + \cdots + (-1)^{n-1}\frac{1}{n}x^n + R_{n+1}(x),\ (x > -1)$$ を示せ．
ただし，$R_{n+1}(x) = \displaystyle\int_0^x \frac{(-1)^n t^n}{1+t} dt$ とする．

(3) $0 \leqq x \leqq 1$ のとき $\displaystyle\lim_{n \to \infty} |R_{n+1}(x)| = 0$ を示せ．

(4) $-1 < x < 0$ のとき $\displaystyle\lim_{n \to \infty} |R_{n+1}(x)| = 0$ を示せ．

解 (1) 初項 1，公比 $-t$ の等比数列の第 n までの和を求めると
$$1 - t + t^2 - t^3 + \cdots + (-1)^{n-1}t^{n-1} = 1 + (-t) + (-t)^2 + (-t)^3 + \cdots + (-t)^{n-1} = \frac{1-(-t)^n}{1-(-t)}$$
$$= \frac{1-(-t)^n}{1+t} = \frac{1}{1+t} - \frac{(-1)^n t^n}{1+t},\ (t \neq -1)\ \text{より},$$
$$\frac{1}{1+t} = 1 - t + t^2 - t^3 + \cdots + (-1)^{n-1}t^{n-1} + \frac{(-1)^n t^n}{1+t},\ (t \neq -1).$$

(2) $f'(t) = \dfrac{1}{1+t} = 1 - t + t^2 - t^3 + \cdots + (-1)^{n-1}t^{n-1} + \dfrac{(-1)^n t^n}{1+t},\ (t > -1)$ とおき，両辺を 0 から $x(x > -1)$ まで積分すると左辺の定積分の結果は $f(x) = \log(1+x)$．
$$\therefore\ \log(1+x) = x - \frac{1}{2}x^2 + \frac{1}{3}x^3 - \frac{1}{4}x^4 + \cdots + (-1)^{n-1}\frac{1}{n}x^n + \int_0^x \frac{(-1)^n t^n}{1+t}dt.$$

(3) $0 \leqq x \leqq 1$ のとき，$0 \leqq t \leqq x \leqq 1$．
したがって，$1 \leqq t+1 \leqq x+1$．$\quad \therefore\ 1 \geqq \dfrac{1}{t+1} > 0$．これより，$t^n \geqq \dfrac{t^n}{t+1} > 0$．
よって，
$$|R_{n+1}(x)| = \left|\int_0^x \frac{(-1)^n t^n}{1+t}dt\right| = \left|(-1)^n \int_0^x \frac{t^n}{1+t}dt\right| = \int_0^x \frac{t^n}{1+t}dt < \int_0^x t^n dt = \left[\frac{t^{n+1}}{n+1}\right]_0^x$$
$$= \frac{x^{n+1}}{n+1} \leqq \frac{1}{n+1} \to 0,\ (n \to \infty)$$

(4) $-1 < x < 0$ のとき，
$$|R_{n+1}(x)| = \left|\int_0^x \frac{(-1)^n t^n}{1+t}dt\right| = \left|\int_0^x \frac{(-t)^n}{1+t}dt\right| = ☆.$$
ここで，$-t = u$ とおくと，$(-1)dt = du,\ t; 0 \to x$ のとき，$u; 0 \to -x = |x|$ であるから，
$$☆ = \left|\int_0^{|x|} \frac{u^n}{1-u}(-1)dt\right| = \int_0^{|x|} \frac{u^n}{1-u}dt = ◇,$$
$-1 < x < 0$ より，$-1 < x \leqq t < 0$．したがって，$1 > |x| \geqq -t = u > 0$．
さらに，$1 > |x| \geqq u > 0$ より，$-1 < -|x| \leqq -u < 0$ であるから $0 < 1 - |x| \leqq 1-u < 1$．
したがって，$\dfrac{1}{1-|x|} \geqq \dfrac{1}{1-u} > 1$．

$$\diamondsuit = \int_0^{|x|} \frac{u^n}{1-u} dt \leqq \int_0^{|x|} \frac{u^n}{1-|x|} dt = \frac{1}{1-|x|} \int_0^{|x|} u^n dt = \frac{1}{1-|x|} \left[\frac{u^{n+1}}{n+1}\right]_0^{|x|}$$
$$= \frac{1}{1-|x|} \frac{(|x|)^{n+1}}{n+1} < \frac{1}{1-|x|} \frac{1}{n+1} \to 0, \ (n \to \infty)$$

例題 7.1.19 次の関数のマクローリン展開を求めよ.
(1) $\log(1+x^3)$ (2) $\sin^{-1} x$ (3) $\sin^2 x$ (4) $\log(x+\sqrt{1+x^2})$

解 $f(0), f'(0), f''(0), f^{(3)}(0)\cdots$ を順に求め，一般項 $f^{(n-1)}(0)$ を類推するのが基本であるが，なるべく計算の煩雑さを避けることを考える.

(1) $\dfrac{d}{dx}\log(1+x^3) = \dfrac{(1+x^3)'}{1+x^3} = \dfrac{3x^2}{1+x^3} \cdot \dfrac{1}{1+x^3}$ に対して

$\dfrac{1}{1+t} = 1 - t + t^2 - t^3 + \cdots + (-1)^{n-1} t^{n-1} + \cdots$ を適用.

$\dfrac{1}{1+x^3} = 1 - x^3 + x^6 - x^9 + \cdots + (-1)^{n-1} x^{3(n-1)} + \cdots$,

$\therefore \ \dfrac{3x^2}{1+x^3} = 3x^2 - 3x^5 + 3x^8 - 3x^{11} + \cdots + 3(-1)^{n-1} x^{3n-1} + \cdots$.

ここで，両辺を 0 から x まで積分すると,

$\log(1+x^3) = x^3 - \dfrac{1}{2}x^6 + \dfrac{1}{3}x^9 - \dfrac{1}{4}x^{12} + \cdots + \dfrac{(-1)^{n-1}}{n} x^{3n} + \cdots$.

別解 $\log(1+x) = \dfrac{x}{1} - \dfrac{x^2}{2} + \dfrac{x^3}{3} - \cdots + (-1)^{n-1} \dfrac{x^n}{n} + \cdots$ において，x を x^3 に置き換えると，
$\log(1+x^3) = \dfrac{x^3}{1} - \dfrac{x^6}{2} + \dfrac{x^9}{3} - \cdots + (-1)^{n-1} \dfrac{x^{3n}}{n} + \cdots\cdots$.

(2) $\sin^{-1} x = y$ とおく. $\sin y = x \ \left(-\dfrac{\pi}{2} \leqq y \leqq \dfrac{\pi}{2}\right)$ の両辺を x で微分すると，

$\dfrac{d}{dx}\sin y = \dfrac{d}{dy}\sin y \dfrac{dy}{dx} = (\cos y) y', \ \dfrac{d}{dx}x = 1. \quad \therefore \ (\cos y)y' = 1.$ より $y' = \dfrac{1}{\cos y}$,

$\cos y = \pm\sqrt{1-\sin^2 y} = \pm\sqrt{1-x^2}$. 条件 $-\dfrac{\pi}{2} \leqq y \leqq \dfrac{\pi}{2}$ より $\cos y \geqq 0$.

$\therefore \ \dfrac{d}{dx}\sin^{-1} x = \dfrac{1}{\sqrt{1-x^2}}$.

$\dfrac{1}{\sqrt{1-x^2}} = (1+(-x^2))^{-\frac{1}{2}}$ に対して

$(1+x)^s = 1 + \dfrac{s}{1!}x + \dfrac{s(s-1)}{2!}x^2 + \cdots + \dfrac{s(s-1)\cdots(s-n+1)}{n!}x^n + \cdots$ を適用.

$(1+(-x^2))^{-\frac{1}{2}} = 1 + \dfrac{1}{1!}\left(-\dfrac{1}{2}\right)(-x^2) + \dfrac{1}{2!}\left(-\dfrac{1}{2}\right)\left(-\dfrac{1}{2}-1\right)(-x^2)^2 + \cdots$
$\qquad + \dfrac{1}{n!}\left(-\dfrac{1}{2}\right)\left(-\dfrac{1}{2}-1\right)\cdots\left(-\dfrac{1}{2}-n+1\right)(-x^2)^n + \cdots$

$\qquad = 1 + \dfrac{1}{1!}\left(\dfrac{1}{2}\right)x^2 + \dfrac{1}{2!}\left(\dfrac{1}{2}\right)\left(\dfrac{1}{2}+1\right)x^4 + \cdots$
$\qquad + \dfrac{1}{n!}\left(\dfrac{1}{2}\right)\left(\dfrac{1}{2}+1\right)\cdots\left(\dfrac{1}{2}+n-1\right)x^{2n} + \cdots$.

ここで，両辺を 0 から x まで積分すると,

$$\sin^{-1}x = x + \frac{1}{1!}\left(\frac{1}{2}\right)\frac{1}{3}x^3 + \frac{1}{2!}\left(\frac{1}{2}\right)\left(\frac{1}{2}+1\right)\frac{1}{5}x^5 + \cdots$$
$$+ \frac{1}{n!}\left(\frac{1}{2}\right)\left(\frac{1}{2}+1\right)\cdots\left(\frac{1}{2}+n-1\right)\frac{1}{2n+1}x^{2n+1} + \cdots.$$

(3) $\sin^2 x = \dfrac{1-\cos 2x}{2}$, $\cos 2x$ に対して $\cos x = 1 - \dfrac{x^2}{2!} + \dfrac{x^4}{4!} - \cdots + (-1)^m \dfrac{x^{2m}}{(2m)!} + \cdots$ を適用する.

$$\cos 2x = 1 - \frac{(2x)^2}{2!} + \frac{(2x)^4}{4!} - \cdots + (-1)^m \frac{(2x)^{2m}}{(2m)!} + \cdots$$
$$= 1 - \frac{4x^2}{2!} + \frac{4^2 x^4}{4!} - \cdots + (-1)^m \frac{4^m x^{2m}}{(2m)!} + \cdots.$$
$$\therefore \quad \sin^2 x = \frac{1}{2} - \frac{1}{2}\left(1 - \frac{4x^2}{2!} + \frac{4^2 x^4}{4!} - \cdots + (-1)^m \frac{4^m x^{2m}}{(2m)!} + \cdots\right)$$
$$= \frac{1}{2}\left(\frac{4x^2}{2!} - \frac{4^2 x^4}{4!} - \cdots + (-1)^{m-1} \frac{4^m x^{2m}}{(2m)!} + \cdots\right).$$

(4) $\dfrac{d}{dx}\log(x+\sqrt{1+x^2}) = \dfrac{(x+\sqrt{1+x^2})'}{x+\sqrt{1+x^2}} = \left(1 + \dfrac{1}{2}\dfrac{2x}{\sqrt{1+x^2}}\right)\Big/(x+\sqrt{1+x^2})$
$$= \left(\frac{\sqrt{1+x^2}+x}{\sqrt{1+x^2}}\right)\Big/(x+\sqrt{1+x^2}) = \frac{1}{\sqrt{1+x^2}} = (1+x^2)^{-\frac{1}{2}}.$$

ここで，微分の結果 $(1+x^2)^{-\frac{1}{2}}$ の展開式を得るため，次の式の $s=-1/2$, x を x^2 とする.
$$(1+x)^s = 1 + \frac{s}{1!}x + \frac{s(s-1)}{2!}x^2 + \cdots + \frac{s(s-1)\cdots(s-(n-1))}{n!}x^n + \cdots,$$
$$\therefore \quad (1+x)^{-\frac{1}{2}} = 1 + \frac{1}{1!}\left(-\frac{1}{2}\right)x^2 + \frac{1}{2!}\left(-\frac{1}{2}\right)\left(-\frac{1}{2}-1\right)x^4 + \cdots$$
$$+ \frac{1}{n!}\left(-\frac{1}{2}\right)\left(-\frac{1}{2}-1\right)\cdots\left(-\frac{1}{2}-(n-1)\right)x^{2n} + \cdots.$$

両辺を 0 から x まで積分すると,
$$\log(x+\sqrt{1+x^2})\Big|_0^x = \log(x+\sqrt{1+x^2})$$
$$= \frac{1}{1!}x + \frac{1}{2!}\cdot\left(-\frac{1}{2}\right)\cdot\frac{1}{3}x^3 + \frac{1}{3!}\cdot\left(-\frac{1}{2}\right)\cdot\left(-\frac{1}{2}-1\right)\cdot\frac{1}{5}x^5 + \frac{1}{4!}\cdot\left(-\frac{1}{2}\right)\cdot\left(-\frac{1}{2}-1\right)\cdot\left(-\frac{1}{2}-2\right)\cdot\frac{1}{7}x^7$$
$$+ \cdots\cdots + \frac{1}{n!}\cdot\left(-\frac{1}{2}\right)\cdot\left(-\frac{1}{2}-1\right)\cdot\cdots\cdot\left(-\frac{1}{2}-(n-1)\right)\cdot\frac{1}{2n+1}x^{2n+1} + \cdots.$$

例題 7.1.20 $\log x = 2\left\{\dfrac{x-1}{x+1} + \dfrac{1}{3}\left(\dfrac{x-1}{x+1}\right)^3 + \dfrac{1}{5}\left(\dfrac{x-1}{x+1}\right)^5 + \cdots\right\}$, $(x>0)$ を示せ.

解 $\log(1+x) = x - \dfrac{1}{2}x^2 + \dfrac{1}{3}x^3 - \dfrac{1}{4}x^4 + \dfrac{1}{5}x^5 + \cdots$, $(|x|<1)$.

$\log(1-x) = -x - \dfrac{1}{2}x^2 - \dfrac{1}{3}x^3 - \dfrac{1}{4}x^4 - \dfrac{1}{5}x^5 + \cdots$, $(|x|<1)$. 辺々引き算して,

$\log(1+x) - \log(1-x) = \log\dfrac{1+x}{1-x} = 2\left(x + \dfrac{1}{3}x^3 + \dfrac{1}{5}x^5 + \cdots\cdots\right)$, $(|x|<1)$.

$\dfrac{1+x}{1-x} = X > 0$ とおくと, $x = \dfrac{X-1}{X+1}$ であるから,

$\therefore \quad \log X = 2\left\{\dfrac{X-1}{X+1} + \dfrac{1}{3}\left(\dfrac{X-1}{X+1}\right)^3 + \dfrac{1}{5}\left(\dfrac{X-1}{X+1}\right)^5 + \cdots\right\}$, $(X>0)$.

note
整級数はその収束半径内で+−×算ができる．

note
初項 1，公比 r，（$|r|<1$）の無限級数の和は

$$1+r+r^2+r^3+\cdots+r^{n-1}+\cdots=\frac{1}{1-r}, \quad (|r|<1).\text{ から，雑ではあるが，}$$

$$\int\frac{1}{1-x}dx = -\log(1-x)$$

$$= \int 1dx + \int x\,dx + \int x^2 dx + \int x^3 dx + \cdots + \int x^{n-1}dx + \cdots$$

$$= x + \frac{1}{2}x^2 + \frac{1}{3}x^3 + \frac{1}{4}x^4 + \cdots + \frac{1}{n}x^n + \cdots, \quad (|x|<1).$$

例題 7.1.21 $(1+x)^{\frac{1}{x}}$ の展開式を第 4 項まで求めよ．

解 $e^x = 1 + \frac{x}{1!} + \frac{x^2}{2!} + \cdots + \frac{x^{n-1}}{(n-1)!} + \cdots$ であるから $(1+x)^{\frac{1}{x}}$ の底を変換する．

$(1+x)^{\frac{1}{x}} = e^A$ とおき対数をとると，$\frac{1}{x}\log(1+x) = A\log e = A.$ ∴ $(1+x)^{\frac{1}{x}} = e^{\frac{1}{x}\log(1+x)}$．

$\log(1+x) = x - \frac{1}{2}x^2 + \frac{1}{3}x^3 - \frac{1}{4}x^4 + \frac{1}{5}x^5 + \cdots, \quad (|x|<1).$

$\frac{1}{x}\log(1+x) = 1 - \frac{1}{2}x + \frac{1}{3}x^2 - \frac{1}{4}x^3 + \frac{1}{5}x^4 + \cdots = 1 + X, \quad (|x|<1).$

$X = -\frac{1}{2}x + \frac{1}{3}x^2 - \frac{1}{4}x^3 + \frac{1}{5}x^4 + \cdots.$

$(1+x)^{\frac{1}{x}} = e^{\frac{1}{x}\log(1+x)} = e^{1+X} = e\cdot e^X = e\left(1 + \frac{X}{1!} + \frac{X^2}{2!} + \frac{X^3}{3!} + \frac{X^4}{4!} + \cdots\right).$

展開式を第 4 項まで求めるために，ここでは x の 4 次の項まで計算しておけば十分であろう．

$X = -\frac{1}{2}x + \frac{1}{3}x^2 - \frac{1}{4}x^3 + \frac{1}{5}x^4 + \cdots,$

$X^2 = \left(-\frac{1}{2}x + \frac{1}{3}x^2 - \frac{1}{4}x^3 + P_1\right)^2$

$= \left(-\frac{1}{2}x + \frac{1}{3}x^2 - \frac{1}{4}x^3\right)^2 + 2\left(-\frac{1}{2}x + \frac{1}{3}x^2 - \frac{1}{4}x^3\right)P_1 + P_1^2$

$= \left(-\frac{1}{2}x\right)^2 + \left(\frac{1}{3}x^2\right)^2 + \cdots + 2\left(-\frac{1}{2}x\right)\left(\frac{1}{3}x^2\right) + 2\left(-\frac{1}{2}x\right)\left(-\frac{1}{4}x^3\right) + \cdots$

$= \frac{1}{4}x^2 - \frac{1}{3}x^3 + \frac{13}{36}x^4 + \cdots,$

P_1 は 4 次以上の多項式である．

$X^3 = \left(-\frac{1}{2}x + \frac{1}{3}x^2 + \cdots\right)^3 = \left(-\frac{1}{2}x + \frac{1}{3}x^2 + P_2\right)^3$

$= \left(-\frac{1}{2}x + \frac{1}{3}x^2\right)^3 + 3\left(-\frac{1}{2}x + \frac{1}{3}x^2\right)^2 P_2 + 3\left(-\frac{1}{2}x + \frac{1}{3}x^2\right)P_2^2 + P_2^3$

$= \left(-\frac{1}{2}x + \frac{1}{3}x^2\right)^3 + \cdots$

$= \left(-\frac{1}{2}x\right)^3 + 3\left(-\frac{1}{2}x\right)^2\left(\frac{1}{3}x^2\right) + 3\left(-\frac{1}{2}x\right)\left(\frac{1}{3}x^2\right)^2 + \left(\frac{1}{3}x^2\right)^3 + \cdots$

$= \left(-\frac{1}{2}x\right)^3 + 3\left(-\frac{1}{2}x\right)^2\left(\frac{1}{3}x^2\right) + \cdots = -\frac{1}{8}x^3 + \frac{1}{4}x^4 + \cdots,$

P_2 は 3 次以上の多項式である.

$$X^4 = \left(-\frac{1}{2}x + \cdots\right)^4 = \left(-\frac{1}{2}x\right)^4 + \cdots = \frac{1}{16}x^4 + \cdots,$$

$$\therefore \ 1 + \frac{X}{1!} + \frac{X^2}{2!} + \frac{X^3}{3!} + \frac{X^4}{4!} + \cdots$$

$$= 1 - \frac{1}{2}x + \frac{1}{3}x^2 - \frac{1}{4}x^3 + \frac{1}{5}x^4 + \cdots + \frac{1}{2}\left(\frac{1}{4}x^2 - \frac{1}{3}x^3 + \frac{13}{36}x^4 + \cdots\right)$$

$$\quad + \frac{1}{6}\left(-\frac{1}{8}x^3 + \frac{1}{4}x^4 + \cdots\right) + \frac{1}{24}\frac{1}{16}x^4 + \cdots$$

$$= 1 - \frac{1}{2}x + \left(\frac{1}{3} + \frac{1}{8}\right)x^2 + \left(-\frac{1}{4} - \frac{1}{6} - \frac{1}{48}\right)x^3 + \left(\frac{1}{5} + \frac{13}{72} + \frac{1}{24} + \frac{1}{24}\frac{1}{16}\right)x^4 + \cdots$$

$$= 1 - \frac{1}{2}x + \frac{11}{24}x^2 - \frac{7}{16}x^3 + \frac{2447}{5760}x^4 + \cdots.$$

よって, $(1+x)^{\frac{1}{x}} = e\left(1 - \frac{1}{2}x + \frac{11}{24}x^2 - \frac{7}{16}x^3 + \cdots\right)$.

例題 7.1.22 $\sqrt{1.02^5}$ をテイラー展開して $(0.02)^2$ の項までとって近似値を求め, 誤差を評価せよ.

解 $(1+x)^s = 1 + \frac{s}{1!}x + \frac{s(s-1)}{2!}x^2 + \cdots + \frac{s(s-1)\cdots(s-n+1)}{n!}x^n + R_{n+1}(x)$,

$R_{n+1}(x) = \frac{s(s-1)\cdots(s-n)}{(n+1)!}(1+\theta x)^{s-n-1}x^{n+1}$, $(0 < \theta < 1)$. を用いる. 近似値は,

$$\sqrt{(1+0.02)^5} = (1+0.02)^{\frac{5}{2}} \approx 1 + \frac{1}{1!}\frac{5}{2}(0.02) + \frac{1}{2!}\frac{5}{2}\left(\frac{5}{2}-1\right)(0.02)^2$$

$$= 1 + 0.05 + 0.00075 = 1.05075.$$

誤差を評価は,

$$R_3(x) = \frac{1}{3!} \cdot \frac{5}{2} \cdot \left(\frac{5}{2}-1\right) \cdot \left(\frac{5}{2}-2\right) \cdot \{1 + \theta \times (0.02)\}^{\frac{5}{2}-2-1}(0.02)^3$$

$$< \frac{1}{3!} \cdot \frac{5}{2} \cdot \frac{3}{2} \cdot \frac{1}{2} \times 1 \times (0.02)^3$$

$$= \frac{5}{16} \times (0.02)^3 = 0.0000025 < 0.000003.$$

note 本来, 近似計算は真値が未知であるから, 誤差評価無しでは意味をもたない.
本問題では, 第 3 剰余項 (の絶対値) $< 0.000003 < 0.000005$ であるから第 4 項 (の絶対値) も 0.000005 より小となるため小数第 5 位まで正確であることが主張できる.
必要とする桁に対して, 例えば小数第四位までならば第 n 剰余項の絶対値 < 0.00005 とするために, 第 $n+1$ 項の絶対値 < 0.00005 となる n を探すことになる.

7.2 積分の応用

●定積分と微分の関係

・関数 $f(x)$ が区間 $[a, b]$ で連続であるとき, $\int_a^b f(x)\,dx = (b-a)f(c)$ であるような x の値 c が a と b の間に少なくとも 1 つある. (積分に関する平均値の定理)

(系) $\int_a^b f(x)\,dx = (b-a)f\{a + \theta(b-a)\}$ $(0 < \theta < 1)$

第7章 微分・積分の応用

$$\int_a^{a+h} f(x)\,dx = hf(a+\theta h) \quad (0 < \theta < 1)$$

・区間 $[a,b]$ で $f(x)$ が連続であるとき，$\int_a^x f(t)\,dt$ は区間 $[a,b]$ において 1 価関数で，

$$\frac{d}{dx}\int_a^x f(t)\,dt = f(x).$$

例題 7.2.1 次の極限値を求めよ．

(1) $\displaystyle\lim_{x \to \pi} \frac{1}{x-\pi} \int_\pi^x t\cos t\,dt$

(2) $\displaystyle\lim_{x \to \infty} \frac{1}{x^2} \int_0^x \frac{t}{\tan^{-1} t}\,dt$

解 (1) $t\cos t$ の原始関数の 1 つを $F(t)$ とおくと，

$$\text{与式} = \lim_{x \to \pi} \frac{1}{x-\pi}(F(x) - F(\pi)) = \lim_{x \to \pi} \frac{F(x)-F(\pi)}{x-\pi} = F'(\pi) = t\cos t|_\pi = \pi\cos\pi = -\pi.$$

別解 ....

$x - \pi = h$ とおき，$t\cos t = f(t)$ とすると，

$$\lim_{h \to 0} \frac{1}{h}\int_\pi^{\pi+h} t\cos t\,dt = \lim_{h \to 0} \frac{1}{h} hf(\pi+\theta h) = \lim_{h \to 0} f(\pi+\theta h) = f(\pi) = \pi\cos\pi = -\pi.$$

(積分に関する平均値の定理を用いた．)

(2) 関数 $f(t) = \dfrac{t}{\tan^{-1} t}$ の原始関数の 1 つを $F(t)$ とすると，$F'(t) = f(t)$ である．

$0 < t$ のとき $0 < \tan^{-1} t < \dfrac{\pi}{2}$ であるから，$\dfrac{t}{\tan^{-1} t} > \dfrac{t}{\pi/2}$．

したがって，$\displaystyle\int_0^\infty \frac{t}{\tan^{-1} t}\,dt > \frac{2}{\pi}\int_0^\infty t\,dt$ より，$\displaystyle\lim_{x \to \infty}\int_0^x \frac{t}{\tan^{-1} t}\,dt = \lim_{x \to \infty}(F(x) - F(0)) = +\infty$．

これより，$\displaystyle\lim_{x \to \infty} \frac{1}{x^2}\int_0^x \frac{t}{\tan^{-1} t}\,dt = \lim_{x \to \infty}\frac{F(x) - F(0)}{x^2} = \frac{\infty}{\infty}$，不定形である．

$$\therefore \lim_{x \to \infty}\frac{1}{x^2}\int_0^x \frac{t}{\tan^{-1} t}\,dt = \lim_{x \to \infty}\frac{F(x) - F(0)'}{x^2} = \lim_{x \to \infty}\frac{(F(x) - F(0))}{(x^2)'} = \lim_{x \to \infty}\frac{f(x)}{2x}$$

$$= \frac{1}{2}\lim_{x \to \infty}\frac{\dfrac{x}{\tan^{-1} x}}{x} = \frac{1}{2}\lim_{x \to \infty}\frac{1}{\tan^{-1} x} = \frac{1}{2} \times \frac{2}{\pi} = \frac{1}{\pi}.$$

例題 7.2.2

(1) 関数 $f(x)$ は等式 $f(x) = 3x^2 + 6x - \displaystyle\int_0^1 f(t)\,dt$ をみたす．$f(x)$ を求めよ．

(2) $\dfrac{d}{dx}\displaystyle\int_{2x}^{x^2} g(t)\,dt = 2x\,g(x^2) - 2\,g(2x)$ であることを示せ．

解 (1) $\displaystyle\int_0^1 f(t)\,dt$ は定数であるから，$\displaystyle\int_0^1 f(t)\,dt = l$ とおく．　$\therefore f(x) = 3x^2 + 6x - l$．

$l = \displaystyle\int_0^1 (3x^2 + 6x - l)\,dt = [x^3 + 3x^2 - lx]_0^1 = 4 - l$，

$\therefore l = 2$．よって $f(x) = 3x^2 + 6x - 2$

(2) $\displaystyle\int g(x)\,dx = G(x) + C$ とすると，$\displaystyle\int_{2x}^{x^2} g(t)\,dt = [G(t)]_{2x}^{x^2} = G(x^2) - G(2x)$．

$x^2 = u$ とおくと，$\dfrac{d}{dx}G(x^2) = \dfrac{d}{du}G(u)\dfrac{du}{dx} = g(u)2x = 2xg(x^2)$．

$2x = v$ とおくと，$\dfrac{d}{dx}G(2x) = \dfrac{d}{dv}G(v)\dfrac{dv}{dx} = g(u)2 = 2g(2x)$.

したがって $\dfrac{d}{dx}\displaystyle\int_{2x}^{x^2}g(t)dt = \dfrac{d}{dx}G(x^2) - \dfrac{d}{dx}G(2x) = 2xg(x^2) - 2g(2x)$.

例題 7.2.3 関数 $f(x) = \displaystyle\int_0^{x^2} e^{x+t}dt$ $(x \in \mathbb{R})$ において，$f'(1)$ の値を求めよ．

解 $f(x) = \displaystyle\int_0^{x^2} e^{x+t}dt = e^x \int_0^{x^2} e^t dt = e^x [e^t]_0^{x^2} = e^x(e^{x^2} - 1)$.

これより，$f'(x) = (e^x)'(e^{x^2} - 1) + e^x(e^{x^2} - 1)' = e^x(e^{x^2} - 1) + e^x(2xe^{x^2})$.

よって，$f'(1) = e(e - 1) + e(2e) = 3e^2 - e$.

● **定積分と区分求積法**

・ $\displaystyle\lim_{n\to\infty} \dfrac{1}{n}\sum_{k=1}^{n} f\left(\dfrac{k}{n}\right) = \lim_{n\to\infty} \dfrac{1}{n}\left\{f\left(\dfrac{1}{n}\right) + f\left(\dfrac{2}{n}\right) + \cdots + f\left(\dfrac{n}{n}\right)\right\} = \int_0^1 f(x)\,dx$

・ $\displaystyle\lim_{n\to\infty} \dfrac{1}{n}\sum_{k=0}^{n-1} f\left(\dfrac{k}{n}\right) = \lim_{n\to\infty} \dfrac{1}{n}\left\{f\left(\dfrac{0}{n}\right) + f\left(\dfrac{1}{n}\right) + \cdots + f\left(\dfrac{n-1}{n}\right)\right\} = \int_0^1 f(x)\,dx$

例題 7.2.4 曲線 $y = x^3$ と x 軸および直線 $x = a$ とで囲まれる部分の面積 S を区分求積法で求めよ．ただし，a は正の定数とする．

解 線分 OA を n 等分し，各分点を通り y 軸に平行線を引き，次に曲線との交点を通り x 軸に平行線を引き各長方形が階段状の図形の面積を S_n とする．

図形 OAB の面積 S と S_n の差は，高さ a^3，幅 $\dfrac{a}{n}$ の小長方形の面積より小さい．

$\therefore$ $0 < S - S_n < a^3 \times \dfrac{a}{n} = \dfrac{a^4}{n}$. ここで，$n \to \infty$ のとき $\dfrac{a^4}{n} \to 0$ である．

$\displaystyle\lim_{n\to\infty} S_n = S$.

$x = \dfrac{a}{n}, \dfrac{2a}{n}, \dfrac{3a}{n}, \cdots, \dfrac{(n-1)a}{n}$ に対する y の値（各長方形の高さ）は，

$\dfrac{1^3}{n^3}a^3, \dfrac{2^3}{n^3}a^3, \dfrac{3^3}{n^3}a^3, \cdots, \dfrac{(n-1)^3}{n^3}a^3$ である．

$\therefore$ $S_n = \dfrac{a^3}{n^3}(1^3 + 2^3 + 3^3 + \cdots + (n-1)^3) \times \dfrac{a}{n} = \dfrac{a^3}{n^3}\left\{\dfrac{(n-1)n}{2}\right\}^2 \times \dfrac{a}{n} = \dfrac{a^4}{4}\left(1 - \dfrac{1}{n}\right)^2$.

$\therefore$ $\displaystyle\lim_{n\to\infty} S_n = \lim_{n\to\infty} \dfrac{a^4}{4}\left(1 - \dfrac{1}{n}\right)^2 = \dfrac{a^4}{4}$. したがって，$S = \dfrac{a^4}{4}$.

例題 7.2.5 次の極限値を求めよ．

(1) $\displaystyle\lim_{n\to\infty} \dfrac{1}{n\sqrt{n}}(\sqrt{1} + \sqrt{2} + \cdots + \sqrt{n})$

(2) $\displaystyle\lim_{n\to\infty}\left(\dfrac{1}{n} + \dfrac{n}{n^2 + 1^2} + \dfrac{n}{n^2 + 2^2} + \cdots + \dfrac{n}{n^2 + (n-1)^2}\right)$

(3) $\displaystyle\lim_{n\to\infty}\sum_{i=1}^{3n} \dfrac{1}{\sqrt{n(n+i)}}$

(4) $\displaystyle\lim_{n\to\infty}\sum_{i=1}^{n-1} \dfrac{1}{n+i}$

第7章 微分・積分の応用

解 $\lim_{n\to\infty}\sum_{i=1}^{n}f(x_i)\Delta x_i \Rightarrow \int_a^b f(x)\,dx, \left(\lim_{n\to\infty}\sum_{i=1}^{n} \Rightarrow \int_a^b, \lim_{\Delta x_i\to 0}f(x_i) \Rightarrow f(x), \lim_{\Delta x_i\to 0}\Delta x_i \Rightarrow dx\right)$

(1) 与式 $= \lim_{n\to\infty}\left(\dfrac{\sqrt{1}}{\sqrt{n}} + \dfrac{\sqrt{2}}{\sqrt{n}} + \cdots + \dfrac{\sqrt{n}}{\sqrt{n}}\right) \times \dfrac{1}{n} = \lim_{n\to\infty}\left(\sqrt{\dfrac{1}{n}} + \sqrt{\dfrac{2}{n}} + \cdots + \sqrt{\dfrac{n}{n}}\right) \times \dfrac{1}{n}$

より,

$f(x) = \sqrt{x}$, $a = 0$, $b = 1$ とし, 閉区間 $[0, 1]$ を n 等分して, $\dfrac{1}{n} = \Delta x_i$, $\dfrac{i}{n} = x_i$ とおく.

∴ 与式 $= \lim_{n\to\infty}\left(\sqrt{\dfrac{1}{n}} + \sqrt{\dfrac{2}{n}} + \cdots + \sqrt{\dfrac{n}{n}}\right) \times \dfrac{1}{n} = \int_0^1 \sqrt{x}\,dx = \left[\dfrac{2}{3}x\sqrt{x}\right]_0^1 = \dfrac{2}{3}$.

(2) 与式 $= \lim_{n\to\infty}\left(\dfrac{n}{n^2+0^2} + \dfrac{n}{n^2+1^2} + \dfrac{n}{n^2+2^2} + \cdots + \dfrac{n}{n^2+(n-1)^2}\right)$　分子, 分母を n^2 で割る

$= \lim_{n\to\infty}\left(\dfrac{1}{1+\left(\dfrac{0}{n}\right)^2} + \dfrac{1}{1+\left(\dfrac{1}{n}\right)^2} + \dfrac{1}{1+\left(\dfrac{2}{n}\right)^2} \cdots + \dfrac{1}{1+\left(\dfrac{n-1}{n}\right)^2}\right) \times \dfrac{1}{n}$ より,

$f(x) = \dfrac{1}{1+x^2}$, $a = 0$, $b = 1$ とし, 閉区間 $[0, 1]$ を n 等分し, $\dfrac{1}{n} = \Delta x_i$, $\dfrac{i-1}{n} = x_i$ とおく.

∴ 与式 $= \lim_{n\to\infty}\left(\dfrac{1}{1+\left(\dfrac{0}{n}\right)^2} + \dfrac{1}{1+\left(\dfrac{1}{n}\right)^2} + \dfrac{1}{1+\left(\dfrac{2}{n}\right)^2} \cdots + \dfrac{1}{1+\left(\dfrac{n-1}{n}\right)^2}\right) \times \dfrac{1}{n}$

$= \int_0^1 \dfrac{1}{1+x^2}\,dx = [\tan^{-1}x]_0^1 = \tan^{-1}1 - \tan^{-1}0 = \dfrac{\pi}{4}$.

(3) 与式 $= \lim_{n\to\infty}\sum_{i=1}^{3n}\dfrac{1}{\sqrt{1+\dfrac{i}{n}}} \times \dfrac{1}{n}$ より, $f(x) = \dfrac{1}{\sqrt{1+x}}$, $a = 0$, $b = 3$ とし, 閉区間 $[0, 3]$ を

$3n$ 等分して, $\dfrac{1}{n} = \Delta x_i$, $\dfrac{i}{n} = x_i$ とおく.

∴ 与式 $= \lim_{n\to\infty}\sum_{i=1}^{3n}\dfrac{1}{\sqrt{1+\dfrac{i}{n}}} \times \dfrac{1}{n} = \int_0^3 \dfrac{1}{\sqrt{1+x}}\,dx = [2\sqrt{1+x}]_0^3 = 2\sqrt{4} - 2\sqrt{1} = 2$.

(4) 与式 $= \lim_{n\to\infty}\sum_{i=1}^{n-1}\dfrac{1}{1+\dfrac{i}{n}} \times \dfrac{1}{n}$ より, $f(x) = \dfrac{1}{1+x}$, $a = 0$, $b = 1$ とし, 閉区間 $[0, 1]$ を n 等

分して, $\dfrac{1}{n} = \Delta x_i$, $\dfrac{i}{n} = x_i$ とおく.

∴ 与式 $= \lim_{n\to\infty}\sum_{i=1}^{n-1}\dfrac{1}{1+\dfrac{i}{n}} \times \dfrac{1}{n} = \int_0^1 \dfrac{1}{1+x}\,dx = [\log(1+x)]_0^1 = \log 2 - \log 1 = \log 2$.

● **広義積分**

・関数 $f(x)$ が $a \leq x < b$ のとき連続で, $x = b$ において不連続

$\cdots \to \int_a^b f(x)\,dx = \lim_{\varepsilon \to +0}\int_a^{b-\varepsilon} f(x)\,dx$.

$a < x \leq b$ のとき連続で, $x = a$ において不連続　$\cdots \to \int_a^b f(x)\,dx = \lim_{\varepsilon \to +0}\int_{a+\varepsilon}^b f(x)\,dx$.

$f(x)$ が a と b の間の 1 点 c を除けば $a \leq x \leq b$ で連続. ($x = c$ で不連続.)

$\cdots \to \int_a^b f(x)\,dx = \lim_{\varepsilon_1 \to +0}\int_a^{c-\varepsilon_1} f(x)\,dx + \lim_{\varepsilon_2 \to +0}\int_{c+\varepsilon_2}^b f(x)\,dx$.

・$\int_a^\infty f(x)\,dx = \lim_{b\to\infty}\int_a^b f(x)\,dx$, $\int_{-\infty}^b f(x)\,dx = \lim_{a\to -\infty}\int_a^b f(x)\,dx$, $\int_{-\infty}^\infty f(x)\,dx = \lim_{\substack{b\to\infty\\a\to -\infty}}\int_a^b f(x)\,dx$.

例題 7.2.6 次の（広義）積分を求めよ．

(1) $\displaystyle\int_{-1}^{1} \frac{1}{x}dx$ (2) $\displaystyle\int_{0}^{1} \frac{dx}{\sqrt{1-x^2}}$ (3) $\displaystyle\int_{-1}^{1} \frac{1}{1-x^2}dx$ (4) $\displaystyle\int_{0}^{3} \frac{x}{\sqrt[3]{(x^2-1)^2}}dx$

解 (1) $f(x) = \dfrac{1}{x}$ は $x=0$ で不連続であるから，

$$\int_{-1}^{1}\frac{1}{x}dx = \lim_{\varepsilon_1 \to +0}\int_{-1}^{-\varepsilon_1}\frac{1}{x}dx + \lim_{\varepsilon_2 \to +0}\int_{\varepsilon_2}^{1}\frac{1}{x}dx = \lim_{\varepsilon_1 \to +0}[\log|x|]_{-1}^{-\varepsilon_1} + \lim_{\varepsilon_2 \to +0}[\log|x|]_{\varepsilon_2}^{1}$$

$$= \lim_{\varepsilon_1 \to +0}\log\varepsilon_1 - \log 1 + \log 1 - \lim_{\varepsilon_2 \to +0}\log\varepsilon_2 = \lim_{\substack{\varepsilon_1 \to +0 \\ \varepsilon_2 \to +0}}\log\frac{\varepsilon_1}{\varepsilon_2}.$$

ここで，ε_1 と ε_2 は独立に 0 に収束するため極限値は不定である．よって，$\displaystyle\int_{-1}^{1}\frac{1}{x}dx$ は存在しない．

note $\varepsilon_1 = \varepsilon_2$ とすると $\displaystyle\int_{-1}^{1}\frac{1}{x}dx = 0$ となるが，$\varepsilon_1, \varepsilon_2$ は独立であり，$\varepsilon_1 = \varepsilon_2$ だけではないため，$\displaystyle\int_{-1}^{1}\frac{1}{x}dx = [\log|x|]_{-1}^{1} = \log 1 - \log 1 = 0$ は誤りである．

(2) $f(x) = \dfrac{1}{\sqrt{1-x^2}}$ は $x=1$ で不連続であるから，

$$\int_{0}^{1}\frac{dx}{\sqrt{1-x^2}} = \lim_{\varepsilon \to +0}\int_{0}^{1-\varepsilon}\frac{1}{\sqrt{1-x^2}}dx = \lim_{\varepsilon \to +0}[\sin^{-1}x]_{0}^{1-\varepsilon} = \lim_{\varepsilon \to +0}\{\sin^{-1}(1-\varepsilon) - \sin^{-1}0\}$$

$$= \sin^{-1}1 = \frac{\pi}{2}.$$

note $f(x)$ が $x = c \ (a \leq c \leq b)$ において不連続でも，その不定積分 $F(x)$ が $x=c$ でも連続であるときには $\displaystyle\int_{a}^{b}f(x)dx = [F(x)]_{a}^{b}$ としてよい．（不連続点が有限個の場合も可である．）

この問題では，$f(x) = \dfrac{1}{\sqrt{1-x^2}}$ は $x=1$ で不連続であるが，

その不定積分 $F(x) = \sin^{-1}x$ は $x=1$ で連続（左方連続）であるため

$\displaystyle\int_{0}^{1}\frac{1}{\sqrt{1-x^2}}dx = [\sin^{-1}x]_{0}^{1} = \sin^{-1}1 - \sin^{-1}0 = \frac{\pi}{2}$ としてよい．しかし，(1)において，$\dfrac{1}{x}$ とその不定積分 $\log|x|$ は $x=0$ で不連続であるから $\displaystyle\int_{-1}^{1}\frac{1}{x}dx = [\log|x|]_{-1}^{1}$ とできない．

(3) $f(x) = \dfrac{1}{1-x^2} = \dfrac{1}{2}\cdot\left(\dfrac{1}{1-x} + \dfrac{1}{1+x}\right)$ は，前項で $x=1$，後項では $x=1$ で不連続であるから，

$$\int_{-1}^{1}\frac{1}{1-x^2}dx = \int_{-1}^{1}\frac{1}{(1+x)(1-x)}dx = \frac{1}{2}\int_{-1}^{1}\left(\frac{1}{1+x}+\frac{1}{1-x}\right)dx$$

$$= \frac{1}{2}\left(\int_{-1}^{1}\frac{dx}{1+x}+\int_{-1}^{1}\frac{dx}{1-x}\right) = \frac{1}{2}\left(\lim_{\varepsilon_1 \to +0}\int_{-1+\varepsilon_1}^{1}\frac{dx}{1+x}+\lim_{\varepsilon_2 \to +0}\int_{-1}^{1-\varepsilon_2}\frac{dx}{1-x}\right)$$

$$= \frac{1}{2}\left(\lim_{\varepsilon_1 \to +0}[\log|1+x|]_{-1+\varepsilon_1}^{1}-\lim_{\varepsilon_2 \to +0}[\log|1-x|]_{-1}^{1-\varepsilon_2}\right)$$

$$= \frac{1}{2}\left(\log 2 - \lim_{\varepsilon_1 \to +0}\log\varepsilon_1 - \lim_{\varepsilon_2 \to +0}\log\varepsilon_2 + \log 2\right)$$

$$= \frac{1}{2}(\log 2 - (-\infty) - (-\infty) + \log 2) = +\infty.$$

(4) $f(x) = \dfrac{x}{\sqrt[3]{(x^2-1)^2}}$ は $x = \pm 1$ で不連続であるが,考える区間が $[0, 3]$ であるため $x = 1$ で不連続.

$\displaystyle\int_0^3 \frac{x}{\sqrt[3]{(x^2-1)^2}}dx$ より,$x^2 - 1 = u$ とおくと,$2xdx = du$,$\begin{array}{c|c}x & 0 \to 3 \\ \hline u & -1 \to 8\end{array}$.$u = 0$ で不連続.

$$与式 = \frac{1}{2}\int_{-1}^{8}\frac{1}{u^{\frac{2}{3}}}du = \frac{1}{2}\left(\lim_{\varepsilon_1 \to +0}\int_{-1}^{-\varepsilon_1}\frac{1}{u^{\frac{2}{3}}}du + \lim_{\varepsilon_2 \to +0}\int_{\varepsilon_2}^{8}\frac{1}{u^{\frac{2}{3}}}du\right)$$

$$= \frac{1}{2}\left(\lim_{\varepsilon_1 \to +0}[3\sqrt[3]{u}]_{-1}^{-\varepsilon_1} + \lim_{\varepsilon_2 \to +0}[3\sqrt[3]{u}]_{\varepsilon_2}^{8}\right) = \frac{1}{2}(3 + 3\sqrt[3]{8}) = \frac{9}{2}.$$

> **note** $\dfrac{1}{u^{\frac{2}{3}}}$ は,$u = 0$ で不連続であるが,不定積分 $3\sqrt[3]{u}$ は区間 $[-1, 8]$ において連続であるから, 与式 $= \dfrac{1}{2}\displaystyle\int_{-1}^{8}\frac{1}{u^{\frac{2}{3}}}du = \dfrac{1}{2}[3\sqrt[3]{u}]_{-1}^{8} = \dfrac{3}{2}(\sqrt[3]{8}-\sqrt[3]{-1}) = \dfrac{3}{2}\times 3 = \dfrac{9}{2}$.

例題 7.2.7 次の(広義)積分を求めよ.

(1) $\displaystyle\int_1^{\infty}\frac{1}{\sqrt[3]{x}}dx$ (2) $\displaystyle\int_1^{\infty}\frac{1}{x^3}dx$ (3) $\displaystyle\int_0^{\infty}\cos\theta d\theta$

(4) $\displaystyle\int_{-\infty}^{0}e^x\sqrt{1-e^x}dx$ (5) $\displaystyle\int_{-\infty}^{\infty}\frac{1}{x^2+4}dx$

解 (1) $\displaystyle\int_1^{\infty}\frac{1}{\sqrt[3]{x}}dx = \lim_{a \to \infty}\int_1^{a}\frac{1}{\sqrt[3]{x}}dx = \lim_{a \to \infty}\left[\frac{3}{2}\sqrt[3]{x^2}\right]_1^{a} = \lim_{a \to \infty}\left(\frac{3}{2}\sqrt[3]{a^2}-\frac{3}{2}\right) = +\infty.$

(2) $\displaystyle\int_1^{\infty}\frac{1}{x^3}dx = \lim_{a \to \infty}\int_1^{a}x^{-3}dx = \lim_{a \to \infty}\left[-\frac{1}{2}\frac{1}{x^2}\right]_1^{a} = -\frac{1}{2}\lim_{a \to \infty}\left(\frac{1}{a^2}-1\right) = \frac{1}{2}.$

(3) $\displaystyle\int_0^{\infty}\cos\theta d\theta = \lim_{a \to \infty}\int_0^{a}\cos\theta d\theta = \lim_{a \to \infty}[\sin\theta]_0^{a} = \lim_{a \to \infty}\sin a$ より,$\displaystyle\int_0^{\infty}\cos\theta d\theta$ は存在しない.

(4) $\displaystyle\int_{-\infty}^{0}e^x\sqrt{1-e^x}dx$,ここで,$1 - e^x = u$ とおくと,$\begin{array}{c|c}x & -\infty \to 0 \\ \hline u & 1 \to 0\end{array}$

$-e^x dx = du$,$\displaystyle\lim_{x \to -\infty}e^x = \lim_{t \to \infty}e^{-t} = \lim_{t \to \infty}\left(\frac{1}{e}\right)^t = 0$.

$$与式 = \int_1^{0}\sqrt{u}(-1)du = \int_0^{1}\sqrt{u}\,du = \frac{2}{3}[u\sqrt{u}]_0^{1} = \frac{2}{3}.$$

(5) $\displaystyle\int_{-\infty}^{\infty}\frac{1}{x^2+4}dx = \lim_{\substack{b\to\infty\\a\to-\infty}}\int_a^b\frac{1}{x^2+4}dx = \lim_{\substack{b\to\infty\\a\to-\infty}}\left[\frac{1}{2}\tan^{-1}\frac{x}{2}\right]_a^b$

$\displaystyle = \frac{1}{2}\left(\lim_{b\to\infty}\tan^{-1}\frac{b}{2} - \lim_{a\to-\infty}\tan^{-1}\frac{a}{2}\right) = \frac{1}{2}\left\{\frac{\pi}{2}-\left(-\frac{\pi}{2}\right)\right\} = \frac{\pi}{2}.$

note $\displaystyle\int_{-\infty}^{\infty}\frac{1}{x^2+4}dx = \left[\frac{1}{2}\tan^{-1}\frac{x}{2}\right]_{-\infty}^{\infty} = \frac{1}{2}\times\frac{\pi}{2} - \frac{1}{2}\times\left(-\frac{\pi}{2}\right) = \frac{\pi}{2}$，略式で，このようにしても可．

例題 7.2.8 不等式 $\displaystyle\frac{1}{3\sqrt{2}} < \int_1^{\infty}\frac{1}{\sqrt{1+x^8}}dx < \frac{1}{3}$ を示せ．

解 $x^8 > 1 > 0$ より，辺々に x^8 を加えると，$2x^8 > x^8+1 > x^8$．

また，$\sqrt{2x^8} > \sqrt{1+x^8} > \sqrt{x^8}$．

したがって $\displaystyle\frac{1}{\sqrt{2}}\cdot\frac{1}{x^4} < \frac{1}{\sqrt{1+x^8}} < \frac{1}{x^4}$．

辺々の積分を求めると $\displaystyle\frac{1}{\sqrt{2}}\int_1^{\infty}\frac{dx}{x^4} < \int_1^{\infty}\frac{dx}{\sqrt{1+x^8}} < \int_1^{\infty}\frac{dx}{x^4}$ となる．

$\displaystyle\frac{1}{\sqrt{2}}\int_1^{\infty}\frac{dx}{x^4} = \frac{1}{\sqrt{2}}\left(-\frac{1}{3}\right)\left[\frac{1}{x^3}\right]_1^{\infty} = \frac{1}{\sqrt{2}}\left(-\frac{1}{3}\right)\cdot(-1) = \frac{1}{3\sqrt{2}}$，同様に，$\displaystyle\int_1^{\infty}\frac{dx}{x^4} = \frac{1}{3}$．

以上で示せた．

● 面積

・関数 $f(x)$ が区間 $[a,b]$ で連続で $f(x) \geqq 0$ であるとき，曲線 $y=f(x)$，直線 $x=a$，$x=b$ ($a<b$) および x 軸によって囲まれた面積 S は …… $\displaystyle S = \int_a^b f(x)dx$．

・曲線 $y=f(x)$，$y=g(x)$（ただし，$f(x) \geqq g(x)$），直線 $x=a$，$x=b$ ($a<b$) によって囲まれた面積 S は …… $\displaystyle S = \int_a^b \{f(x)-g(x)\}dx$．

・媒介変数方程式

区間 $t_1 \leqq t \leqq t_2$ において $f(t)$ および $\varphi(t)$ は連続で，かつ，$\varphi(t)$ は連続な導関数をもち，$f(t) \geqq 0$，$\varphi(t_1) = a$，$\varphi(t_2) = b$ とする．曲線 $x = \varphi(t)$，$y = f(t)$，2 直線 $x=a$，$x=b$ および x 軸によって囲まれた面積 S は …… $\varphi'(t) \geqq 0$ のとき $\displaystyle S = \int_{t_1}^{t_2} y\frac{dx}{dt}dt$．

…… $\varphi'(t) \leqq 0$ のとき $\displaystyle S = -\int_{t_1}^{t_2} y\frac{dx}{dt}dt$．

・極座標

関数 $f(\theta)$ が区間 $\alpha \leqq \theta \leqq \beta$ において連続で $f(\theta) \geqq 0$ とし，曲線 $r=f(\theta)$，直線 $\theta = \alpha$，$\theta = \beta$（ただし，$0 < \beta - \alpha \leqq 2\pi$）によって囲まれた面積 S は …… $\displaystyle S = \frac{1}{2}\int_{\alpha}^{\beta} r^2 d\theta$，ここで $r = f(\theta)$．

第7章 微分・積分の応用

例題 7.2.9 直線 $x=0$ および x 軸と曲線 $y=\sqrt{1-x^4}$ $(x \geqq 0)$ で囲まれる図形の面積を J，直線 $x=0$，$x=1$ および x 軸と曲線 $y=\sqrt{1+x^4}$ $(x \geqq 0)$ で囲まれる図形の面積を K，直線 $x=0$ および x 軸と曲線 $y=\sqrt{1-x^8}$ $(x \geqq 0)$ で囲まれる図形の面積を L とするとき，次の問いに答えよ．
(1) 面積 J，K，L を積分を用いた式で表せ．
(2) J，K，L，1 を小さい順に並べよ．

解 (1) 題意より $J=\int_0^1 \sqrt{1-x^4}\,dx$, $K=\int_0^1 \sqrt{1+x^4}\,dx$, $L=\int_0^1 \sqrt{1-x^8}\,dx$．

(2) $0 \leqq x < 1$ より $0 \leqq x^8 < x^4 < 1$. 辺々に -1 を掛けると $-1 < -x^4 < -x^8 \leqq 0$．

次に辺々に 1 を加えると，$0 < 1-x^4 < 1-x^8 \leqq 1$．　∴　$0 < \sqrt{1-x^4} < \sqrt{1-x^8} \leqq 1$．

よって，$0 < \int_0^1 \sqrt{1-x^4}\,dx < \int_0^1 \sqrt{1-x^8}\,dx < \int_0^1 1\,dx = 1$．

また $0 \leqq x^4$ より，$1 \leqq 1+x^4$　∴　$1 \leqq \sqrt{1+x^4}$．よって，$\int_0^1 1\,dx (=1) < \int_0^1 \sqrt{1+x^4}\,dx$

以上のことから，$J < L < 1 < K$ となる．

例題 7.2.10 関数 $f(x)=x^2\sqrt{a^2-x^2}$ $(a>0, -a \leqq x \leqq a)$，$g(x)=x^2 e^{-x}$ に対して次の問いに答えよ．
(1) $y=f(x)$ のグラフを描き，この曲線と x 軸とで囲まれる図形の面積 S_1 を，a を用いて表せ．
(2) $y=g(x)$ のグラフを描き，第一象限で，この曲線と x 軸とで挟まれる図形の面積 S_2 を求めよ．
(3) $\dfrac{1}{2}S_1 = S_2$ となるように，a の値を決めよ．

解 (1) $y' = 2x\sqrt{a^2-x^2} - \dfrac{x^3}{\sqrt{a^2-x^2}} = \dfrac{2a^2 x - 3x^3}{\sqrt{a^2-x^2}} = 0$ とおくと，

$2a^2 x - 3x^3 = 0$ より，$x = -\sqrt{\dfrac{2}{3}}a, 0, \sqrt{\dfrac{2}{3}}a$．これより増減表は

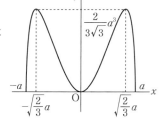

x	$-a$	$\cdots$	$-\sqrt{\dfrac{2}{3}}a$	$\cdots$	0	$\cdots$	$\sqrt{\dfrac{2}{3}}a$	$\cdots$	a
y'		$+$	0	$-$	0	$+$	0	$-$	
y	0	↗	$\left(\dfrac{2}{3\sqrt{3}}\right)a^3$	↘	0	↗	$\left(\dfrac{2}{3\sqrt{3}}\right)a^3$	↘	0

したがって，$S_1 = \int_{-a}^a x^2\sqrt{a^2-x^2}\,dx = 2\int_0^a x^2\sqrt{a^2-x^2}\,dx = ☆$，（$f(x)$ は偶関数であるから）

ここで，$x = a\sin\theta$ とおくと，$dx = a\cos\theta\,d\theta$，$\theta : 0 \to \dfrac{\pi}{2}$．

$☆ = 2\int_0^{\frac{\pi}{2}} (a\sin\theta)^2 (a\cos\theta)^2 d\theta = 2a^4 \int_0^{\frac{\pi}{2}} (\sin\theta\cos\theta)^2 d\theta = 2a^4 \int_0^{\frac{\pi}{2}} \left(\dfrac{\sin 2\theta}{2}\right)^2 d\theta$

$= \dfrac{a^4}{2}\int_0^{\frac{\pi}{2}} \sin^2 2\theta\,d\theta = \dfrac{a^4}{2}\int_0^{\frac{\pi}{2}} \dfrac{1-\cos 4\theta}{2}\,d\theta$

$= \dfrac{a^4}{4}\int_0^{\frac{\pi}{2}} (1-\cos 4\theta)\,d\theta = \dfrac{a^4}{4}\left[\theta - \dfrac{1}{4}\sin 4\theta\right]_0^{\frac{\pi}{2}} = \dfrac{a^4}{8}\pi$．

よって，$S_1 = \dfrac{a^4}{8}\pi$.

(変曲点を求める： $y'' = (2a^2x - 3x^3)'(a^2-x^2)^{-\frac{1}{2}} + (2a^2x - 3x^3)\left\{(a^2-x^2)^{-\frac{1}{2}}\right\}'$

$\qquad = (2a^2 - 9x^2)(a^2-x^2)^{-\frac{1}{2}} + (2a^2x - 3x^3)\left\{-\dfrac{1}{2}(-2x)(a^2-x^2)^{-\frac{3}{2}}\right\}$

$\qquad = \dfrac{6x^4 - 9a^2x^2 + 2a^4}{(a^2-x^2)^{\frac{3}{2}}} = 0$

とおくと，

$6x^4 - 9a^2x^2 + 2a^4 = 0$，より $x^2 = t$ とおくと， $6t^2 - 9a^2t + 2a^4 = 0$ より， $t = \dfrac{9 \pm \sqrt{33}}{12}a^2$.

$\dfrac{9-\sqrt{33}}{12} < 1 < \dfrac{9+\sqrt{33}}{12}$ であるから，　∴ $x^2 = \dfrac{9-\sqrt{33}}{12}a^2$. $x = \pm\sqrt{\dfrac{9-\sqrt{33}}{12}}a$.

これより変曲点は $\left(\pm\sqrt{\dfrac{9-\sqrt{33}}{12}}a, \dfrac{\sqrt{5\sqrt{33}-21}}{12}a^3\right)$. ここで，$25 < 33 < 36 \to 5 < \sqrt{33} < 6 \to$

$-6 < -\sqrt{33} < -5 \to 3 < 9 - \sqrt{33} < 4 \to \dfrac{1}{4} < \dfrac{9-\sqrt{33}}{12} < \dfrac{1}{3} \to \dfrac{1}{2} < \sqrt{\dfrac{9-\sqrt{33}}{12}} < \dfrac{1}{\sqrt{3}}$

より，変曲点の x 座標の位置はほぼ分かる.)

(2) $\displaystyle\lim_{x\to\infty}x^2e^{-x} = \lim_{x\to\infty}\dfrac{x^2}{e^x}$；不定形 $= \lim_{x\to\infty}\dfrac{(x^2)'}{(e^x)'} = \lim_{x\to\infty}\dfrac{2x}{e^x}$；不定形 $= \lim_{x\to\infty}\dfrac{(2x)'}{(e^x)'} = \lim_{x\to\infty}\dfrac{2}{e^x} = 0$.

したがって　$x \to \infty$ のとき x 軸 ($y = 0$) が漸近線である.

また，$\displaystyle\lim_{x\to-\infty}x^2e^{-x} = \lim_{t\to\infty}(-t)^2e^t = \lim_{t\to\infty}t^2e^t = +\infty$.

$y' = x(2-x)e^{-x} = 0$ とおくと，$x = 0, 2$.

これより増減表は

x	$\cdots$	0	$\cdots$	2	$\cdots$	(∞)
y'	$-$	0	$+$	0	$-$	
y	↘	0	↗	$4/e^2$	↘	$(+0)$

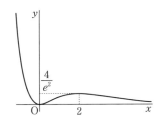

したがって，$S_2 = \displaystyle\int_0^\infty x^2 e^{-x}dx = \lim_{M\to\infty}\int_0^M x^2 e^{-x}dx = ☆$,

$\begin{cases}(x^2e^{-x})' = 2xe^{-x} - x^2e^{-x} & \to \quad x^2e^{-x} = 2xe^{-x} - (x^2e^{-x})' \\ (xe^{-x})' = e^{-x} - xe^{-x} & \to \quad xe^{-x} = -(xe^{-x} + e^{-x})'\end{cases}$ より，

$x^2e^{-x} = 2xe^{-x} - (x^2e^{-x})' = -2(xe^{-x} + e^{-x})' - (x^2e^{-x})' = -(x^2e^{-x} + 2xe^{-x} + 2e^{-x})'$ だから，

$\displaystyle\int_0^M x^2e^{-x}dx = -[x^2e^{-x} + 2xe^{-x} + 2e^{-x}]_0^M = -\{(M^2e^{-M} + 2Me^{-M} + 2e^{-M}) - 2\}$.

$☆ = \displaystyle\lim_{M\to\infty}\int_0^M x^2e^{-x}dx = -\lim_{M\to\infty}\{(M^2e^{-M} + 2Me^{-M} + 2e^{-M}) - 2\} = -\{0 - 2\} = 2$.

よって，$S_2 = 2$.

(変曲点を求める： $y'' = (x^2 - 4x + 2)e^{-x} = 0$ より， $x = 2 \pm \sqrt{2}$.

変曲点は $\left(2-\sqrt{2}, \dfrac{6-4\sqrt{2}}{e^{2-\sqrt{2}}}\right)$, $\left(2+\sqrt{2}, \dfrac{6+4\sqrt{2}}{e^{2+\sqrt{2}}}\right)$ である.)

(3) $\dfrac{1}{2}S_1 = S_2$ より，$\dfrac{a^4}{8}\pi = 4$，$a = 2\sqrt[4]{\dfrac{2}{\pi}}$.

例題 7.2.11 曲線 $y = x^4 - 2x^2 + x + 2$ 上の 2 点で接する直線に対して，次の問いに答えよ．

(1) 2 つの接点の各 x 座標と，この接線の方程式を求めよ．

(2) 曲線 $y = x^4 - 2x^2 + x + 2$ と接線で囲まれる図形の面積を求めよ．

解 接線の考え方として次の①か②を用いる．

①曲線と接線の各方程式を連立させ y を消去すると，この x だけの方程式は $(x-a)^2$ の因子をもつ．($\because$ この方程式の解は 2 つの重解を含む．) ただし，a は接点の x 座標である．

②異なる 2 点における接線の方程式が同一である．

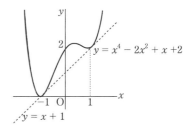

(1) ① 2 つの接点の各 x 座標を $a, b (a < b)$ とし，接線の方程式を $y = mx + n$ とする．

$\begin{cases} y = x^4 - 2x^2 + x + 2 \\ y = mx + n \end{cases}$ より，$x^4 - 2x^2 + x + 2 - mx - n = (x-a)^2(x-b)^2$.

(ここで，左辺の x^4 の係数が 1 であるから，右辺の $(x-a)^2(x-b)^2$ の係数も 1 とできる．)

$x^4 - 2x^2 + x + 2 - mx - n$
$= x^4 - (2a + 2b)x^3 + (a^2 + 4ab + b^2)x^2 - (2a^2b + 2ab^2)x + a^2b^2$.

したがって，$a + b = 0$, $a^2 + 4ab + b^2 = -2$. $\quad \therefore \quad a = -1, b = 1$.

また，$1 - m = -(2a^2b + 2ab^2)$ より，$m = 1$. $2 - n = a^2b^2$ より，$n = 1$.

よって，接点の各 x 座標は $-1, 1$ で，接線の方程式は $y = x + 1$.

② 2 つの接点の各 x 座標を $a, b (a < b)$ とする．$y' = 4x^3 - 4x + 1$ より，各点における接線は，

$y - (a^4 - 2a^2 + a + 2) = (4a^3 - 4a + 1)(x - a)$,
$y - (b^4 - 2b^2 + b + 2) = (4b^3 - 4b + 1)(x - b)$.

各傾き，切片を比べると，$4a^3 - 4a + 1 = 4b^3 - 4b + 1$,
$(a^4 - 2a^2 + a + 2) - a(4a^3 - 4a + 1) = -3a^4 + 2a^2 + 2 = -3b^4 + 2b^2 + 2$.

$4a^3 - 4a + 1 = 4b^3 - 4b + 1$ より，$4(a^3 - b^3) - 4(a - b) = 0$, $a < b$.

$\quad \therefore \quad a^2 + ab + b^2 = 1$.

$-3a^4 + 2a^2 + 2 = -3b^4 + 2b^2 + 2$ より，$-3(a^4 - b^4) + 2(a^2 - b^2) = 0$.

$\quad \therefore \quad (a + b)\{3(a^2 + b^2) - 2\} = 0$.

したがって，$\begin{cases} a^2 + ab + b^2 = 1 \\ a + b = 1 \end{cases}$ より，$\quad \therefore \quad a = -1, b = 1$.

$\begin{cases} a^2 + ab + b^2 = 1 \\ a^2 + b^2 = \dfrac{2}{3} \end{cases}$ より，$a = b$ となり不適．

よって，接点の各 x 座標は $-1, 1$ で，接線の方程式は $y = x + 1$.

(2) 求める面積を S とすると，

$S = \displaystyle\int_{-1}^{1} \{(x^4 - 2x^2 + x + 2) - (x + 1)\} dx = \int_{-1}^{1} (x^4 - 2x^2 + 1) dx$

$= 2 \displaystyle\int_{0}^{1} (x^4 - 2x^2 + 1) dx = 2 \left[\dfrac{x^5}{5} - \dfrac{2}{3}x^3 + x \right]_0^1 = 2 \left(\dfrac{6}{5} - \dfrac{2}{3} \right) = \dfrac{16}{15}$.

例題 7.2.12 曲線 $\begin{cases} x = t - t^3 \\ y = 1 - t^4 \end{cases}$ の図を描き，この曲線によって囲まれる部分の面積を求めよ．

解 **手順I** 媒介変数 t が $-\infty$ から $+\infty$ まで変化するとき，点 (x, y) が第何象限にあるかを調べる．

$x = t - t^3 = t(1+t)(1-t)$, $x = 0$ とおくと $t = -1, 0, 1$.
$y = 1 - t^4 = (1+t)(1-t)(1+t^2)$. $y = 0$ とおくと $t = -1, 1$.

t	$\cdots$	-1	$\cdots$	0	$\cdots$	1	$\cdots$
x	$+$	0	$-$	0	$+$	0	$-$
y	$-$	0	$+$	1	$+$	0	$-$

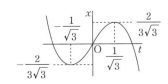

x は t の奇関数，y は t の偶関数であるから $t \geqq 0$ のときの曲線と $t < 0$ 時の曲線とは y 軸に関して対称である．

手順II 媒介変数 t が $-\infty$ から $+\infty$ まで変化するとき，x と y の変動を調べる．

$\dfrac{dx}{dt} = 1 - 3t^2 = 0$ より $t = -\dfrac{1}{\sqrt{3}}, \dfrac{1}{\sqrt{3}}$.

t	$\cdots$	$-1/\sqrt{3}$	$\cdots$	$1/\sqrt{3}$	$\cdots$
x'	$-$	0	$+$	0	$-$
x	$\searrow$	$-2/(3\sqrt{3})$	$\nearrow$	$2/(3\sqrt{3})$	$\searrow$

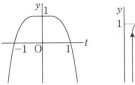

x の変動は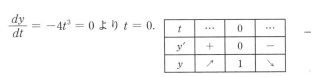

$\dfrac{dy}{dt} = -4t^3 = 0$ より $t = 0$.

t	$\cdots$	0	$\cdots$
y'	$+$	0	$-$
y	$\nearrow$	1	$\searrow$

手順III xy 平面の第一象限 ($0 \leqq t \leqq 1$) での曲線を描く．

手順IIでの増減表 ($0 \leqq t \leqq 1$) を1つにまとめる．

接線の傾き $\dfrac{dy}{dx} = \dfrac{\dfrac{dy}{dt}}{\dfrac{dx}{dt}}$ とグラフの欄を設ける．

$\dfrac{dy}{dx}$ において，$\dfrac{dx}{dt} = 0$, $\dfrac{dy}{dt} \neq 0$ のとき分母が0なので傾き ($\pm\infty$) が存在しない．接線は y 軸に平行である．

$\dfrac{dx}{dt} \neq 0$, $\dfrac{dy}{dt} = 0$ のとき，$\dfrac{dy}{dx} = 0$ なので接線は x 軸に平行である．

t	0		$1/\sqrt{3}$		1
dx/dt	+	+	0	−	−
x	0	↗	$2/(3\sqrt{3})$	↘	0
dy/dt	0	−	−	−	−
y	1	↘	$8/9$	↘	0
dy/dx	0	−	$\pm\infty$	+	+
曲線と接線	$\parallel x$軸	↘	$\parallel y$軸	↗	↗

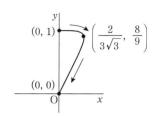

xy 平面に点 $(0,1)$, $\left(\dfrac{2}{3\sqrt{3}}, \dfrac{8}{9}\right)$, $(0,1)$ を打つ.

手順Ⅲを $(-1 \leqq t \leqq 0)$, $(1 \leqq t)$, $(-1 \leqq t)$ に適用すると,

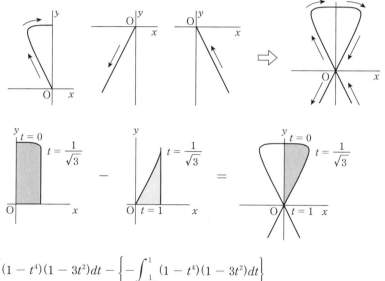

$$\frac{1}{2}S = \int_0^{\frac{1}{\sqrt{3}}} (1-t^4)(1-3t^2)dt - \left\{-\int_{\frac{1}{\sqrt{3}}}^1 (1-t^4)(1-3t^2)dt\right\}$$

$$= \int_0^1 (1-t^4)(1-3t^2)dt = \left[t - \frac{1}{5}t^5 - t^3 + \frac{3}{7}t^7\right]_0^1 = \frac{8}{35}. \quad \text{よって, } S = \frac{16}{35}.$$

例題 7.2.13 蝸牛形(リマソン) $r = 1 + 2\cos\theta$ の外のループ(自閉線)で囲まれた部分の面積および内の方のループで囲まれた部分の面積を求めよ.

note 曲線は極,始線,あるいは極において始線に垂直な直線に対称であるか,どうかを調べ,また,θ の変動に対して r の増減,正負を調べて点 (r, θ) の描く曲線をかく.

解 r は θ の偶関数であるから区間 $[0, \pi]$ に対応する曲線と区間 $[0, -\pi]$ に対応する曲線とは始線に関して対称である.

θ	0	$\pi/6$	$\pi/4$	$\pi/3$	$\pi/2$	$2\pi/3$	$3\pi/4$	$5\pi/6$	π
$2\cos\theta$	2	$\sqrt{3}$	$\sqrt{2}$	1	0	-1	$-\sqrt{2}$	$-\sqrt{3}$	-2
$r = 1 + 2\cos\theta$	3	$1+\sqrt{3}$	$1+\sqrt{2}$	2	1	0	$1-\sqrt{2}$	$1-\sqrt{3}$	-1

$r < 0$ のとき, $(r, \theta) = (-r, \theta + \pi)$.

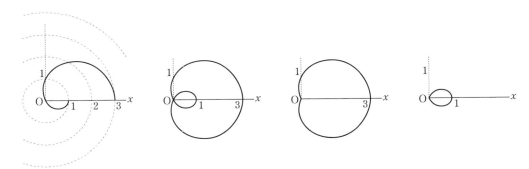

図は $(0 \leqq \theta \leqq \pi)$, 全体 $(-\pi \leqq \theta \leqq \pi)$, 外のループ $\left(-\dfrac{2\pi}{3} \leqq \theta \leqq \dfrac{2\pi}{3}\right)$, 内のループ $\left(\dfrac{2\pi}{3} \leqq \theta \leqq \dfrac{4\pi}{3}\right)$.

外のループ $\left(-\dfrac{2\pi}{3} \leqq \theta \leqq \dfrac{2\pi}{3}\right)$ で囲まれた面積は,

$$S_O = \dfrac{1}{2}\int_{-\frac{2\pi}{3}}^{\frac{2\pi}{3}} r^2 d\theta = \dfrac{1}{2}\int_{-\frac{2\pi}{3}}^{\frac{2\pi}{3}} (1 + 4\cos\theta + 4\cos^2\theta)d\theta = \dfrac{1}{2}\int_{-\frac{2\pi}{3}}^{\frac{2\pi}{3}} (1 + 4\cos\theta + 2 + 2\cos 2\theta)d\theta$$

$$= \dfrac{1}{2}[3\theta + 4\sin\theta + \sin 2\theta]_{-\frac{2\pi}{3}}^{\frac{2\pi}{3}} = \dfrac{1}{2}\left(4\pi + 8\sin\dfrac{2\pi}{3} + 2\sin\dfrac{4\pi}{3}\right) = \dfrac{1}{2}(4\pi + 4\sqrt{3} - \sqrt{3})$$

$$= 2\pi + \dfrac{3\sqrt{3}}{2}.$$

内のループ $\left(\dfrac{2\pi}{3} \leqq \theta \leqq \dfrac{4\pi}{3}\right)$ で囲まれた面積は,

$$S_I = \dfrac{1}{2}\int_{\frac{2\pi}{3}}^{\frac{4\pi}{3}} r^2 d\theta = \dfrac{1}{2}\int_{\frac{2\pi}{3}}^{\frac{4\pi}{3}} (1 + 4\cos\theta + 4\cos^2\theta)d\theta = \dfrac{1}{2}\int_{\frac{2\pi}{3}}^{\frac{4\pi}{3}} \left(1 + 4\cos\theta + 4\cdot\dfrac{1+\cos 2\theta}{2}\right)d\theta$$

$$= \dfrac{1}{2}[3\theta + 4\sin\theta + \sin 2\theta]_{\frac{2\pi}{3}}^{\frac{4\pi}{3}} = \dfrac{1}{2}\left(2\pi + 8\sin\dfrac{2\pi}{3} + 2\sin\dfrac{4\pi}{3}\right) = \pi - \dfrac{3\sqrt{3}}{2}.$$

● **回転体の体積**

・断面積が $S(x)$ の立体の体積 V …… $V = \displaystyle\int_a^b S(x)\,dx$.

・曲線 $y = f(x)$ の $a \leqq x \leqq b$ に対応する部分を x 軸のまわりに 1 回転してできる回転体の体積 V

…… $V = \pi\displaystyle\int_a^b y^2 dx = \pi\displaystyle\int_a^b \{f(x)\}^2 dx$.

・曲線が媒介変数方程式 $\begin{cases} x = \varphi(t) \\ y = f(t) \end{cases}$ で与えられているとき, 区間 $t_1 \leqq t \leqq t_2$, $\varphi(t_1) = a$, $\varphi(t_2) = b$ の部分を x 軸のまわりに 1 回転してできる回転体の体積 V

…… $\dfrac{dx}{dt} > 0$ のとき $V = \pi\displaystyle\int_{t_1}^{t_2} y^2 \dfrac{dx}{dt}dt$, $(t_1 < t_2)$

…… $\dfrac{dx}{dt} < 0$ のとき $V = -\pi\displaystyle\int_{t_1}^{t_2} y^2 \dfrac{dx}{dt}dt$, $(t_1 < t_2)$.

(y 軸のまわりに回転するときは x と y を入れ替えて考える.)

例題 7.2.14 次の図形を x 軸および y 軸のまわりに，それぞれ回転してできる立体の体積を求めよ．

(1) $y = 1 - \sqrt{x}$ と両軸で囲まれた図形．

(2) $y = \sin x$, $(0 \leqq x \leqq \pi)$ と x 軸で囲まれた図形．

解 (1) $V_1 = \pi \int_0^1 y^2 dx = \pi \int_0^1 (1 - \sqrt{x})^2 dx = \pi \int_0^1 (1 - 2\sqrt{x} + x) dx = \dfrac{\pi}{6}$.

$V_2 = \pi \int_0^1 x^2 dy = \pi \int_0^1 (1-y)^4 dy = \pi \int_0^1 (y^4 - 4y^3 + 6y^2 - 4y + 1) dy = \dfrac{\pi}{5}$.

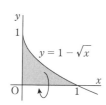

別解

$V_2 = \pi \int_0^1 x^2 dy$, $y = 1 - \sqrt{x}$ より $dy = -\dfrac{1}{2\sqrt{x}} dx$, $x: 1 \to 0$.

($y = f(x)$ の逆関数 $x = f^{-1}(x)$ は求めないで，$dy = f'(x) dx$ より dy を dx で表す．)

$\therefore V_2 = \pi \int_0^1 x^2 dy = \pi \int_1^0 x^2 \dfrac{-1}{2\sqrt{x}} dx = \dfrac{\pi}{2} \int_0^1 x\sqrt{x} \, dx = \dfrac{\pi}{5}$.

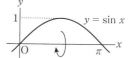

(2) $V_1 = \pi \int_0^\pi y^2 dx = \pi \int_0^\pi \sin^2 x \, dx = \pi \int_0^\pi \dfrac{1 - \cos 2x}{2} dx = \dfrac{\pi^2}{2}$.

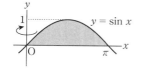 = 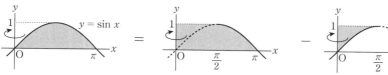 −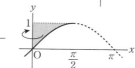

$V_{2,1} = \pi \int_0^1 x^2 dy$, $\left(y = \sin x, \dfrac{\pi}{2} \leqq x \leqq \pi\right)$ より，$dy = \cos x \, dx$, $\begin{array}{c|c} y & 0 \to 1 \\ \hline x & \pi \to \pi/2 \end{array}$

$\therefore V_{2,1} = \pi \int_\pi^{\frac{\pi}{2}} x^2 \cos x \, dx = $ ☆

ここで，

$(x^2 \sin x)' = 2x \sin x + x^2 \cos x \cdots \to x^2 \cos x = (x^2 \sin x)' - 2x \sin x$,

$(x \cos x)' = \cos x - x \sin x \cdots \to x \sin x = \cos x - (x \cos x)' = (\sin x - x \cos x)'$,

$\therefore x^2 \cos x = (x^2 \sin x)' - 2(\sin x - x \cos x)' = (x^2 \sin x - 2 \sin x + 2x \cos x)'$.

☆ $= \pi [x^2 \sin x - 2 \sin x + 2x \cos x]_\pi^{\frac{\pi}{2}} = \pi \left(\dfrac{\pi^2}{4} + 2\pi - 2 \right)$.

$V_{2,2} = \pi \int_0^1 x^2 dy$, $\left(y = \sin x, 0 \leq x \leq \dfrac{\pi}{2}\right)$ より，$dy = \cos x \, dx$, $\begin{array}{c|c} y & 0 \to 1 \\ \hline x & 0 \to \pi/2 \end{array}$.

$\therefore V_{2,2} = \pi \int_0^{\frac{\pi}{2}} x^2 \cos x \, dx == \pi [x^2 \sin x - 2 \sin x + 2x \cos x]_0^{\frac{\pi}{2}} = \pi \left(\dfrac{\pi^2}{4} - 2 \right)$.

よって，$V_2 = V_{2,1} - V_{2,2} = \pi \left(\dfrac{\pi^2}{4} + 2\pi - 2 \right) - \pi \left(\dfrac{\pi^2}{4} - 2 \right) = 2\pi^2$.

（部分積分法を用いれば

$$\int x^2 \cos x dx = x^2 \sin x - 2\int x \sin x dx = x^2 \sin x - 2\left(-x\cos x + \int \cos x dx\right)$$
$$= x^2 \sin x - 2(-x\cos x + \sin x) + C.)$$

例題 7.2.15 次の問いに答えよ．

(1) 関数 $y = x + e^x$ のグラフの概形を描け．

(2) 曲線 $y = x + e^x$ と直線 $y = 0$, $x = 0$, $x = 1$ で囲まれる図形を x 軸のまわりに回転して得られる立体の体積を求めよ．

(3) 曲線 $y = x + e^x$ と直線 $x = 0$, $y = 1 + e$ で囲まれる図形を y 軸のまわりに回転して得られる立体の体積を求めよ．

解 (1) $y' = 1 + e^x > 0$ より，$y = x + e^x$ は増加関数である．また，$y'' = e^x > 0$ より，関数のグラフは下に凸である．
$\lim_{x\to\infty}(x+e^x) = \infty$, $\lim_{x\to-\infty}(x+e^x) = -\infty$.
ここで，$\lim_{x\to-\infty} e^x = 0$ であるから，$x \to -\infty$ のとき，$y = x + e^x$ に対する影響は x の方が大きい．そこで，$x \to -\infty$ のとき，漸近線 $y = ax + b$ の存在を確認する必要がある．

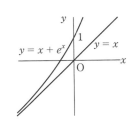
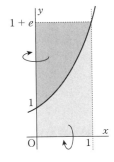

$$a = \lim_{x\to-\infty}\frac{x+e^x}{x} = 1 + \lim_{x\to-\infty}\frac{e^x}{x} = 1 + \lim_{t\to\infty}\frac{\left(\frac{1}{e}\right)^t}{-t} = 1, \quad b = \lim_{x\to-\infty}(x+e^x - 1\cdot x) = 0.$$

よって，$x \to -\infty$ のとき，漸近線 $y = x$ が存在する．

(2) $V_1 = \pi\int_0^1 y^2 dx = \pi\int_0^1 (x+e^x)^2 dx = \pi\int_0^1 (x^2 + 2xe^x + e^{2x})dx = ☆$．

ここでは，$\int xe^x dx$ に対して部分積分法を使用しない．$(xe^x)' = e^x + xe^x$ より，

$xe^x = (xe^x)' - e^x = (xe^x - e^x)'$, $\therefore \int xe^x dx = xe^x - e^x + C$．

よって，$☆ = \pi\left[\frac{1}{3}x^3 + 2(xe^x - e^x) + \frac{1}{2}e^{2x}\right]_0^1 = \pi\left(\frac{1}{3} + \frac{1}{2}e^2 + 2 - \frac{1}{2}\right) = \pi\left(\frac{1}{2}e^2 + \frac{11}{6}\right)$.

(3) $V_2 = \pi\int_1^{1+e} x^2 dy = ◎$.

($y = f(x)$ の逆関数 $x = f^{-1}(x)$ は求めないで，$dy = f'(x)dx$ より dy を dx で表す．)

$◎ = \pi\int_1^{1+e} x^2 f'(x) dx = \pi\int_1^{1+e} x^2(1+e^x) dx = \pi\int_1^{1+e}(x^2 + x^2 e^x)dx = ⊗$,

$\begin{cases}(x^2 e^x)' = 2xe^x + x^2 e^x \\ xe^x = (xe^x - e^x)'\end{cases}$ より，$(x^2 e^x)' = 2(xe^x - e^x)' + x^2 e^x$,

$\therefore \quad x^2 e^x = (x^2 e^x)' - 2(xe^x - e^x)' = (x^2 e^x - 2xe^x + 2e^x)'$,

$$\otimes = \pi \int_1^{1+e} (x^2 + x^2 e^x) dx = \pi \left[\frac{1}{3}x^3 + x^2 e^x - 2xe^x + 2e^x \right]_1^{1+e}$$

$$= \pi \left\langle \frac{1}{3}\{(1+e)^3 - 1\} + \{(1+e)^2 e^{1+e} - e\} - \{2(1+e)e^{1+e} - 2e\} + \{2e^{1+e} - 2e\} \right\rangle$$

$$= \pi \left\{ \frac{1}{3}(e^3 + 3e^2 + 3e) + (1+e)^2 e^{1+e} - e - 2(1+e)e^{1+e} + 2e + 2e^{1+e} - 2e \right\}$$

$$= \pi \left\{ \frac{1}{3}(e^3 + 3e^2) + (1+e^2)e^{1+e} \right\} = \pi \left(\frac{1}{3}e^3 + e^2 + e^{1+e} + e^{3+e} \right).$$

例題 7.2.16 曲線 $y = \dfrac{1}{\sqrt{1+x^2}}, (x \geqq 0)$ と x 軸に挟まれる部分を，x 軸のまわりに1回転してできる回転体の体積 V を求めよ．

解

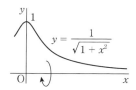

図より $V = \pi \int_0^\infty y^2 dx = \pi \int_0^\infty \dfrac{1}{1+x^2} dx$

$= \pi [\tan^{-1}]_0^\infty = \pi \dfrac{\pi}{2} = \dfrac{\pi^2}{2}.$

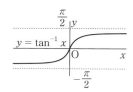

● 曲線の弧の長さ

・関数 $\varphi(t)$ および $f(t)$ は区間 $[\alpha, \beta]$ において連続な導関数をもち，t が α から β まで連続的に変わるとき，曲線 $\begin{matrix} x = \phi(t) \\ y = f(t) \end{matrix}$ 上の点はこの曲線に沿って動くものとする．曲線の弧の長さ s は

…… $s = \displaystyle\int_\alpha^\beta \sqrt{\left(\dfrac{dx}{dt}\right)^2 + \left(\dfrac{dy}{dt}\right)^2} dt$．

・曲線が方程式 $y = f(x)$ で与えられているときは $x = a$, $x = b$ に応ずる2点を両端とする弧の長さ s は

…… $s = \displaystyle\int_a^b \sqrt{1 + \left(\dfrac{dy}{dx}\right)^2} dx$．

・曲線が極方程式 $r = f(\theta)$ で与えられていて，$\theta = \alpha$, $\theta = \beta$ に応ずる2点を両端とする弧の長さ s は

…… $s = \displaystyle\int_\alpha^\beta \sqrt{r^2 + \left(\dfrac{dr}{d\theta}\right)^2} d\theta$．

($\because\ x = f(\theta)\cos\theta,\ y = f(\theta)\sin\theta \ \cdots\rightarrow\ \left(\dfrac{dx}{d\theta}\right)^2 + \left(\dfrac{dy}{d\theta}\right)^2 = r^2 + \left(\dfrac{dr}{d\theta}\right)^2$.)

例題 7.2.17 次の設問に答えよ．

(1) 放物線 $y = cx^2$ $(c > 0)$ の点 $(0, 0)$ と点 (a, ca^2) の間の弧の長さを求めよ．

(2) $\sqrt{x} + \sqrt{y} = 1$ の全長を求めよ．

(3) 楕円 $\dfrac{x^2}{a^2} + \dfrac{y^2}{b^2} = 1$ $(a > b > 0)$ の全長は，

$s = 4a \displaystyle\int_0^{\frac{\pi}{2}} \sqrt{1 - c^2\sin^2\theta}\, d\theta\ \left(\text{ただし } c = \dfrac{\sqrt{a^2-b^2}}{a}\right)$ で与えられることを示せ．

解 (1) $s = \int_0^a \sqrt{1+(y')^2}\,dx = \int_0^a \sqrt{1+(2cx)^2}\,dx = 2c\int_0^a \sqrt{x^2 + \frac{1}{4c^2}}\,dx$

$= c\left[x\sqrt{x^2 + \frac{1}{4c^2}} + \frac{1}{4c^2}\log\left(x + \sqrt{x^2 + \frac{1}{4c^2}}\right)\right]_0^a$

$= \frac{a}{2}\sqrt{4a^2c^2 + 1} + \frac{1}{4c}\log(2ac + \sqrt{4a^2c^2 + 1})$.

(2) $\sqrt{x} = \cos^2\theta$, $\sqrt{y} = \sin^2\theta$ とおくと, $x = \cos^4\theta$, $y = \sin^4\theta$ より,

$\left(\frac{dx}{d\theta}\right)^2 + \left(\frac{dy}{d\theta}\right)^2 = 16\cos^6\theta(\sin^2\theta) + 16\sin^6\theta(\cos^2\theta) = 16\cos^2\theta\sin^2\theta(\cos^4\theta + \sin^4\theta)$

$= 16\cos^2\theta\sin^2\theta\{(\cos^2\theta + \sin^2\theta)^2 - 2\sin^2\theta\cos^2\theta\}$

$= 16\cos^2\theta\sin^2\theta(1 - 2\sin^2\theta\cos^2\theta) = 4\sin^2 2\theta\left(1 - \frac{1}{2}\sin^2 2\theta\right)$

$= 2\sin^2 2\theta(2 - \sin^2 2\theta) = 2\sin^2 2\theta(1 + \cos^2 2\theta)$.

$\sqrt{\left(\frac{dx}{d\theta}\right)^2 + \left(\frac{dy}{d\theta}\right)^2} = \sqrt{2}\sqrt{1+\cos^2 2\theta}\sin 2\theta$.

$\therefore\ s = \int_0^{\frac{\pi}{2}} \sqrt{\left(\frac{dx}{d\theta}\right)^2 + \left(\frac{dy}{d\theta}\right)^2}\,d\theta = \sqrt{2}\int_0^{\frac{\pi}{2}} \sqrt{1+\cos^2 2\theta}\sin 2\theta\,d\theta = ☆$,

ここで, $\cos 2\theta = t$ とおくと, $-2\sin 2\theta\,d\theta = dt$, $t : 1 \to -1$.

$☆ = \sqrt{2}\int_1^{-1} \sqrt{1+t^2}\left(-\frac{1}{2}\right)dt = \frac{1}{\sqrt{2}}\int_{-1}^{1} \sqrt{1+t^2}\,dt = \frac{1}{2\sqrt{2}}\left[t\sqrt{1+t^2} + \log(t+\sqrt{1+t^2})\right]_{-1}^{1}$

$= \frac{1}{2\sqrt{2}}\{(\sqrt{2} + \log(1+\sqrt{2})) - (-\sqrt{2} + \log(\sqrt{2}-1))\}$

$= \frac{1}{2\sqrt{2}}\left(2\sqrt{2} + \log\frac{1+\sqrt{2}}{\sqrt{2}-1}\right) = 1 + \frac{1}{2\sqrt{2}}\log\frac{(1+\sqrt{2})^2}{2-1} = 1 + \frac{1}{\sqrt{2}}\log(1+\sqrt{2})$.

別解

$\sqrt{x} + \sqrt{y} = 1$ より, $x \geqq 0$, $y \geqq 0$. $\sqrt{y} = 1 - \sqrt{x} \geqq 0$ より, $1 \geqq x \geqq 0$, $1 \geqq y \geqq 0$.

$y = (1-\sqrt{x})^2 = x - 2\sqrt{x} + 1$, $y' = 1 - \frac{1}{\sqrt{x}} = \frac{\sqrt{x}-1}{\sqrt{x}}$ より, $y' = 0$ とおくと $x = 1$.

x	0		1
y'	×	$-$	0
y	1	↘	0

また, $y'' = \frac{1}{2x\sqrt{x}} > 0$ $(x \neq 0)$.

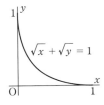

したがって, グラフは $0 \leqq x \leqq 1$ で単調減少で, $0 < x \leqq 1$ で下に凸である.

$s = \int_0^1 \sqrt{1+(y')^2}\,dx = \int_0^1 \sqrt{1 + \left(\frac{\sqrt{x}-1}{\sqrt{x}}\right)^2}\,dx$, この積分は $x=0$ で不連続なため広義積分である.

$\therefore\ s = \lim_{\varepsilon \to 0}\int_\varepsilon^1 \sqrt{1 + \left(\frac{\sqrt{x}-1}{\sqrt{x}}\right)^2}\,dx$ とする.

$\int_\varepsilon^1 \sqrt{1 + \left(\frac{\sqrt{x}-1}{\sqrt{x}}\right)^2}\,dx = ⊕$, $\sqrt{x} = \frac{1}{t}\ \to\ x = t^{-2}\ \to\ dx = -\frac{2}{t^3}dt$,

x	$\varepsilon \to 1$
t	$1/\sqrt{\varepsilon} \to 1$

$⊕ = \int_{\frac{1}{\sqrt{\varepsilon}}}^{1} \sqrt{1+(1-t)^2}(-2)\frac{1}{t^3}dt = ⊗$.

$t - 1 = \tan\theta \;\to\; dt = \dfrac{1}{\cos^2\theta}d\theta.$

$\tan\alpha = \dfrac{1}{\sqrt{\varepsilon}} - 1$, ここで, $\varepsilon \to 0$ のとき $\tan\alpha \to \infty$.

t	$1/\sqrt{\varepsilon} \to 1$
$\tan\theta$	$1/\sqrt{\varepsilon} - 1 \to 0$
θ	$\alpha \to 0$

$-\dfrac{\pi}{2} < \alpha < \dfrac{\pi}{2}$ で考えると, $\alpha \to \dfrac{\pi}{2} - 0$, or $\left(\alpha = \dfrac{\pi}{2}\right)$

$\otimes = \displaystyle\int_\alpha^0 \sqrt{1+\tan^2\theta}\,(-2)\dfrac{1}{(\tan\theta+1)^3}\dfrac{1}{\cos^2\theta}d\theta = 2\int_0^\alpha \dfrac{1}{\cos\theta}\dfrac{\cos^3\theta}{(\sin\theta+\cos\theta)^3}\dfrac{1}{\cos^2\theta}d\theta$

$= 2\displaystyle\int_0^\alpha \dfrac{1}{(\sin\theta+\cos\theta)^3}d\theta,\quad \sin\theta+\cos\theta = \sqrt{2}\cos\left(\theta-\dfrac{\pi}{4}\right) \;\to\; \theta - \dfrac{\pi}{4} = \Theta$

$= 2\displaystyle\int_{-\frac{\pi}{4}}^{\alpha-\frac{\pi}{4}} \dfrac{1}{2\sqrt{2}\cos^3\Theta}d\Theta = \dfrac{1}{\sqrt{2}}\int_{-\frac{\pi}{4}}^{\frac{\pi}{4}} \dfrac{1}{\cos^3\Theta}d\Theta = \dfrac{1}{\sqrt{2}}\int_{-\frac{\pi}{4}}^{\frac{\pi}{4}} \dfrac{1}{(1-\sin^2\Theta)^2}\cos\Theta\,d\Theta = \odot,$

$\sin\Theta = u \to \cos\Theta\,d\Theta = du$,

Θ	$-\pi/4 \to \pi/4$
u	$-1/\sqrt{2} \to 1/\sqrt{2}$

$\odot = \dfrac{1}{\sqrt{2}}\displaystyle\int_{-\frac{1}{\sqrt{2}}}^{\frac{1}{\sqrt{2}}} \dfrac{1}{(u^2-1)^2}du = \dfrac{1}{\sqrt{2}}\int_{-\frac{1}{\sqrt{2}}}^{\frac{1}{\sqrt{2}}} \dfrac{1}{(u+1)^2(u-1)^2}du$

$= \dfrac{1}{4\sqrt{2}}\displaystyle\int_{-\frac{1}{\sqrt{2}}}^{\frac{1}{\sqrt{2}}}\left\{\dfrac{1}{(u+1)^2} + \dfrac{1}{(u-1)^2} + \dfrac{1}{u+1} - \dfrac{1}{u-1}\right\}du$

$= \dfrac{1}{4\sqrt{2}}\left[-\dfrac{1}{u+1} - \dfrac{1}{u-1} + \log\left|\dfrac{u+1}{u-1}\right|\right]_{-\frac{1}{\sqrt{2}}}^{\frac{1}{\sqrt{2}}} = \dfrac{1}{4\sqrt{2}}\left[\log\left|\dfrac{u+1}{u-1}\right| - \dfrac{2u}{u^2-1}\right]_{-\frac{1}{\sqrt{2}}}^{\frac{1}{\sqrt{2}}}$

$= \dfrac{1}{4\sqrt{2}}\left(2\log(\sqrt{2}+1) + \dfrac{4}{\sqrt{2}} - 2\log(\sqrt{2}-1) + \dfrac{4}{\sqrt{2}}\right)$

$= 1 + \dfrac{1}{2\sqrt{2}}\log\dfrac{\sqrt{2}+1}{\sqrt{2}-1} = 1 + \dfrac{1}{\sqrt{2}}\log(\sqrt{2}+1).$

(3) $x = a\cos\theta,\ y = b\sin\theta\ (a > b > 0)$ とおき, 第1象限 $\left(0 \le \theta \le \dfrac{\pi}{2}\right)$ の部分を求めて 4 倍する.

$\left(\dfrac{dx}{d\theta}\right)^2 + \left(\dfrac{dy}{d\theta}\right)^2 = a^2\sin^2\theta + b^2\cos^2\theta = a^2\sin^2\theta + (a^2 - a^2c^2)\cos^2\theta = a^2(1 - c^2\cos^2\theta),$

$\therefore\ s = 4\displaystyle\int_0^{\frac{\pi}{2}}\sqrt{\left(\dfrac{dx}{d\theta}\right)^2 + \left(\dfrac{dy}{d\theta}\right)^2}\,d\theta = 4a\int_0^{\frac{\pi}{2}}\sqrt{1 - c^2\cos^2\theta}\,d\theta = 4a\int_0^{\frac{\pi}{2}}\sqrt{1 - c^2\sin^2\theta}\,d\theta.$

(この積分は楕円積分といい, 初等関数では表せない.)

例題 7.2.18 $\begin{cases} x = e^t \sin t \\ y = e^t \cos t \end{cases}$, $\left(0 \leqq t \leqq \dfrac{\pi}{2}\right)$ の表す xy 平面上の曲線を C とする．次の問いに答えよ．

(1) $0 < t < \dfrac{\pi}{2}$ のとき，$\dfrac{dy}{dx}$ と $\dfrac{d^2y}{dx^2}$ を t を用いて表せ．

(2) y を x の関数 $y = f(x)$ と考えて，極値とそれを与える x の値を求めよ．これより，曲線 C の概形を xy 平面上に描け．

(3) xy 平面で曲線 C と x 軸に挟まれる部分の面積を求めよ．

(4) 曲線 C ($0 \leqq t \leqq \dfrac{\pi}{2}$) の全長を求めよ．

解 (1) $\dfrac{dy}{dx} = \dfrac{dy}{dt} \dfrac{dt}{dx} = \dfrac{\dfrac{dy}{dt}}{\dfrac{dx}{dt}} = \dfrac{e^t(\cos t - \sin t)}{e^t(\sin t + \cos t)} = \dfrac{\cos t - \sin t}{\sin t + \cos t}$．

$\dfrac{d^2y}{dx^2} = \dfrac{d}{dx}\left(\dfrac{dy}{dx}\right) = \dfrac{d}{dt}\left(\dfrac{dy}{dx}\right)\dfrac{dt}{dx} = \dfrac{\dfrac{d}{dt}\left(\dfrac{dy}{dx}\right)}{\dfrac{dx}{dt}}$．

$\dfrac{d}{dt}\left(\dfrac{dy}{dx}\right) = \dfrac{d}{dt}\left(\dfrac{\cos t - \sin t}{\sin t + \cos t}\right) = \dfrac{(\cos t - \sin t)'(\sin t + \cos t) - (\cos t - \sin t)(\sin t + \cos t)'}{(\sin t + \cos t)^2}$

$= \dfrac{-2}{(\sin t + \cos t)^2}$．

$\therefore \dfrac{d^2y}{dx^2} = \dfrac{\dfrac{-2}{(\sin t + \cos t)^2}}{e^t(\sin t + \cos t)} = \dfrac{-2}{e^t(\sin t + \cos t)^3}$．

(2) $\dfrac{dy}{dx} = 0$ より，$\cos t - \sin t = 0$, $\left(0 < t < \dfrac{\pi}{2}\right)$．

したがって，$t = \dfrac{\pi}{4}$．

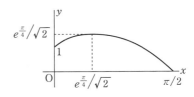

$0 < t < \dfrac{\pi}{2}$ のとき，$\dfrac{d^2y}{dx^2} < 0$ であるから（グラフは上に凸），

$x = \dfrac{e^{\frac{\pi}{4}}}{\sqrt{2}}$ のとき，極大値 $(y =) \dfrac{e^{\frac{\pi}{4}}}{\sqrt{2}}$ をとる．

$x(0) = 0$, $y(0) = 1$, $x \cdot \dfrac{\pi}{2} = e^{\frac{\pi}{2}}$, $y \cdot \dfrac{\pi}{2} = 0$．

(3) $\dfrac{dx}{dt} = e^t(\sin t + \cos t) > 0$, $\left(0 \leqq t \leqq \dfrac{\pi}{2}\right)$ であるので，(x は増加している．)

$S = \int_0^{\frac{\pi}{2}} y(t)\,dx = \int_0^{\frac{\pi}{2}} y(t)\dfrac{dx}{dt}dt = \int_0^{\frac{\pi}{2}} e^t \cos t \times e^t(\sin t + \cos t)dt$

$= \int_0^{\frac{\pi}{2}} e^{2t}(\cos t \sin t + \cos^2 t)dt = \int_0^{\frac{\pi}{2}} e^{2t}\left(\dfrac{\sin 2t}{2} + \dfrac{1 + \cos 2t}{2}\right)dt$

$= \dfrac{1}{2}\int_0^{\frac{\pi}{2}} e^{2t}(\sin 2t + \cos 2t + 1)dt = \otimes$．

ここで，$\begin{cases} (e^{2t}\sin 2t)' = e^{2t}(2\sin 2t + 2\cos 2t) & \cdots \text{(i)} \\ (e^{2t}\cos 2t)' = e^{2t}(2\cos 2t - 2\sin 2t) & \cdots \text{(ii)} \end{cases}$ より，

$$\frac{\text{(i)} + \text{(ii)}}{4} \;\to\; e^{2t}\cos 2t = \frac{1}{4}\{(e^{2t}\sin 2t)' + (e^{2t}\cos 2t)'\} = \frac{1}{4}(e^{2t}\sin 2t + e^{2t}\cos 2t)',$$

$$\frac{\text{(i)} - \text{(ii)}}{4} \;\to\; e^{2t}\sin 2t = \frac{1}{4}\{(e^{2t}\sin 2t)' - (e^{2t}\cos 2t)'\} = \frac{1}{4}(e^{2t}\sin 2t - e^{2t}\cos 2t)'.$$

$$\otimes = \frac{1}{2}\left(\int_0^{\frac{\pi}{2}} e^{2t}\sin 2t\, dt + \int_0^{\frac{\pi}{2}} e^{2t}\cos 2t\, dt + \int_0^{\frac{\pi}{2}} e^{2t}\, dt\right)$$

$$= \frac{1}{2}\left(\frac{1}{4}[e^{2t}\sin 2t - e^{2t}\cos 2t]_0^{\frac{\pi}{2}} + \frac{1}{4}[e^{2t}\sin 2t + e^{2t}\cos 2t]_0^{\frac{\pi}{2}} + \frac{1}{2}[e^{2t}]_0^{\frac{\pi}{2}}\right)$$

$$= \frac{1}{2}\left(\frac{1}{4}[e^{2t}\sin 2t - e^{2t}\cos 2t + e^{2t}\sin 2t + e^{2t}\cos 2t]_0^{\frac{\pi}{2}} + \frac{1}{2}[e^{2t}]_0^{\frac{\pi}{2}}\right)$$

$$= \frac{1}{2}\left(\frac{1}{2}[e^{2t}\sin 2t]_0^{\frac{\pi}{2}} + \frac{1}{2}[e^{2t}]_0^{\frac{\pi}{2}}\right) = \frac{1}{4}e^{\pi} - \frac{1}{4}.$$

よって面積 $S = \dfrac{1}{4}e^{\pi} - \dfrac{1}{4}$.

(4)　$s = \displaystyle\int_0^{\frac{\pi}{2}} \sqrt{\left(\frac{dx}{dt}\right)^2 + \left(\frac{dy}{dt}\right)^2}\, dt = \sqrt{2}\int_0^{\frac{\pi}{2}} e^t\, dt = \sqrt{2}\,[e^t]_0^{\frac{\pi}{2}} = \sqrt{2}\left(e^{\frac{\pi}{2}} - 1\right).$

よって，$s = \sqrt{2}\left(e^{\frac{\pi}{2}} - 1\right).$

第 7 章 問題

問題 7.1

(1) 関数 $f(x) = \log(x+1)$ の $x = 0$ における接線の方程式を求めよ.

(2) 関数 $f(x) = e^{3x}\sin 2x$ の $x = 0$ における接線の方程式を求めよ.

問題 7.2 次の極限値を求めよ.

(1) $\displaystyle\lim_{x \to 2} \frac{x-2}{x^3-8}$
(2) $\displaystyle\lim_{x \to \infty} \frac{x+2}{e^x}$
(3) $\displaystyle\lim_{x \to 0} \frac{x+\log(1-x)}{x^2}$
(4) $\displaystyle\lim_{x \to 0} \frac{\sin 3x - x}{\sin 3x + x}$

問題 7.3 関数 $y = f(x)$ は，$\displaystyle\lim_{x \to 4 \pm 0} f(x) = -\infty$, $\displaystyle\lim_{x \to \pm\infty} f(x) = 0$ を満たし，増減表は右の表のようになる．この関数のグラフはどのようなグラフになるか．次の(a)〜(f)のうちから1つ選べ．

x		0		4	
y'	+	0	−	/	+
y	↗	2	↘	/	↗

(a)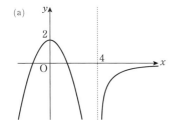

(b)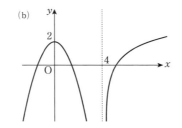

(c)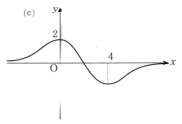

(d)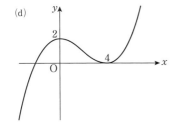

(e)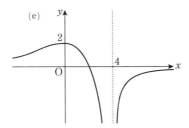

(f)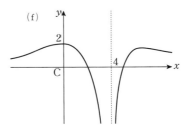

問題 7.4 次の関数の極値を調べよ.

(1) $y = x^3 - 3x^2 + 8$
(2) $y = x^4 - x^3$
(3) $y = x + \dfrac{9}{x}$

問題 7.5 次の関数の極値と凹凸を調べよ.

(1) $y = -x^3 + 6x^2$
(2) $y = x^3 + 3x^2 - 9x + 2$
(3) $y = xe^{2x}$

問題 7.6

(1) x 軸上を動く点 P がある．点 P が動き出して t 秒後の速度 v は t^2 である．このとき，$t = 3$ におけ

る点 P の加速度 a を求めよ．

(2) 軸上を動く点 P の時刻 t における x 座標が $x = t^2 - 4t$ で与えられているものとする．次の各問いに答えよ．

 (i) $\dfrac{dx}{dt} = 0$ となる t の値を求めよ．

 (ii) $t = 3$ における点 P の速度を求めよ．

 (iii) $t = 0$ から $t = 4$ までに点 P が実際に動いた道のりを求めよ．

問題 7.7 次の関数のマクローリン展開を 0 でない最初の第 3 項まで求めよ．

(1) e^{x^2} (2) $\cos^2 x$ (3) $\sqrt{1+x^2}$ (4) $\sqrt{1+\sin x}$

問題 7.8 $\sqrt[3]{130}$ の近似値を小数第四位まで求めよ．

問題 7.9 次の（広義）積分を求めよ．

(1) $\displaystyle\int_0^9 \dfrac{1}{\sqrt[3]{x-1}} dx$ (2) $\displaystyle\int_0^1 \log x\, dx$ (3) $\displaystyle\int_0^\infty x^2 e^{-x} dx$

問題 7.10 下の図は関数 $y = f(x)$ と $y = g(x)$ を表したもので，両関数は $a \leqq x \leqq d$ で連続で滑らかである．直線 $x = a$, $y = d$ と曲線 $y = f(x)$, $y = g(x)$ で囲まれるアミ部分の面積 S を表す式を求めよ．

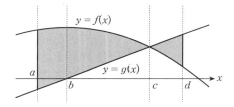

問題 7.11

(1) 関数 $y = -x^2 + 3x$ のグラフと x 軸に囲まれた図形の面積を求めよ．

(2) 放物線 $C: y = x^2 + 2x$ と直線 $l: y = x$ に囲まれた図形の面積を求めよ．

(3) 関数 $y = \sin x \left(0 \leqq x \leqq \dfrac{3\pi}{2}\right)$ のグラフと x 軸，直線 $x = \dfrac{3\pi}{2}$ に囲まれた図形の面積を求めよ．

問題 7.12

(1) 曲線 $y = \sqrt{2-x}$ と x 軸，y 軸で囲まれた図形を x 軸のまわりに回転してできる回転体の体積を求めよ．

(2) 2 直線 $y = x$, $y = 3x - 6$ と x 軸とで囲まれた図形を，x 軸のまわりに回転して得られる回転体の体積を求めよ．

(3) 関数 $y = \sin x$ のグラフと直線 $x = \dfrac{\pi}{4}$ および x 軸とで囲まれる部分を，x 軸のまわりに回転してできる回転体の体積を求めよ．

(4) だ円 $2x^2 + \dfrac{y^2}{3} = 1$ の $x \geqq 0$, $y \geqq 0$ の部分を，x 軸のまわりに回転してできる回転体の体積を求めよ．

問題 7.13 曲線 $y=\sqrt{x}$ $(0 \leqq x \leqq 1)$ を x 軸まわりに 1 回転させて回転体を作る．区間 $[0,1]$ を n 等分した分点を $0 < x_0 < x_1 < \cdots < x_n = 1$ とする．各分点 $x_k = \dfrac{k}{n}$ $(k=1,2,\cdots,n)$ を通り，x 軸に垂直な平面 α_k でこの回転体を切って，厚さ $\dfrac{1}{n}$ の n 個の小片に分け，α_k による断面積を S_k とする．このとき，次の各問いに答えよ．

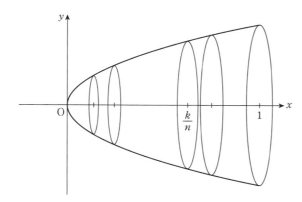

(i) S_k の値を求めよ．

(ii) この小片の体積は $\dfrac{1}{n}S_k$ で近似される．このことから，$\displaystyle\lim_{n\to\infty}\sum_{k=1}^{n}\dfrac{1}{n}S_k$ の値を求めよ．

問題 7.14

(1) 関数 $y=f(x)$ が区間 $[0,1]$ で連続で $f(x) \geqq 0$ を満たすとする．区間 $[0,1]$ を n 等分し，分点を $a < x_0 < x_1 < \cdots < x_n = b$ とする．各小区間 $[x_{k-1}, x_k]$ に対して，高さ $f(x_k)$ の長方形を考える．$\Delta x = \dfrac{1}{n}$ とするとき，面積の和の極限として定積分 $\displaystyle\int_0^1 \dfrac{1}{1+x}dx$ を表す式を求めよ．

(2) 次の□に当てはまる式を求めよ．
$$\lim_{n\to\infty}\left(\dfrac{1^4}{n^5}+\dfrac{2^4}{n^5}+\cdots+\dfrac{n^4}{n^5}\right) = \int_0^1 \square\, dx$$

第 8 章 空間ベクトル，行列の計算

8.1 空間内の図形
● 空間座標

- 2 点 $A(x_1, y_1, z_1)$，$B(x_2, y_2, z_2)$ 間の距離 … $AB = \sqrt{(x_1 - x_2)^2 + (y_1 - y_2)^2 + (z_1 - z_2)^2}$，
  原点 $O(0, 0, 0)$ と $A(x_1, y_1, z_1)$ 間の距離 … $AB = \sqrt{x_1^2 + y_1^2 + z_1^2}$．

- AB を $m:n$ に内分する点 … $\left(\dfrac{nx_1 + mx_2}{m + n}, \dfrac{ny_1 + my_2}{m + n}, \dfrac{nz_1 + mz_2}{m + n} \right)$，

  AB の中点 … $\left(\dfrac{x_1 + x_2}{2}, \dfrac{y_1 + y_2}{2}, \dfrac{z_1 + z_2}{2} \right)$．

  AB を $m:n$ に外分する点 … $\left(\dfrac{-nx_1 + mx_2}{m - n}, \dfrac{-ny_1 + my_2}{m - n}, \dfrac{-nz_1 + mz_2}{m - n} \right)$．

- $A(x_1, y_1, z_1)$，$B(x_2, y_2, z_2)$，$C(x_3, y_3, z_3)$ のとき，$\triangle ABC$ の重心 G
  … $\left(\dfrac{x_1 + x_2 + x_3}{3}, \dfrac{y_1 + y_2 + y_3}{3}, \dfrac{z_1 + z_2 + z_3}{3} \right)$．

● 平面の方程式

- yz 平面に平行な平面 … $x = a$，
  zx 平面に平行な平面 … $y = b$，
  xy 平面に平行な平面 … $z = c$．

- 平面の方程式の一般形 … $ax + by + cz = d$．

● 点と平面の距離

点 (x_1, y_1, z_1) と平面 $ax + by + cz = d$ との距離 ρ … $\rho = \dfrac{|ax_1 + by_1 + cz_1 - d|}{\sqrt{a^2 + b^2 + c^2}}$．

● 球の方程式

- 原点を中心とする半径 r の球 … $x^2 + y^2 + z^2 = r^2$．
- 点 $C(a, b, c)$ を中心とする半径 r の球 … $(x - a)^2 + (y - b)^2 + (z - c)^2 = r^2$．
- 一般形 … $x^2 + y^2 + z^2 + Ax + By + Cz + D = 0$．

例題 8.1.1

(1) 2 点 $A(3, 6, -2)$，$B(7, -4, 3)$ から等距離にあり，z 軸上にある点の座標を求めよ．

(2) 2 点 $A(4, 0, 0)$，$B(0, -2, 0)$ から等距離にある点 P のみたす図形と，原点との最短距離を求めよ．

解 (1) 題意より，求める点は $Q(0, 0, z)$ とおける．$AQ^2 = BQ^2$ より，

$9 + 36 + (z + 2)^2 = 49 + 16 + (z - 3)^2$． $\therefore z = \dfrac{5}{2}$．よって，求める座標は，$\left(0, 0, \dfrac{5}{2} \right)$．

(2) $P(x, y, z)$ とすると，$AQ^2 = BQ^2$ より，$(x - 4)^2 + y^2 + z^2 = x^2 + (y + 2)^2 + z^2$，

$(x - 4 + x)(x - 4 - x) + (y + y + 2)(y - y - 2) = 0$．

∴ 点 P は平面：$2x + y - 3 = 0$ 上の点．よって，原点と平面の距離は $\rho = \dfrac{|2 \times 0 + 0 - 3|}{\sqrt{2^2 + 1}} = \dfrac{3}{\sqrt{5}}$．

例題 8.1.2 4 点 $A(7, 2, 4)$, $B(4, -4, 2)$, $C(9, -1, 10)$ および $D(x, y, z)$ は正方形の頂点であるという．点 D の座標を求めよ．

解 $AB = \sqrt{9 + 36 + 4} = 7$, $AC = \sqrt{4 + 9 + 36} = 7$, $BC = \sqrt{25 + 9 + 64} = \sqrt{98}$ より，$AB^2 + AC^2 = BC^2$．したがって，1 辺が 7 の正方形であり，点 B, C と点 A, D が向かい合う頂点であることが分かる．これより，対角線 BC, AD の中点は一致するから，

∴ $\dfrac{7+x}{2} = \dfrac{13}{2}$, $\dfrac{2+y}{2} = \dfrac{-5}{2}$, $\dfrac{4+z}{2} = \dfrac{12}{2}$．よって，求める点 D の座標は $(6, -7, 8)$．

例題 8.1.3 空間の 2 点 $A(10, 2, 5)$, $B(-6, 10, 11)$ を直径の両端とする球面がある．次の問いに答えよ．
(1) この球面を表す方程式を求めよ．
(2) この球面が，xy 平面から切り取る円の方程式と，円の面積を求めよ．
(3) この球面が，z 軸から切り取る線分の長さを求めよ．

解 (1) 2 点 A, B の中点 $M(2, 6, 8)$ が球面の中心となる．$MA^2 = 8^2 + (-4)^2 + (-3)^2 = 89$, ∴ 球面の方程式は $(x-2)^2 + (y-6)^2 + (z-8)^2 = 89$．

(2) xy 平面の方程式は $z = 0$．したがって，$(x-2)^2 + (y-6)^2 + (0-8)^2 = 89$ より，球と xy 平面の交線は円 $(x-2)^2 + (y-6)^2 = 25$．よって，面積は 25π．

(3) z 軸より，$x = y = 0$ であるから，$(0-2)^2 + (0-6)^2 + (z-8)^2 = 89$ より，$(z-8)^2 = 49$．$|z - 8| = 7$．よって，切り取る線分の長さは 14．

8.2 空間ベクトル

● ベクトルの成分表示

・基本ベクトル　　　…　$\vec{e_1} = (1, 0, 0)$, $\vec{e_2} = (0, 1, 0)$, $\vec{e_3} = (0, 0, 1)$.
・$\vec{a} = (a_1, a_2, a_3) = a_1 \vec{e_1} + a_2 \vec{e_2} + a_3 \vec{e_3}$
・ベクトルの大きさ　…　$|\vec{a}| = \sqrt{a_1^2 + a_2^2 + a_3^2}$．
・2 点の座標が $A(x_1, y_1, z_1)$, $B(x_2, y_2, z_2)$ のとき，…　$\vec{a} = \vec{AB} = (x_2 - x_1, y_2 - y_1, z_2 - z_1)$．

● 成分による演算

$\vec{a} = (a_1, a_2, a_3)$, $\vec{b} = (b_1, b_2, b_3)$ のとき，

・ベクトルの相等 …　$\vec{a} = \vec{b} \Leftrightarrow a_1 = b_1, a_2 = b_2, a_3 = b_3$．
・和・差　　　　　…　$\vec{a} \pm \vec{b} = (a_1, a_2, a_3) \pm (b_1, b_2, b_3) = (a_1 \pm b_1, a_2 \pm b_2, a_3 \pm b_3)$（複号同順），
・実数倍　　　　　…　$k\vec{a} = k(a_1, a_2, a_3) = (ka_1, ka_2, ka_3)$．

● 座標と成分表示

2 点 A, B の座標がそれぞれ $A(a_1, a_2, a_3)$, $B(b_1, b_2, b_3)$ のとき，

・$\vec{AB}$ の成分　…　$\vec{AB} = (b_1 - a_1, b_2 - a_2, b_3 - a_3)$．
・$\vec{AB}$ の大きさ …　$|\vec{AB}| = \sqrt{(b_1 - a_1)^2 + (b_2 - a_2)^2 + (b_3 - a_3)^2}$．

● 分点のベクトル

・線分 AB を $m:n$ に内分する点のベクトル $\vec{p}$（2 点の座標；$A(x_1, y_1, z_1)$, $B(x_2, y_2, z_2)$）

$$\cdots \quad \vec{p} = \left(\frac{nx_1 + mx_2}{m+n}, \frac{ny_1 + my_2}{m+n}, \frac{nz_1 + mz_2}{m+n} \right).$$

● ベクトルの内積と成分

・内積の成分表示 $\cdots$ $\vec{a} = (a_1, a_2, a_3)$, $\vec{b} = (b_1, b_2, b_3)$ のとき $\vec{a} \cdot \vec{b} = a_1 b_1 + a_2 b_2 + a_3 b_3$.

・ベクトル $\vec{a} = (a_1, a_2, a_3)$ の大きさ $\cdots$ $|\vec{a}|^2 = \vec{a} \cdot \vec{a} = a_1^2 + a_2^2 + a_3^2$,

$$\cdots \quad |\vec{a}| = \sqrt{a_1^2 + a_2^2 + a_3^2}.$$

・ベクトルのなす角 $\cdots$ $\cos\theta = \dfrac{\vec{a} \cdot \vec{b}}{|\vec{a}||\vec{b}|} = \dfrac{a_1 b_1 + a_2 b_2 + a_3 b_3}{\sqrt{a_1^2 + a_2^2 + a_3^2}\sqrt{b_1^2 + b_2^2 + b_3^2}}$, $(\vec{a} \neq \vec{0},\ \vec{b} \neq \vec{0})$.

・ベクトルの垂直 $\cdots$ $\vec{a} \perp \vec{b} \Leftrightarrow \vec{a} \cdot \vec{b} = 0 \Leftrightarrow a_1 b_1 + a_2 b_2 + a_3 b_3 = 0$, $(\vec{a} \neq \vec{0},\ \vec{b} \neq \vec{0})$.

（$\vec{a} \cdot \vec{b} = 0 \Leftrightarrow \vec{a} \perp \vec{b}$ または $\vec{a} \neq \vec{0}$ または $\vec{b} \neq \vec{0}$.）

・ベクトルの平行 $\cdots$ $\vec{a} /\!/ \vec{b} \Leftrightarrow \dfrac{a_1}{b_1} = \dfrac{a_2}{b_2} = \dfrac{a_3}{b_3}$, $(\vec{a} \neq \vec{0},\ \vec{b} \neq \vec{0})$.

● ベクトルの内積と三角形の面積

・$\overrightarrow{OA} = \vec{a} = (a_1, a_2, a_3)$, $\overrightarrow{OB} = \vec{b} = (b_1, b_2, b_3)$ のとき $\triangle OAB$ の面積

$$\cdots \quad S = \frac{1}{2}\sqrt{|\vec{a}|^2|\vec{b}|^2 - (\vec{a} \cdot \vec{b})^2} = \frac{1}{2}\sqrt{(a_1 b_2 - a_2 b_1)^2 + (a_2 b_3 - a_3 b_2)^2 + (a_3 b_1 - a_1 b_3)^2}.$$

● 直線の方程式

・点 $A(\vec{a})$ を通り，ベクトル $\vec{u}$ に平行な直線の方程式 $\cdots \rightarrow \vec{p} = \vec{a} + t\vec{u}$ （t は実数）.

点 $A(a_1, a_2, a_3)$, $\vec{u} = (l, m, n)$ のとき，t を媒介変数とする直線の方程式

$$\cdots \begin{cases} x = a_1 + lt \\ y = a_2 + mt \quad (t\ \text{は実数}), \quad \cdots \underline{t\ \text{を消去}} \\ z = a_3 + nt \end{cases}$$

$$\cdots \rightarrow \quad \frac{x - a_1}{l} = \frac{y - a_2}{m} = \frac{z - a_3}{n} \quad (lmn \neq 0) \underline{\text{方向比を利用}}.$$

・2 点 $A(\vec{a})$, $B(\vec{b})$ を通る直線の方程式

$$\cdots \quad \vec{p} = \vec{a} + t(\vec{b} - \vec{a}) = (1-t)\vec{a} + t\vec{b} \quad \text{または} \quad \vec{p} = s\vec{a} + t\vec{b},\ (s + t = 1).$$

$$\cdots \quad \vec{a} = (a_1, a_2, a_3),\ \vec{b} = (b_1, b_2, b_3) \text{のとき} \cdots \rightarrow \begin{cases} x = (1-t)a_1 + tb_1 \\ y = (1-t)a_2 + tb_2 \quad (t\ \text{は実数}). \\ z = (1-t)a_3 + tb_3 \end{cases}$$

$$\cdots \ \underline{t\ \text{を消去}} \ \cdots \rightarrow \quad \frac{x - a_1}{b_1 - a_1} = \frac{y - a_2}{b_2 - a_2} = \frac{z - a_3}{b_3 - a_3}.$$

・直線の方向ベクトル $\cdots$ 直線 $g: \dfrac{x - a_1}{l} = \dfrac{y - a_2}{m} = \dfrac{z - a_3}{n}$ のとき,

$l,\ m,\ n \quad \cdots \quad g$ の$\underline{\text{方向係数}}$,

$l:m:n \quad \cdots \quad g$ の$\underline{\text{方向比}}$,

$\vec{u} = (l, m, n) \quad \cdots \quad g$ の$\underline{\text{方向ベクトル}}$. $(g /\!/ \vec{u})$

第8章 空間ベクトル，行列の計算

・2直線のなす角

直線 g_1 の方向ベクトル $\vec{u}_1 = (l_1, m_1, n_1)$，直線 g_2 の方向ベクトル $\vec{u}_2 = (l_2, m_2, n_2)$，なす角 θ，

$$\cos\theta = \frac{\vec{u}_1 \cdot \vec{u}_2}{|\vec{u}_1||\vec{u}_2|} = \frac{l_1 l_2 + m_1 m_2 + n_1 n_2}{\sqrt{l_1^2 + m_1^2 + n_1^2}\sqrt{l_2^2 + m_2^2 + n_2^2}}$$

垂直　　　　　$\cdots$　$\cos\theta = 0$　　$\Leftrightarrow$　　$l_1 l_2 + m_1 m_2 + n_1 n_2 = 0$

平行・一致　$\cdots$　$\cos\theta = \pm 1$　$\Leftrightarrow$　$|\vec{u}_1 \cdot \vec{u}_2| = |\vec{u}_1||\vec{u}_2|$．

● **平面の方程式**

・平面の決定条件

　　1直線上にない3点，

　　1直線と，その上にない1点，

　　交わる2直線，

　　平行な2直線．

・点 $A(\vec{a})$ を通り，ベクトル $\vec{h}$ に垂直な平面 (ベクトル $\vec{h}$ は平面の法線ベクトル)．

　　ベクトル方程式　$\cdots$　$\vec{h} \cdot (\vec{p} - \vec{a}) = 0$

　　成分表示　$\vec{a} = (x_1, y_1, z_1)$，$\vec{h} = (a, b, c)$　$\cdots$　$a(x - x_1) + b(y - y_1) + c(z - z_3) = 0$．

・1直線上にない3点 $A(\vec{a})$，$B(\vec{b})$，$C(\vec{c})$ の定める平面

　　$\cdots$　$\vec{x} = p\vec{a} + q\vec{b} + r\vec{c}$　$(p + q + r = 1)$，

　　$\cdots$　$\vec{x} = \vec{a} + s(\vec{b} - \vec{a}) + t(\vec{c} - \vec{a})$．

・一般の平面の方程式

　　標準形　方向余弦 l，m，n 原点からの距離 ρ　$\cdots$　$lx + my + nz = \rho$，$(l^2 + m^2 + n^2 = 1)$．

　　一般形　$\cdots$　$Ax + By + Cz + D = 0$，

　　切片形　$\cdots$　$\dfrac{x}{a} + \dfrac{y}{b} + \dfrac{z}{c} = 1$，$(abc \neq 0)$．

・2平面の位置関係

　　平面 $\alpha: a_1 x + b_1 y + c_1 z + d_1 = 0$，平面 $\beta: a_2 x + b_2 y + c_2 z + d_2 = 0$，

　　　　$\alpha \perp$ ベクトル (a_1, b_1, c_1)，$\beta \perp$ ベクトル (a_2, b_2, c_2)．

　　$\alpha \parallel \beta$　$\Leftrightarrow$　$a_1 : b_1 : c_1 = a_2 : b_2 : c_2$．

　　$\alpha \perp \beta$　$\Leftrightarrow$　$a_1 a_2 + b_1 b_2 + c_1 c_2 = 0$，

　　平面 α，β なす角 θ　$\cdots$　$\cos\theta = \dfrac{a_1 a_2 + b_1 b_2 + c_1 c_2}{\sqrt{a_1^2 + b_1^2 + c_1^2}\sqrt{a_2^2 + b_2^2 + c_2^2}}$．

● **球の方程式**

・原点を中心とし，半径 r の円 $\cdots$ $|\vec{p}| = r$ または $\vec{p} \cdot \vec{p} = r^2$．$(x^2 + y^2 + z^2 = r^2)$．

・点 $C(\vec{c})$ を中心とする半径 r の円 $\cdots$ $|\vec{p} - \vec{c}| = r$ または $(\vec{p} - \vec{c}) \cdot (\vec{p} - \vec{c}) = r^2$．

・中心 $C(a, b, c)$，半径 r の球 $\cdots$ $(x - a)^2 + (y - b)^2 + (z - c)^2 = r^2$．

・2点 $A(\vec{a})$，$B(\vec{b})$ を直径の両端とする円 $\cdots$ $(\vec{p} - \vec{a}) \cdot (\vec{p} - \vec{b}) = 0$．

8.2 空間ベクトル

例題 8.2.1 3点 A$(1, 2, -1)$, B$(3, -2, 1)$, C$(-2, 4, 3)$ において，線分 AB, BC, CA を $1:2$ に内分する点を，それぞれ P, Q, R とする．次の問いに答えよ．

(1) 3点 P, Q, R の座標を求めよ．
(2) $\triangle$ABC, $\triangle$PQR の重心を，それぞれ G_1, G_2 とするとき，G_1, G_2 の座標を求めよ．

解 (1) $\overrightarrow{OP} = \dfrac{2\overrightarrow{OA} + 1\overrightarrow{OB}}{1+2} = \left(\dfrac{2+3}{3}, \dfrac{4-2}{3}, \dfrac{-2+1}{3}\right) = \left(\dfrac{5}{3}, \dfrac{2}{3}, -\dfrac{1}{3}\right)$,

$\overrightarrow{OQ} = \dfrac{2\overrightarrow{OB} + 1\overrightarrow{OC}}{1+2} = \left(\dfrac{6-2}{3}, \dfrac{-4+4}{3}, \dfrac{2+3}{3}\right) = \left(\dfrac{4}{3}, 0, \dfrac{5}{3}\right)$,

$\overrightarrow{OR} = \dfrac{2\overrightarrow{OC} + 1\overrightarrow{OA}}{1+2} = \left(\dfrac{-4+1}{3}, \dfrac{8+2}{3}, \dfrac{6-1}{3}\right) = \left(-1, \dfrac{10}{3}, \dfrac{5}{3}\right)$.

∴ P$\left(\dfrac{5}{3}, \dfrac{2}{3}, -\dfrac{1}{3}\right)$, Q$\left(\dfrac{4}{3}, 0, \dfrac{5}{3}\right)$, R$\left(-1, \dfrac{10}{3}, \dfrac{5}{3}\right)$.

(2) $\overrightarrow{OG_1} = \dfrac{\overrightarrow{OA} + \overrightarrow{OB} + \overrightarrow{OC}}{3} = \left(\dfrac{1+3-2}{3}, \dfrac{2-2+4}{3}, \dfrac{-1+1+3}{3}\right) = \left(\dfrac{2}{3}, \dfrac{4}{3}, 1\right)$,

$\overrightarrow{OG_2} = \dfrac{\overrightarrow{OP} + \overrightarrow{OQ} + \overrightarrow{OR}}{3} = \dfrac{1}{3}\left(\dfrac{5+4-3}{3}, \dfrac{2+0+10}{3}, \dfrac{-1+5+5}{3}\right) = \left(\dfrac{2}{3}, \dfrac{4}{3}, 1\right)$.

∴ $G_1\left(\dfrac{2}{3}, \dfrac{4}{3}, 1\right)$, $G_2\left(\dfrac{2}{3}, \dfrac{4}{3}, 1\right)$.

例題 8.2.2 ベクトル $\vec{a} = (3, -2, 1)$, $\vec{b} = (2, 1, 3)$ について，次の問いに答えよ．

(1) ベクトル $\vec{a}$, $\vec{b}$ のなす角 θ $(0 \leqq \theta \leqq \pi)$ を求めよ．
(2) ベクトル $\vec{a}$, $\vec{b}$ の両方に垂直な大きさ 3 のベクトルを求めよ．

解 (1) $\vec{a} \cdot \vec{b} = 3 \times 2 + (-2) \times 1 + 1 \times 3 = 7$, $|\vec{a}| = \sqrt{9+4+1} = \sqrt{14}$,

$|\vec{b}| = \sqrt{4+1+9} = \sqrt{14}$.

∴ $\cos\theta = \dfrac{\vec{a} \cdot \vec{b}}{|\vec{a}||\vec{b}|} = \dfrac{7}{\sqrt{14} \times \sqrt{14}} = \dfrac{1}{2}$ と $0 \leqq \theta \leqq \pi$ より，なす角は $\theta = \dfrac{\pi}{3}$.

(2) 求めるベクトルを $\vec{d} = (x, y, z)$ とすると，$x^2 + y^2 + z^2 = 9$. また，$\vec{a} \perp \vec{d}$, $\vec{b} \perp \vec{d}$ より，

$\vec{a} \cdot \vec{d} = 3x - 2y + 1z = 0$, $\vec{b} \cdot \vec{d} = 2x + 1y + 3z = 0$

$\begin{cases} x^2 + y^2 + z^2 = 9 \\ 3x - 2y + z = 0 \\ 2x + y + 3z = 0 \end{cases}$ より，$\begin{cases} y + 3z = -2x \\ 2y - z = 3x \end{cases}$, $y = x$, $z = -x$.

これを，$x^2 + y^2 + z^2 = 9$ に代入．∴ $3x^2 = 9$.

よって，$\vec{d} = \pm(\sqrt{3}, \sqrt{3}, -\sqrt{3})$（複号同順）．

例題 8.2.3 空間内に 4 点 A$(0, 1, 2)$, B$(1, 0, -1)$, C$(-1, 1, 4)$, D(x, y, z) がある．次の問いに答えよ．

(1) $\overrightarrow{AD} = k\overrightarrow{AB}$ (k は実数) が成り立つとき，x, y, z を k を用いて表せ．
(2) 4点 A, B, C, D が同一平面上にあるとき，x, y, z の関係式を求めよ．

解 (1) $\vec{AD} = \vec{OD} - \vec{OA} = (x-0, y-1, z-2)$, $\vec{AB} = \vec{OB} - \vec{OA} = (1, -1, -3)$.

したがって，$\vec{AD} = (x, y-1, z-2) = k(1, -1, -3)$.

よって，$x = k$, $y = -k+1$, $z = -3k+2$.

(2) 4点 A, B, C, D が同一平面上にあることから，$\vec{AD} = k\vec{AB} + l\vec{AC}$（$k$, l は実数）．

$\vec{AC} = (-1, 0, 2)$ より，$\vec{AD} = (x-0, y-1, z-2) = k(1, -1, -3) + l(-1, 0, 2)$.

したがって，$x = k - l$ …①，$y = -k+1$ …②，$z = -3k + 2l + 2$ …③．

①，② より $l = 1 - x - y$，$k = -y + 1$．③ に代入すると求める関係式は $2x - y + z = 1$．

例題 8.2.4 O を原点とする座標空間に，3点 A(1, 3, 3), B(2, 1, 6), C(3, 4, -1) があるとき，次の問いに答えよ．

(1) ベクトル $\vec{d} = (x, y, 1)$ が平面 ABC に垂直であるとき，x, y の値を求めよ．

(2) 点 D(6, -3, 1) を通り，平面 ABC に垂直な直線と平面 ABC の交点の座標を求めよ．

解 (1) 題意より，$\vec{d} \perp \vec{AB}$, $\vec{d} \perp \vec{AC}$. したがって，$\vec{d} \cdot \vec{AB} = 0$, $\vec{d} \cdot \vec{AC} = 0$.

$\vec{AB} = (1, -2, 3)$, $\vec{AC} = (2, 1, -4)$ より，$\begin{cases} x - 2y + 3 = 0 \\ 2x + y - 4 = 0 \end{cases}$. よって，$x = 1$, $y = 2$．

(2) 求める交点を P(x, y, z) とすると，DP⊥平面 ABC より，$\vec{DP} = k\vec{d}$（k は実数）．

また，点 P は平面 ABC 上にあるから，$\vec{AP} = m\vec{AB} + n\vec{AC}$（$m$, n は実数）．

$\vec{DP} = (x-6, y+3, z-1) = k(1, 2, 1)$. ∴ $x - 6 = k$, $y + 3 = 2k$, $z - 1 = k$.

$\vec{AP} = (x-1, y-3, z-3) = m(1, -2, 3) + n(2, 1, -4)$ より，

$\begin{cases} x - 1 = m + 2n \\ y - 3 = -2m + n \\ z - 3 = 3m - 4n \end{cases}$. ここで，$\begin{cases} m + 2n = k + 5 \\ -2m + n = 2k - 6 \\ 3m - 4n = k - 2 \end{cases}$. k を求めるため，m, n を消去する．

2式 + 2×1式，3式 − 3×1式 より，

$\begin{cases} m + 2n = k + 5 \\ 0 + 5n = 4k + 4 \\ 0 - 10n = -2k - 17 \end{cases}$, 2式，3式 ÷ (−2) より $\begin{cases} 5n = 4k + 4 \\ 5n = k + \dfrac{17}{2} \end{cases}$. ∴ $k = \dfrac{3}{2}$.

よって，P$\left(\dfrac{15}{2}, 0, \dfrac{5}{2}\right)$.

例題 8.2.5 四面体 OABC があり，頂点 A から平面 OBC に引いた垂線と平面 OBC との交点を H とする．$\vec{OA} = \vec{a}$, $\vec{OB} = \vec{b}$, $\vec{OC} = \vec{c}$ とする．$|\vec{a}| = |\vec{b}| = 2$, $|\vec{c}| = 1$, $\vec{a} \cdot \vec{b} = \vec{c} \cdot \vec{a} = \dfrac{1}{2}$, $\angle BOC = \dfrac{\pi}{3}$ のとき，次の問いに答えよ．

(1) △BOC の面積を求めよ．

(2) $\vec{AH}$ を $\vec{a}$, $\vec{b}$, $\vec{c}$ を用いて表せ．

(3) 四面体 OABC の体積を求めよ．

解 (1) $OB = |\vec{OB}| = |\vec{b}| = 2$, $OC = |\vec{OC}| = |\vec{c}| = 1$. $\angle BOC = \dfrac{\pi}{3}$ より，

$$s(\triangle \text{BOC}) = \frac{1}{2} \times 2 \times 1 \times \sin\frac{\pi}{3} = \frac{\sqrt{3}}{2}.$$

(2) 点 H は平面 OBC 上の点であるから $\overrightarrow{\text{OH}} = k\overrightarrow{\text{OB}} + l\overrightarrow{\text{OC}}$（$k$, l は実数）.

したがって, $\overrightarrow{\text{OH}} = k\vec{b} + l\vec{c}$ であるから, $\overrightarrow{\text{AH}} = \overrightarrow{\text{OH}} - \overrightarrow{\text{OA}} = k\vec{b} + l\vec{c} - \vec{a}$.

$\overrightarrow{\text{AH}} \perp \overrightarrow{\text{OB}}$ より, $(k\vec{b} + l\vec{c} - \vec{a}) \cdot \vec{b} = 4k + l\vec{c} \cdot \vec{b} - \frac{1}{2} = 0$.

ここで, $\vec{c} \cdot \vec{b} = |\vec{c}| \times |\vec{b}| \times \cos\frac{\pi}{3} = 1$ より, $\therefore \ 8k + 2l = 1$.

$\overrightarrow{\text{AH}} \perp \overrightarrow{\text{OC}}$ より, $(k\vec{b} + l\vec{c} - \vec{a}) \cdot \vec{c} = k + l - \frac{1}{2} = 0$. $\therefore \ 2k + 2l = 1$.

これより, $k = 0$, $l = \frac{1}{2}$. よって, $\overrightarrow{\text{AH}} = \frac{1}{2}\vec{c} - \vec{a}$.

(3) $\text{AH}^2 = |\overrightarrow{\text{AH}}|^2 = \left(\frac{1}{2}\vec{c} - \vec{a}\right) \cdot \left(\frac{1}{2}\vec{c} - \vec{a}\right) = \frac{1}{4}|\vec{c}|^2 - \vec{c} \cdot \vec{a} + |\vec{a}|^2 = \frac{1}{4} - \frac{1}{2} + 4 = \frac{15}{4}$.

$\therefore \ \text{AH} = \frac{\sqrt{15}}{2}$. よって, 四面体 OABC の体積は $V = \frac{1}{3} \times \frac{\sqrt{3}}{2} \times \frac{\sqrt{15}}{2} = \frac{\sqrt{5}}{4}$.

8.3 行列

●行列の定義

定義 … mn 個の数（または文字）a_{ij}（$i = 1, 2, \cdots, m$; $j = 1, 2, \cdots, n$）を図のように長方形に並べたものを $\underline{m \times n \text{ 行列}}$ という. 横の並びを$\underline{\text{行}}$, 縦の並びを$\underline{\text{列}}$ といい, a_{ij} を第 i 行 j 列の成分（$\underline{(i,j) \text{成分}}$）と呼ぶ.

$$\begin{pmatrix} a_{11} & a_{12} & \cdots & \cdots & a_{1n} \\ a_{21} & a_{22} & \cdots & \cdots & a_{2n} \\ \vdots & \vdots & & & \vdots \\ a_{m1} & a_{m2} & \cdots & \cdots & a_{mn} \end{pmatrix}$$

・行列を $\mathbf{A} = (a_{ij})$ のように表すこともある.

・$n \times n$ 行列 … n 次正方行列.

・$1 \times n$ 行列 … n 次行ベクトル（横ベクトル）. ｝ $\mathbf{a}, \mathbf{b}, \mathbf{c}, \cdots$ 等の文字で表す.

・$n \times 1$ 行列 … n 次列ベクトル（縦ベクトル）.

・$\underline{\text{正方行列}}$ … 行の数と列の数が等しい行列. $n \times n$ の正方形の行列 …→ n 次の正方行列.

・正方行列 $\mathbf{A} = (a_{ij})$ の (i, i) 成分 a_{ii} …→ 行列 $\mathbf{A}$ の $\underline{\text{対角成分}}$ という.

・$\underline{\text{零行列}}$ … すべての成分が 0. …→ $\mathbf{O}$ で表す.

・$\underline{\text{単位行列}}$ … 対角成分がすべて 1, 他の成分がすべて 0 である正方行列. …→ $\mathbf{I}, \mathbf{E}$ で表す.

●行列の相等

$\mathbf{A} = (a_{ij})$, $\mathbf{B} = (b_{ij})$ が同じ型の $m \times n$ 行列で, かつ対応する成分がすべて等しい $a_{ij} = b_{ij}$ ($i = 1, 2, \cdots, m$; $j = 1, 2, \cdots, n$) であるとき, 行列 $\mathbf{A}, \mathbf{B}$ は等しい. $\mathbf{A} = \mathbf{B}$.

●行列の演算

・和・差 … $\mathbf{A} = (a_{ij})$, $\mathbf{B} = (b_{ij})$ が同じ型の $m \times n$ 行列のとき,

…→ $\mathbf{A} \pm \mathbf{B} = (a_{ij} \pm b_{ij})$（複号同順）, 行列 $\mathbf{A} \pm \mathbf{B}$ も $m \times n$ 行列.

・スカラー（実数）倍 … $\lambda \mathbf{A} = (\lambda a_{ij})$. …→ $(-1)\mathbf{B} = (-b_{ij}) = -\mathbf{B}$ $\therefore$ $\mathbf{A} - \mathbf{B} = \mathbf{A} + (-\mathbf{B})$.

・積 … $\mathbf{A} = (a_{ij})$ が $m \times n$ 行列, $\mathbf{B} = (b_{ij})$ が $n \times l$ 行列のとき, ((A の列の個数) = (B の行の個数)),

… $\mathbf{AB} = \left(\sum_{k=1}^{n} a_{ik}b_{kj}\right)$, 積 $\mathbf{AB}$ は $m \times l$ 行列.

●演算の法則

・和について … 行列 $\mathbf{A}, \mathbf{B}, \mathbf{C}$ が同じ型の行列,

第 8 章　空間ベクトル，行列の計算

① $\mathbf{A} + \mathbf{B} = \mathbf{B} + \mathbf{A}$（交換法則）　　② $(\mathbf{A} + \mathbf{B}) + \mathbf{C} = \mathbf{A} + (\mathbf{B} + \mathbf{C})$（結合法則）
③ $\mathbf{A} + \mathbf{O} = \mathbf{A}$　　④ $\mathbf{A} + (-\mathbf{A}) = \mathbf{O}$.

・スカラー倍について　…　行列 $\mathbf{A}$, $\mathbf{B}$ が同じ型の行列，μ, λ がスカラー．
　① $\mu(\mathbf{A} + \mathbf{B}) = \mu\mathbf{A} + \mu\mathbf{B}$,　　② $(\mu + \lambda)\mathbf{A} = \mu\mathbf{A} + \lambda\mathbf{A}$,
　③ $(\mu\lambda)\mathbf{A} = \mu(\lambda\mathbf{A})$　　④ $\mathbf{A} + (-\mathbf{A}) = \mathbf{O}$.

・積について　…　各演算が定義できる．
　① $(\mathbf{AB})\mathbf{C} = \mathbf{A}(\mathbf{BC})$,（結合法則）　　② $\mathbf{EA} = \mathbf{A}$,
　③ $\mathbf{AE} = \mathbf{A}$,　　④ $\mathbf{A}(\mathbf{B} + \mathbf{C}) = \mathbf{AB} + \mathbf{AC}$,
　⑤ $(\mathbf{A} + \mathbf{B})\mathbf{C} = \mathbf{AC} + \mathbf{BC}$,　　⑥ $\mu(\mathbf{AB}) = (\mu\mathbf{A})\mathbf{B} = \mathbf{A}(\mu\mathbf{B})$.
　$\mathbf{AB} = \mathbf{BA}$ は一般に成り立たない　…　$\mathbf{AB} \neq \mathbf{BA}$
　$\mathbf{A} \neq \mathbf{O}$, $\mathbf{B} \neq \mathbf{O}$ かつ $\mathbf{AB} = \mathbf{O}$ となる $\mathbf{A}$, $\mathbf{B}$ が存在する．
　$\mathbf{A} \neq \mathbf{O}$ でも $\mathbf{AX} = \mathbf{B}$, $\mathbf{XA} = \mathbf{B}$ となる $\mathbf{X}$ が存在するとは限らない．

・べき　…　正方行列 $\mathbf{A}$ と 0 および自然数に対して，… $\mathbf{A}^0 = \mathbf{E}$, $\mathbf{A}^1 = \mathbf{A}$, $\mathbf{A}^n = \mathbf{A}^{n-1}\mathbf{A} = \mathbf{A}\mathbf{A}\cdots\mathbf{A}$.
　指数法則：$\mathbf{A}^m\mathbf{A}^n = \mathbf{A}^{m+n}$, $(\mathbf{A}^m)^n = \mathbf{A}^{mn}$　　$(m, n \in \{0\} \cup \mathbb{N})$.
　　　　　　　$\mathbf{AB} = \mathbf{BA}$　⇒　$(\mathbf{AB})^n = \mathbf{A}^n\mathbf{B}^n$

● いろいろな行列

・転置行列　…→　行列 $\mathbf{A}$ が $m \times n$ 行列のとき，行と列を入れ替えて得られる $n \times m$ 行列．${}^t\mathbf{A}$, $\mathbf{A}^t$, $\mathbf{A}^T$
　　　　　　　　$\mathbf{A} = (a_{ij})$　…→　${}^t\mathbf{A} = (a_{ji})$.

・対角行列　…→　正方行列で，対角成分以外の成分が 0 の行列．

・（上）三角行列　…→　対角成分より下の成分がすべて 0 の行列．

・正則行列と逆行列
　　n 次正方行列 $\mathbf{A}$ に対して，$\mathbf{AX} = \mathbf{I}$, $\mathbf{XA} = \mathbf{I}$ となる n 次正方行列 $\mathbf{X}$ が存在するとき，行列 $\mathbf{X}$ を $\mathbf{A}$ の逆行列という．逆行列はただ 1 つで，$\mathbf{A}^{-1}$ で表す．
　　逆行列をもつ正方行列を正則行列という．
　　　$\mathbf{A}$ が正則　⇒　$\mathbf{A}^{-1}$ も正則，$(\mathbf{A}^{-1})^{-1} = \mathbf{A}$.
　　　$\mathbf{A}$, $\mathbf{B}$ が n 次正則行列　⇒　$\mathbf{AB}$ も n 次正則，$(\mathbf{AB})^{-1} = \mathbf{B}^{-1}\mathbf{A}^{-1}$.

例題 8.3.1　$\mathbf{A} = \begin{pmatrix} 1 & 2 \\ 3 & 4 \end{pmatrix}$, $\mathbf{B} = \begin{pmatrix} 1 & -2 & 3 & -4 \\ -4 & 3 & -2 & 1 \end{pmatrix}$, $\mathbf{x} = \begin{pmatrix} 1 \\ -1 \end{pmatrix}$, $\mathbf{y} = (-1\ \ -1\ \ 0\ \ 1)$ のとき，次の計算をせよ．また，定義されていなければ × を記入せよ．
(1) $\mathbf{A} + \mathbf{B}$　　(2) $\mathbf{AB}$　　(3) $\mathbf{BA}$　　(4) $\mathbf{x}\,{}^t\mathbf{x}$
(5) $\mathbf{B}\,{}^t\mathbf{y}$　　(6) ${}^t\mathbf{x}\mathbf{A}\mathbf{x}$　　(7) ${}^t\mathbf{x}\mathbf{B}\mathbf{y}$　　(8) $\mathbf{A}^2 - 5\mathbf{A} - 2\mathbf{I}$

解　(1)　$\mathbf{A} + \mathbf{B} = \begin{pmatrix} 1 & 2 \\ 3 & 4 \end{pmatrix} + \begin{pmatrix} 1 & -2 & 3 & -4 \\ -4 & 3 & -2 & 1 \end{pmatrix}$　×．

(2)　$\mathbf{AB} = \begin{pmatrix} 1 & 2 \\ 3 & 4 \end{pmatrix}\begin{pmatrix} 1 & -2 & 3 & -4 \\ -4 & 3 & -2 & 1 \end{pmatrix} = \begin{pmatrix} -7 & 4 & -1 & -2 \\ -13 & 6 & 1 & -8 \end{pmatrix}$.

(3)　$\mathbf{BA} = \begin{pmatrix} 1 & -2 & 3 & -4 \\ -4 & 3 & -2 & 1 \end{pmatrix}\begin{pmatrix} 1 & 2 \\ 3 & 4 \end{pmatrix}$　×．

(4)　$\mathbf{x}\,{}^t\mathbf{x} = \begin{pmatrix} 1 \\ -1 \end{pmatrix}(1\ \ -1) = \begin{pmatrix} 1 & -1 \\ -1 & 1 \end{pmatrix}$.

(5) $\mathbf{B}\,^t\mathbf{y} = \begin{pmatrix} 1 & -2 & 3 & -4 \\ -4 & 3 & -2 & 1 \end{pmatrix} \begin{pmatrix} -1 \\ -1 \\ 0 \\ 1 \end{pmatrix} = \begin{pmatrix} -3 \\ 2 \end{pmatrix}.$

(6) $^t\mathbf{x}\mathbf{A}\mathbf{x} = (1\ -1)\begin{pmatrix} 1 & 2 \\ 3 & 4 \end{pmatrix}\begin{pmatrix} 1 \\ -1 \end{pmatrix} = (-2\ -2)\begin{pmatrix} 1 \\ -1 \end{pmatrix} = 0.$

(7) $^t\mathbf{x}\mathbf{B} = (1\ -1)\begin{pmatrix} 1 & -2 & 3 & -4 \\ -4 & 3 & -2 & 1 \end{pmatrix} = (5\ -5\ 5\ -5),$

$^t\mathbf{x}\mathbf{B}\mathbf{y} = (5\ -5\ 5\ -5)(-1\ -1\ 0\ 1)\ ×.$

(8) $\mathbf{A}^2 - 5\mathbf{A} - 2\mathbf{I} = \begin{pmatrix} 1 & 2 \\ 3 & 4 \end{pmatrix}\begin{pmatrix} 1 & 2 \\ 3 & 4 \end{pmatrix} - 5\begin{pmatrix} 1 & 2 \\ 3 & 4 \end{pmatrix} - 2\begin{pmatrix} 1 & 0 \\ 0 & 1 \end{pmatrix} = \begin{pmatrix} 7 & 10 \\ 15 & 22 \end{pmatrix} - \begin{pmatrix} 5 & 10 \\ 15 & 20 \end{pmatrix} - \begin{pmatrix} 2 & 0 \\ 0 & 2 \end{pmatrix}$

$= \begin{pmatrix} 0 & 0 \\ 0 & 0 \end{pmatrix} = \mathbf{O}$

例題 8.3.2 次の等式をみたす x, y, z を a, b, c を用いて表せ.
$$\begin{pmatrix} a & b \\ c & d \end{pmatrix} = \begin{pmatrix} a & b \\ 0 & d \end{pmatrix}\begin{pmatrix} x & 0 \\ y & z \end{pmatrix}\quad (ad \neq 0)$$

解 $\begin{pmatrix} a & b \\ 0 & d \end{pmatrix}\begin{pmatrix} x & 0 \\ y & z \end{pmatrix} = \begin{pmatrix} ax+by & bz \\ dy & dz \end{pmatrix}$ より, $ax+by=a,\ bz=b,\ dy=c,\ dz=d.$

$d \neq 0$ より, $z=1,\ y=\dfrac{c}{d},\ x=1-\dfrac{bc}{ad}.$

例題 8.3.3 次の行列とその逆行列が与えられているとき, 次の問いに答えよ.
$\mathbf{A} = \begin{pmatrix} 1 & 2 \\ 3 & 5 \end{pmatrix},\ \mathbf{B} = \begin{pmatrix} 3 & 2 \\ 4 & 3 \end{pmatrix},\ \mathbf{A}^{-1} = \begin{pmatrix} -5 & 2 \\ 3 & -1 \end{pmatrix},\ \mathbf{B}^{-1} = \begin{pmatrix} 3 & -2 \\ -4 & 3 \end{pmatrix}.$

(1) 行列 $\mathbf{AB}$ の逆行列を求めよ.　　　(2) 行列 $^t\mathbf{A}$ と行列 $^t\mathbf{B}$ の逆行列を求めよ.

解 (1) $(\mathbf{AB})^{-1} = \mathbf{B}^{-1}\mathbf{A}^{-1} = \begin{pmatrix} 3 & -2 \\ -4 & 3 \end{pmatrix}\begin{pmatrix} -5 & 2 \\ 3 & -1 \end{pmatrix} = \begin{pmatrix} -21 & 8 \\ 29 & -11 \end{pmatrix}.$

(2) $(^t\mathbf{A})^{-1} = {}^t(\mathbf{A}^{-1}) = {}^t\begin{pmatrix} -5 & 2 \\ 3 & -1 \end{pmatrix} = \begin{pmatrix} -5 & 3 \\ 2 & -1 \end{pmatrix},\ (^t\mathbf{B})^{-1} = {}^t(\mathbf{B}^{-1}) = {}^t\begin{pmatrix} 3 & -2 \\ -4 & 3 \end{pmatrix} = \begin{pmatrix} 3 & -4 \\ -2 & 3 \end{pmatrix}.$

例題 8.3.4 $\mathbf{A} = \begin{pmatrix} 3 & -6 \\ 1 & -2 \end{pmatrix}$ の 2 乗, 3 乗, 4 乗を求めよ.

解 $\mathbf{A}^2 = \begin{pmatrix} 3 & -6 \\ 1 & -2 \end{pmatrix}\begin{pmatrix} 3 & -6 \\ 1 & -2 \end{pmatrix} = \begin{pmatrix} 9-6 & -18+12 \\ 3-2 & -6+4 \end{pmatrix} = \begin{pmatrix} 3 & -6 \\ 1 & -2 \end{pmatrix} = \mathbf{A}.$ したがって,

$\mathbf{A}^3 = \mathbf{A}^2\mathbf{A} = \mathbf{A}\mathbf{A} = \mathbf{A},\quad \mathbf{A}^4 = \mathbf{A}^3\mathbf{A} = \mathbf{A}\mathbf{A} = \mathbf{A}.$

例題 8.3.5 $\mathbf{A}$ が次の行列のとき, $\mathbf{A}^n$ を求めよ.

(1) $\mathbf{A} = \begin{pmatrix} a & 1 \\ 0 & a \end{pmatrix}$　　　(2) $\mathbf{A} = \begin{pmatrix} a & 1 & 0 \\ 0 & a & 1 \\ 0 & 0 & a \end{pmatrix}$

解 (1) $\mathbf{A}^2 = \begin{pmatrix} a & 1 \\ 0 & a \end{pmatrix}\begin{pmatrix} a & 1 \\ 0 & a \end{pmatrix} = \begin{pmatrix} a^2 & 2a \\ 0 & a^2 \end{pmatrix}$, $\mathbf{A}^3 = \mathbf{A}^2 \mathbf{A} = \begin{pmatrix} a^2 & 2a \\ 0 & a^2 \end{pmatrix}\begin{pmatrix} a & 1 \\ 0 & a \end{pmatrix} = \begin{pmatrix} a^3 & 3a^2 \\ 0 & a^3 \end{pmatrix}$,

これより，$\mathbf{A}^n = \begin{pmatrix} a^n & na^{n-1} \\ 0 & a^n \end{pmatrix}$ と類推できる．（類推に対して，数学的帰納法で証明する．）

$\left(\begin{array}{l}\text{① } n=1 \text{ のとき成立する．② } n=k\,(\geqq 2) \text{ のとき成立すると仮定する．} \mathbf{A}^k = \begin{pmatrix} a^k & ka^{k-1} \\ 0 & a^k \end{pmatrix}. \\ \text{次に，} n=k+1 \text{ のときを調べる．} \mathbf{A}^{k+1} = \mathbf{A}^k \mathbf{A} = \begin{pmatrix} a^k & ka^{k-1} \\ 0 & a^k \end{pmatrix}\begin{pmatrix} a & 1 \\ 0 & a \end{pmatrix} = \begin{pmatrix} a^{k+1} & (k+1)a^k \\ 0 & a^{k+1} \end{pmatrix}. \\ \text{これより，} n=k\,(\geqq 2) \text{ のとき成立すると仮定すると，} n=k+1 \text{ のときも成立する．} \\ \text{よって，上記の推論は正しい．（帰納法は無くても可．）}\end{array}\right)$

(2) $\mathbf{A}^2 = \begin{pmatrix} a & 1 & 0 \\ 0 & a & 1 \\ 0 & 0 & a \end{pmatrix}\begin{pmatrix} a & 1 & 0 \\ 0 & a & 1 \\ 0 & 0 & a \end{pmatrix} = \begin{pmatrix} a^2 & 2a & 1 \\ 0 & a^2 & 2a \\ 0 & 0 & a^2 \end{pmatrix}$,

$\mathbf{A}^3 = \mathbf{A}^2 \mathbf{A} = \begin{pmatrix} a^2 & 2a & 1 \\ 0 & a^2 & 2a \\ 0 & 0 & a^2 \end{pmatrix}\begin{pmatrix} a & 1 & 0 \\ 0 & a & 1 \\ 0 & 0 & a \end{pmatrix} = \begin{pmatrix} a^3 & 3a^2 & 3a \\ 0 & a^3 & 3a^2 \\ 0 & 0 & a^3 \end{pmatrix}$,

$\mathbf{A}^4 = \mathbf{A}^3 \mathbf{A} = \begin{pmatrix} a^3 & 3a^2 & 3a \\ 0 & a^3 & 3a^2 \\ 0 & 0 & a^3 \end{pmatrix}\begin{pmatrix} a & 1 & 0 \\ 0 & a & 1 \\ 0 & 0 & a \end{pmatrix} = \begin{pmatrix} a^4 & 4a^3 & 6a^2 \\ 0 & a^4 & 4a^3 \\ 0 & 0 & a^4 \end{pmatrix}$, $6a^2 = (1+2+3)a^2$ と考えると，

$6a^2$ の箇所，$(1, 3)$ 成分は $\{1+2+3+\cdots\cdots+(n-1)\}a^{n-2} = \dfrac{(n-1)n}{2}a^{n-2}$ と類推できる．

したがって，$\mathbf{A}^n = \begin{pmatrix} a^n & na^{n-1} & \dfrac{(n-1)n}{2}a^{n-2} \\ 0 & a^n & na^{n-1} \\ 0 & 0 & a^n \end{pmatrix}$ と類推できる．

（数学的帰納法による証明は省略．）

例題 8.3.6 行列 $\mathbf{A} = \begin{pmatrix} a & b & c \\ 0 & d & e \\ 0 & 0 & f \end{pmatrix}$, $\mathbf{P} = \begin{pmatrix} 0 & 0 & 1 \\ 0 & 1 & 0 \\ 1 & 0 & 0 \end{pmatrix}$ について，次の問いに答えよ．

(1) $\mathbf{P}^2$ を計算することから $\mathbf{P}^{-1}$ を求めよ．
(2) $\mathbf{P}^{-1}\mathbf{A}\mathbf{P}$ を計算せよ．

解 (1) $\mathbf{P}^2 = \begin{pmatrix} 0 & 0 & 1 \\ 0 & 1 & 0 \\ 1 & 0 & 0 \end{pmatrix}\begin{pmatrix} 0 & 0 & 1 \\ 0 & 1 & 0 \\ 1 & 0 & 0 \end{pmatrix} = \begin{pmatrix} 1 & 0 & 0 \\ 0 & 1 & 0 \\ 0 & 0 & 1 \end{pmatrix} = \mathbf{I}_3$. $\therefore \mathbf{P}^{-1} = \begin{pmatrix} 0 & 0 & 1 \\ 0 & 1 & 0 \\ 1 & 0 & 0 \end{pmatrix}$.

(2) $\mathbf{P}^{-1}\mathbf{A}\mathbf{P} = \begin{pmatrix} 0 & 0 & 1 \\ 0 & 1 & 0 \\ 1 & 0 & 0 \end{pmatrix}\begin{pmatrix} a & b & c \\ 0 & d & e \\ 0 & 0 & f \end{pmatrix}\begin{pmatrix} 0 & 0 & 1 \\ 0 & 1 & 0 \\ 1 & 0 & 0 \end{pmatrix} = \begin{pmatrix} 0 & 0 & f \\ 0 & d & e \\ a & b & c \end{pmatrix}\begin{pmatrix} 0 & 0 & 1 \\ 0 & 1 & 0 \\ 1 & 0 & 0 \end{pmatrix} = \begin{pmatrix} f & 0 & 0 \\ e & d & 0 \\ c & b & a \end{pmatrix}$.

8.4 連立 1 次方程式

● 行基本変形

連立1次方程式の解法の1つである消去法では，次の操作を方程式に有限回繰り返し適用して，未知数を1つずつ消去して解を得た．

①方程式の並び (順番) を入れ替える．

②1つの方程式に，ある数を掛けて他の方程式に加える．

③1つの方程式に 0 でない数を掛ける (で割る)．

方程式に関する操作①，②，③を，行列表現に適用できるようにすると，

P_1 … 2つの行を入れ替える．

P_2 … 1つの行に，ある数を掛けて他の行に加える．

P_3 … 1つの行に 0 でない数を掛ける．

ある行列に施す3つの変形を行基本変形という．(付録 F 参照)

● 行列の階数

・任意の行列は，適当な一連の行基本変形によって対角成分の下の成分が，すべて 0 の行列，上三角行列に変形できる．

・階段行列

(1) 第1から第 r ($r \leqq n$) までの行はいずれも零ベクトルでなく，残りの $(n - r)$ 個の行はすべて零ベクトルである．

(2) i 番目の行 ($i = 1, \cdots, r$) を左から順に，0 でない最初の成分がある列番号を c_i とすると $c_1 < c_2 < \cdots < c_r$ である．

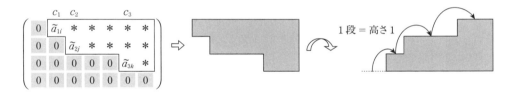

階段状の下側の成分がすべて 0 であって，各段の高さが 1 であるような行列．

r … 階段行列の階数という (上の例では $r = 3$). $\mathbf{O}$ 行列の階数は 0 とする．

・行列 $\mathbf{A}$ が行基本操作によって階数 r の階段行列に変形されるとき，r を $\mathbf{A}$ の階数という．

$$\text{rank}(\mathbf{A}) = r. \quad (r \text{ が } \mathbf{A} \text{ の階段行列への変形の仕方によらないことが知られている．})$$

・$\mathbf{A}$ が n 次正方行列のとき，$\mathbf{A}$ が正則 $\Leftrightarrow$ rank($\mathbf{A}$) $= n$.

… → $\mathbf{A}$ は行基本操作によって単位行列 $\mathbf{I}_n$ に変形できる．

・行列の階数は，1次独立な行ベクトルの最大値と一致する．

● ガウスの消去

・1文字消去

(step1) 第 1 式を x_1 について解き，他の式の x_1 に代入．(x_1 を消去)

(step2) 第 2 式を x_2 について解き，第 3 〜 第 n 式の x_2 に代入．(x_2 を消去)

……

(stepk) 第 k 式を x_k について解き，第 $(k+1)$ 〜 第 n 式の x_k に代入．($k = n - 1$ まで) (x_k を消去)

第8章 空間ベクトル，行列の計算

　……　$x_1, x_2, \cdots, x_{n-1}$ の順に消去．
次に，求めた x_n より $x_{n-1}, \cdots, x_2, x_1$ の順に求める．
　　　⇓

・方程式　　　　　　　　　　　　　前進消去

$$\begin{cases} a_{11}x_1 + a_{12}x_2 + \cdots + a_{1n}x_n = b_1 \\ a_{21}x_1 + a_{22}x_2 + \cdots + a_{2n}x_n = b_2 \\ \cdots\cdots \\ a_{n1}x_1 + a_{n2}x_2 + \cdots + a_{nn}x_n = b_n \end{cases}$$

（step1）　第1式を a_{11} で割る．その a_{i1} 倍を i 式から引く
　　　　　$(i = 2, \cdots, n)$，

（step2）　第2式を a_{22} で割る．その a_{i2} 倍を i 式から引く
　　　　　$(i = 3, \cdots, n)$，

　　　　　……

（stepk）　第 k 式を a_{kk} で割る．その a_{ik} 倍を i 式から引く
　　　　　$(i = k+1, \cdots, n)$，$(k = n-1$ まで$)$

　　　　　……

（各 step は前 step 終了時の変数を扱うものとし，説明の都合上，異常終了しないものとする．）
次に，求めた x_n より $x_{n-1}, \cdots, x_2, x_1$ の順に求める：<u>後退代入</u>．
（ガウス - ジョルダンの方法（掃き出し法）は連立1次方程式を理論的に考察するとき用いるが，コンピュータ，特に鉛筆と紙のみのときはガウスの消去法が適している．）
　　　⇓

・行列表現：拡大係数行列 $[\mathbf{A}, \mathbf{b}] \to [\mathbf{U}, \mathbf{L}^{-1}\mathbf{b}] \to$ 後退代入 → 解

$$\begin{pmatrix} a_{11} & a_{12} & \cdots & a_{1n} \\ a_{21} & a_{22} & \cdots & a_{2n} \\ \vdots & \vdots & \ddots & \vdots \\ a_{n1} & a_{n2} & \cdots & a_{nn} \end{pmatrix} \begin{pmatrix} x_1 \\ x_2 \\ \vdots \\ x_n \end{pmatrix} = \begin{pmatrix} b_1 \\ b_2 \\ \vdots \\ b_n \end{pmatrix} \quad \Rightarrow \quad \text{拡大係数行列 } [\mathbf{A}, \mathbf{b}] \quad \left(\begin{array}{cccc|c} a_{11} & a_{12} & \cdots & a_{1n} & b_1 \\ a_{21} & a_{22} & \cdots & a_{2n} & b_2 \\ \vdots & \vdots & \ddots & \vdots & \vdots \\ a_{n1} & a_{n2} & \cdots & a_{nn} & b_n \end{array}\right)$$

$$\left(\begin{array}{cccc|c} a_{11} & a_{12} & \cdots & a_{1n} & b_1 \\ a_{21} & a_{22} & \cdots & a_{2n} & b_2 \\ \vdots & \vdots & \ddots & \vdots & \vdots \\ a_{n1} & a_{n2} & \cdots & a_{nn} & b_n \end{array}\right) = \left(\begin{array}{cccc|c} \boxed{a_{11}^{(1)}} & a_{12}^{(1)} & \cdots & a_{1n}^{(1)} & b_1^{(1)} \\ a_{21}^{(1)} & a_{22}^{(1)} & \cdots & a_{2n}^{(1)} & b_2^{(1)} \\ \vdots & \vdots & \ddots & \vdots & \vdots \\ a_{n1}^{(1)} & a_{n2}^{(1)} & \cdots & a_{nn}^{(1)} & b_n^{(1)} \end{array}\right) \xrightarrow{\begin{array}{l} R_2 + \left(-\frac{a_{21}^{(1)}}{a_{11}^{(1)}}\right)R_1, R_3 + \left(-\frac{a_{31}^{(1)}}{a_{11}^{(1)}}\right)R_1, \cdots \\ \\ R_n + \left(-\frac{a_{n1}^{(1)}}{a_{11}^{(1)}}\right)R_1 \quad R_i;\ i\,\text{th row}. \end{array}}$$

$$\left(\begin{array}{cccc|c} a_{11}^{(1)} & a_{12}^{(1)} & \cdots & a_{1n}^{(1)} & b_1^{(1)} \\ 0 & \boxed{a_{22}^{(2)}} & \cdots & a_{2n}^{(2)} & b_2^{(2)} \\ \vdots & \vdots & \ddots & \vdots & \vdots \\ 0 & a_{n2}^{(2)} & \cdots & a_{nn}^{(2)} & b_n^{(2)} \end{array}\right) \xrightarrow{\begin{array}{l} R_3 + \left(-\frac{a_{32}^{(2)}}{a_{22}^{(2)}}\right)R_2, R_4 + \left(-\frac{a_{42}^{(2)}}{a_{22}^{(2)}}\right)R_2, \cdots \\ \\ R_n + \left(-\frac{a_{n2}^{(2)}}{a_{22}^{(2)}}\right)R_2 \end{array}} \text{前進消去終了}$$

上三角行列になっていることに注意！

$$\begin{pmatrix} a_{11}{}^{(1)} & a_{12}{}^{(1)} & a_{13}{}^{(1)} & \cdots & a_{1n}{}^{(1)} & b_1{}^{(1)} \\ 0 & a_{22}{}^{(2)} & a_{23}{}^{(2)} & \cdots & a_{2n}{}^{(2)} & b_2{}^{(2)} \\ \vdots & 0 & \boxed{a_{33}{}^{(3)}} & \cdots & a_{3n}{}^{(3)} & b_3{}^{(3)} \\ \vdots & \vdots & \vdots & \ddots & \vdots & \vdots \\ 0 & 0 & a_{n3}{}^{(3)} & \cdots & a_{nn}{}^{(3)} & b_n{}^{(3)} \end{pmatrix} \dashrightarrow \begin{pmatrix} a_{11}{}^{(1)} & a_{12}{}^{(1)} & \cdots & a_{1n}{}^{(1)} & b_1{}^{(1)} \\ 0 & a_{22}{}^{(2)} & \cdots & a_{2n}{}^{(2)} & b_2{}^{(2)} \\ \vdots & \vdots & \ddots & \vdots & \vdots \\ 0 & 0 & & a_{nn}{}^{(n)} & b_n{}^{(n)} \end{pmatrix}$$

次に，求めた x_n より $x_{n-1}, \cdots, x_2, x_1$ の順に求める：後退代入．

・$\mathbf{A}$ が $n \times n$ 行列，連立 1 次方程式 $\mathbf{Ax} = \mathbf{b}(\mathbf{b} \neq \mathbf{o})$ の解は，

① 連立 1 次方程式が解を一意にもつための必要十分条件は，
$$\text{rank}(\mathbf{A}) = \text{rank}([\mathbf{A}, \mathbf{b}]) = n \,(n：未知数の個数).$$

② $\text{rank}(\mathbf{A}) = \text{rank}([\mathbf{A}, \mathbf{b}]) < n$ とするとき，無数の多くの解をもつ．例えば，
$\text{rank}(\mathbf{A}) = k$ のとき，$n - k$ 個の未知数 $x_{k+1}, x_{k+2}, \cdots, x_n$ に定数 $l_1, l_2, \cdots, l_{n-k}$ とおいて解く．

③ $\text{rank}(\mathbf{A}) \neq \text{rank}([\mathbf{A}, \mathbf{b}])$ のとき，解なし．

● **同次連立 1 次方程式**

・連立 1 次方程式 $\mathbf{Ax} = \mathbf{b}$ において，ベクトル $\mathbf{b}$ が零ベクトルのとき，$\mathbf{Ax} = \mathbf{o}$ を同次連立 1 次方程式という．

・$\text{rank}([\mathbf{A}, \mathbf{o}]) = \text{rank}(\mathbf{A})$ $\cdots\rightarrow$ 同次連立 1 次方程式は常に解をもつ．
$\mathbf{x} = \mathbf{o}$ は 1 つの解で，自明な解という．

・$\mathbf{A}$ が $n \times n$ 行列，$\text{rank}(\mathbf{A}) = k (\leq n)$ とするとき，同次連立 1 次方程式 $\mathbf{Ax} = \mathbf{o}$ の解は，

① $k = n$ のとき，自明な解のみ．

② $k < n$ のとき，無数の多くの解をもつ．（$n - k$ 個の変数を定数とおく．）

・連立 1 次方程式 $\mathbf{Ax} = \mathbf{b}$ の 1 組の解を $\mathbf{x}_1$ とすると，$\mathbf{Ax} = \mathbf{b}$ のすべての解は $\mathbf{x}_1 + \mathbf{c}$ で与えられる．
ただし，ベクトル $\mathbf{c}$ は $\mathbf{Ax} = \mathbf{o}$ の解である．

● **逆行列の計算**

・正則行列 $\mathbf{A}$ を行基本操作によって単位行列 $\mathbf{I}$ に変形する一連の操作を $\mathbf{I}$ に対して行って得られる行列が $\mathbf{A}$ の逆行列 $\mathbf{A}^{-1}$ である．

・$\mathbf{A}$ を LU 分解して $\mathbf{A} = \mathbf{LU}$ とすると（付録 F 参照），行列 $\mathbf{L}^{-1}$ は $\mathbf{A}$ を上三角行列 $\mathbf{U}$ に変形する一連の行基本操作を表す．

$[\mathbf{A}, \mathbf{I}] = [\mathbf{LU}, \mathbf{I}]$ $\cdots\rightarrow$ $\mathbf{A}$ を行基本操作群 $\mathbf{L}^{-1}$ によって $\mathbf{U}$ に $\cdots\rightarrow$ $[\mathbf{U}, \mathbf{L}^{-1}]$, $\cdots\rightarrow$

$\cdots\rightarrow$ 上三角行列 $\mathbf{U}$ に掃き出し法の後半の作業 $\cdots\rightarrow$ $[\mathbf{U}^{-1}\mathbf{U}, \mathbf{U}^{-1}\mathbf{L}^{-1}] = [\mathbf{I}, (\mathbf{LU})^{-1}] = [\mathbf{I}, \mathbf{A}^{-1}]$.

例題 8.4.1 行列 $\begin{pmatrix} 3 & 6 & 2 \\ 2 & 3 & 4 \\ 1 & 0 & 4 \end{pmatrix}$ の階段行列を求めよ．

解

基本操作	行列		
$R_1 \leftrightarrow R_3$	3	6	2
	②	3	4
	①	0	4
$R_2 - 2R_1$ $R_3 - 3R_1$	1	0	4
	2	3	4
	3	6	2
$R_2 \div 3$	1	0	4
	0	3	-4
	0	⑥	-10

基本操作	行列		
$R_3 - 6R_2$	1	0	4
	0	①	$-\frac{4}{3}$
	0	6	-10
$R_3 \div (-2)$	1	0	4
	0	1	$-\frac{4}{3}$
	0	0	⑨-2
	1	0	4
	0	1	$-\frac{4}{3}$
	0	0	1

(○は軸成分)

よって,求める階段行列は $\begin{pmatrix} 1 & 0 & 4 \\ 0 & 1 & -\frac{4}{3} \\ 0 & 0 & 1 \end{pmatrix}$.

> **note** 階段行列を求める手順過程で,軸成分(ピボット)を各ステップごとに1に直して,それより下の成分を0にする方が実践的でかつ,階段行列の各行の最初の非零の数値は1が一般的である.軸の選び方によっては,得られる階段行列は一意ではないが,各行の最初の非零成分の列番号は一意.

例題 8.4.2 行列 $\mathbf{A} = \begin{pmatrix} 4 & 2 & 1 & 3 & 5 \\ 3 & 2 & -1 & 0 & 6 \\ -1 & -2 & 5 & 6 & -8 \\ 1 & 0 & 2 & -2 & -1 \end{pmatrix}$ を階段行列に変形し,行列の階数を求めよ.

解

基本操作	行列				
$R_1 \leftrightarrow R_4$	4	2	1	3	5
	3	2	-1	0	6
	-1	-2	5	6	-8
	①	0	2	-2	-1
$R_2 - 3R_1$ $R_3 - (-1)R_1$ $R_4 - 4R_1$	①	0	2	-2	-1
	3	2	-1	0	6
	-1	-2	5	6	-8
	4	2	1	3	5
$R_2 \div 2$	1	0	2	-2	-1
	0	②	-7	6	9
	0	-2	7	4	-9
	0	2	-7	11	9
$R_3 - (-2)R_2$ $R_4 - 2R_2$	1	0	2	-2	-1
	0	①	$-\frac{7}{2}$	3	$\frac{9}{2}$
	0	-2	7	4	-9
	0	2	-7	11	9

基本操作	行列				
$R_3 \div 10$	1	0	2	-2	-1
	0	1	$-\frac{7}{2}$	3	$\frac{9}{2}$
	0	0	0	⑩	0
	0	0	0	5	0
$R_4 - 5R_3$	1	0	2	-2	-1
	0	1	$-\frac{7}{2}$	3	$\frac{9}{2}$
	0	0	0	①	0
	0	0	0	5	0
	1	0	2	-2	-1
	0	1	$-\frac{7}{2}$	3	$\frac{9}{2}$
	0	0	0	1	0
	0	0	0	0	0

(○は軸成分)

したがって，求めた階段行列は零ベクトルでない行ベクトルが3つある．
よって，rank(**A**) = 3.

例題 8.4.3 連立1次方程式 $\begin{cases} 3x + 6y - 2z = 9 \\ 2x - 3y + 5z = 11 \\ x + y - z = 0 \end{cases}$ をGaussの消去法を用いて解け．

解 $[\mathbf{A}, \mathbf{b}] = \begin{pmatrix} 3 & 6 & -2 & 9 \\ 2 & -3 & 5 & 11 \\ 1 & 1 & -1 & 0 \end{pmatrix}$ に対して，行基本変形の操作を適用して，上三角行列に変形する．

基本操作	x	y	z	$\mathbf{b}$
	3	6	-2	9
$R_1 \leftrightarrow R_3$	2	-3	5	11
	①	1	-1	0
$R_2 - 2R_1$	①	1	-1	0
	2	-3	5	11
$R_3 - 3R_1$	3	6	-2	9
	1	1	-1	0
$R_2 \div (-5)$	0	$\boxed{-5}$	7	11
	0	3	1	9

	1	1	-1	0
$R_3 - 3R_2$	0	①	$-\dfrac{7}{5}$	$-\dfrac{11}{5}$
	0	3	1	9
	1	1	-1	0
	0	1	$-\dfrac{7}{5}$	$-\dfrac{11}{5}$
	0	0	$\dfrac{26}{5}$	$\dfrac{78}{5}$

(○は軸成分)

これより，$\dfrac{26}{5}z = \dfrac{78}{5}$ より，$z = 3$．次に，$y - \dfrac{7}{5}z = -\dfrac{11}{5}$ より，$y = -\dfrac{11}{5} + \dfrac{21}{5} = 2$．
$x + y - z = 0$ より，$x = 1$．よって，$x = 1, y = 2, z = 3$．

例題 8.4.4 連立1次方程式 $\begin{cases} x + 2y + 3z - w = -3 \\ 2x + 3y + 4z = -2 \\ y + 2z - 2w = -4 \end{cases}$ を解け．

解 $[\mathbf{A}, \mathbf{b}] = \begin{pmatrix} 1 & 2 & 3 & -1 & -3 \\ 2 & 3 & 4 & 0 & -2 \\ 0 & 1 & 2 & -2 & -4 \end{pmatrix}$ に行基本変形操作を適用して，上三角行列に変形する．

基本操作	x	y	z	w	$\mathbf{b}$
	①	2	3	-1	-3
$R_2 - 2R_1$	2	3	4	0	-2
	0	1	2	-2	-4
	1	2	3	-1	-3
$R_2 \div (-1)$	0	$\boxed{-1}$	-2	2	4
	0	1	2	-2	-4

	1	2	3	-1	-3
$R_3 - R_2$	0	①	2	-2	-4
	0	1	2	-2	-4
	1	2	3	-1	-3
	0	1	2	-2	-4
	0	0	0	0	0

(○は軸成分)

したがって，rank($[\mathbf{A}, \mathbf{b}]$) = rank(**A**) = 2 より，未知数の数 $-2 = 2$．
∴ 2個の未知数を定数とおく．$z = k, w = l$．（y, z：任意の定数）

第 8 章 空間ベクトル, 行列の計算

これより, 新たに連立方程式 $\begin{cases} x + 2y = -3 - 3k + l \\ y = -4 - 2k + 2l \end{cases}$ を得る.

$\therefore \quad x = 5 + k - 3l$. よって, $\begin{cases} x = 5 + k - 3l \\ y = -4 - 2k + 2l \\ z = k, w = l \end{cases}$.

例題 8.4.5 連立 1 次方程式 $\begin{cases} x + ay + 2z = 1 \\ 4x + ay + 3z = 1 \\ ax - 2y - z = -1 \end{cases}$ が, それぞれ次の解をもつように実数 a の値を定めよ.

(1) ただ 1 組の解をもつ.　　(2) 無数に多くの解をもつ.　　(3) 解をもたない.

解 連立 1 次方程式の解は, ① $\mathrm{rank}([\mathbf{A}, \mathbf{b}]) = \mathrm{rank}(\mathbf{A}) = $ 未知数の個数 $\Rightarrow$ ただ 1 組の解, ② $\mathrm{rank}([\mathbf{A}, \mathbf{b}]) = \mathrm{rank}(\mathbf{A}) < $ 未知数の個数 $\Rightarrow$ 無数の解, ③ $\mathrm{rank}([\mathbf{A}, \mathbf{b}]) \neq \mathrm{rank}(\mathbf{A}) \Rightarrow$ 解なし. ②のとき, (任意の定数の個数) = (未知数の個数) $-$ $\mathrm{rank}(\mathbf{A})$.

与えられた方程式より $[\mathbf{A}, \mathbf{b}] = \begin{pmatrix} 1 & a & 2 & 1 \\ 4 & a & 3 & 1 \\ a & -2 & -1 & -1 \end{pmatrix}$. これを, 上三角行列に変形すると,

基本操作	x	y	z	$\mathbf{b}$
$R_2 - 4R_1$	①	a	2	1
$R_3 - aR_1$	4	a	3	1
	a	-2	-1	-1
$R_2 \div (-3a)$	1	a	2	1
$R_3 \times (-1)$	0	$(-3a)$	-5	-3
	0	$-2 - a^2$	$-1 - 2a$	$-1 - a$
$R_3 - (a^2 + 2)R_2$	1	a	2	1
	0	①	$\dfrac{5}{3a}$	$\dfrac{1}{a}$
	0	$2 + a^2$	$1 + 2a$	$1 + a$
	1	a	2	1
	0	1	$\dfrac{5}{3a}$	$\dfrac{1}{a}$
	0	0	$\dfrac{a^2 + 3a - 10}{3a}$	$\dfrac{a - 2}{a}$

(○は軸成分)

1 回目の基本操作では $a \neq 0$ としているので, $a = 0$ のときの確認をする.

$[\mathbf{A}, \mathbf{b}] = \begin{pmatrix} 1 & 0 & 2 & 1 \\ 4 & 0 & 3 & 1 \\ 0 & -2 & -1 & -1 \end{pmatrix} \to \begin{pmatrix} 1 & 0 & 2 & 1 \\ 0 & 0 & -5 & -3 \\ 0 & -2 & -1 & -1 \end{pmatrix} \to \begin{pmatrix} 1 & 0 & 2 & 1 \\ 0 & 2 & 1 & 1 \\ 0 & 0 & 5 & 3 \end{pmatrix} \to \begin{pmatrix} 1 & 0 & 2 & 1 \\ 0 & 1 & \dfrac{1}{2} & \dfrac{1}{2} \\ 0 & 0 & 1 & \dfrac{3}{5} \end{pmatrix}$.

したがって, $a = 0$ のときは, ただ 1 組の解をもつことがわかる.

(1) 最後の行列の $(3, 3)$ 成分 $\dfrac{a^2 + 3a - 10}{3a} = \dfrac{(a + 5)(a - 2)}{3a} \neq 0$ で, $(3, 4)$ 成分 $\dfrac{a - 2}{a} \neq 0$ であると, ①に適合する. よって, $a \neq -5$, $a \neq 2$ のとき.

(2) $a=2$ のとき，最終の行列は $\begin{pmatrix} 1 & 2 & 2 & 1 \\ 0 & 1 & \frac{5}{6} & \frac{1}{2} \\ 0 & 0 & 0 & 0 \end{pmatrix}$ であるから，②適合する．よって，$a=2$ のとき．

(3) $a=-5$ のとき，最終の行列は $\begin{pmatrix} 1 & -5 & 2 & 1 \\ 0 & 1 & -\frac{1}{3} & -\frac{1}{5} \\ 0 & 0 & 0 & \frac{7}{5} \end{pmatrix}$ であるから，rank($\mathbf{A}$) = 2,

rank($[\mathbf{A}, \mathbf{b}]$) = 3 より rank($[\mathbf{A}, \mathbf{b}]$) ≠ rank($\mathbf{A}$)．②に適合する．よって，$a=-5$ のとき．

例題 8.4.6 次の方程式のうち，非自明解をもつのはどれか．

(1) $\begin{cases} x+2y=0 \\ 3x+4y=0 \end{cases}$

(2) $\begin{cases} 2x-8y+11z=0 \\ 5x+6y-8z=0 \end{cases}$

(3) $\begin{cases} 2x-4y=0 \\ 7x-14y=0 \\ 3x-6y=0 \end{cases}$

(4) $\begin{cases} x+4y+z=0 \\ 3x-3y+z=0 \\ 4x+y+2z=0 \end{cases}$

解 同次連立1次方程式において，非自明解をもつためには rank($\mathbf{A}$) ≠ 未知数の個数でなければならない．係数行列のランクを調べる．以下の行列は行基本変形を施した過程である．

(1) $\mathbf{A} = \begin{pmatrix} 1 & 2 \\ 3 & 4 \end{pmatrix} \to \begin{pmatrix} 1 & 2 \\ 0 & -2 \end{pmatrix}$.

∴ rank($\mathbf{A}$) = 2 = 未知数の個数，であるので非自明解をもたない．

(2) $\mathbf{A} = \begin{pmatrix} 2 & -8 & 11 \\ 5 & 6 & -8 \end{pmatrix} \to \begin{pmatrix} 1 & -4 & \frac{11}{2} \\ 5 & 6 & -8 \end{pmatrix} \to \begin{pmatrix} 1 & -4 & \frac{11}{2} \\ 0 & 26 & -\frac{71}{2} \end{pmatrix} \to \begin{pmatrix} 1 & -4 & \frac{11}{2} \\ 0 & 1 & \frac{71}{52} \end{pmatrix}$.

∴ rank($\mathbf{A}$) = 2 < 未知数の個数，であるので非自明解をもつ．

(3) $\mathbf{A} = \begin{pmatrix} 2 & -4 \\ 7 & -14 \\ 3 & -6 \end{pmatrix} \to \begin{pmatrix} 1 & -2 \\ 7 & -14 \\ 3 & -6 \end{pmatrix} \to \begin{pmatrix} 1 & -2 \\ 0 & 0 \\ 0 & 0 \end{pmatrix}$.

∴ rank($\mathbf{A}$) = 1 < 未知数の個数，であるので非自明解をもつ．

(4) $\mathbf{A} = \begin{pmatrix} 1 & 4 & 1 \\ 3 & -3 & 1 \\ 4 & 1 & 2 \end{pmatrix} \to \begin{pmatrix} 1 & 4 & 1 \\ 0 & -15 & -2 \\ 0 & -15 & -2 \end{pmatrix} \to \begin{pmatrix} 1 & 4 & 1 \\ 0 & 1 & \frac{2}{15} \\ 0 & 0 & 0 \end{pmatrix}$.

∴ rank($\mathbf{A}$) = 2 < 未知数の個数，であるので非自明解をもつ．

例題 8.4.7 次の行列の逆行列を求めよ．

(1) $\begin{pmatrix} 2 & 5 \\ 1 & 3 \end{pmatrix}$

(2) $\begin{pmatrix} 1 & 0 & 3 \\ 2 & 4 & 1 \\ 1 & 3 & 0 \end{pmatrix}$

第 8 章 空間ベクトル，行列の計算

解

(1)

基本操作	A		$\mathbf{e}_1$	$\mathbf{e}_2$
$R_1 \leftrightarrow R_2$	2	5	1	0
	①	3	0	1
$R_2 - 2R_1$	①	3	0	1
	2	5	1	0
$R_2 \div (-1)$	1	3	0	1
	0	⟨−1⟩	1	−2

基本操作	A		$\mathbf{e}_1$	$\mathbf{e}_2$
$R_1 - 3R_2$	1	3	0	1
	0	①	−1	2
	1	0	3	−5
	0	1	−1	2

（○は軸成分）

よって，$\begin{pmatrix} 2 & 5 \\ 1 & 3 \end{pmatrix}^{-1} = \begin{pmatrix} 3 & -5 \\ -1 & 2 \end{pmatrix}$.

(2)

基本操作	A			$\mathbf{e}_1$	$\mathbf{e}_2$	$\mathbf{e}_3$
$R_2 - 2R_1$	①	0	3	1	0	0
$R_3 - R_1$	2	4	1	0	1	0
	1	3	0	0	0	1
$R_3 \div 3$	1	0	3	1	0	0
	0	4	−5	−2	1	0
	0	③	−3	−1	0	1
$R_2 \leftrightarrow R_3$	1	0	3	1	0	0
	0	4	−5	−2	1	0
	0	①	−1	$-\frac{1}{3}$	0	$\frac{1}{3}$
$R_3 - 4R_2$	1	0	3	1	0	0
	0	①	−1	$-\frac{1}{3}$	0	$\frac{1}{3}$
	0	4	−5	−2	1	0

基本操作	A			$\mathbf{e}_1$	$\mathbf{e}_2$	$\mathbf{e}_3$
$R_3 \div (-1)$	1	0	3	1	0	0
	0	1	−1	$-\frac{1}{3}$	0	$\frac{1}{3}$
	0	0	⟨−1⟩	$-\frac{2}{3}$	1	$-\frac{4}{3}$
$R_1 - 3R_3$	1	0	3	1	0	0
$R_2 - (-1)R_3$	0	1	−1	$-\frac{1}{3}$	0	$\frac{1}{3}$
	0	0	①	$\frac{2}{3}$	−1	$\frac{4}{3}$
	1	0	0	−1	3	−4
	0	1	0	$\frac{1}{3}$	−1	$\frac{5}{3}$
	0	0	1	$\frac{2}{3}$	−1	$\frac{4}{3}$

（○は軸成分）

よって，$\begin{pmatrix} 1 & 0 & 3 \\ 2 & 4 & 1 \\ 1 & 3 & 0 \end{pmatrix}^{-1} = \begin{pmatrix} -1 & 3 & -4 \\ \frac{1}{3} & -1 & \frac{5}{3} \\ \frac{2}{3} & -1 & \frac{4}{3} \end{pmatrix}$.

第 8 章 問題

問題 8.1 座標空間内の 2 点 $A(-3, -1, 0)$, $B(-1, 3, 2)$ に対して,次の各問いに答えよ.

(i) 点 A についての次の(a)〜(f)の記述のうち,正しいものを 1 つ選べ.

(a) 点 A は x 軸上の点である. (b) 点 A は y 軸上の点である.
(c) 点 A は z 軸上の点である. (d) 点 A は xy 平面上の点である.
(e) 点 A は yz 平面上の点である. (f) 点 A は zx 平面上の点である.

(ii) ベクトル $\overrightarrow{AB}$ の大きさを求めよ.

問題 8.2

(1) 方程式 $x^2 + y^2 + z^2 + ax + by + cz + d = 0$ が $(2, -2, 1)$ を中心とし,半径 2 の球を表すとき,a, b, c, d を求めよ.

(2) 球 $x^2 + y^2 + z^2 + 2x - 4y - 2z - 3 = 0$ の中心の座標と半径を求めよ.

(3) 原点 $(0,0,0)$ と点 $P = (4, -2, 6)$ を直径の両端とする球面の方程式を求めよ.

(4) 球 $x^2 + y^2 + z^2 + 4x - 6y + 3z - 2 = 0$ が xy 平面と交わってできる円の半径を求めよ.

問題 8.3

(1) 点 $(2, 1, -3)$ を通り,ベクトル $\vec{v} = (5, -4, 2)$ に平行な直線の方程式を求めよ.

(2) 空間の 2 点 $A(1, -1, 3)$, $B(5, -3, 4)$ を通る直線の方程式を求めよ.

(3) 空間内の 2 点 $A(1, 3, -4)$, $B(4, 2, -2)$ を通る直線の方程式を求めよ.また,この直線上の点で y 座標が 4 のとき,この点の x 座標を求めよ.

問題 8.4

(1) 2 直線 $x - 1 = \dfrac{y+2}{2} = \dfrac{z-3}{4}$, $\dfrac{x+3}{2} = \dfrac{y-3}{a} = \dfrac{z-1}{-3}$ が直交するときの a の値を求めよ.

(2) 2 直線 $\dfrac{x+4}{3} = \dfrac{y-2}{-1} = \dfrac{z-3}{-1}$, $\dfrac{x}{2} = \dfrac{y+7}{7} = \dfrac{z-2}{-1}$ の交点の座標を求めよ.

(3) 2 直線 $\dfrac{x}{a} = \dfrac{y-8}{2} = z$, $x = \dfrac{y}{-2} = z - b$ は垂直に交わる.a, b の値を求めよ.

問題 8.5

(1) 原点 $(0,0,0)$ を通り,ベクトル $\vec{n} = (2, 1, -3)$ に垂直な平面の方程式を求めよ.

(2) 点 $A = (1, -2, 3)$ を通り,$\vec{n} = (3, -2, 1)$ を法線ベクトルとする平面の方程式を求めよ.

(3) 座標空間内の 2 点 $A(1, -2, 4)$, $B(2, -3, 3)$ に対して,点 A を通り直線 AB に垂直な平面の方程式を求めよ.

問題 8.6

(1) k を定数とする.2 つの平面 $\alpha : 2x - 3y + z + 1 = 0$, $\beta : x + 2y + kz - 3 = 0$ が垂直に交わっ

ているときの k の値を求めよ．

(2) 2平面 $ax + 3y - 4z + 1 = 0$, $4x + by - 8z + 3 = 0$ が平行になる a, b の値を求めよ．

(3) 平面 $\alpha : \sqrt{2}\,x - 5y + 3z - 2 = 0$ と xy 平面のなす角を求めよ．

問題 8.7

(1) 平面 $\alpha : 2x - y - 3z + 2 = 0$ と α 上にない点 $A(-3, 1, 4)$ がある．点 A を通って平面 α に垂直な直線の方程式を求めよ．

(2) 平面 $x - y + 2z = 3$ と直線 $\dfrac{x}{3} = \dfrac{y}{4} = z$ の交点の座標を求めよ．

(3) 2平面 $\begin{cases} x - y + z = 2 \\ x - 2y - 2z = 1 \end{cases}$ が交わってできる直線の方程式を求めよ．

問題 8.8

(1) 2つの行列 $A = \begin{pmatrix} -2 & 1 \end{pmatrix}$, $B = \begin{pmatrix} -1 \\ 3 \end{pmatrix}$ とする．次の(i), (ii), (iii)は計算が定義されるかされないか答えよ．また，定義されるときは計算せよ．

　　(i) $A + B$ 　　(ii) AB 　　(iii) BA

(2) 行列 $A = \begin{pmatrix} 3 & 1 & 2 \\ 4 & -2 & 1 \end{pmatrix}$, $B = \begin{pmatrix} 1 & 2 \\ -3 & 4 \\ 2 & -1 \end{pmatrix}$ とする．次の(i), (ii)は計算が定義されるかされないか答えよ．また，定義されるときは計算せよ．

　　(i) $A + B$ 　　(ii) AB 　　(iii) BA

問題 8.9

(1) $\begin{pmatrix} 1 & -2 \\ 0 & 1 \end{pmatrix}^3$, $\begin{pmatrix} 1 & -2 \\ 0 & 1 \end{pmatrix}^4$ を計算し，$\begin{pmatrix} 1 & -2 \\ 0 & 1 \end{pmatrix}^n$ の計算結果を類推せよ．ただし，$n \in \mathbb{N}$ (自然数)とする．

(2) 行列 $A = \begin{pmatrix} 1 & -2 \\ 2 & -3 \end{pmatrix}$ とベクトル $\vec{a} = \begin{pmatrix} 2 \\ 3 \end{pmatrix}$ について，次のものを計算せよ．行列 I は2次単位行列とする．

　　(i) $2A - 3I$ 　　(ii) $A\vec{a}$ 　　(iii) A^2

問題 8.10

(1) 行列 A, B および，その逆行列 A^{-1}, B^{-1} は次のとおりである．このとき，行列 $(AB)^{-1}$ を求めよ．

$$A = \begin{pmatrix} 2 & 1 \\ 5 & 3 \end{pmatrix},\ B = \begin{pmatrix} 5 & 8 \\ 2 & 3 \end{pmatrix},\ A^{-1} = \begin{pmatrix} 3 & -1 \\ -5 & 2 \end{pmatrix},\ B^{-1} = \begin{pmatrix} -3 & 8 \\ 2 & -5 \end{pmatrix}$$

(2) 正則な行列 $A = \begin{pmatrix} 1 & -3 & 2 \\ * & * & * \\ * & * & * \end{pmatrix}$ の逆行列が $A^{-1} = \begin{pmatrix} \Box & * & * \\ 2 & * & * \\ 1 & * & * \end{pmatrix}$ であるとき，$\Box$ にあてはまる数を答えよ．

問題 8.11 A，B，C，X は n 次の正方行列，O は n 次の零行列，I は n 次の単位行列，A^{-1}，B^{-1} は A，B の逆行列，とする．このとき，行列の性質を述べた次の(a)～(h)の記述のうち，正しいものには○を，間違っているものには×をつけよ．

(a) $(AB)^2 = A^2 B^2$.

(b) $(X+A)(X-B) = O$ ならば，$X = A$ または $X = B$.

(c) $AC = BC$ ならば，$A = B$.

(d) $(A+B)(A-B) = A^2 - B^2$.

(e) $A^2 = I$ ならば，$A = A^{-1}$.

(f) $(A^{-1})^{-1} = A$.

(g) A，B が正則ならば，$(AB)^{-1} = B^{-1} A^{-1}$.

(h) A，B が正則ならば，$(A+B)^{-1} = A^{-1} + B^{-1}$.

問題 8.12

(1) 連立方程式 $\begin{cases} 2x - y = 3 \\ 3x - 2y = 8 \end{cases}$ を解け．

(2) 連立方程式 $\begin{cases} x + 2y = 2 \\ 3x + 6y = 4 \end{cases}$ を解け．

問題 8.13

(1) 連立方程式 $\begin{cases} 2x - 6y = a \\ -x + 3y = -2 \end{cases}$ が解をもつとき，a の値を定め，この連立方程式の解を求めよ．

(2) 連立方程式 $\begin{cases} ax + 9y = 1 \\ x + ay = 1 \end{cases}$ の解が存在しないときの a の値を定めよ．

第9章 行列の固有値と行列式

9.1 行列式

● 順列

- $1, 2, \cdots, n$ を並べたもの $(l_1 \ l_2 \ \cdots \ l_n)$ を n 次の順列という.
- この順列において,$l_i > l_j \ (i < j)$ である l_i, l_j があるとき,この2つの数の組を転位という.
- 転位の個数が偶数である順列を偶順列という.
  転位の個数が奇数である順列を奇順列という.
- 順列 $(l_1 \ l_2 \ \cdots \ l_n)$ の符号 $\mathrm{sgn}(l_1 \ l_2 \ \cdots \ l_n)$ を次のように定める.
$$\mathrm{sgn}(l_1 \ l_2 \ \cdots \ l_n) = \begin{cases} +1 & ((l_1 \ l_2 \ \cdots \ l_n)\text{が偶順列のとき}) \\ -1 & ((l_1 \ l_2 \ \cdots \ l_n)\text{が奇順列のとき}) \end{cases}$$

● 行列式の定義

- 行列式は正方行列に対してのみ意味をもつ.
- n 次正方行列 $\mathbf{A} = (a_{ij})$ の各行から順に1つずつ,さらに,それらが各列から1つずつとなるように n 個の成分の積を作る.
  次に,それらの成分の列番号から作られる順列に符号 $\mathrm{sgn}(l_1 \ l_2 \ \cdots \ l_n)$ をつける.
$$\mathrm{sgn}(l_1 \ l_2 \ \cdots \ l_n) a_{1l_1} a_{2l_2} \cdots a_{nl_n}$$
  これらを,すべての順列についての和を $\mathbf{A}$ の行列式という.
$$\sum \mathrm{sgn}(l_1 \ l_2 \ \cdots \ l_n) a_{1l_1} a_{2l_2} \cdots a_{nl_n}$$
  ($\sum$ は $(1 \ 2 \ \cdots \ n)$ のすべての順列 $(l_1 \ l_2 \ \cdots \ l_n)$ についての和をとるものとする.)

  $\mathbf{A}$ の行列式を,次のように表す. $\det \mathbf{A}$, $|\mathbf{A}|$, $\begin{vmatrix} a_{11} & a_{12} & \cdots & a_{1n} \\ a_{21} & a_{22} & \cdots & a_{2n} \\ \cdots & \cdots & & \\ a_{n1} & a_{n2} & \cdots & a_{nn} \end{vmatrix}$.

3次行列式の成分の積

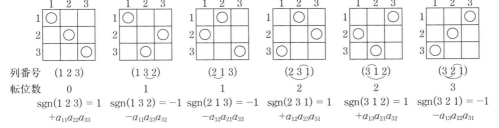

- 2次行列式,3次行列式

$$\begin{vmatrix} a_{11} & a_{12} \\ a_{21} & a_{22} \end{vmatrix} = a_{11}a_{22} - a_{12}a_{21}$$

$$\begin{vmatrix} a_{11} & a_{12} & a_{13} \\ a_{21} & a_{22} & a_{23} \\ a_{31} & a_{32} & a_{33} \end{vmatrix} = a_{11}a_{22}a_{33} + a_{12}a_{23}a_{31} + a_{13}a_{21}a_{32} - (a_{13}a_{22}a_{31} + a_{11}a_{23}a_{32} + a_{12}a_{21}a_{33})$$

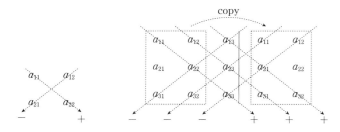

サラスの方法という．

これは，4次以上の行列式には適用できない．

（1次の行列式は $\det \mathbf{A} = a_{11}$．）

● **行列式の性質**

・対角行列 $\mathbf{A} = (a_{ij})$ の行列式は，対角成分の積．$\det \mathbf{A} = a_{11}a_{22}\cdots a_{nn}$．
単位行列 $\mathbf{I}$ の行列式は 1．$\det \mathbf{I} = 1$．

・転置行列の行列式は，元の行列式と同じ．$\det {}^t\mathbf{A} = \det \mathbf{A}$．
（したがって，以下<u>行</u>に関する性質は<u>列</u>に関する性質にもなる．）

・ある行についての和は，和の各項で置き換えた行列式の和になる．

$$\begin{vmatrix} a_{11} & a_{12} & \cdots & a_{1n} \\ \cdots & \cdots & & \cdots \\ a_{k1}+a'_{k1} & a_{k2}+a'_{k2} & \cdots & a_{kn}+a'_{kn} \\ \cdots & \cdots & & \cdots \\ a_{n1} & a_{n2} & \cdots & a_{nn} \end{vmatrix} = \begin{vmatrix} a_{11} & a_{12} & \cdots & a_{1n} \\ \cdots & \cdots & & \cdots \\ a_{k1} & a_{k2} & \cdots & a_{kn} \\ \cdots & \cdots & & \cdots \\ a_{n1} & a_{n2} & \cdots & a_{nn} \end{vmatrix} + \begin{vmatrix} a_{11} & a_{12} & \cdots & a_{1n} \\ \cdots & \cdots & & \cdots \\ a'_{k1} & a'_{k2} & \cdots & a'_{kn} \\ \cdots & \cdots & & \cdots \\ a_{n1} & a_{n2} & \cdots & a_{nn} \end{vmatrix}$$

ある行の共通因数 c は，くくり出せる．その行を c で割った行を含む行列式の c 倍である．

$$\begin{vmatrix} a_{11} & a_{12} & \cdots & a_{1n} \\ \cdots & \cdots & & \cdots \\ ca_{k1} & ca_{k2} & \cdots & ca_{kn} \\ \cdots & \cdots & & \cdots \\ a_{n1} & a_{n2} & \cdots & a_{nn} \end{vmatrix} = c \begin{vmatrix} a_{11} & a_{12} & \cdots & a_{1n} \\ \cdots & \cdots & & \cdots \\ a_{k1} & a_{k2} & \cdots & a_{kn} \\ \cdots & \cdots & & \cdots \\ a_{n1} & a_{n2} & \cdots & a_{nn} \end{vmatrix}$$

この2つの性質は，どの行に関しても線形性があることを示している．

ある行が0だけからなるとき，$\det \mathbf{A} = 0$．（$a'_{ki} = -a_{ki}$ とおくか，$c = 0$ とする．）

> **note** 正しくない $\det(\mathbf{A} + \mathbf{B}) = \det \mathbf{A} + \det \mathbf{B}$, $\det(c\mathbf{A}) = c\mathbf{A}$ と混同しないこと．
> 一般的に $\det(\mathbf{A} + \mathbf{B}) \neq \det \mathbf{A} + \det \mathbf{B}$ であり，$\det(c\mathbf{A}) = c^n \det \mathbf{A}$ である．

・同じ行が2つ以上あると，$\det \mathbf{A} = 0$．

・ある行に別の行の c 倍を加えても，その行列式は元の行列式と同じ．

$$
\begin{vmatrix} a_{11} & a_{12} & \cdots & a_{1n} \\ \cdots & \cdots & & \cdots \\ a_{k1}+ca_{l1} & a_{k2}+ca_{l2} & \cdots & a_{kn}+ca_{ln} \\ \cdots & \cdots & & \cdots \\ a_{l1} & a_{l2} & \cdots & a_{ln} \\ \cdots & \cdots & & \cdots \\ a_{1n} & a_{2n} & \cdots & a_{nn} \end{vmatrix} = \begin{vmatrix} \cdots & \cdots & \cdots & \cdots \\ a_{k1} & a_{k2} & \cdots & a_{kn} \\ \cdots & \cdots & & \cdots \\ a_{l1} & a_{l2} & \cdots & a_{ln} \\ \cdots & \cdots & & \cdots \end{vmatrix} + \begin{vmatrix} \cdots & \cdots & \cdots & \cdots \\ ca_{l1} & ca_{l2} & \cdots & ca_{ln} \\ \cdots & \cdots & & \cdots \\ a_{l1} & a_{l2} & \cdots & a_{ln} \\ \cdots & \cdots & & \cdots \end{vmatrix}
$$

$$
= \begin{vmatrix} a_{11} & \cdots & a_{1n} \\ \cdots & & \cdots \\ a_{k1} & \cdots & a_{kn} \\ \cdots & & \cdots \\ a_{l1} & \cdots & a_{ln} \\ \cdots & & \cdots \\ a_{n1} & \cdots & a_{nn} \end{vmatrix}.
$$

・任意の 2 行の入れ替えをすると行列式は符号を変える．（第 k 行と第 l 行を交換したものを示す．）

$$
\begin{array}{c} k\text{th} \\ \\ l\text{th} \end{array} \begin{vmatrix} \cdots & \cdots & \cdots & \cdots \\ a_{l1} & a_{l2} & \cdots & a_{ln} \\ \cdots & \cdots & & \cdots \\ a_{k1} & a_{k2} & \cdots & a_{kn} \\ \cdots & \cdots & & \cdots \end{vmatrix} = \begin{vmatrix} \cdots & \cdots & \cdots & \cdots \\ a_{l1}+a_{k1} & a_{l2}+a_{k2} & \cdots & a_{ln}+a_{kn} \\ \cdots & \cdots & & \cdots \\ a_{k1} & a_{k2} & \cdots & a_{kn} \\ \cdots & \cdots & & \cdots \end{vmatrix}
$$

$$
= \begin{vmatrix} \cdots & \cdots & \cdots & \cdots \\ a_{l1}+a_{k1} & a_{l2}+a_{k2} & \cdots & a_{ln}+a_{kn} \\ \cdots & \cdots & & \cdots \\ -a_{l1} & -a_{l2} & \cdots & -a_{ln} \\ \cdots & \cdots & & \cdots \end{vmatrix} = - \begin{vmatrix} \cdots & \cdots & \cdots & \cdots \\ a_{k1} & a_{k2} & \cdots & a_{kn} \\ \cdots & \cdots & & \cdots \\ a_{l1} & a_{l2} & \cdots & a_{ln} \\ \cdots & \cdots & & \cdots \end{vmatrix}.
$$

・1 列目の 1 行目以外は 0 の場合， 三角行列の行列式は対角成分の積．

$$
\begin{vmatrix} a_{11} & a_{12} & \cdots & a_{1n} \\ 0 & a_{22} & \cdots & a_{2n} \\ \vdots & \cdots & & \\ 0 & a_{n2} & & a_{nn} \end{vmatrix} = a_{11} \begin{vmatrix} a_{22} & \cdots & a_{2n} \\ \cdots & & \cdots \\ a_{n2} & \cdots & a_{nn} \end{vmatrix}. \qquad \begin{vmatrix} a_{11} & a_{12} & \cdots & a_{1n} \\ 0 & a_{22} & \cdots & a_{2n} \\ \vdots & & \ddots & \\ 0 & 0 & & a_{nn} \end{vmatrix} = a_{11}\, a_{22} \cdots a_{nn}.
$$

・n 次正方行列 $\mathbf{A}$, $\mathbf{B}$ に対して $\det \mathbf{AB} = \det \mathbf{A} \det \mathbf{B}$．

> **note** 以上の性質より，着目した列で消去法により 0 の成分を多く作り，その列で展開し，行列のサイズを小さくして行列式の値を求める．

●行列式の展開

・$n \geqq 2$ のとき，行列 $\mathbf{A}$ の i 行と j 列を削除して作った $n-1$ 次の行列の行列式を，$\mathbf{A}$ の<u>小行列式</u>といい M_{ij} で表す．
・a_{ij} の余因子を次のように定義する．$A_{ij} = (-1)^{i+j} M_{ij}$．
・余因子を用いて行列 $\mathbf{A}$ の行列式は次のようになる．

$$\det \mathbf{A} = \sum_{j=1}^{n} a_{ij} A_{ij} = \sum_{j=1}^{n} (-1)^{i+j} a_{ij} M_{ij}.$$

$$M_{ij} = \begin{vmatrix} a_{11} & \cdots & a_{1,j-1} & a_{1,j+1} & \cdots & a_{1n} \\ \cdots & & \cdots & \cdots & & \cdots \\ a_{i-1,1} & \cdots & a_{i-1,j-1} & a_{i-1,j+1} & \cdots & a_{i-1,n} \\ a_{i+1,1} & \cdots & a_{i+1,j-1} & a_{i+1,j+1} & \cdots & a_{i+1,n} \\ \cdots & & \cdots & \cdots & & \cdots \\ a_{n1} & \cdots & a_{n,j-1} & a_{n,j+1} & \cdots & a_{nn} \end{vmatrix} \begin{array}{l} {}^{j\text{th}} \\ \\ < i\text{th} \end{array}$$

第9章　行列の固有値と行列式

- 第 i 行についての<u>余因子展開</u>といい，すべての行または列についての余因子展開は等しい．

$$\begin{vmatrix} a_{11} & a_{12} & a_{13} \\ a_{21} & a_{22} & a_{23} \\ a_{31} & a_{32} & a_{33} \end{vmatrix} = (-1)^{1+1}a_{11}\begin{vmatrix} a_{22} & a_{23} \\ a_{32} & a_{33} \end{vmatrix} + (-1)^{1+2}a_{12}\begin{vmatrix} a_{21} & a_{23} \\ a_{31} & a_{33} \end{vmatrix} + (-1)^{1+3}a_{13}\begin{vmatrix} a_{21} & a_{22} \\ a_{31} & a_{32} \end{vmatrix}$$

$$= -a_{21}\begin{vmatrix} a_{12} & a_{13} \\ a_{32} & a_{33} \end{vmatrix} + a_{22}\begin{vmatrix} a_{11} & a_{13} \\ a_{31} & a_{33} \end{vmatrix} - a_{23}\begin{vmatrix} a_{11} & a_{12} \\ a_{31} & a_{32} \end{vmatrix}$$

$$= a_{31}\begin{vmatrix} a_{12} & a_{13} \\ a_{22} & a_{23} \end{vmatrix} - a_{32}\begin{vmatrix} a_{11} & a_{13} \\ a_{21} & a_{23} \end{vmatrix} + a_{33}\begin{vmatrix} a_{11} & a_{12} \\ a_{21} & a_{22} \end{vmatrix}$$

$$= a_{11}\begin{vmatrix} a_{22} & a_{23} \\ a_{32} & a_{33} \end{vmatrix} - a_{21}\begin{vmatrix} a_{12} & a_{13} \\ a_{32} & a_{33} \end{vmatrix} + a_{31}\begin{vmatrix} a_{12} & a_{13} \\ a_{22} & a_{23} \end{vmatrix}$$

$$= -a_{12}\begin{vmatrix} a_{21} & a_{23} \\ a_{31} & a_{33} \end{vmatrix} + a_{22}\begin{vmatrix} a_{11} & a_{13} \\ a_{31} & a_{33} \end{vmatrix} - a_{32}\begin{vmatrix} a_{11} & a_{13} \\ a_{21} & a_{23} \end{vmatrix} = \cdots.$$

● 余因子と逆行列

- $\det\mathbf{A} = a_{11}A_{11} + a_{12}A_{12} + \cdots + a_{1n}A_{1n},\ a_{i1}A_{11} + a_{i2}A_{12} + \cdots + a_{in}A_{1n} = 0\quad (i \neq 1)$,

$$\cdots \to \begin{pmatrix} a_{11} & a_{12} & \cdots & a_{1n} \\ a_{21} & a_{22} & \cdots & a_{2n} \\ & \cdots & \cdots & \\ a_{n1} & a_{n2} & & a_{nn} \end{pmatrix}\begin{pmatrix} A_{11} \\ A_{12} \\ \vdots \\ A_{1n} \end{pmatrix} = \begin{pmatrix} \det\mathbf{A} \\ 0 \\ \vdots \\ 0 \end{pmatrix}$$

$$\cdots \to \begin{pmatrix} a_{11} & a_{12} & \cdots & a_{1n} \\ a_{21} & a_{22} & \cdots & a_{2n} \\ & \cdots & \cdots & \\ a_{n1} & a_{n2} & & a_{nn} \end{pmatrix}\begin{pmatrix} A_{11} & A_{21} & \cdots & A_{n1} \\ A_{12} & A_{22} & & A_{n2} \\ & \cdots & \cdots & \\ A_{1n} & A_{2n} & & A_{nn} \end{pmatrix} = \begin{pmatrix} \det\mathbf{A} & & 0 \\ & \ddots & \\ 0 & & \det\mathbf{A} \end{pmatrix} = (\det\mathbf{A})\mathbf{I}_n$$

- $\det\mathbf{A} \neq 0$ のとき，$\mathbf{A}$ の逆行列 $\mathbf{A}^{-1}$ は，

$$\mathbf{A}^{-1} = \frac{1}{\det\mathbf{A}}\begin{pmatrix} A_{11} & A_{21} & \cdots & A_{n1} \\ A_{12} & A_{22} & \cdots & A_{n2} \\ & \cdots & \cdots & \\ A_{1n} & A_{2n} & & A_{nn} \end{pmatrix}.$$

- 連立1次方程式 $\mathbf{Ax} = \mathbf{b}$ の解　$\cdots \to$　$\det\mathbf{A} \neq 0$ のとき，$\mathbf{x} = \mathbf{A}^{-1}\mathbf{b}$.

$$\begin{pmatrix} x_1 \\ x_2 \\ \vdots \\ x_n \end{pmatrix} = \frac{1}{\det\mathbf{A}}\begin{pmatrix} A_{11} & A_{21} & \cdots & A_{n1} \\ A_{12} & A_{22} & \cdots & A_{n2} \\ & \cdots & \cdots & \\ A_{1n} & A_{2n} & & A_{nn} \end{pmatrix}\begin{pmatrix} b_1 \\ b_2 \\ \vdots \\ b_n \end{pmatrix} = \frac{1}{\det\mathbf{A}}\begin{pmatrix} b_1 A_{11} + b_2 A_{21} + \cdots + b_n A_{n1} \\ b_1 A_{12} + b_2 A_{22} + \cdots + b_n A_{n2} \\ \vdots \\ b_1 A_{1n} + b_2 A_{2n} + \cdots + b_n A_{nn} \end{pmatrix}$$

$$\cdots \to\ b_1 A_{11} + b_2 A_{21} + \cdots + b_n A_{n1} = \begin{vmatrix} b_1 & a_{12} & \cdots & a_{1n} \\ b_2 & a_{22} & \cdots & a_{2n} \\ \vdots & & \cdots & \\ b_n & a_{n2} & \cdots & a_{nn} \end{vmatrix}$$

$$\cdots \rightarrow b_1 A_{1j} + b_2 A_{2j} + \cdots + b_n A_{nj} = \begin{vmatrix} \cdots & a_{1,j-1} & b_1 & a_{1,j+1} & \cdots \\ \cdots & a_{2,j-1} & b_2 & a_{2,j+1} & \cdots \\ & \cdots & \cdots & \cdots & \\ \cdots & a_{n,j-1} & b_n & a_{n,j+1} & \cdots \end{vmatrix}.$$

$$\therefore \quad x_j = \frac{1}{\det \mathbf{A}} \begin{vmatrix} a_{11} & \cdots & a_{1,j-1} & b_1 & a_{1,j+1} & \cdots & a_{1n} \\ a_{21} & \cdots & a_{2,j-1} & b_2 & a_{1,j+1} & \cdots & a_{2n} \\ \vdots & \cdots & \vdots & \vdots & \vdots & \cdots & \vdots \\ a_{n1} & \cdots & a_{n,j-1} & b_n & a_{1,j+1} & \cdots & a_{nn} \end{vmatrix} \quad (j = 1, \cdots, n). \quad \underline{\text{クラメールの公式}} という.$$

- 行列 $\mathbf{A}$ が n 次の正方行列のとき, 次の条件は同値である.
  ① $\mathbf{A}$ は正則行列である. ② $\det \mathbf{A} \neq 0$. ③ 逆行列 $\mathbf{A}^{-1}$ が存在する.
  ④ 連立一次方程式 $\mathbf{Ax} = \mathbf{b}$ はただ 1 組の解をもつ. ⑤ $\operatorname{rank} \mathbf{A} = n$.

● **行列式の図形的意味**

- 平面 ($\mathbb{R}^2$) 上でベクトルを元とするベクトル空間を考えるとき, 平面の 1 点 O とベクトル空間の互いに直交する 2 個の単位ベクトル $\mathbf{e}_1$, $\mathbf{e}_2$ の組 $\sum = \{\mathrm{O}; \mathbf{e}_1, \mathbf{e}_2\}$ を 1 つ固定することにより, このベクトル空間は $\mathbb{R}^2$ と同一視できる. 言い換えると, 本来自然な幾何学的意味をもつベクトル空間と成分表示されたベクトルの集合が同様に扱えることになる.

- 基本単位ベクトル $\mathbf{e}_1 = \begin{pmatrix} 1 \\ 0 \end{pmatrix}$, $\mathbf{e}_2 = \begin{pmatrix} 0 \\ 1 \end{pmatrix}$ からできる正方形を, 行列 $\mathbf{A} = \begin{pmatrix} a_{11} & a_{12} \\ a_{21} & a_{22} \end{pmatrix}$ で移す. これより,
  $\mathbf{Ae}_1 = \mathbf{a}_1 = \begin{pmatrix} a_{11} \\ a_{21} \end{pmatrix}$, $\mathbf{Ae}_2 = \mathbf{a}_2 = \begin{pmatrix} a_{12} \\ a_{22} \end{pmatrix}$. ここで, 行列 $\mathbf{A}$ に付随する量 $\det \mathbf{A}$ を次のように定義する.

  ① $\det \mathbf{A}$ の絶対値:ベクトル $\mathbf{a}_1$, $\mathbf{a}_2$ の作る平行四辺形の面積 $S = |a_{11}a_{22} - a_{12}a_{21}|$ に等しい.
  ② $\det \mathbf{A}$ の符号:ベクトル $\mathbf{a}_1$ から $\mathbf{a}_2$ への角度を反時計回りで測り,

  なす角度が π 以下のとき $\det \mathbf{A} > 0$,
  なす角度が π 以上のとき $\det \mathbf{A} < 0$.

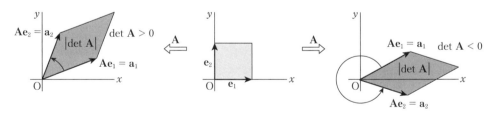

- 空間 ($\mathbb{R}^3$) 上でベクトルを元とするベクトル空間を考えるとき, 空間の 1 点 O とベクトル空間の互いに直交する 3 個の単位ベクトル $\mathbf{e}_1$, $\mathbf{e}_2$, $\mathbf{e}_3$ の組 $\sum = \{\mathrm{O}; \mathbf{e}_1, \mathbf{e}_2, \mathbf{e}_3\}$ を 1 つ固定することにより, このベクトル空間は $\mathbb{R}^3$ と同一視できる.

- 基本単位ベクトル $\mathbf{e}_1 = \begin{pmatrix} 1 \\ 0 \\ 0 \end{pmatrix}$, $\mathbf{e}_2 = \begin{pmatrix} 0 \\ 1 \\ 0 \end{pmatrix}$, $\mathbf{e}_3 = \begin{pmatrix} 0 \\ 0 \\ 1 \end{pmatrix}$ からできる立方体を, 行列 $\mathbf{A} = \begin{pmatrix} a_{11} & a_{12} & a_{13} \\ a_{21} & a_{22} & a_{23} \\ a_{31} & a_{32} & a_{33} \end{pmatrix}$ で移す.
  これより, $\mathbf{Ae}_1 = \mathbf{a}_1 = {}^t(a_{11}, a_{21}, a_{31})$, $\mathbf{Ae}_2 = \mathbf{a}_2 = {}^t(a_{12}, a_{22}, a_{32})$, $\mathbf{Ae}_3 = \mathbf{a}_3 = {}^t(a_{13}, a_{23}, a_{33})$. ここで, 行列 $\mathbf{A}$ に付随する量 $\det \mathbf{A}$ を次のように定義する.

  ① $\det \mathbf{A}$ の絶対値:ベクトル $\mathbf{a}_1$, $\mathbf{a}_2$, $\mathbf{a}_3$ の作る平行六面体の体積 V に等しい.

② $\det \mathbf{A}$ の符号： ベクトル $\mathbf{a}_1, \mathbf{a}_2, \mathbf{a}_3$ がこの順序で右手系のとき $\det \mathbf{A} > 0$,

ベクトル $\mathbf{a}_1, \mathbf{a}_2, \mathbf{a}_3$ がこの順序で左手系のとき $\det \mathbf{A} < 0$.

・ベクトル $\mathbf{a}_1, \mathbf{a}_2, \mathbf{a}_3$ がこの順序で右手系または左手系とは？

ベクトル $\mathbf{a}_1$ を $\mathbf{a}_2$ に最小の回転で重ねるとき，その回転方向に右ネジを回し右ネジの進む方向にベクトル $\mathbf{n}$ を定める．$\mathbf{n} \perp \mathbf{a}_1$, $\mathbf{n} \perp \mathbf{a}_2$ である．

ベクトル $\mathbf{a}_3$ と $\mathbf{n}$ のなす角度が $\frac{\pi}{2}$ より小さいとき右手系であるといい，ベクトル $\mathbf{a}_3$ と $\mathbf{n}$ のなす角度が $\frac{\pi}{2}$ より大きいとき左手系であるという．

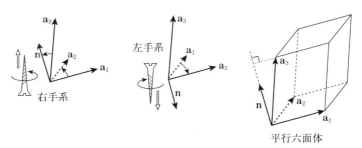

例題 9.1.1 次の順列の符号を求めよ．

(1) $\mathrm{sgn}\begin{pmatrix} 1 & 2 & 3 & 4 & 5 \\ 4 & 3 & 1 & 5 & 2 \end{pmatrix}$
(2) $\mathrm{sgn}\begin{pmatrix} 1 & 2 & 3 & 4 & 5 \\ 3 & 1 & 2 & 5 & 4 \end{pmatrix}$

解 (1) $(4\ 3\ 1\ 5\ 2)$

したがって，転位数は 6 であるから，

$\mathrm{sgn}\begin{pmatrix} 1 & 2 & 3 & 4 & 5 \\ 4 & 3 & 1 & 5 & 2 \end{pmatrix} = +1.$

(2) $(3\ 1\ 2\ 5\ 4)$

したがって，転位数は 3 であるから，

$\mathrm{sgn}\begin{pmatrix} 1 & 2 & 3 & 4 & 5 \\ 3 & 1 & 2 & 5 & 4 \end{pmatrix} = -1.$

別解 ....

グラフ利用（「あみだくじ」の変形）

$\begin{pmatrix} 1 & 2 & 3 \\ 3 & 2 & 1 \end{pmatrix}$ が偶・奇順列の判定に，隣り合う数字を互いに置き換える「あみだくじ」を利用する．

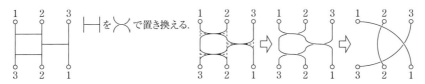

ここで，上下の数字から同じ数字を線でつなぎ，その交点の数が偶・奇数を見ればよい．

上下の数字を線でつなぐルール

2 本の交点を，他の線は通らない．

線は，上の数字と下の数字で囲まれた矩形の外にはみ出さない．

線は自分自身とは交わらない．（ループしない．）

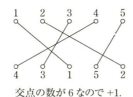
交点の数が6なので +1.

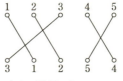
交点の数が3なので −1.

例題 9.1.2 次の行列式を計算せよ．ただし，$i = \sqrt{-1}$ とする．

(1) $\begin{vmatrix} 1 & -2 \\ 3 & 4 \end{vmatrix}$
(2) $\begin{vmatrix} 2 & 4 \\ 3 & 6 \end{vmatrix}$
(3) $\begin{vmatrix} a+bi & ci+d \\ ci-d & a-bi \end{vmatrix}$

解 (1) $\begin{vmatrix} 1 & -2 \\ 3 & 4 \end{vmatrix} = 4 + 6 = 10$.

(2) $\begin{vmatrix} 2 & 4 \\ 3 & 6 \end{vmatrix} = 12 - 12 = 0$. $\left(\begin{vmatrix} 2 & 4 \\ 3 & 6 \end{vmatrix} = 2 \cdot 3 \begin{vmatrix} 1 & 2 \\ 1 & 2 \end{vmatrix} = 0. \right)$

(3) $\begin{vmatrix} a+bi & ci+d \\ ci-d & a-bi \end{vmatrix} = (a+bi)(a-bi) - (ci+d)(ci-d) = a^2 + b^2 - (-c^2 - d^2)$
$= a^2 + b^2 + c^2 + d^2$.

例題 9.1.3 次の行列式を計算せよ．

(1) $\begin{vmatrix} 1 & -2 & 2 \\ -3 & 1 & -2 \\ -2 & -3 & 1 \end{vmatrix}$
(2) $\begin{vmatrix} 1 & -4 & -2 \\ 3 & -1 & 2 \\ 5 & 0 & 6 \end{vmatrix}$
(3) $\begin{vmatrix} -2 & 5 & 1 \\ 6 & -3 & -4 \\ 1 & 2 & -1 \end{vmatrix}$

(4) $\begin{vmatrix} 0 & a & b \\ -a & 0 & c \\ -b & -c & 0 \end{vmatrix}$
(5) $\begin{vmatrix} a+1 & a & a-1 \\ a-1 & a+1 & a \\ a & a-1 & a+1 \end{vmatrix}$
(6) $\begin{vmatrix} 1+a^2 & a & 0 \\ a & 1+a^2 & a \\ 0 & a & 1+a^2 \end{vmatrix}$

(7) $\begin{vmatrix} 1 & 1 & 1 & 1 \\ 1 & 2 & 2 & 2 \\ 2 & 3 & 4 & 4 \\ 3 & 5 & 6 & 7 \end{vmatrix}$
(8) $\begin{vmatrix} 5 & 2 & 0 & 1 \\ 1 & 0 & 2 & 4 \\ 3 & 6 & 0 & 1 \\ 4 & 7 & 0 & 2 \end{vmatrix}$
(9) $\begin{vmatrix} 1! & 2! & 3! & 4! \\ 2! & 3! & 4! & 5! \\ 3! & 4! & 5! & 6! \\ 4! & 5! & 6! & 7! \end{vmatrix}$

説明のため，計算操作を次のように表記する．

$r_1(i;\alpha)$　第 i 行を α で割り，α を前に出す．　　$c_1(i;\alpha)$　第 i 列を α で割り，α を前に出す．

$r_2(i,j)$　第 i 行と第 j 行を入れ替える．　　$c_2(i,j)$　第 i 列と第 j 列を入れ替える．

$r_3(i,j;\alpha)$　第 i 行に第 j 行の α 倍を加える．　　$c_3(i,j;\alpha)$　第 i 行列に第 j 列の α 倍を加える．

解 (1) サラスの方法；

$\begin{vmatrix} 1 & -2 & 2 \\ -3 & 1 & -2 \\ -2 & -3 & 1 \end{vmatrix} = 1 + (-2)(-2)(-2) + (-3)(-3)2 - \{2(-2) + (-2)(-3) + (-2)(-3)\}$

$= 1 - 8 + 18 - 8 = 3$.

別解 ··

余因子展開；第 1 列で展開する．

$$\begin{vmatrix} 1 & -2 & 2 \\ -3 & 1 & -2 \\ -2 & -3 & 1 \end{vmatrix} = 1(-1)^{1+1}\begin{vmatrix} 1 & -2 \\ -3 & 1 \end{vmatrix} + (-3)(-1)^{2+1}\begin{vmatrix} -2 & 2 \\ -3 & 1 \end{vmatrix} + (-2)(-1)^{3+1}\begin{vmatrix} -2 & 2 \\ 1 & -2 \end{vmatrix}$$

$$= (1-6) + 3(-2+6) + (-2)(4-2)$$
$$= -5 + 12 - 4 = 3.$$

別解 ··

消去後，展開；

$$\begin{vmatrix} 1 & -2 & 2 \\ -3 & 1 & -2 \\ -2 & -3 & 1 \end{vmatrix} \begin{matrix} \\ r_3(2,1;3) \\ r_3(3,1;2) \end{matrix} = \begin{vmatrix} 1 & -2 & 2 \\ 0 & -5 & 4 \\ 0 & -7 & 5 \end{vmatrix} \begin{matrix} \text{第 1 列} \\ \text{で展開} \end{matrix} = 1(-1)^{1+1}\begin{vmatrix} -5 & 4 \\ -7 & 5 \end{vmatrix} = -25 + 28 = 3.$$

note 状況に応じて極力計算が簡単になるように工夫してください．

(2) $$\begin{vmatrix} 1 & -4 & -2 \\ 3 & -1 & 2 \\ 5 & 0 & 6 \end{vmatrix} \begin{matrix} \\ r_3(2,1;-3) \\ r_3(3,1;-5) \end{matrix} = \begin{vmatrix} 1 & -4 & -2 \\ 0 & 11 & 8 \\ 0 & 20 & 16 \end{vmatrix} \begin{matrix} \text{第 1 列} \\ \text{で展開} \end{matrix} = 1(-1)^{1+1}\begin{vmatrix} 11 & 8 \\ 20 & 16 \end{vmatrix} \Big|_{c_1(2;8)} = 8\begin{vmatrix} 11 & 1 \\ 20 & 2 \end{vmatrix}$$

$$= 8(22-20) = 16.$$

(3) $$\begin{vmatrix} -2 & 5 & 1 \\ 6 & -3 & -4 \\ 1 & 2 & -1 \end{vmatrix} \Big|_{r_2(1,3)} = -\begin{vmatrix} 1 & 2 & -1 \\ 6 & -3 & -4 \\ -2 & 5 & 1 \end{vmatrix} \begin{matrix} \\ r_3(2,1;-6) \\ r_3(3,1;2) \end{matrix} = -\begin{vmatrix} 1 & 2 & -1 \\ 0 & -15 & 2 \\ 0 & 9 & -1 \end{vmatrix} \begin{matrix} \text{第 1 列} \\ \text{で展開} \end{matrix}$$

$$= (-1)\,1\,(-1)^{1+1}\begin{vmatrix} -15 & 2 \\ 9 & -1 \end{vmatrix} = -(15-18) = 3.$$

(4) $$\begin{vmatrix} 0 & a & b \\ -a & 0 & c \\ -b & -c & 0 \end{vmatrix} = 0 + ac(-b) + b(-a)(-c) = 0.$$

別解 ··

$$\begin{pmatrix} 0 & a & b \\ -a & 0 & c \\ -b & -c & 0 \end{pmatrix} = \mathbf{A} \text{ とおくと,}$$

$${}^t\mathbf{A} = {}^t\begin{pmatrix} 0 & a & b \\ -a & 0 & c \\ -b & -c & 0 \end{pmatrix} = \begin{pmatrix} 0 & -a & -b \\ a & 0 & -c \\ b & c & 0 \end{pmatrix} = -\begin{pmatrix} 0 & a & b \\ -a & 0 & c \\ -b & -c & 0 \end{pmatrix} = -\mathbf{A},$$

∴ $\det{}^t\mathbf{A} = -\det\mathbf{A}$．また，$\det{}^t\mathbf{A} = \det\mathbf{A}$．したがって，$-\det\mathbf{A} = \det\mathbf{A}$．
よって，$\det\mathbf{A} = 0$．

(5) $\begin{vmatrix} a+1 & a & a-1 \\ a-1 & a+1 & a \\ a & a-1 & a+1 \end{vmatrix} \begin{matrix} \\ c_3(1,2;1) \\ c_3(1,3;1) \end{matrix} = \begin{vmatrix} 3a & a & a-1 \\ 3a & a+1 & a \\ 3a & a-1 & a+1 \end{vmatrix} c_1(1;3a)$

$= 3a \begin{vmatrix} 1 & a & a-1 \\ 1 & a+1 & a \\ 1 & a-1 & a+1 \end{vmatrix} \begin{matrix} \\ r_3(2,1;-1) \\ r_3(3,1;-1) \end{matrix}$

$= 3a \begin{vmatrix} 1 & a & a-1 \\ 0 & 1 & 1 \\ 0 & -1 & 2 \end{vmatrix} \begin{matrix} \text{第1列} \\ \text{で展開} \end{matrix} = 3a \begin{vmatrix} 1 & 1 \\ -1 & 2 \end{vmatrix}$

$= 3a(2+1) = 9a.$

(6) $\begin{vmatrix} 1+a^2 & a & 0 \\ a & 1+a^2 & a \\ 0 & a & 1+a^2 \end{vmatrix} \begin{matrix} \text{第1列} \\ \text{で展開} \end{matrix} = (1+a^2)(-1)^{1+1} \begin{vmatrix} 1+a^2 & a \\ a & 1+a^2 \end{vmatrix} + a(-1)^{2+1} \begin{vmatrix} a & 0 \\ a & 1+a^2 \end{vmatrix}$

$= (1+a^2)(-1)^{1+1}\{(1+a^2)^2 - a^2\} + a(-1)^{2+1}a(1+a^2)$

$= (1+a^2)\{(1+a^2)^2 - 2a^2\}$

$= (1+a^2)(1+a^4) = 1 + a^2 + a^4 + a^6.$

(7) $\begin{vmatrix} 1 & 1 & 1 & 1 \\ 1 & 2 & 2 & 2 \\ 2 & 3 & 4 & 4 \\ 3 & 5 & 6 & 7 \end{vmatrix} \begin{matrix} r_3(2,1;-1) \\ r_3(3,1;-2) \\ r_3(4,1;-3) \end{matrix} = \begin{vmatrix} 1 & 1 & 1 & 1 \\ 0 & 1 & 1 & 1 \\ 0 & 1 & 2 & 2 \\ 0 & 2 & 3 & 4 \end{vmatrix} \begin{matrix} \text{第1列} \\ \text{で展開} \end{matrix} = \begin{vmatrix} 1 & 1 & 1 \\ 1 & 2 & 2 \\ 2 & 3 & 4 \end{vmatrix} \begin{matrix} r_3(2,1;-1) \\ r_3(3,1;-2) \end{matrix}$

$= \begin{vmatrix} 1 & 1 & 1 \\ 0 & 1 & 1 \\ 0 & 1 & 2 \end{vmatrix} \begin{matrix} \text{第1列} \\ \text{で展開} \end{matrix} = \begin{vmatrix} 1 & 1 \\ 1 & 2 \end{vmatrix} = 2 - 1 = 1.$

(8) $\begin{vmatrix} 5 & 2 & 0 & 1 \\ 1 & 0 & 2 & 4 \\ 3 & 6 & 0 & 1 \\ 4 & 7 & 0 & 2 \end{vmatrix} \begin{matrix} \text{第3列} \\ \text{で展開} \end{matrix} = 2(-1)^{2+3} \begin{vmatrix} 5 & 2 & 1 \\ 3 & 6 & 1 \\ 4 & 7 & 2 \end{vmatrix} c_2(1,3) = 2(-1)(-1) \begin{vmatrix} 1 & 2 & 5 \\ 1 & 6 & 3 \\ 2 & 7 & 4 \end{vmatrix} \begin{matrix} r_3(2,1;-1) \\ r_3(3,1;-2) \end{matrix}$

$= 2 \begin{vmatrix} 1 & 2 & 5 \\ 0 & 4 & -2 \\ 0 & 3 & -6 \end{vmatrix} \begin{matrix} \text{第1列} \\ \text{で展開} \end{matrix} = 2 \cdot 1 \cdot (-1)^{1+1} \begin{vmatrix} 4 & -2 \\ 3 & -6 \end{vmatrix} = 2(-24+6)$

$= -36.$

第 9 章　行列の固有値と行列式

(9)
$$\begin{vmatrix} 1! & 2! & 3! & 4! \\ 2! & 3! & 4! & 5! \\ 3! & 4! & 5! & 6! \\ 4! & 5! & 6! & 7! \end{vmatrix} \begin{matrix} r_1(2;2!) \\ r_1(3;3!) \\ r_1(4;4!) \end{matrix} = 4!\,3!\,2! \begin{vmatrix} 1! & 2! & 3! & 4! \\ 1 & 3 & 4\cdot 3 & 5\cdot 4\cdot 3 \\ 1 & 4 & 5\cdot 4 & 6\cdot 5\cdot 4 \\ 1 & 5 & 6\cdot 5 & 7\cdot 6\cdot 5 \end{vmatrix} \begin{matrix} r_3(4,3;-1) \\ r_3(3,2;-1) \\ r_3(2,1;-1) \end{matrix}$$

$$= 4!\,3!\,2! \begin{vmatrix} 1! & 2! & 3! & 4! \\ 0 & 1 & 3\cdot 2 & 4\cdot 3\cdot 3 \\ 0 & 1 & 4\cdot 2 & 5\cdot 4\cdot 3 \\ 0 & 1 & 5\cdot 2 & 6\cdot 5\cdot 3 \end{vmatrix} \begin{matrix} \text{第1列} \\ \text{で展開} \end{matrix} = 4!\,3!\,2!\,1! \begin{vmatrix} 1 & 3\cdot 2 & 4\cdot 3\cdot 3 \\ 1 & 4\cdot 2 & 5\cdot 4\cdot 3 \\ 1 & 5\cdot 2 & 6\cdot 5\cdot 3 \end{vmatrix} \begin{matrix} r_3(3,2;-1) \\ r_3(2,1;-1) \end{matrix}$$

$$= 4!\,3!\,2!\,1! \begin{vmatrix} 1 & 3\cdot 2 & 4\cdot 3\cdot 3 \\ 0 & 1\cdot 2 & 4\cdot 3\cdot 2 \\ 0 & 1\cdot 2 & 5\cdot 3\cdot 2 \end{vmatrix} \begin{matrix} \text{第1列} \\ \text{で展開} \end{matrix} = 4!\,3!\,2!\,1! \begin{vmatrix} 1\cdot 2 & 4\cdot 3\cdot 2 \\ 1\cdot 2 & 5\cdot 3\cdot 2 \end{vmatrix} \begin{matrix} c_1(1;2) \\ c_1(2;3!) \end{matrix}$$

$$= 4!\,(3!)^2\,2!\,2 \begin{vmatrix} 1 & 4 \\ 1 & 5 \end{vmatrix} = 4!\,(3!)^2\,2!\,2\cdot(5-4) = 4!\,(3!)^2\,2!\,2.$$

別解

$$\begin{vmatrix} 1! & 2! & 3! & 4! \\ 2! & 3! & 4! & 5! \\ 3! & 4! & 5! & 6! \\ 4! & 5! & 6! & 7! \end{vmatrix} \begin{matrix} r_3(4,3;-7) \\ r_3(3,2;-6) \\ r_3(2,1;-5) \end{matrix} = \begin{vmatrix} 1! & 2! & 3! & 4! \\ 1!(2-5) & 2!(3-5) & 3!(4-5) & 4!(5-5) \\ 2!(3-6) & 3!(4-6) & 4!(5-6) & 5!(6-6) \\ 3!(4-7) & 4!(5-7) & 5!(6-7) & 6!(7-7) \end{vmatrix}$$

$$= \begin{vmatrix} 1! & 2! & 3! & 4! \\ 1!(-3) & 2!(-2) & 3!(-1) & 0 \\ 2!(-3) & 3!(-2) & 4!(-1) & 0 \\ 3!(-3) & 4!(-2) & 5!(-1) & 0 \end{vmatrix} \begin{matrix} \text{第4列} \\ \text{で展開} \end{matrix} = 4!(-1)^{1+4} \begin{vmatrix} 1!(-3) & 2!(-2) & 3!(-1) \\ 2!(-3) & 3!(-2) & 4!(-1) \\ 3!(-3) & 4!(-2) & 5!(-1) \end{vmatrix} \begin{matrix} c_1(1;-3) \\ c_1(2;-2) \\ c_1(3;-1) \end{matrix}$$

$$= 4!\,3! \begin{vmatrix} 1! & 2! & 3! \\ 2! & 3! & 4! \\ 3! & 4! & 5! \end{vmatrix} \begin{matrix} r_3(3,2;-5) \\ r_3(2,1;-4) \end{matrix} = 4!\,3! \begin{vmatrix} 1! & 2! & 3! \\ 1!(2-4) & 2!(3-4) & 3!(4-4) \\ 2!(3-5) & 3!(4-5) & 4!(5-5) \end{vmatrix}$$

$$= 4!\,3! \begin{vmatrix} 1! & 2! & 3! \\ 1!(-2) & 2!(-1) & 0 \\ 2!(-2) & 3!(-1) & 0 \end{vmatrix} \begin{matrix} \text{第3列} \\ \text{で展開} \end{matrix} = 4!\,3!\,3!(-1)^{1+3} \begin{vmatrix} 1!(-2) & 2!(-1) \\ 2!(-2) & 3!(-1) \end{vmatrix} \begin{matrix} c_1(1;-2) \\ c_1(2;-1) \end{matrix}$$

$$= 4!\,3!\,3!\,2! \begin{vmatrix} 1! & 2! \\ 2! & 3! \end{vmatrix} = 4!\,(3!)^2\,2!\{3!-(2!)^2\} = 4!\,(3!)^2\,2!\,2.$$

9.1 行列式

例題 9.1.4 次の行列式を計算せよ．

(1) $\begin{vmatrix} {}_0C_0 & {}_1C_0 & {}_2C_0 & {}_3C_0 \\ {}_1C_1 & {}_2C_1 & {}_3C_1 & {}_4C_1 \\ {}_2C_2 & {}_3C_2 & {}_4C_2 & {}_5C_2 \\ {}_3C_3 & {}_4C_3 & {}_5C_3 & {}_6C_3 \end{vmatrix}$

(2) $\begin{vmatrix} {}_0C_0 & {}_1C_0 & \cdots & {}_nC_0 \\ {}_1C_1 & {}_2C_1 & \cdots & {}_{n+1}C_1 \\ {}_2C_2 & {}_3C_2 & \cdots & {}_{n+2}C_2 \\ \cdots & & \ddots & \cdots \\ {}_nC_n & {}_{n+1}C_n & \cdots & {}_{2n}C_n \end{vmatrix}$

解 (1) $\begin{pmatrix} {}_0C_0 & {}_1C_0 & {}_2C_0 & {}_3C_0 \\ {}_1C_1 & {}_2C_1 & {}_3C_1 & {}_4C_1 \\ {}_2C_2 & {}_3C_2 & {}_4C_2 & {}_5C_2 \\ {}_3C_3 & {}_4C_3 & {}_5C_3 & {}_6C_3 \end{pmatrix} = \mathbf{A}$ とおく．

${}_nC_r = {}_nC_{n-r}$ より，${}_1C_1 = {}_1C_0$，${}_2C_2 = {}_2C_0$，${}_3C_3 = {}_3C_0$，${}_3C_2 = {}_3C_1$，${}_4C_3 = {}_4C_1$，${}_5C_3 = {}_5C_2$ より，

行列 $\mathbf{A}$ は対称行列である．

次に，${}_nC_r = {}_{n-1}C_r + {}_{n-1}C_{r-1}$ より，${}_nC_r - {}_{n-1}C_{r-1} = {}_{n-1}C_r$ であることに留意し，$\det \mathbf{A}$ において，4 行 − 3 行，3 行 − 2 行，2 行 − 1 行を計算すると，

$\begin{vmatrix} {}_0C_0 & {}_1C_0 & {}_2C_0 & {}_3C_0 \\ {}_1C_1 & {}_2C_1 & {}_3C_1 & {}_4C_1 \\ {}_2C_2 & {}_3C_2 & {}_4C_2 & {}_5C_2 \\ {}_3C_3 & {}_4C_3 & {}_5C_3 & {}_6C_3 \end{vmatrix} \begin{matrix} \\ r_3(4,3;-1) \\ r_3(3,2;-1) \\ r_3(2,1;-1) \end{matrix} = \begin{vmatrix} {}_0C_0 & {}_1C_0 & {}_2C_0 & {}_3C_0 \\ {}_1C_1 - {}_0C_0 & {}_2C_1 - {}_1C_0 & {}_3C_1 - {}_2C_0 & {}_4C_1 - {}_3C_0 \\ {}_2C_2 - {}_1C_1 & {}_3C_2 - {}_2C_1 & {}_4C_2 - {}_3C_1 & {}_5C_2 - {}_4C_1 \\ {}_3C_3 - {}_2C_2 & {}_4C_3 - {}_3C_2 & {}_5C_3 - {}_4C_2 & {}_6C_3 - {}_5C_2 \end{vmatrix}$

$= \begin{vmatrix} {}_0C_0 & {}_1C_0 & {}_2C_0 & {}_3C_0 \\ 0 & {}_1C_1 & {}_2C_1 & {}_3C_1 \\ 0 & {}_2C_2 & {}_3C_2 & {}_4C_2 \\ 0 & {}_3C_3 & {}_4C_3 & {}_5C_3 \end{vmatrix} = \begin{vmatrix} {}_0C_0 & {}_1C_0 & {}_2C_0 & {}_3C_0 \\ 0 & {}_1C_1 & {}_2C_1 & {}_3C_1 \\ 0 & {}_2C_2 & {}_3C_2 & {}_4C_2 \\ 0 & {}_3C_3 & {}_4C_3 & {}_5C_3 \end{vmatrix}$ 第 1 列で展開

$= {}_0C_0(-1)^{1+1} \begin{vmatrix} {}_1C_1 & {}_2C_1 & {}_3C_1 \\ {}_2C_2 & {}_3C_2 & {}_4C_2 \\ {}_3C_3 & {}_4C_3 & {}_5C_3 \end{vmatrix} = \begin{vmatrix} {}_1C_1 & {}_2C_1 & {}_3C_1 \\ {}_2C_2 & {}_3C_2 & {}_4C_2 \\ {}_3C_3 & {}_4C_3 & {}_5C_3 \end{vmatrix}.$

ここで，得られた行列式の行列は元の行列から 1 行と 4 列を削除したものであることに注目し，これを行列 $\mathbf{A}(2:4, 1:3)$ と表す．（$(2:4, 1:3)$ の $2:4$ は 2 から 4 行，$1:3$ は 1 から 3 列を表す．）

$\det \mathbf{A}(2:4, 1:3) = \begin{vmatrix} {}_1C_1 & {}_2C_1 & {}_3C_1 \\ {}_2C_2 & {}_3C_2 & {}_4C_2 \\ {}_3C_3 & {}_4C_3 & {}_5C_3 \end{vmatrix} \begin{matrix} \\ r_3(3,2;-1) \\ r_3(2,1;-1) \end{matrix}$

$= \begin{vmatrix} {}_1C_1 & {}_2C_1 & {}_3C_1 \\ 0 & {}_3C_2 - {}_2C_1 & {}_4C_2 - {}_3C_1 \\ 0 & {}_4C_3 - {}_3C_2 & {}_5C_3 - {}_4C_2 \end{vmatrix} = \begin{vmatrix} {}_1C_1 & {}_2C_1 & {}_3C_1 \\ 0 & {}_2C_2 & {}_3C_2 \\ 0 & {}_3C_3 & {}_4C_3 \end{vmatrix}$ 第 1 列で展開

$= {}_1C_1(-1)^{1+1} \begin{vmatrix} {}_2C_2 & {}_3C_2 \\ {}_3C_3 & {}_4C_3 \end{vmatrix} = \begin{vmatrix} {}_2C_2 & {}_3C_2 \\ {}_3C_3 & {}_4C_3 \end{vmatrix}.$

得られた行列式の行列は行列 $\mathbf{A}(2:4, 1:3)$ より 1 行と 3 列を削除したものであるから，この行

205

第 9 章　行列の固有値と行列式

列は $\mathbf{A}(3:4,\ 1:2)$ とかける.

$\therefore\ \det \mathbf{A} = \det \mathbf{A}(3:4, 1:2) = \begin{vmatrix} {}_2C_2 & {}_3C_2 \\ {}_3C_3 & {}_4C_3 \end{vmatrix} = {}_4C_3 - {}_3C_2 = 1$.

(2) $\begin{pmatrix} {}_0C_0 & {}_1C_0 & \cdots & {}_nC_0 \\ {}_1C_1 & {}_2C_1 & \cdots & {}_{n+1}C_1 \\ {}_2C_2 & {}_3C_2 & \cdots & {}_{n+2}C_2 \\ \cdots & & \ddots & \cdots \\ {}_nC_n & {}_{n+1}C_n & \cdots & {}_{2n}C_n \end{pmatrix} = \mathbf{A}(1: n+1,\ 1: n+1)$ とおく.

ここで，(1) と同様の手順を $(n-1)$ 回繰り返して行列の次数を下げる.

$\det \mathbf{A}(1: n+1, 1: n+1) = \det \mathbf{A}(2: n+1, 1: n) = \cdots = \det \mathbf{A}(n: n+1, 1: 2)$
$= \begin{vmatrix} {}_{n-1}C_{n-1} & {}_nC_{n-1} \\ {}_nC_n & {}_{n+1}C_n \end{vmatrix} = 1 \cdot {}_{n+1}C_n - {}_nC_{n-1} \cdot 1 = n+1-n = 1$.

（厳密には，式中の $\cdots$ の部分は帰納法で示す必要がある.）

例題 9.1.5　次の行列式を因数分解せよ.

(1) $\begin{vmatrix} 1 & 1 & 1 \\ 1 & a & a^2 \\ 1 & a^3 & a^4 \end{vmatrix}$ 　(2) $\begin{vmatrix} a & b & c \\ c & a & b \\ b & c & a \end{vmatrix}$ 　(3) $\begin{vmatrix} a & a & a \\ a & b & b \\ a & b & c \end{vmatrix}$ 　(4) $\begin{vmatrix} a & a^2 & b+c \\ b & b^2 & c+a \\ c & c^2 & a+b \end{vmatrix}$

解　(1)

$\begin{vmatrix} 1 & 1 & 1 \\ 1 & a & a^2 \\ 1 & a^3 & a^4 \end{vmatrix} \begin{smallmatrix} r_3(2,1;-1) \\ r_3(3,1;-1) \end{smallmatrix} = \begin{vmatrix} 1 & 1 & 1 \\ 0 & a-1 & a^2-1 \\ 0 & a^3-1 & a^4-1 \end{vmatrix} \overset{\text{第1列で展開}}{=} \begin{vmatrix} a-1 & a^2-1 \\ a^3-1 & a^4-1 \end{vmatrix}$

$= \begin{vmatrix} a-1 & (a-1)(a+1) \\ (a-1)(a^2+a+1) & (a-1)(a+1)(a^2+1) \end{vmatrix} \begin{smallmatrix} c_1(1;a-1) \\ c_1(2;(a-1)(a+1)) \end{smallmatrix}$

$= (a-1)^2(a+1) \begin{vmatrix} 1 & 1 \\ a^2+a+1 & a^2+1 \end{vmatrix}$

$= (a-1)^2(a+1)\{a^2+1 - (a^2+a+1)\}$

$= -a(a+1)(a-1)^2.$

(2) $\begin{vmatrix} a & b & c \\ c & a & b \\ b & c & a \end{vmatrix} \begin{smallmatrix} c_3(1,2;1) \\ c_3(1,3;1) \end{smallmatrix} = \begin{vmatrix} a+b+c & b & c \\ a+b+c & a & b \\ a+b+c & c & a \end{vmatrix} c_1(1;a+b+c)$

$= (a+b+c) \begin{vmatrix} 1 & b & c \\ 1 & a & b \\ 1 & c & a \end{vmatrix} \begin{smallmatrix} r_3(2,1;-1) \\ r_3(3,1;-1) \end{smallmatrix} = (a+b+c) \begin{vmatrix} 1 & b & c \\ 0 & a-b & b-c \\ 0 & c-b & a-c \end{vmatrix} \overset{\text{第1列で展開}}{}$

$= (a+b+c) \begin{vmatrix} a-b & b-c \\ c-b & a-c \end{vmatrix}$

$= (a+b+c)\{(a-b)(a-c) - (b-c)(c-b)\}$

$= (a+b+c)(a^2+b^2+c^2 - ab - bc - ca).\quad (= a^3+b^3+c^3 - 3abc)$

(ここで, $a^3 + b^3 + c^3 - 3abc = (a + b + c)(a + \omega b + \omega^2 c)(a + \omega^2 b + \omega c)$. ω は1の虚の立方根の1つ.)

(3) $\begin{vmatrix} a & a & a \\ a & b & b \\ a & b & c \end{vmatrix} \overset{c_1(1;a)}{=} a\begin{vmatrix} 1 & a & a \\ 1 & b & b \\ 1 & b & c \end{vmatrix} \overset{r_3(2,1;-1)}{\underset{r_3(3,1;-1)}{=}} a\begin{vmatrix} 1 & a & a \\ 0 & b-a & b-a \\ 0 & b-a & c-a \end{vmatrix}$ 第1列で展開

$= a\begin{vmatrix} b-a & b-a \\ b-a & c-a \end{vmatrix} \overset{c_1(1;\,b-a)}{=}$

$= a(b-a)\begin{vmatrix} 1 & b-a \\ 1 & c-a \end{vmatrix} \overset{r_3(2,1;-1)}{=} a(b-a)\begin{vmatrix} 1 & b-a \\ 0 & c-b \end{vmatrix}$

$= a(b-a)(c-b).$

(4) $\begin{vmatrix} a & a^2 & b+c \\ b & b^2 & c+a \\ c & c^2 & a+b \end{vmatrix} \overset{c_3(1,3;1)}{=} \begin{vmatrix} a+b+c & a^2 & b+c \\ a+b+c & b^2 & c+a \\ a+b+c & c^2 & a+b \end{vmatrix} \overset{c_1(1;\,a+b+c)}{=}$

$= (a+b+c)\begin{vmatrix} 1 & a^2 & b+c \\ 1 & b^2 & c+a \\ 1 & c^2 & a+b \end{vmatrix} \overset{r_3(3,2;-1)}{\underset{r_3(2,1;-1)}{=}}$

$= (a+b+c)\begin{vmatrix} 1 & a^2 & b+c \\ 0 & b^2-a^2 & a-b \\ 0 & c^2-b^2 & b-c \end{vmatrix} \overset{r_1(2;\,a-b)}{\underset{r_1(3;\,b-c)}{=}}$

$= (a+b+c)(a-b)(b-c)\begin{vmatrix} 1 & a^2 & b+c \\ 0 & -(b+a) & 1 \\ 0 & -(c+b) & 1 \end{vmatrix}$ 第1列で展開

$= (a+b+c)(a-b)(b-c)\begin{vmatrix} -(b+a) & 1 \\ -(c+b) & 1 \end{vmatrix}$

$= (a+b+c)(a-b)(b-c)\{-(b+a)+(c+b)\}$

$= (a+b+c)(a-b)(b-c)(c-a).$

例題 9.1.6 次の方程式を解け.

(1) $\begin{vmatrix} 1 & 1 & x \\ 2 & 2 & 2 \\ 3 & x & 3 \end{vmatrix} = 0$

(2) $\begin{vmatrix} 1-x & 1 & 1 \\ 2 & 2-x & 2 \\ 3 & 3 & 3-x \end{vmatrix} = 0$

(3) $\begin{vmatrix} x-a-b & 2x & 2x \\ 2a & a-b-x & 2a \\ 2b & 2b & b-a-x \end{vmatrix} = 0$

解 (1) $\begin{vmatrix} 1 & 1 & x \\ 2 & 2 & 2 \\ 3 & x & 3 \end{vmatrix} \overset{r_3(2,1;-2)}{\underset{r_3(3,1;-3)}{=}} \begin{vmatrix} 1 & 1 & x \\ 0 & 0 & 2-2x \\ 0 & x-3 & 3-3x \end{vmatrix} \overset{\text{第1列}}{\underset{\text{で展開}}{=}} \begin{vmatrix} 0 & 2(1-x) \\ x-3 & 3-3x \end{vmatrix}$

$= 2(x-1)(x-3) = 0.$ ∴ $x = 1, 3.$

(2) $\begin{vmatrix} 1-x & 1 & 1 \\ 2 & 2-x & 2 \\ 3 & 3 & 3-x \end{vmatrix} \begin{matrix} r_3(1,2;1) \\ r_3(1,3;1) \end{matrix} = \begin{vmatrix} 6-x & 6-x & 6-x \\ 2 & 2-x & 2 \\ 3 & 3 & 3-x \end{vmatrix}$

$= (6-x) \begin{vmatrix} 1 & 1 & 1 \\ 2 & 2-x & 2 \\ 3 & 3 & 3-x \end{vmatrix} \begin{matrix} c_3(2,1;-1) \\ c_3(3,1;-1) \end{matrix} = (6-x) \begin{vmatrix} 1 & 0 & 0 \\ 2 & -x & 0 \\ 3 & 0 & -x \end{vmatrix} = (6-x)x^2 = 0.$

∴ $x = 0, 6.$

(3) $\begin{vmatrix} x-a-b & 2x & 2x \\ 2a & a-b-x & 2a \\ 2b & 2b & b-a-x \end{vmatrix} \begin{matrix} r_3(1,2;1) \\ r_3(1,3;1) \end{matrix}$

$= \begin{vmatrix} x+a+b & x+a+b & x+a+b \\ 2a & a-b-x & 2a \\ 2b & 2b & b-a-x \end{vmatrix} r_1(1;x+a+b)$

$= (x+a+b) \begin{vmatrix} 1 & 1 & 1 \\ 2a & a-b-x & 2a \\ 2b & 2b & b-a-x \end{vmatrix} \begin{matrix} c_3(2,1;-1) \\ c_3(3,1;-1) \end{matrix}$

$= (x+a+b) \begin{vmatrix} 1 & 0 & 0 \\ 2a & -a-b-x & 0 \\ 2b & 0 & -b-a-x \end{vmatrix}$ 第1列で展開

$= (x+a+b)(-1)^{1+1} \begin{vmatrix} -a-b-x & 0 \\ 0 & -a-b-x \end{vmatrix} = (x+a+b)^3 = 0.$

∴ $x = -(a+b).$

例題 9.1.7 クラメールの公式を用いて，次の連立方程式を解け．

(1) $\begin{cases} 3x + y = 6 \\ 5x + 2y = 11 \end{cases}$
(2) $\begin{cases} x + 5y - 2z = 7 \\ x - 4y + z = -5 \\ 7x - 3y - z = 0 \end{cases}$
(3) $\begin{cases} ax + by + cz = k \\ a^2x + b^2y + c^2z = k^2 \\ a^3x + b^3y + c^3z = k^3 \end{cases}$

ただし，a, b, c は互いに異なり，いずれも 0 でないとする．

解 (1) $\begin{vmatrix} 3 & 1 \\ 5 & 2 \end{vmatrix} = 6-5 = 1$, $\begin{vmatrix} 6 & 1 \\ 11 & 2 \end{vmatrix} = 12-11 = 1$, $\begin{vmatrix} 3 & 6 \\ 5 & 11 \end{vmatrix} = 33-30 = 3$.

∴ $x = \dfrac{1}{1} = 1$, $y = \dfrac{3}{1} = 3$.

(2) $\begin{vmatrix} 1 & 5 & -2 \\ 1 & -4 & 1 \\ 7 & -3 & -1 \end{vmatrix} = -3$, x の分子 $= \begin{vmatrix} 7 & 5 & -2 \\ -5 & -4 & 1 \\ 0 & -3 & -1 \end{vmatrix} = -6$, y の分子 $= \begin{vmatrix} 1 & 7 & -2 \\ 1 & -5 & 1 \\ 7 & 0 & -1 \end{vmatrix} = -9,$

z の分子 $= \begin{vmatrix} 1 & 5 & 7 \\ 1 & -4 & -5 \\ 7 & -3 & 0 \end{vmatrix} = -15.$

$$\therefore \quad x = \frac{-6}{-3} = 2, \quad y = \frac{-9}{-3} = 3, \quad z = \frac{-15}{-3} = 5.$$

(3) $\begin{vmatrix} a & b & c \\ a^2 & b^2 & c^2 \\ a^3 & b^3 & c^3 \end{vmatrix} \begin{matrix} \\ r_3(2,1;-a) \\ r_3(3,1;-a^2) \end{matrix} = \begin{vmatrix} c & b & c \\ 0 & b(b-a) & c(c-a) \\ 0 & b(b+a)(b-a) & c(c+a)(c-a) \end{vmatrix} \begin{matrix} \text{第 1 列} \\ \text{で展開} \end{matrix}$

$= a \begin{vmatrix} b(b-a) & c(c-a) \\ b(b+a)(b-a) & c(c+a)(c-a) \end{vmatrix} \begin{matrix} c_1(1;b(b-a)) \\ c_1(2;c(c-a)) \end{matrix}$

$= abc(b-a)(c-a) \begin{vmatrix} 1 & 1 \\ b+a & c+a \end{vmatrix}$

$= abc(b-a)(c-a)(c-b) = abc(a-b)(b-c)(c-a).$

x の分子は a が k に置き換わっているから,x の分子 $= kbc(k-b)(b-c)(c-k)$.
y の分子は b が k に置き換わっているから,y の分子 $= akc(a-k)(k-c)(c-a)$.
z の分子は c が k に置き換わっているから,z の分子 $= abk(a-b)(b-k)(k-a)$.

$$\therefore \quad x = \frac{k(k-b)(c-k)}{a(a-b)(c-a)}, \quad y = \frac{k(a-k)(k-c)}{b(a-b)(b-c)}, \quad z = \frac{k(b-k)(k-a)}{c(b-c)(c-a)}.$$

例題 9.1.8 次の連立方程式が $x = y = z = 0$ 以外の解をもつような k の値を定めよ.
$$\begin{cases} 3x + y - 2z = kx \\ 2x - 5y + 2z = ky \\ 2x + 2y - 3z = kz \end{cases}$$

解 $\begin{cases} (3-k)x + y - 2z = 0 \\ 2x - (5+k)y + 2z = 0 \\ 2x + 2y - (3+k)z = 0 \end{cases}$ より $\begin{pmatrix} 3-k & 1 & -2 \\ 2 & -(5+k) & 2 \\ 2 & 2 & -(3+k) \end{pmatrix} \begin{pmatrix} x \\ y \\ z \end{pmatrix} = \begin{pmatrix} 0 \\ 0 \\ 0 \end{pmatrix}.$

同次方程式 $\mathbf{Ax} = \mathbf{0}$ が $\mathbf{x} = \mathbf{0}$ 以外の解(非自明解)をもつためには,$\det \mathbf{A} = 0$ でなければならない.

$$\therefore \quad \begin{vmatrix} 3-k & 1 & -2 \\ 2 & -(5+k) & 2 \\ 2 & 2 & -(3+k) \end{vmatrix} = 0.$$

$\begin{vmatrix} 3-k & 1 & -2 \\ 2 & -(5+k) & 2 \\ 2 & 2 & -(3+k) \end{vmatrix}$

$= (3-k)(k+5)(k+3) + 4 - 8 - \{4(k+5) + 4(3-k) - 2(k+3)\} = 0$

$\therefore \quad k^3 + 5k^2 - 11k - 15 = 0.$ したがって,$(k+1)(k^2 + 4k - 15) = 0.$

よって,$k = -1, -2 \pm \sqrt{19}$.

例題 9.1.9 次の行列の余因子をすべて求め,さらに余因子を用いて逆行列を求めよ.

(1) $\begin{pmatrix} 3 & 1 \\ 5 & 2 \end{pmatrix}$ (2) $\begin{pmatrix} 1 & 5 & -2 \\ 1 & -4 & 1 \\ 7 & -3 & -1 \end{pmatrix}$

解 (1) $\begin{pmatrix} 3 & 1 \\ 5 & 2 \end{pmatrix} = \mathbf{A}$ とおく．$\det \mathbf{A} = \begin{vmatrix} 3 & 1 \\ 5 & 2 \end{vmatrix} = 6 - 5 = 1$．余因子；$A_{11} = (-1)^{1+1} \cdot 2 = 2$,
$A_{12} = (-1)^{1+2} 5 = -5$, $A_{21} = (-1)^{2+1} 1 = -1$, $A_{22} = (-1)^{2+2} 3 = 3$.

よって，$\mathbf{A}^{-1} = \dfrac{1}{1} \begin{pmatrix} 2 & -1 \\ -5 & 3 \end{pmatrix} = \begin{pmatrix} 2 & -1 \\ -5 & 3 \end{pmatrix}$.

(2) $\begin{pmatrix} 1 & 5 & -2 \\ 1 & -4 & 1 \\ 7 & -3 & -1 \end{pmatrix} = \mathbf{B}$ とおく．

余因子；

$B_{11} = (-1)^{1+1} \begin{vmatrix} -4 & 1 \\ -3 & -1 \end{vmatrix} = 7$, $B_{12} = (-1)^{1+2} \begin{vmatrix} 1 & 1 \\ 7 & -1 \end{vmatrix} = 8$, $B_{13} = (-1)^{1+3} \begin{vmatrix} 1 & -4 \\ 7 & -3 \end{vmatrix} = 25$,

$B_{21} = (-1)^{2+1} \begin{vmatrix} 5 & -2 \\ -3 & -1 \end{vmatrix} = 11$, $B_{22} = (-1)^{2+2} \begin{vmatrix} 1 & -2 \\ 7 & -1 \end{vmatrix} = 13$, $B_{23} = (-1)^{2+3} \begin{vmatrix} 1 & 5 \\ 7 & -3 \end{vmatrix} = 38$,

$B_{31} = (-1)^{3+1} \begin{vmatrix} 5 & -2 \\ -4 & 1 \end{vmatrix} = -3$, $B_{32} = (-1)^{3+2} \begin{vmatrix} 1 & -2 \\ 1 & 1 \end{vmatrix} = -3$, $B_{33} = (-1)^{3+3} \begin{vmatrix} 1 & 5 \\ 1 & -4 \end{vmatrix} = -9$.

$\det \mathbf{B} = \begin{vmatrix} 1 & 5 & -2 \\ 1 & -4 & 1 \\ 7 & -3 & -1 \end{vmatrix} \underset{r_3(3,1;-7)}{\overset{r_2(2,1;-1)}{=}} \begin{vmatrix} 1 & 5 & -2 \\ 0 & -9 & 3 \\ 0 & -38 & 13 \end{vmatrix} \overset{第1列で展開}{=} \begin{vmatrix} -9 & 3 \\ -38 & 13 \end{vmatrix} = -117 + 114$
$= -3$.

各余因子 B_{ij} は逆行列 B^{-1} の j 行 i 列に格納する．よって，$\mathbf{B}^{-1} = \dfrac{1}{-3} \begin{pmatrix} 7 & 11 & -3 \\ 8 & 13 & -3 \\ 25 & 38 & 9 \end{pmatrix}$.

9.2 線形変換
●線形変換の性質

・ここでは，主に空間 $\mathbb{R}^3$（3次元空間）または $\mathbb{R}^2$（平面）で考える．

点 (a, b) を x 軸に関して対称に移動することにより，点 (a, b) は点 $(a, -b)$ に移る．このように，平面上の点 P に対して，その平面上の点 P′ を対応させる操作を平面上の点の<u>写像</u>または<u>変換</u>といい，P は P′ に変換される（写像される）という．このとき P′ を P の<u>像</u>，P を P′ の<u>原像</u>という．

・一般にベクトル $\mathbf{v}$ にベクトル $\mathbf{v}'(\mathbf{v}, \mathbf{v}' \in V)$ を対応させる変換を f で表すとき，関数記号と同様に $f(\mathbf{v}) = \mathbf{v}'$ と書く．または，$f : V \to V$，単に $\mathbf{v} \to \mathbf{v}'$ と表す．

x 軸に関する対称移動の操作を変換 g で表すと，$g\left(\begin{pmatrix} a \\ b \end{pmatrix}\right) = \begin{pmatrix} a \\ -b \end{pmatrix}$，または $\begin{pmatrix} a \\ b \end{pmatrix} \overset{g}{\longrightarrow} \begin{pmatrix} a \\ -b \end{pmatrix}$.

$f\left(\begin{pmatrix} a \\ b \end{pmatrix}\right) = \begin{pmatrix} -a \\ -b \end{pmatrix}$ で表される変換 f は原点に関する対称移動を表している．

・"$\mathbf{u} \neq \mathbf{v}$ ならば $f(\mathbf{u}) \neq f(\mathbf{v})$ が成り立つ．" 変換を1対1変換という．

1対1変換ではないものとして，点 P を，P の x 軸上への正射影 P′ を対応させる変換 $\begin{pmatrix} a \\ b \end{pmatrix} \longrightarrow \begin{pmatrix} a \\ 0 \end{pmatrix}$ は，x 軸上の点 P′ の原像は無数にある．

・$\mathbf{v} = \begin{pmatrix} x \\ y \end{pmatrix} \longrightarrow \begin{pmatrix} a_{11}x + a_{12}y \\ a_{21}x + a_{22}y \end{pmatrix} = \begin{pmatrix} a_{11} & a_{12} \\ a_{21} & a_{22} \end{pmatrix} \begin{pmatrix} x \\ y \end{pmatrix}$．ここで，$\begin{pmatrix} a_{11} & a_{12} \\ a_{21} & a_{22} \end{pmatrix} = \mathbf{A}$ とおくと $\mathbf{v} \longrightarrow \mathbf{A}\mathbf{v}$．この

9.2 線形変換

形の変換を，行列変換という．
- 線形変換（1次変換）
  ① $\mathbf{A}(\mathbf{u} + \mathbf{v}) = \mathbf{A}\mathbf{u} + \mathbf{A}\mathbf{v}$ 　　ベクトルの和の像は各ベクトルの像の和．
  ② $\mathbf{A}(k\mathbf{v}) = k\mathbf{A}\mathbf{v}$ （k は実数）　ベクトルの k 倍の像はベクトルの像の k 倍．
  （どんな線形変換 f に対しても，適当な行列 $\mathbf{A}$ を選んで，$f(\mathbf{v}) = \mathbf{A}\mathbf{v}$ が成り立つようにできる．）

● 線形変換の合成

- 変換 f によって $\mathbf{v}$ が $\mathbf{u}$ に移り，変換 g によって $\mathbf{u}$ が $\mathbf{w}$ に移るとき，$\mathbf{v}$ を $\mathbf{w}$ に対応させる変換を $g \circ f$ または gf と書き，合成（変換）という．　…　$g \circ f(\mathbf{v}) = g(f(\mathbf{v}))$．

● 逆変換

- 線形変換 f, h において，任意のベクトル $\mathbf{v}$ に対して，
  $(f \circ h)(\mathbf{v}) = \mathbf{v}$, かつ $(h \circ f)(\mathbf{v}) = \mathbf{v}$
  が成り立つとき，h は f の逆変換，f は h の逆変換といい，$h = f^{-1}$, $f = h^{-1}$ と書く．
- ff^{-1}, $f^{-1}f$ はいずれも恒等変換である．
  任意のベクトル $\mathbf{v}$ に対して $(ff^{-1})(\mathbf{v}) = \mathbf{v}$, $(f^{-1}f)(\mathbf{v}) = \mathbf{v}$ が成り立つ．
  変換を表す行列が $\mathbf{A}^{-1}$ である線形変換は，変換の行列が $\mathbf{A}$ である線形変換の逆変換である．

● 線形変換の表現行列

- V を $\mathbf{R}$ 上の n 次元ベクトル空間とし，$\{\mathbf{v}_1, \mathbf{v}_2, \cdots, \mathbf{v}_n\}$ をその基底とする．線形写像 $f : V \to V$ に対して（ここでは，$n = 3$ としておく．）

$$\begin{aligned} f(\mathbf{v}_1) &= f_{11}\mathbf{v}_1 + f_{21}\mathbf{v}_2 + f_{31}\mathbf{v}_3 \\ f(\mathbf{v}_2) &= f_{12}\mathbf{v}_1 + f_{22}\mathbf{v}_2 + f_{32}\mathbf{v}_3 \\ f(\mathbf{v}_3) &= f_{13}\mathbf{v}_1 + f_{23}\mathbf{v}_2 + f_{33}\mathbf{v}_3 \end{aligned} \quad \text{であるとき，3次の正方行列} \quad \mathbf{F} = \begin{pmatrix} f_{11} & f_{12} & f_{13} \\ f_{21} & f_{22} & f_{23} \\ f_{31} & f_{32} & f_{33} \end{pmatrix}.$$

を基底 $\{\mathbf{v}_1, \mathbf{v}_2, \mathbf{v}_3\}$ に関する線形変換 f の表現行列（単に行列）という．

- 正則変換の条件…n 次元ベクトル空間 V の線形変換 f に対して次の4つは同値である．
  ① f は正則変換．　　　　　　② $\ker(f) = \{0\}$．（付録G参照）
  ③ V のある基底 $\{\mathbf{v}_1, \mathbf{v}_2, \cdots, \mathbf{v}_n\}$ に関する f の表現行列は正則行列．
  ④ V の任意の基底 $\{\mathbf{v}_1, \mathbf{v}_2, \cdots, \mathbf{v}_n\}$ に関する f の表現行列は正則行列．

- 逆変換の表現行列…n 次元ベクトル空間 V の正則変換 f の基底 $\{\mathbf{v}_1, \mathbf{v}_2, \cdots, \mathbf{v}_n\}$ に関する表現行列を $\mathbf{F}$ とするとき，基底 $\{\mathbf{v}_1, \mathbf{v}_2, \cdots, \mathbf{v}_n\}$ に関する逆変換 f^{-1} の表現行列は $\mathbf{F}^{-1}$ である．

- 基底の取り替え（$n = 3$）
  n 次元ベクトル空間 V の2組の基底 $\{\mathbf{v}_1, \mathbf{v}_2, \mathbf{v}_3\}$, $\{\mathbf{u}_1, \mathbf{u}_2, \mathbf{u}_3\}$ に対して，

$$\begin{aligned} \mathbf{u}_1 &= p_{11}\mathbf{v}_1 + p_{21}\mathbf{v}_2 + p_{31}\mathbf{v}_3 \\ \mathbf{u}_2 &= p_{12}\mathbf{v}_1 + p_{22}\mathbf{v}_2 + p_{32}\mathbf{v}_3 \\ \mathbf{u}_3 &= p_{13}\mathbf{v}_1 + p_{23}\mathbf{v}_2 + p_{33}\mathbf{v}_3 \end{aligned} \quad \text{のとき，3次の正方行列} \quad \mathbf{P} = \begin{pmatrix} p_{11} & p_{12} & p_{13} \\ p_{21} & p_{22} & p_{23} \\ p_{31} & p_{32} & p_{33} \end{pmatrix}.$$

を，V の基底取り替え $\{\mathbf{v}_1, \mathbf{v}_2, \mathbf{v}_3\} \longrightarrow \{\mathbf{u}_1, \mathbf{u}_2, \mathbf{u}_3\}$ の行列という．
（行列 $\mathbf{P}$ は正則であり，基底取り替え $\{\mathbf{u}_1, \mathbf{u}_2, \mathbf{u}_3\} \longrightarrow \{\mathbf{v}_1, \mathbf{v}_2, \mathbf{v}_3\}$ の行列は $\mathbf{P}^{-1}$ である．）

- 基底の取り替えと線形変換の表現行列
  n 次元ベクトル空間 V の2組の基底 $\{\mathbf{v}_1, \mathbf{v}_2, \mathbf{v}_3\}$, $\{\mathbf{u}_1, \mathbf{u}_2, \mathbf{u}_3\}$ に関する V の線形変換 f の表現行列をそれぞれ $\mathbf{F}$, $\mathbf{G}$ とし，基底取り替え $\{\mathbf{v}_1, \mathbf{v}_2, \mathbf{v}_3\} \longrightarrow \{\mathbf{u}_1, \mathbf{u}_2, \mathbf{u}_3\}$ の行列を $\mathbf{P}$ とすると $\mathbf{G} = \mathbf{P}^{-1}\mathbf{F}\mathbf{P}$ である．

- 2つの3次の正方行列 $\mathbf{F}$, $\mathbf{G}$ において，$\mathbf{G} = \mathbf{P}^{-1}\mathbf{F}\mathbf{P}$ を満たすとき3次の正則行列 $\mathbf{P}$ があると $\mathbf{F}$ と $\mathbf{G}$

は相似であるといい，$\mathbf{F} \sim \mathbf{G}$ と表す．

基底のとり方によっては，$\mathbf{G} = \mathbf{P}^{-1}\mathbf{F}\mathbf{P}$ の方が元の $\mathbf{F}$ より扱いやすい行列にすることができる．

● **直交変換**

・ベクトル $\mathbf{x} = \begin{pmatrix} x_1 \\ \vdots \\ x_n \end{pmatrix} \in \mathbb{R}^n$，$\mathbf{y} = \begin{pmatrix} y_1 \\ \vdots \\ y_n \end{pmatrix} \in \mathbb{R}^n$ において，${}^t\mathbf{x}\mathbf{x} = \sum_{i=1}^n x_i^2$ を ${}^t\mathbf{y}\mathbf{y} = \sum_{i=1}^n y_i^2$ に移す

線形変換 $\mathbf{x} = \mathbf{T}\mathbf{y}$ を<u>直交変換</u>といい，行列 $\mathbf{T}$ を<u>直交行列</u>という．

・${}^t\mathbf{x}\mathbf{x} = {}^t(\mathbf{T}\mathbf{y})\mathbf{T}\mathbf{y} = {}^t\mathbf{y}\,{}^t\mathbf{T}\mathbf{T}\mathbf{y} = {}^t\mathbf{y}({}^t\mathbf{T}\mathbf{T})\mathbf{y}$ より，${}^t\mathbf{T}\mathbf{T} = \mathbf{I}$． $\cdots \rightarrow$ <u>${}^t\mathbf{T}\mathbf{T} = \mathbf{T}\,{}^t\mathbf{T} = \mathbf{I}$</u> $\cdots \rightarrow$ <u>$\mathbf{T}^{-1} = {}^t\mathbf{T}$</u>．

・直交行列：行列 $\mathbf{T}$ の各列（行）ベクトルの長さが 1 で，異なる 2 つの列（行）ベクトルは直交する（内積 $=0$）である．（これらの<u>列ベクトルは正規直交基底</u>である．）

・$\det \mathbf{T} = \pm 1$．

・2 つの直交行列 $\mathbf{T}_1, \mathbf{T}_2$ の積 $\mathbf{T}_1\mathbf{T}_2$ も直交行列である．

$$\because \ {}^t(\mathbf{T}_1\mathbf{T}_2)\mathbf{T}_1\mathbf{T}_2 = {}^t\mathbf{T}_2\,{}^t\mathbf{T}_1\mathbf{T}_1\mathbf{T}_2 = {}^t\mathbf{T}_2\mathbf{I}\mathbf{T}_2 = {}^t\mathbf{T}_2\mathbf{T}_2 = \mathbf{I}.$$

・ベクトル $\mathbf{a}, \mathbf{b} \in \mathbb{R}^n$ において，内積 $\mathbf{T}\mathbf{a} \cdot \mathbf{T}\mathbf{b} = {}^t(\mathbf{T}\mathbf{a})\mathbf{T}\mathbf{b} = {}^t\mathbf{a}\,{}^t\mathbf{T}\mathbf{T}\mathbf{b} = {}^t\mathbf{a}\mathbf{I}\mathbf{b} = {}^t\mathbf{a}\mathbf{b} = \mathbf{a} \cdot \mathbf{b}$．

$\cdots \rightarrow$ 内積は変わらない．$\cdots \rightarrow$ 直交変換では<u>角度も長さも不変である</u>．

> **例題 9.2.1**
> (1) 変換 $\mathbf{v} = \begin{pmatrix} x \\ y \end{pmatrix} \rightarrow \begin{pmatrix} 1x + 2y \\ 4x + 3y \end{pmatrix}$ が表す行列を求め，この変換を $\begin{pmatrix} 1 \\ -1 \end{pmatrix}$ に施したときの像ベクトルを求めよ．
> (2) この変換が 1 対 1 変換であることを示せ．

解 (1) $\begin{pmatrix} 1x + 2y \\ 4x + 3y \end{pmatrix} = \begin{pmatrix} 1 & 2 \\ 4 & 3 \end{pmatrix}\begin{pmatrix} x \\ y \end{pmatrix}$ より，（表現）行列は $\begin{pmatrix} 1 & 2 \\ 4 & 3 \end{pmatrix}$．$\begin{pmatrix} 1 & 2 \\ 4 & 3 \end{pmatrix}\begin{pmatrix} 1 \\ -1 \end{pmatrix} = \begin{pmatrix} -1 \\ 1 \end{pmatrix}$ が求める像．

(2) $\begin{pmatrix} 1x + 2y \\ 4x + 3y \end{pmatrix} = \begin{pmatrix} a \\ b \end{pmatrix}$ となるベクトル $\begin{pmatrix} x \\ y \end{pmatrix}$ がただ 1 つであることを示せばよい．

連立方程式 $\begin{cases} 1x + 2y = a \\ 4x + 3y = b \end{cases}$ を解くと，$\begin{cases} x = \dfrac{1}{5}(2b - 3a) \\ y = \dfrac{1}{5}(4a - b) \end{cases}$．したがって $\begin{pmatrix} a \\ b \end{pmatrix}$ の原像は $\begin{pmatrix} \dfrac{1}{5}(2b - 3a) \\ \dfrac{1}{5}(4a - b) \end{pmatrix}$

だけであるから，変換は 1 対 1 である．

> **例題 9.2.2** どんな線形変換 f に対しても，適当な行列 $\mathbf{A}$ を選んで，$f(\mathbf{v}) = \mathbf{A}\mathbf{v}$ が成り立つようにできることを示せ．ただし，$\mathbb{R}^2 \rightarrow \mathbb{R}^2$ の場合で答えよ．

解 f を線形変換とし，これによって基本ベクトル $\mathbf{e}_1, \mathbf{e}_2$ が次のように変換されたとする．

$\mathbf{e}_1 = \begin{pmatrix} 1 \\ 0 \end{pmatrix} \rightarrow \begin{pmatrix} a_{11} \\ a_{21} \end{pmatrix}$, $\mathbf{e}_2 = \begin{pmatrix} 0 \\ 1 \end{pmatrix} \rightarrow \begin{pmatrix} a_{12} \\ a_{22} \end{pmatrix}$．次に，$\mathbf{v} = \begin{pmatrix} x \\ y \end{pmatrix} = x\mathbf{e}_1 + y\mathbf{e}_2$ であるから，

$f(\mathbf{v}) = f(x\mathbf{e}_1 + y\mathbf{e}_2) = xf(\mathbf{e}_1) + yf(\mathbf{e}_2) = x\begin{pmatrix} a_{11} \\ a_{21} \end{pmatrix} + y\begin{pmatrix} a_{12} \\ a_{22} \end{pmatrix} = \begin{pmatrix} a_{11}x \\ a_{21}x \end{pmatrix} + \begin{pmatrix} a_{12}y \\ a_{22}y \end{pmatrix} = \begin{pmatrix} a_{11}x + a_{12}y \\ a_{21}x + a_{22}y \end{pmatrix}$

$= \begin{pmatrix} a_{11} & a_{12} \\ a_{21} & a_{22} \end{pmatrix}\begin{pmatrix} x \\ y \end{pmatrix} = \begin{pmatrix} a_{11} & a_{12} \\ a_{21} & a_{22} \end{pmatrix}\mathbf{v}$

9.2 線形変換

となり，線形変換は基本ベクトルの像ベクトルの成分を要素とする行列変換である．
(線形変換 f の行列 $\mathbf{A}$ は基底に関する座標の意味で表現している．
… 行列 $\mathbf{A}$ を線形変換の表現行列という．)

例題 9.2.3 線形変換 $f: \mathbb{R}^2 \to \mathbb{R}^2$, $f(\mathbf{v}) = f\left(\begin{pmatrix} v_1 \\ v_2 \end{pmatrix}\right) = \begin{pmatrix} 3v_1 + 7v_2 \\ 1v_1 + 3v_2 \end{pmatrix}$ について次の問いに答えよ．

(1) $\mathbb{R}^2$ の標準基底 $\left\{\mathbf{e}_1 = \begin{pmatrix} 1 \\ 0 \end{pmatrix}, \mathbf{e}_2 = \begin{pmatrix} 0 \\ 1 \end{pmatrix}\right\}$ に関する (f の対応する) 表現行列 $\mathbf{F}$ を求めよ．

(2) $\mathbb{R}^2$ の基底 $\left\{\mathbf{u}_1 = \begin{pmatrix} 2 \\ 1 \end{pmatrix}, \mathbf{u}_2 = \begin{pmatrix} 1 \\ -1 \end{pmatrix}\right\}$ に関する (f の対応する) 表現行列 $\mathbf{G}$ を求めよ．

(3) $\mathbb{R}^2$ の基底 $\left\{\mathbf{w}_1 = \begin{pmatrix} 0 \\ -1 \end{pmatrix}, \mathbf{w}_2 = \begin{pmatrix} -2 \\ 1 \end{pmatrix}\right\}$ に関する (f の対応する) 表現行列 $\mathbf{H}$ を求めよ．

(4) 2組の基底 $\{\mathbf{u}_1, \mathbf{u}_2\}$, $\{\mathbf{w}_1, \mathbf{w}_2\}$ の基底取り替えの行列 $\mathbf{P}$ を求めよ．

(5) $\mathbf{P}^{-1}\mathbf{GP} = \mathbf{H}$ が成立することを確かめよ．

解 (1) $f(\mathbf{e}_1) = f\left(\begin{pmatrix} 1 \\ 0 \end{pmatrix}\right) = \begin{pmatrix} 3 \\ 1 \end{pmatrix} = 3\begin{pmatrix} 1 \\ 0 \end{pmatrix} + \begin{pmatrix} 0 \\ 1 \end{pmatrix} = 2\mathbf{e}_1 + 1\mathbf{e}_2$, $f(\mathbf{e}_2) = \begin{pmatrix} 7 \\ 3 \end{pmatrix} = 7\mathbf{e}_1 + 3\mathbf{e}_2$.

よって $\mathbf{F} = \begin{pmatrix} 3 & 7 \\ 1 & 3 \end{pmatrix}$.

(2) $f(\mathbf{u}_1) = f\left(\begin{pmatrix} 2 \\ 1 \end{pmatrix}\right) = \begin{pmatrix} 13 \\ 5 \end{pmatrix} = k\mathbf{u}_1 + l\mathbf{u}_2 = k\begin{pmatrix} 2 \\ 1 \end{pmatrix} + l\begin{pmatrix} 1 \\ -1 \end{pmatrix}$ を解く．

$\begin{cases} 2k + l = 13 \\ k - k = 5 \end{cases}$ より $k = 6$, $l = 1$. ∴ $f(\mathbf{u}_1) = 6\mathbf{u}_1 + 1\mathbf{u}_2$.

$f(\mathbf{u}_2) = f\left(\begin{pmatrix} 1 \\ -1 \end{pmatrix}\right) = \begin{pmatrix} -4 \\ -2 \end{pmatrix} = k\begin{pmatrix} 2 \\ 1 \end{pmatrix} + l\begin{pmatrix} 1 \\ -1 \end{pmatrix}$ を解くと $k = -2$, $l = 0$.

∴ $f(\mathbf{u}_2) = -2\mathbf{u}_1 + 0\mathbf{u}_2$.

よって $\mathbf{G} = \begin{pmatrix} 6 & -2 \\ 1 & 0 \end{pmatrix}$.

(3) $f(\mathbf{w}_1) = f\left(\begin{pmatrix} 0 \\ -1 \end{pmatrix}\right) = \begin{pmatrix} -7 \\ -3 \end{pmatrix} = k\mathbf{w}_1 + l\mathbf{w}_2 = k\begin{pmatrix} 0 \\ -1 \end{pmatrix} + l\begin{pmatrix} -2 \\ 1 \end{pmatrix}$ を解く．

$\begin{cases} 0k - 2l = -7 \\ -k + l = -3 \end{cases}$ より, $k = \frac{13}{2}$, $l = \frac{7}{2}$. ∴ $f(\mathbf{w}_1) = \frac{13}{2}\mathbf{w}_1 + \frac{7}{2}\mathbf{w}_2$.

$f(\mathbf{w}_2) = f\left(\begin{pmatrix} -2 \\ 1 \end{pmatrix}\right) = \begin{pmatrix} 1 \\ 1 \end{pmatrix} = k\begin{pmatrix} 0 \\ -1 \end{pmatrix} + l\begin{pmatrix} -2 \\ 1 \end{pmatrix}$ を解くと, $k = -\frac{3}{2}$, $l = -\frac{1}{2}$.

∴ $f(\mathbf{w}_2) = -\frac{3}{2}\mathbf{w}_1 - \frac{1}{2}\mathbf{w}_2$.

よって $\mathbf{H} = \frac{1}{2}\begin{pmatrix} 13 & -3 \\ 7 & -1 \end{pmatrix}$.

(4) $\mathbf{w}_1 = \begin{pmatrix} 0 \\ -1 \end{pmatrix} = p_{11}\mathbf{u}_1 + p_{21}\mathbf{u}_2 = p_{11}\begin{pmatrix} 2 \\ 1 \end{pmatrix} + p_{21}\begin{pmatrix} 1 \\ -1 \end{pmatrix}$ より $p_{11} = -\frac{1}{3}$, $p_{21} = \frac{2}{3}$.

$\mathbf{w}_2 = \begin{pmatrix} -2 \\ 1 \end{pmatrix} = p_{12}\mathbf{u}_1 + p_{22}\mathbf{u}_2 = p_{12}\begin{pmatrix} 2 \\ 1 \end{pmatrix} + p_{22}\begin{pmatrix} 1 \\ -1 \end{pmatrix}$ より $p_{12} = -\frac{1}{3}$, $p_{22} = -\frac{4}{3}$.

213

よって $\mathbf{P} = -\dfrac{1}{3}\begin{pmatrix} 1 & 1 \\ -2 & 4 \end{pmatrix}$.

(5) $\det \mathbf{P} = \left(-\dfrac{1}{3}\right)^2 (1 \cdot 4 - 1 \cdot (-2)) = \dfrac{6}{9} = \dfrac{2}{3}$, $\mathbf{P}^{-1} = -\dfrac{1}{2}\begin{pmatrix} 4 & -1 \\ 2 & 1 \end{pmatrix}$ より,

$$\mathbf{P}^{-1}\mathbf{GP} = -\dfrac{1}{2}\begin{pmatrix} 4 & -1 \\ 2 & 1 \end{pmatrix}\begin{pmatrix} 6 & -2 \\ 1 & 0 \end{pmatrix}\left(-\dfrac{1}{3}\right)\begin{pmatrix} 1 & 1 \\ -2 & 4 \end{pmatrix}$$

$$= \dfrac{1}{6}\begin{pmatrix} 23 & -8 \\ 13 & -4 \end{pmatrix}\begin{pmatrix} 1 & 1 \\ -2 & 4 \end{pmatrix} = \dfrac{1}{6}\begin{pmatrix} 39 & -9 \\ 21 & -3 \end{pmatrix} = \dfrac{1}{2}\begin{pmatrix} 13 & -3 \\ 7 & -1 \end{pmatrix} = \mathbf{H}.$$

例題 9.2.4 次の行列が直交行列であること示せ．

(1) $\mathbf{T}_1 = \begin{pmatrix} \cos\theta & -\sin\theta \\ \sin\theta & \cos\theta \end{pmatrix}$；原点を中心に角度 θ だけ回転させる．（回転変換，回転）

(2) $\mathbf{T}_2 = \mathbf{I} - \dfrac{2}{a^2+b^2}\begin{pmatrix} a^2 & ab \\ ab & b^2 \end{pmatrix}$；原点を通る直線 $l = \left\{k\mathbf{a};\ \mathbf{a} \perp \mathbf{n} = \begin{pmatrix} a \\ b \end{pmatrix} \neq \mathbf{0}, k \in \mathbb{R}\right\}$ に対して鏡像になる．（鏡映変換，裏返し）

解 (1) $\mathbf{T}_1 = \begin{pmatrix} \cos\theta & -\sin\theta \\ \sin\theta & \cos\theta \end{pmatrix}$ より, ${}^t\mathbf{T}_1 = \begin{pmatrix} \cos\theta & \sin\theta \\ -\sin\theta & \cos\theta \end{pmatrix}$.

$${}^t\mathbf{T}_1\mathbf{T}_1 = \begin{pmatrix} \cos\theta & \sin\theta \\ -\sin\theta & \cos\theta \end{pmatrix}\begin{pmatrix} \cos\theta & -\sin\theta \\ \sin\theta & \cos\theta \end{pmatrix} = \begin{pmatrix} \cos^2\theta + \sin^2\theta & -\cos\theta\sin\theta + \sin\theta\cos\theta \\ -\sin\theta\cos\theta + \cos\theta\sin\theta & \cos^2\theta + \sin^2\theta \end{pmatrix}$$

$$= \begin{pmatrix} 1 & 0 \\ 0 & 1 \end{pmatrix} = \mathbf{I}.$$

(2) $\mathbf{T}_2 = \mathbf{I} - \dfrac{2}{a^2+b^2}\begin{pmatrix} a^2 & ab \\ ab & b^2 \end{pmatrix} = \dfrac{1}{a^2+b^2}\begin{pmatrix} -a^2+b^2 & -2ab \\ -2ab & a^2-b^2 \end{pmatrix}$ より ${}^t\mathbf{T}_2 = \mathbf{T}_2$.

$${}^t\mathbf{T}_2\mathbf{T}_2 = \mathbf{T}_2^2 = \left(\dfrac{1}{a^2+b^2}\right)^2\begin{pmatrix} -a^2+b^2 & -2ab \\ -2ab & a^2-b^2 \end{pmatrix}\begin{pmatrix} -a^2+b^2 & -2ab \\ -2ab & a^2-b^2 \end{pmatrix}$$

$$= \left(\dfrac{1}{a^2+b^2}\right)^2\begin{pmatrix} (a^2-b^2)^2 + 4a^2b^2 & 2ab(a^2-b^2) - 2ab(a^2-b^2) \\ 2ab(a^2-b^2) - 2ab(a^2-b^2) & (a^2-b^2)^2 + 4a^2b^2 \end{pmatrix}$$

$$= \left(\dfrac{1}{a^2+b^2}\right)^2\begin{pmatrix} (a^2+b^2)^2 & 0 \\ 0 & (a^2+b^2)^2 \end{pmatrix} = \mathbf{I}.$$

例題 9.2.5 次の行列が直交行列であるように，a, b, c, d を定めよ．

(1) $\begin{pmatrix} \dfrac{3}{5} & 0 & a \\ b & c & \dfrac{3}{5} \\ 0 & 1 & d \end{pmatrix}$

(2) $\begin{pmatrix} \dfrac{1}{\sqrt{6}} & \dfrac{1}{\sqrt{2}} & \dfrac{1}{\sqrt{3}} \\ \dfrac{1}{\sqrt{6}} & a & b \\ c & d & -\dfrac{1}{\sqrt{3}} \end{pmatrix}$

解 (1) $\mathbf{a}_1 = \begin{pmatrix} \dfrac{3}{5} \\ b \\ 0 \end{pmatrix}$, $\mathbf{a}_2 = \begin{pmatrix} 0 \\ c \\ 1 \end{pmatrix}$, $\mathbf{a}_3 = \begin{pmatrix} a \\ \dfrac{3}{5} \\ d \end{pmatrix}$ とおくと,

$\mathbf{a}_1 \cdot \mathbf{a}_1 = 1$, $\mathbf{a}_1 \cdot \mathbf{a}_2 = 0$, $\mathbf{a}_1 \cdot \mathbf{a}_3 = 0$, $\mathbf{a}_2 \cdot \mathbf{a}_2 = 1$, $\mathbf{a}_2 \cdot \mathbf{a}_3 = 0$, $\mathbf{a}_3 \cdot \mathbf{a}_3 = 1$.

$\mathbf{a}_1 \cdot \mathbf{a}_1 = 1$ より, $\dfrac{9}{25} + b^2 = 1$. $\therefore b = \pm\dfrac{4}{5}$.

$\mathbf{a}_1 \cdot \mathbf{a}_2 = 0$ より, $bc = 0$. $\therefore c = 0$. $\mathbf{a}_2 \cdot \mathbf{a}_3 = 0$ より, $\therefore d = 0$.

$\mathbf{a}_1 \cdot \mathbf{a}_3 = 0$ より, $\dfrac{3}{5}a + \dfrac{3}{5}b = 0$. $\therefore a = -b$.

よって, $a = \pm\dfrac{4}{5}$, $b = \mp\dfrac{4}{5}$ (複号同順), $c = d = 0$.

(2) $\mathbf{a}_1 = \begin{pmatrix} \dfrac{1}{\sqrt{6}} \\ \dfrac{1}{\sqrt{6}} \\ c \end{pmatrix}$, $\mathbf{a}_2 = \begin{pmatrix} \dfrac{1}{\sqrt{2}} \\ a \\ d \end{pmatrix}$, $\mathbf{a}_3 = \begin{pmatrix} \dfrac{1}{\sqrt{3}} \\ b \\ -\dfrac{1}{\sqrt{3}} \end{pmatrix}$ とおくと,

$\mathbf{a}_1 \cdot \mathbf{a}_1 = 1$, $\mathbf{a}_1 \cdot \mathbf{a}_2 = 0$, $\mathbf{a}_1 \cdot \mathbf{a}_3 = 0$, $\mathbf{a}_2 \cdot \mathbf{a}_2 = 1$, $\mathbf{a}_2 \cdot \mathbf{a}_3 = 0$, $\mathbf{a}_3 \cdot \mathbf{a}_3 = 1$.

$\mathbf{a}_1 \cdot \mathbf{a}_1 = 1$ より, $\dfrac{1}{3} + c^2 = 1$. $\therefore c = \pm\dfrac{2}{\sqrt{6}}$.

$\mathbf{a}_3 \cdot \mathbf{a}_3 = 1$ より, $\dfrac{2}{3} + b^2 = 1$. $\therefore b = \pm\dfrac{1}{\sqrt{3}}$.

$\mathbf{a}_1 \cdot \mathbf{a}_3 = 0$ より, $\dfrac{1}{\sqrt{18}} + \dfrac{1}{\sqrt{6}}b - \dfrac{1}{\sqrt{3}}c = 0$. $\therefore c = \dfrac{1}{\sqrt{2}}b + \dfrac{1}{\sqrt{6}}$.

$b = -\dfrac{1}{\sqrt{3}}$ のとき, $c = 0$ となり不合理. $b = \dfrac{1}{\sqrt{3}}$ のとき, $c = \dfrac{2}{\sqrt{6}}$.

$\mathbf{a}_1 \cdot \mathbf{a}_2 = 0$ より, $\dfrac{1}{\sqrt{12}} + \dfrac{1}{\sqrt{6}}a + \dfrac{2}{\sqrt{6}}d = 0$. $\therefore a + 2d = -\dfrac{1}{\sqrt{2}}$.

$\mathbf{a}_2 \cdot \mathbf{a}_3 = 0$ より, $\dfrac{1}{\sqrt{6}} + \dfrac{1}{\sqrt{3}}a - \dfrac{1}{\sqrt{3}}d = 0$. $\therefore a - d = -\dfrac{1}{\sqrt{2}}$.

したがって, $d = 0$, $a = -\dfrac{1}{\sqrt{2}}$.   よって, $a = -\dfrac{1}{\sqrt{2}}$, $b = \dfrac{1}{\sqrt{3}}$, $c = \dfrac{2}{\sqrt{6}}$, $d = 0$.

9.3 固有値と固有ベクトル

●固有値と固有ベクトル

- n 次正方行列を $\mathbf{A}$ とし, $\lambda \in \mathbb{C}$ において, $\mathbf{A}\mathbf{x} = \lambda\mathbf{x}$ ($\mathbf{x} \in \mathbb{C}^n$, $\mathbf{x} \neq \mathbf{0}$) であるとき, λ を行列 $\mathbf{A}$ の<u>固有値</u>といい, $\mathbf{x}$ を固有値 λ に対する<u>固有ベクトル</u>という. (λ はスカラー)

- $\mathbf{A}\mathbf{x} = \lambda\mathbf{x}$ より同次の連立 1 次方程式 $(\mathbf{A} - \lambda\mathbf{I})\mathbf{x} = \mathbf{0}$ を得る. 非自明解 ($\mathbf{x} \neq \mathbf{0}$) である固有ベクトル $\mathbf{x}$ が存在するための必要十分条件は $\det(\mathbf{A} - \lambda\mathbf{I}) = 0$ である.

- 固有値 λ は方程式 $\det(\mathbf{A} - t\mathbf{I}) = 0$ の解である. t の n 次式 $\varPhi_\mathbf{A}(t) = \det(\mathbf{A} - t\mathbf{I}) = t^n + c_1 t^{n-1} + \cdots + c_n$ を行列 $\mathbf{A}$ の<u>固有多項式</u>という. また方程式 $\varPhi_\mathbf{A}(t) = \det(\mathbf{A} - t\mathbf{I}) = 0$ を行列 $\mathbf{A}$ の<u>固有方程式</u>という.

- 固有空間
  部分空間：ベクトルの集合があり, その部分集合 $\mathbf{M}$ について,
  ① $\mathbf{x}_1 \in \mathbf{M}$, $\mathbf{x}_2 \in \mathbf{M}$ $\Rightarrow$ $\mathbf{x}_1 + \mathbf{x}_2 \in \mathbf{M}$.
  ② $\mathbf{x} \in \mathbf{M}$, $k \in \mathbb{R}$ $\Rightarrow$ $k\mathbf{x} \in \mathbf{M}$. (和とスカラー倍に関して閉じている部分集合)
  （平面ベクトルでは, 原点を通る直線, 空間ベクトルでは, 原点を通る直線, あるいは原点含む平面が部分空間）

n 次正方行列 $\mathbf{A}$ の固有値 λ に対する固有ベクトル全体と $\mathbf{0}$ ベクトルからなる
集合 $\mathbf{W}_\lambda = \{\mathbf{x}:(\mathbf{A} - \lambda\mathbf{I})\mathbf{x} = \mathbf{0}\}$ を固有値 λ に対する<u>固有空間</u>という．
(固有ベクトル全体と $\mathbf{0}$ ベクトルとで部分空間となる．)

方程式 $(\mathbf{A} - \lambda\mathbf{I})\mathbf{x} = \mathbf{0}$ の解空間と一致する． $\therefore \dim \mathbf{W}_\lambda = n - \text{rank}(\mathbf{A} - \lambda\mathbf{I})$.

・$\mathbf{A}$ と相似な行列 $\mathbf{P}^{-1}\mathbf{AP}$ の固有多項式は，
$$\Phi_{\mathbf{P}^{-1}\mathbf{AP}}(t) = \det(\mathbf{P}^{-1}\mathbf{AP} - t\mathbf{I}) = \det(\mathbf{P}^{-1}\mathbf{AP} - t\mathbf{P}^{-1}\mathbf{P}) = \det(\mathbf{P}^{-1}(\mathbf{A} - t\mathbf{I})\mathbf{P})$$
$$= \det(\mathbf{P}^{-1})\det(\mathbf{A} - t\mathbf{I})\det(\mathbf{P}) = \det(\mathbf{A} - t\mathbf{I}) = \Phi_\mathbf{A}(t).$$

したがって，$\mathbf{A}$ と相似な行列 $\mathbf{P}^{-1}\mathbf{AP}$ の固有多項式は同じで，固有値も同じである．

● 固有値と固有ベクトルの性質

・n 次正方行列 $\mathbf{A}$ の固有値を $\lambda_1, \lambda_2, \cdots, \lambda_n$ とすると，
$$\lambda_1 + \lambda_2 + \cdots + \lambda_n = \text{tr}\mathbf{A} = \sum_{i=1}^{n} a_{ii}, \quad \lambda_1\lambda_2\cdots\lambda_n = \det(\mathbf{A}).$$

・正方行列 $\mathbf{A}$ の異なる固有値に対する固有ベクトルは 1 次独立である．

・ケイリー・ハミルトンの定理
　任意の正方行列を $\mathbf{A}$ は，その固有方程式 $\Phi_\mathbf{A}(t)$ を満たす．
$$\Phi_\mathbf{A}(\mathbf{A}) = \det(\mathbf{A} - t\mathbf{I}) = \mathbf{A}^n + c_1\mathbf{A}^{n-1} + \cdots + c_{n-1}\mathbf{A} + c_n = \mathbf{0}.$$

● 実対称行列の対角化

・実対称行列の固有値はすべて実数である．固有ベクトルとして必ず実ベクトルを選べる．

・実対称行列の異なる固有値に対する固有ベクトルは互いに直交する．

・実対称行列 $\mathbf{A}$ は適当な直交行列 $\mathbf{P}$ で対角化できる． ${}^t\mathbf{PAP} = \begin{pmatrix} \lambda_1 & & 0 \\ & \ddots & \\ 0 & & \lambda_n \end{pmatrix}$.

・実対称行列 $\mathbf{A}$ を対角化する直交行列 $\mathbf{P}$ の作成手順

① 固有方程式 $\Phi_\mathbf{A}(t) = \det(\mathbf{A} - t\mathbf{I}) = 0$ を解き，固有値を求める．

② 各固有値に対する固有空間の基底を求める．各固有値ごとに同次連立 1 次方程式 $(\mathbf{A} - \lambda\mathbf{I})\mathbf{x} = \mathbf{0}$ の基本解を求める．(ここでは，固有値の重複度＝基本解の個数 (＝解空間の次元) となる．)

③ ②で求めた各基底を<u>グラム・シュミットの方法</u>で正規直交基底 (各ベクトルの長さが 1 で互いに直行している基底) にする．

④ ③で求めた正規直交基底のベクトルを列にもつ行列が $\mathbf{P}$ である．$\mathbf{P}^{-1} = {}^t\mathbf{P}$.

・**グラム・シュミットの方法**：基準としたベクトルの定数倍を他のベクトルから除き，2 つのベクトルが直交するようにその定数倍の定数を決める．　…→　②，④
(他のベクトルを「定数倍の基準ベクトル」と「基準ベクトルと直交するベクトル」の和に分解．)
1 次独立なベクトル $\{\mathbf{a}, \mathbf{b}, \mathbf{c}\}$ から長さ 1 で互いに直交するベクトルの作成手順

① $\dfrac{\mathbf{a}}{|\mathbf{a}|} = \mathbf{a}'$ … 長さ 1 のベクトル．

② $(\mathbf{b} - k\mathbf{a}') \perp \mathbf{a}'$ となるように k を決定する．$(\mathbf{b} - k\mathbf{a}')\cdot\mathbf{a}' = \mathbf{a}'\cdot\mathbf{b} - k = 0$, $\therefore k = \mathbf{a}'\cdot\mathbf{b}$.

③ $\mathbf{b} - (\mathbf{a}'\cdot\mathbf{b})\mathbf{a}'$ を長さ 1 のベクトルにする…→ $\dfrac{\mathbf{b} - (\mathbf{a}'\cdot\mathbf{b})\mathbf{a}'}{|\mathbf{b} - (\mathbf{a}'\cdot\mathbf{b})\mathbf{a}'|} = \mathbf{b}'$.

④ $(\mathbf{c} - l\mathbf{a}' - m\mathbf{b}') \perp \mathbf{a}'$, $(\mathbf{c} - l\mathbf{a}' - m\mathbf{b}') \perp \mathbf{b}'$ となるように l, m を決定する．
$(\mathbf{c} - l\mathbf{a}' - m\mathbf{b}')\cdot\mathbf{a}' = \mathbf{a}'\cdot\mathbf{c} - l = 0$, $\therefore l = \mathbf{a}'\cdot\mathbf{c}$,
$(\mathbf{c} - l\mathbf{a}' - m\mathbf{b}')\cdot\mathbf{b}' = \mathbf{b}'\cdot\mathbf{c} - m = 0$, $\therefore m = \mathbf{b}'\cdot\mathbf{c}$.

⑤ $\mathbf{c} - (\mathbf{a}'\cdot\mathbf{c})\mathbf{a}' - (\mathbf{b}'\cdot\mathbf{c})\mathbf{b}'$ を長さ 1 のベクトルにする $\cdots\longrightarrow \dfrac{\mathbf{c} - (\mathbf{a}'\cdot\mathbf{c})\mathbf{a}' - (\mathbf{b}'\cdot\mathbf{c})\mathbf{b}'}{|\mathbf{c} - (\mathbf{a}'\cdot\mathbf{c})\mathbf{a}' - (\mathbf{b}'\cdot\mathbf{c})\mathbf{b}'|} = \mathbf{c}'$.

以上の手順で目的のベクトル $\{\mathbf{a}', \mathbf{b}', \mathbf{c}'\}$ が得られる.

● 一般の行列の対角化

- 正方行列 $\mathbf{A}$ の固有値がすべて異なるならば, $\mathbf{A}$ は適当な正則行列 $\mathbf{P}$ で対角化可能である.
- n 次の正方行列 $\mathbf{A}$ の異なる固有値 $\lambda_1, \lambda_2, \cdots, \lambda_r$ の重複度をそれぞれ $n_1, n_2, \cdots, n_r$ ($n_1 + \cdots + n_r = n$) とする. このとき, $\mathbf{A}$ が適当な正則行列 $\mathbf{P}$ で対角化されるための必要十分条件は $\dim W_{\lambda_i} = n_i$ ($i = 1, 2, \cdots, r$) が成り立つことである.

  i.e. 固有値に対する固有空間の基底を求めるために同次連立 1 次方程式の基本解を求める.
  このとき, $(\mathbf{A} - \lambda_i \mathbf{I})\mathbf{x} = \mathbf{0}$ の基本解の個数と固有値 λ_i の重複度が等しいことが要求される. 前者を幾何的重複度 (解空間の次元), 後者を代数的重複度という.

- 対角化できない (代数的重複度 ≠ 幾何的重複度 (解空間の次元)) 場合, (固有ベクトルだけでは, 空間全体の基底を作るには足りない) 次善の策として対角行列より扱いにくいが, 行列全体では計算しやすい三角行列に変換する.

- 行列 $\mathbf{A}$ が n 個の 1 次独立な固有ベクトルをもつと, <u>各固有ベクトルを列ベクトルとする行列 $\mathbf{P}$</u> によって対角化できる.

$$\mathbf{P}^{-1}\mathbf{A}\mathbf{P} = \begin{pmatrix} \lambda_1 & & 0 \\ & \ddots & \\ 0 & & \lambda_n \end{pmatrix}$$

 実対称行列の対角化行列の作成の方が面倒な印象を受けるが, 転置のみで逆行列の作成は必要ない.

● 対称行列と 2 次形式

- $\mathbf{A}$ を n 次の実対称行列とするとき,

$$^t\mathbf{x}\mathbf{A}\mathbf{x} = (x_1, x_2, \cdots, x_n) \begin{pmatrix} a_{11} & a_{12} & \cdots & a_{1n} \\ a_{12} & a_{22} & \cdots & a_{2n} \\ & \cdots & \cdots & \\ a_{1n} & a_{2n} & \cdots & a_{nn} \end{pmatrix} \begin{pmatrix} x_1 \\ x_2 \\ \vdots \\ x_n \end{pmatrix} = \sum_{i=1}^n a_{ii} x_i^2 + 2\sum_{i<j} a_{ij} x_i x_j$$

を変数 $x_1, x_2, \cdots, x_n$ に関する <u>2 次形式</u> といい, $\mathbf{A}$ を <u>2 次形式の行列</u> という.

- 2 次形式 $^t\mathbf{x}\mathbf{A}\mathbf{x}$ は適当な直交変換 $\mathbf{x} = \mathbf{P}\mathbf{y}$ により,
$^t\mathbf{x}\mathbf{A}\mathbf{x} = \lambda_1 y_1^2 + \lambda_2 y_2^2 + \cdots + \lambda_n y_n^2$ ただし, $^t\mathbf{y} = (y_1, y_2, \cdots y_n)$ と表される.
ここで, $\lambda_1, \lambda_2, \cdots, \lambda_n$ は $\mathbf{A}$ の固有値である. ($\lambda_1 y_1^2 + \lambda_2 y_2^2 + \cdots + \lambda_n y_n^2$ の形を 2 次形式 $^t\mathbf{x}\mathbf{A}\mathbf{x}$ の <u>標準形</u> という. 直交行列 $\mathbf{P}$ は $\mathbf{A}$ を対角化する行列である.)

> **例題 9.3.1** 次の各行列の固有値, 固有ベクトルを求めよ.
>
> (1) $\begin{pmatrix} 1 & 2 \\ 2 & 1 \end{pmatrix}$ (2) $\begin{pmatrix} 1 & 3 \\ 2 & 0 \end{pmatrix}$ (3) $\begin{pmatrix} -1 & -2 & 1 \\ -2 & 2 & -2 \\ 1 & -2 & -1 \end{pmatrix}$
>
> (4) $\begin{pmatrix} 2 & 1 & -1 \\ -1 & 2 & 1 \\ -1 & 1 & 2 \end{pmatrix}$ (5) $\begin{pmatrix} 3 & -1 & 0 \\ -1 & 3 & 0 \\ -1 & -1 & 4 \end{pmatrix}$ (6) $\begin{pmatrix} 3 & 2 & -1 \\ 2 & 3 & -1 \\ 2 & -1 & 3 \end{pmatrix}$

解 (1) 固有方程式 $\Phi_A(t) = \det\begin{pmatrix} 1-t & 2 \\ 2 & 1-t \end{pmatrix} = t^2 - 2t - 3 = (t+1)(t-3) = 0$ より，

$t = -1, 3$. したがって，固有値は $-1, 3$.

固有値 $\lambda = -1$ に対する固有ベクトル；$\begin{pmatrix} 2 & 2 \\ 2 & 2 \end{pmatrix}\begin{pmatrix} x_1 \\ x_2 \end{pmatrix} = \begin{pmatrix} 0 \\ 0 \end{pmatrix}$ より，$x_1 = -c_1$, $x_2 = c_1$. ∴ $c_1\begin{pmatrix} -1 \\ 1 \end{pmatrix}$.

固有値 $\lambda = 3$ に対する固有ベクトル；$\begin{pmatrix} -2 & 2 \\ 2 & -2 \end{pmatrix}\begin{pmatrix} x_1 \\ x_2 \end{pmatrix} = \begin{pmatrix} 0 \\ 0 \end{pmatrix}$ より，$x_1 = x_2 = c_2$. ∴ $c_2\begin{pmatrix} 1 \\ 1 \end{pmatrix}$.

(2) 固有方程式 $\Phi_A(t) = \det\begin{pmatrix} 1-t & 3 \\ 2 & -t \end{pmatrix} = t^2 - t - 6 = (t+2)(t-3) = 0$ より，$t = -2, 3$.

したがって，固有値は $-2, 3$.

固有値 $\lambda = -2$ に対する固有ベクトル；$\begin{pmatrix} 3 & 3 \\ 2 & 2 \end{pmatrix}\begin{pmatrix} x_1 \\ x_2 \end{pmatrix} = \begin{pmatrix} 0 \\ 0 \end{pmatrix}$ より，$x_1 = -c_1$, $x_2 = c_1$. ∴ $c_1\begin{pmatrix} -1 \\ 1 \end{pmatrix}$.

固有値 $\lambda = 3$ に対する固有ベクトル；$\begin{pmatrix} -2 & 3 \\ 2 & -3 \end{pmatrix}\begin{pmatrix} x_1 \\ x_2 \end{pmatrix} = \begin{pmatrix} 0 \\ 0 \end{pmatrix}$ より，$x_1 = 3c_2$, $x_2 = 2c_2$. ∴ $c_2\begin{pmatrix} 3 \\ 2 \end{pmatrix}$.

(3) 固有方程式

$$\Phi_A(t) = \det\begin{pmatrix} -1-t & -2 & 1 \\ -2 & 2-t & -2 \\ 1 & -2 & -1-t \end{pmatrix} = -t^3 + 12t + 16 = -(t+2)^2(t-4) = 0 \text{ より，}$$

$t = -2$ (重解), 4. したがって，固有値は -2 (重解), 4.

固有値 $\lambda = -2$ (重解) に対する固有ベクトル；$\begin{pmatrix} 1 & -2 & 1 \\ -2 & 4 & -2 \\ 1 & -2 & 1 \end{pmatrix}\begin{pmatrix} x_1 \\ x_2 \\ x_3 \end{pmatrix} = \begin{pmatrix} 0 \\ 0 \\ 0 \end{pmatrix}$ より，

$x_1 - 2x_2 + x_3 = 0$. ここで，$x_2 = c_1$, $x_3 = c_2$ とおくと $x_1 = 2c_1 - c_2$ より，

$\begin{pmatrix} 2c_1 - c_2 \\ c_1 \\ c_2 \end{pmatrix} = c_1\begin{pmatrix} 2 \\ 1 \\ 0 \end{pmatrix} + c_2\begin{pmatrix} -1 \\ 0 \\ 1 \end{pmatrix}$ （固有ベクトルが 2 つある）．

固有値 $\lambda = 4$ に対する固有ベクトル；$\begin{pmatrix} -5 & -2 & 1 \\ -2 & -2 & -2 \\ 1 & -2 & -5 \end{pmatrix}\begin{pmatrix} x_1 \\ x_2 \\ x_3 \end{pmatrix} = \begin{pmatrix} 0 \\ 0 \\ 0 \end{pmatrix}$ より，$\begin{cases} x_1 + x_2 + x_3 = 0 \\ x_1 - 2x_2 - 5x_3 = 0 \end{cases}$.

$x_3 = c$ とおくと $\begin{cases} x_1 + x_2 = -c \\ x_1 - 2x_2 = 5c \end{cases}$ より，$x_1 = c$, $x_2 = -2c$, $x_3 = c$. $\begin{pmatrix} c \\ -2c \\ c \end{pmatrix} = c\begin{pmatrix} 1 \\ -2 \\ 1 \end{pmatrix}$.

(4) 固有方程式

$$\Phi_A(t) = \det\begin{pmatrix} 2-t & 1 & -1 \\ -1 & 2-t & 1 \\ -1 & 1 & 2-t \end{pmatrix} = -t^3 + 6t^2 - 11t + 6 = -(t-1)(t-2)(t-3) = 0 \text{ より，}$$

$t = 1, 2, 3$. したがって，固有値は $1, 2, 3$.

固有値 $\lambda = 1$ に対する固有ベクトル；$\begin{pmatrix} 1 & 1 & -1 \\ -1 & 1 & 1 \\ -1 & 1 & 1 \end{pmatrix}\begin{pmatrix} x_1 \\ x_2 \\ x_3 \end{pmatrix} = \begin{pmatrix} 0 \\ 0 \\ 0 \end{pmatrix}$ より，$\begin{cases} x_1 + x_2 - x_3 = 0 \\ x_1 - x_2 - x_3 = 0 \end{cases}$.

$x_3 = c$ とおくと，$\begin{cases} x_1 + x_2 = c \\ x_1 - x_2 = c \end{cases}$ より，$x_1 = c,\ x_2 = 0,\ x_3 = c$. $\begin{pmatrix} c \\ 0 \\ c \end{pmatrix} = c \begin{pmatrix} 1 \\ 0 \\ 1 \end{pmatrix}$.

固有値 $\lambda = 2$ に対する固有ベクトル；$\begin{pmatrix} 0 & 1 & -1 \\ -1 & 0 & 1 \\ -1 & 1 & 0 \end{pmatrix} \begin{pmatrix} x_1 \\ x_2 \\ x_3 \end{pmatrix} = \begin{pmatrix} 0 \\ 0 \\ 0 \end{pmatrix}$ より，$\begin{cases} x_2 = x_3 \\ x_1 = x_3 \end{cases}$.

$x_3 = c$ とおくと，$x_1 = x_2 = x_3 = c$. $\begin{pmatrix} c \\ c \\ c \end{pmatrix} = c \begin{pmatrix} 1 \\ 1 \\ 1 \end{pmatrix}$.

固有値 $\lambda = 3$ に対する固有ベクトル；$\begin{pmatrix} -1 & 1 & -1 \\ -1 & -1 & 1 \\ -1 & 1 & -1 \end{pmatrix} \begin{pmatrix} x_1 \\ x_2 \\ x_3 \end{pmatrix} = \begin{pmatrix} 0 \\ 0 \\ 0 \end{pmatrix}$ より，$\begin{cases} x_1 - x_2 + x_3 = 0 \\ x_1 + x_2 - x_3 = 0 \end{cases}$.

$x_3 = c$ とおくと，$\begin{cases} x_1 - x_2 = -c \\ x_1 + x_2 = c \end{cases}$ より，$x_1 = 0,\ x_2 = c,\ x_3 = c$. $\begin{pmatrix} 0 \\ c \\ c \end{pmatrix} = c \begin{pmatrix} 0 \\ 1 \\ 1 \end{pmatrix}$.

(5) 固有方程式

$$\Phi_A(t) = \det \begin{pmatrix} 3-t & -1 & 0 \\ -1 & 3-t & 0 \\ -1 & -1 & 4-t \end{pmatrix} = -t^3 + 10t^2 - 32t + 32 = -(t-2)(t-4)^2 = 0$$ より，

$t = 2, 4$（重解）．したがって，固有値は 2, 4（重解）．

固有値 $\lambda = 2$ に対する固有ベクトル；$\begin{pmatrix} 1 & -1 & 0 \\ -1 & 1 & 0 \\ -1 & -1 & 2 \end{pmatrix} \begin{pmatrix} x_1 \\ x_2 \\ x_3 \end{pmatrix} = \begin{pmatrix} 0 \\ 0 \\ 0 \end{pmatrix}$ より，$\begin{cases} x_1 - x_2 = 0 \\ -x_1 - x_2 + 2x_3 = 0 \end{cases}$.

ここで，$x_3 = c$ とおくと，$\begin{cases} x_1 - x_2 = 0 \\ x_1 + x_2 = 2c \end{cases}$ より，$x_1 = c,\ x_2 = c,\ x_3 = c$. $\begin{pmatrix} c \\ c \\ c \end{pmatrix} = c \begin{pmatrix} 1 \\ 1 \\ 1 \end{pmatrix}$.

固有値 $\lambda = 4$（重解）に対する固有ベクトル；$\begin{pmatrix} -1 & -1 & 0 \\ -1 & -1 & 0 \\ -1 & -1 & 0 \end{pmatrix} \begin{pmatrix} x_1 \\ x_2 \\ x_3 \end{pmatrix} = \begin{pmatrix} 0 \\ 0 \\ 0 \end{pmatrix}$ より，$x_1 + x_2 = 0$.

ここで，$x_2 = c_1,\ x_3 = c_2$ とおくと，$x_1 = -c_1$ より，$\begin{pmatrix} -c_1 \\ c_1 \\ c_2 \end{pmatrix} = c_1 \begin{pmatrix} -1 \\ 1 \\ 0 \end{pmatrix} + c_2 \begin{pmatrix} 0 \\ 0 \\ 1 \end{pmatrix}$（固有ベクトルが2つある）．

(6) 固有方程式

$$\Phi_A(t) = \det \begin{pmatrix} 3-t & 2 & -1 \\ 2 & 3-t & -1 \\ 2 & -1 & 3-t \end{pmatrix} = -t^3 + 9t^2 - 24t + 16 = -(t-1)(t-4)^2 = 0$$ より，

$t = 1, 4$（重解）．したがって，固有値は 1, 4（重解）．

固有値 $\lambda = 1$ に対する固有ベクトル；$\begin{pmatrix} 2 & 2 & -1 \\ 2 & 2 & -1 \\ 2 & -1 & 2 \end{pmatrix} \begin{pmatrix} x_1 \\ x_2 \\ x_3 \end{pmatrix} = \begin{pmatrix} 0 \\ 0 \\ 0 \end{pmatrix}$ より，$\begin{cases} 2x_1 + 2x_2 - x_3 = 0 \\ 2x_1 - x_2 + 2x_3 = 0 \end{cases}$.

ここで, $x_3 = 2c$ とおくと, $\begin{cases} x_1 + x_2 = c \\ 2x_1 - x_2 = -4c \end{cases}$ より, $x_1 = -c$, $x_2 = 2c$, $x_3 = 2c$. $\begin{pmatrix} -c \\ 2c \\ 2c \end{pmatrix} = c\begin{pmatrix} -1 \\ 2 \\ 2 \end{pmatrix}$

固有値 $\lambda = 4$（重解）に対する固有ベクトル；$\begin{pmatrix} -1 & 2 & -1 \\ 2 & -1 & -1 \\ 2 & -1 & -1 \end{pmatrix}\begin{pmatrix} x_1 \\ x_2 \\ x_3 \end{pmatrix} = \begin{pmatrix} 0 \\ 0 \\ 0 \end{pmatrix}$ より,

$\begin{cases} x_1 - 2x_2 + x_3 = 0 \\ 2x_1 - x_2 - x_3 = 0 \end{cases}$. ここで, $x_3 = c$ とおくと $\begin{cases} x_1 - 2x_2 = -c \\ 2x_1 - x_2 = c \end{cases}$ より, $x_1 = x_2 = c$.

$\begin{pmatrix} c \\ c \\ c \end{pmatrix} = c\begin{pmatrix} 1 \\ 1 \\ 1 \end{pmatrix}$ （固有ベクトルが1つしかない）.

例題 9.3.2 対称行列 $A = \begin{pmatrix} -1 & -2 & 1 \\ -2 & 2 & -2 \\ 1 & -2 & -1 \end{pmatrix}$ を対角化する直交行列 P を作れ.

解 例題 9.3.1(3) より, 固有値 $\lambda = -2$ に対する固有ベクトル $\mathbf{v}_1 = \begin{pmatrix} -1 \\ 0 \\ 1 \end{pmatrix}$, $\mathbf{v}_2 = \begin{pmatrix} 2 \\ 1 \\ 0 \end{pmatrix}$ と
固有値 $\lambda = 4$ に対する固有ベクトル $\mathbf{v}_3 = \begin{pmatrix} 1 \\ -2 \\ 1 \end{pmatrix}$ とおく.

$\mathbf{v}_1$, $\mathbf{v}_2$ をグラム・シュミットの方法により正規直交化する. （∵ $\mathbf{v}_1 \perp \mathbf{v}_3$, $\mathbf{v}_2 \perp \mathbf{v}_3$）

$\mathbf{p}_1 = \dfrac{1}{\sqrt{\mathbf{v}_1 \cdot \mathbf{v}_1}} \mathbf{v}_1 = \dfrac{1}{\sqrt{2}}\begin{pmatrix} -1 \\ 0 \\ 1 \end{pmatrix}$, 次に $\hat{\mathbf{v}}_2 = \mathbf{v}_2 - (\mathbf{v}_2 \cdot \mathbf{p}_1)\mathbf{p}_1 = \begin{pmatrix} 1 \\ 1 \\ 1 \end{pmatrix}$,

$\mathbf{p}_2 = \dfrac{1}{\sqrt{\hat{\mathbf{v}}_2 \cdot \hat{\mathbf{v}}_2}} \hat{\mathbf{v}}_2 = \dfrac{1}{\sqrt{3}}\begin{pmatrix} 1 \\ 1 \\ 1 \end{pmatrix}$. また $\mathbf{p}_3 = \dfrac{1}{\sqrt{\mathbf{v}_3 \cdot \mathbf{v}_3}} \mathbf{v}_3 = \dfrac{1}{\sqrt{6}}\begin{pmatrix} 1 \\ -2 \\ 1 \end{pmatrix}$.

よって, 求める直交行列は $P = (\mathbf{p}_1 \ \mathbf{p}_2 \ \mathbf{p}_3) = \begin{pmatrix} -\frac{1}{\sqrt{2}} & \frac{1}{\sqrt{3}} & \frac{1}{\sqrt{6}} \\ 0 & \frac{1}{\sqrt{3}} & -\frac{2}{\sqrt{6}} \\ \frac{1}{\sqrt{2}} & \frac{1}{\sqrt{3}} & \frac{1}{\sqrt{6}} \end{pmatrix}$.

$\left(P^{-1} = {}^t P, \ P^{-1}AP = {}^tPAP = \begin{pmatrix} -2 & 0 & 0 \\ 0 & -2 & 0 \\ 0 & 0 & 4 \end{pmatrix} \right)$

例題 9.3.3 次の各行列が対角化可能かどうか調べ, 対角化行列 P を求めよ.

(1) $\begin{pmatrix} 2 & 1 & -1 \\ -1 & 2 & 1 \\ -1 & 1 & 2 \end{pmatrix}$ (2) $\begin{pmatrix} 3 & -1 & 0 \\ -1 & 3 & 0 \\ -1 & -1 & 4 \end{pmatrix}$ (3) $\begin{pmatrix} 3 & 2 & -1 \\ 2 & 3 & -1 \\ 2 & -1 & 3 \end{pmatrix}$

解 (1) 例題 9.3.1(4) より，固有値がすべて異なっているので対角化できる．

固有値 1, 2, 3 に対する固有ベクトル $\begin{pmatrix} 1 \\ 0 \\ 1 \end{pmatrix}$, $\begin{pmatrix} 1 \\ 1 \\ 1 \end{pmatrix}$, $\begin{pmatrix} 0 \\ 1 \\ 1 \end{pmatrix}$ より，対角化行列は $\mathbf{P} = \begin{pmatrix} 1 & 1 & 0 \\ 0 & 1 & 1 \\ 1 & 1 & 1 \end{pmatrix}$.

$\left(\mathbf{P}^{-1} \begin{pmatrix} 2 & 1 & -1 \\ -1 & 2 & 1 \\ -1 & 1 & 2 \end{pmatrix} \mathbf{P} = \begin{pmatrix} 1 & 0 & 0 \\ 0 & 2 & 0 \\ 0 & 0 & 3 \end{pmatrix}, \ \mathbf{P}^{-1} = \begin{pmatrix} 0 & -1 & 1 \\ 1 & 1 & -1 \\ -1 & 0 & 1 \end{pmatrix} \right) \left(\begin{array}{l} \mathbf{P}^{-1} \text{は計算する必要がある．} \\ [\mathbf{P} \mathbf{I}] \to [\mathbf{I} \mathbf{P}^{-1}] \end{array} \right)$

(2) 例題 9.3.1(5) より，重解となっている固有値 4 に対する独立な固有ベクトルが 2 つあるので対角化できる．

固有値 2, 4 に対する固有ベクトル $\begin{pmatrix} 1 \\ 1 \\ 1 \end{pmatrix}$, $\begin{pmatrix} -1 \\ 1 \\ 0 \end{pmatrix}$, $\begin{pmatrix} 0 \\ 0 \\ 1 \end{pmatrix}$ より，対角化行列は $\mathbf{P} = \begin{pmatrix} 1 & -1 & 0 \\ 1 & 1 & 0 \\ 1 & 0 & 1 \end{pmatrix}$.

$\left(\mathbf{P}^{-1} \begin{pmatrix} 3 & -1 & 0 \\ -1 & 3 & 0 \\ -1 & -1 & 4 \end{pmatrix} \mathbf{P} = \begin{pmatrix} 2 & 0 & 0 \\ 0 & 4 & 0 \\ 0 & 0 & 4 \end{pmatrix}, \ \mathbf{P}^{-1} = \begin{pmatrix} \frac{1}{2} & \frac{1}{2} & 0 \\ -\frac{1}{2} & \frac{1}{2} & 0 \\ -\frac{1}{2} & -\frac{1}{2} & 1 \end{pmatrix} \right)$

(3) 例題 9.3.1(6) より，重解となっている固有値 4 に対する固有ベクトルが，1 つしかないので対角化できない．

extra 得られた固有ベクトル $\begin{pmatrix} -1 \\ 2 \\ 2 \end{pmatrix}$, $\begin{pmatrix} 1 \\ 1 \\ 1 \end{pmatrix}$ に，3 次元空間のベクトルから 1 次独立になるような適当なベクトルを探し，ここでは $\begin{pmatrix} 0 \\ 1 \\ 0 \end{pmatrix}$ を用いる．正則行列

$\mathbf{P} = \begin{pmatrix} -1 & 1 & 0 \\ 2 & 1 & 1 \\ 2 & 1 & 0 \end{pmatrix}$ より，$\mathbf{P}^{-1} \begin{pmatrix} 3 & 2 & -1 \\ 2 & 3 & -1 \\ 2 & -1 & 3 \end{pmatrix} \mathbf{P} = \begin{pmatrix} 1 & 0 & -1 \\ 0 & 4 & 1 \\ 0 & 0 & 4 \end{pmatrix}$ と三角化できる．

ただし $\mathbf{P}^{-1} = \begin{pmatrix} -\frac{1}{3} & 0 & \frac{1}{3} \\ \frac{2}{3} & 0 & \frac{1}{3} \\ 0 & 1 & -1 \end{pmatrix}$.

例題 9.3.4 $\mathbf{A} = \begin{pmatrix} 1 & 3 \\ 2 & 0 \end{pmatrix}$ のとき，行列 $\mathbf{A}^7$ を求めよ．

解 行列 $\mathbf{A}$ を対角化する．例題 9.3.1(2) より，固有値 -2 に対する固有ベクトル $\begin{pmatrix} -1 \\ 1 \end{pmatrix}$, 固有値 3 に対する固有ベクトル $\begin{pmatrix} 3 \\ 2 \end{pmatrix}$ だから，対角化行列は $\mathbf{P} = \begin{pmatrix} -1 & 3 \\ 1 & 2 \end{pmatrix}$. $\mathbf{P}^{-1} = -\frac{1}{5} \begin{pmatrix} 2 & -3 \\ -1 & -1 \end{pmatrix}$.

$\mathbf{P}^{-1} \mathbf{A} \mathbf{P} = \begin{pmatrix} -2 & 0 \\ 0 & 3 \end{pmatrix} = \mathbf{D}$ より $\mathbf{A} = \mathbf{P} \mathbf{D} \mathbf{P}^{-1}$. したがって，

第 9 章 行列の固有値と行列式

$$\mathbf{A}^7 = (\mathbf{PDP}^{-1})(\mathbf{PDP}^{-1})\cdots(\mathbf{PDP}^{-1}) = \mathbf{PDP}^{-1}\mathbf{PDP}^{-1}\cdots\mathbf{PDP}^{-1} = \mathbf{PD}^7\mathbf{P}^{-1}$$

$$= \mathbf{P}\begin{pmatrix}(-2)^7 & 0 \\ 0 & 3^7\end{pmatrix}\mathbf{P}^{-1}.$$

$$\mathbf{A}^7 = \begin{pmatrix}-1 & 3 \\ 1 & 2\end{pmatrix}\begin{pmatrix}(-2)^7 & 0 \\ 0 & 3^7\end{pmatrix}\left(-\frac{1}{5}\right)\begin{pmatrix}2 & -3 \\ -1 & -1\end{pmatrix} = \frac{1}{5}\begin{pmatrix}2(-2)^7 + 3\cdot 3^7 & -3(-2)^7 + 3\cdot 3^7 \\ -2(-2)^7 + 2\cdot 3^7 & 3(-2)^7 + 2\cdot 3^7\end{pmatrix}$$

$$= \begin{pmatrix}1261 & 1389 \\ 926 & 798\end{pmatrix}.$$

別解

行列 $\mathbf{A}$ の固有方程式 $\Phi_\mathbf{A}(t) = t^2 - t - 6 = 0$ より，ケーリー・ハミルトンの定理を用いる．

$t^7 = (t^2 - t - 6)Q(t) + at + b$ から，$t = -2, 3$ を代入して a, b を求める．

$$\begin{cases}-2a + b = (-2)^7 \\ 3a + b = 3^7\end{cases} \text{ より,}$$

$$a = \frac{2^7 + 3^7}{5} = 463, \quad b = \frac{2\cdot 3^7 - 3\cdot 2^7}{5} = 798.$$

ケーリー・ハミルトンの定理より，$\mathbf{A}^2 - \mathbf{A} - 6\mathbf{I} = 0$.

よって，$\mathbf{A}^7 = (\mathbf{A}^2 - \mathbf{A} - 6\mathbf{I})Q(\mathbf{A}) + a\mathbf{A} + b\mathbf{I} = 463\mathbf{A} + 798\mathbf{I} = 463\begin{pmatrix}1 & 3 \\ 2 & 0\end{pmatrix} + 798\begin{pmatrix}1 & 0 \\ 0 & 1\end{pmatrix}$

$$= \begin{pmatrix}1261 & 1389 \\ 926 & 798\end{pmatrix}.$$

(「$x^7 = (x^2 - x - 6)Q(x) + ax + b\cdot 1 = (x-3)\cdot(x+2)Q(x) + ax + b\cdot 1$
として，$x = 3, x = -2$ をそれぞれ代入して，a, b を求める．」のと同じ．)

例題 9.3.5 2 次形式 $x_1^2 + x_2^2 + 4x_1x_2$ を適当な直交変換 $\mathbf{x} = \mathbf{Py}$ によって標準形にせよ．

行列の作成

	x_1	x_2
x_1	x_1^2 の係数	x_1x_2 の係数の半分
x_2	x_1x_2 の係数の半分	x_2^2 の係数

→

	x_1	x_2
x_1	1	2
x_2	2	1

解 $x_1^2 + x_2^2 + 4x_1x_2 = (x_1, x_2)\begin{pmatrix}1 & 2 \\ 2 & 1\end{pmatrix}\begin{pmatrix}x_1 \\ x_2\end{pmatrix}$ より，対称行列 $\mathbf{A} = \begin{pmatrix}1 & 2 \\ 2 & 1\end{pmatrix}$ を直交行列 $\mathbf{P}$ で対角化する．例題 9.3.1 (1) より，対称行列 $\mathbf{A}$ の対角化行列は，

$$\mathbf{P} = \begin{pmatrix}-\frac{1}{\sqrt{2}} & \frac{1}{\sqrt{2}} \\ \frac{1}{\sqrt{2}} & \frac{1}{\sqrt{2}}\end{pmatrix}, \quad \mathbf{P}^{-1} = {}^t\mathbf{P} = \begin{pmatrix}-\frac{1}{\sqrt{2}} & \frac{1}{\sqrt{2}} \\ \frac{1}{\sqrt{2}} & \frac{1}{\sqrt{2}}\end{pmatrix}.$$

これより $\begin{pmatrix}x_1 \\ x_2\end{pmatrix} = \begin{pmatrix}-\frac{1}{\sqrt{2}} & \frac{1}{\sqrt{2}} \\ \frac{1}{\sqrt{2}} & \frac{1}{\sqrt{2}}\end{pmatrix}\begin{pmatrix}y_1 \\ y_2\end{pmatrix}$ とおくと，${}^t\mathbf{x}\mathbf{A}\mathbf{x} = {}^t(\mathbf{Py})\mathbf{A}\mathbf{Py} = {}^t\mathbf{y}\,{}^t\mathbf{P}\mathbf{A}\mathbf{Py} = {}^t\mathbf{y}({}^t\mathbf{P}\mathbf{A}\mathbf{P})\mathbf{y}$.

また，${}^t\mathbf{P}\mathbf{A}\mathbf{P} = \begin{pmatrix}-1 & 0 \\ 0 & 3\end{pmatrix}$ より ${}^t\mathbf{x}\mathbf{A}\mathbf{x} = {}^t\mathbf{y}\begin{pmatrix}-1 & 0 \\ 0 & 3\end{pmatrix}\mathbf{y} = (y_1, y_2)\begin{pmatrix}-1 & 0 \\ 0 & 3\end{pmatrix}\begin{pmatrix}y_1 \\ y_2\end{pmatrix} = -y_1^2 + 3y_2^2$.

第 9 章 問題

問題 9.1 次の(a)〜(e)のうち，常に正しいものには○を，間違っているものには×をつけよ．

(a) $\begin{vmatrix} a+a' & b \\ c+c' & d \end{vmatrix} = \begin{vmatrix} a & b \\ c & d \end{vmatrix} + \begin{vmatrix} a' & b \\ c' & d \end{vmatrix}$

(b) $\begin{vmatrix} a+a' & b+b' \\ c+c' & d+d' \end{vmatrix} = \begin{vmatrix} a & b \\ c & d \end{vmatrix} + \begin{vmatrix} a' & b' \\ c' & d' \end{vmatrix}$

(c) $\begin{vmatrix} a & c \\ b & d \end{vmatrix} = -\begin{vmatrix} a & b \\ c & d \end{vmatrix}$

(d) $\begin{vmatrix} b & a \\ d & c \end{vmatrix} + \begin{vmatrix} a & b \\ c & d \end{vmatrix} = 0$

(e) $\begin{vmatrix} ka & kb \\ kc & kd \end{vmatrix} = k\begin{vmatrix} a & b \\ c & d \end{vmatrix}$

問題 9.2

(1) 行列式 $\begin{vmatrix} 5 & 3 & 2 \\ 3 & 1 & 4 \\ 7 & 2 & 9 \end{vmatrix}$ を第 2 列で展開せよ．

(2) 行列式 $\begin{vmatrix} 1 & 2 & 2 & 3 \\ 3 & 4 & 1 & 2 \\ 5 & 6 & 1 & 3 \\ 5 & 7 & 2 & 9 \end{vmatrix}$ を第 4 行で展開せよ．

問題 9.3 次の行列式の値を求めよ．

(1) $\begin{vmatrix} 2 & 3 \\ 5 & 4 \end{vmatrix}$

(2) $\begin{vmatrix} 1 & -1 & 2 \\ 4 & 0 & 7 \\ 2 & 1 & 5 \end{vmatrix}$

(3) $\begin{vmatrix} 1 & 5 & 4 & -2 \\ 0 & 2 & -3 & 6 \\ 0 & 0 & 3 & 2 \\ 0 & 0 & 0 & 4 \end{vmatrix}$

(4) $\begin{vmatrix} 1 & 0 & 1 & 2 \\ 0 & 1 & -3 & 5 \\ -1 & 0 & 0 & 3 \\ 0 & 0 & 2 & -4 \end{vmatrix}$

(5) $\begin{vmatrix} 1 & 0 & 1 & 0 \\ 6 & 1 & 4 & -1 \\ -2 & -1 & -3 & 2 \\ 1 & 0 & 2 & -2 \end{vmatrix}$

(6) $\begin{vmatrix} a+1 & a+2 & a+3 \\ a+2 & a+3 & a+1 \\ a+3 & a+1 & a+2 \end{vmatrix}$

問題 9.4

(1) $A = \begin{pmatrix} a_1 & b_1 & c_1 \\ a_2 & b_2 & c_2 \\ a_3 & b_3 & c_3 \end{pmatrix}$ の行列式 $|A|$ の値を $k\,(\neq 0)$ とするとき，次の行列式の値を求めよ．

(i) $\begin{vmatrix} a_1 & c_1 & b_1 \\ a_2 & c_2 & b_2 \\ a_3 & c_3 & b_3 \end{vmatrix}$

(ii) $\begin{vmatrix} a_1 & b_1 & c_1 \\ 3a_2 & 3b_2 & 3c_2 \\ a_3 & b_3 & c_3 \end{vmatrix}$

(2) A が $|A| = 6$ を満たす 3 次正方行列のとき，$|2A|$ の値を求めよ．

(3) 同じ次数の正方行列 A, B について $|A| = 6$, $|B| = 3$ のとき，$|A^2 B^{-1}|$ の値を求めよ．

(4) A, B は同じ次数の正方行列で，$|A| = 2$ であり，B は逆行列をもたないという．このとき，$|A^{-1}|$

と $|A^{-1}B|$ の値を求めよ．

問題 9.5

(1) 行列 $A = \begin{pmatrix} 2 & a \\ 4 & 3 \end{pmatrix}$ が逆行列 A^{-1} をもたないときの a の値を求めよ．

(2) 行列 $A = \begin{pmatrix} 1 & 1 & 1 \\ 1 & x & y \\ 1 & x^2 & y^2 \end{pmatrix}$ について，次の各問いに答えよ．

　（ⅰ）行列式 $|A|$ を因数分解せよ．

　（ⅱ）A が正則となる x，y の組を求めよ．

問題 9.6 次の方程式を解け．

(1) $\begin{vmatrix} 3 & 1 & -3 \\ -2 & 2 & 0 \\ 1 & -3 & x \end{vmatrix} = 4$
(2) $\begin{vmatrix} x & 0 & -6 \\ -2 & x & -2 \\ 0 & -1 & 2 \end{vmatrix} = 0$

問題 9.7

(1) 連立方程式 $\begin{cases} 3x + y + z = 2 \\ 3x + 2y + 2z = 1 \\ 2x + 3y + 4z = -1 \end{cases}$ をクラメルの公式を用いて解け．

(2) 3次の正方行列 $A = \begin{pmatrix} a_1 & b_1 & c_1 \\ a_2 & b_2 & c_2 \\ a_3 & b_3 & c_3 \end{pmatrix}$ が正則であるとき，連立方程式 $\begin{cases} a_1 x + b_1 y + c_1 z = 0 \\ a_2 x + b_2 y + c_2 z = 1 \\ a_3 x + b_3 y + c_3 z = 0 \end{cases}$ の解は，

$x = \dfrac{\boxed{ア}}{|A|}$，$y = \dfrac{\boxed{イ}}{|A|}$，$z = \dfrac{\boxed{ウ}}{|A|}$ である．ア，イ，ウに当てはまる式を求めよ．

問題 9.8

(1) 連立方程式 $\begin{pmatrix} 3 & -1 \\ a & 2 \end{pmatrix}\begin{pmatrix} x \\ y \end{pmatrix} = \begin{pmatrix} 0 \\ 0 \end{pmatrix}$ が $\begin{pmatrix} x \\ y \end{pmatrix} = \begin{pmatrix} 0 \\ 0 \end{pmatrix}$ 以外の解をもつように a の値を定めよ．また，このときの解を求めよ．

(2) 方程式 $\begin{pmatrix} a & 1 & 1 \\ 2 & a & 0 \\ -1 & -2 & 1 \end{pmatrix}\begin{pmatrix} x \\ y \\ z \end{pmatrix} = \begin{pmatrix} 0 \\ 0 \\ 0 \end{pmatrix}$ が $\begin{pmatrix} x \\ y \\ z \end{pmatrix} = \begin{pmatrix} 0 \\ 0 \\ 0 \end{pmatrix}$ 以外の解をもつように a の値を定めよ．

問題 9.9

(1) $\begin{pmatrix} 4 & -5 \\ 2 & -2 \end{pmatrix}$ の逆行列を求めよ．

(2) $\begin{pmatrix} 2 & 1 \\ 4 & 3 \end{pmatrix}$ の逆行列を求めよ．

(3) $A = \begin{pmatrix} -2 & 1 \\ 2 & 4 \end{pmatrix}$，$B = \begin{pmatrix} 1 & -3 \\ 2 & 1 \end{pmatrix}$ とするとき，$(A + B)^{-1}$ を求めよ．

(4) $\begin{pmatrix} 1 & 1 & 0 \\ 1 & 1 & 1 \\ 0 & 1 & 1 \end{pmatrix}$ の逆行列を求めよ．

問題 9.10 線形変換 $f : \mathbb{R}^2 \to \mathbb{R}^2$, $f(\mathbf{v}) = f\left(\begin{pmatrix} v_1 \\ v_2 \end{pmatrix}\right) = \begin{pmatrix} 2v_1 - 5v_2 \\ 3v_1 - 4v_2 \end{pmatrix}$ について次の問いに答えよ．

(1) $\mathbb{R}^2$ の標準基底 $\left\{ \mathbf{e}_1 = \begin{pmatrix} 1 \\ 0 \end{pmatrix}, \mathbf{e}_2 = \begin{pmatrix} 0 \\ 1 \end{pmatrix} \right\}$ に関する (f の対応する) 表現行列 $\mathbf{F}$ を求めよ．

(2) $\mathbb{R}^2$ の基底 $\left\{ \mathbf{u}_1 = \begin{pmatrix} 1 \\ 1 \end{pmatrix}, \mathbf{u}_2 = \begin{pmatrix} 1 \\ 2 \end{pmatrix} \right\}$ に関する (f の対応する) 表現行列 $\mathbf{G}$ を求めよ．

(3) $\mathbb{R}^2$ の基底 $\left\{ \mathbf{w}_1 = \begin{pmatrix} 2 \\ 1 \end{pmatrix}, \mathbf{w}_2 = \begin{pmatrix} 3 \\ 2 \end{pmatrix} \right\}$ に関する (f の対応する) 表現行列 $\mathbf{H}$ を求めよ．

(4) 2組の基底 $\{\mathbf{u}_1, \mathbf{u}_2\}$, $\{\mathbf{w}_1, \mathbf{w}_2\}$ の基底取り替えの行列 $\mathbf{P}$ を求めよ．

(5) $\mathbf{P}^{-1}\mathbf{G}\mathbf{P} = \mathbf{H}$ が成立することを確かめよ．

問題 9.11 次の行列のついて，固有値と固有ベクトルを求めよ．

(1) $\begin{pmatrix} 3 & 2 \\ 0 & 3 \end{pmatrix}$ (2) $\begin{pmatrix} 3 & -4 \\ 0 & 6 \end{pmatrix}$ (3) $\begin{pmatrix} 0 & 2 \\ 2 & 3 \end{pmatrix}$ (4) $\begin{pmatrix} 2 & -3 \\ 1 & 6 \end{pmatrix}$ (5) $\begin{pmatrix} 3 & 5 \\ 6 & 4 \end{pmatrix}$

問題 9.12

(1) 正方行列 $\mathbf{A}$ が2つの固有値 $2, -3$ をもち，固有値 $2, -3$ に対する固有ベクトルがそれぞれ $\vec{u}, \vec{v}$ であるとき，$\mathbf{A}(3\vec{u} - \vec{v}) = \boxed{ア}\vec{u} + \boxed{イ}\vec{v}$ が成り立つ．$\boxed{ア}, \boxed{イ}$ に当てはまる数を求めよ．

(2) ベクトル $\begin{pmatrix} 3 \\ -1 \end{pmatrix}$ が行列 $\mathbf{A} = \begin{pmatrix} 4 & 3 \\ 1 & a \end{pmatrix}$ の固有ベクトルであるとき，a の値を定め $\begin{pmatrix} 3 \\ -1 \end{pmatrix}$ に対する固有値を求めよ．

(3) a は正の実数で，行列 $\mathbf{A} = \begin{pmatrix} a & 3 \\ 3 & a \end{pmatrix}$ の固有値の1つが -1 であるとき，行列 $\mathbf{A}$ のもう1つの固有値と，行列 $\mathbf{A}$ の固有値 -1 に対する固有ベクトルを求めよ．

問題 9.13 行列 $\mathbf{A} = \begin{pmatrix} a & b \\ c & d \end{pmatrix}$ の固有値が $1, 3$ であるとき，次の(a)～(e)の記述のうち，正しいものには○を，間違っているものには×をつけよ．ただし，$\mathbf{I}$ は2次の単位行列を表す．

(a) 行列式 $|\mathbf{A} - \mathbf{I}| = 0$ となる．

(b) 行列式 $|\mathbf{A} + \mathbf{I}| = 0$ となる．

(c) ある正則行列 $\mathbf{P}$ に対して，$\mathbf{P}^{-1}\mathbf{A}\mathbf{P} = \begin{pmatrix} 1 & 0 \\ 0 & 3 \end{pmatrix}$ となる．

(d) 行列 $\mathbf{A} - 3\mathbf{I}$ は逆行列をもたない．

(e) 連立方程式 $\begin{cases} ax + by = x \\ cx + dy = y \end{cases}$ は，$x = y = 0$ 以外の解をもたない．

第10章 2変数関数の微分・積分

10.1　2変数関数

● 2変数関数

- 2変数関数：座標平面上で z を $P(x, y)$ の関数と考え $z = f(P)$ と表す．関数 $z = f(x, y)$ において点 P の動ける範囲を f の<u>定義域</u>，z の動く範囲を f の<u>値域</u>という．

  空間に直交座標をとるとき，点 $P(x, y)$ が定義域を動くとき $\{(x, y, z) | z = f(x, y)\}$ は曲面を表し，この曲面を関数 $z = f(x, y)$ の<u>グラフ</u>という．

  グラフの概形を類推するために f の定義域，値域さらに，yz 平面に平行な平面 $x = a$，xz 平面に平行な平面 $y = b$，xy 平面に平行な平面 $z = c$ の各平面とグラフとの交線 $z = f(a, y)$，$z = f(x, b)$，$c = f(x, y)$ の形状等を調べる．

- 極限，極限値

  関数 $z = f(x, y)$ は定点 $A(a, b)$ に十分近いすべての点 $P(x, y)$ に対して定義されているとする．

  点 P が点 A に近づくとき z の値が一定の値 c に限りなく近づくならば，$P \to A$ のとき $f(P)$ の<u>極限値</u>は c であるといい $\displaystyle\lim_{(x,y) \to (a,b)} f(x, y) = c$ と表す．

  $\displaystyle\lim_{(x,y) \to (a,b)} f(x, y) = +\infty, -\infty$ も定義される．

  点 A，P 間の距離を $|AP| = \sqrt{(x-a)^2 + (y-b)^2} = r$ とすると，$x = a + r\cos\theta$，$y = b + r\sin\theta$ とおける．したがって，$(x, y) \to (a, b)$ は $r \to 0$ になる．ただし，θ は任意である．

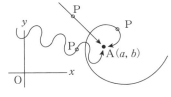

- 関数の連続

  2変数関数 $z = f(x, y)$ が $\displaystyle\lim_{(x,y) \to (a,b)} f(x, y) = f(a, b)$ をみたすとき，$f(x, y)$ は点 (a, b) で<u>連続</u>であるという．$f(x, y)$ の定義域を D とし f が D の各点で連続のとき，関数 f は D で連続であるという．

● 偏導関数

- 偏微分係数

  関数 $z = f(x, y)$ は点 $A(a, b)$ に十分近いすべての点 $P(x, y)$ に対して定義されているとする．

  $f(x, y)$ で y の値を b に固定すると x のみの関数 $f(x, b)$ が得られる．

  $f(x, b)$ の $x = a$ における微分係数が存在するとき，これを $f(x, y)$ の点 $A(a, b)$ における<u>x 方向の偏微分係数</u>といい，$f_x(a, b)$ で表す．$\displaystyle\lim_{h \to 0} \frac{f(a+h, b) - f(a, b)}{h} = f_x(a, b)$．

  同様に，y 方向の偏微分係数，$f_y(a, b)$ も定義される．$\displaystyle\lim_{k \to 0} \frac{f(a, b+k) - f(a, b)}{k} = f_y(a, b)$．

第10章 2変数関数の微分・積分

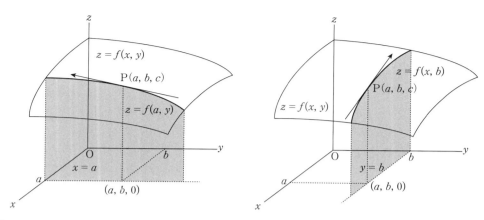

・偏導関数

関数 $z=f(x,y)$ が D で定義されていて，D の各点 $P(x,y)$ で x について偏微分係数が存在するとき，$f_x(x,y) = \lim_{h \to 0} \dfrac{f(x+h,y)-f(x,y)}{h}$ は D において定義された x,y の関数となる．

この $f_x(x,y)$ を，$f(x,y)$ の x についての<u>偏導関数</u>という．$f_x(x,y)$ は z_x，$\dfrac{\partial}{\partial x}f(x,y)$，$\dfrac{\partial z}{\partial x}$ 等とも記される．

同様に，y についての偏導関数，$f_y(x,y) = \lim_{k \to 0} \dfrac{f(x,y+k)-f(x,y)}{k}$ も定義される．$f_y(x,y)$ は z_y，$\dfrac{\partial}{\partial y}f(x,y)$，$\dfrac{\partial z}{\partial y}$ 等とも記される．

・全微分

関数 $z=f(x,y)$ において，x,y の変化の増分を $\Delta x, \Delta y$ としたときの z の変化量を Δz とするとき $\Delta z = f(x+\Delta x, y+\Delta y) - f(x,y)$ である．

2点 $(x+\Delta x, y+\Delta y)$, (x,y) 間の距離を $\sqrt{\Delta x^2 + \Delta y^2} = \rho$ として $\Delta z = A\Delta x + B\Delta y + \rho\varepsilon$ ($\rho \to 0$ のとき $\varepsilon \to 0$) が成り立つ定数 A, B が存在するとき，$z=f(x,y)$ は点 (x,y) で微分可能または<u>全微分可能</u>であるという．

ここで，$\Delta y = 0$ とすると $\Delta z = A\Delta x + |\Delta x|\varepsilon$ ($\Delta x \to 0$ のとき $\varepsilon \to 0$) より $A = z_x = f_x(x,y)$ であり，同様に，$\Delta x = 0$ とすると $B = z_y = f_y(x,y)$ が成り立つ．

f_x, f_y を係数とする dx, dy の1次式を，$f(x,y)$ の<u>全微分</u>といい，$dz = f_x dx + f_y dy$ または $df = f_x dx + f_y dy$.

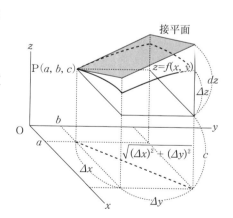

・関数 $z=f(x,y)$ が点 (x,y) で全微分可能．
 ⇒ 偏微分係数 $f_x(x,y)$, $f_y(x,y)$ が存在する．
 ただし，f_x, f_y は連続関数であるとは限らない．

・偏導関数 f_x, f_y が連続関数であるとき，$z=f(x,y)$ は C^1 級であるという．関数 $z=f(x,y)$ が C^1 級．⇒ $f(x,y)$ は全微分可能である．

・接平面の方程式

曲面 $S : z=f(x,y)$ 上の点 $P(a,b,c)$ を通る平面のうち

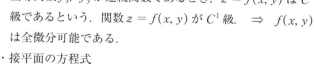

式 $z-c = f_x(a,b)(x-a) + f_y(a,b)(y-b)$ を点 P における S の<u>接平面</u>という．(ただし，$c=f(a,b)$.)

$z=f(x,y)$ の点 P における法線の方程式は $\dfrac{x-a}{f_x(a,b)} = \dfrac{y-b}{f_y(a,b)} = \dfrac{z-c}{-1}$.

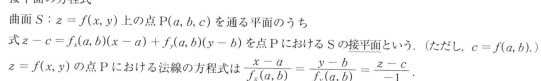

・合成関数の微分法

関数 $z = f(x, y)$ は偏導関数 f_x, f_y が連続関数であり，変数 t の関数 $x(t), y(t)$ は微分可能とする．
このとき合成関数 $g(t) = f(x(t), y(t))$ は微分可能で $g'(t) = f_x(x, y)x'(t) + f_y(x, y)y'(t)$.
$\dfrac{dz}{dt} = \dfrac{\partial z}{\partial x}\dfrac{dx}{dt} + \dfrac{\partial z}{\partial y}\dfrac{dy}{dt}$ が成り立つ．

● **第 2 次偏導関数**

・第 2 次偏導関数

関数 $z = f(x, y)$ の偏導関数 f_x, f_y が偏微分可能のとき，$\dfrac{\partial}{\partial x}f_x, \dfrac{\partial}{\partial y}f_x, \dfrac{\partial}{\partial x}f_y, \dfrac{\partial}{\partial y}f_y$ を $f(x, y)$
の 2 階偏導関数という．$f_{xx}, f_{xy}, f_{yx}, f_{yy}$ あるいは $\dfrac{\partial^2 f}{\partial x^2}, \dfrac{\partial^2 f}{\partial y \partial x}, \dfrac{\partial^2 f}{\partial x \partial y}, \dfrac{\partial^2 f}{\partial y^2}$ と書く．

・点 (a, b) の近くで定義された関数 $z = f(x, y)$ の偏導関数 $f_{xy}(x, y), f_{yx}(x, y)$ が存在し点 (a, b) で連続 ($z = f(x, y)$ は C^2 級であるという．) ならば $f_{xy}(a, b) = f_{yx}(a, b)$ である．

・合成関数の偏微分法

関数 $z = f(x, y)$ は C^1 級，$x = \phi(u, v), y = \varphi(u, v)$ も C^1 級のとき，合成関数
$z = f(\phi(u, v), \varphi(u, v))$ は微分可能で $\dfrac{\partial z}{\partial u} = \dfrac{\partial z}{\partial x}\dfrac{\partial x}{\partial u} + \dfrac{\partial z}{\partial y}\dfrac{\partial y}{\partial u}, \dfrac{\partial z}{\partial v} = \dfrac{\partial z}{\partial x}\dfrac{\partial x}{\partial v} + \dfrac{\partial z}{\partial y}\dfrac{\partial y}{\partial v}$.

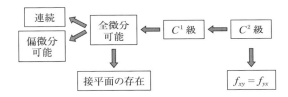

● **2 変数関数のテイラー展開**

・$f(x, y)$ の n 階までの偏導関数にすべて連続で，偏微分の順序は自由に取り替えられるとする．
2 点 $P_0(a, b), P(a + h, b + k)$ を通る線分を L とおく．
L 上の点は $x = a + th, y = b + tk$ で表される．
$\varphi(t) = f(a + th, b + tk)$ とおくと、φ は n 階までの
導関数はすべて連続な関数である．

・$\varphi(t)$ のマクローリン展開は，

$$\varphi(t) = \varphi(0) + \varphi'(0)t + \dfrac{\varphi''(0)}{2!}t^2 + \cdots + \dfrac{\varphi^{(n)}(0)}{n!}t^n + R_{n+1}(t).$$

$$\varphi'(t) = \dfrac{\partial f}{\partial x}h + \dfrac{\partial f}{\partial y}k = f_x h + f_y k = \left(h\dfrac{\partial}{\partial x} + k\dfrac{\partial}{\partial y}\right)f(x + ht, y + kt)$$

⋯→ f に微分演算子 $h\dfrac{\partial}{\partial x} + k\dfrac{\partial}{\partial y}$ を作用させたものと見る．

⋯→ $\varphi''(t) = \left(h\dfrac{\partial}{\partial x} + k\dfrac{\partial}{\partial y}\right)^2 f(x + ht, y + kt) = f_{xx}h^2 + 2f_{xy}hk + f_{yy}k^2$.

$t = 0$ とおくと，$\varphi'(0) = f_x(a, b)h + f_y(a, b)k$, $\varphi''(0) = f_{xx}(a, b)h^2 + 2f_{xy}(a, b)hk + f_{yy}(a, b)k^2$
$t = 1$ のとき $\varphi(1) = f(a + h, b + k)$.

・$f(a + h, b + k)$

$= f(a, b) + \dfrac{1}{1!}\left(h\dfrac{\partial}{\partial x} + k\dfrac{\partial}{\partial y}\right)f(a, b) + \dfrac{1}{2!}\left(h\dfrac{\partial}{\partial x} + k\dfrac{\partial}{\partial y}\right)^2 f(a, b) + R_3(a, b)$

$= f(a, b) + f_x(a, b)h + f_y(a, b)k + \dfrac{1}{2}f_{xx}(a, b)h^2 + f_{xy}(a, b)hk + \dfrac{1}{2}f_{yy}(a, b)k^2 + R_3(a, b)$

第 10 章　2 変数関数の微分・積分

ここで剰余項 $R_3(a,b)$ は $\displaystyle\lim_{(h,k)\to(0,0)} \frac{R_3}{\left(\sqrt{h^2+k^2}\right)^3} < +\infty$

● **2 変数関数の極値**

・C^1 級関数 $z = f(x,y)$ が点 (a,b) において極大値または極小値をとる

　…→　$f_x(a,b) = 0,\ f_y(a,b) = 0$.

・C^2 級関数 $z = f(x,y)$ が点 (a,b) において $f_x(a,b) = 0,\ f_y(a,b) = 0$ とする.
$(f_{xy}(a,b))^2 - f_{xx}(a,b)f_{yy}(a,b) < 0$ のとき,

① $f_{xx}(a,b) > 0$ ならば $f(x,y)$ は点 (a,b) で極小値をとる.

② $f_{xx}(a,b) < 0$ ならば $f(x,y)$ は点 (a,b) で極大値をとる.

③ $(f_{xy}(a,b))^2 - f_{xx}(a,b)f_{yy}(a,b) > 0$ ならば $f(x,y)$ は点 (a,b) で極値をとらない.

● **陰関数の導関数**

・$f(x,y)$ が次の条件をみたす. ① $f(a,b) = 0$, ② 点 (a,b) の近くで $f_x,\ f_y$ は連続, ③ $f_y(a,b) \neq 0$.
 ⇒ 　$x = a$ の近くで次の性質を持つ関数 $y = g(x)$ がただ 1 つ定まる.

　　① $g(a) = b$, 　② $f(x,g(x)) = 0$, 　③ $g(x)$ は微分可能で $g'(x) = \dfrac{dy}{dx} = -\dfrac{f_x}{f_y}$.

(i) $f(x,y,z) = 0$, $f_z(x,y,z) \neq 0$ をみたす (x,y,z) があるとき, そのような (x,y) の近くで z は $x,\ y$ の関数となり, 関数 z は偏微分可能で $\dfrac{\partial z}{\partial x} = -\dfrac{f_x}{f_z},\ \dfrac{\partial z}{\partial y} = -\dfrac{f_y}{f_z}$.

(ii) $f(x,y,z) = 0$, $g(x,y,z) = 0$, $\begin{vmatrix} f_y & f_z \\ g_y & g_z \end{vmatrix} \neq 0$ をみたす (x,y,z) があるとき, そのような x の近くで $y,\ z$ は x の関数となり, それらの関数は偏微分可能で $\dfrac{dy}{dx} = -\dfrac{\begin{vmatrix} f_x & f_z \\ g_x & g_z \end{vmatrix}}{\begin{vmatrix} f_y & f_z \\ g_y & g_z \end{vmatrix}},\ \dfrac{dz}{dx} = -\dfrac{\begin{vmatrix} f_y & f_x \\ g_y & g_x \end{vmatrix}}{\begin{vmatrix} f_y & f_z \\ g_y & g_z \end{vmatrix}}$.

(iii) $\begin{cases} u = f(x,y) \\ v = g(x,y) \end{cases}$ において, $\begin{vmatrix} f_x & f_y \\ g_x & g_y \end{vmatrix} \neq 0$ をみたす (x,y) に, uv 平面の点 (u,v) が対応するとき, 対応は点 (x,y) の近くで 1 対 1 である. これより, 点 (u,v) の近くで $x,\ y$ は 2 変数 $u,\ v$ の関数となり, それらの関数は偏微分可能である.

　　行列式 $\begin{vmatrix} f_x & f_y \\ g_x & g_y \end{vmatrix}$ は, u,v の x,y に関する<u>関数行列式</u>または<u>ヤコビアン</u>といい,

$$J = \frac{\partial(u,v)}{\partial(x,y)} = \frac{\partial(f,g)}{\partial(x,y)} = \begin{vmatrix} f_x & f_y \\ g_x & g_y \end{vmatrix}.$$

● **条件つき極値**

・$f(x,y),\ \varphi(x,y)$ は連続な偏導関数をもつ.
条件 $\varphi(x,y) = 0$ のもとで, $f(x,y)$ は (a,b) で極値をとる.
$\varphi_y(a,b) \neq 0$ または $\varphi_x(a,b) \neq 0$

⇒ 　$z = f(x,y) + \lambda\varphi(x,y)$ より $\begin{cases} \varphi(a,b) = 0 \\ f_x(a,b) - \lambda\varphi_x(a,b) = 0 \\ f_y(a,b) - \lambda\varphi_y(a,b) = 0 \end{cases}$ をみたす定数 λ が存在する.

λ を<u>ラグランジュの乗数</u>という.

例題 10.1.1 $(x, y) \to (0, 0)$ のとき次の関数の極限を求めよ．

(1) $\dfrac{x^3 - y^3}{x^2 + y^2}$ (2) $\dfrac{x^2 - y^2}{\sqrt{x^2 + y^2}}$ (3) $\dfrac{x^2 - y^2}{x^2 + y^2}$ (4) $\dfrac{x - y}{\sqrt{x^2 + y^2}}$

解 (1) $x = r\cos\theta,\ y = r\sin\theta$ とおくと，$(x, y) \to (0, 0)$ のとき $r \to 0$ である．
$$\lim_{(x,y)\to(0,0)} \frac{x^3 - y^3}{x^2 + y^2} = \lim_{r\to 0} \frac{r^3(\cos^3\theta - \sin^3\theta)}{r^2} = \lim_{r\to 0}\{r(\cos^3\theta - \sin^3\theta)\} = 0.$$

(2) $x = r\cos\theta,\ y = r\sin\theta$ とおくと，$(x, y) \to (0, 0)$ のとき $r \to 0$ である．
$$\lim_{(x,y)\to(0,0)} \frac{x^2 - y^2}{\sqrt{x^2 + y^2}} = \lim_{r\to 0} \frac{r^2(\cos^2\theta - \sin^2\theta)}{r} = \lim_{r\to 0}\{r\cos 2\theta\} = 0.$$

(3) $y = mx$ とおく．
$$\lim_{(x,y)\to(0,0)} \frac{x^2 - y^2}{x^2 + y^2} = \lim_{x\to 0} \frac{x^2 - m^2 x^2}{x^2 + m^2 x^2} = \lim_{x\to 0} \frac{x^2(1 - m^2)}{x^2(1 + m^2)} = \lim_{x\to 0} \frac{1 - m^2}{1 + m^2} = \frac{1 - m^2}{1 + m^2}.$$
したがって，極限は存在しない．

(4) $y = mx$ とおく．
$$\lim_{(x,y)\to(0,0)} \frac{x - y}{\sqrt{x^2 + y^2}} = \lim_{x\to 0} \frac{x - mx}{\sqrt{x^2 - m^2 x^2}} = \lim_{x\to 0} \frac{x(1 - m)}{|x|\sqrt{1 + m^2}} = \lim_{x\to 0} \frac{x}{|x|} \frac{1 - m}{\sqrt{1 + m^2}} = \pm \frac{1 - m}{\sqrt{1 + m^2}}.$$
したがって，極限は存在しない．

note 関数の極限を求めるための目安を考える．一般的に極限の有無の証明においては，

存在しない場合 …→ 2通りの近づき方で調べ，それぞれの極限値が異なることを示せばよい．

存在する場合 …→ すべての近づき方を調べるのは無理なので，与式を不等式で評価する．$x = r\cos\theta,\ y = r\sin\theta$ とおくことは，原点からの距離を基準にしているため不等式で評価することと等価である．

このように極限値が存在するとき，しないときの示し方が異なっているため，極限を求める前に収束するかどうかが，わずかでも予測できると有利である．

ここで，$(x, y) \to (0, 0)$ のとき関数の極限を求める．関数は多項式の分数式で，分子，分母の極限値は 0 であるとしておく．極限の有無の予測の概略は以下のようになる．

・分母が $x^2 + y^2$，$\sqrt{x^2 + y^2}$ で構成されているとき
  ① （分子の次数）＞（分母の次数） …→ 極限値は 0 であることが多い．
  ② （分子の次数）＝（分母の次数） …→ 極限は存在しないことが多い．
  ③ （分子の次数）＜（分母の次数） …→ 強いて言えば，極限は存在しないことが多い．

・分母が上記以外のとき…→強いて言えば，極限は存在しないことが多い．

・分子に異なる次数の項が混在しているとき…→極限は存在しないと思ったほうがよい．

・分母に異なる次数の項が混在しているとき…→極限は存在しないと思ったほうがよい．

解法の方針 極限値は 0 であると予測できる場合は $x = r\cos\theta,\ y = r\sin\theta$ とおく．
極限は無いと予測した場合は直線 $y = mx$ に沿って考える．ダメなら
一応，置き換え $x = r\cos\theta,\ y = r\sin\theta$ を確認してみる．ダメなら
（分子）＝（分母）となる曲線で，原点を通るものを考える．
（分子の次数）＝（分母の次数）となる原点を通る曲線 $y = f(x)$ で置き換える，等．

例題 10.1.2 関数 $f(x,y) = \dfrac{x^2}{x+y}$, $g(x,y) = \dfrac{xy^2}{x^2+y^4}$ において，次の問いに答えよ．

(1) 直線 $y = mx$ に沿って点 (x,y) を点 $(0,0)$ に近づけたときの $f(x,y)$, $g(x,y)$ の極限を求めよ．ただし，m は定数とする．

(2) (i) 曲線 $y = x^2 - x$ に沿って点 (x,y) を点 $(0,0)$ に近づけたときの $f(x,y)$ の極限を求めよ．

(ii) 放物線 $ay^2 = x$ に沿って点 (x,y) を点 $(0,0)$ に近づけたときの $g(x,y)$ の極限を求めよ．ただし，a は定数とする．

(3) $\displaystyle\lim_{(x,y)\to(0,0)} f(x,y)$, $\displaystyle\lim_{(x,y)\to(0,0)} g(x,y)$ は存在するか．

解 (1) $f(x, mx) = \dfrac{x^2}{x+mx} = \dfrac{x}{1+m} \to \dfrac{0}{1+m} = 0\ (x \to 0)$ より，直線 $y = mx$ に沿って点 (x,y) を点 $(0,0)$ に近づけたとき $f(x,y)$ の極限は 0 である．

$g(x, mx) = \dfrac{xm^2x^2}{x^2+m^4x^4} = \dfrac{x^3m^2}{x^2(1+m^4x^2)} = \dfrac{xm^2}{1+m^4x^2} \to \dfrac{0}{1} = 0\ (x \to 0)$ より，直線 $y = mx$ に沿って点 (x,y) を点 $(0,0)$ に近づけたとき $g(x,y)$ の極限は 0 である．

(2) (i) $f(x, x^2 - x) = \dfrac{x^2}{x+(x^2-x)} = 1$ より，$\displaystyle\lim_{x\to 0} f(x, x^2-x) = 1$．曲線 $y = x^2 - x$ に沿って点 (x,y) を点 $(0,0)$ に近づけたときの極限は 1 である．（$y = x^2 - x$ は，x と y を消去するため，（分子）$=$（分母）として得た曲線である．）

(ii) $g(ay^2, y) = \dfrac{ay^2 \cdot y^2}{(ay^2)^2+y^4} = \dfrac{ay^4}{(a^2+1)y^4} = \dfrac{a}{a^2+1}$ より，$\displaystyle\lim_{y\to 0} f(ay^2, y) = \dfrac{a}{a^2+1}$．曲線 $ay^2 = x$ に沿って点 (x,y) を点 $(0,0)$ に近づけたとき $g(x,y)$ の極限は $\dfrac{a}{a^2+1}$ である．

（$ay^2 = x$ は，x と y を消去するため，（分子の次数）$=$（分母の次数）となる原点を通る曲線を $x = f(y)$ として得られた曲線である．）

(3) 直線に沿って点 (x,y) を原点に近づけたときと，曲線 $y = x^2 - x$ に沿って点 (x,y) を原点に近づけたときでは，値が異なるので，$\displaystyle\lim_{(x,y)\to(0,0)} f(x,y)$ は存在しない．

直線に沿って点 (x,y) を原点に近づけたときと，曲線 $ay^2 = x$ に沿って点 (x,y) を原点に近づけたときでは値が異なるので $\displaystyle\lim_{(x,y)\to(0,0)} g(x,y)$ は存在しない．（曲線に沿って点 (x,y) を原点に近づけたときの極限は $\dfrac{a}{a^2+1}$ であるため，a に依存するので，極限は存在しない．）

例題 10.1.3 次の関数は点 $(0,0)$ で連続かどうかを調べよ．

(1) $f(x,y) = \begin{cases} \dfrac{xy^2}{\sqrt{x^2+y^2}}, & (x,y) \neq (0,0) \\ 1, & (x,y) = (0,0) \end{cases}$

(2) $f(x,y) = \begin{cases} \dfrac{\sin(x+y)}{x+y}, & (x,y) \neq (0,0) \\ 1, & (x,y) = (0,0) \end{cases}$

(3) $f(x,y) = \begin{cases} xy\log(x^2+y^2), & (x,y) \neq (0,0) \\ 0, & (x,y) = (0,0) \end{cases}$

(4) $f(x,y) = \begin{cases} (x+y)\cos\dfrac{x}{y}, & (x,y) \neq (0,0) \\ 1, & (x,y) = (0,0) \end{cases}$

解 (1) $(x,y) \to (0,0)$ のとき，関数 $f(x,y) = \dfrac{xy^2}{\sqrt{x^2+y^2}}\ ((x,y) \neq (0,0))$ の極限を調べる．$x = r\cos\theta$, $y = r\sin\theta$ とおくと，

$$\lim_{(x,y)\to(0,0)}\frac{xy^2}{\sqrt{x^2+y^2}}=\lim_{r\to 0}\frac{r^3\cos\theta\sin^2\theta}{r}=\lim_{r\to 0}(r^2\cos\theta\sin^2\theta)=0 \text{ より,}$$

関数 $f(x,y)$ は原点 $(0,0)$ で不連続である.

(2) $(x,y)\to(0,0)$ のとき,関数 $f(x,y)=\dfrac{\sin(x+y)}{x+y}$ $((x,y)\neq(0,0))$ の極限を調べる.

$x=r\cos\theta$, $y=r\sin\theta$ とおくと, $\displaystyle\lim_{(x,y)\to(0,0)}\frac{\sin(x+y)}{x+y}=\lim_{r\to 0}\frac{\sin\{r(\cos\theta+\sin\theta)\}}{r(\cos\theta+\sin\theta)}=1$ より,

関数 $f(x,y)$ は原点 $(0,0)$ で連続である.

(3) $(x,y)\to(0,0)$ のとき,関数 $f(x,y)=xy\log(x^2+y^2)$ $((x,y)\neq(0,0))$ の極限を調べる.

$x=r\cos\theta$, $y=r\sin\theta$ とおくと,

$$\lim_{(x,y)\to(0,0)}xy\log(x^2+y^2)=\lim_{r\to 0}r^2\cos\theta\sin\theta\log(r^2)=\lim_{r\to 0}r^2 2\cos\theta\sin\theta\log r=\sin 2\theta\lim_{r\to 0}(r^2\log r)$$

$$=\sin 2\theta\lim_{r\to 0}\frac{\log r}{\frac{1}{r^2}}=\sin 2\theta\lim_{r\to 0}\frac{\frac{1}{r}}{-2\frac{1}{r^3}}=\sin 2\theta\lim_{r\to 0}\frac{r^2}{-2}=0.$$

$\displaystyle\lim_{r\to 0}\frac{\log r}{\frac{1}{r^2}}$ においてロピタルの定理を用いた.よって,関数 $f(x,y)$ は原点 $(0,0)$ で連続である.

(4) $(x,y)\to(0,0)$ のとき,関数 $f(x,y)=(x+y)\cos\dfrac{x}{y}$ $((x,y)\neq(0,0))$ の極限を調べる.

$x=r\cos\theta$, $y=r\sin\theta$ とおくと, $\displaystyle\lim_{(x,y)\to(0,0)}(x+y)\cos\frac{x}{y}=\lim_{r\to 0}\left\{r(\cos\theta+\sin\theta)\cos\left(\frac{\cos\theta}{\sin\theta}\right)\right\}=0$.

よって,関数 $f(x,y)$ は原点 $(0,0)$ で不連続である.

例題 10.1.4 関数 $f(x,y)=\begin{cases}\dfrac{xy}{x^2+y^2} & (x,y)\neq(0,0) \\ 0 & (x,y)=(0,0)\end{cases}$ について,次の問いに答えよ.

(1) 関数が原点 $(0,0)$ で連続であるかどうか調べよ.
(2) 原点 $(0,0)$ における偏微分係数を求めよ.

解 (1) $(x,y)\to(0,0)$ のとき,関数 $f(x,y)=\dfrac{xy}{x^2+y^2}$ $((x,y)\neq(0,0))$ の極限を調べる.

直線 $y=mx$ に沿って点 (x,y) を原点に近づけたとき,

$$f(x,mx)=\frac{xmx}{x^2+m^2x^2}=\frac{x^2m}{x^2(1+m^2)}=\frac{m}{1+m^2}, \quad (x\to 0) \text{ より,}$$

関数 $f(x,y)$ は原点 $(0,0)$ で不連続である.

別解 ....

$\displaystyle\lim_{(x,y)\to(0,0)}\frac{xy}{x^2+y^2}$ において, $x=r\cos\theta$, $y=r\sin\theta$ とおくと,

$$\lim_{(x,y)\to(0,0)}\frac{xy}{x^2+y^2}=\lim_{r\to 0}\frac{r^2\cos\theta\sin\theta}{r^2(\cos^2\theta+\sin^2\theta)}=\lim_{r\to 0}\frac{1}{2}\sin 2\theta \text{ より,極限値は存在しない.よって,}$$

関数 $f(x,y)$ は原点 $(0,0)$ で不連続である.

(2) 関数 z のグラフと xy 平面との交線は x 軸, y 軸である.よって偏微分係数は 0 である.次に

$$\lim_{h\to 0}\frac{f(h,0)-f(0,0)}{h}=\lim_{h\to 0}\frac{0-0}{h}=0, \quad \text{また} \lim_{k\to 0}\frac{f(0,k)-f(0,0)}{k}=\lim_{h\to 0}\frac{0-0}{h}=0 \text{ より,}$$

$f_x(0,0)=0$, $f_y(0,0)=0$.

第10章　2変数関数の微分・積分

> **note** 本関数は，原点 $(0,0)$ で連続でないにもかかわらず偏微分可能である．

例題 10.1.5 次の関数について，指定された点における偏微分係数を求めよ．
(1) $f(x,y) = x^3 - 3xy + y^3$, $(x,y) = (1,2)$
(2) $f(x,y) = \tan^{-1}\dfrac{x}{y}$, $(x,y) = (1,-2)$

解 (1) y を定数と考えて x で微分すると　… $f_x = 3x^2 - 3y$.　∴ $f_x(1,2) = -3$.
x を定数と考えて y で微分すると　… $f_y = -3x + 3y^2$.　∴ $f_y(1,2) = 9$.

(2) y を定数と考えて x で微分する．… $\dfrac{x}{y} = X$ とおくと，
$$f_x = \frac{\partial}{\partial x}\tan^{-1}\frac{x}{y} = \frac{d}{dX}\tan^{-1}X\frac{\partial X}{\partial x} = \frac{1}{1+X^2}\frac{1}{y} = \frac{y}{x^2+y^2},\quad \therefore f_x(1,-2) = \frac{-2}{5}.$$

x を定数と考えて y で微分する．… $\dfrac{x}{y} = X$ とおくと，
$$f_y = \frac{\partial}{\partial y}\tan^{-1}\frac{x}{y} = \frac{d}{dX}\tan^{-1}X\frac{\partial X}{\partial y} = \frac{1}{1+X^2}\times\left(-\frac{x}{y^2}\right) = \frac{-x}{x^2+y^2},$$

∴ $f_x(1,-2) = \dfrac{-1}{5}$.

例題 10.1.6 次の関数の第 1 次偏導関数を求めよ．
(1) $f(x,y) = \dfrac{xy(x^2-y^2)}{x^3+y^3}$
(2) $f(x,y) = e^{-3x}\cos 2y$
(3) $f(x,y) = \log_y x$
(4) $f(x,y) = x\log\dfrac{y}{x}$
(5) $f(x,y) = \sin^{-1}\dfrac{y}{\sqrt{x^2+y^2}}$

解 (1) ［解］(1) $f(x,y) = \dfrac{xy(x^2-y^2)}{x^3+y^3} = \dfrac{xy(x+y)\cdot(x-y)}{(x+y)\cdot(x^2-xy+y^2)} = \dfrac{x\cdot y\cdot(x-y)}{x^2-xy+y^2}$.

y を定数と考えて x で微分すると，
$$f_x = \frac{\{(x)'\cdot y\cdot(x-y) + x\cdot y\cdot(x-y)'\}\cdot(x^2-xy+y^2) - x\cdot y\cdot(x-y)\cdot(x^2-xy+y^2)'}{(x^2-xy+y^2)^2},$$

分子 $= \{1\cdot y\cdot(x-y) + x\cdot y\cdot 1\}\cdot(x^2-xy+y^2) - x\cdot y\cdot(x-y)\cdot(2x-y)$
$= y\cdot(2x-y)\cdot(x^2-xy+y^2) - x\cdot y\cdot(x-y)\cdot(2x-y)$
$= y\cdot(2x-y)\cdot(x^2-xy+y^2-x^2+xy) = (2x-y)\cdot y^3$,

よって，$f_x = \dfrac{(2x-y)\cdot y^3}{(x^2-xy+y^2)^2}$.

x を定数と考えて y で微分すると，
$$f_y = \frac{\{x\cdot(y)'\cdot(x-y) + x\cdot y\cdot(x-y)'\}\cdot(x^2-xy+y^2) - x\cdot y\cdot(x-y)\cdot(x^2-xy+y^2)'}{(x^2-xy+y^2)^2},$$

分子 $= \{x\cdot 1\cdot(x-y) + x\cdot y\cdot(-1)\}\cdot(x^2-xy+y^2) - x\cdot y\cdot(x-y)\cdot(-x+2y)$
$= x\cdot(x-2y)\cdot(x^2-xy+y^2) + x\cdot y\cdot(x-y)\cdot(x-2y)$
$= x\cdot(x-2y)\cdot(x^2-xy+y^2+xy-y^2) = x^3\cdot(x-2y)$,

よって，$f_y = \dfrac{x^3\cdot(x-2y)}{(x^2-xy+y^2)^2}$.

(2) $f_x = -3e^{-3x}\cos 2y$, $f_y = -2e^{-3x}\sin 2y$.

(3) 底を e に変換すると $f(x,y) = \dfrac{\log x}{\log y}$. $f_x = \dfrac{1}{x\log y}$, $f_y = -\dfrac{\log x}{y(\log y)^2}$.

(4) $f(x, y) = x(\log y - \log x)$ より,$f_x = (\log y - \log x) - 1$,$f_y = \dfrac{x}{y}$.

(5) $\dfrac{y}{\sqrt{x^2 + y^2}} = X$ とおくと,

$$f_x = \frac{\partial}{\partial x}\sin^{-1}\frac{y}{\sqrt{x^2+y^2}} = \frac{d}{dX}\sin^{-1}X\,\frac{\partial X}{\partial x} = \frac{1}{\sqrt{1-X^2}}\frac{-xy}{(x^2+y^2)\sqrt{x^2+y^2}}$$

$$= \frac{\sqrt{x^2+y^2}}{|x|}\frac{-xy}{(x^2+y^2)\sqrt{x^2+y^2}} = \frac{-xy}{|x|(x^2+y^2)}. \quad \left(\frac{x}{|x|} = \begin{cases} \dfrac{x}{x} = 1, & (x>0) \\ \dfrac{x}{-x} = -1, & (x<0) \end{cases}\right).$$

$$\therefore \left(\begin{aligned}\frac{\partial X}{\partial x} &= \frac{\partial}{\partial x}\left(\frac{y}{\sqrt{x^2+y^2}}\right) = \frac{\left(\dfrac{\partial}{\partial x}y\right)\sqrt{x^2+y^2}-y\left(\dfrac{\partial}{\partial x}\sqrt{x^2+y^2}\right)}{(\sqrt{x^2+y^2})^2} = \frac{-y\dfrac{1}{2}\dfrac{2x}{\sqrt{x^2+y^2}}}{x^2+y^2} \\ &= \frac{-xy}{(x^2+y^2)\sqrt{x^2+y^2}}.\end{aligned}\right)$$

$$f_y = \frac{\partial}{\partial y}\sin^{-1}\frac{y}{\sqrt{x^2+y^2}} = \frac{d}{dX}\sin^{-1}X\,\frac{\partial X}{\partial y} = \frac{1}{\sqrt{1-X^2}}\frac{x^2}{(x^2+y^2)\sqrt{x^2+y^2}}$$

$$= \frac{\sqrt{x^2+y^2}}{|x|}\frac{x^2}{(x^2+y^2)\sqrt{x^2+y^2}} = \frac{x^2}{|x|(x^2+y^2)}.$$

$$\therefore \left(\begin{aligned}\frac{\partial X}{\partial y} &= \frac{\partial}{\partial y}\left(\frac{y}{\sqrt{x^2+y^2}}\right) = \frac{\left(\dfrac{\partial}{\partial y}y\right)\sqrt{x^2+y^2}-y\left(\dfrac{\partial}{\partial y}\sqrt{x^2+y^2}\right)}{(\sqrt{x^2+y^2})^2} \\ &= \frac{\sqrt{x^2+y^2}-y\dfrac{1}{2}\dfrac{2y}{\sqrt{x^2+y^2}}}{x^2+y^2} = \frac{x^2}{(x^2+y^2)\sqrt{x^2+y^2}}.\end{aligned}\right)$$

例題 10.1.8 次の関数の第2次偏導関数を求めよ.
(1) $z = xy(1-x-y)$ (2) $z = \sqrt{x-y^2}$ (3) $z = \dfrac{x}{x^2+y^2}$

解 (1) $z_x = y(1-x-y) + xy(-1) = -2xy - y^2 + y$,$z_y = x(1-x-y) + xy(-1)$
$= -x^2 + x - 2xy$,$z_{xx} = -2y$,$z_{xy} = -2x - 2y + 1$,$z_{yy} = -2x$.

(2) $z_x = \dfrac{1}{2}\dfrac{\dfrac{\partial}{\partial x}(x-y^2)}{\sqrt{x-y^2}} = \dfrac{1}{2}\dfrac{1}{\sqrt{x-y^2}}$,$z_y = \dfrac{1}{2}\dfrac{\dfrac{\partial}{\partial y}(x-y^2)}{\sqrt{x-y^2}} = \dfrac{1}{2}\dfrac{-2y}{\sqrt{x-y^2}} = -\dfrac{y}{\sqrt{x-y^2}}$.

$z_{xx} = \dfrac{1}{2}\dfrac{-\dfrac{\partial}{\partial x}\sqrt{x-y^2}}{(\sqrt{x-y^2})^2} = \dfrac{1}{2}\dfrac{-\dfrac{1}{2}\dfrac{1}{\sqrt{x-y^2}}}{x-y^2} = -\dfrac{1}{4}\dfrac{1}{(x-y^2)\sqrt{x-y^2}}$,

$z_{xy} = \dfrac{1}{2}\dfrac{-\dfrac{1}{2}\dfrac{(-2y)}{\sqrt{x-y^2}}}{(\sqrt{x-y^2})^2} = \dfrac{1}{2}\dfrac{y}{(x-y^2)\sqrt{x-y^2}}$,

$z_{yy} = -\dfrac{1\cdot\sqrt{x-y^2} - y\cdot\dfrac{1}{2}\dfrac{-2y}{\sqrt{x-y^2}}}{(\sqrt{x-y^2})^2} = -\dfrac{(x-y^2)+y^2}{(x-y^2)\sqrt{x-y^2}} = \dfrac{-x}{(x-y^2)\sqrt{x-y^2}}$.

(3)　$z_x = \dfrac{1(x^2+y^2) - x(2x)}{(x^2+y^2)^2} = \dfrac{-x^2+y^2}{(x^2+y^2)^2}$,　$z_y = -\dfrac{x(2y)}{(x^2+y^2)^2} = -\dfrac{2xy}{(x^2+y^2)^2}$.

$$z_{xx} = \dfrac{-2x(x^2+y^2)^2 - (-x^2+y^2)2(x^2+y^2)2x}{(x^2+y^2)^4} = \dfrac{-2x(x^2+y^2) - 4x(-x^2+y^2)}{(x^2+y^2)^3}$$

$$= \dfrac{-2x(x^2+y^2 - 2x^2+2y^2)}{(x^2+y^2)^3} = \dfrac{2x(x^2-3y^2)}{(x^2+y^2)^3},$$

$$z_{xy} = \dfrac{2y(x^2+y^2)^2 - (-x^2+y^2)2(x^2+y^2)2y}{(x^2+y^2)^4} = \dfrac{2y(3x^2-y^2)}{(x^2+y^2)^3},$$

$$z_{yy} = -\dfrac{2x(x^2+y^2)^2 - 2xy\,2(x^2+y^2)2y}{(x^2+y^2)^4} = -\dfrac{2x(x^2+y^2 - 4y^2)}{(x^2+y^2)^3} = -\dfrac{2x(x^2-3y^2)}{(x^2+y^2)^3}.$$

例題 10.1.9　次の関数について，z_x, z_y, $z_{xx} + z_{yy}$ を求めよ．
(1)　$z = \log\sqrt{x^2+y^2}$　　　　(2)　$z = \tan^{-1}\dfrac{y}{x}$

解　(1)　$z = \log\sqrt{x^2+y^2} = \dfrac{1}{2}\log(x^2+y^2)$，$x^2+y^2 = u(x,y)$ とおくと，$z = \dfrac{1}{2}\log u(x,y)$．

$$z_x = \dfrac{1}{2}\dfrac{\partial}{\partial x}\log u = \dfrac{1}{2}\dfrac{1}{u}\dfrac{\partial u}{\partial x} = \dfrac{1}{2}\dfrac{1}{x^2+y^2}\cdot 2x = \dfrac{x}{x^2+y^2}.$$

$$z_y = \dfrac{1}{2}\dfrac{\partial}{\partial y}\log u = \dfrac{1}{2}\dfrac{1}{u}\dfrac{\partial u}{\partial y} = \dfrac{y}{x^2+y^2}.$$

$$z_{xx} = \dfrac{\partial}{\partial x}z_x = \dfrac{\partial}{\partial x}\left(\dfrac{x}{x^2+y^2}\right) = \dfrac{1(x^2+y^2) - x(2x)}{(x^2+y^2)^2} = \dfrac{-x^2+y^2}{(x^2+y^2)^2},$$

$$z_{yy} = \dfrac{\partial}{\partial y}z_y = \dfrac{\partial}{\partial y}\left(\dfrac{y}{x^2+y^2}\right) = \dfrac{(x^2+y^2) - y(2y)}{(x^2+y^2)^2} = \dfrac{x^2-y^2}{(x^2+y^2)^2}.$$

$$\therefore\ z_{xx} + z_{yy} = \dfrac{\partial^2 z}{\partial x^2} + \dfrac{\partial^2 z}{\partial y^2} = \dfrac{-x^2+y^2}{(x^2+y^2)^2} + \dfrac{x^2-y^2}{(x^2+y^2)^2} = 0.$$

(2)　$\dfrac{y}{x} = u$ とおくと，$z = \tan^{-1}u$．

$$z_x = \dfrac{\partial}{\partial x}\tan^{-1}u = \dfrac{d}{du}\tan^{-1}u\dfrac{\partial u}{\partial x} = \dfrac{1}{1+u^2}\cdot\dfrac{\partial}{\partial x}\left(\dfrac{y}{x}\right) = \dfrac{1}{1+\left(\dfrac{y}{x}\right)^2}\cdot\left(-\dfrac{y}{x^2}\right) = \dfrac{-y}{x^2+y^2},$$

$$z_y = \dfrac{\partial}{\partial y}\tan^{-1}u = \dfrac{d}{du}\tan^{-1}u\dfrac{\partial u}{\partial y} = \dfrac{1}{1+u^2}\cdot\dfrac{\partial}{\partial y}\left(\dfrac{y}{x}\right) = \dfrac{1}{1+\left(\dfrac{y}{x}\right)^2}\cdot\left(\dfrac{1}{x}\right) = \dfrac{x}{x^2+y^2}.$$

$$z_{xx} = \dfrac{\partial}{\partial x}z_x = \dfrac{\partial}{\partial x}\left(\dfrac{-y}{x^2+y^2}\right) = \dfrac{-(-y)(2x)}{(x^2+y^2)^2} = \dfrac{2xy}{(x^2+y^2)^2},$$

$$z_{yy} = \dfrac{\partial}{\partial y}z_y = \dfrac{\partial}{\partial y}\left(\dfrac{x}{x^2+y^2}\right) = \dfrac{-x(2y)}{(x^2+y^2)^2} = \dfrac{-2xy}{(x^2+y^2)^2}.$$

$$\therefore\ z_{xx} + z_{yy} = \dfrac{\partial^2 z}{\partial x^2} + \dfrac{\partial^2 z}{\partial y^2} = \dfrac{2xy}{(x^2+y^2)^2} + \dfrac{-2xy}{(x^2+y^2)^2} = 0.$$

note　微分作用素 $\Delta = \dfrac{\partial^2}{\partial x^2} + \dfrac{\partial^2}{\partial y^2}$ はラプラシアンといい，関数 $f(x,y)$ に対して，

$$\Delta f = \left(\dfrac{\partial^2}{\partial x^2} + \dfrac{\partial^2}{\partial y^2}\right)f = \dfrac{\partial^2 f}{\partial x^2} + \dfrac{\partial^2 f}{\partial y^2}.\ \text{関数 } f(x,y,z) \text{ に対して,}$$

$$\Delta f = \left(\dfrac{\partial^2}{\partial x^2} + \dfrac{\partial^2}{\partial y^2} + \dfrac{\partial^2}{\partial z^2}\right)f = \dfrac{\partial^2 f}{\partial x^2} + \dfrac{\partial^2 f}{\partial y^2} + \dfrac{\partial^2 f}{\partial z^2}.$$

$\Delta f = 0$ となる関数 $f(x,y)$ を調和関数という．

> **note** 1変数関数 $f(x)$ が $x = x_0$ で微分可能であるとは，極限 $\lim_{x \to x_0} \dfrac{f(x) - f(x_0)}{x - x_0}$ …(i)が存在
> することであった．この極限を $\alpha \ (\in \mathbb{R})$ とすると，α を $f(x)$ の $x = x_0$ での微分係数
> といい $f'(x_0)$ で表す．さらに，関数 $f(x)$ の微分係数は変数 x の変化に対する関数の変
> 化率を意味している．
> では，2変数関数について同様の変化率は考えられるか．（<u>2変数の両方の変化に対す
> る関数の変化率であって，偏微分のように1変数を固定して他の x または y 軸方向の
> みの変化率ではないことに注意．</u>）
> (i)式より，$\lim_{h \to 0} \dfrac{f(x) - \{f(x_0) + \alpha(x - x_0)\}}{x - x_0} = 0$ …(ii)と書ける．分子の括弧内に着目
> して $l(x)$ とおくと $l(x) = f(x_0) + \alpha(x - x_0)$．$l(x)$ は点 $(x_0, f(x_0))$ を通り傾き α の直
> 線の方程式である．(ii)式の分子は，関数 $f(x)$ と直線 $l(x)$ の誤差であり，また(ii)式は x
> $\to x_0$ のとき，この誤差の方が $x \to x_0$ より速く0に近づくことを示唆しており，さらに
> 関数のグラフに直線が<u>接して</u>いることの数学的意味である．
> このことを2変数関数の場合に拡張する．
> 点 (x_0, y_0) に対するグラフ $z = f(x, y)$ 上の点 $(x_0, y_0, f(x_0, y_0))$ を通るグラフの接平面
> があるとして，接平面の方程式を $z - f(x_0, y_0) = \alpha(x - x_0) + \beta(y - y_0)$ とする．
> 次に関数と接平面の誤差 $f(x, y) - \{f(x_0, y_0) + \alpha(x - x_0) + \beta(y - y_0)\}$，およ
> び2点 (x_0, y_0)，(x, y) 間の距離 $\sqrt{(x - x_0)^2 + (y - y_0)^2}$ の比において，点 (x, y)
> を点 (x_0, y_0) に限りなく近づけるとき，比は0に近づくと考えられる．これより，
> 2変数関数 $z = f(x, y)$ が点 (x_0, y_0) で<u>微分可能</u>とは，ある定数 α，β があって，
>
> $$\lim_{(x,y) \to (x_0, y_0)} \frac{f(x, y) - \{f(x_0, y_0) + \alpha(x - x_0) + \beta(y - y_0)\}}{\sqrt{(x - x_0)^2 + (y - y_0)^2}} = 0$$ となることである．
>
> ここで，$f(x, y)$ が点 (x_0, y_0) で微分可能なら，α，β はそれぞれ，
> $y = y_0$ のとき，
>
> $$\lim_{x \to x_0} \frac{f(x, y_0) - f(x_0, y_0)}{x - x_0} = \alpha, \quad \therefore \ \alpha = \frac{\partial}{\partial x} f(x, y_0) \bigg|_{x = x_0} = f_x(x_0, y_0).$$
>
> $x = x_0$ のとき，
>
> $$\lim_{y \to y_0} \frac{f(x_0, y) - f(x_0, y_0)}{y - y_0} = \beta, \quad \therefore \ \beta = \frac{\partial}{\partial y} f(x_0, y) \bigg|_{y = y_0} = f_y(x_0, y_0).$$
>
> (<u>微分可能</u>のことを<u>全微分可能</u>といい，偏微分可能との区別を強調している．)

例題 10.1.9 関数 $f(x, y) = \log(x^2 + xy + y^2 + 1)$ について次の問いに答えよ．

(1) $f(x, y)$ は原点で連続であるか調べよ．

(2) $f(x, y)$ は原点で偏微分可能であるか調べよ．

(3) $f(x, y)$ は原点で微分可能（全微分可能）であるか調べよ．

解 (1) $\lim_{(x,y) \to (0,0)} f(x, y) = \lim_{(x,y) \to (0,0)} \log(x^2 + xy + y^2 + 1) = \log 1 = 0$, $f(0, 0) = \log 1 = 0$．

したがって，$\lim_{(x,y) \to (0,0)} f(x, y) = f(0, 0)$．よって，$f(x, y)$ は原点で連続である．

(2) $\lim_{h \to 0} \dfrac{f(h, 0) - f(0, 0)}{h} = \lim_{h \to 0} \dfrac{\log(h^2 + 1) - 0}{h} = \lim_{h \to 0} \left\{ h \cdot \dfrac{1}{h^2} \cdot \log(h^2 + 1) \right\}$

$= \lim_{h \to 0} \left\{ h \cdot \log(h^2 + 1)^{\frac{1}{h^2}} \right\} = 0 \cdot \log e = 0.$

同様に，
$$\lim_{k\to 0}\frac{f(0,k)-f(0,0)}{k}=\lim_{k\to 0}\frac{\log(k^2+1)-0}{k}=\lim_{k\to 0}\{k\cdot\log(k^2+1)^{\frac{1}{k^2}}\}=0\cdot\log e=0$$

∴ $f(x,y)$ は原点で偏微分可能で，$f_x(0,0)=0$, $f_y(0,0)=0$.

(3) $x=x_0+h$, $y=y_0+k$ とすると，$x=0+h$, $y=0+k$.

誤差 $\varepsilon(h,k)=f(0+h,0+k)-\{f(0,0)+f_x(0,0)h+f_k(0,0)k\}$

$$=f(h,k)=\log(h^2+hk+k^2+1),\quad \lim_{(h,k)\to(0,0)}\frac{\varepsilon(h,k)}{\sqrt{h^2+k^2}}=\lim_{(h,k)\to(0,0)}\frac{\log(h^2+hk+k^2+1)}{\sqrt{h^2+k^2}},$$

ここで，$h=r\cos\theta$, $k=r\sin\theta$ とおくと，

$$\lim_{(h,k)\to(0,0)}\frac{\varepsilon(h,k)}{\sqrt{h^2+k^2}}=\lim_{r\to 0}\frac{\log(r^2(1+\sin\theta\cos\theta)+1)}{r},\quad 1+\sin\theta\cos\theta=c_1 \text{ とおくと，}$$

$$\lim_{r\to 0}\frac{\log(r^2(1+\sin\theta\cos\theta)+1)}{r}=\lim_{r\to 0}\frac{\log(c_1r^2+1)}{c_1r^2}\cdot c_1r=\lim_{r\to 0}\left(\log(c_1r^2+1)^{\frac{1}{c_1r^2}}\right)\cdot c_1r$$

$$=\log e\cdot 0=0.$$

よって，$f(x,y)$ は原点で微分可能（全微分可能）である．

例題 10.1.10 次の関数の全微分を求めよ．

(1) $z=\dfrac{x}{x+y}$ (2) $z=x\sin y$ (3) $z=x\log(y+y^2)-\tan^{-1}x$

解 (1) $z_x=\dfrac{1\cdot(x+y)-x\cdot 1}{(x+y)^2}=\dfrac{y}{(x+y)^2}$, $z_y=\dfrac{-x\cdot 1}{(x+y)^2}=\dfrac{-x}{(x+y)^2}$.

∴ $dz=\dfrac{y}{(x+y)^2}dx-\dfrac{x}{(x+y)^2}dy$.

(2) $z_x=\sin y$. $z_y=x\cos y$. ∴ $dz=(\sin y)dx+(x\cos y)dy$.

(3) $z_x=\log(y+y^2)-\dfrac{1}{1+x^2}$, $z_y=x\dfrac{1+2y}{y+y^2}$.

∴ $dz=\left(\log(y+y^2)-\dfrac{1}{1+x^2}\right)dx+x\dfrac{1+2y}{y+y^2}dy$.

例題 10.1.11

(1) 曲面 $z=\sqrt{1-\left(\dfrac{x}{3}\right)^2-\left(\dfrac{y}{2}\right)^2}$ 上の点 $(2,1)$ に対応する点における接平面と法線の各方程式を求めよ．

(2) 2平面 $x=2$ と $y=1$ の交線と放物面 $z=2x^2+4y^2$ との交点における，この放物面の接平面と法線の各方程式を求めよ．

解 (1) $z^2=\dfrac{1}{36}(36-4x^2-9y^2)$ より，$2zz_x=-\dfrac{2}{9}x$, $2zz_y=-\dfrac{2}{4}y$.

∴ $z_x=-\dfrac{1}{9}\dfrac{x}{z}$, $z_y=-\dfrac{1}{4}\dfrac{y}{z}$.

点 $(2,1)$ より，$z=\dfrac{1}{6}\sqrt{36-16-9}=\dfrac{\sqrt{11}}{6}$.

よって，求める接平面の方程式は，$8x+9y+6\sqrt{11}z=36$.

接平面の方程式より法線の方程式は，$\dfrac{x-2}{8}=\dfrac{y-1}{9}=\dfrac{1}{6\sqrt{11}}\left(z-\dfrac{\sqrt{11}}{6}\right)$.

(2) 条件より交点は $(2, 1, 12)$. 全微分 $dz = 4xdx + 8ydy$ より, 求める接平面の方程式は,
$z - 12 = 8(x - 2) + 8(y - 1)$.　　∴　$8x + 8y - z = 12$.

接平面の方程式より法線の方程式は,　　∴　$\dfrac{x - 2}{8} = \dfrac{y - 1}{8} = \dfrac{z - 12}{-1}$.

例題 10.1.12　3角形の2辺 b, c の長さ, 角 A の大きさの測定値に $\varDelta b$, $\varDelta c$, $\varDelta A$ の誤差があるとき, 辺 a の長さの計算誤差 $\varDelta a$ は, おおよそどのくらいか.

解　余弦定理より, $a^2 = b^2 + c^2 - 2bc\cos A = f(b, c, A)$,
$2a\varDelta a = f_b(b, c, A)\varDelta b + f_c(b, c, A)\varDelta c + f_A(b, c, A)\varDelta A$,
$2ada = 2(b - c\cos A)db + 2(c - b\cos A)dc + 2bc\sin A\, dA$
　　$= 2a\cos C\, db + 2a\cos B\, dc + 2ba\sin C\, dA$.
$da = \cos C\, db + \cos B\, dc + b\sin C\, dA$.

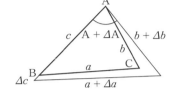

(ここで, 2次以上の項を無視するという前提で db, dc, dA を扱う.（マクローリン展開参照))
$\varDelta a \approx da = \cos C\, db + \cos B\, dc + b\sin C\, dA = \cos C\varDelta b + \cos B\varDelta c + b\sin C\varDelta A$.
(等号は独立変数において d と $\varDelta$ が同一であるとみなす.)

例題 10.1.13　全長 l, 厚さ a, 幅 b の等質な棒を図のように両端で水平に支え, 中央に荷重 P を加えるとき棒がたわんで h だけさがったとする. このときの棒のたわみ h は式 $h = \dfrac{1}{4E}\dfrac{l^3}{a^3 b}P$ で求められる. ここで, E はヤング率で棒の素材によって決まる定数であるが, l, a, b, P, h の測定値からヤング率を逆に求めることもできる.
l, a, b, P, h がそれぞれ k_1, k_2, k_3, k_4, k_5% の誤差で測定できるとして, E の計算値の誤差を求めよ.

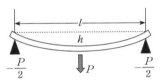

解　たわみの式より, $E = \dfrac{1}{4h}\dfrac{l^3}{a^3 b}P$.

$\log E = \log \dfrac{1}{4h}\dfrac{l^3}{a^3 b}P = 3\log l + \log P - \log 4 - \log h - 3\log a - \log b$.

$d\log E = \dfrac{dE}{E} = 3\dfrac{dl}{l} - 3\dfrac{da}{a} - \dfrac{db}{b} + \dfrac{dP}{P} - \dfrac{dh}{h}$.

独立変数において d と $\varDelta$ が等しいことと, $\varDelta E$ の高次の項を省略すると,
$\dfrac{\varDelta E}{E} \approx \dfrac{dE}{E} \leq \left|\dfrac{1}{100}(3k_1 - 3k_2 - k_3 + k_4 - k_5)\right| \leq \dfrac{1}{100}(3|k_1| + 3|k_2| + |k_3| + |k_4| + |k_5|)$.

したがって, E の計算値は概ね $(3|k_1| + 3|k_2| + |k_3| + |k_4| + |k_5|)$% の誤差がある.

例題 10.1.14　$z = f(x, y)$, $y = \varphi(x)$ のとき, $\dfrac{dz}{dx}$ および $\dfrac{d^2 z}{dx^2}$ を求めよ.

解　条件より z は x の関数であるが, z は見かけ上は x と y の関数である.
$dz = f_x dx + f_y dy$ より,
∴　$\dfrac{dz}{dx} = f_x + f_y\dfrac{dy}{dx} = f_x + f_y\varphi'(x)$.

これも, x と y の関数であるから $F(x, y)$ とおくと, $f_x + f_y\phi'(x) = F$.

第10章 2変数関数の微分・積分

$$dF = F_x dx + F_y dy. \quad \frac{d}{dx}\left(\frac{dz}{dx}\right) = \frac{dF}{dx} = F_x + F_y \frac{dy}{dx} = F_x + F_y \varphi'(x).$$

ここで，$F_x = f_{xx} + f_{xy}\varphi'(x) + f_y \varphi''(x)$, $F_y = f_{xy} + f_{yy}\varphi'(x)$ より，

$$\therefore \frac{d^2 z}{dx^2} = f_{xx} + f_{xy}\varphi'(x) + f_y \varphi''(x) + f_{xy}\varphi'(x) + f_{yy}(\varphi'(x))^2$$

$$= f_{xx} + 2f_{xy}\varphi'(x) + f_{yy}(\varphi'(x))^2 + f_y \varphi''(x).$$

例題 10.1.15 $z = f(x, y)$, $x = r\cos\theta$, $y = r\sin\theta$, $r = \varphi(t)$, $\theta = \phi(t)$ のとき, $\dfrac{dz}{dx}$ を求めよ.

解 $dz = f_x dx + f_y dy$, $dx = (r\cos\theta)_r dr + (r\cos\theta)_\theta d\theta$,
$dy = (r\sin\theta)_r dr + (r\sin\theta)_\theta d\theta$ より,

$$\frac{dz}{dt} = f_x \frac{dx}{dt} + f_y \frac{dy}{dt}, \quad \frac{dx}{dt} = (r\cos\theta)_r \frac{dr}{dt} + (r\cos\theta)_\theta \frac{d\theta}{dt} = \cos\theta\,\varphi'(t) + (-r\sin\theta)\phi'(t),$$

$$\frac{dy}{dt} = (r\sin\theta)_r \frac{dr}{dt} + (r\sin\theta)_\theta \frac{d\theta}{dt} = \sin\theta\,\varphi'(t) + (r\cos\theta)\phi'(t). \text{ これより,}$$

$$\therefore \frac{dz}{dt} = f_x \frac{dx}{dt} + f_y \frac{dy}{dt} = f_x(\cos\theta\,\varphi'(t) - r\sin\theta\,\phi'(t)) + f_y(\sin\theta\,\varphi'(t) + r\cos\theta\,\phi'(t)).$$

例題 10.1.16 $x = r\cos\theta$, $y = r\sin\theta$ のとき, $\dfrac{\partial x}{\partial r}$ と $\dfrac{\partial r}{\partial x}$, $\dfrac{\partial x}{\partial \theta}$ と $\dfrac{\partial \theta}{\partial x}$, $\dfrac{\partial y}{\partial r}$ と $\dfrac{\partial r}{\partial y}$, $\dfrac{\partial y}{\partial \theta}$ と $\dfrac{\partial \theta}{\partial y}$ の各関係式を求めよ. ただし, $r \neq 0$ とする.

解 $x = r\cos\theta$, $y = r\sin\theta$ より, $x^2 + y^2 = r^2$, $\dfrac{y}{x} = \tan\theta$. これより, r, θ は x と y の関数である. (x と y は独立であると考えている. $\dfrac{dy}{dx} = \dfrac{dx}{dy} = 0$.)

$\dfrac{\partial x}{\partial r} = \cos\theta$. $x^2 + y^2 = r^2$ の両辺を x で微分すると,

$$\frac{d}{dx}(x^2 + y^2) = 2x \left(= \frac{d}{dx}r^2\right) = \frac{\partial}{\partial x}r^2 = 2r\frac{\partial r}{\partial x}. \quad \therefore \frac{\partial r}{\partial x} = \frac{x}{r} = \frac{r\cos\theta}{r} = \cos\theta.$$

よって, $\dfrac{\partial x}{\partial r} = \dfrac{\partial r}{\partial x}$.

$\dfrac{\partial x}{\partial \theta} = -r\sin\theta$. $\dfrac{y}{x} = \tan\theta$ の両辺を x で微分すると,

$$\frac{d}{dx}\left(\frac{y}{x}\right) = -\frac{y}{x^2}\left(= \frac{d}{dx}\tan\theta\right) = \frac{\partial}{\partial x}\tan\theta = \left(\frac{d}{d\theta}\tan\theta\right)\frac{\partial \theta}{\partial x} = \frac{1}{\cos^2\theta}\frac{\partial \theta}{\partial x}.$$

$$\therefore \frac{\partial \theta}{\partial x} = \cos^2\theta \cdot \left(-\frac{y}{x^2}\right) = \frac{-r\sin\theta}{r^2}. \quad \text{よって, } \frac{\partial \theta}{\partial x} = \frac{1}{r^2}\frac{\partial x}{\partial \theta}.$$

$\dfrac{\partial y}{\partial r} = \sin\theta$,

$$\frac{d}{dy}(x^2 + y^2) = 2y = \frac{\partial}{\partial y}r^2 = 2r\frac{\partial r}{\partial y}. \quad \therefore \frac{\partial r}{\partial y} = \frac{y}{r} = \frac{r\sin\theta}{r} = \sin\theta.$$

よって, $\dfrac{\partial y}{\partial r} = \dfrac{\partial r}{\partial y}$.

$\dfrac{\partial y}{\partial \theta} = r\cos\theta$.

$$\frac{d}{dy}\left(\frac{y}{x}\right) = \frac{1}{x} = \frac{\partial}{\partial y}\tan\theta = \left(\frac{d}{d\theta}\tan\theta\right)\cdot\frac{\partial\theta}{\partial y} = \frac{1}{\cos^2\theta}\cdot\frac{\partial\theta}{\partial y}.$$

$$\therefore \quad \frac{\partial\theta}{\partial y} = \cos^2\theta\cdot\frac{1}{x} = \frac{1}{r^2}\cdot(r\cos\theta).$$

よって，$\dfrac{\partial\theta}{\partial y} = \dfrac{1}{r^2}\dfrac{\partial y}{\partial\theta}$.

例題 10.1.17 $z = f(u,v)$, $u = \varphi(x,y)$, $v = \phi(x,y)$ であるとき，$\dfrac{\partial^2 z}{\partial x^2}$, $\dfrac{\partial^2 z}{\partial x \partial y}$, $\dfrac{\partial^2 z}{\partial y^2}$ を求めよ．

解 $dz = f_u du + f_v dv$ より，および，u, v は x, y の関数であるから，

$$\frac{\partial z}{\partial x} = f_u \frac{\partial u}{\partial x} + f_v \frac{\partial v}{\partial x}, \qquad \frac{\partial z}{\partial y} = f_u \frac{\partial u}{\partial y} + f_v \frac{\partial v}{\partial y}.$$

$$\therefore \quad \frac{\partial^2 z}{\partial x^2} = \frac{\partial}{\partial x}\left(\frac{\partial z}{\partial x}\right) = \frac{\partial}{\partial x}\left(f_u \frac{\partial u}{\partial x} + f_v \frac{\partial v}{\partial x}\right) = \frac{\partial}{\partial x}\left(f_u \frac{\partial u}{\partial x}\right) + \frac{\partial}{\partial x}\left(f_v \frac{\partial v}{\partial x}\right)$$

$$= \frac{\partial}{\partial x}(f_u)\frac{\partial u}{\partial x} + f_u \frac{\partial}{\partial x}\left(\frac{\partial u}{\partial x}\right) + \frac{\partial}{\partial x}(f_v)\frac{\partial v}{\partial x} + f_v \frac{\partial}{\partial x}\left(\frac{\partial v}{\partial x}\right)$$

$$= \frac{\partial}{\partial x}(f_u)\frac{\partial u}{\partial x} + f_u \frac{\partial^2 u}{\partial x^2} + \frac{\partial}{\partial x}(f_v)\frac{\partial v}{\partial x} + f_v \frac{\partial^2 v}{\partial x^2}.$$

f_u, f_v は u, v の関数で，$\dfrac{\partial u}{\partial x}$, $\dfrac{\partial v}{\partial x}$ は x, y の関数であるから，

$$\frac{\partial}{\partial x}(f_u) = \left(\frac{\partial}{\partial u}f_u\right)\frac{\partial u}{\partial x} + \left(\frac{\partial}{\partial v}f_u\right)\frac{\partial v}{\partial x} = f_{uu}\frac{\partial u}{\partial x} + f_{uv}\frac{\partial v}{\partial x},$$

$$\frac{\partial}{\partial x}(f_v) = \left(\frac{\partial}{\partial u}f_v\right)\frac{\partial u}{\partial x} + \left(\frac{\partial}{\partial v}f_v\right)\frac{\partial v}{\partial x} = f_{vu}\frac{\partial u}{\partial x} + f_{vv}\frac{\partial v}{\partial x}. \quad f_{uv} = f_{vu} \text{ とすると，}$$

$$\therefore \quad \frac{\partial^2 z}{\partial x^2} = \left(f_{uu}\frac{\partial u}{\partial x} + f_{uv}\frac{\partial v}{\partial x}\right)\frac{\partial u}{\partial x} + f_u \frac{\partial^2 u}{\partial x^2} + \left(f_{vu}\frac{\partial u}{\partial x} + f_{vv}\frac{\partial v}{\partial x}\right)\frac{\partial v}{\partial x} + f_v \frac{\partial^2 v}{\partial x^2}$$

$$= f_{uu}\left(\frac{\partial u}{\partial x}\right)^2 + 2f_{uv}\frac{\partial u}{\partial x}\frac{\partial v}{\partial x} + f_{vv}\left(\frac{\partial v}{\partial x}\right)^2 + f_u \frac{\partial^2 u}{\partial x^2} + f_v \frac{\partial^2 v}{\partial x^2}.$$

この結果で，x と y を置き換えると，

$$\therefore \quad \frac{\partial^2 z}{\partial y^2} = f_{uu}\left(\frac{\partial u}{\partial y}\right)^2 + 2f_{uv}\frac{\partial u}{\partial y}\frac{\partial v}{\partial y} + f_{vv}\left(\frac{\partial v}{\partial y}\right)^2 + f_u \frac{\partial^2 u}{\partial y^2} + f_v \frac{\partial^2 v}{\partial y^2}.$$

次に，$\dfrac{\partial^2 z}{\partial x \partial y} = \dfrac{\partial}{\partial y}\left(\dfrac{\partial z}{\partial x}\right) = \dfrac{\partial}{\partial y}\left(f_u \dfrac{\partial u}{\partial x} + f_v \dfrac{\partial v}{\partial x}\right) = \dfrac{\partial}{\partial y}\left(f_u \dfrac{\partial u}{\partial x}\right) + \dfrac{\partial}{\partial y}\left(f_v \dfrac{\partial v}{\partial x}\right)$

$$= \frac{\partial}{\partial y}(f_u)\frac{\partial u}{\partial x} + f_u \frac{\partial}{\partial y}\left(\frac{\partial u}{\partial x}\right) + \frac{\partial}{\partial y}(f_v)\frac{\partial v}{\partial x} + f_v \frac{\partial}{\partial y}\left(\frac{\partial v}{\partial x}\right)$$

$$= \frac{\partial}{\partial y}(f_u)\frac{\partial u}{\partial x} + f_u \frac{\partial^2 u}{\partial x \partial y} + \frac{\partial}{\partial y}(f_v)\frac{\partial v}{\partial x} + f_v \frac{\partial^2 v}{\partial x \partial y}.$$

$$\frac{\partial}{\partial y}(f_u) = \left(\frac{\partial}{\partial u}f_u\right)\frac{\partial u}{\partial y} + \left(\frac{\partial}{\partial v}f_u\right)\frac{\partial v}{\partial y} = f_{uu}\frac{\partial u}{\partial y} + f_{uv}\frac{\partial v}{\partial y},$$

$$\frac{\partial}{\partial y}(f_v) = \left(\frac{\partial}{\partial u}f_v\right)\frac{\partial u}{\partial y} + \left(\frac{\partial}{\partial v}f_v\right)\frac{\partial v}{\partial y} = f_{vu}\frac{\partial u}{\partial y} + f_{vv}\frac{\partial v}{\partial y}.$$

$$\therefore \quad \frac{\partial^2 z}{\partial x \partial y} = \left(f_{uu}\frac{\partial u}{\partial y} + f_{uv}\frac{\partial v}{\partial y}\right)\frac{\partial u}{\partial x} + f_u \frac{\partial^2 u}{\partial x \partial y} + \left(f_{vu}\frac{\partial u}{\partial y} + f_{vv}\frac{\partial v}{\partial y}\right)\frac{\partial v}{\partial x} + f_v \frac{\partial^2 v}{\partial x \partial y}$$

$$= f_{uu}\frac{\partial u}{\partial x}\frac{\partial u}{\partial y} + f_{uv}\left(\frac{\partial u}{\partial x}\frac{\partial v}{\partial y} + \frac{\partial u}{\partial y}\frac{\partial v}{\partial x}\right) + f_{vv}\frac{\partial v}{\partial x}\frac{\partial v}{\partial y} + f_u \frac{\partial^2 u}{\partial x \partial y} + f_v \frac{\partial^2 v}{\partial x \partial y}.$$

第10章　2変数関数の微分・積分

例題 10.1.18 次の関数のマクローリン展開を 2 次の項まで求め，剰余項は R_3 とせよ．
(1) $f(x,y) = (1+x)e^{x+y}$
(2) $f(x,y) = \sin(x+y)\log\sqrt{1-y}$

解　1 次の項まで　$\cdots$　$f(x,y) = f(0,0) + xf_x(0,0) + yf_y(0,0) + R_2$.

ある $0 < \theta_2 < 1$ が存在して，$R_2 = \dfrac{1}{2!}(x^2 f_{xx}(\theta_2 x, \theta_2 y) + 2xy f_{xy}(\theta_2 x, \theta_2 y) + y^2 f_{yy}(\theta_2 x, \theta_2 y))$.

2 次の項まで　$\cdots$

$$f(x,y) = f(0,0) + \frac{1}{1!}\left(x\frac{\partial}{\partial x} + y\frac{\partial}{\partial y}\right)f(0,0) + \frac{1}{2!}\left(x\frac{\partial}{\partial x} + y\frac{\partial}{\partial y}\right)^2 f(0,0) + R_3$$

$$= f(0,0) + (xf_x(0,0) + yf_y(0,0)) + \frac{1}{2!}(x^2 f_{xx}(0,0) + 2xy f_{xy}(0,0) + y^2 f_{yy}(0,0)) + R_3.$$

ある $0 < \theta_3 < 1$ が存在して，

$$R_3 = \frac{1}{3!}(x^3 f_{xxx}(\theta_3 x, \theta_3 y) + 3x^2 y f_{xxy}(\theta_3 x, \theta_3 y) + 3xy^2 f_{xyy}(\theta_3 x, \theta_3 y) + y^3 f_{yyy}(\theta_3 x, \theta_3 y)).$$

(1)　$f_x = e^{x+y} + (1+x)\dfrac{\partial}{\partial x}e^{x+y} = e^{x+y} + (1+x)e^{x+y} = (2+x)e^{x+y}$,　$f_y = (1+x)e^{x+y}$,

$f_{xx} = e^{x+y} + (2+x)e^{x+y} = (3+x)e^{x+y}$,　$f_{xy} = (2+x)e^{x+y}$,　$f_{yy} = (1+x)e^{x+y}$.

$\therefore$　$f_x(0,0) = 2$,　$f_y(0,0) = 1$,　$f_{xx}(0,0) = 3$,　$f_{xy}(0,0) = 2$,　$f_{yy}(0,0) = 1$.

よって，

$$(1+x)e^{x+y} = 1 + (2x + 1y) + \frac{1}{2!}(3x^2 + 2 \cdot 2xy + 1y^2) + R_3$$

$$= 1 + (2x + y) + \frac{1}{2!}(3x^2 + 4xy + y^2) + R_3.$$

(2)　$f_x = \dfrac{1}{2}\cos(x+y)\log(1-y)$,

$f_y = \dfrac{1}{2}\left\{\dfrac{\partial}{\partial y}\sin(x+y)\log(1-y) + \sin(x+y)\dfrac{\partial}{\partial y}\log(1-y)\right\}$

$= \dfrac{1}{2}\left\{\cos(x+y)\log(1-y) + \sin(x+y)\dfrac{-1}{1-y}\right\}$

$= \dfrac{(y-1)\cos(x+y)\log(1-y) + \sin(x+y)}{2(y-1)}$.

$f_{xx} = -\dfrac{1}{2}\sin(x+y)\log(1-y)$,　$f_{xy} = \dfrac{-(y-1)\sin(x+y)\log(1-y) + \cos(x+y)}{2(y-1)}$,

$f_{yy} = \dfrac{-\sin(x+y)\{(y-1)^2 \log(1-y) + 1\} + 2(y-1)\cos(x+y)}{2(y-1)^2}$.

$\therefore$　$f_x(0,0) = 0$,　$f_y(0,0) = 0$,　$f_{xx}(0,0) = 0$,　$f_{xy}(0,0) = -\dfrac{1}{2}$,　$f_{yy}(0,0) = -1$.

よって，　$\sin(x+y)\log\sqrt{1-y} = \dfrac{1}{2!}(-xy - y^2) + R_3 = -\dfrac{1}{2}(xy + y^2) + R_3$.

例題 10.1.19 次の関数の極値を求めよ．
(1) $f(x,y) = \dfrac{x^2}{y} - 3y + y^3$　(2) $f(x,y) = \sin x + \sin y + \cos(x+y)$　$(0 \leqq x, y < 2\pi)$
(3) $f(x,y) = xy(x^2 + y^2 - 1)$

解　(1) 極値をとる可能性がある点を求める．$f_x = \dfrac{2x}{y} = 0$　and　$f_y = -\dfrac{x^2}{y^2} - 3 + 3y^2 = 0$
より，$x = 0$　and　$(y = 1$　or　$y = -1)$.

∴ $(0, -1)$, $(0, 1)$. 次に，この点が極値を与えるか，極大，小の判定をする．

$f_{xx} = \dfrac{2}{y} = A$, $f_{xy} = -\dfrac{2x}{y^2} = B$, $f_{yy} = \dfrac{2x^2}{y^3} + 6y = C$.

$(0, -1)$ のとき，$A = -2 < 0$, $B = 0$, $C = -6$. $B^2 - AC = -12 < 0$ より，

極大値 $f(0, -1) = 2$.

$(0, 1)$ のとき，$A = 2 > 0$, $B = 0$, $C = 6$. $B^2 - AC = -12 < 0$ より，極小値 $f(0, 1) = -2$.

(2) $f_x = \cos x - \sin(x + y) = 0$ and $f_y = \cos y - \sin(x + y) = 0$ より，$\cos x = \cos y$.

∴ $y = x$, $y = 2\pi - x$.

$y = x$ を，$\cos x - \sin(x + y) = 0$ に代入すると，$\cos x (1 - 2\sin x) = 0$. $\cos x = 0$ より，

$x = \dfrac{\pi}{2}, \dfrac{3\pi}{2}$. $\sin x = \dfrac{1}{2}$ より，$x = \dfrac{\pi}{6}, \dfrac{5\pi}{6}$.

∴ 極値をとる可能性がある点は，$\left(\dfrac{\pi}{2}, \dfrac{\pi}{2}\right)$, $\left(\dfrac{3\pi}{2}, \dfrac{3\pi}{2}\right)$, $\left(\dfrac{\pi}{6}, \dfrac{\pi}{6}\right)$, $\left(\dfrac{5\pi}{6}, \dfrac{5\pi}{6}\right)$.

$y = 2\pi - x$ を，$\cos x - \sin(x + y) = 0$ に代入すると，$\cos x = 0$ より，$x = \dfrac{\pi}{2}, \dfrac{3\pi}{2}$.

∴ 極値をとる可能性がある点は，$\left(\dfrac{\pi}{2}, \dfrac{3\pi}{2}\right)$, $\left(\dfrac{3\pi}{2}, \dfrac{\pi}{2}\right)$.

$f_{xx} = -\sin x - \cos(x + y) = A$, $f_{xy} = -\cos(x + y) = B$, $f_{yy} = -\sin y - \cos(x + y) = C$.

$\left(\dfrac{\pi}{2}, \dfrac{\pi}{2}\right)$ のとき，$A = 0$ より，極値なし．

$\left(\dfrac{3\pi}{2}, \dfrac{3\pi}{2}\right)$ のとき，$A = 2 > 0$, $B = 1$, $C = 2$. $B^2 - AC = -3 < 0$ より，

極小値 $f\left(\dfrac{3\pi}{2}, \dfrac{3\pi}{2}\right) = -3$.

$\left(\dfrac{\pi}{6}, \dfrac{\pi}{6}\right)$ のとき，$A = -1 < 0$, $B = -\dfrac{1}{2}$, $C = -1$. $B^2 - AC = -\dfrac{3}{4} < 0$ より，

極大値 $f\left(\dfrac{\pi}{6}, \dfrac{\pi}{6}\right) = \dfrac{3}{2}$.

$\left(\dfrac{5\pi}{6}, \dfrac{5\pi}{6}\right)$ のとき，$A = -1 < 0$, $B = -\dfrac{1}{2}$, $C = -1$. $B^2 - AC = -\dfrac{3}{4} < 0$ より，

極大値 $f\left(\dfrac{5\pi}{6}, \dfrac{5\pi}{6}\right) = \dfrac{3}{2}$.

$\left(\dfrac{\pi}{2}, \dfrac{3\pi}{2}\right)$ のとき，$A = -2 < 0$, $B = -1$, $C = 0$. $B^2 - AC = 1 > 0$ より，極値なし．

$\left(\dfrac{3\pi}{2}, \dfrac{\pi}{2}\right)$ のとき，$A = 0$, 極値なし．

(3) $f_x = y(3x^2 + y^2 - 1) = 0$ and $f_y = x(x^2 + 3y^2 - 1) = 0$ より，

$\{y = 0$ or $3x^2 + y^2 - 1 = 0\}$ and $\{x = 0$ or $x^2 + 3y^2 - 1 = 0\}$.

したがって，$\begin{cases} y = 0 \\ x = 0 \end{cases}$, $\begin{cases} y = 0 \\ x^2 + 3y^2 - 1 = 0 \end{cases}$, $\begin{cases} 3x^2 + y^2 - 1 = 0 \\ x = 0 \end{cases}$, $\begin{cases} 3x^2 + y^2 - 1 = 0 \\ x^2 + 3y^2 - 1 = 0 \end{cases}$ を解くと，

∴ 極値をとる可能性がある点は，① $(x, y) = (0, 0)$, ② $(0, 1)$, ③ $(0, -1)$, ④ $(1, 0)$,

⑤ $(-1, 0)$, ⑥ $\left(\dfrac{1}{2}, \dfrac{1}{2}\right)$, ⑦ $\left(\dfrac{1}{2}, -\dfrac{1}{2}\right)$, ⑧ $\left(-\dfrac{1}{2}, \dfrac{1}{2}\right)$, ⑨ $\left(-\dfrac{1}{2}, -\dfrac{1}{2}\right)$.

$f_{xx} = 6xy = A$, $f_{xy} = 3x^2 + 3y^2 - 1 = B$, $f_{yy} = 6xy = C$. ①〜⑤は，極値なし．

⑥ $\left(\dfrac{1}{2}, \dfrac{1}{2}\right)$ のとき，$A = \dfrac{3}{2} > 0$, $B = \dfrac{1}{2}$, $C = \dfrac{3}{2}$. $B^2 - AC = -2 < 0$ より，

極小値 $f\left(\dfrac{1}{2}, \dfrac{1}{2}\right) = -\dfrac{1}{8}$.

⑦ $\left(\dfrac{1}{2}, -\dfrac{1}{2}\right)$ のとき，$A = -\dfrac{3}{2} < 0$, $B = \dfrac{1}{2}$, $C = -\dfrac{3}{2}$. $B^2 - AC = -2 < 0$ より，

極大値 $f\left(\dfrac{1}{2}, -\dfrac{1}{2}\right) = \dfrac{1}{8}$.

⑧ $\left(-\dfrac{1}{2}, \dfrac{1}{2}\right)$ のとき，$A = -\dfrac{3}{2} < 0$, $B = \dfrac{1}{2}$, $C = -\dfrac{3}{2}$. $B^2 - AC = -2 < 0$ より，

極大値 $f\left(-\dfrac{1}{2}, \dfrac{1}{2}\right) = \dfrac{1}{8}$.

⑨ $\left(-\dfrac{1}{2}, -\dfrac{1}{2}\right)$ のとき，$A = \dfrac{3}{2} > 0$, $B = \dfrac{1}{2}$, $C = \dfrac{3}{2}$. $B^2 - AC = -2 < 0$ より，

極小値 $f\left(-\dfrac{1}{2}, -\dfrac{1}{2}\right) = -\dfrac{1}{8}$.

例題 10.1.20 次の関数によって決まる陰関数 $y = y(x)$ の導関数 y' を求めよ．
(1) $y^2 - 2xy + 1 = 0$　　　(2) $\sin(xy) + \cos(xy) = \tan(x+y)$　　　(3) $x^y = y^x$

解 (1) $f(x, y) = y^2 - 2xy + 1 = 0$ より，$f_x = -2y$, $f_y = 2y - 2x$.

∴ $\dfrac{dy}{dx} = -\dfrac{-2y}{2y - 2x} = \dfrac{y}{y - x}$

(2) $f(x, y) = \sin(xy) + \cos(xy) - \tan(x+y)$ より，

$f_x = \cos(xy) \cdot y + (-\sin(xy)) \cdot y - \dfrac{1}{\cos^2(x+y)}$,

$f_y = \cos(xy) \cdot x + (-\sin(xy)) \cdot x - \dfrac{1}{\cos^2(x+y)}$.

∴ $\dfrac{dy}{dx} = -\dfrac{\cos(xy) \cdot y + (-\sin(xy)) \cdot y - \dfrac{1}{\cos^2(x+y)}}{\cos(xy) \cdot x + (-\sin(xy)) \cdot x - \dfrac{1}{\cos^2(x+y)}}$

$= -\dfrac{y\cos^2(x+y)(\cos(xy) - \sin(xy)) - 1}{x\cos^2(x+y)(\cos(xy) - \sin(xy)) - 1}$.

(3) $x^y = y^x$ より，$f(x, y) = y\log x - x\log y$.

$f_x = \dfrac{y}{x} - \log y$, $f_y = \log x - \dfrac{x}{y}$.　∴ $\dfrac{dy}{dx} = -\dfrac{\dfrac{y}{x} - \log y}{\log x - \dfrac{x}{y}} = \dfrac{y^2 - xy\log y}{x^2 - xy\log x}$.

例題 10.1.21 次の問いに答えよ．
(1) $x^2 + y^2 = a^2 (a > 0)$ のとき，xy の極値を求めよ．
(2) $x^3 - 3xy + y^3 = 0$ のとき，$x^2 + y^2$ の極値を求めよ．

解 (1) $f(x, y, \lambda) = xy - \lambda(x^2 + y^2 - a^2)$ より，

$\begin{cases} f_x = y - \lambda(2x) = 0 \\ f_y = x - \lambda(2y) = 0 \\ f_\lambda = -(x^2 + y^2 - a^2) = 0 \end{cases}$ ・ $\begin{cases} x - 2\lambda y = 0 \\ y - 2\lambda x = 0 \end{cases}$ より，$\begin{array}{l} x^2 - 2\lambda xy = 0 \\ \underline{y^2 - 2\lambda xy = 0} \ (- \\ x^2 - y^2 = 0 \end{array}$　∴ $y = \pm x$.

$\begin{cases} y = \pm x \\ x^2 + y^2 = a^2 \end{cases}$ より，$x = \pm \dfrac{a}{\sqrt{2}}$.

よって，$\left(\dfrac{a}{\sqrt{2}}, \dfrac{a}{\sqrt{2}}\right)$, $\left(\dfrac{a}{\sqrt{2}}, -\dfrac{a}{\sqrt{2}}\right)$, $\left(-\dfrac{a}{\sqrt{2}}, \dfrac{a}{\sqrt{2}}\right)$, $\left(-\dfrac{a}{\sqrt{2}}, -\dfrac{a}{\sqrt{2}}\right)$.

xy の極大値は $\dfrac{a^2}{2}$, $\left(\left(\dfrac{a}{\sqrt{2}}, \dfrac{a}{\sqrt{2}}\right), \left(-\dfrac{a}{\sqrt{2}}, -\dfrac{a}{\sqrt{2}}\right)\text{のとき,}\right)$

xy の極小値は $-\dfrac{a^2}{2}$, $\left(\left(\dfrac{a}{\sqrt{2}}, \dfrac{a}{\sqrt{2}}\right), \left(-\dfrac{a}{\sqrt{2}}, -\dfrac{a}{\sqrt{2}}\right)\text{のとき,}\right)$

(この方法では極値が存在するかどうか，また極大値であるか，極小値であるかはすぐには分からない．その判定は別の方法によらねばならない．)

別解 ....

制約条件 $x^2 + y^2 = a^2$ より，y は x の関数とみなせるから，目的関数 $f(x,y) = xy$ も x の関数となり，$f(x,y) = F(x)$ の極値を求めることになる．

$x^2 + y^2 = a^2$ の両辺を x で微分すると，$2x + 2yy' = 0$ より，$y' = -\dfrac{x}{y}$,

$F'(x) = y + xy' = y + x \cdot \left(-\dfrac{x}{y}\right) = \dfrac{y^2 - x^2}{y} = 0$ より，$y = \pm x$.

$\therefore \begin{cases} y = \pm x \\ x^2 + y^2 = a^2 \end{cases}$ より，$x = \pm \dfrac{a}{\sqrt{2}}$.

これより，極値をとる可能性のある点は，

$\left(\dfrac{a}{\sqrt{2}}, \dfrac{a}{\sqrt{2}}\right)$, $\left(\dfrac{a}{\sqrt{2}}, -\dfrac{a}{\sqrt{2}}\right)$, $\left(-\dfrac{a}{\sqrt{2}}, \dfrac{a}{\sqrt{2}}\right)$, $\left(-\dfrac{a}{\sqrt{2}}, -\dfrac{a}{\sqrt{2}}\right)$.

これらの点で関数値が最大値であるか，最小値であるかの判定のため，

$F''(x) = \dfrac{(y^2-x^2)'y - (y^2-x^2)y'}{y^2} = \dfrac{2yy'-2x}{y} - \dfrac{(y^2-x^2)y'}{y^2} = 2y' - \dfrac{2x}{y}$

$= \dfrac{2yy'-2x}{y} - \dfrac{(y^2-x^2)y'}{y^2} = 2y' - \dfrac{2x}{y} = -\dfrac{4x}{y}$. $(\because F'(x) = (y^2-x^2)/y = 0.)$

$\left(\dfrac{a}{\sqrt{2}}, \dfrac{a}{\sqrt{2}}\right)$, $\left(-\dfrac{a}{\sqrt{2}}, -\dfrac{a}{\sqrt{2}}\right)$ のとき，$F'' = -4 < 0$ より 最大値は $\dfrac{a^2}{2}$,

$\left(\dfrac{a}{\sqrt{2}}, -\dfrac{a}{\sqrt{2}}\right)$, $\left(-\dfrac{a}{\sqrt{2}}, \dfrac{a}{\sqrt{2}}\right)$ のとき，$F'' = 4 > 0$ より 最小値は $-\dfrac{a^2}{2}$.

> **note** $f'(a) = 0$ で，区間 I に属するすべての x の値に対して常に，
> $f''(x) > 0$ のときは $f(a)$ は区間 I における最小値．
> $f''(x) < 0$ のときは $f(a)$ は区間 I における最大値．

別解 ....

制約条件 $x^2 + y^2 = a^2$ より $x = a\cos\theta$, $y = a\sin\theta$ とおく．これより目的関数は，

$xy = a^2\cos\theta\sin\theta = \dfrac{a^2}{2}\sin 2\theta$. $-1 \leqq \sin 2\theta \leqq 1$ より，$-\dfrac{a^2}{2} \leqq xy \leqq \dfrac{a^2}{2}$.

$\sin 2\theta = 1$ $(0 \leqq \theta < 2\pi)$ のとき，$\theta = \dfrac{\pi}{4}, \dfrac{5\pi}{4}$.

$\sin 2\theta = -1$ $(0 \leqq \theta < 2\pi)$ のとき，$\theta = \dfrac{3\pi}{4}, \dfrac{7\pi}{4}$.

よって，$\left(\dfrac{a}{\sqrt{2}}, \dfrac{a}{\sqrt{2}}\right)$, $\left(-\dfrac{a}{\sqrt{2}}, -\dfrac{a}{\sqrt{2}}\right)$ のとき，最大値 $\dfrac{a^2}{2}$,

$\left(\dfrac{a}{\sqrt{2}}, -\dfrac{a}{\sqrt{2}}\right)$, $\left(-\dfrac{a}{\sqrt{2}}, \dfrac{a}{\sqrt{2}}\right)$ のとき，最大値 $-\dfrac{a^2}{2}$．

別解

$$f(x,y) = \dfrac{xy}{x^2+y^2} \times a^2 = \dfrac{\dfrac{x}{y}}{\left(\dfrac{x}{y}\right)^2 + 1} \times a^2 \quad \text{（目的関数を } \dfrac{x^2+y^2}{a^2} = 1 \text{ で割っているた}$$

め，目的関数には影響なく制約条件が取り込める．）ここで，$\dfrac{x}{y} = t$ $(y \neq 0)$ とおくと，

$f = \dfrac{t}{t^2+1} \times a^2$．これを k とおくと，$\dfrac{t}{t^2+1} \times a^2 = k$．$kt^2 - a^2 t + k = 0$．$t$ は実数であ

るから $D = a^4 - 4k^2 \geqq 0$．　∴　$-\dfrac{a^2}{2} \leqq k \leqq \dfrac{a^2}{2}$．

$\begin{cases} xy = \dfrac{a^2}{2} \\ x^2 + y^2 = a^2 \end{cases}$ より $\left(\dfrac{a}{\sqrt{2}}, \dfrac{a}{\sqrt{2}}\right)$, $\left(-\dfrac{a}{\sqrt{2}}, -\dfrac{a}{\sqrt{2}}\right)$ のとき，最大値 $\dfrac{a^2}{2}$，

$\begin{cases} xy = -\dfrac{a^2}{2} \\ x^2 + y^2 = a^2 \end{cases}$ より $\left(\dfrac{a}{\sqrt{2}}, -\dfrac{a}{\sqrt{2}}\right)$, $\left(-\dfrac{a}{\sqrt{2}}, \dfrac{a}{\sqrt{2}}\right)$ のとき，最大値 $-\dfrac{a^2}{2}$．

(2) $f(x, y, \lambda) = x^2 + y^2 - \lambda(x^3 - 3xy + y^3)$ より，

$\begin{cases} f_x = 2x - \lambda(3x^2 - 3y) = 0 \\ f_y = 2y - \lambda(-3x + 3y^2) = 0 \\ f_\lambda = -(x^3 - 3xy + y^3) = 0 \end{cases}$．　$\begin{cases} 2x - 3\lambda(x^2 - y) = 0 \\ 2y - 3\lambda(-x + y^2) = 0 \end{cases}$ より，λ を消去する．

$2(-x+y^2)x - 3\lambda(-x+y^2)(x^2-y) = 0$
$\underline{2(x^2-y)y - 3\lambda(x^2-y)(-x+y^2) = 0}$ $(-$
$2(-x^2 + xy^2 - x^2 y + y^3) = 0$

$\begin{cases} -x^2 + xy^2 - x^2 y + y^3 = 0 \\ x^3 - 3xy + y^3 = 0 \end{cases}$ → $(x-y)(x+y+xy) = 0$ より，

$\begin{cases} y = x \\ x^3 - 3xy + y^3 = 0 \end{cases}$, $\begin{cases} x + y + xy = 0 \\ x^3 - 3xy + y^3 = 0 \end{cases}$．

$\begin{cases} y = x \\ x^3 - 3xy + y^3 = 0 \end{cases}$ より，極値をとる可能性がある点は，$(0,0)$, $\left(\dfrac{3}{2}, \dfrac{3}{2}\right)$．

次に，
$x^3 - 3xy + y^3 = x^3 + y^3 - 3xy = (x+y)^3 - 3x^2y - 3xy^2 - 3xy = (x+y)^3 - 3xy(x+y+1)$
$\qquad = (-xy)^3 - 3xy(-xy+1) = (-xy)\{(xy)^2 - 3xy + 3\}$
$\qquad = (-xy)\left\{\left(xy - \dfrac{3}{2}\right)^2 - \dfrac{9}{4} + 3\right\} = 0$

∴　$xy = 0$．
ここで，$x + y = -xy$ を用いた．これより，$(0, 0)$．
よって，$(0, 0)$ のとき，最小値 0．また $\left(\dfrac{3}{2}, \dfrac{3}{2}\right)$ のとき，極大値（最大値）$\dfrac{9}{2}$．

10.2 重積分

● 2 重積分と性質

- 関数 $f(x, y)$ は2次元の長方形領域 $D = \{(x, y) : a \leq x \leq b, c \leq y \leq d\}$ で有界であるとする. 領域 D を $m \times n$ 個の小長方形 D_{ij} に分割し, 各 D_{ij} の任意の点を (ξ_{ij}, η_{ij}), D_{ij} の面積を ω_{ij} とする.

  $m, n \to \infty$ のとき, $\max \omega_{ij} \to 0$ とする. $\displaystyle\lim_{m,n\to\infty} \sum_{i,j} f(\xi_{ij}, \eta_{ij}) \omega_{ij}$ が分割の仕方と (ξ_{ij}, η_{ij}) の取り方に無関係に定まるとき, $f(x, y)$ は D で積分可能であるといい, この極限を D における2重積分と呼び, $\displaystyle\iint_D f(x, y) \, dxdy$ と表す.

- 一般の閉領域 D において $f(x, y)$ が有界であるとする. D を含むような長方形の領域 D_1 を考えて,
$$F(x, y) = \begin{cases} f(x, y) & (D) \\ 0 & (D_1 - D) \end{cases}$$
である関数を作る.

  $F(x, y)$ が D_1 で積分可能であるならば, $f(x, y)$ は D で積分可能であるといい,

  $\displaystyle\iint_D f(x, y) \, dxdy = \iint_{D_1} F(x, y) \, dxdy$ と定める. (D_1 の取り方には無関係.)

  特に $f(x, y) = 1$ のとき, $\displaystyle\iint_D f(x, y) \, dxdy = \iint_D 1 \, dxdy = \iint_D dxdy$ が存在するならば D は面積確定であるといい, この値を D の面積と定義する.

- (i) $\displaystyle\iint_D \{k f(x, y) + l g(x, y)\} \, dxdy = k \iint_D f(x, y) \, dxdy + l \iint_D g(x, y) \, dxdy$, ($k, l$ は定数)

- (ii) $\displaystyle\iint_{D_1 + D_2} f(x, y) \, dxdy = \iint_{D_1} f(x, y) \, dxdy + \iint_{D_2} f(x, y) \, dxdy$, ($D_1, D_2$ は面積確定の領域)

- (iii) D で $f(x, y) \leq g(x, y)$ $\Rightarrow$ $\displaystyle\iint_D f(x, y) \, dxdy \leq \iint_D g(x, y) \, dxdy$.

  特に, $\displaystyle\left| \iint_D f(x, y) \, dxdy \right| \leq \iint_D |f(x, y)| \, dxdy$.

● 累次積分（逐次積分）

- y を固定して $f(x, y)$ を x だけの関数とみて, $\displaystyle\int_a^b f(x, y) \, dx$ を作ると y の関数である. これが y について積分可能であるとき, $\displaystyle\int_c^d \left(\int_a^b f(x, y) \, dx \right) dy$ のことを累次積分という. 次に, x を固定して $f(x, y)$ を y だけの関数とみて, $\displaystyle\int_c^d f(x, y) \, dy$ を作ると x の関数である. これが x について積分可能であるとき, $\displaystyle\int_a^b \left(\int_c^d f(x, y) \, dy \right) dx$ を累次積分という.

- 関数 $f(x, y)$ が D で連続 $\Rightarrow$ D における2重積分が存在して,
$$\iint_D f(x, y) \, dxdy = \int_c^d \left(\int_a^b f(x, y) \, dx \right) dy = \int_a^b \left(\int_c^d f(x, y) \, dy \right) dx.$$

- $a \leq x \leq b$ で $\varphi_1(x), \varphi_2(x)$ は連続, $a < x < b$ で $\varphi_1(x) < \varphi_2(x)$ とする.

第10章 2変数関数の微分・積分

直線 $x=a$, $x=b$; 曲線 $y=\varphi_1(x)$, $y=\varphi_2(x)$ で囲まれた領域を D とする．$D=\{(x,y)\,;\,a\leqq x\leqq b,\ \varphi_1(x)\leqq y\leqq \varphi_2(x)\}$．
D で $f(x,y)$ が連続であれば，

$$\iint_D f(x,y)\,dxdy = \int_a^b \left(\int_{\varphi_1(x)}^{\varphi_2(x)} f(x,y)\,dy\right)dx\,.$$

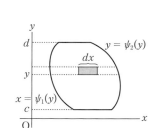

- $c\leqq y\leqq d$ で $\psi_1(y)$, $\psi_2(y)$ は連続，$c<y<d$ で $\psi_1(y)<\psi_2(y)$ とする．

直線 $y=c$, $y=d$; 曲線 $x=\psi_1(y)$, $x=\psi_2(y)$ で囲まれた領域を D とする．$D=\{(x,y)\,;\,c\leqq y\leqq d,\ \psi_1(y)\leqq x\leqq \psi_2(y)\}$．
D で $f(x,y)$ が連続であれば，

$$\iint_D f(x,y)\,dxdy = \int_c^d \left(\int_{\psi_1(y)}^{\psi_2(y)} f(x,y)\,dx\right)dy\,.$$

- （累次）積分の順序変更

領域 D は重複点をもたない連続な閉曲線 C によって囲まれており，面積確定である．

C は y 軸に平行な直線と高々 2 点で交わる．かつ，C は x 軸に平行な直線と高々 2 点で交わる．

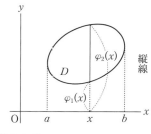
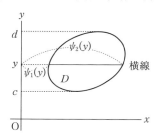

$f(x,y)$ は D で連続のとき，

$$\iint_D f(x,y)\,dxdy = \int_a^b \left(\int_{\varphi_1(x)}^{\varphi_2(x)} f(x,y)\,dy\right)dx = \int_c^d \left(\int_{\psi_1(y)}^{\psi_2(y)} f(x,y)\,dx\right)dy\,.$$

- $f(x,y)=\varphi(x)\phi(y)$ のように分離形になっていて，D が長方形領域 $a\leqq x\leqq b$, $c\leqq y\leqq d$ のとき，

$$\iint_D f(x,y)\,dxdy = \int_c^d \left\{\int_a^b f(x,y)\,dx\right\}dy = \int_a^b \varphi(x)\,dx \cdot \int_c^d \phi(y)\,dy$$

> **note** $f(x,y)$ が領域で連続でないとき，上記 2 つの性質が成り立たないことがある．

●変数変換

- $x=\varphi(u,v)$, $y=\psi(u,v)$ である変換で xy-平面の領域 D と xy-平面の領域 D' との間に 1 対 1 の対応が成り立ち，$\varphi(u,v)$, $\psi(u,v)$ は D' で第 1 次偏導関数まで連続，$f(x,y)$ は D で連続ならば，

$$\iint_D f(x,y)\,dxdy = \iint_{D'} f(\varphi(u,v),\psi(u,v))\,|J(u,v)|\,dudv\,.\ \ \text{ここで，}\ J(u,v)=\det\begin{pmatrix}\dfrac{\partial \varphi}{\partial u} & \dfrac{\partial \varphi}{\partial v}\\ \dfrac{\partial \psi}{\partial u} & \dfrac{\partial \psi}{\partial v}\end{pmatrix}.$$

- $x=r\cos\theta$, $y=r\sin\theta$ である極変換では，

$$\iint_D f(x,y)\,dxdy = \iint_{D'} f(r\cos\theta,r\sin\theta)\,rdrd\theta\,.$$

ここで，$J(r,\theta)=\det\begin{pmatrix}\dfrac{\partial x}{\partial r} & \dfrac{\partial x}{\partial \theta}\\ \dfrac{\partial y}{\partial r} & \dfrac{\partial y}{\partial \theta}\end{pmatrix}=\det\begin{pmatrix}\cos\theta & -r\sin\theta\\ \sin\theta & r\cos\theta\end{pmatrix}=r\,.$

● 広義積分

・面積確定な有界閉集合（領域）上で連続な関数には必ず積分が存在したが，広義積分は $z = f(x, y)$ が領域で有界でない場合，領域が有界でない場合，両場合が含まれている場合のいずれかであるが，いずれの場合も有界になるように数列を考え，その極限を用いて広義積分を計算する．

・A 内の有界な閉領域の列 $K_1, K_2, \cdots, K_n, \cdots$ が $K_1 \subset K_2 \subset \cdots \subset K_n \subset \cdots$ をみたし，A 内のどのような集合も必ず K_n に含まれるようにでき，また，$f(x, y)$ が各 K_n 上で積分可能で $\lim_{n \to \infty} \iint_{K_n} f(x, y) dx dy$ が存在するとき，$f(x, y)$ は A 上で積分可能であるといい，次のように定義する．$\iint_A f(x, y) dx dy = \lim_{n \to \infty} \iint_{K_n} f(x, y) dx dy$．

（$f(x, y) > 0$ とするとき，$\lim_{n \to \infty} \iint_{K_n} f(x, y) dx dy$ が収束する増加列 $\{K_n\}$ が少なくとも 1 つ存在すれば，広義積分は収束する．）

・ガウス積分 $\cdots$ $\int_{-\infty}^{\infty} e^{-ax^2} dx = \sqrt{\dfrac{\pi}{a}}$，$(a > 0)$．関数 e^{-ax^2} $(a > 0)$ の初等的な不定積分は得られない．

正規分布の確率密度関数，誤差関数（$\mathrm{erf}(x)$），場の量子論等に現れる重要な式．

● 面積・体積

・面積 $\cdots$ （有界閉）領域 $D = \{(x, y); a \leq x \leq b, \varphi_1(x) \leq y \leq \varphi_2(x)\}$ の面積は $S = \int_a^b \{\varphi_2(x) - \varphi_1(x)\} dx$ で与えられる．また，$\varphi_2(x) - \varphi_1(x) = \int_{y=\varphi_1(x)}^{y=\varphi_2(x)} dy$ より $S = \int_a^b \left(\int_{y=\varphi_1(x)}^{y=\varphi_2(x)} dy\right) dx = \int_a^b \int_{\varphi_1(x)}^{\varphi_2(x)} dy dx$ と重積分で表すことができる．（$S = \iint_D dx dy$）

・体積 $\cdots$ 曲面 $z = f(x, y)$，$z = g(x, y)$ が常に $f(x, y) \geq g(x, y)$ であるとき，領域 D 上の 2 つの曲面で囲まれる部分の体積 V は $V = \iint_D \{f(x, y) - g(x, y)\} dx dy$ で与えられる．

例題 10.2.1 次の閉領域 D を図示し，領域における積分 $\iint_D f(x, y) dx dy$ を $\int_\square^\square \left(\int_\square^\square f(x, y) dy\right) dx$ および $\int_\square^\square \left(\int_\square^\square f(x, y) dx\right) dy$ の形に表せ．ただし，$f(x, y)$ は連続関数とする．

(1) D：点 $(2, 1)$，$(2, 2)$，$(4, 1)$，$(4, 2)$ を頂点とする四角形の内部．
(2) D：点 $(2, 0)$，$(1, 1)$，$(-1, -1)$ を頂点とする三角形の内部．
(3) D：原点を中心とする半径 a の円の内部．
(4) D：放物線 $y = x^2$，直線 $x = 2$ および x 軸で囲まれた部分．

解 (1)

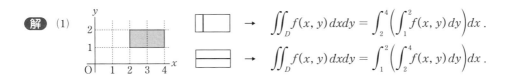

$\iint_D f(x, y) dx dy = \int_2^4 \left(\int_1^2 f(x, y) dy\right) dx$．

$\iint_D f(x, y) dx dy = \int_1^2 \left(\int_2^4 f(x, y) dy\right) dx$．

(2)

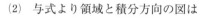

$$\iint_D f(x,y)\,dxdy = \int_1^2 \left(\int_{x-2}^{2-x} f(x,y)\,dy\right)dx.$$

$$\iint_D f(x,y)\,dxdy = \int_{-1}^0 \left(\int_1^{y+2} f(x,y)\,dx\right)dy + \int_0^1 \left(\int_1^{2-y} f(x,y)\,dx\right)dy.$$

(3)

$$\iint_D f(x,y)\,dxdy = \int_{-a}^a \left(\int_{-\sqrt{a^2-x^2}}^{\sqrt{a^2-x^2}} f(x,y)\,dy\right)dx.$$

$$\iint_D f(x,y)\,dxdy = \int_{-a}^a \left(\int_{-\sqrt{a^2-y^2}}^{\sqrt{a^2-y^2}} f(x,y)\,dx\right)dy.$$

(4)

$$\iint_D f(x,y)\,dxdy = \int_0^2 \left(\int_0^{x^2} f(x,y)\,dy\right)dx.$$

$$\iint_D f(x,y)\,dxdy = \int_0^4 \left(\int_{\sqrt{y}}^2 f(x,y)\,dy\right)dx.$$

例題 10.2.2 直線 $y=x$, $x=-2$ および x 軸で囲まれた領域 D における積分 $\iint_D f(x,y)\,dxdy = a$ とするとき,次の各積分を a を用いて表せ.ただし,$f(x,y)$ は連続関数とする.

(1) $\displaystyle\int_{-2}^0 \left(\int_x^0 f(x,y)\,dy\right)dx$

(2) $\displaystyle\int_{-2}^0 \left(\int_0^x f(x,y)\,dy\right)dx$

(3) $\displaystyle\int_{-2}^0 \left(\int_{-2}^y f(x,y)\,dx\right)dy$

(4) $\displaystyle\int_{-2}^0 \left(\int_y^{-2} f(x,y)\,dx\right)dy$

解 (1) 与式より領域と積分方向の図は (2) 与式より領域と積分方向の図は

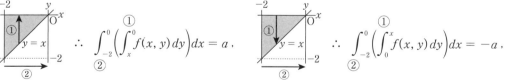

(3) 与式より領域と積分方向の図は (4) 与式より領域と積分方向の図は

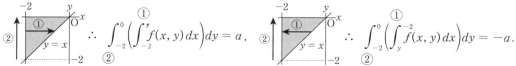

例題 10.2.3
$f(x,y)$ が連続関数であるとき，次の積分の順序を変更せよ．

(1) $\int_0^{\frac{1}{\sqrt{2}}}\left(\int_y^{\sqrt{1-y^2}} f(x,y)\,dx\right)dy$

(2) $\int_{-1}^1\left(\int_{\tan^{-1}x}^{\frac{\pi}{2}} f(x,y)\,dy\right)dx$

解 (1) 与式より領域と積分方向の図は

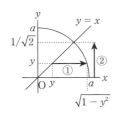 これより，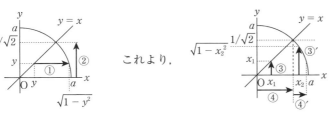

$$\therefore \int_0^{\frac{1}{\sqrt{2}}}\left(\int_y^{\sqrt{1-y^2}} f(x,y)\,dx\right)dy = \int_0^{\frac{1}{\sqrt{2}}}\left(\int_0^x f(x,y)\,dy\right)dx + \int_{\frac{1}{\sqrt{2}}}^1\left(\int_0^{\sqrt{1-x^2}} f(x,y)\,dy\right)dx.$$

(2) 与式より領域と積分方向の図は

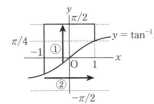 これより，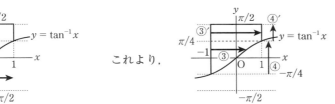

$$\therefore \int_{-1}^1\left(\int_{\tan^{-1}x}^{\frac{\pi}{2}} f(x,y)\,dy\right)dx = \int_{-\frac{\pi}{4}}^{\frac{\pi}{4}}\left(\int_{-1}^{\tan y} f(x,y)\,dx\right)dy + \int_{\frac{\pi}{4}}^{\frac{\pi}{2}}\left(\int_{-1}^1 f(x,y)\,dx\right)dy.$$

例題 10.2.4
$f(x,y)$ が連続関数であるとき，次の空欄をうめて式を完成せよ．

$$\int_0^2\left(\int_0^{\frac{1}{2}x^2} f(x,y)\,dy\right)dx + \int_2^3\left(\int_0^2 f(x,y)\,dy\right)dx + \int_3^5\left(\int_0^{-\frac{1}{4}(x-5)^3} f(x,y)\,dy\right)dx$$
$$= \int_{\boxed{3}}^{\boxed{4}}\left(\int_{\boxed{1}}^{\boxed{2}} f(x,y)\,dx\right)dy$$

解 左辺の第一式から
$D_1 = \left\{(x,y);\, 0 \leqq x \leqq 2,\, 0 \leqq y \leqq \frac{1}{2}x^2\right\}$,
第二式から $D_2 = \{(x,y)\,;\, 2 \leqq x \leqq 3,\, 0 \leqq y \leqq 2\}$,
第三式から
$D_3 = \left\{(x,y);\, 3 \leqq x \leqq 5,\, 0 \leqq y \leqq -\frac{1}{4}(x-5)^3\right\}$.
$y = \frac{1}{2}x^2$ より $x = \sqrt{2y}$，$y = -\frac{1}{4}(x-5)^3$ より $x = \sqrt[3]{-4y} + 5$.

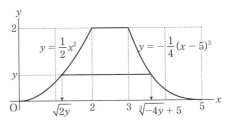

よって，① $\boxed{\sqrt{2y}}$，② $\boxed{\sqrt[3]{-4y+5}}$，③：$\boxed{0}$，④：$\boxed{2}$．

例題 10.2.5 次の領域 D を図示し，積分を計算せよ．

(1) $\iint_D xy\,dx\,dy$, $D = \{(x,y); 0 \le x \le 2, 0 \le y, x+y \le 3\}$.

(2) $\iint_D \dfrac{1}{1+x}dx\,dy$, $D = \{(x,y); x^2 - 4x \le y \le x\}$.

(3) $\iint_D \dfrac{1}{(x+1)\sqrt{y}}dx\,dy$, $D = \{(x,y); 0 \le y \le 1, 0 \le x \le \sqrt{y}\}$.

(4) $\iint_D \sqrt{x}\,dx\,dy$, $D = \{(x,y); 0 \le y \le \sqrt{x-x^2}\}$.

(5) $\iint_D \dfrac{1}{1+x^2}dx\,dy$, $D = \{(x,y); 0 \le y \le x \le a, a\text{ は定数}\}$.

(6) $\iint_D e^{-x}\cos y\,dx\,dy$, $D = \{(x,y); 0 \le x \le y \le \pi\}$.

(7) $\iint_D x\log(a^2 + x^2 + y^2)dx\,dy$, $D = \{(x,y); x^2 + y^2 \le a^2\}$.

解 (1) $\iint_D xy\,dx\,dy = \int_0^2 \left(\int_0^{3-x} xy\,dy\right)dx = \bigstar$,

$(\cdot) = \int_0^{3-x} xy\,dy = x\left[\dfrac{y^2}{2}\right]_{y=0}^{y=3-x} = \dfrac{1}{2}x(3-x)^2 = \dfrac{1}{2}(x^3 - 6x^2 + 9x)$,

$\bigstar = \dfrac{1}{2}\int_0^2 (x^3 - 6x^2 + 9x)dx = \dfrac{1}{2}\left[\dfrac{x^4}{4} - 2x^3 + \dfrac{9x^2}{2}\right]_0^2 = \dfrac{1}{2}(4 - 16 + 18) = 3$．

（横線領域にすると，領域を 2 つに分割しなければならない．）

(2) $\iint_D \dfrac{1}{1+x}dx\,dy = \int_0^5 \left(\int_{x^2-4x}^x \dfrac{1}{1+x}dy\right)dx = \bigstar$,

$(\cdot) = \int_{x^2-4x}^x \dfrac{1}{1+x}dy = \dfrac{1}{1+x}[y]_{y=x^2-4x}^{y=x} = \dfrac{1}{1+x}(x - (x^2 - 4x))$

$= \dfrac{1}{1+x}(5x - x^2) = -x + 6 - \dfrac{6}{1+x}$．

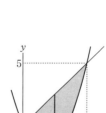

$\bigstar = \int_0^5\left(-x + 6 - \dfrac{6}{1+x}\right)dx = \left[-\dfrac{x^2}{2} + 6x - 6\log|1+x|\right]_0^5$

$= -\dfrac{25}{2} + 30 - 6\log 6 = \dfrac{35}{2} - 6\log 6$．

（横線領域にすると，領域を 2 つに分割しなければならない．）

(3) $\iint_D \dfrac{1}{(x+1)\sqrt{y}}dx\,dy = \int_0^1\left(\int_{x^2}^1 \dfrac{1}{(x+1)\sqrt{y}}dy\right)dx = \int_0^1\left(\dfrac{1}{x+1}\int_{x^2}^1 \dfrac{1}{\sqrt{y}}dy\right)dx = \bigstar$,

$\dfrac{1}{x+1}\int_{x^2}^1 \dfrac{1}{\sqrt{y}}dy = \dfrac{1}{x+1}[2\sqrt{y}]_{y=x^2}^{y=1} = \dfrac{2}{x+1}(1-x) = \dfrac{-2}{x+1}(x+1-2)$

$= -2 + \dfrac{4}{x+1}$,

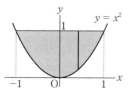

$\bigstar = \int_0^1\left(-2 + \dfrac{4}{x+1}\right)dx = [-2x + 4\log|x+1|]_0^1 = -2 + 4\log 2$

（横線領域でも，ほぼ同様にできる．）

(4) $\iint_D \sqrt{x}\,dxdy = \int_0^1 \left(\int_0^{\sqrt{x-x^2}} \sqrt{x}\,dy\right)dx = \int_0^1 \left(\sqrt{x}\int_0^{\sqrt{x-x^2}} dy\right)dx = $ ☆,

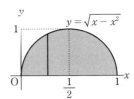

$(\cdot) = \sqrt{x}\int_0^{\sqrt{x-x^2}} dy = \sqrt{x}\,[y]_{y=0}^{y=\sqrt{x-x^2}} = \sqrt{x}\sqrt{x-x^2} = |x|\sqrt{1-x}$,

☆ $= \int_0^1 x\sqrt{1-x}\,dx = $ ◎, $1-x=t$ とおくと, $-dx = dt,\ t:1\to 0$

◎ $= \int_1^0 (1-t)\sqrt{t}\,(-1)dt = \int_0^1 (1-t)\sqrt{t}\,dt = \int_0^1 (\sqrt{t} - t\sqrt{t})dt = \left[\frac{2}{3}t\sqrt{t} - \frac{2}{5}t^2\sqrt{t}\right]_0^1$

$= \frac{2}{3} - \frac{2}{5} = \frac{4}{15}$. (横線領域にすると, 両端の関数が面倒.)

(5) $\iint_D \frac{1}{1+x^2}dxdy = \int_0^a \left(\int_0^x \frac{1}{1+x^2}dy\right)dx = \int_0^a \left(\frac{1}{1+x^2}\int_0^x dy\right)dx = $ ☆,

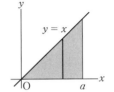

$(\cdot) = \frac{1}{1+x^2}\int_0^x dy = \frac{1}{1+x^2}[y]_{y=0}^{y=x} = \frac{x}{1+x^2}$

☆ $= \int_0^a \frac{x}{1+x^2}dx = \left[\frac{1}{2}\log(1+x^2)\right]_0^a = \frac{1}{2}\log(1+a^2)$.

(被積分関数の形状より縦線領域にした. 縦線領域にすると部分積分を使用するため計算が煩雑.)

(6) $\iint_D e^{-x}\cos y\,dxdy = \int_0^\pi \left(\int_0^y e^{-x}\cos y\,dx\right)dy = \int_0^\pi \left(\cos y \int_0^y e^{-x}dx\right)dy = $ ☆,

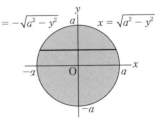

$(\cdot) = \cos y \int_0^y e^{-x}dx = \cos y\,[-e^{-x}]_{x=0}^{x=y} = (1-e^{-y})\cos y$

☆ $= \int_0^\pi (1-e^{-y})\cos y\,dy = \int_0^\pi \cos y\,dy - \int_0^\pi e^{-y}\cos y\,dy = I_1 - I_2$

$I_1 = \int_0^\pi \cos y\,dy = [\sin y]_0^\pi = 0$.

$I_2 = \int_0^\pi e^{-y}\cos y\,dy = [-e^{-y}\cos y]_0^\pi - \int_0^\pi e^{-y}\sin y\,dy$

$= e^{-\pi} + 1 - \left([-e^{-y}\sin y]_0^\pi + \int_0^\pi e^{-y}\cos y\,dy\right) = e^{-\pi} + 1 - I_2$. $\therefore\ I_2 = \frac{e^{-\pi}+1}{2}$

$\iint_D e^{-x}\cos y\,dxdy = -\frac{e^{-\pi}+1}{2}$. (縦線領域でも, ほぼ同様にできる.)

(7) $\iint_D x\log(a^2+x^2+y^2)dxdy$

$= \int_{-a}^{a}\left(\int_{-\sqrt{a^2-y^2}}^{\sqrt{a^2-y^2}} x\log(a^2+x^2+y^2)dx\right)dy = $ ☆,

$(\cdot) = \int_{-\sqrt{a^2-y^2}}^{\sqrt{a^2-y^2}} x\log(a^2+x^2+y^2)dx$. $x^2 + (a^2+y^2) = t$ とおくと,

$2xdx = dt,\ t:2a^2 \to 2a^2$ より $(\cdot) = 0$.

$(f(x) = x\log(a^2+x^2+y^2)$ とおくと, $f(-x) = -x\log(a^2+x^2+y^2) = -f(x)$ より $f(x)$ は

奇関数. したがって, $\int_{-a}^{a} f(x)dx = 0$. $\therefore\ (\cdot) = 0$.)

よって, $\iint_D x\log(a^2+x^2+y^2)dxdy = 0$. (縦線領域にすると計算が煩雑.)

第10章 2変数関数の微分・積分

例題 10.2.6 各領域 D から積分を計算しやすいように変数変換し，その変換より積分の値を求めよ．

(1) $\iint_D x\, dxdy$, $D = \{(x,y); 0 \leq 2x - y \leq 5,\ 0 \leq x + 2y \leq 5\}$.

(2) $\iint_D (x+y)^2 \sin(x-y)\, dxdy$, $D = \{(x,y); 0 \leq x+y \leq \pi,\ 0 \leq x-y \leq \pi\}$.

(3) $\iint_D \dfrac{1}{\sqrt{x^2+y^2}}\, dxdy$, $D = \{(x,y); x^2+y^2 \leq a^2,\ a\text{ は正の定数}\}$.

(4) $\iint_D \dfrac{1}{a^2+x^2+y^2}\, dxdy$, $D = \{(x,y); 0 \leq x,\ x^2+y^2 \leq a^2,\ a\text{ は正の定数}\}$.

(5) $\iint_D (x^2+y^2)\, dxdy$, $D = \left\{(x,y); \dfrac{x^2}{a^2}+\dfrac{y^2}{b^2} \leq 1,\ a, b\text{ は正の定数}\right\}$.

(6) $\iint_D x^2\, dxdy$, $D = \{(x,y); x \leq 1,\ y \leq 1,\ (x-1)^2+(y-1)^2 \leq 1\}$.

(7) $\iint_D \sqrt{x^2+y^2}\, dxdy$, $D = \{(x,y); x^2-ax+y^2 \leq 0,\ a\text{ は正の定数}\}$.

解 (1) $2x - y = u$, $x + 2y = v$ と変数変換すると，
$x = \dfrac{2u+v}{5}$, $y = \dfrac{-u+2v}{5}$.

$\therefore \widetilde{D} = \{(u,v); 0 \leq u \leq 5,\ 0 \leq v \leq 5\}$.

これより，

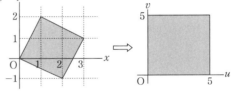

$J = \det\begin{pmatrix} \dfrac{\partial x}{\partial u} & \dfrac{\partial x}{\partial v} \\ \dfrac{\partial y}{\partial u} & \dfrac{\partial y}{\partial v} \end{pmatrix} = \begin{vmatrix} \dfrac{2}{5} & \dfrac{1}{5} \\ -\dfrac{1}{5} & \dfrac{2}{5} \end{vmatrix} = \dfrac{1}{5}$, $|J| = \dfrac{1}{5}$.

よって，与式 $= \iint_{\widetilde{D}} \dfrac{2u+v}{5} \cdot \dfrac{1}{5}\, dudv = \dfrac{1}{25}\int_0^5 \left(\int_0^5 (2u+v)\, du\right) dv = $ ☆，

$\int_0^5 (2u+v)\, du = [u^2+uv]_{u=0}^{u=5} = 25+5v$, $\therefore$ ☆ $= \dfrac{1}{25}\int_0^5 (25+5v)\, dv = \dfrac{1}{5}\left[5v+\dfrac{1}{2}v^2\right]_0^5 = \dfrac{15}{2}$.

(2) $x+y = u$, $x-y = v$ と変数変換すると，
$x = \dfrac{u+v}{2}$, $y = \dfrac{u-v}{2}$.

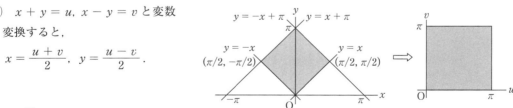

$\therefore \widetilde{D} = \{(u,v); 0 \leq u \leq \pi,\ 0 \leq v \leq \pi\}$.

これより，$J = \det\begin{pmatrix} \dfrac{\partial x}{\partial u} & \dfrac{\partial x}{\partial v} \\ \dfrac{\partial y}{\partial u} & \dfrac{\partial y}{\partial v} \end{pmatrix} = \begin{vmatrix} \dfrac{1}{2} & \dfrac{1}{2} \\ \dfrac{1}{2} & -\dfrac{1}{2} \end{vmatrix} = -\dfrac{1}{2}$, $|J| = \dfrac{1}{2}$.

よって，与式 $= \iint_{\widetilde{D}} u^2 \sin v \cdot \dfrac{1}{2}\, dudv = \dfrac{1}{2}\int_0^\pi \left(\int_0^\pi u^2 \sin v\, du\right) dv = \dfrac{1}{2}\left(\int_0^\pi u^2\, du\right)\left(\int_0^\pi \sin v\, dv\right)$

$= \dfrac{1}{2}\left(\int_0^\pi u^2\, du\right)\left(\int_0^\pi \sin v\, dv\right) = \dfrac{1}{2}\left[\dfrac{u^3}{3}\right]_0^\pi [-\cos v]_0^\pi = \dfrac{1}{2}\cdot\dfrac{\pi^3}{3}(-\cos\pi+\cos 0) = \dfrac{\pi^3}{3}$.

(3) $x = r\cos\theta$, $y = r\sin\theta$ と変数変換すると，

$\widetilde{D} = \{(r,\theta); 0 \leqq r \leqq a, 0 \leqq \theta \leqq 2\pi\}$. これより,

$$J = \det\begin{pmatrix} \dfrac{\partial x}{\partial r} & \dfrac{\partial x}{\partial \theta} \\ \dfrac{\partial y}{\partial r} & \dfrac{\partial y}{\partial \theta} \end{pmatrix} = \begin{vmatrix} \cos\theta & -r\sin\theta \\ \sin\theta & r\cos\theta \end{vmatrix} = r, \quad |J| = r.$$

よって,　与式 $= \displaystyle\iint_{\widetilde{D}} \dfrac{1}{r} r\,dr\,d\theta = \iint_{\widetilde{D}} dr\,d\theta = \left(\int_0^a dr\right)\left(\int_0^{2\pi} d\theta\right) = 2\pi a.$

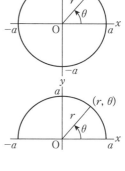

(4) $x = r\cos\theta,\ y = r\sin\theta$ と変数変換すると,
$\widetilde{D} = \{(r,\theta); 0 \leqq r \leqq a, 0 \leqq \theta \leqq \pi\}$. これより,

$$J = \det\begin{pmatrix} \dfrac{\partial x}{\partial r} & \dfrac{\partial x}{\partial \theta} \\ \dfrac{\partial y}{\partial r} & \dfrac{\partial y}{\partial \theta} \end{pmatrix} = \begin{vmatrix} \cos\theta & -r\sin\theta \\ \sin\theta & r\cos\theta \end{vmatrix} = r, \quad |J| = r.$$

よって,　与式 $= \displaystyle\iint_{\widetilde{D}} \dfrac{1}{a^2+r^2} r\,dr\,d\theta = \iint_{\widetilde{D}} \dfrac{r}{a^2+r^2} dr\,d\theta = \left(\int_0^a \dfrac{r}{a^2+r^2} dr\right)\left(\int_0^{\pi} d\theta\right)$

$= \dfrac{\pi}{2}[\log(a^2+r^2)]_0^a = \dfrac{\pi}{2}[\log(a^2+r^2)]_0^a = \dfrac{\pi}{2}(\log(2a^2) - \log(a^2))$

$= \dfrac{\pi}{2}\log\dfrac{2a^2}{a^2} = \dfrac{\pi}{2}\log 2.$

(5) $\left(\dfrac{x}{a}\right)^2 + \left(\dfrac{y}{b}\right)^2 = 1$ より, $\dfrac{x}{a} = r\cos\theta,\ \dfrac{y}{b} = r\sin\theta$ と変数変換すると,
$x = ar\cos\theta,\ y = br\sin\theta.\quad \therefore \widetilde{D} = \{(r,\theta); 0 \leqq r \leqq 1, 0 \leqq \theta \leqq 2\pi\}$

$$J = \det\begin{pmatrix} \dfrac{\partial x}{\partial r} & \dfrac{\partial x}{\partial \theta} \\ \dfrac{\partial y}{\partial r} & \dfrac{\partial y}{\partial \theta} \end{pmatrix} = \begin{vmatrix} a\cos\theta & -ar\sin\theta \\ b\sin\theta & br\cos\theta \end{vmatrix} = abr, \quad |J| = abr.$$

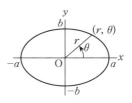

よって,

与式 $= \displaystyle\iint_{\widetilde{D}} (a^2 r^2 \cos^2\theta + b^2 r^2 \sin^2\theta) abr\,dr\,d\theta$

$= ab\displaystyle\int_0^{2\pi}\left(\int_0^1 r^3(a^2\cos^2\theta + b^2\sin^2\theta)dr\right)d\theta = ab\left(\int_0^1 r^3 dr\right)\left(\int_0^{2\pi}(a^2\cos^2\theta + b^2\sin^2\theta)d\theta\right)$

$= \dfrac{ab}{4}\displaystyle\int_0^{2\pi}(a^2\cos^2\theta + b^2\sin^2\theta)d\theta = \dfrac{ab}{4}\int_0^{2\pi}\left(a^2\dfrac{1+\cos 2\theta}{2} + b^2\dfrac{1-\cos 2\theta}{2}\right)d\theta$

$= \dfrac{ab}{8}\displaystyle\int_0^{2\pi}\{(a^2+b^2) + (a^2-b^2)\cos 2\theta\}d\theta = \dfrac{ab}{8}\left[(a^2+b^2)\theta + (a^2-b^2)\dfrac{1}{2}\sin 2\theta\right]_0^{2\pi}$

$= \dfrac{\pi}{4}ab(a^2+b^2).$

(6) $x - 1 = r\cos\theta,\ y - 1 = r\sin\theta$ と変数変換すると,
$\widetilde{D} = \left\{(r,\theta); 0 \leqq r \leqq 1, \pi \leqq \theta \leqq \dfrac{3}{2}\cdot\pi\right\}$.

これより, $J = \det\begin{pmatrix} \dfrac{\partial x}{\partial r} & \dfrac{\partial x}{\partial \theta} \\ \dfrac{\partial y}{\partial r} & \dfrac{\partial y}{\partial \theta} \end{pmatrix} = \begin{vmatrix} \cos\theta & -r\sin\theta \\ \sin\theta & r\cos\theta \end{vmatrix} = r, \quad |J| = r.$

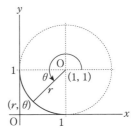

よって,

与式 $= \displaystyle\iint_{\widetilde{D}} (r\cos\theta + 1)^2 r\,dr\,d\theta = \int_{\pi}^{\frac{3}{2}\pi}\left\{\int_0^1 (r^3\cos^2\theta + 2r^2\cos\theta + r)\,dr\right\}d\theta = ☆,$

$$\{\cdot\} = \int_0^1 (r^3\cos^2\theta + 2r^2\cos\theta + r)dr = \left[\frac{r^4}{4}\cos^2\theta + 2\frac{r^3}{3}\cos\theta + \frac{r^2}{2}\right]_{r=0}^{r=1}$$

$$= \frac{1}{4}\cos^2\theta + \frac{2}{3}\cos\theta + \frac{1}{2},$$

$$☆ = \int_\pi^{\frac{3}{2}\pi}\left(\frac{1}{4}\cos^2\theta + \frac{2}{3}\cos\theta + \frac{1}{2}\right)d\theta = \int_\pi^{\frac{3}{2}\pi}\left(\frac{1}{4}\cdot\frac{1+\cos 2\theta}{2} + \frac{2}{3}\cos\theta + \frac{1}{2}\right)d\theta$$

$$= \left[\frac{1}{8}\cdot\left(\theta + \frac{\sin 2\theta}{2}\right) + \frac{2}{3}\sin\theta + \frac{1}{2}\theta\right]_\pi^{\frac{3}{2}\pi}$$

$$= \frac{1}{8}\left(\frac{3}{2}\pi - \pi\right) + \frac{2}{3}\left(\sin\frac{3}{2}\pi - \sin\pi\right) + \frac{1}{2}\left(\frac{3}{2}\pi - \pi\right) = \frac{5}{16}\pi - \frac{2}{3}.$$

(7) $x = r\cos\theta,\ y = r\sin\theta$ と変数変換すると,

$$J = \det\begin{pmatrix}\frac{\partial x}{\partial r} & \frac{\partial x}{\partial \theta}\\ \frac{\partial y}{\partial r} & \frac{\partial y}{\partial \theta}\end{pmatrix} = \begin{vmatrix}\cos\theta & -r\sin\theta\\ \sin\theta & r\cos\theta\end{vmatrix} = r,\ |J| = r.$$

xy平面上の方程式 $x^2 - ax + y^2 = 0$ を極方程式 $r = f(\theta)$ にする.
$x^2 + y^2 = ax$ より $x^2 + y^2 = r^2$ であるから $r^2 = ar\cos\theta$.
したがって, 与えられた円の極方程式は $r = a\cos\theta$.
$\therefore\ \widetilde{D} = \left\{(r,\theta);\ 0 \leqq r \leqq a\cos\theta, -\frac{\pi}{2} \leqq \theta \leqq \frac{\pi}{2}\right\}.$

与式 $= \iint_{\widetilde{D}} r\,rdrd\theta = \int_{-\frac{\pi}{2}}^{\frac{\pi}{2}}\left(\int_0^{a\cos\theta} r^2 dr\right)d\theta = ☆,\ (\cdot) = \int_0^{a\cos\theta} r^2 dr = \left[\frac{r^3}{3}\right]_0^{a\cos\theta} = \frac{a^3\cos^3\theta}{3}.$

$$☆ = \frac{a^3}{3}\int_{-\frac{\pi}{2}}^{\frac{\pi}{2}}\cos^3\theta d\theta = \frac{a^3}{3}\int_{-\frac{\pi}{2}}^{\frac{\pi}{2}}\cos^2\theta\cos\theta d\theta = \frac{a^3}{3}\int_{-\frac{\pi}{2}}^{\frac{\pi}{2}}(1-\sin^2\theta)\cos\theta\,d\theta = ◎.$$

ここで, $\sin\theta = t$ とおくと, $\cos\theta d\theta = dt.\ t; -1 \to 1$ であるから,

$$◎ = \frac{a^3}{3}\int_{-1}^1 (1-t^2)dt = \frac{2a^3}{3}\left[t - \frac{t^3}{3}\right]_0^1 = \frac{4}{9}a^3.$$

例題 10.2.7 括弧内に指定された変数変換を行って次の積分を計算せよ.

(1) $\displaystyle\iint_D \sin\frac{\pi x}{x+y}dxdy,\ D = \{(x,y);\ 0 \leqq x, 0 \leqq y, x+y \leqq 2\pi\},\ (x = st, y = s(\pi - t)).$

(2) $\displaystyle\iint_D \log(6 + x + 2y^2)dxdy,\ D = \left\{(x,y); \left(\frac{x}{2} + y^2\right)^2 \leqq y \leqq 1\right\},\ (x = 2u - 2v^2,\ y = v).$

解 (1) ($x + y = \pi s$ とおき, $\frac{\pi x}{x+y} = \frac{\pi x}{\pi s} = \frac{x}{s} = t$ とおくと, $x = st,\ y = s(\pi - t).$)

$0 \leqq x + y = \pi s \leqq 2\pi$ より, $0 \leqq s \leqq 2.$
$0 \leqq x = st,\ 0 \leqq y = s(\pi - t)$ より, $s^2 t(\pi - t) \geqq 0.$ したがって, $t(\pi - t) \geqq 0.$
$\therefore\ 0 \leqq t \leqq \pi.$ これより, $\widetilde{D} = \{(s,t);\ 0 \leqq s \leqq 2,\ 0 \leqq t \leqq \pi\}.$

また, $J = \det\begin{pmatrix}\frac{\partial x}{\partial s} & \frac{\partial x}{\partial t}\\ \frac{\partial y}{\partial s} & \frac{\partial y}{\partial t}\end{pmatrix} = \begin{vmatrix}t & s\\ \pi - t & -s\end{vmatrix} = -st - s(\pi - t) = -\pi s,\ |J| = \pi s.$

よって, $\displaystyle\iint_D \sin\frac{\pi x}{x+y}dxdy = \int_0^2\left(\pi s\int_0^\pi \sin t\,dt\right)ds = \int_0^2 2\pi s\,ds = 4\pi.$

(2) $\left(\dfrac{x}{2}+y^2\right)^2 \leqq y$ より，$\dfrac{x}{2}+y^2 = u,\ y = v$ とおくと，$x = 2u - 2v^2,\ y = v.$)

$((x = u - 2v^2,\ y = v)$ とおいても可.$)$

$\therefore\ \widetilde{D} = \{(u,\ v);\ u^2 \leqq v \leqq 1\}.$

また，$J = \det\begin{pmatrix}\dfrac{\partial x}{\partial u} & \dfrac{\partial x}{\partial v} \\ \dfrac{\partial y}{\partial u} & \dfrac{\partial y}{\partial v}\end{pmatrix} = \begin{vmatrix} 2 & -4v \\ 0 & 1 \end{vmatrix} = 2,\ |J| = 2.$

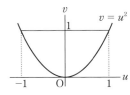

したがって，与式 $= \iint_{\widetilde{D}} \log(6 + 2u) 2 du dv = \int_{-1}^{1}\left(\int_{u^2}^{1} 2\log(6 + 2u) dv\right) du$

$= \int_{-1}^{1} 2(1 - u^2)\log(6 + 2u) du$

$= 2\int_{-1}^{1} \log(6 + 2u) du - 2\int_{-1}^{1} u^2 \log(6 + 2u) du = 2I_1 - 2I_2,$

$I_1 = \int_{-1}^{1} \log(6 + 2u) du = [u\log(6 + 2u)]_{-1}^{1} - \int_{-1}^{1} \dfrac{2u}{6 + 2u} du = \log 32 - \int_{-1}^{1}\left(1 - \dfrac{3}{3 + u}\right) du$

$= \log 32 - [u - 3\log(u + 3)]_{-1}^{1} = 5\log 2 - 2 + 3\log 2 = 8\log 2 - 2,$

$I_2 = \int_{-1}^{1} u^2 \log(6 + 2u) du = \left[\dfrac{u^3}{3}\log(6 + 2u)\right]_{-1}^{1} - \int_{-1}^{1} \dfrac{u^3}{3}\dfrac{1}{3 + u} du = \dfrac{5}{3}\log 2 - \dfrac{1}{3}\int_{-1}^{1}\dfrac{u^3}{3 + u} du$

$= \dfrac{5}{3}\log 2 - \dfrac{1}{3}\int_{-1}^{1}\left(u^2 - 3u + 9 - \dfrac{27}{3 + u}\right) du$

$= \dfrac{5}{3}\log 2 - \dfrac{1}{3}\left[\dfrac{u^3}{3} - \dfrac{3}{2}u^2 + 9u - 27\log(3 + u)\right]_{-1}^{1}$

$= \dfrac{5}{3}\log 2 - \dfrac{1}{3}\left(\dfrac{2}{3} + 18 - 27\log 2\right) = \dfrac{5}{3}\log 2 - \dfrac{2}{9} - 6 + 9\log 2 = \dfrac{32}{3}\log 2 - \dfrac{56}{9},$

よって，

$\iint_{D} \log(6 + x + 2y^2) dx dy = 2I_1 - 2I_2 = 2(8\log 2 - 2) - 2\left(\dfrac{32}{3}\log 2 - \dfrac{56}{9}\right) = \dfrac{76}{9} - \dfrac{16}{3}\log 2.$

例題 10.2.8 広義積分 $\displaystyle\int_{0}^{\infty}\left(\int_{0}^{\infty}\dfrac{1}{(1 + x^2)(1 + y^2)} dx\right) dy$ を計算せよ.

解 $D_n = \{(x, y);\ 0 \leqq x \leqq s_n,\ 0 \leqq y \leqq t_n\}$ とし,

$0 < s_1 < \cdots < s_k < \cdots < s_n < \cdots,\quad 0 < t_1 < \cdots < t_k < \cdots < t_n < \cdots,$

とすると，$D_1 \subset \cdots \subset D_k \subset \cdots \subset D_n \subset \cdots.$

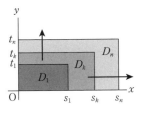

$\displaystyle\iint_{D_n} \dfrac{1}{(1 + x^2)(1 + y^2)} dx dy = \int_{0}^{t_n}\left(\int_{0}^{s_n} \dfrac{1}{(1 + x^2)(1 + y^2)} dx\right) dy$

$= \left(\int_{0}^{t_n}\dfrac{1}{1 + y^2} dy\right)\left(\int_{0}^{s_n}\dfrac{1}{1 + x^2} dx\right)$

($\because$ 領域が矩形で被積分関数が分離できる.)

$\therefore\ \displaystyle\int_{0}^{\infty}\left(\int_{0}^{\infty}\dfrac{1}{(1 + x^2)(1 + y^2)} dx\right) dy = \left(\lim_{n \to \infty}\int_{0}^{t_n}\dfrac{1}{1 + y^2} dy\right)\left(\lim_{n \to \infty}\int_{0}^{s_n}\dfrac{1}{1 + x^2} dx\right)$

$= \left(\lim_{n \to \infty}\tan^{-1} t_n\right)\left(\lim_{n \to \infty}\tan^{-1} s_n\right) = \left(\dfrac{\pi}{2}\right)^2$

例題 10.2.9
曲線 $y=x^2$ と曲線 $y=\sqrt{x}$ に囲まれる面積を重積分で求めよ.

解 2曲線の交点の x 座標を求める.
$x^2 - \sqrt{x} = \sqrt{x}(x\sqrt{x} - 1) = \sqrt{x}(\sqrt{x}-1)(x+\sqrt{x}+1) = 0$ より,
$x = 0, 1$. 領域は $D = \{(x,y); x^2 \leqq y \leqq x, \ (0 \leqq x \leqq 1)\}$.

$\therefore \ S = \iint_D dxdy = \int_0^1 \left(\int_{x^2}^{\sqrt{x}} dy\right) dx = \int_0^1 \left([y]_{x^2}^{\sqrt{x}}\right) dx = \int_0^1 (\sqrt{x} - x^2) dx$

$= \left[\dfrac{2}{3}x\sqrt{x} - \dfrac{1}{3}x^3\right]_0^1 = \dfrac{1}{3}.$

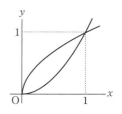

例題 10.2.10
xy-平面における集合 D の面密度を $\mu(x,y)$ とするとき, D の質量 M と重心 $G(x_0, y_0)$ は次の式で与えられる.

$$M = \iint_D \mu(x,y) dxdy, \quad x_0 = \frac{1}{M}\iint_D x\mu(x,y) dxdy, \quad y_0 = \frac{1}{M}\iint_D y\mu(x,y) dxdy.$$

次のような集合 D の重心を求めよ. ただし, a, b は定数とする.
(1) $D: 0 \leqq x \leqq a, \ 0 \leqq y \leqq b, \ \mu(x,y) = x+y.$
(2) $D: x^2 \leqq y \leqq b, \ \mu(x,y) = a.$

解 (1) $M = \iint_D (x+y) dxdy = \int_0^b \left(\int_0^a (x+y) dx\right) dy = \int_0^b \left(\dfrac{a^2}{2} + ay\right) dy$

$= \left[\dfrac{a^2}{2} y + \dfrac{a}{2} y^2\right]_0^b = \dfrac{1}{2} ab(a+b).$

$\iint_D x(x+y) dxdy = \int_0^b \left(\int_0^a (x^2+xy) dx\right) dy = \int_0^b \left(\dfrac{a^3}{3} + \dfrac{a^2}{2} y\right) dy = \left[\dfrac{a^3}{3} y + \dfrac{a^2}{4} y^2\right]_0^b$

$= a^2 b \left(\dfrac{a}{3} + \dfrac{b}{4}\right).$

$\because \ \int_0^a (x^2 + xy) dx = \left[\dfrac{x^3}{3} + \dfrac{x^2}{2} y\right]_{x=0}^{x=a} = \dfrac{a^3}{3} + \dfrac{a^2}{2} y, \quad \therefore \ x_0 = \dfrac{2a}{a+b}\left(\dfrac{a}{3} + \dfrac{b}{4}\right).$

$\iint_D y(x+y) dxdy = \int_0^b \left(\int_0^a (xy+y^2) dx\right) dy = \int_0^b \left(\dfrac{a^2}{2} y + ay^2\right) dy = \left[\dfrac{a^2}{4} y^2 + \dfrac{a}{3} y^3\right]_0^b$

$= ab^2 \left(\dfrac{a}{4} + \dfrac{b}{3}\right).$

$\because \ \int_0^a (xy + y^2) dx = \left[\dfrac{x^2}{2} y + xy^2\right]_{x=0}^{x=a} = \dfrac{a^2}{2} y + ay^2, \quad \therefore \ y_0 = \dfrac{2b}{a+b}\left(\dfrac{a}{4} + \dfrac{b}{3}\right).$

よって, 重心の座標は $G(x_0, y_0) = \left(\dfrac{2a}{a+b}\left(\dfrac{a}{3} + \dfrac{b}{4}\right), \ \dfrac{2b}{a+b}\left(\dfrac{a}{4} + \dfrac{b}{3}\right)\right).$

(2) $M = \iint_D adxdy = a\int_{-\sqrt{b}}^{\sqrt{b}} \left(\int_{x^2}^{b} dy\right) dx = a\int_{-\sqrt{b}}^{\sqrt{b}} (b-x^2) dx = 2a\int_0^{\sqrt{b}} (b-x^2) dx$

$= 2a\left[bx - \dfrac{x^3}{3}\right]_0^{\sqrt{b}} = \dfrac{4}{3} ab\sqrt{b}.$

$\iint_D axdxdy = a\int_{-\sqrt{b}}^{\sqrt{b}} \left(x\int_{x^2}^b dy\right) dx = a\int_{-\sqrt{b}}^{\sqrt{b}} x(b-x^2) dx = 0. \ (\because \text{奇関数})$

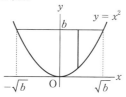

$$\iint_D aydxdy = a\int_{-\sqrt{b}}^{\sqrt{b}}\left(\int_{x^2}^{b}ydy\right)dx = a\int_{-\sqrt{b}}^{\sqrt{b}}\left(\frac{b^2}{2}-\frac{x^4}{2}\right)dx = 2a\int_0^{\sqrt{b}}\left(\frac{b^2}{2}-\frac{x^4}{2}\right)dx \quad (\because \text{偶関数})$$

$$= a\left[b^2x - \frac{x^5}{5}\right]_0^{\sqrt{b}} = \frac{4}{5}ab^2\sqrt{b}, \qquad \therefore \quad y_0 = \frac{3}{5}b.$$

よって，重心の座標は $G(x_0, y_0) = \left(0, \dfrac{3}{5}b\right)$.

例題 10.2.11 2つの円柱 $x^2+y^2 \leqq a^2$, $x^2+z^2 \leqq a^2 (a>0)$ の共通な部分の体積を重積分で求めよ．

解 対称性を考慮して $x \geqq 0$, $y \geqq 0$, $z \geqq 0$ で考える．

この領域での体積は $\dfrac{1}{8}$ であり，被積分関数は $z=\sqrt{a^2-x^2}$ で積分領域は $D = \{(x,y)\,;\,0 \leqq x,\ 0 \leqq y,\ x^2+y^2 \leqq a^2\}$ であるから，

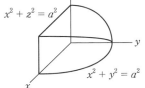

$$V = 8\iint_D \{\sqrt{a^2-x^2}-0\}dxdy = 8\int_0^a\left(\int_0^{\sqrt{a^2-x^2}}\sqrt{a^2-x^2}\,dy\right)dx$$

$$= 8\int_0^a\left(\sqrt{a^2-x^2}[y]_0^{\sqrt{a^2-x^2}}\right)dx = 8\int_0^a(a^2-x^2)dx = 8\left[a^2x-\frac{1}{3}x^3\right]_0^a = \frac{16}{3}a^3.$$

例題 10.2.12 定理（積分記号下の微分）を用いて次の積分を計算せよ．

「定理（積分記号下の微分）；$f(x,y)$, $f_y(x,y)$ が $D = \{(x,y)\,;\,a \leqq x \leqq b,\ c \leqq y \leqq d\}$ で連続ならば次の等式が成り立つ： $\dfrac{d}{dy}\int_a^b f(x,y)dx = \int_a^b \dfrac{\partial}{\partial y}f(x,y)dx$．」

(1) $\displaystyle\int_0^1 xe^{sx}dx$ \qquad (2) $\displaystyle\int_0^b \frac{x}{(1+sx)^2}dx$

(3) $\displaystyle\int_0^1 x^s\log x\,dx$ を求め，これを利用して $\displaystyle\int_0^1 x(\log x)^n dx$ を求めよ．

解 与えられた積分を $\displaystyle\int_a^b \dfrac{\partial}{\partial y}f(x,y)dx$ と見なすと，$\dfrac{\partial}{\partial y}f(x,y)$ が既知であるから $f(x,y)$ を求め，次に $\displaystyle\int_a^b f(x,y)dx$ を求め，最終的に微分 $\dfrac{d}{dy}\int_a^b f(x,y)dx$ を計算する．

部分積分を用いて計算する問題が，微分を用いて計算できることを示している．

(1) $\displaystyle\int_0^1 xe^{sx}dx = \int_0^1 \dfrac{\partial}{\partial s}f(x,s)dx$ とおくと，$\dfrac{\partial}{\partial s}f(x,s) = xe^{sx}$. これより，$f(x,s) = e^{sx}$.

$\displaystyle\int_0^1 e^{sx}dx = \left[\dfrac{1}{s}e^{sx}\right]_{x=0}^{x=1} = \dfrac{1}{s}(e^s-1)$．

よって，$\displaystyle\int_0^1 xe^{sx}dx = \int_0^1 \dfrac{\partial}{\partial s}e^{sx}dx = \dfrac{d}{ds}\int_0^1 e^{sx}dx = \dfrac{d}{ds}\left\{\dfrac{1}{s}(e^s-1)\right\} = -\dfrac{1}{s^2}(e^s-1) + \dfrac{1}{s}e^s$.

(2) $\dfrac{\partial}{\partial s}f(x,s) = \dfrac{x}{(1+sx)^2}$ より，$f(x,s) = \dfrac{-1}{1+sx}$．

$\displaystyle\int_0^b \dfrac{1}{1+sx}dx = \left[\dfrac{1}{s}\log|1+sx|\right]_{x=0}^{x=b} = \dfrac{1}{s}\log|1+bs|$．

よって，

$$\int_0^b \frac{x}{(1+sx)^2}dx = \int_0^b \frac{\partial}{\partial s}\frac{-1}{1+sx}dx = \frac{d}{ds}\int_0^b \frac{-1}{1+sx}dx = -\frac{d}{ds}\left(\frac{1}{s}\log|1+bs|\right)$$

$$= \frac{1}{s^2}\log|1+bs| - \frac{1}{s}\frac{b}{1+bs}.$$

(3) $\dfrac{d}{dx}a^x = a^x\log a$ であることから, $\dfrac{\partial}{\partial s}f(x,s) = x^s\log x$ より, $f(x,s) = x^s$.

$$\int_0^1 x^s dx = \left[\frac{1}{1+s}x^{s+1}\right]_{x=0}^{x=1} = \frac{1}{1+s}.$$

よって, $\displaystyle\int_0^1 x^s\log x dx = \int_0^1 \frac{\partial}{\partial s}x^s dx = \frac{d}{ds}\int_0^1 x^s dx = \frac{d}{ds}\frac{1}{1+s} = -\frac{1}{(1+s)^2}.$

次に, $\dfrac{\partial^n}{\partial s^n}x^s = x^s(\log x)^n$ であるから,

$$\int_0^1 x^s(\log x)^n dx = \int_0^1 \frac{\partial^n}{\partial s^n}x^s dx = \frac{d^n}{ds^n}\int_0^1 x^s dx = \frac{d^n}{ds^n}\frac{1}{1+s} = (-1)^n\frac{n!}{(1+s)^{n+1}}.$$

ここで, $s=1$ とおくと, $\displaystyle\int_0^1 x(\log x)^n dx = (-1)^n\frac{n!}{2^{n+1}}.$

例題 10.2.13

(1) 定理(積分記号下の微分)と積分 $\displaystyle\int_0^\infty \frac{dx}{x^2+s} = \frac{1}{\sqrt{s}}\left[\tan^{-1}\frac{x}{\sqrt{s}}\right]_{x=0}^{x=\infty} = \frac{1}{\sqrt{s}}\cdot\frac{\pi}{2}\ (s>0)$ を用いて, $\displaystyle\int_0^\infty \frac{dx}{(x^2+s)^2}, (s>0)$ を求めよ.

(2) 積分 $\displaystyle\int_0^{\frac{\pi}{2}}\frac{dx}{(a^2\cos^2 x + b^2\sin^2 x)^2}, (a,b>0)$ を $\tan x = t$ とおき(1)を用いて計算せよ.

解 (1) $\dfrac{d}{ds}\displaystyle\int_0^\infty \frac{dx}{x^2+s} = \int_0^\infty \frac{\partial}{\partial s}\left(\frac{1}{x^2+s}\right)dx = \int_0^\infty \frac{-1}{(x^2+s)^2}dx$,

また, $\dfrac{d}{ds}\displaystyle\int_0^\infty \frac{dx}{x^2+s} = \frac{d}{ds}\left(\frac{1}{\sqrt{s}}\cdot\frac{\pi}{2}\right) = \left(-\frac{1}{2}\right)\cdot\frac{1}{s\sqrt{s}}\cdot\frac{\pi}{2}.$

よって, $\displaystyle\int_0^\infty \frac{1}{(x^2+s)^2}dx = \frac{\pi}{4}\cdot\frac{1}{s\sqrt{s}}.$

(2) 与式 $= \displaystyle\int_0^{\frac{\pi}{2}}\frac{1}{\cos^4 x}\cdot\frac{1}{(a^2+b^2\tan^2 x)^2}dx = \int_0^{\frac{\pi}{2}}\frac{1}{\cos^2 x}\cdot\frac{1}{(a^2+b^2\tan^2 x)^2}\cdot\frac{1}{\cos^2 x}dx = ☆,$

ここで, $\tan x = t$ とおくと $\dfrac{1}{\cos^2 x}dx = dt$, $\begin{array}{c|c} x & 0 \to \pi/2 \\ \hline t & 0 \to \infty \end{array}$, $1+\tan^2 x = \dfrac{1}{\cos^2 x}$ より,

$$☆ = \int_0^\infty (1+t^2)\cdot\frac{1}{(a^2+b^2t^2)^2}dt = ★,$$

$$\frac{1+t^2}{(a^2+b^2t^2)^2} = \frac{\frac{1}{b^2}(b^2+b^2t^2+a^2-a^2)}{(a^2+b^2t^2)^2} = \frac{\frac{1}{b^2}(a^2+b^2t^2+b^2-a^2)}{(a^2+b^2t^2)^2}$$

$$= \frac{1}{b^2}\left\{\frac{a^2+b^2t^2}{(a^2+b^2t^2)^2} + \frac{b^2-a^2}{(a^2+b^2t^2)^2}\right\} = \frac{1}{b^2}\frac{1}{a^2+b^2t^2} + \frac{1}{b^2}\frac{b^2-a^2}{(a^2+b^2t^2)^2}$$

$$= \frac{1}{b^4}\frac{1}{\frac{a^2}{b^2}+t^2} + \frac{b^2-a^2}{b^6}\frac{1}{\left(\frac{a^2}{b^2}+t^2\right)^2}.$$

★ $= \dfrac{1}{b^4}\int_0^\infty \dfrac{1}{\dfrac{a^2}{b^2}+t^2}dt + \dfrac{b^2-a^2}{b^6}\int_0^\infty \dfrac{1}{\left(\dfrac{a^2}{b^2}+t^2\right)^2}dt$

$= \dfrac{1}{b^4}\dfrac{1}{\sqrt{\dfrac{a^2}{b^2}}}\cdot\dfrac{\pi}{2} + \dfrac{b^2-a^2}{b^6}\cdot\dfrac{\pi}{4}\cdot\dfrac{1}{\dfrac{a^2}{b^2}\sqrt{\dfrac{a^2}{b^2}}} = \dfrac{1}{ab^3}\cdot\dfrac{\pi}{2} + \dfrac{b^2-a^2}{b^6}\cdot\dfrac{b^3}{a^3}\cdot\dfrac{\pi}{4}$

$= \dfrac{1}{ab^3}\cdot\dfrac{\pi}{2} + \dfrac{b^2-a^2}{a^3b^3}\cdot\dfrac{\pi}{4} = \dfrac{\pi}{4ab}\left(\dfrac{2}{b^2}+\dfrac{b^2-a^2}{a^2b^2}\right) = \dfrac{\pi}{4ab}\left(\dfrac{2a^2+b^2-a^2}{a^2b^2}\right)$

$= \dfrac{\pi}{4ab}\left(\dfrac{a^2+b^2}{a^2b^2}\right) = \dfrac{\pi}{4ab}\left(\dfrac{1}{a^2}+\dfrac{1}{b^2}\right).$

例題 10.2.14 $\displaystyle\int_0^\infty e^{-x^2}dx = \dfrac{\sqrt{\pi}}{2}$ を示すのに重積分を用いる方が有名であるが，ここでは定理（積分記号下の微分）を用いて示せ．

解 $t>0$ として $F(t)=\left(\displaystyle\int_0^t e^{-x^2}dx\right)^2$ を考える．$F(\infty)=\left(\displaystyle\int_0^\infty e^{-x^2}dx\right)^2$,

$F'(t) = 2\left(\displaystyle\int_0^t e^{-x^2}dx\right)\cdot\dfrac{d}{dt}\left(\displaystyle\int_0^t e^{-x^2}dx\right) = 2\left(\displaystyle\int_0^t e^{-x^2}dx\right)\cdot e^{-t^2} = 2e^{-t^2}\displaystyle\int_0^t e^{-x^2}dx$.

ここで，$x=ty$ とおくと，$dx=tdy$, $\begin{array}{c|c} x & 0 \to t \\ \hline y & 0 \to 1 \end{array}$.

$F'(t) = 2e^{-t^2}\displaystyle\int_0^1 e^{-t^2y^2}tdy = \displaystyle\int_0^1 (2e^{-t^2}\cdot e^{-t^2y^2}t)dy = \displaystyle\int_0^1 2te^{-t^2(y^2+1)}dy$,

次に，$F'(t) = \displaystyle\int_0^1 2te^{-t^2(y^2+1)}dy = \displaystyle\int_0^1 \dfrac{\partial}{\partial t}(?)dy$ より $\dfrac{\partial}{\partial t}(?) = 2te^{-t^2(y^2+1)}$ なる関数 (?) を求めると，

$F'(t) = \displaystyle\int_0^1 -\dfrac{\partial}{\partial t}\dfrac{e^{-t^2(1+y^2)}}{1+y^2}dy = -\dfrac{d}{dt}\displaystyle\int_0^1 \dfrac{e^{-t^2(1+y^2)}}{1+y^2}dy$ ． $\displaystyle\int_0^1 \dfrac{e^{-t^2(1+x^2)}}{1+x^2}dx = G(t)$ とおくと，

$F'(t)=-G'(t)$ であるから $F(t)=-G(t)+C$（C は任意の定数，$t>0$）．

これより，$t\to +0$ から，

$F(0) = \left(\displaystyle\int_0^0 e^{-x^2}dx\right)^2 = 0$, $G(0) = \displaystyle\int_0^1 \dfrac{1}{1+x^2}dx = [\tan^{-1}x]_0^1 = \dfrac{\pi}{4}$.

$\therefore F(t) = -G(t) + \dfrac{\pi}{4}$.

$\left(\displaystyle\int_0^t e^{-x^2}dx\right)^2 = \dfrac{\pi}{4} - \displaystyle\int_0^1 \dfrac{e^{-t^2(1+x^2)}}{1+x^2}dx$ において $t\to\infty$ とすると $\displaystyle\lim_{t\to\infty}\dfrac{e^{-t^2(1+x^2)}}{1+x^2}=0$ より，

$\left(\displaystyle\int_0^\infty e^{-x^2}dx\right)^2 = \dfrac{\pi}{4}$. これより目的の式が示せた．

第 10 章 問題

問題 10.1 極限 $\displaystyle\lim_{(x,y)\to(0,0)} \frac{x^2y - xy^2}{x^2 + y^2}$ について，収束・発散を調べ，収束するときにはその極限値を求めよ．

問題 10.2 曲面 $z = x^3 + xy - y^3 + 2x - 3y + 2$ と平面 $y = 0$ との共通部分は zx 平面における曲線になる．この曲線の $x = 1$ に対応する点における接線の傾きを求めよ．

問題 10.3 次の関数の 1 次偏導関数を求めよ．
(1) $z = x^2 - 2x + 3xy$ (2) $z = x^3 y^2 + 3x - y$
(3) $z = e^{-\frac{x}{y}}$ (4) $z = \cos xy$

問題 10.4 次の関数の 2 次偏導関数を求めよ．
(1) $z = 3x^2 - 2xy + 4y^2$ (2) $z = e^{-xy}$
(3) $z = \sin(3x - 2y)$ (4) $z = \log(x^2 - y^2)$

問題 10.5
(1) $z = \sin xy$, $x = 3t + 1$, $y = 2 - t$ のとき，$\dfrac{dz}{dt}$ を求めよ．
(2) $z = \cos(x - 2y)$, $x = u$, $y = u^2 - v$ のとき，$\dfrac{\partial z}{\partial u}$, $\dfrac{\partial z}{\partial v}$ を求めよ．
(3) $z = \log(x^2 + y^2)$, $x = u + 2v$, $y = u - 3v$ のとき，$\dfrac{\partial z}{\partial u}$, $\dfrac{\partial z}{\partial v}$ を求めよ．

問題 10.6
(1) 関数 $z = x^3 - 2xy^2$ において，x, y の増分 Δx, Δy が十分小さいとき，z の増分 Δz は，$\Delta z \approx \boxed{\text{ア}}\, \Delta x + \boxed{\text{イ}}\, \Delta y$ と近似することができる．$\boxed{\text{ア}}$, $\boxed{\text{イ}}$ に当てはまる式を求めよ．
(2) $z = x^3 y^2$ とする．$(x, y) = (1, 2)$ から x の値が 0.01, y の値が 0.02 だけ増加したときの z の変化量の近似値を求めよ．

問題 10.7 次の関数のマクローリン展開を，2 次の項まで求め，剰余項は R_3 とせよ．
(1) $f(x, y) = \dfrac{1}{1 + 2x + y}$ (2) $f(x, y) = e^x \cos y$

問題 10.8
(1) 次の関数のうち，$(x, y) = (0, 0)$ において，(a)〜(c) のうちで当てはまるものを選べ．
  (i) $z = x^2 + y^2$ (ii) $z = x^2 - y^2$ (iii) $z = xy$ (iv) $z = -x^2 + xy - y^2$
  (a) 極小値をとる   (b) 極大値をとる   (c) 極値をとらない
(2) 2 変数関数 $z = x^2 - 2xy + 5y^2 + 10x - 2y$ の極値を調べよ．

例題 10.9 $x^2 + y^2 = 2$ のとき，$x + y$ の極値を求めよ．

問題 10.10 次の重積分の値を求めよ．

(1) $\displaystyle\int_1^2 \left\{\int_0^2 xy^2 dx\right\} dy$ (2) $\displaystyle\int_1^3 \left\{\int_2^4 (2x+y) dy\right\} dx$ (3) $\displaystyle\int_0^1 \left\{\int_0^{1-y} y\, dx\right\} dy$

問題 10.11

(1) $D = \{(x,y) | x \geq 0, y \geq 0, x+2y \leq 2\}$ とするとき，重積分 $\iint_D f(x,y) dxdy$ を累次積分で表せ．

(2) $D = \{(x,y) | x+y \geq 2, x \leq 2, y \leq 2\}$ とするとき，重積分 $\iint_D f(x,y) dxdy$ を累次積分で表せ．

(3) 領域 D を下図の領域（斜線部）とするとき，2重積分 $I = \iint_D f(x,y) dxdy$ を累次積分で表すと，

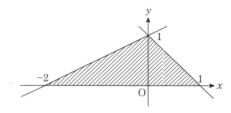

$I = \displaystyle\int_{-2}^0 \left(\int_0^{\boxed{ア}} f(x,y) dy\right) dx + \int_0^1 \left(\int_0^{\boxed{イ}} f(x,y) dy\right) dx$ または $I = \displaystyle\int_0^1 \left(\int_{\boxed{ウ}}^{\boxed{エ}} f(x,y) dx\right) dy$ と表せる．

$\boxed{ア}$，$\boxed{イ}$ および $\boxed{ウ}$，$\boxed{エ}$ に当てはまる式を求めよ．

問題 10.12 次の累次積分の積分順序を変更せよ．

(1) $\displaystyle\int_1^2 \left\{\int_2^{x+1} f(x,y) dy\right\} dx$ (2) $\displaystyle\int_0^1 \left\{\int_x^{\sqrt{x}} f(x,y) dy\right\} dx$ (3) $\displaystyle\int_0^{\sqrt{3}} \left\{\int_{y^2}^3 f(x,y) dx\right\} dy$

問題 10.13

(1) $D = \{(x,y) | 1 \leq x^2+y^2 \leq 4, y \geq 0\}$ のとき，重積分 $\displaystyle\iint_D \frac{1}{\sqrt{x^2+y^2}} dxdy$ の値を求めよ．

(2) $D = \{(x,y) | x^2+y^2 \leq 1, x \geq 0, y \geq 0\}$ のとき，重積分 $\displaystyle\iint_D x\, dx\, dy$ の値を求めよ．

(3) $D = \{(x,y) | x^2+y^2 \leq 9, x \geq 0, y \geq 0\}$ のとき，重積分 $\displaystyle\iint_D xy\, dx\, dy$ の値を求めよ．

付録 A 集合と命題

A.1.1 集合

- 集合 … ある条件をみたすものの集まり．

  a が集合 A の元である．…→ $a \in A$.

- 集合の表し方 … 元のすべてを書き並べる …→ $A = \{a_1, a_2, \cdots, a_n\}$.

  集合を示す条件を書く …→ $A = \{x \mid P(x)\}$.

- 全体集合 U … そこで扱っているすべての対象を元とする集合．
- 空集合 ϕ … 元の全く無い集合．
- 補集合 $\overline{A}$ … $\overline{A} = \{x \mid x \notin A, x \in U\}$, $\overline{(\overline{A})} = A$, $\overline{U} = \phi$, $\overline{\phi} = U$.

A.1.2 集合の相等・包含関係

- $A \subseteq B \Leftrightarrow a \in A$ ならば $a \in B$.
- $A \subseteq B$ のとき …→ A は B の部分集合．

  $A \subseteq B$ かつ $A \neq B$ のとき …→ $A \subset B$ … A は B の真部分集合．

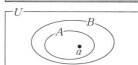

- $A = B$ …→ A と B が全く同じ元をもつ．

A.1.3 和集合と共通部分

- 和集合

  $A \cup B = \{x \mid x \in A \text{ または } x \in B\}$

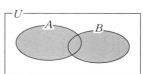

- 共通部分

  $A \cap B = \{x \mid x \in A \text{ かつ } x \in B\}$

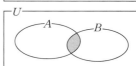

- 法則

  $\left.\begin{array}{l} A \cup B = B \cup A \\ A \cap B = B \cap A \end{array}\right\}$ (交換法則)

  $\left.\begin{array}{l} (A \cup B) \cup C = A \cup (B \cup C) \\ (A \cap B) \cap C = A \cap (B \cap C) \end{array}\right\}$ (結合法則)

  $\left.\begin{array}{l} A \cap (B \cup C) = (A \cap B) \cup (A \cap C) \\ A \cup (B \cap C) = (A \cup B) \cap (A \cup C) \end{array}\right\}$ (分配法則)

  $A \cap A = A$, $A \cup A = A$ (べき等律)

  $A \cap (A \cup B) = A$, $A \cup (A \cap B) = A$ (吸収法則)

  $A \cap U = A$, $A \cup U = U$, $A \cap \phi = \phi$, $A \cup \phi = A$.

A.1.4 ド・モルガンの法則

- $\overline{A \cap B} = \overline{A} \cup \overline{B}$, $\overline{A \cup B} = \overline{A} \cap \overline{B}$.
- $\overline{A \cap B \cap C} = \overline{A} \cup \overline{B} \cup \overline{C}$, $\overline{A \cup B \cup C} = \overline{A} \cap \overline{B} \cap \overline{C}$

A.1.5 有限集合の元の個数

有限集合 A, B, C の元の個数を $n(A)$, $n(B)$, $n(C)$ と表す.

- $n(A \cup B) = n(A) + n(B) - n(A \cap B)$
- $A \cap B = \phi$ のとき $n(A \cup B) = n(A) + n(B)$
- $n(A \cup B \cup C)$
$$= n(A) + n(B) + n(C) - n(B \cap C) - n(C \cap A) - n(A \cap B) + n(A \cap B \cap C)$$

例題 A.1.1 次のうち正しいものを選べ.
(1) $5 = \{5\}$　(2) $5 \in \{5\}$　(3) $0 = \phi$　(4) $0 \in \phi$

解 (1) 5 は数値, $\{5\}$ は 5 を元とする集合で意味が異なる. (2) 正しい.
(3), (4) いずれも間違い. 空集合は何物をも含まない集合. 答え (2).

例題 A.1.2 集合 $A = \{a, b, c\}$ があるとき, A の部分集合を具体的に列挙せよ.

解 $\{\{a, b, c\}, \{a, b\}, \{a, c\}, \{b, c\}, \{a\}, \{b\}, \{c\}, \phi\}$

例題 A.1.3
(1) $A = \{x : |x| < 2\}$, $B = \{x : |x - 4| < 3\}$ とする. このとき, $A \cap B$ の表す x の値の範囲を求めよ.
(2) $A = \{x : |x| < 2\}$, $B = \{x : |x - a| < 3\}$ のとき, $A \cap B = A$ となる a の値の範囲を求めよ.

解 (1) $|x| < 2$ より, $-2 < x < 2$.
$|x - 4| < 3$ より, $1 < x < 7$.
したがって, 共通部分は, $1 < x < 2$.

(2) $|x| < 2$ より, $-2 < x < 2$. $|x - a| < 3$ より,
$-3 < x - a < 3$, $a - 3 < x < a + 3$.
これより, $A = \{x : -2 < x < 2\}$,
$B = \{x : a - 3 < x < a + 3\}$.
$A \cap B = A$ となるためには, $A \subset B$ でなければならない.
したがって, $a - 3 \leqq -2$ かつ $2 \leqq a + 3$.
よって, $a \leqq 1$ かつ $-1 \leqq a$. $-1 \leqq a \leqq 1$.

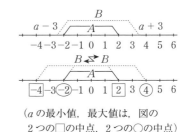

(a の最小値, 最大値は, 図の 2 つの □ の中点, 2 つの ○ の中点)

A.2.1 命題

- 命題；ある判断を述べた文章記述で,
  数学では, 予め真 (T) であるか偽 (F) であるかの判断ができるもの.
  (常に, あることのどちらか一方のみが成り立つものと認めておく…排中律)

- 合成命題
  p または (or) q　($p \lor q$), p かつ (and) q　($p \land q$), p でない　($\sim p$), p ならば q　($p \to q$).
  $\sim p$ は $\overline{A}$, $p \lor q$ は $A \cup B$, $p \land q$ は $A \cap B$ に対応したものと考えられる.

・真偽表　　　　　　T：真，F：偽

p	q	$p \vee q$	$p \wedge q$	$p \to q$
T	T	T	T	T
T	F	T	F	F
F	T	T	F	(T)
F	F	F	F	(T)

p	$\sim p$
T	F
F	T

p	q	$p \to q$
F	T	T
F	F	T

> **excuse** ここでは，(T) は真偽不明かもしれないが，真か偽の何れかでなければならない約束．そこで，"積極的に真である"というより"偽であると言い切れないので真とみなす"と考える…．

・ド・モルガンの法則

$$\overline{p \wedge q} \Leftrightarrow \overline{p} \vee \overline{q}, \quad \overline{p \vee q} \Leftrightarrow \overline{p} \wedge \overline{q}$$

A.2.2 条件命題

・条件命題 $p(x)$ … 変数 x を含み，x にある値を代入すると真偽の判定ができるもの．
・真理集合 … $p(x)$ が真であるような x の集合．

A.2.3 「すべての」，「ある」

・すべての x について $p(x)$ … 全称命題 $\forall$；$^\forall x$,
　ある x について $p(x)$ … 存在命題 $\exists$；$^\exists x$.
・「すべての x について $p(x)$」を否定する ⇔ ある x について $p(x)$ でない．
　「ある x について $p(x)$」を否定する ⇔ すべての x について $p(x)$ でない．

A.2.4 必要条件と十分条件

・命題 $p \to q$ が真のとき；q は p であるための<u>必要条件</u>．p は q であるための<u>十分条件</u>．
・命題 $p \to q$, $p \to q$ がともに真のとき
　　…→ p は q であるための<u>必要十分条件</u>．
　　…→ p と q は<u>同値</u>．
　　…→ $p \Leftrightarrow q$.

> 人間→動物（人間ならば動物である．）
> 　動物であることは，人間であるための必要条件である．
> 　人間であることは，動物であるための十分条件である．

A.2.5 逆・裏・対偶

・命題 $p \to q$ に対して
　　<u>逆</u>　 … $q \to p$,
　　<u>裏</u>　 … $\sim p \to \sim q$,
　　<u>対偶</u> … $\sim q \to \sim p$.
・もとの命題が真のとき
　　<u>対偶はつねに真である</u>．
　　<u>逆と裏は必ずしも真でない</u>．

・関係

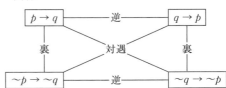

付録 A　集合と命題

例題 A.2.1　次の各空欄に適切な番号を入れよ．

(1) 条件「$x<1$ または $3<x$」の否定は ☐ である．
　① $x<1$ かつ $3<x$　　② $1<x$ または $x<3$　　③ $1<x$ かつ $x<3$
　④ $1\leqq x$ または $x\leqq 3$　　⑤ $1\leqq x$ かつ $x\leqq 3$

(2) 命題「すべての x について $x^2>0$ である」の否定は ☐ である．
　①「すべての x について $x^2<0$ である」　　②「すべての x について $x^2\leqq 0$ である」
　③「ある x について $x^2<0$ である」　　④「ある x について $x^2\leqq 0$ である」

(3) 命題「$x\leqq 1$ ならば $x^2\leqq 1$ である」…(#) の逆命題は ☐ であり，対偶命題は ☐ である．これより，命題 (#) の真偽は ☐ である．
　①「$x>1$ ならば $x^2>1$ である」　　②「$x\geqq 1$ ならば $x^2\geqq 1$ である」
　③「$x^2\leqq 1$ ならば $x\leqq 1$ である」　　④「$x^2\geqq 1$ ならば $x\geqq 1$ である」
　⑤「$x^2>1$ ならば $x>1$ である」　　⑥ 真　　⑦ 偽

解　(1) 否定は「$\sim(x<1)$ かつ $\sim(3<x)$」であるから，「$1\leqq x$ かつ $x\leqq 3$」⑤．

(2) 命題「すべての x について $x^2>0$ である」の否定は，$\sim$「すべての x について $x^2>0$ である」より，「ある x について　$\sim(x^2>0)$ である」…「ある x について $x^2\leqq 0$ である」④．

(3) 逆命題：「$x^2\leqq 1$ ならば $x\leqq 1$ である」③．
対偶命題：「$\sim(x^2\leqq 1)$」ならば　$\sim(x\leqq 1)$ である」…「$x^2>1$ ならば $x>1$ である」⑤．
$x^2>1$ ならば $x<-1$, $x>1$ であり，反例として $x=-9$ が考えられる．よって⑦偽である．

例題 A.2.2　合成命題 $(\sim p)\wedge(\sim q)$ の真偽表をつくれ．

解

①	②	③	④	⑤
p	q	$(\sim p)$	$(\sim q)$	$(\sim p)\wedge(\sim q)$
T	T	F	F	F
T	F	F	T	F
F	T	T	F	F
F	F	T	T	T
		①から	②から	③，④から

①欄から③欄，
②欄から④欄を作成．
③④欄から⑤欄を作成．

例題 A.2.3　次の各空欄に適切な番号を入れよ．
条件 p, q をそれぞれ，
(1) p：「$x=1$」，q：「$x^2-3x+2=0$」とすると，p は q であるための ☐ ．
(2) p：「$x=1, 2$」，q：「$x^2-3x+2=0$」とすると，p は q であるための ☐ ．
(3) p：「$x=5$」，q：「$x^2-3x+2=0$」とすると，p は q であるための ☐ ．
　① 必要十分条件である　　② 必要条件であるが十分条件ではない
　③ 十分条件であるが必要条件ではない　　④ 必要条件でも十分条件でもない

解　(1) $p\Rightarrow q$ は真，$q\Rightarrow p$ は偽である．（∵　q：「$x^2-3x+2=0$」$\Rightarrow$「$x=1, 2$」）

p は q であるための，十分条件であるが必要条件ではない ③．

(2) $p \Rightarrow q$ は真，$q \Rightarrow p$ も真である．よって，p は q であるための，必要十分条件である ①．

(3) 必要条件でも十分条件でもない ④．

> **例題 A.2.4** a, b が実数のとき，
> ① $a+b=0$　　　② $a+b>0$　　　③ $ab=0$
> ④ $ab>0$　　　⑤ $a^2+b^2=0$　　　⑥ $a^2+b^2>0$
> のうちから，最小の個数を選んで式の番号①〜⑥を下の（　）の中に入れて，正しい命題を作れ．
> (1) （　），ゆえに，a も b も 0 ではない．
> (2) （　），ゆえに，a, b のうち少なくとも 1 つは 0 である．
> (3) （　），ゆえに，a も b も 0 である．
> (4) （　），ゆえに，a も b も正の数である．
> (5) （　），ゆえに，a と b は異符号である．

解　「(A) ゆえに B である．」が命題として真であるためには，$A \subseteq B$ でなければならない．
a, b を 2 変数とみなして，条件①〜⑥を ab 平面に表して考察する．（＊）：境界線は含まない

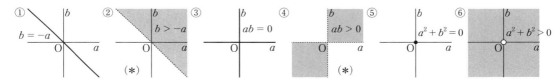

(1) ④．　(2) ③．　(3) ⑤．

(4)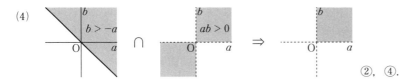

②，④．

(5)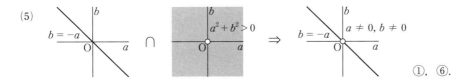

①，⑥．

付録 B 楕円・双曲線・放物線

B.1.1 楕円

- 定義 …→ 2定点 F, F′ からの距離の和が一定な点の軌跡.
  $$PF + PF' = 一定, \quad F, F' \cdots\cdots 焦点.$$

- 2定点 $F(c, 0)$, $F'(-c, 0)$ $(c > 0)$ からの距離の和が $2a$ であるような点の軌跡は楕円であり,その方程式は $\dfrac{x^2}{a^2} + \dfrac{y^2}{b^2} = 1$ である.
  ただし,$a > c > 0$, $b = \sqrt{a^2 - c^2}$ とする.F と F′ を楕円の焦点という.
  線分 AA′ を長軸,線分 BB′ を短軸という.

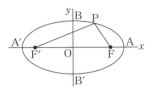

方程式	$\dfrac{x^2}{a^2} + \dfrac{y^2}{b^2} = 1 \ (a > b > 0)$	$\dfrac{x^2}{a^2} + \dfrac{y^2}{b^2} = 1 \ (b > a > 0)$
概形		
焦点	$(\pm\sqrt{a^2 - b^2}, 0)$	$(0, \pm\sqrt{b^2 - a^2})$
2焦点との距離	$PF + PF' = 2a$	$PF + PF' = 2b$
長軸と長さ	線分 AA′, $2a$	線分 BB′, $2b$
短軸と長さ	線分 BB′, $2b$	線分 AA′, $2a$
点 (x_1, y_1) における接線	$\dfrac{x_1 x}{a^2} + \dfrac{y_1 y}{b^2} = 1$	
傾き m の接線	$y = mx \pm \sqrt{a^2 m^2 + b^2}$	
媒介変数表示	$x = a\cos\theta, \ y = b\sin\theta \quad (0 \leq \theta < 2\pi)$	

例題 B.1.1 次の方程式によって表される楕円の長軸,短軸の長さ,および焦点の座標を求めよ.
(1) $16x^2 + 25y^2 = 400$
(2) $4x^2 + 9y^2 - 8x - 18y - 23 = 0$

解 (1) $16x^2 + 25y^2 = 400$ より,$\dfrac{x^2}{5^2} + \dfrac{y^2}{4^2} = 1$. $a = 5$, $b = 4$.

したがって,長軸の長さ 10,短軸の長さ 8 である.$\pm\sqrt{25 - 16} = \pm 3$ より焦点 $(\pm 3, 0)$.

(2) $4x^2 + 9y^2 - 8x - 18y - 23 = 4(x^2 - 2x) + 9(y^2 - 2y) - 23$
$= 4(x - 1)^2 + 9(y - 1)^2 - 4 - 9 - 23 = 0.$

$\therefore \dfrac{(x-1)^2}{3^2}+\dfrac{(y-1)^2}{2^2}=1$. $\dfrac{x^2}{3^2}+\dfrac{y^2}{2^2}=1$ のグラフを x 軸方向へ 1 だけ，y 軸方向へ 1 だけ平行移動したグラフである．したがって，長軸の長さ 6，短軸の長さ 4 である．

また，$\dfrac{x^2}{3^2}+\dfrac{y^2}{2^2}=1$ の焦点の座標は $(\pm\sqrt{5},0)$. これより，$\dfrac{(x-1)^2}{3^2}+\dfrac{(y-1)^2}{2^2}=1$ の焦点は，$(1\pm\sqrt{5},1)$.

B.2.1 双曲線

・定義 …→ 2 定点 F, F′ からの距離の差が一定な点の軌跡.
$\qquad |\mathrm{PF}-\mathrm{PF}'|=$ 一定, F, F′ …… 焦点

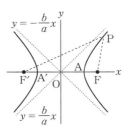

・2 定点 F$(c,0)$, F′$(-c,0)$ $(c>0)$ からの距離の差が $2a$ であるような点の軌跡は<u>双曲線</u>であり，その方程式は $\dfrac{x^2}{a^2}-\dfrac{y^2}{b^2}=1$ である．

ただし，$c>a>0$, $b=\sqrt{c^2-a^2}$ とする．F と F′ を双曲線の<u>焦点</u>という．

方程式	$\dfrac{x^2}{a^2}-\dfrac{y^2}{b^2}=1$ $\begin{pmatrix}a>0\\b>0\end{pmatrix}$	$\dfrac{x^2}{a^2}-\dfrac{y^2}{b^2}=-1$ $\begin{pmatrix}a>0\\b>0\end{pmatrix}$
概形		
焦点：F, F′	$(\pm\sqrt{a^2+b^2},0)$	$(0,\pm\sqrt{a^2+b^2})$
2 焦点との距離	$\|\mathrm{PF}-\mathrm{PF}'\|=2a$	$\|\mathrm{PF}-\mathrm{PF}'\|=2b$
漸近線	$y=\pm\dfrac{b}{a}x$	
点 (x_1,y_1) における接線	$\dfrac{x_1 x}{a^2}-\dfrac{y_1 y}{b^2}=1$	$\dfrac{x_1 x}{a^2}-\dfrac{y_1 y}{b^2}=-1$
媒介変数表示	$x=a/\cos\theta$, $y=b\tan\theta$. $(0\le\theta<2\pi)$	$x=a\tan\theta$, $y=b/\cos\theta$. $(0\le\theta<2\pi)$

・直角双曲線：2 つの漸近線が直交する双曲線．
$$x^2-y^2=\pm a^2, \quad xy=k \quad (k\ne 0).$$

例題 B.2.1 次の方程式によって表される双曲線の焦点の座標および漸近線を求めよ．
(1) $4x^2-9y^2=36$
(2) $3y^2-5x^2=15$
(3) $x^2-4y^2-2x+16y-11=0$

解 (1) $\dfrac{x^2}{3^2}-\dfrac{y^2}{2^2}=1$ より，$a=3$, $b=2$. $\pm\sqrt{9+4}=\pm\sqrt{13}$. 焦点 $(\pm\sqrt{13},0)$.

漸近線は，$4x^2-9y^2=0$ より $y=\pm\dfrac{2}{3}x$.

(2) $\dfrac{y^2}{5} - \dfrac{x^2}{3} = 1$ より焦点 $(0, \pm 2\sqrt{2})$. 漸近線は, $3y^2 - 5x^2 = 0$ より $y = \pm\sqrt{\dfrac{5}{3}}x$.

(3) $(y-2)^2 - \dfrac{(x-1)^2}{2^2} = 1$ より, 焦点は $x = 1$ 上にある. 焦点 $(1, 2 \pm \sqrt{5})$.

漸近線は, $(y-2)^2 - \dfrac{(x-1)^2}{2^2} = 0$ より $y - 2 = \pm\dfrac{1}{2}(x-1)$.

B.3.1 放物線

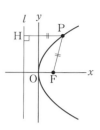

・定義 …→ 1 定点 F と F を通らない定直線 l までの距離が等しい点の軌跡.
　　　　　PF = PH, 　　F …… 焦点, 　　l …… 準線.

・点 F $(p, 0)$ $(p \neq 0)$ と直線 $l : x = -p$ から等距離にある点 P の軌跡は放物線であり, その方程式は, $y^2 = 4px$. ここで, F を焦点, l を準線という. 放物線の頂点は $(0, 0)$, 軸は $y = 0$ である.

方程式	$y^2 = 4px$	$x^2 = 4py$
概形		
焦点: F	$(p, 0)$	$(0, p)$
準線: l	$x = -p$	$y = -p$
焦点と準線までの距離	PF = PH	
点 (x_1, y_1) における接線	$y_1 y = 4p\left(\dfrac{x + x_1}{2}\right)$	$x_1 x = 4p\left(\dfrac{y + y_1}{2}\right)$

例題 B.3.1 次の方程式によって表される放物線の頂点および焦点の座標, 準線の方程式を求めよ.
(1) $2x^2 = 5y + 3$ 　　　　　　　　　　(2) $y^2 - 8x - 2y + 17 = 0$

解 (1) $x^2 = 4 \times \dfrac{5}{8}y + \dfrac{3}{2} = 4 \times \dfrac{5}{8}\left(y + \dfrac{3}{5}\right)$ より, $x^2 = 4 \times \dfrac{5}{8}y$ を y 軸方向に $-\dfrac{3}{5}$ だけ平行移動したものである. したがって, 頂点 $\left(0, -\dfrac{3}{5}\right)$, 焦点 $\left(0, \dfrac{1}{40}\right)$, 準線の方程式 $y = -\dfrac{49}{40}$.

(2) $(y-1)^2 = 4 \times 2(x-2)$ より, $y^2 = 4 \times 2x$ を x 軸方向に 2 だけ, y 軸方向に 1 だけ平行移動したものである. したがって, 頂点 $(2, 1)$, 焦点 $(4, 1)$, 準線の方程式 $x = 0$.

B.3.2 2 次曲線の接線

・2 次曲線 $ax^2 + by^2 + cxy + dx + ey + f = 0$ 上の点 (x_1, y_1) における接線の方程式は,
　　　　$x^2 \to x_1 x$, $y^2 \to y_1 y$, (2 次は積), $xy \to \dfrac{x_1 y + y_1 x}{2}$, (たすき掛けの半分)
　　　　$x \to \dfrac{x_1 + x}{2}$, $y \to \dfrac{y_1 + y}{2}$ (1 次は平均) なる置き換えをする.
　　接線の方程式は, $ax_1 x + by_1 y + c\dfrac{x_1 y + y_1 x}{2} + d\dfrac{x_1 + x}{2} + e\dfrac{y_1 + y}{2} + f = 0$.

付録 C 不等式の表す領域

C.1.1 不等式の表す領域

- $y > f(x)$ …→ 曲線 $y = f(x)$ の上側の半平面
  $y < f(x)$ …→ 曲線 $y = f(x)$ の下側の半平面
  (円 C : $(x-a)^2 + (y-b)^2 = r^2$ に対して
  　$(x-a)^2 + (y-b)^2 < r^2$ …→ 円 C の内部,
  　$(x-a)^2 + (y-b)^2 > r^2$ …→ 円 C の外部.)

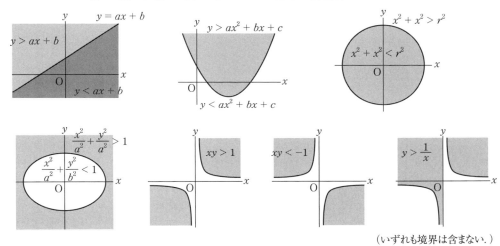

(いずれも境界は含まない.)

- 正領域 …→ $f(x, y) > 0$ を満たす領域.
  負領域 …→ $f(x, y) < 0$ を満たす領域.
- $f(x, y) \cdot g(x, y) > 0$ の表す領域
  　$\{f(x, y) > 0 \text{ and } g(x, y) > 0\}$ or $\{f(x, y) < 0 \text{ and } g(x, y) < 0\}$ の示す領域.

C.1.2 領域 D での f(x, y) の最大・最小

- $f(x, y) = ax + by + c$ のとき,
  　$ax + by + c = k$ とおき, 直線 $ax + by + (c - k) = 0$ を上下に動かして共有点を調べる.
- $f(x, y) = (x-a)^2 + (y-b)^2$ のとき,
  　$(x-a)^2 + (y-b)^2 = k$ とおき, 中心 (a, b) の円で半径 $\sqrt{k}$ を変えて共有点を調べる.
- k の範囲の端の値が $f(x, y)$ の最大または最小.

付録 D 絶対不等式

D.1.1 絶対不等式
[ ]；内は等号成立の条件

・調和平均・相乗平均・相加平均 $a, b, c > 0$ のとき

① $\dfrac{2ab}{a+b} \leqq \sqrt{ab} \leqq \dfrac{a+b}{2}$, $[a = b]$

② $\dfrac{3abc}{ab+bc+ca} \leqq \sqrt[3]{abc} \leqq \dfrac{a+b+c}{3}$, $[a = b = c]$

・コーシー・シュワルツの不等式

① $(a^2+b^2)(x^2+y^2) \geqq (ax+by)^2$, $\left[\dfrac{a}{x} = \dfrac{b}{y}\right]$

② $(a^2+b^2+c^2)(x^2+y^2+z^2) \geqq (ax+by+cz)^2$, $\left[\dfrac{a}{x} = \dfrac{b}{y} = \dfrac{c}{z}\right]$

・2次の絶対不等式

① $a^2 \pm ab + b^2 \geqq 0$, $[a = b = 0]$

② $a^2+b^2+c^2 \geqq ab+bc+ca$, $[a = b = c]$

③ $3(a^2+b^2+c^2) \geqq (a+b+c)^2$, $[a = b = c]$

・三角不等式

① $||a|-|b|| \leqq |a+b| \leqq |a|+|b|$, $[左 \cdots ab \leqq 0, \quad 右 \cdots ab \geqq 0]$

② $||a|-|b|| \leqq |a-b| \leqq |a|+|b|$, $[左 \cdots ab \geqq 0, \quad 右 \cdots ab \leqq 0]$

・チェビシェフの不等式

$a_1 \leqq a_2, b_1 \leqq b_2$ のとき

$(a_1+a_2)(b_1+b_2) \geqq 2(a_1 b_1 + a_2 b_2)$, $[a_1 = a_2 \text{ or } b_1 = b_2]$

D.1.2 不等式の証明

$A \geqq B$ の証明

① $A - B = \cdots\cdots \geqq 0$, の成立を示す.

② $A \geqq 0, B \geqq 0 \cdots\rightarrow A^2 - B^2 = \cdots\cdots \geqq 0$, の成立を示す.

③ $A > 0, B > 0 \cdots\rightarrow \dfrac{A}{B} = \cdots\cdots \geqq 1$, の成立を示す.

付録 E 正弦定理・余弦定理と三角形の面積

E.1.1 正弦定理

$$\frac{a}{\sin A} = \frac{b}{\sin B} = \frac{c}{\sin C} = 2R \quad (R は \triangle ABC の外接円の半径)$$

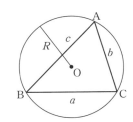

E.1.2 余弦定理

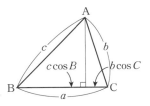

$$\begin{cases} a = b\cos C + c\cos B \\ b = c\cos A + a\cos C \\ c = a\cos B + b\cos A \end{cases} \Leftrightarrow \begin{cases} a^2 = b^2 + c^2 - 2bc\cos A \\ b^2 = c^2 + a^2 - 2ca\cos B \\ c^2 = a^2 + b^2 - 2ab\cos C \end{cases} \Leftrightarrow \begin{cases} \cos A = \dfrac{b^2 + c^2 - a^2}{2bc} \\ \cos B = \dfrac{c^2 + a^2 - b^2}{2ca} \\ \cos C = \dfrac{a^2 + b^2 - c^2}{2ab} \end{cases}$$

E.1.3 正接定理

$$\tan\frac{A-B}{2} = \frac{a-b}{a+b}\cot\frac{C}{2}$$

E.2.1 三角形の決定問題

a, b, c, A, B, C のうち 3 つが既知のとき，残りのいずれかを求める．（ ）内を既知とする．

① 2 角夾辺　(A, B, c)

　⋯→　$C = \pi - (A + B)$，$a = \dfrac{c\sin A}{\sin C}$，$b = \dfrac{c\sin B}{\sin C}$．

② 2 辺夾角　(a, b, C)

　⋯→　$c^2 = a^2 + b^2 - 2ab\cos C$，$\sin A = \dfrac{a\sin C}{c}$，$B = \pi - (A + C)$．

③ 3 辺　(a, b, c)

　⋯→　$\cos A = \dfrac{b^2 + c^2 - a^2}{2bc}$，$\cos B = \dfrac{c^2 + a^2 - b^2}{2ca}$，$C = \pi - (A + B)$．

E.2.2 三角形の面積 $\left(s = \dfrac{a+b+c}{2}\right)$

① $S = \dfrac{1}{2}bc\sin A = \dfrac{1}{2}ca\sin B = \dfrac{1}{2}ab\sin C$ $\left(\sin A = \dfrac{a}{2R}\text{を代入}\right)$

② $S = \dfrac{abc}{4R} = 2R^2\sin A \sin B \sin C$ （R は △ABC の外接円の半径）

③ $S = \dfrac{1}{2}r(a+b+c) = rs$ （r は △ABC の内接円の半径）

④ $S = \sqrt{s(s-a)(s-b)(s-c)}$

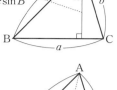

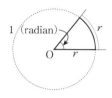

E.2.3 扇形の弧の長さと面積（θ は弧度）

・円の半径と長さが等しい弧に対する中心角の大きさを
単位 1（ラジアン）として角を測る方法．…→ 弧度法．

$$1° = \dfrac{\pi}{180}\text{ラジアン},\ 1\text{ラジアン} = \dfrac{180°}{\pi}\ (= 57.29\cdots°).$$

・半径が r, 中心角が θ（ラジアン）である扇形の弧の長さを l, 面積を S とすると，

$$l = r\theta,\ S = \dfrac{1}{2}r^2\theta = \dfrac{1}{2}lr.$$

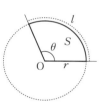

付録 F Gauss の消去法・LU 分解

F.1.1 基本行列

P_{-1} … 2つの行を入れ替える．
P_{-2} … 1つの行に，ある数を掛けて他の行に加える．
P_{-3} … 1つの行に0でない数を掛ける．

ある行列に施す3つの変形を<u>行基本変形</u>という．行基本変形を与えられた行列に施すことは，ある行列を与行列の左から掛ける操作に対応している．

P_{-1} … 2つの行を入れ替える．

$$\mathbf{P}_{mn} = \begin{pmatrix} 1 & & & & & & \\ & \ddots & & & & 0 & \\ & & 0 & \cdots & 1 & & \\ & & \vdots & \ddots & \vdots & & \\ & & 1 & \cdots & 0 & & \\ & 0 & & & & \ddots & \\ & & & & & & 1 \end{pmatrix} \begin{matrix} \\ \\ \leftarrow m\text{行} \\ \\ \leftarrow n\text{行} \\ \\ \end{matrix}$$

P_{-2} … 1つの行に，ある数を掛けて他の行に加える．

$$\mathbf{P}_{mn}(k) = \begin{pmatrix} 1 & & & & & & \\ & \ddots & & & & 0 & \\ & & 1 & & & & \\ & & \vdots & \ddots & & & \\ & & k & \cdots & 1 & & \\ & 0 & & & & \ddots & \\ & & & & & & 1 \end{pmatrix} \begin{matrix} \\ \\ \leftarrow m\text{行} \\ \\ \leftarrow n\text{行} \\ \\ \end{matrix}$$

P_{-3} … 1つの行に0でない数を掛ける．

$$\mathbf{P}_m(k) = \begin{pmatrix} 1 & & & & \\ & \ddots & & 0 & \\ & & k & & \\ & & & \ddots & \\ & 0 & & & 1 \end{pmatrix} \leftarrow m\text{行}$$

各行列 $\mathbf{P}_{mn}$, $\mathbf{P}_{mn}(k)$, $\mathbf{P}_m(k)$ は，単位行列を変形した行列であり，正則なので逆行列をもつ．

例題 F.1.1 行列 $\mathbf{A} = \begin{pmatrix} a_{11} & a_{12} & a_{13} \\ a_{21} & a_{22} & a_{23} \\ a_{31} & a_{32} & a_{33} \end{pmatrix}$ において，次の問いに答えよ．

(1) 1行目と2行目を入れ替える行基本行列を作成し確認せよ．作成した行列の逆行列を求めよ．
(2) 1行目に，ある数 k を掛けて3行目に加える行基本行列を作成し確認せよ．作成した行列の逆行列を求めよ．
(3) 2行目に0でない数 l を掛ける行基本行列を作成し確認せよ．作成した行列の逆行列を求めよ．

解 (1) $\mathbf{P}_{12} = \begin{pmatrix} 0 & 1 & 0 \\ 1 & 0 & 0 \\ 0 & 0 & 1 \end{pmatrix}$. $\mathbf{P}_{12}\mathbf{A} = \begin{pmatrix} 0 & 1 & 0 \\ 1 & 0 & 0 \\ 0 & 0 & 1 \end{pmatrix}\begin{pmatrix} a_{11} & a_{12} & a_{13} \\ a_{21} & a_{22} & a_{23} \\ a_{31} & a_{32} & a_{33} \end{pmatrix} = \begin{pmatrix} a_{21} & a_{22} & a_{23} \\ a_{11} & a_{12} & a_{13} \\ a_{31} & a_{32} & a_{33} \end{pmatrix}$.

$\mathbf{P}_{12}^{-1} = \begin{pmatrix} 0 & 1 & 0 \\ 1 & 0 & 0 \\ 0 & 0 & 1 \end{pmatrix}$.

(2) $\mathbf{P}_{13}(k) = \begin{pmatrix} 1 & 0 & 0 \\ 0 & 1 & 0 \\ k & 0 & 1 \end{pmatrix}$.

$\mathbf{P}_{13}(k)\mathbf{A} = \begin{pmatrix} 1 & 0 & 0 \\ 0 & 1 & 0 \\ k & 0 & 1 \end{pmatrix}\begin{pmatrix} a_{11} & a_{12} & a_{13} \\ a_{21} & a_{22} & a_{23} \\ a_{31} & a_{32} & a_{33} \end{pmatrix} = \begin{pmatrix} a_{11} & a_{12} & a_{13} \\ a_{21} & a_{22} & a_{23} \\ ka_{11}+a_{31} & ka_{12}+a_{32} & ka_{13}+a_{33} \end{pmatrix}$.

$\mathbf{P}_{13}(k)^{-1} = \begin{pmatrix} 1 & 0 & 0 \\ 0 & 1 & 0 \\ -k & 0 & 1 \end{pmatrix}$.

(3) $\mathbf{P}_2(l) = \begin{pmatrix} 1 & 0 & 0 \\ 0 & l & 0 \\ 0 & 0 & 1 \end{pmatrix}$, $\mathbf{P}_2(k)\mathbf{A} = \begin{pmatrix} 1 & 0 & 0 \\ 0 & l & 0 \\ 0 & 0 & 1 \end{pmatrix}\begin{pmatrix} a_{11} & a_{12} & a_{13} \\ a_{21} & a_{22} & a_{23} \\ a_{31} & a_{32} & a_{33} \end{pmatrix} = \begin{pmatrix} a_{11} & a_{12} & a_{13} \\ la_{21} & la_{22} & la_{23} \\ a_{31} & a_{32} & a_{33} \end{pmatrix}$,

$\mathbf{P}_2\left(\dfrac{1}{l}\right)^{-1} = \begin{pmatrix} 1 & 0 & 0 \\ 0 & 1/l & 0 \\ 0 & 0 & 1 \end{pmatrix}$.

F.1.2 LU分解（Gauss分解）

正方行列 $\mathbf{A}$ が行基本変形 $\mathbf{P}_{mn}(k)$ の操作の繰り返しだけで，対角成分が非零の上三角形行列にできる

とき，$\mathbf{A} = \begin{pmatrix} 1 & & 0 \\ & \ddots & \\ * & & 1 \end{pmatrix}\begin{pmatrix} * & & * \\ & \ddots & \\ 0 & & * \end{pmatrix}$ と2つの行列の積に分解できる．これを，<u>LU分解</u>という．

例題 F.1.2 行列 $\mathbf{A} = \begin{pmatrix} a_1 & b_1 & c_1 \\ a_2 & b_2 & c_2 \\ a_3 & b_3 & c_3 \end{pmatrix}$ を，行列 $\mathbf{P}_{mn}(k)$ を繰り返し用いて上三角形行列に変形せよ．

これより，行列 $\mathbf{A}$ をLU分解せよ．ただし，どのステップにおいても異常終了しないと仮定する．

解 $\mathbf{P}_{12}\left(-\dfrac{a_2}{a_1}\right) = \begin{pmatrix} 1 & 0 & 0 \\ -a_2/a_1 & 1 & 0 \\ 0 & 0 & 1 \end{pmatrix}$，1行目を a_1 で割り，a_2 倍して2行目から引く．

$\mathbf{P}_{13}\left(-\dfrac{a_3}{a_1}\right) = \begin{pmatrix} 1 & 0 & 0 \\ 0 & 1 & 0 \\ -a_3/a_1 & 0 & 1 \end{pmatrix}$，1行目を a_1 で割り，a_3 倍して3行目から引く．

F.1.2 LU 分解（Gauss 分解）

$$\mathbf{P}_{13}\left(-\frac{a_3}{a_1}\right)\mathbf{P}_{12}\left(-\frac{a_2}{a_1}\right)\mathbf{A} = \begin{pmatrix} 1 & 0 & 0 \\ 0 & 1 & 0 \\ -a_3/a_1 & 0 & 1 \end{pmatrix}\begin{pmatrix} 1 & 0 & 0 \\ -a_2/a_1 & 1 & 0 \\ 0 & 0 & 1 \end{pmatrix}\begin{pmatrix} a_1 & b_1 & c_1 \\ a_2 & b_2 & c_2 \\ a_3 & b_3 & c_3 \end{pmatrix} = \begin{pmatrix} a_1 & b_1 & c_1 \\ 0 & b_2^{(1)} & c_2^{(1)} \\ 0 & b_3^{(1)} & c_3^{(1)} \end{pmatrix} = \mathbf{A}^{(2)}$$

とおく．

行列 $\mathbf{A}^{(2)}$ で，2 行目を $b_2^{(1)}$ で割り，$b_3^{(1)}$ 倍して 3 行目から引く．

$$\mathbf{P}_{23}\left(-\frac{b_3^{(1)}}{b_2^{(1)}}\right) = \begin{pmatrix} 1 & 0 & 0 \\ 0 & 1 & 0 \\ 0 & -b_3^{(1)}/b_2^{(1)} & 1 \end{pmatrix},$$

$$\mathbf{P}_{23}\left(-\frac{b_3^{(1)}}{b_2^{(1)}}\right)^{(2)} = \begin{pmatrix} 1 & 0 & 0 \\ 0 & 1 & 0 \\ 0 & -b_3^{(1)}/b_2^{(1)} & 1 \end{pmatrix}\begin{pmatrix} a_1 & b_1 & c_1 \\ 0 & b_2^{(1)} & c_2^{(1)} \\ 0 & b_3^{(1)} & c_3^{(1)} \end{pmatrix} = \begin{pmatrix} a_1 & b_1 & c_1 \\ 0 & b_2^{(1)} & c_2^{(1)} \\ 0 & 0 & c_3^{(2)} \end{pmatrix} = \mathbf{A}^{(3)}.$$

以上で上三角形行列に変形できた．まとめると，

$$\mathbf{P}_{23}\left(-\frac{b_3^{(1)}}{b_2^{(1)}}\right)\mathbf{P}_{13}\left(-\frac{a_3}{a_1}\right)\mathbf{P}_{12}\left(-\frac{a_2}{a_1}\right)\mathbf{A}$$

$$= \begin{pmatrix} 1 & 0 & 0 \\ 0 & 1 & 0 \\ 0 & -b_3^{(1)}/b_2^{(1)} & 1 \end{pmatrix}\begin{pmatrix} 1 & 0 & 0 \\ 0 & 1 & 0 \\ -a_3/a_1 & 0 & 1 \end{pmatrix}\begin{pmatrix} 1 & 0 & 0 \\ -a_2/a_1 & 1 & 0 \\ 0 & 0 & 1 \end{pmatrix}\begin{pmatrix} a_1 & b_1 & c_1 \\ a_2 & b_2 & c_2 \\ a_3 & b_3 & c_3 \end{pmatrix} = \begin{pmatrix} a_1 & b_1 & c_1 \\ 0 & b_2^{(1)} & c_2^{(1)} \\ 0 & 0 & c_3^{(2)} \end{pmatrix} = \mathbf{A}^{(3)}$$

$$= \mathbf{U}.$$

次に，上式より行列 $\mathbf{A}$ を行基本行列と行列 $\mathbf{A}^{(3)}$ を用いて表現する．

$$\mathbf{P}_{12}\left(-\frac{a_2}{a_1}\right) = \begin{pmatrix} 1 & 0 & 0 \\ -a_2/a_1 & 1 & 0 \\ 0 & 0 & 1 \end{pmatrix} \quad \cdots \to \quad \mathbf{P}_{12}\left(-\frac{a_2}{a_1}\right)^{-1} = \mathbf{P}_{12}\left(\frac{a_2}{a_1}\right) = \begin{pmatrix} 1 & 0 & 0 \\ a_2/a_1 & 1 & 0 \\ 0 & 0 & 1 \end{pmatrix},$$

$$\mathbf{P}_{13}\left(-\frac{a_3}{a_1}\right) = \begin{pmatrix} 1 & 0 & 0 \\ 0 & 1 & 0 \\ -a_3/a_1 & 0 & 1 \end{pmatrix} \quad \cdots \to \quad \mathbf{P}_{13}\left(-\frac{a_3}{a_1}\right)^{-1} = \mathbf{P}_{13}\left(\frac{a_3}{a_1}\right) = \begin{pmatrix} 1 & 0 & 0 \\ 0 & 1 & 0 \\ a_3/a_1 & 0 & 1 \end{pmatrix},$$

$$\mathbf{P}_{23}\left(-\frac{b_3^{(1)}}{b_2^{(1)}}\right) = \begin{pmatrix} 1 & 0 & 0 \\ 0 & 1 & 0 \\ 0 & -b_3^{(1)}/b_2^{(1)} & 1 \end{pmatrix} \quad \cdots \to \quad \mathbf{P}_{23}\left(-\frac{b_3^{(1)}}{b_2^{(1)}}\right)^{-1} = \mathbf{P}_{23}\left(\frac{b_3^{(1)}}{b_2^{(1)}}\right) = \begin{pmatrix} 1 & 0 & 0 \\ 0 & 1 & 0 \\ 0 & b_3^{(1)}/b_2^{(1)} & 1 \end{pmatrix},$$

$$\mathbf{P}_{23}\left(-\frac{b_3^{(1)}}{b_2^{(1)}}\right)\mathbf{P}_{13}\left(-\frac{a_3}{a_1}\right)\mathbf{P}_{12}\left(-\frac{a_2}{a_1}\right)\mathbf{A} = \begin{pmatrix} a_1 & b_1 & c_1 \\ 0 & b_2^{(1)} & c_2^{(1)} \\ 0 & 0 & c_3^{(2)} \end{pmatrix} = \mathbf{U} \text{ より,}$$

よって，

$$\mathbf{A} = \mathbf{P}_{12}\left(-\frac{a_2}{a_1}\right)^{-1}\mathbf{P}_{13}\left(-\frac{a_3}{a_1}\right)^{-1}\mathbf{P}_{23}\left(-\frac{b_3^{(1)}}{b_2^{(1)}}\right)^{-1}\mathbf{A}^{(3)}$$

$$= \underbrace{\begin{pmatrix} 1 & 0 & 0 \\ a_2/a_1 & 1 & 0 \\ 0 & 0 & 1 \end{pmatrix}\begin{pmatrix} 1 & 0 & 0 \\ 0 & 1 & 0 \\ a_3/a_1 & 0 & 1 \end{pmatrix}\begin{pmatrix} 1 & 0 & 0 \\ 0 & 1 & 0 \\ 0 & b_3^{(1)}/b_2^{(1)} & 1 \end{pmatrix}}_{\text{Lower triangular}}\underbrace{\begin{pmatrix} a_1 & b_1 & c_1 \\ 0 & b_2^{(1)} & c_2^{(1)} \\ 0 & 0 & c_3^{(2)} \end{pmatrix}}_{\text{Upper triangular}}$$

$$= \begin{pmatrix} 1 & 0 & 0 \\ a_2/a_1 & 1 & 0 \\ a_3/a_1 & b_3^{(1)}/b_2^{(1)} & 1 \end{pmatrix}\begin{pmatrix} a_1 & b_1 & c_1 \\ 0 & b_2^{(1)} & c_2^{(1)} \\ 0 & 0 & c_3^{(2)} \end{pmatrix}.$$

F.2.1 Gaussの消去法

連立1次方程式 $\mathbf{Ax} = \mathbf{b}$ を，LU分解を利用して解く．
係数行列 $\mathbf{A}$ を LU 分解して $\mathbf{A} = \mathbf{LU}$ とできたとする．$\mathbf{Ax} = \mathbf{LUx} = \mathbf{L(Ux)} = \mathbf{b}$
ここで，$\mathbf{y} = \mathbf{Ux}$ とおくと $\mathbf{Ly} = \mathbf{b}$．したがって，連立1次方程式 $\mathbf{Ly} = \mathbf{b}$ は係数行列が下三角であり，$\mathbf{y}$ を求めた後，連立1次方程式 $\mathbf{Ux} = \mathbf{y}$ は係数行列が上三角であり，いずれも解きやすい．また，$\mathbf{A} = \mathbf{LU}$ のとき，逆行列は $\mathbf{A}^{-1} = \mathbf{U}^{-1}\mathbf{L}^{-1}$ である．

しかしながら，一般的には，$\mathbf{Ax} = \mathbf{b}$ から LU 分解を実行しないで，拡大係数行列 $[\mathbf{A}, \mathbf{b}]$ に対して行変換行列 $\mathbf{P}_{mn}$，$\mathbf{P}_{mn}(k)$，$\mathbf{P}_m(k)$ を有限回適用して $\mathbf{Ux} = \mathbf{L}^{-1}\mathbf{b}$，$[\mathbf{U}, \mathbf{L}^{-1}\mathbf{b}]$ と変形する．これが，前進消去である．次に，後退代入を行い解を得る．

付録 G　線形写像

G.1.1　写像

ここでは，主に空間 $\mathbb{R}^3$（3 次元空間）または $\mathbb{R}^2$（平面）を扱う（一般的には，空間 $\mathbb{R}^n$ で書かれている）．"空間 $X, Y \cdots$" は，例えば $X = \mathbb{R}^2$ のときは 2 つの数値（(数直線上の) 座標）で表される数の組 (a, b) の集合である．$\mathrm{P} \in X$ とすると，P は空間 X の点または集合 X の要素と考えられる．

$f: X \to Y$ は，f が X から Y への写像であることを表す．$f(\mathrm{P}) = \mathrm{Q}$ のとき $f: \mathrm{P} \to \mathrm{Q}$ であり，Q を P の f による像という．

G.1.2　線形写像

[記号]　$f: X \to Y$ ⋯ f が空間 X から空間 Y への写像．

　　　　$k \in \mathbb{R}$ ⋯ k は実数（スカラー，ともかくベクトルではない）．

　　　　$\mathbf{u}, \mathbf{v}$ ⋯ 空間 X, Y 等のベクトル．　　$\mathbf{0}$ ⋯ 零ベクトル．

定義 1.2.1　写像 $f: X \to Y$ が次の条件を満たすときに f が X から Y への線形写像，または 1 次写像という．すべての $\mathbf{u}, \mathbf{v} \in X$，$k \in \mathbb{R}$ において，

(1)　$f(\mathbf{u} + \mathbf{v}) = f(\mathbf{u}) + f(\mathbf{v})$

(2)　$f(k\mathbf{u}) = kf(\mathbf{u})$

命題　f が線形写像であることと，次の条件は同値である．$\mathbf{u}, \mathbf{v} \in X$，$k, l \in \mathbb{R}$．

$f(k\mathbf{u} + l\mathbf{v}) = kf(\mathbf{u}) + lf(\mathbf{v})$

定義 1.2.2　線形写像において，定義域 X と値をとる集合 Y が同じ次元である（$X = Y$）ときに，線形変換，または 1 次変換という．

系　(1)　$f(\mathbf{0}) = \mathbf{0}$　　(2)　$f(-\mathbf{u}) = -f(\mathbf{u})$．

特に，行列 $\mathbf{A}$ で定義される写像 $f(\mathbf{v}) = \mathbf{A}\mathbf{v} + \mathbf{b}$ が線形である必要十分条件は $\mathbf{b} = \mathbf{0}$ である．

G.1.3　像と核

定義 1.3.1　f により X の移る先全体を f の像といい，

$\mathrm{Im}(f) = f(X)$

　　　　　　$= \{\mathbf{w} \in Y : f(\mathbf{v}) = \mathbf{w}$ を満たす $\mathbf{v} \in X$ が存在する $\}$．

また f による像が $\mathbf{0}$ になるような X の要素の集まりを f の核（kernel）といい，

$\ker(f) = \{\mathbf{v} \in X : f(\mathbf{v}) = \mathbf{0}\}$．

これらは線形写像の性質から，それぞれ Y, X の部分空間である．

定理 G1　線形写像 $f: X \to Y$ に対して次が成り立つ．

$\dim(\ker(f)) + \dim(\mathrm{Im}(f)) = \dim X$．

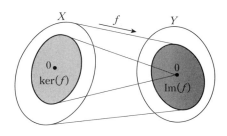

G.1.4 単射と全射

定義 1.4.1 線形写像 $f: X \to Y$ が
$\mathbf{v}_1 \neq \mathbf{v}_2$ ならば $f(\mathbf{v}_1) \neq f(\mathbf{v}_2)$，$(\mathbf{v}_1, \mathbf{v}_2 \in X)$ を満たすとき，
f は 1 対 1 であるといい，このような写像を単射という．

線形写像 $f: X \to Y$ が $\mathrm{Im}(f) = Y$ であるとき，f を X から Y の上への線形写像といい，このような写像を全射という．

定義 1.4.2 同型写像と逆写像

ベクトル空間からベクトル空間の上への 1 対 1 の線形写像を同型写像という．
X から Y への同型写像が存在するとき，X と Y は同型であるといい，$X \cong Y$ と書く．
$f: X \to Y$ が同型写像で，$f(\mathbf{v}) = \mathbf{w}$ のとき，$g(\mathbf{w}) = \mathbf{v}$ と定めると，Y から X への写像 g を得る．このとき，g を f の逆写像といい，$g = f^{-1}$ と表す．

定理 G2 線形写像 $f: X \to \mathbb{R}^n$ について次の条件は同値である．

① $\dim X = n$
② f は同型写像である．$X \cong \mathbb{R}^n$
③ $\ker(f) = \{0\}$, $\mathrm{Im}(f) = \mathbb{R}^n$
④ 逆写像 $f^{-1}: \mathbb{R}^n \to X$ は同型写像である．
⑤ $\{\mathbf{w}_1, \mathbf{w}_2, \cdots, \mathbf{w}_n\}$ が $\mathbb{R}^n$ の基底ならば，逆写像 f^{-1} による像の集合 $\{f^{-1}(\mathbf{w}_1), f^{-1}(\mathbf{w}_2), \cdots, f^{-1}(\mathbf{w}_n)\}$ は X の基底となる．

> **note** 線形写像 $f: X \to Y$ が同型写像であるとき，空間 X の要素間の関係は，空間 Y の要素間の関係として扱うことができる．n 次元のベクトル空間 X は $\mathbb{R}^n$ と同型なので X のベクトル間の関係は $\mathbb{R}^n$ のベクトル間の関係として扱うことができる．
> X から X 自身への線形写像を X の線形変換という．

G.2.1 線形写像の表現行列

X, Y をそれぞれ $\mathbb{R}$ 上の n 次元および m 次元ベクトル空間とし，$\{\mathbf{v}_1, \mathbf{v}_2, \cdots, \mathbf{v}_n\}$，$\{\mathbf{w}_1, \mathbf{w}_2, \cdots, \mathbf{w}_m\}$ をそれぞれ X, Y の基底とする．線形写像 $f: X \to Y$ に対して，

$$\left.\begin{array}{l} f(\mathbf{v}_1) = f_{11}\mathbf{w}_1 + f_{21}\mathbf{w}_2 - \cdots + f_{m1}\mathbf{w}_m \\ f(\mathbf{v}_2) = f_{12}\mathbf{w}_1 + f_{22}\mathbf{w}_2 - \cdots + f_{m2}\mathbf{w}_m \\ \cdots\cdots\cdots \\ f(\mathbf{v}_n) = f_{1n}\mathbf{w}_1 + f_{2n}\mathbf{w}_2 + \cdots + f_{mn}\mathbf{w}_m \end{array}\right\}$$

であるとき，$m \times n$ の行列 $\mathbf{F} = \begin{pmatrix} f_{11} & f_{12} & \cdots & f_{1n} \\ f_{21} & f_{22} & \cdots & f_{2n} \\ \vdots & \vdots & & \vdots \\ f_{m1} & f_{m2} & \cdots & f_{mn} \end{pmatrix}$ を

基底 $\{\mathbf{v}_1, \mathbf{v}_2, \cdots, \mathbf{v}_n\}$，$\{\mathbf{w}_1, \mathbf{w}_2, \cdots, \mathbf{w}_m\}$ に関する f の表現行列（単に行列）という．

定理 G3 線形写像と表現行列

基底 $\{\mathbf{v}_1, \mathbf{v}_2, \cdots, \mathbf{v}_n\}$ に関する $\mathbf{x}\,(\in X)$ の座標を $\begin{pmatrix} x_1 \\ \vdots \\ x_n \end{pmatrix}$,

基底 $\{\mathbf{w}_1, \mathbf{w}_2, \cdots, \mathbf{w}_m\}$ に関する $\mathbf{y} = f(\mathbf{x})\,(\in Y)$ の座標を $\begin{pmatrix} y_1 \\ \vdots \\ y_n \end{pmatrix}$ とすると $\begin{pmatrix} y_1 \\ \vdots \\ y_n \end{pmatrix} = \mathbf{F} \begin{pmatrix} x_1 \\ \vdots \\ x_n \end{pmatrix}$ である．

G.2.2 合成写像の表現行列

$\{\mathbf{u}_1, \mathbf{u}_2, \cdots, \mathbf{u}_n\}$, $\{\mathbf{v}_1, \mathbf{v}_2, \cdots, \mathbf{v}_m\}$, $\{\mathbf{w}_1, \mathbf{w}_2, \cdots, \mathbf{w}_l\}$ をそれぞれベクトル空間 U, V, W の基底とし,$f: U \to V$, $g: V \to W$ を線形写像とする.

定理 G4 合成写像の表現行列

基底 $\{\mathbf{u}_1, \mathbf{u}_2, \cdots, \mathbf{u}_n\}$, $\{\mathbf{v}_1, \mathbf{v}_2, \cdots, \mathbf{v}_m\}$ に関する f の表現行列を $\mathbf{F}$,

基底 $\{\mathbf{v}_1, \mathbf{v}_2, \cdots, \mathbf{v}_m\}$, $\{\mathbf{w}_1, \mathbf{w}_2, \cdots, \mathbf{w}_l\}$ に関する g の表現行列を $\mathbf{G}$ とするとき,

基底 $\{\mathbf{u}_1, \mathbf{u}_2, \cdots, \mathbf{u}_n\}$, $\{\mathbf{w}_1, \mathbf{w}_2, \cdots, \mathbf{w}_l\}$ に関する $g \circ f$ の表現行列は $\mathbf{GF}$ である.

例題 G.2.1 次の各対応図(1)〜(6)において,写像であるか否かを判定し,さらに単射か全射も判定せよ.

(1) 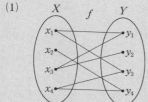 (2) 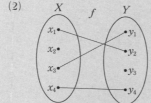 (3)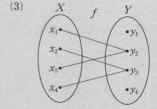

(4) 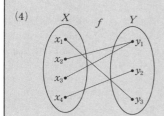 (5) 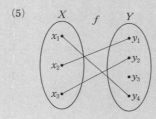 (6)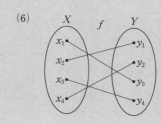

解 写像の性質① X の1つの要素から対応する Y の要素はただ1つだけ.②任意の X の要素について,対応する Y の要素が必ずある.

(1) 集合 X から集合 Y への1対多対応であるので写像ではない.

(2) X のすべての要素が対応していないので写像ではない.

(3) 写像である. (4)写像である.全射 (5)写像である.単射 (6)写像である.全射かつ単射

note 全射かつ単射の場合,全単射または双射という.

例題 G.2.2 次の写像は線形写像かどうか調べよ.

(1) 写像 $f: \mathbb{R}^3 \to \mathbb{R}^2$, $f\left(\begin{pmatrix} x_1 \\ x_2 \\ x_3 \end{pmatrix}\right) = \begin{pmatrix} x_1 + x_2 \\ x_2 - x_3 \end{pmatrix}$. (2) 写像 $f: \mathbb{R}^2 \to \mathbb{R}^3$, $f\left(\begin{pmatrix} x_1 \\ x_2 \end{pmatrix}\right) = \begin{pmatrix} x_3 \\ x_1 + 1 \\ x_1 + x_2 \end{pmatrix}$.

解 (1) $\mathbf{x}_1 = \begin{pmatrix} x \\ y \\ z \end{pmatrix}$, $\mathbf{x}_2 = \begin{pmatrix} u \\ v \\ w \end{pmatrix}$, k, $l \in \mathbb{R}$ とする.

付録G 線形写像

$$f(k\mathbf{x}_1 + l\mathbf{x}_2) = f\left(k\begin{pmatrix}x\\y\\z\end{pmatrix} + l\begin{pmatrix}u\\v\\w\end{pmatrix}\right) = f\left(\begin{pmatrix}kx+lu\\ky+lv\\kz+lw\end{pmatrix}\right)$$

$$= \begin{pmatrix}kx+lu+ky+lv\\ky+lv-kz-lw\end{pmatrix} = \begin{pmatrix}k(x+y)+l(u+v)\\k(y-z)+l(v-w)\end{pmatrix}$$

$$= k\begin{pmatrix}x+y\\y-z\end{pmatrix} + l\begin{pmatrix}u+v\\v-w\end{pmatrix} = kf(\mathbf{x}_1) + lf(\mathbf{x}_2).$$

よって,写像 f は線形写像である.

(2) $f(\mathbf{0}) = f\left(\begin{pmatrix}0\\0\\0\end{pmatrix}\right) = \begin{pmatrix}0\\1\\0\end{pmatrix} \neq \mathbf{0}_3$ なので,写像 f は線形写像ではない.

例題 G.2.3 線形写像 $f : \mathbb{R}^3 \to \mathbb{R}^2$, $f\left(\begin{pmatrix}x\\y\\z\end{pmatrix}\right) = \begin{pmatrix}2x-y+3z\\x+4y-2z\end{pmatrix}$ の次の基底に関する表現行列 F を求めよ.

(1) $\mathbb{R}^3$ の標準基底 $\{\mathbf{e}_1, \mathbf{e}_2, \mathbf{e}_3\}$ と $\mathbb{R}^2$ の標準基底 $\{\hat{\mathbf{e}}_1, \hat{\mathbf{e}}_2\}$.

(2) $\mathbb{R}^3$ の基底 $\left\{\mathbf{v}_1 = \begin{pmatrix}1\\1\\0\end{pmatrix}, \mathbf{v}_2 = \begin{pmatrix}0\\1\\1\end{pmatrix}, \mathbf{v}_3 = \begin{pmatrix}1\\0\\1\end{pmatrix}\right\}$ と $\mathbb{R}^2$ の基底 $\left\{\mathbf{w}_1 = \begin{pmatrix}1\\3\end{pmatrix}, \mathbf{w}_2 = \begin{pmatrix}2\\1\end{pmatrix}\right\}$.

解 (1) $f(\mathbf{e}_1) = f\left(\begin{pmatrix}1\\0\\0\end{pmatrix}\right) = \begin{pmatrix}2\\1\end{pmatrix} = 2\begin{pmatrix}1\\0\end{pmatrix} + \begin{pmatrix}0\\1\end{pmatrix} = 2\hat{\mathbf{e}}_1 + \hat{\mathbf{e}}_2$,

$f(\mathbf{e}_2) = \begin{pmatrix}-1\\4\end{pmatrix} = -\hat{\mathbf{e}}_1 + 4\hat{\mathbf{e}}_2$, $f(\mathbf{e}_3) = \begin{pmatrix}3\\-2\end{pmatrix} = 3\hat{\mathbf{e}}_1 - 2\hat{\mathbf{e}}_2$.

よって $\mathbf{F} = (f(\mathbf{e}_1) \quad f(\mathbf{e}_2) \quad f(\mathbf{e}_3)) = \begin{pmatrix}2 & -1 & 3\\1 & 4 & -2\end{pmatrix}$.

(2) $f(\mathbf{v}_1) = f\left(\begin{pmatrix}1\\1\\0\end{pmatrix}\right) = \begin{pmatrix}1\\5\end{pmatrix} = k\begin{pmatrix}1\\3\end{pmatrix} + l\begin{pmatrix}2\\1\end{pmatrix}$ を解くと, $k = \dfrac{9}{5}$, $l = -\dfrac{2}{5}$.

$\therefore f(\mathbf{v}_1) = \dfrac{9}{5}\mathbf{w}_1 - \dfrac{2}{5}\mathbf{w}_2$,

$f(\mathbf{v}_2) = f\left(\begin{pmatrix}0\\1\\1\end{pmatrix}\right) = \begin{pmatrix}2\\2\end{pmatrix} = k\begin{pmatrix}1\\3\end{pmatrix} + l\begin{pmatrix}2\\1\end{pmatrix}$ を解くと, $k = \dfrac{2}{5}$, $l = \dfrac{4}{5}$. $\therefore f(\mathbf{v}_1) = \dfrac{2}{5}\mathbf{w}_1 + \dfrac{4}{5}\mathbf{w}_2$,

$f(\mathbf{v}_3) = f\left(\begin{pmatrix}1\\0\\1\end{pmatrix}\right) = \begin{pmatrix}5\\-1\end{pmatrix} = k\begin{pmatrix}1\\3\end{pmatrix} + l\begin{pmatrix}2\\1\end{pmatrix}$ を解くと, $k = -\dfrac{7}{5}$, $l = \dfrac{16}{5}$.

$\therefore f(\mathbf{v}_1) = -\dfrac{7}{5}\mathbf{w}_1 + \dfrac{16}{5}\mathbf{w}_2$,

よって $\mathbf{F} = \dfrac{1}{5}\begin{pmatrix}9 & 2 & -7\\-2 & 4 & 16\end{pmatrix}$.

例題 G.2.4 線形写像 $f : \mathbb{R}^3 \to \mathbb{R}^2$, $f\left(\begin{pmatrix} x \\ y \\ z \end{pmatrix}\right) = \begin{pmatrix} x - 3y + 2z \\ x + 2y - 3z \end{pmatrix}$ の像と核を求めよ．

解 標準基底 $\{\mathbf{e}_1, \mathbf{e}_2, \mathbf{e}_3\}$ に関する f の表現行列は，

$$\mathbf{A} = (f(\mathbf{e}_1) \quad f(\mathbf{e}_2) \quad f(\mathbf{e}_3)) = \begin{pmatrix} 1 & -3 & 2 \\ 1 & 2 & -3 \end{pmatrix}.$$

これより，$\mathrm{rank}\,\mathbf{A} = 2$．したがって，$\dim(\mathrm{Im}\,f) = 2$．よって，$\mathrm{Im}\,f = \mathbb{R}^2$．

$\mathbf{A}\mathbf{x} = 0$ を解く． $\begin{cases} x - 3y + 2z = 0 \\ x + 2y - 3z = 0 \end{cases}$ より，$z = k$ とおくと $\begin{cases} x - 3y = -2k \\ x + 2y = 3k \end{cases}$． $\therefore \quad x = y = z = k$．

よって，$\ker f$ は $\begin{pmatrix} 1 \\ 1 \\ 1 \end{pmatrix}$ を基底とする $\mathbb{R}^3$ の 1 次元（部分）空間である．

G.3.1 ベクトル空間

ベクトル空間 … 集合 X の要素に 2 つの演算，和（$+$）とスカラー積（$\cdot$）が定義されていて，次の ①，② が成り立つとき，X をベクトル空間という．

    ① $x, y \in X \ \Rightarrow \ x + y \in X$，

    ② $x \in X$, $\alpha \in \mathbb{R} \ \Rightarrow \ \alpha \cdot x \in X$．

このとき，X は和とスカラー積に関して閉じている，という．

部分空間 … $V \subset X$ が X 上での演算，和（$+$）とスカラー積（$\cdot$）に関してベクトル空間になっているとき（和とスカラー積に関して閉じている），V を X の部分空間という．

解空間 … 行列 $\mathbf{A}$ を $m \times n$ の行列，ベクトル $\mathbf{x}$ は n 次元ベクトルとする．

    $W = \{x \mid \mathbf{A}\mathbf{x} = 0\}$ を方程式 $\mathbf{A}\mathbf{x} = 0$ の（行列 $\mathbf{A}$ の）解空間という．

    解空間 W は $\mathbb{R}^n$ の部分空間である．（$\because$ $\{\mathbf{x}\} = W \subset \mathbb{R}^n$（部分集合），$W$ がベクトル空間であることを示す．$\mathbf{x}, \mathbf{y} \in W$ とすると，① $\mathbf{A}(\mathbf{x} + \mathbf{y}) = \mathbf{A}\mathbf{x} + \mathbf{A}\mathbf{y} = 0 + 0 = 0$，② $\mathbf{A}(\alpha \cdot \mathbf{x}) = \alpha \cdot \mathbf{A}\mathbf{x} = \alpha \cdot 0 = 0$．）

次元定理 … 行列 $\mathbf{A}$ を $m \times n$ の行列，W が $\mathbf{A}\mathbf{x} = 0$ の解空間であるとき，$\dim W = n - \mathrm{rank}\,\mathbf{A}$．とくに，$\mathrm{rank}\,\mathbf{A} = n$ のとき（$\mathbf{A}\mathbf{x} = 0$ は自明な解しかもたない），$\dim W = 0$．（$W = \{0\}$）．

例題 G.3.1 次の問いに答えよ．

(1) $W_1 = \left\{ \begin{pmatrix} x \\ 3y \\ 2 \end{pmatrix} \Bigg| x, y \in \mathbb{R} \right\}$ は $\mathbb{R}^3$ の部分空間か調べよ．

(2) $W_2 = \left\{ \begin{pmatrix} x \\ y \\ 2x + 3y \end{pmatrix} \Bigg| x, y \in \mathbb{R} \right\}$ は $\mathbb{R}^3$ の部分空間か調べよ．

(3) W_2 の基底を求めよ．また $\dim W_2$ を求めよ．

解 (1) $\mathbf{w}_1 = \begin{pmatrix} x_1 \\ 3y_1 \\ 2 \end{pmatrix}$, $\mathbf{w}_2 = \begin{pmatrix} x_2 \\ 3y_2 \\ 2 \end{pmatrix} \in W_1$ とすると,

$$\mathbf{w}_1 + \mathbf{w}_2 = \begin{pmatrix} x_1 \\ 3y_1 \\ 2 \end{pmatrix} + \begin{pmatrix} x_2 \\ 3y_2 \\ 2 \end{pmatrix} = \begin{pmatrix} x_1 + x_2 \\ 3(y_1 + y_2) \\ 4 \end{pmatrix} \notin W_1.$$

∵ z 成分が 4 である. よって, W_1 は $\mathbb{R}^3$ の部分空間でない.

別解

部分空間は必ず $\mathbf{0}$ を含むが $\mathbf{0} \notin W_1$ より, W_1 は部分空間でない.

(2) $\mathbf{w}_1 = \begin{pmatrix} x_1 \\ y_1 \\ 2x_1 + 3y_1 \end{pmatrix}$, $\mathbf{w}_2 = \begin{pmatrix} x_2 \\ y_2 \\ 2x_2 + 3y_2 \end{pmatrix} \in W_2$ とすると,

$$\mathbf{w}_1 + \mathbf{w}_2 = \begin{pmatrix} x_1 \\ y_1 \\ 2x_1 + 3y_1 \end{pmatrix} + \begin{pmatrix} x_2 \\ y_2 \\ 2x_2 + 3y_2 \end{pmatrix} = \begin{pmatrix} x_1 + x_2 \\ y_1 + y_2 \\ 2(x_1 + x_2) + 3(y_1 + y_2) \end{pmatrix} \in W_2,$$

$$\alpha \mathbf{w}_1 = \alpha \begin{pmatrix} x_1 \\ y_1 \\ 2x_1 + 3y_1 \end{pmatrix} = \begin{pmatrix} \alpha x_2 \\ \alpha y_2 \\ \alpha(2x_2 + 3y_2) \end{pmatrix} = \begin{pmatrix} \alpha x_2 \\ \alpha y_2 \\ 2\alpha x_2 + 3\alpha y_2 \end{pmatrix} \in W_2,$$

よって, W_2 は $\mathbb{R}^3$ の部分空間である.

(3) 標準基底 $\left\{ \mathbf{e}_1 = \begin{pmatrix} 1 \\ 0 \\ 0 \end{pmatrix}, \mathbf{e}_2 = \begin{pmatrix} 0 \\ 1 \\ 0 \end{pmatrix}, \mathbf{e}_3 = \begin{pmatrix} 0 \\ 0 \\ 1 \end{pmatrix} \right\}$ を用いて $\mathbf{w} = \begin{pmatrix} x \\ y \\ 2x + 3y \end{pmatrix} \in W_2$ を表すと,

$$\mathbf{w} = \begin{pmatrix} x \\ y \\ 2x + 3y \end{pmatrix} = x\mathbf{e}_1 + y\mathbf{e}_2 + (2x + 3y)\mathbf{e}_3 = x(\mathbf{e}_1 + 2\mathbf{e}_3) + y(\mathbf{e}_2 + 3\mathbf{e}_3) \text{ より,}$$

W_2 のすべてのベクトルは,

$\mathbf{e}_1 + 2\mathbf{e}_3$ と $\mathbf{e}_2 + 3\mathbf{e}_3$ の 1 次結合で表される. また, $\mathbf{e}_1 + 2\mathbf{e}_3$ と $\mathbf{e}_2 + 3\mathbf{e}_3$ は互いに独立であるから, $\mathbf{e}_1 + 2\mathbf{e}_3$ と $\mathbf{e}_2 + 3\mathbf{e}_3$ は W_2 の基底である. したがって, $\dim W_2 = 2$.

別解

$x = k$, $y = l$ とおくと, $\begin{pmatrix} x \\ y \\ 2x + 3y \end{pmatrix} = \begin{pmatrix} k \\ l \\ 2k + 3l \end{pmatrix} = k\begin{pmatrix} 1 \\ 0 \\ 2 \end{pmatrix} + l\begin{pmatrix} 0 \\ 1 \\ 3 \end{pmatrix}$. ここで, $\begin{pmatrix} 1 \\ 0 \\ 2 \end{pmatrix}$, $\begin{pmatrix} 0 \\ 1 \\ 3 \end{pmatrix}$ は互いに独立であるから, $\begin{pmatrix} 1 \\ 0 \\ 2 \end{pmatrix}$, $\begin{pmatrix} 0 \\ 1 \\ 3 \end{pmatrix}$ は W_2 の基底である. したがって, $\dim W_2 = 2$.

例題 G.3.2 次の $\mathbb{R}^2$ の部分空間と $\mathbb{R}^3$ の部分空間の基底と次元をそれぞれ求めよ.

(1) $L_1 = \left\{ \begin{pmatrix} x \\ y \end{pmatrix} \in \mathbb{R}^2 \,\middle|\, 2x + y = 0 \right\}$

(2) $L_2 = \left\{ \begin{pmatrix} x \\ y \\ z \end{pmatrix} \in \mathbb{R}^3 \,\middle|\, 2x + 3y + 4z = 0 \right\}$

解 (1) 未知数の数は $2 \,(= n)$, $2x + y = 0$ より $\mathbf{A} = \begin{pmatrix} 2 & 1 \end{pmatrix}$. したがって, $\mathrm{rank}\,\mathbf{A} = 1$. よって, $\dim W = 2 - 1 = 1$.

$x = c$ とおくと, $y = -2c$. 解は $\begin{pmatrix} c \\ -2c \end{pmatrix} = c \begin{pmatrix} 1 \\ -2 \end{pmatrix}$. よって, 基底は $\begin{pmatrix} 1 \\ -2 \end{pmatrix}$.

(2) 未知数の数は $3 \,(= n)$, $2x - 3y + 4z = 0$ より $\mathbf{A} = \begin{pmatrix} 2 & 3 & 4 \end{pmatrix}$. したがって, $\mathrm{rank}\,\mathbf{A} = 1$. よって, $\dim W = 3 - 1 = 2$.

$x = 2c_1$, $y = 4c_2$ とおくと, $z = -c_1 - 3c_2$. 解は $\begin{pmatrix} 2c_1 \\ 4c_2 \\ -c_1 - 3c_2 \end{pmatrix} = c_1 \begin{pmatrix} 2 \\ 0 \\ -1 \end{pmatrix} + c_2 \begin{pmatrix} 0 \\ 4 \\ -3 \end{pmatrix}$.

よって, 基底は $\begin{pmatrix} 2 \\ 0 \\ -1 \end{pmatrix}$, $\begin{pmatrix} 0 \\ 4 \\ -3 \end{pmatrix}$.

第1章 数と式の計算 解答

問題 1.1

$$\cfrac{1}{k+\cfrac{1}{l+\cfrac{1}{7}}} = \frac{15}{52} = \cfrac{1}{\frac{52}{15}} \text{ より,}$$

$$k + \cfrac{1}{l+\cfrac{1}{7}} = \frac{52}{15} = 3 + \frac{7}{15}.$$

ここで, $l \geqq 1$ より $0 < \cfrac{1}{l+\frac{1}{7}} < 1$ であるから

$k = 3.$

また, $\cfrac{1}{l+\frac{1}{7}} = \frac{7}{15} = \cfrac{1}{\frac{15}{7}}$ より,

$l + \frac{1}{7} = \frac{15}{7} = 2 + \frac{1}{7}$, よって $l = 2$.

問題 1.2

(1) ○ $\sqrt{-8}\sqrt{-2} = 2\sqrt{2}\,i \cdot \sqrt{2}\,i = -4.$

(2) × $a > 0$ のとき $\sqrt{(-a)^2} = |-a| = a.$

(3) ○ $\sqrt{(-a)^2} = |-a| = |a|.$

(4) × $(\sqrt{a} + \sqrt{b})^2 = a + 2\sqrt{ab} + b.$

(5) × (左辺)$^2 = a^2 + b \neq a^2 + 2a\sqrt{b} + b$
$\qquad$ = (右辺)^2.

(6) × (左辺)$^2 = a + b \neq a + 2\sqrt{ab} + b$
$\qquad$ = (右辺)^2.

(7) × (左辺)$^2 = a^2 + b^2 \neq a^2 + 2|ab| + b^2$
$\qquad$ = (右辺)^2.

(8) × $2\sqrt{a+1} = \sqrt{4a+4}.$

問題 1.3

(1) $\dfrac{1}{\sqrt{3}+1} = \dfrac{\sqrt{3}-1}{(\sqrt{3}+1)(\sqrt{3}-1)}$
$\qquad = \dfrac{\sqrt{3}-1}{3-1} = \dfrac{\sqrt{3}-1}{2}.$

(2) $\dfrac{\sqrt{3}}{\sqrt{3}+5} = \dfrac{\sqrt{3}(\sqrt{3}-5)}{(\sqrt{3}+5)(\sqrt{3}-5)}$
$\qquad = \dfrac{3-5\sqrt{3}}{3-25} = \dfrac{5\sqrt{3}-3}{22}.$

(3) $\dfrac{\sqrt{2}+\sqrt{6}}{\sqrt{2}-\sqrt{6}} = \dfrac{(\sqrt{2}+\sqrt{6})^2}{(\sqrt{2}-\sqrt{6})(\sqrt{2}+\sqrt{6})}$

$\qquad = \dfrac{2+2\sqrt{2}\sqrt{6}+6}{2-4}$
$\qquad = -4 - 2\sqrt{3}.$

(4) $\dfrac{2\sqrt{3}-1}{\sqrt{3}-1} = \dfrac{(2\sqrt{3}-1)(\sqrt{3}-1)}{(\sqrt{3}-1)(\sqrt{3}+1)}$

$\qquad = \dfrac{6-3\sqrt{3}+1}{3-1}$

$\qquad = \dfrac{7-3\sqrt{3}}{2}.$

問題 1.4

(1) $\sqrt{7+2\sqrt{10}}$
$\quad = \sqrt{(5+2)+2\sqrt{5\times 2}}$
$\quad = \sqrt{(\sqrt{5})^2 + 2\sqrt{5}\times\sqrt{2} + (\sqrt{2})^2}$
$\quad = \sqrt{(\sqrt{5}+\sqrt{2})^2} = \sqrt{5}+\sqrt{2}.$

(2) $\sqrt{2-\sqrt{3}} = \sqrt{\dfrac{4-2\sqrt{3}}{2}}$

$\qquad = \sqrt{\dfrac{(3+1)-2\sqrt{3\times 1}}{2}}$

$\qquad = \dfrac{\sqrt{(\sqrt{3}-1)^2}}{\sqrt{2}} = \dfrac{|\sqrt{3}-1|}{\sqrt{2}}$

$\qquad = \dfrac{\sqrt{3}-1}{\sqrt{2}} = \dfrac{\sqrt{6}-\sqrt{2}}{2}.$

問題 1.5

(1) $\dfrac{\sqrt{6}}{\sqrt{-3}} = \dfrac{\sqrt{6}}{\sqrt{3}\,i} = \dfrac{\sqrt{2}\,i}{i^2} = -\sqrt{2}\,i.$

(2) $(2+i)^2 = 4 + 4i + i^2 = 3 + 4i.$

(3) $\dfrac{8+4i}{1+i} = \dfrac{(8+4i)(1+i)}{(1+i)(1-i)}$

$\qquad = \dfrac{8+12i+4i^2}{1-i^2}$

$\qquad = \dfrac{8+12i-4}{1+1} = 2 + 6i.$

(4) $\dfrac{2}{1+i} + (1+3i)$

$\quad = \dfrac{2(1-i)}{(1+i)(1-i)} + (1+3i)$

$\quad = \dfrac{2-2i}{1+1} + (1+3i)$

$\quad = (1-i) + (1+3i) = 2 + 2i.$

(5) $\dfrac{1+\sqrt{2}i}{1-\sqrt{2}i} + \dfrac{1-\sqrt{2}i}{1+\sqrt{2}i}$

$= \dfrac{(1+\sqrt{2}i)^2}{(1-\sqrt{2}i)(1+\sqrt{2}i)}$
$\quad + \dfrac{(1-\sqrt{2}i)^2}{(1+\sqrt{2}i)(1-\sqrt{2}i)}$

$= \dfrac{1+2\sqrt{2}i-2}{1+2} + \dfrac{1-2\sqrt{2}i-2}{1+2}$

$= \dfrac{-1+2\sqrt{2}i}{3} - \dfrac{1+2\sqrt{2}i}{3}$

$= -\dfrac{2}{3}.$

問題 1.6

(1) $x+y = \sqrt{5}+1+\sqrt{5}-1 = 2\sqrt{5}$ より,
$x^2 + xy = x(x+y) = (\sqrt{5}+1)\cdot 2\sqrt{5}$
$\qquad\qquad = 10+2\sqrt{5}.$

(2) $f(\sqrt{5}) = |\sqrt{5}-3| + |\sqrt{5}+3|$
$\qquad = -(\sqrt{5}-3) + (\sqrt{5}+3)$
$\qquad = -\sqrt{5}+3+\sqrt{5}+3 = 6.$

問題 1.7

(1) ◯ a, b がともに正なら,
$|a+b| = a+b = |a|+|b|.$
また, a, b がともに負ならば,
$|a+b| = -(a+b) = -a-b$
$\qquad = |a|+|b|.$

(2) × $|a+1| + |a-1| = 2$ より,
$a \geqq 1, \ -1 \leqq a < 1, \ a < -1$ で考える.

$a \geqq 1$ のとき
与式は, $a+1+a-1 = 2,$
∴ $a = 1.$
$-1 \leqq a < 1$ のとき
与式は, $a+1-(a-1) = 2,$
∴ $-1 \leqq a < 1.$
$a < -1$ のとき
与式は, $-(a+1)-(a-1) = 2,$
∴ 解なし.
したがって, $-1 \leqq a \leqq 1.$

$(a+1)^2 + (a-1)^2 = 4$ のとき
$a^2 = 1$ より, $a = \pm 1.$ よって, ×.
($-1 \leqq a \leqq 1$ において, $a = 0$ のとき
$(a+1)^2 + (a-1)^2 = 4$ は成立しない
から ×.)

(3) ◯ $a^2 = 16$ ならば $a = \pm 4.$
よって $|a| = 4.$

(4) × 例えば $\alpha = 1, \beta = i$ のとき,
$\alpha^2 + \beta^2 = 0$ であるが
$\alpha = \beta = 0$ ではない.

(5) × $ab = a$ ならば $ab - a = a(b-1) = 0$
よって $b = 1$ または $a = 0.$

問題 1.8

(1) $(a^2 b)^3 \times (ab^2)^2 = a^6 b^3 \times a^2 b^4 = a^8 b^7.$

(2) $\dfrac{(a^2 b^3)^3}{(ab^4)^2} = \dfrac{a^6 b^9}{a^2 b^8} = a^4 b.$

(3) $\dfrac{(ab^2)^3 \times (a^3 b)^2}{a^4 b} = \dfrac{a^3 b^6 \times a^6 b^2}{a^4 b} = \dfrac{a^9 b^8}{a^4 b}$
$\qquad = a^5 b^7.$

(4) $(3a^3)^2 \div (6a^4) \times 2a = \dfrac{9a^6 \times 2a}{6a^4} = \dfrac{3a^7}{a^4}$
$\qquad = 3a^3.$

問題 1.9

(1) $\sqrt[3]{\sqrt{a}} = (\sqrt{a})^{\frac{1}{3}} = (a^{\frac{1}{2}})^{\frac{1}{3}} = a^{\frac{1}{6}}.$

∴ $\boxed{} = 6.$

(2) $ab - 4a + 2b - 8 = a(b-4) + 2(b-4)$
$\qquad\qquad\qquad = (a+2)(b-4).$

∴ $\boxed{ア} = 2, \boxed{イ} = -4.$

(3) $(x+1)(x-2)(x+\boxed{イ})$
$= (x^2 - x - 2)(x + \boxed{イ})$
$= x^3 + (\boxed{イ}-1)x^2 - (\boxed{イ}+2)x - 2\cdot\boxed{イ}$
$= x^3 + 2x^2 - 5x - \boxed{ア}.$

∴ $\boxed{ア} = 6, \boxed{イ} = 3.$

(4) $(3x - 2y)^3$
$= (3x)^3 - 3(3x)^2 \cdot 2y + 3\cdot 3x(2y)^2 - (2y)^3$
$= 27x^3 - 54x^2 y + 36xy^2 - 8y^3.$

∴ $\boxed{} = 36.$

問題 1.10

$G = x-1$, $L = x^4 + x^2 - 2$, $L = abG$ より,
$$L = (x^2+2)(x^2-1)$$
$$= (x^2+2)(x+1)(x-1).$$
$$\therefore\ A = (x+1)(x-1),$$
$$B = (x^2+2)(x-1).$$

問題 1.11

(1) $x^2 - 2x - 24 = (x-6)(x+4)$.

(2) $6x^2 + x - 15 = (3x+5)(2x-3)$.

(3) $x^3 + 1 = (x+1)(x^2-x+1)$.

問題 1.12

(1) 剰余の定理より
$$P(2) = 2^3 - 2^2 - 3\cdot 2 - 4 = -6.$$

(2)
$$\begin{array}{r}x^2 + 2x \phantom{{}+4}\\ x^2-2x+1\ \overline{\smash{\big)}\ x^4 \phantom{{}-2x^3} -3x^2 \phantom{{}+2x} +4}\\ \underline{x^4 - 2x^3 + x^2 \phantom{{}+2x+4}}\\ 2x^3 - 4x^2 \phantom{{}+2x} +4\\ \underline{2x^3 - 4x^2 + 2x \phantom{{}+4}}\\ -2x + 4 \end{array}$$

よって, 余りは $-2x+4$.

(3) 剰余の定理より,
$$P(-1) = -1 + a + 2 - 3 = 0.$$
$$\therefore\ a = 2.$$

問題 1.13

(1)
$$\begin{array}{cccc|c|c}
1 & 2 & -1 & -1 & 2 & \underline{-1}\\
  & -1 & -1 & 2 & -1 &\\
\hline
1 & 1 & -2 & 1 & 1 &
\end{array}$$

よって, 余りは 1.

(2) $Q(x) = x^3 + x^2 - 2x + 1$ であるから, 余りは $Q(-2) = -8 + 4 + 4 + 1 = 1$.

問題 1.14

(1) $x^3 - x^2 - x + b$
$$= (x-2)(x^2+ax+1)$$
$$= x^3 + (a-2)x^2 + (-2a+1)x - 2.$$
したがって, $a = 1$, $b = -2$.

(2) $6x^3 - 2x^2 + 2x - 3$
$$= (ax-2)(3x^2+2x+b) + 3$$
$$= 3ax^3 + (2a-6)x^2 + (ab-4)x - 2b + 3.$$
したがって, $a=2$, $b=3$.

問題 1.15

(1) $\dfrac{2}{x+1} - \dfrac{3}{x+3} = \dfrac{2(x+3)-3(x+1)}{(x+1)(x+3)}$
$$= \dfrac{-x+3}{(x+1)(x+3)}.$$

(2) $\dfrac{x-\dfrac{4}{x}}{1+\dfrac{2}{x}} = \dfrac{\left(x-\dfrac{4}{x}\right)\times x}{\left(1+\dfrac{2}{x}\right)\times x} = \dfrac{x^2-4}{x+2}$
$$= \dfrac{(x+2)(x-2)}{x+2} = x-2.$$

(3) $\left(\dfrac{x+2}{x+1} - \dfrac{x-1}{x-2}\right) \div \left(1 - \dfrac{3}{x+1}\right)$
$$= \dfrac{(x+2)(x-2)-(x-1)(x+1)}{(x+1)(x-2)}$$
$$\div \dfrac{(x+1)-3}{x+1}$$
$$= \dfrac{(x^2-4)-(x^2-1)}{(x+1)(x-2)} \div \dfrac{x-2}{x+1}$$
$$= \dfrac{-3}{(x+1)(x-2)} \times \dfrac{x+1}{x-2}$$
$$= -\dfrac{3}{(x-2)^2}.$$

(4) $\dfrac{\dfrac{1}{x+y}+\dfrac{1}{x-y}}{\dfrac{1}{x+y}-\dfrac{1}{x-y}} = \dfrac{\dfrac{(x-y)+(x+y)}{(x+y)(x-y)}}{\dfrac{(x-y)-(x+y)}{(x+y)(x-y)}}$
$$= \dfrac{\dfrac{2x}{(x+y)(x-y)}}{\dfrac{-2y}{(x+y)(x-y)}}$$
$$= \dfrac{2x}{-2y} = -\dfrac{x}{y}.$$

(5) $\dfrac{a-\dfrac{3}{a-2}}{\dfrac{3a}{a-2}-1} = \dfrac{\left(a-\dfrac{3}{a-2}\right)\times(a-2)}{\left(\dfrac{3a}{a-2}-1\right)\times(a-2)}$
$$= \dfrac{a(a-2)-3}{3a-(a-2)}$$
$$= \dfrac{a^2-2a-3}{2a+2}$$
$$= \dfrac{(a-3)(a+1)}{2(a+1)}$$
$$= \dfrac{a-3}{2}.$$

問題 1.16

(1) $a(x+1)^2 + b(x+1) + 1$
$= ax^2 + (2a+b)x + (a+b+1)$
$= 2x^2 + x.$

よって,
$a = 2, \ 2a+b = 1, \ a+b+1 = 0$ より,
$\therefore \quad a = 2, \ b = -3.$

(2) $\cfrac{1}{1 - \cfrac{2}{1 - \cfrac{3}{1-x}}}$

$= \cfrac{1}{1 - \cfrac{2(1-x)}{\left(1 - \cfrac{3}{1-x}\right) \times (1-x)}}$

$= \cfrac{1}{1 - \cfrac{2x-2}{x+2}}$

$= \cfrac{x+2}{\left(1 - \cfrac{2x-2}{x+2}\right) \times (x+2)}$

$= -\cfrac{x+2}{x-4}.$

$\therefore \quad a = 2, \ b = -4.$

(3) (i) 式の右辺を通分し,分子を比較すると,
$8x + 3 = A(x-4) + B(x+3)$
$\qquad = (A+B)x - 4A + 3B.$

各係数を比較すると連立方程式
$A + B = 8, \ -4A + 3B = 3$
が得られる.
$\therefore \quad A = 3, \ B = 5.$

(ii) 式の右辺を通分し,分子を比較すると,
$x + A = B(x-1) + 2(x-2)$
$\qquad = (B+2)x - B - 4.$

各係数を比較すると連立方程式
$1 = B + 2, \ A = -B - 4$
が得られる.
$\therefore \quad A = -3, \ B = -1.$

(4) 分子,分母の次数が等しいので,分子÷分母を計算すると,
$\dfrac{3x^2 + 5x + 5}{x^2 + x} = 3 + \dfrac{2x+5}{x^2+x}.$
$\therefore \quad A = 3.$

次に,$\dfrac{2x+5}{x^2+x} = \dfrac{B}{x} + \dfrac{C}{x+1}$ を求める.
$2x + 5 = B(x+1) + Cx = (B+C)x + B.$
連立方程式 $B + C = 2, \ B = 5$ より,
$B = 5, \ C = -3.$

問題 1.17

(1) $\dfrac{x}{2} = \dfrac{y}{3} = \dfrac{z}{4} = k$ とおくと,
$x = 2k, \ y = 3k, \ z = 4k.$
よって,
$\dfrac{x-y+z}{x+y-z} = \dfrac{(2-3+4)k}{(2+3-4)k} = \dfrac{3k}{k} = 3.$

(2) $\dfrac{x^2y + y^2z + z^2x}{x^3 + y^3 + z^3}$

$= \dfrac{(2^2 \cdot 3 + 3^2 \cdot 4 + 4^2 \cdot 2)k^3}{(2^3 + 3^3 + 4^3)k^3}$

$= \dfrac{(12 + 36 + 32)k^3}{(8 + 27 + 64)k^3} = \dfrac{80}{99}.$

問題 1.18

(1) 方程式.

(2) 恒等式.

(3) 方程式
$(x-1)^3 = x^3 - 3x^2 + 3x - 1 \neq x^3 - 1.$

(4) 恒等式
$(x-2)^2 - x^2 = -4x + 4 = -4(x-1).$

(5) 恒等式
$\dfrac{1}{x} + \dfrac{1}{x+1} = \dfrac{x + (x+1)}{x(x+1)} = \dfrac{2x+1}{x(x+1)}.$

(6) 方程式 $\quad \dfrac{1}{x+1} \neq \dfrac{1}{x} + \dfrac{1}{1}.$

第2章 方程式・不等式 解答

問題 2.1

(1) ○   (2) ○   (3) ○

(4) ×，例：$a = 2$, $b = 3$, $c = -1$.

(5) ×，例：$a = 1$, $b = -2$, $c = 3$, $d = -4$.

(6) ×，例：$a = 2$, $b = 1$.

($a > b > 0$ ならば $\frac{1}{a} < \frac{1}{b}$ である.)

(7) ○

問題 2.2

$$-4 \leqq b \leqq 2$$

$$\cdots \to \quad -2 \leqq \frac{1}{2}b \leqq 1$$

$$\cdots \to \quad -1 \leqq -\frac{1}{2}b \leqq 2$$

$$-3 \leqq 3a \leqq 6$$

$$\underline{-1 \leqq -\frac{1}{2}b \leqq 2} \quad (+$$

$$-4 \leqq 3a - \frac{1}{2}b \leqq 8$$

∴ ア = -4, イ = 8.

問題 2.3

(1) $x^2 - 4x - 12 = (x+2)(x-6) = 0$

∴ $x = -2, 6$.

(2) $2x^2 + x - 6 = (2x-3)(x+2) = 0$

∴ $x = -2, \frac{3}{2}$.

(3) $6x^2 + 5x - 6 = (2x+3)(3x-2) = 0$

∴ $x = -\frac{3}{2}, \frac{2}{3}$.

(4) $x = \frac{-2 \pm \sqrt{2^2 - 4 \cdot 5}}{2} = -1 \pm 2i$.

(5) $x = \frac{-4 \pm \sqrt{4^2 - 4 \cdot 3 \cdot (-1)}}{2 \cdot 3}$

$= \frac{-2 \pm \sqrt{7}}{3}$.

(6) $(x+3)^2 = -4$

$\cdots \to x + 3 = \pm 2i \cdots \to x = -3 \pm 2i$.

問題 2.4

(1) $D = 1^2 - 4 \cdot 1 \cdot 1 = -3 < 0$ 0 個.

(2) $D = (-5)^2 - 4 \cdot 2 \cdot (-3) = 49 > 0$

2 個.

(3) $D = (-12)^2 - 4 \cdot (-4) \cdot (-9) = 0$

1 個.

(4) $x^3 - 3x^2 = x^2(x - 3) = 0$ 2 個.

(5) $x^3 - 1 = (x-1)(x^2 + x + 1) = 0$,

$x^2 + x + 1 = 0$ の判別式は(1)より $D < 0$ となるので，実数解は 1 個.

(6) $x^3 + 3x = x(x^2 + 3) = 0$ 1 個.

問題 2.5

(1) α, β を解にもつ 2 次方程式の 1 つは

$(x - \alpha)(x - \beta) = 0$ であるので，

$(x - \alpha)(x - \beta) = x^2 - (\alpha + \beta)x + \alpha\beta$ より，

$x^2 + 6x - 5 = 0$.

定数項が 1 であるので，-5 で割ると，

$-\frac{1}{5}x^2 - \frac{6}{5}x + 1 = 0$.

(2) (ⅰ) $\alpha + \beta = \frac{3}{2}$.   (ⅱ) $\alpha\beta = \frac{5}{2}$.

(ⅲ) $\alpha^2 + \beta^2 = (\alpha + \beta)^2 - 2\alpha\beta$

$= \left(\frac{3}{2}\right)^2 - 2 \cdot \frac{5}{2} = -\frac{11}{4}$.

(ⅳ) $\frac{\alpha}{\beta} + \frac{\beta}{\alpha} = \frac{\alpha^2 + \beta^2}{\alpha\beta} = \frac{-\frac{11}{4}}{\frac{5}{2}} = -\frac{11}{10}$.

問題 2.6

$x = 2 + i \to x - 2 = i$.

両辺を 2 乗すると，

$(x-2)^2 = -1 \to x^2 - 4x + 5 = 0$.

∴ $a = -4$, $b = 5$.

別解 $2 + i$ が解のとき，共役な虚数 $2 - i$ も解となる．したがって，解と係数の関係より，

$a = -(2+i) - (2-i) = -4$,

$b = (2+i)(2-i) = 4 + 1 = 5$.

問題 2.7

(1) $-\dfrac{1}{2} < x < 3$.

(2) $x^2 + 5x - 6 = (x+6)(x-1) \leqq 0$,
∴ $-6 \leqq x \leqq 1$.

(3) $x^2 - 2x - 3 = (x+1)(x-3) \geqq 0$,
∴ $x \leqq -1,\ x \geqq 3$.

(4) $x^2 < x \to x^2 - x < 0 \to x(x-1) < 0$,
∴ $0 < x < 1$.

(5) $-x^2 + x - 2 > 0 \to x^2 - x + 2 < 0$,
$x^2 - x + 2 = \left(x - \dfrac{1}{2}\right)^2 + \dfrac{7}{4} > 0$ より,
∴ 解なし.

(6) $-x^2 + x - 2 < 0 \to x^2 - x + 2 > 0$,
$x^2 - x + 2 = \left(x - \dfrac{1}{2}\right)^2 + \dfrac{7}{4} > 0$,
∴ すべての実数.

(7) $x^2 - 6x + 9 = (x-3)^2 \geqq 0$ より,
$x^2 - 6x + 9 > 0$ を満たすのは,
$x = 3$ を除くすべての実数.

(8) $x^2 - 6x + 9 = (x-3)^2 \geqq 0$ より,
$x^2 - 6x + 9 \leqq 0$ を満たすのは, $x = 3$.

問題 2.8

(1) $\dfrac{1}{x} = kx + 2$ の両辺に x を掛けると,
$1 = kx^2 + 2x \cdots \to kx^2 + 2x - 1 = 0$.
この 2 次方程式の判別式 D が 0 になればよいので,
$D = 2^2 - 4k \cdot (-1) = 4(k+1) = 0$,
∴ $k = -1$.

(2) $(x-1)^2 + k^2 = 1$
$\cdots \to x^2 - 2x + k^2 = 0$.
この 2 次方程式の判別式 D が $D \geqq 0$ になればよいので,
$D = (-2)^2 - 4 \cdot k^2$
$= -4(k+1)(k-1) \geqq 0$,
∴ $-1 \leqq k \leqq 1$.

問題 2.9

$f(x) = x^2 - kx + k - 1$ とし, 2 次方程式 $f(x) = 0$ の判別式を D する. 2 次方程式 $f(x) = 0$ が正と負に 1 つずつ解をもつのは, $D > 0$ かつ $f(0) < 0$ となればよいので,
$D = (-k)^2 - 4(k-1) = k^2 - 4k + 4$
$= (k-2)^2 > 0$,
∴ $k \neq 2$.
$f(0) = k - 1 < 0$,　∴ $k < 1$.
よって, $k < 1$.

問題 2.10

解が $2 < x < 3$ で, x^2 の係数が 1 である 2 次不等式は $(x-2)(x-3) < 0$.
∴ $x^2 - 5x + 6 < 0$.
題意より両辺に -2 を掛けると,
$-2x^2 + 10x - 12 > 0$.

問題 2.11

2 次不等式 $2x^2 + 6x + a > 0$ がすべての実数 x について成り立つための必要十分条件は, 2 次方程式 $2x^2 + 6x + a = 0$ の判別式 D を用いて, $D < 0$ と表せるので,
$D = 6^2 - 4 \cdot 2 \cdot a = 4(9 - 2a) < 0$,
∴ $a > \dfrac{9}{2}$.

問題 2.12

(1) 与式より $x^2 + 4x - 10 = 3x + 2$
$\to x^2 + x - 12 = 0$
$\to (x+4)(x-3) = 0$
$\to x = -4, 3$.
$y = 3x + 2$ に代入すると解は,
$\begin{cases} x = -4 \\ y = -10 \end{cases}, \begin{cases} x = 3 \\ y = 11 \end{cases}$.

(2) $y = 2x - 3$ を $x^2 + 3y = 7$ に代入すると,
$x^2 + 3(2x - 3) = 7$
$\to x^2 + 6x - 16 = 0$
$\to (x+8)(x-2) = 0$.
∴ $x = -8, 2$.
$y = 2x - 3$ に代入すると解は,
$\begin{cases} x = -8 \\ y = -19 \end{cases}, \begin{cases} x = 2 \\ y = 1 \end{cases}$.

問題 2.13

(1) $2x + 5 \geqq -1$ → $x \geqq -3$,
$-x + 2 \geqq 3$ → $x \leqq -1$.
∴ $-3 \leqq x \leqq -1$.

(2) $x^2 - x - 6 < 0$ → $(x+2)(x-3) < 0$
→ $-2 < x < 3$,
$x + 1 < 0$ → $x < -1$.
∴ $-2 < x < -1$.

(3) $x^2 \leqq 4$ → $-2 \leqq x \leqq 2$,
$3x^2 - 2x > 1$
→ $(3x + 1)(x - 1) > 0$
→ $x < -\dfrac{1}{3}$, $x > 1$.
∴ $-2 \leqq x < -\dfrac{1}{3}$, $1 < x \leqq 2$.

問題 2.14

(1) $x^3 = -8$ より,
$x^3 + 8 = (x + 2)(x^2 - 2x + 4) = 0$.
よって,$x^2 - 2x + 4 = 0$ を解くと,
$x = 1 \pm \sqrt{3}\,i$.
したがって,解は $x = -2, 1 \pm \sqrt{3}\,i$.

(2) $2x^4 - 5x^3 + 4x^2 - 5x + 2 = 0$ の両辺を x^2 で割ると,
$2x^2 - 5x + 4 - 5\dfrac{1}{x} + 2\dfrac{1}{x^2} = 0$,
$2\left(x^2 + \dfrac{1}{x^2}\right) - 5\left(x + \dfrac{1}{x}\right) + 4 = 0$.
$x + \dfrac{1}{x} = t$ とおくと,
$x^2 + \dfrac{1}{x^2} = \left(x + \dfrac{1}{x}\right)^2 - 2 = t^2 - 2$.
これより,$2(t^2 - 2) - 5t + 4 = 0$.
$2t^2 - 5t = 0$,
$t = 0$ のとき,$x + \dfrac{1}{x} = 0$ より,$x^2 + 1 = 0$.
∴ $x = \pm i$.
$t = \dfrac{5}{2}$ のとき,$x + \dfrac{1}{x} = \dfrac{5}{2}$ より,
$2x^2 - 5x + 2 = 0$. $(2x - 1)(x - 2) = 0$.
∴ $x = \dfrac{1}{2}, 2$.
よって,∴ $x = \pm i, \dfrac{1}{2}, 2$.

問題 2.15

(1) 分母 $\neq 0$ より $1 + x \neq 0$ より $x \neq -1$.
両辺に $1 + x$ を掛けると,
$1 - x = (2x + 1)(1 + x)$
→ $2x^2 + 4x = 0$ → $x(x + 2) = 0$
∴ $x = -2, 0$.

(2) 分母 $\neq 0$ より $x - 2 \neq 0$, $x + 1 \neq 0$ より
$x \neq 2, -1$.
両辺に $2(x - 2)(x + 1)$ を掛けると,
$2(x + 1) - 2(x - 2) = x(x + 1)$
→ $x^2 + x - 6 = 0$
→ $(x - 2)(x + 3) = 0$.
∴ $x = 2, -3$.
よって適する解は $x = -3$.

(3) 分母 $\neq 0$ より $x - 3 \neq 0$ より $x \neq 3$.
両辺に $x - 3$ を掛けると,
$x^2 - x = (x - 3) + 6$
→ $x^2 - 2x - 3 = 0$
→ $(x - 3)(x + 1) = 0$.
∴ $x = 3, -1$.
よって適する解は $x = -1$.

問題 2.16

(1) $x \geqq 0$, $4x - 3 \geqq 0$. したがって,$x \geqq \dfrac{3}{4}$.
両辺を平方すると,
$x^2 = 4x - 3$
→ $x^2 - 4x + 3 = 0$
→ $(x - 3)(x - 1) = 0$.
∴ $x = 1, 3$.

(2) $x + 3 \geqq 0$, $x - 3 \geqq 0$. したがって,$x \geqq 3$.
両辺を平方すると,
$x + 3 = x^2 - 6x + 9$
→ $x^2 - 7x + 6 = 0$
→ $(x - 1)(x - 6) = 0$.
∴ $x = 1, 6$.
よって適する解は $x = 6$.

(3) $x - 1 = \sqrt{7 - 3x}$ より
$x - 1 \geqq 0$, $7 - 3x \geqq 0$.
したがって,$1 \leqq x \leqq \dfrac{7}{3}$. 両辺を平方すると,

$x^2 - 2x + 1 = 7 - 3x$
→ $x^2 + x - 6 = 0$
→ $(x+3)(x-2) = 0.$
∴ $x = -3, 2.$
よって適する解は $x = 2.$

問題 2.17

(1) $\dfrac{x+3}{x} = 1 + \dfrac{3}{x} \geqq x - 1.$

∴ $\dfrac{3}{x} \geqq x - 2 \cdots ①$

$x > 0$ のとき，①の両辺に x を掛けると，
$3 \geqq x^2 - 2x.$ $x^2 - 2x - 3 \leqq 0$ より，
$(x-3)(x+1) \leqq 0.$
∴ $-1 \leqq x \leqq 3.$
したがって，$0 < x \leqq 3.$

$x < 0$ のとき，①の両辺に x を掛けると，（不等号の向きが変わる．）
$3 \leqq x^2 - 2x.$ $x^2 - 2x - 3 \geqq 0$ より，
$(x-3)(x+1) \geqq 0.$
∴ $x \leqq -1, 3 \leqq x.$

したがって，$x \leqq -1.$
よって，$x \leqq -1, \ 0 < x \leqq 3.$

別解 ①の両辺に x^2 を掛ける $(x \neq 0)$．
∴ $3x \geqq x^2(x-2).$
$x\{x(x-2) - 3\} \leqq 0$ より，
$(x+1)\,x\,(x-3) \leqq 0.$

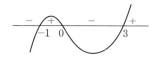

よって，$x \leqq -1, \ 0 < x \leqq 3.$

(2) $x > 2$ のとき，与式の両辺に $x - 2$ を掛けると，$2 + x(x-2) \geqq 5x - 10.$
$x^2 - 7x + 12 \geqq 0$ より $(x-3)(x-4) \geqq 0.$
∴ $x \leqq 3, 4 \leqq x.$

したがって，$2 < x \leqq 3, \ 4 \leqq x.$

$x < 2$ のとき，与式の両辺に $x - 2$ を掛けると，(不等号の向きが変わる．)
$2 + x(x-2) \leqq 5x - 10.$
$x^2 - 7x + 12 \leqq 0$ より $(x-3)(x-4) \leqq 0.$
∴ $3 \leqq x \leqq 4.$

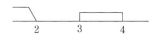

したがって，解なし．
よって，$2 < x \leqq 3, \ 4 \leqq x.$

別解
与式の両辺に $(x-2)^2$ を掛ける $(x \neq 2)$．
∴ $2(x-2) + x(x-2)^2 \geqq 5(x-2)^2.$
$(x-2)\{x(x-2) - 5(x-2) + 2\} \geqq 0$
より，
$(x-2)(x^2 - 7x + 12) \geqq 0.$
$(x-2)(x-3)(x-4) \geqq 0.$

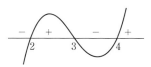

よって，$2 < x \leqq 3, \ 4 \leqq x.$

問題 2.18

(1) $x \geqq 0, \ 2x + 3 \geqq 0$ より，$x \geqq 0.$ 両辺を平方すると $2x + 3 \leqq x^2.$ $x^2 - 2x - 3 \geqq 0$ より，
$(x-3)(x+1) \geqq 0.$
∴ $x \leqq -1, 3 \leqq x.$

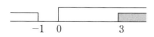

したがって，$x \geqq 3.$

(2) $x - 2 \geqq 0$ のとき，$2x - 1 \geqq 0$ より，$x \geqq 2.$
両辺を平方すると $2x - 1 \geqq x^2 - 4x + 4.$
$x^2 - 6x + 5 \leqq 0$ より，$(x-1)(x-5) \leqq 0.$
∴ $1 \leqq x \leqq 5.$

したがって，$2 \leqq x \leqq 5.$
$x - 2 < 0$ のとき，$2x - 1 \geqq 0$ より，不等式は常に成り立つ．

∴ $\frac{1}{2} \leqq x < 2$.

よって, $\frac{1}{2} \leq x \leq 5$.

問題 2.19

(1) $y = \frac{1}{2}$ と単位円の交点を求め，原点と各交点を結ぶ．その各動径までの角の大きさを求めると，

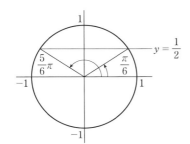

よって, $\theta = \frac{\pi}{6}, \frac{5}{6}\pi$.

(2) 与式より $\cos\theta = -\frac{1}{2}$ となり，$x = -\frac{1}{2}$ と単位円の交点を求め，原点と各交点を結ぶその各動径までの角の大きさを求める．

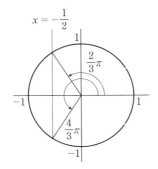

よって, $\theta = \frac{2}{3}\pi, \frac{4}{3}\pi$.

(3) 与式より $\tan x = -\frac{1}{\sqrt{3}}$ となり，

動径の傾きが $-\frac{1}{\sqrt{3}}$ となればよいので，直線 $x = 1$ 上に $y = -\frac{1}{\sqrt{3}}$ となる点をとり，原点とその点を結ぶその各動径までの角の大きさを求める．

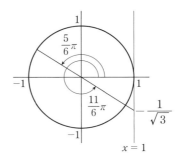

よって, $\theta = \frac{5}{6}\pi, \frac{11}{6}\pi$.

問題 2.20

(1) $x = \frac{1}{2}$ と単位円の交点を求め，原点と各交点を結ぶその各動径までの角の大きさを求めると，$\theta = \frac{\pi}{3}, \frac{5}{3}\pi$ となり，図で $x < \frac{1}{2}$ となる範囲より，

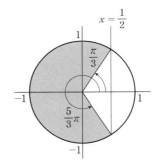

解は $\frac{\pi}{3} < \theta < \frac{5}{3}\pi$.

(2) 与式より $\sin\theta < -\frac{1}{2}$ となり，$y = -\frac{1}{2}$ と単位円の交点を求め，原点と各交点を結ぶ．その各動径までの角の大きさを求めると，$\theta = \frac{7}{6}\pi, \frac{11}{6}\pi$ となり，図で $y < -\frac{1}{2}$ となる範囲より，

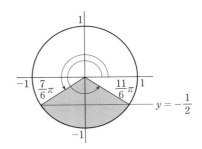

解は $\frac{7}{6}\pi < \theta < \frac{11}{6}\pi$.

(3) 動径の傾きが 1 のときを考えて，直線 $x = 1$ 上に $y = 1$ となる点をとり，原点とその点を結ぶその各動径までの角の大きさを求めると，$\theta = \frac{\pi}{4}, \frac{5}{4}\pi$ となる．図で直線 $x = 1$ 上の点の y 座標が 1 となる範囲を考えると，

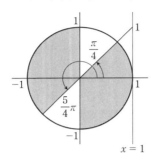

解は $\theta \leqq \frac{\pi}{4}$, $\frac{\pi}{2} < \theta < \frac{5}{4}\pi$, $\frac{3}{2}\pi < \theta < 2\pi$.

問題 2.21

$\frac{\pi}{2} < \theta < \frac{3\pi}{2}$ かつ $\sin\theta > 0$ より，θ は第 2 象限の角であるので，$\cos\theta < 0$, $\tan\theta < 0$.

$$\cos\theta = -\sqrt{1 - \sin^2\theta} = -\sqrt{1 - \frac{4}{9}}$$
$$= -\frac{\sqrt{5}}{3},$$
$$\tan\theta = \frac{\frac{2}{3}}{-\frac{\sqrt{5}}{3}} = -\frac{2\sqrt{5}}{5}.$$

問題 2.22

(1) $\cos 2\theta = 2\cos^2\theta - 1 = 2\cdot\left(\frac{2}{3}\right)^2 - 1$
$$= -\frac{1}{9}.$$

(2) 条件より，
$$\tan^2\theta - 1 = \frac{1}{3}\cdot\frac{1}{\cos^2\theta} = \frac{1}{3}(1 + \tan^2\theta),$$
∴ $\tan^2\theta = 2$. また，$\tan\theta \geqq 0$ より，
$\tan\theta = \sqrt{2}$.

問題 2.23

(1) 底を揃える．
$3\cdot 9^x = 3\cdot(3^2)^x = 3\cdot 3^{2x} = 3^{2x+1}$,
$27^{x-2} = (3^3)^{x-2} = 3^{3x-6}$ より，
$3^{2x+1} = 3^{3x-6}$.
∴ $2x + 1 = 3x - 6$. よって $x = 7$.

(2) 底を 1 より大きい数に変更する．
$\left(\frac{1}{2}\right)^x = 2^{-x}$,
$8\cdot\left(\frac{1}{4}\right)^{x-1} = 2^3\cdot(2^{-2})^{(x-1)} = 2^{3-2(x-1)}$
$$= 2^{-2x+5}.$$
$2^{-x} \leqq 2^{-2x+5}$
∴ $-x \leqq -2x + 5$,
よって $x \leqq 5$.

(3) $3^x = t$ とおく，$t > 0$.
$27\cdot 9^x - 4\cdot 3^{x+1} + 1 = 27t^2 - 12t + 1$
$$= (9t - 1)(3t - 1)$$
これより，$t = \frac{1}{3}, \frac{1}{9}$.
よって，$3^x = \frac{1}{3} = 3^{-1}$, $3^x = \frac{1}{9} = 3^{-2}$,
より $x = -1, -2$.

問題 2.24

(a) × $\log_3 x + 2 = \log_3 x + \log_3 3^2 = \log_3 9x$
$\neq \log_3(x + 9)$.

(b) × $2\log_3 x = \log_3 x^2 \neq (\log_3 x)^2$.

(c) ○

(d) × $\log_3 x - \log_3 2 = \log_3 \frac{x}{2} \neq \frac{\log_3 x}{\log_3 2}$.

(e) ○

(f) × $\log_3 6x = \log_3 6 + \log_3 x \neq 2 + \log_3 x$
$= \log_3 9x$.

問題 2.25

真数は正であるから $x > 0$，かつ $x + 1 > 0$，かつ $x + 3 > 0$.
∴ $x > 0$.
与式を変形して，$\log_2 \frac{x(x+1)}{x+3} = \log_2 2$ より
$\frac{x(x+1)}{x+3} = 2$.

したがって，
$x(x+1) = 2(x+3) \rightarrow x^2 - x - 6 = 0.$
∴ $x = -2, 3.$ よって $x = 3.$

第 3 章 関数とグラフ

解答

問題 3.1

(a) ×　$y = f(x-3)$ のグラフは，$y = f(x)$ のグラフを x 軸方向に 3 平行移動したものである．

(b) ○

(c) ×　$y = f(2x)$ のグラフは，$y = f(x)$ のグラフを x 軸方向に $\frac{1}{2}$ 倍に拡大したものである．

(d) ×　$y = f(-x)$ のグラフは，$y = f(x)$ のグラフを y 軸に関して対称移動したものである．

(e) ○

問題 3.2

$kx + 2y = k$ より，$y = -\frac{k}{2}x + \frac{k}{2}.$

(1) $\frac{k}{2} = -6$ より，$k = -12.$

(2) $-\frac{k}{2} = 2$ より，$k = -4.$

(3) $(3, -2)$ を $kx + 2y = k$ に代入すると，
$3k + 2 \times (-2) = k.$
∴ $k = 2.$

問題 3.3

(1) 平方完成すると，
$y = x^2 - 2x + 4 = (x-1)^2 + 3.$
最小値 $3\,(x = 1)$，
最大値 $12\,(x = 4)$．

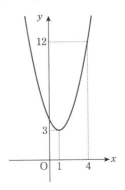

(2) 平方完成すると，
$$y = -3x^2 + ax + b = -3\left(x^2 - \frac{a}{3}x\right) + b$$
$$= -3\left\{\left(x - \frac{a}{6}\right)^2 - \frac{a^2}{36}\right\} + b$$
$$= -3\left(x - \frac{a}{6}\right)^2 + \frac{a^2}{12} - b.$$

よって，頂点の座標は $\left(\dfrac{a}{6}, \dfrac{a^2}{12} + b\right)$ となるので，

$$\begin{cases} \dfrac{a}{6} = -1 \\ \dfrac{a^2}{12} + b = 10 \end{cases} \rightarrow \begin{cases} a = -6 \\ b = 7 \end{cases}.$$

(3) $x^2 + x + 1 = ax + a$
$\rightarrow x^2 + (1-a)x + (1-a) = 0.$

この2次方程式の判別式を D とすると，放物線と直線が接するには $D = 0$ となればよいので，
$D = (1-a)^2 - 4(1-a) = (a+3)(a-1) = 0.$
∴ $a = -3, 1.$

問題 3.4

平方完成すると，
$$y = ax^2 + bx + c = a\left(x + \frac{b}{2a}\right)^2 - \frac{b^2}{4a} + c$$
$$= a\left(x + \frac{b}{2a}\right)^2 - \frac{D}{4a},$$

となるので，頂点の座標は $\left(-\dfrac{b}{2a}, -\dfrac{D}{4a}\right)$.

a の正負により，2次関数が下に凸か上に凸かが決まり，$-\dfrac{b}{2a}$ が2次関数の軸の x 座標であり（$x = -\dfrac{b}{2a}$ は軸の方程式），c は2次関数と y 軸との共有点の y 座標である．また，D により2次関数と x 軸との共有点の個数が判別される．

(a) グラフより，
$a < 0,\ -\dfrac{b}{2a} > 0,\ c < 0,\ D < 0.$
よって，$a < 0,\ b > 0,\ c < 0,\ D < 0.$

(b) グラフより，
$a < 0,\ -\dfrac{b}{2a} > 0,\ c < 0,\ D > 0.$
よって，$a < 0,\ b > 0,\ c < 0,\ D > 0.$

(c) グラフより，
$a < 0,\ -\dfrac{b}{2a} < 0,\ c < 0,\ D < 0.$
よって，$a < 0,\ b < 0,\ c < 0,\ D < 0.$

(d) グラフより，
$a < 0,\ -\dfrac{b}{2a} < 0,\ c > 0,\ D > 0.$
よって，$a < 0,\ b < 0,\ c > 0,\ D > 0.$

(e) グラフより，
$a > 0,\ -\dfrac{b}{2a} < 0,\ c > 0,\ D = 0.$
よって，$a > 0,\ b > 0,\ c > 0,\ D = 0.$

(f) グラフより，
$a > 0,\ -\dfrac{b}{2a} > 0,\ c < 0,\ D > 0.$
よって，$a > 0,\ b < 0,\ c < 0,\ D > 0.$

問題 3.5

$f(x) = x^2 + x$ とすると y 軸について対称移動したグラフは $y = f(-x) = (-x)^2 + (-x)$ となるので，
∴ $y = x^2 - x.$

問題 3.6

(1) 漸近線は $x = -1,\ y = 2.$

x 軸との交点の座標は，
$0 = \dfrac{-5}{x+1} + 2 \rightarrow \dfrac{5}{x+1} = 2$
$\rightarrow 5 = 2(x+1) \rightarrow x = \dfrac{3}{2}.$
∴ $\left(\dfrac{3}{2}, 0\right).$

y 軸との交点の座標は $y = -5 + 2 = -3.$
∴ $(0, -3).$

(2) $y = \dfrac{(x-2)+3}{x-2} = \dfrac{3}{x-2} + 1.$

漸近線は $x = 2,\ y = 1.$

x 軸との交点の座標は，
$0 = \dfrac{3}{x-2} + 1 \rightarrow -\dfrac{3}{x-2} = 1$
$\rightarrow -3 = x - 2$
$\rightarrow x = -1.$
∴ $(-1, 0).$

y 軸との交点の座標は $y = \dfrac{0+1}{0-2} = -\dfrac{1}{2}$.

∴ $\left(0, -\dfrac{1}{2}\right)$.

(3) $y = \dfrac{6x+10}{2x+3}$.

$y = \dfrac{3(2x+3-3)+10}{2x+3} = \dfrac{3(2x+3)+1}{2x+3}$

$= \dfrac{1}{2x+3} + 3$.

漸近線は $x = -\dfrac{3}{2}$, $y = 3$.

x 軸との交点の座標は,

$0 = \dfrac{1}{2x+3} + 3 \rightarrow -\dfrac{1}{2x+3} = 3$

$\rightarrow -1 = 3(2x+3)$

$\rightarrow x = -\dfrac{5}{3}$.

∴ $\left(-\dfrac{5}{3}, 0\right)$.

y 軸との交点の座標は $y = \dfrac{6 \cdot 0 + 10}{2 \cdot 0 + 3} = \dfrac{10}{3}$.

∴ $\left(0, \dfrac{10}{3}\right)$.

問題 3.7

(1) $\dfrac{x+3}{x} = 1 + \dfrac{3}{x} \geqq x - 1$.

∴ $\dfrac{3}{x} \geqq x - 2$.

$y_1 = \dfrac{3}{x}$, $y_2 = x - 2$ のグラフを描く.

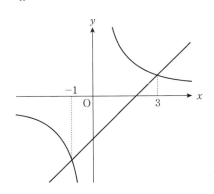

y_1, y_2 の交点の x 座標を求める.

$\dfrac{3}{x} = x - 2 \;\; (x \neq 0)$ より,

$x^2 - 2x - 3 = 0 \;\; (x \neq 0)$.

∴ $x = -1, 3$.

よって, グラフより $x \leqq -1$, $0 < x \leqq 3$.

(2) 与式より $\dfrac{2}{x-2} \geqq -x + 5$.

$y_1 = \dfrac{2}{x-2}$, $y_2 = -x + 5$ のグラフを描く.

y_1, y_2 の交点の x 座標を求める.

$\dfrac{2}{x-2} = -x + 5 \;\; (x \neq 2)$ より,

$x^2 - 7x + 12 = 0 \;\; (x \neq 2)$.

∴ $x = 3, 4$.

よって, グラフより $2 < x \leqq 3$, $4 \leqq x$.

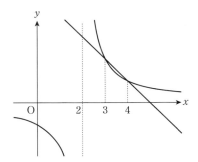

問題 3.8

定義域は $\sqrt{}$ の中が正になることから, 値域は $\sqrt{}$ の値が正になることにより決まる.

(1) 定義域 $x \leqq 3$, 値域 $y \geqq 0$.

(2) 定義域 $x \geqq 2$, 値域 $y \geqq 1$.

(3) 定義域 $x \leqq \dfrac{1}{2}$, 値域 $y \geqq -3$.

問題 3.9

$\sqrt{4x-3} = x \;\; \left(x \geqq \dfrac{3}{4}\right)$ より,

$4x - 3 = x^2 \rightarrow x^2 - 4x + 3 = 0$

$\rightarrow (x-1)(x-3) = 0$.

$x = 1, 3$ となるので, 共有点の座標は $(1, 1)$, $(3, 3)$.

問題 3.10

(1) $f(x) = \sqrt{1-2x} + 2$ とすると, y 軸について対称移動したグラフは,

$y = f(-x) = \sqrt{1-2(-x)} + 2$

となるので,

∴ $y = \sqrt{1+2x} + 2$.

(2) $f(x) = \sqrt{3x}$ とすると，はじめに x 軸方向に 3 倍に拡大し，次に y 軸に関して対称移動したグラフは $y = f\left(-\dfrac{x}{3}\right) = \sqrt{-x}$ となるので，

∴ $y = \sqrt{-x}$.

問題 3.11

(1) $y_1 = \sqrt{2x+3}$, $y_2 = x$ とおいてグラフを描く．

交点の x 座標を求めると $\sqrt{2x+3} = x$ $(x \geqq 0)$ より，

$x^2 - 2x - 3 = (x+1)(x-3) = 0$,

∴ $x = 3$.

よって，グラフより，$x \geqq 3$.

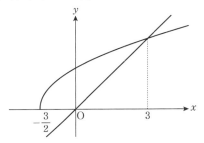

(2) $y_1 = \sqrt{2x-1}$, $y_2 = x-2$ とおいてグラフを描く．

交点の x 座標を求めると，

$\sqrt{2x-1} = x-2$ $(x \geqq 2)$ より，

$x^2 - 6x + 5 = (x-1)(x-5) = 0$,

∴ $x = 5$.

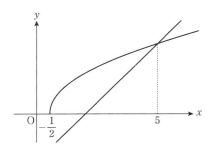

よって，グラフより，$\dfrac{1}{2} \leqq x \leqq 5$.

問題 3.12

(1) 定義域が $x \geqq -1$，値域が $y \geqq 1$ であり，$(0, 2)$ を通るので，この無理関数のグラフを表す方程式は

$y = \sqrt{x+1} + 1$.

(2) 交点の x 座標を求めると，

$\sqrt{x+1} + 1 = x$ $(x \geqq 0)$ より，

$\sqrt{x+1} = x-1$,

$x^2 - 3x = x(x-3) = 0$, ∴ $x = 3$.

よって，グラフより，$x \geqq 3$.

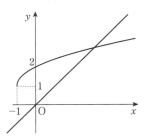

問題 3.13

(1) $y = A\sin\dfrac{x}{B} + C$ より，

振幅 A，周期 $|B| \times 2\pi$．

グラフより，この関数は周期 4π，振幅 3 の正弦関数を y 軸方向に 3 平行したグラフであるので，

∴ $A = 3$, $B = 2$, $C = 3$.

(2) $y = A\sin(Bx - C)$ より，

振幅 A，周期 $\dfrac{2\pi}{|B|}$．

グラフより，この関数の周期は $\dfrac{7\pi}{6} - \dfrac{\pi}{6} = \pi$，振幅 4 の正弦関数を x 軸方向に $\dfrac{\pi}{6}$ 平行したグラフであるので，

$y = 4\sin 2\left(x - \dfrac{\pi}{6}\right) = 4\sin\left(2x - \dfrac{\pi}{3}\right)$.

∴ $A = 4$, $B = 2$, $C = \dfrac{\pi}{3}$.

注：一般には $C = \dfrac{\pi}{3} + n\pi$ （n 整数）である．

(3) (i) $f(0) = 5\sin\dfrac{\pi}{3} = 5 \cdot \dfrac{\sqrt{3}}{2} = \dfrac{5\sqrt{3}}{2}$.

(ii) 最大値は 5 であり，周期は π である．

∴ ア $= 5$, イ $= \pi$.

問題 3.14

(1) $a = \sqrt{1^2 + 1^2} = \sqrt{2}$,

$\cos b = \dfrac{1}{\sqrt{2}}$, $\sin b = \dfrac{1}{\sqrt{2}}$ より，

$b = \frac{\pi}{4} + 2n\pi.$（$n$ は整数）

よって，$y = \sqrt{2}\sin\left(x + \frac{\pi}{4}\right).$

∴ $a = \sqrt{2}$, $b = \frac{\pi}{4} + 2n\pi.$（$n$ は整数）

(2) $y = \sqrt{3}\sin\theta - \cos\theta$,

$a = \sqrt{(\sqrt{3})^2 + (-1)^2} = 2$,

$\cos b = \frac{\sqrt{3}}{2}$, $\sin b = -\frac{1}{2}$ より，

$b = -\frac{\pi}{6} + 2n\pi$（$n$ は任意の整数）

よって，$y = 2\sin\left(x - \frac{\pi}{6}\right).$

∴ $a = 2$, $b = -\frac{\pi}{6} + 2n\pi.$（$n$ は整数）

問題 3.15

(i) $B(0, -2)$ に最初に到するのは角度 ωt が $\frac{3\pi}{2}$ のときであるので，$3t = \frac{3\pi}{2}$.

∴ $t = \frac{\pi}{2}$.

(ii) P が 12 秒間に円周上を 1 周する速さで回転しているので，$\omega \times 12 = 2\pi$.

よって，$\omega = \frac{\pi}{6}$. したがって，t 秒後の点 P の座標は $\left(2\cos\frac{\pi}{6}t, 2\sin\frac{\pi}{6}t\right)$ となる. よって，20 秒後の点 P の座標は，

$\left(2\cos\frac{10\pi}{3}, 2\sin\frac{10\pi}{3}\right)$

$= \left(2\cos\frac{4\pi}{3}, 2\sin\frac{4\pi}{3}\right)$

$= \left(2\cdot\left(-\frac{1}{2}\right), 2\cdot\left(-\frac{\sqrt{3}}{2}\right)\right)$

$= (-1, -\sqrt{3}).$

問題 3.16

$\sqrt{2} = 2^{\frac{1}{2}}$, $\sqrt[3]{3} = 3^{\frac{1}{3}}$, $\sqrt[6]{6} = 6^{\frac{1}{6}}$ であるので，それぞれを 6 乗すると，

$\left(2^{\frac{1}{2}}\right)^6 = 2^{\frac{1}{2}\times 6} = 2^3 = 8$,

$\left(3^{\frac{1}{3}}\right)^6 = 3^{\frac{1}{3}\times 6} = 3^2 = 9$,

$\left(6^{\frac{1}{6}}\right)^6 = 6^{\frac{1}{6}\times 6} = 6.$

よって，$\sqrt[6]{6} < \sqrt{2} < \sqrt[3]{3}$.

問題 3.17

$x \geqq 0$ のとき $0 < 3^{-x} \leqq 1$ であるので，

$0 + 2 < 3^{-x} + 2 \leqq 1 + 2$ より，

この関数の値域は $2 < y \leqq 3$.

問題 3.18

$y = (2^2)^x - 2^x + 1 = (2^x)^2 - 2^x + 1$ となるので，$t = 2^x$ とすると，$t > 0$ であり，

$y = t^2 - t + 1 = \left(t - \frac{1}{2}\right)^2 + \frac{3}{4}$

となるので，$t = \frac{1}{2}$ で最小値 $y = \frac{3}{4}$ をとる.

$t = \frac{1}{2}$ のとき $2^x = \frac{1}{2} = 2^{-1}$ より，$x = -1$.

よって，$x = -1$ で最小値 $y = \frac{3}{4}$ をとる.

問題 3.19

(1) $\log_x 8 = \frac{3}{2}$ より，$x^{\frac{3}{2}} = 8$ が成り立つ. 両辺を 2 乗すると $x^3 = (2^3)^2 = 2^6$ となり，実数解は

$x = 2^2$.

∴ $x = 4$.

(2) $2^x = 3$ より，$x = \log_2 3$.

(3) $3^{-\log_3 2} = 3^{\log_3 2^{-1}} = 2^{-1} = \frac{1}{2}$.

問題 3.20

定義域は真数条件より求まる.

(1) 定義域 $x > 1$. x 軸との交点の x 座標は，

$0 = \log_2(x-1) - 3$

$\to \log_2(x-1) = 3 \to 2^3 = x - 1$.

∴ $x = 9$.

(2) 定義域 $x < 8$. x 軸との交点の x 座標は，

$0 = \log_2(8-x) - 2$

$\to \log_2(8-x) = 2 \to 2^2 = 8 - x$.

∴ $x = 4$.

(3) $y = \log_2(x-4) + 1$.

定義域 $x > 4$. x 軸との交点の x 座標は，

$0 = \log_2(x-4) + 1$

$\to \log_2(x-4) = -1 \to 2^{-1} = x - 4$.

∴ $x = \frac{9}{2}$.

問題 3.21

$y = \log_3 3(x+4) = \log_3(x+4) + \log_3 3$
$= \log_3(x+4) + 1,$

であるので，このグラフは，関数 $y = \log_3 x$ のグラフを x 軸方向に -4，y 軸方向に 1 だけ平行移動したものである．

∴ ア $= -4$, イ $= 1$.

問題 3.22

(1) $3^a = 4$ より，$a = \log_3 4$.

(2) $3^a = 4$, $3^b = 18$ より，$3^a \times 3^b = 3^{a+b} = 72$.

∴ $27 = 3^3 < 3^{a+b} < 81 = 3^4$.

これより $3 < a + b < 4$.

よって，$n = 3$.

第 4 章

場合の数と数列

解答

問題 4.1

(1) mn 通り. (2) 2^m 通り.

問題 4.2

(a) × $0! = 1$.

(b) × $7! = 5! \cdot 6 \cdot 5 \neq 5! \cdot 2!$.

(c) × $_{10}C_4 = \dfrac{_{10}P_4}{_4P_4}$.

(d) × $_{10}P_0 = 1$.

(e) ○

(f) × $_{10}C_{10} = 1$.

(g) × $_{10}C_3 = {_{10}C_7}$.

(h) × $_9C_2 + {_9C_3} = {_{10}C_4}$.

(i) × $_{10}P_3 = \dfrac{10!}{7!}$.

問題 4.3

(1) $_{10}P_3 = 10 \cdot 9 \cdot 8 = 720$ 通り.

(2) A，B，C，D，E の 5 文字を 1 列に並べる並べ方の総数は $5! = 5 \cdot 4 \cdot 3 \cdot 2 \cdot 1 = 120$ 通り.

A と B を 1 つと見て 4 つを並べると $4! = 4 \cdot 3 \cdot 2 \cdot 1 = 24$ 通りで，A と B の並びが 2 通りあるので，$24 \times 2 = 48$ 通り.

(3) 4 桁の数になるので，千の位は 0 以外の偶数 2，4，6 の 3 種類が入り，一の位は千の位以外の偶数 3 種類が入る．残りの百の位と十の位は，一の位と千の位以外の数 5 種類のうちの 2 つが入るので，$3^2 \times {_5P_2} = 9 \times 5 \times 4 = 180$ 通り.

問題 4.4

(1) $_{10}C_7 = {_{10}C_3} = \dfrac{10 \cdot 9 \cdot 8}{3 \cdot 2 \cdot 1} = 120$ 通り.

(2) 正八角形の 8 個の頂点から三角形を作る 3 個の頂点を選べばよいので

$_8C_3 = \dfrac{8 \cdot 7 \cdot 6}{3 \cdot 2 \cdot 1} = 56$ 個.

(3) 正八角形の 8 個の頂点から 2 個の頂点を選び，それから八角形の辺となる本を引くと，

$${}_8C_2 - 8 = \frac{8 \cdot 7}{2 \cdot 1} - 8 = 20 \text{ 本}.$$

(4) 7 人から 3 人を選出する方法に,
$${}_7C_3 = \frac{7 \cdot 6 \cdot 5}{3 \cdot 2 \cdot 1} = 35 \text{ 通り}.$$
であるので, $({}_7C_3)^2 = 35^2 = 1225$ 通り.

(5) A が含まれることは分かっているので, B, C, D, E, F の 5 人から A と選ばれる 2 人を選べばよい. よって,
$${}_5C_2 = \frac{5 \cdot 4}{2 \cdot 1} = 10 \text{ 通り}.$$

問題 4.5

(1) $(x+y)^6 = \sum_{r=0}^{6} {}_6C_r x^{6-r} y^r$ より, $x^4 y^2$ の項は $r = 2$ であるので, 係数は ${}_6C_2 = \frac{6 \cdot 5}{2 \cdot 1} = 30$.

(2) $(2x+y)^6 = \sum_{r=0}^{6} {}_6C_r (2x)^{6-r} y^r$ より, $x^2 y^4$ の項は $r = 4$ とすると,
$${}_6C_4 (2x)^{6-4} y^4 = \frac{6!}{4!2!} \times 2^2 x^2 y^4 = 60 x^2 y^4.$$
よって, 求める係数は, 60.

(3) $\left(x - \frac{1}{x}\right)^4 = \sum_{r=0}^{4} {}_4C_r x^{4-r} \left(-\frac{1}{x}\right)^r$
$$= \sum_{r=0}^{4} {}_4C_r (-1)^r x^{4-2r}$$
より, 定数項は $r = 2$ となり, 係数は,
$${}_4C_2 (-1)^2 = \frac{4!}{2!2!} = 6.$$

問題 4.6

(1) 一般項は $a_n = 2 + (n-1) \times 3 = 3n - 1$.
$a_{2016} = 3 \cdot 2016 - 1 = 6047$.

(2) 一般項は
$$a_n = -70 + (n-1) \times 4 = 4n - 74$$
となるので, $4n - 74 = -30$ を解くと,
$n = 11$. よって, 第 11 項.

(3) 初項 $a_1 = 2$ であるので公差 d とすると, 第 3 項は $a_3 = 2 + (3-1) \times d = 2d + 2 = -6$.
よって, $d = -4$ となる.
一般項は,
$$a_n = 2 + (n-1) \times (-4) = -4n + 6.$$
したがって, 第 11 項は,

$a_{11} = -4 \times 11 + 6 = -38$.

(4) 初項 13, 公差 -2 であるので,
$$S_n = \frac{1}{2} n \{2 \cdot 13 + (n-1) \cdot (-2)\}$$
$$= -n^2 + 14n = -(n-7)^2 + 49.$$
よって, S_n が最大になる n は $n = 7$.

(5) 数列 $\{a_n\}$ の一般項は,
$$a_n = 8 + (n-1) \times 3 = 3n + 5.$$
数列 $\{b_n\}$ の一般項は,
$$b_n = 3 + (n-1) \times 2 = 2n + 1.$$
これが等しいので,
$3n + 5 = 2n'$ (n, n' が等しい理由はない.)
両辺に 1 を足すと,
$3n + 6 = 2n' + 2$
$\rightarrow 3(n+2) = 2(n'+1)$
よって,
$$\begin{cases} n + 2 = 2m \\ n' + 1 = 3m \end{cases} \rightarrow \begin{cases} n = 2m - 2 \\ n' = 3m - 1 \end{cases}.$$
n, n' は自然数であるので, m の小さい方から 3 つは $m = 2, 3, 4$ となる.
よって, 最小なものは $n = 2$, $n' = 5$ で,
$3 \times 2 + 5 = 2 \times 5 + 1 = 11$.
この数列は一般に,
$3(2m-2) + 5 = 2(3m-1) + 1$
$= 6m - 1.$ ($m = 2, 3, 4, \cdots$)
となり, 11, 17, 23, $\cdots$ であるので, 小さい方から 3 つの項の和は $11 + 17 + 23 = 51$.
∴ ア $= 11$, イ $= 51$

別解 数列 $\{a_n\}$ と数列 $\{b_n\}$ を小さい方から書き出し, 等しいものを調べる.

(6) (i) $a_1 = S_1 = 3 \cdot 1 - 1^2 = 2$.
(ii) $a_n = S_n - S_{n-1}$
$= (3n - n^2) - \{3(n-1) - (n-1)^2\}$
$= -2n + 4.$
よって, 公差は $d = -2$.

問題 4.7

(1) 第 10 項は,
$$a_{10} = \sqrt{3} \times \left(-\frac{1}{\sqrt{3}}\right)^{10-1}$$
$$= -\sqrt{3} \times \frac{1}{3^4 \sqrt{3}}$$

$$= -\frac{1}{81}.$$

(2) 初項 $a = 5$ であるので公比 r とすると，第 4 項は $a_4 = 5r^{4-1} = 40$．よって，$r = 2$ となる．

(3) 初項 $a_1 = \sqrt{2}$ であるので公比 r とすると，第 2 項は $a_2 = \sqrt{2}\,r^{2-1} = 1$．よって，$r = \frac{1}{\sqrt{2}}$ となる．

一般項は $a_n = \sqrt{2} \times \left(\frac{1}{\sqrt{2}}\right)^{n-1} = \frac{1}{(\sqrt{2})^{n-2}}$．
したがって，第 12 項は，
$$a_{12} = \frac{1}{(\sqrt{2})^{12-2}} = \frac{1}{2^5} = \frac{1}{32}.$$

(4) 初項 $a = 2$，公比 $r = 3$ であるので，第 7 項までの和 S_7 は $S_7 = \frac{2(3^7-1)}{3-1} = 2186$．

(5) 初項から第 n 項までの和を S_n とすると，第 5 項から第 n 項までの和は S_n から S_4 を引けばよいので
$$S_n - S_4 = \frac{r^n - 1}{r - 1} - \frac{r^4 - 1}{r - 1} = \frac{r^n - r^4}{r - 1}.$$

問題 4.8

(a) × $\sum_{k=1}^{3} 3 = 3 + 3 + 3 = 9.$

(b) ○ $\sum_{k=2}^{4} k = 2 + 3 + 4 = 9.$

(c) ○　(d) ○　(e) ○　(f) ○

(g) ○

(h) × $\left(\sum_{k=1}^{n} a_k\right) \times \left(\sum_{k=1}^{n} b_k\right) = \sum_{k=1}^{n}\sum_{l=1}^{n} (a_k \times b_l)$
$$\neq \sum_{k=1}^{n}(a_k \times b_k).$$

問題 4.9

(1) $\sum_{k=1}^{n}(k+1)^2$

$$= \sum_{k=1}^{n}(k^2 + 2k + 1)$$

$$= \sum_{k=1}^{n} k^2 + 2\sum_{k=1}^{n} k + \sum_{k=1}^{n} 1$$

$$= \frac{n(n+1)(2n+1)}{6}$$
$$+ 2 \times \frac{n(n+1)}{2} + n$$

$$= \frac{n}{6}\{(n+1)(2n+1) + 6(n+1) + 6\}$$

$$= \frac{n(2n^2 + 9n + 13)}{6}.$$

(2) $S_n = \sum_{k=1}^{n} k$ とすると，$\sum_{k=n}^{3n} k = S_{3n} - S_{n-1}$ と表せるので，
$$S_{3n} = \frac{3n(3n+1)}{2},$$
$$S_{n-1} = \frac{(n-1)\{(n-1)+1\}}{2} = \frac{n(n-1)}{2}$$
より，
$$\sum_{k=n}^{3n} k = \frac{3n(3n-1)}{2} - \frac{n(n-1)}{2}$$
$$= 4n^2 - n.$$

問題 4.10

(i) $S_4 = 5 + 4 + 3 + 2 + 1 = \sum_{k=1}^{5} k$

$$= \frac{5(5+1)}{2} = 15.$$

(ii) $S_n = (n+1) + n + \cdots + 3 + 2 + 1$
$$= \sum_{k=1}^{n+1} k = \frac{(n+1)\{(n+1)+1\}}{2}$$
$$= \frac{(n+1)(n+2)}{2}.$$

第 5 章 平面ベクトルの性質

解 答

問題 5.1

(1) $\left(\dfrac{-1+7}{2}, \dfrac{7+3}{2}\right) = (3, 5)$.

(2) $x = \dfrac{1 \times (-1) + 3 \times 7}{3+1} = 5$,

$y = \dfrac{1 \times 7 + 3 \times 3}{3+1} = 4$.

∴ C(5, 4).

(3) 直線 AB の傾きは $\dfrac{3-7}{7-(-1)} = -\dfrac{1}{2}$. これより，直線 AB に垂直な直線の傾きは 2. よって，求める直線の方程式は，$y - 4 = 2(x-5)$ より，$y = 2x - 6$.

問題 5.2

(1) x 軸，y 軸の両方に接する円より，
$(x-a)^2 + (y-a)^2 = a^2$ とおける．
点 $(-4, -2)$ を通るから，
$(-4-a)^2 + (-2-a)^2 = a^2$.
$a^2 + 12a + 20 = 0$,
$(a+10)(a+2) = 0$, $a = -2, -10$.
円の方程式は，$(x+2)^2 + (y+2)^2 = 4$,
または，$(x+10)^2 + (y+10)^2 = 100$.

(2) AB の中点が円の中心となるので，中心の座標は，

$\left(\dfrac{2-4}{2}, \dfrac{-1+3}{2}\right) = (-1, 1)$

となり，円の半径は，

$\sqrt{\{2-(-1)\}^2 + (-1-1)^2} = \sqrt{13}$

となるので，円の方程式は，
$(x+1)^2 + (y-1)^2 = 13$.

別解 円上の点を P とすると線分 AP, BP は直交するので
$(x-2)(x+4) + (y+1)(y-3) = 0$.

(3) 円 $x^2 + y^2 = 10$ 上の点 (x_1, y_1) における接線の方程式は $x_1 x + y_1 y = 10$ となる．この接線が点 (2, 4) を通る．$2x_1 + 4y_1 = 10$.

∴ $\begin{cases} x_1^2 + y_1^2 = 10 \\ x_1 + 2y_1 = 5 \end{cases}$ より，$y_1^2 - 4y_1 + 3 = 0$.

$y_1 = 1, 3$.

$y_1 = 1$ のとき $x_1 = 3$.
接線の方程式は $3x + y = 10$.

$y_1 = 3$ のとき $x_1 = -1$.
接線の方程式は $x - 3y = -10$.

問題 5.3

(i) $\overrightarrow{NB} + \overrightarrow{BL} = \overrightarrow{NL}$ となり，始点 A のベクトルとこれが等しいので □ = M.

(ii) $\overrightarrow{AN} - \overrightarrow{AM} = \overrightarrow{MN}$ となり，始点 L のベクトルとこれが等しいので □ = B.

(iii) $\overrightarrow{AM} + \overrightarrow{AN} = \overrightarrow{AL}$ となり，このベクトルと大きさが同じで始点が B のベクトルとなるのは，□ = M.

問題 5.4

(1) $\overrightarrow{AB} = \overrightarrow{OB} - \overrightarrow{OA} = (4, 2) - (-1, 3)$
$= (5, -1)$.

(2) $\vec{a} - \vec{b} = (-1, 1) - (3, 4) = (-4, -3)$ となるので，$|\vec{a} - \vec{b}| = \sqrt{(-4)^2 + (-3)^2} = 5$.

(3) (i) $\overrightarrow{AB} = \overrightarrow{OB} - \overrightarrow{OA} = (-2, 6) - (2, 4)$
$= (-4, 2)$.
$|\overrightarrow{AB}| = \sqrt{(-4)^2 + 2^2} = 2\sqrt{5}$.

(ii) $\overrightarrow{OD} = \dfrac{\overrightarrow{OA} + 3\overrightarrow{OC}}{3+1}$
$= \left(\dfrac{2+3 \cdot (-2)}{4}, \dfrac{4+3 \cdot (-4)}{4}\right)$
$= (-1, -2)$.

問題 5.5

(1) $\vec{a} \cdot \vec{b} = |\vec{a}||\vec{b}|\cos\theta = 3 \cdot 2 \cos\dfrac{\pi}{3} = 6 \cdot \dfrac{1}{2}$
$= 3$.

(2) $\vec{a}$ と $\vec{b}$ のなす角 θ とすると，

$\cos\theta = \dfrac{\vec{a} \cdot \vec{b}}{|\vec{a}||\vec{b}|} = \dfrac{3}{\sqrt{2}\sqrt{6}} = \dfrac{\sqrt{3}}{2}$

となる．$0 \leq \theta \leq \pi$ であるので，$\theta = \dfrac{\pi}{6}$.

(3) $|\vec{a} - \vec{b}|^2 = |\vec{a}|^2 - 2\vec{a} \cdot \vec{b} + |\vec{b}|^2$
$= 2^2 - 2 \cdot 3 + 3^2 = 7$.

(4) 辺の長さが等しいので△ABCと△ACDは正三角形である．よって，$\angle BAD = \frac{2}{3}\pi$ となるので，

$|\vec{a}| = |\vec{b}| = 2, \quad \vec{a} \cdot \vec{b} = 2^2 \cos\frac{2}{3}\pi = -2$

となる．
また，

$(\vec{a} + \vec{b}) \cdot (\vec{a} - \vec{b}) = |\vec{a}|^2 - |\vec{b}|^2 = 2^2 - 2^2$
$= 0.$

問題 5.6

(1) $\vec{a} \cdot (\vec{a} + 2\vec{b})$
$= |\vec{a}|^2 + 2\vec{a} \cdot \vec{b}$
$= (2^2 + 1^2) + 2\{2 \cdot 1 + 1 \cdot (-2)\}$
$= 5.$

(2) (i) $|\vec{a}| = \sqrt{3^2 + (-2)^2} = \sqrt{13}$．

(ii) $\vec{a} \cdot \vec{b} = 3 \cdot 1 - 2 \cdot (-5) = 13$．

(iii) $|\vec{b}| = \sqrt{1^2 + (-5)^2} = \sqrt{26}$ となるので，

$\cos\theta = \frac{\vec{a} \cdot \vec{b}}{|\vec{a}||\vec{b}|} = \frac{13}{\sqrt{13}\sqrt{26}} = \frac{1}{\sqrt{2}}$

となり，$0 \leqq \theta \leqq \pi$ であるので，$\theta = \frac{\pi}{4}$．

(3) (i) $|\vec{a}| = \sqrt{(\sqrt{5})^2 + 1^2} = \sqrt{6}$．

(ii) $\vec{a} \cdot \vec{b} = \sqrt{5} \cdot 2\sqrt{5} + 1 \cdot (-8) = 2$．

(iii) $\vec{a} \cdot (\vec{a} - k\vec{b}) = 0$ となればよいので，
$\vec{a} \cdot (\vec{a} - k\vec{b}) = |\vec{a}|^2 - k\vec{a} \cdot \vec{b} = 6 - 2k$
$= 0.$
∴ $k = 3.$

問題 5.7

(1) (i) $2\vec{a} + \vec{b} = \vec{0}$ より，
$2(x - 8, 2) + (-2, y) = (0, 0).$
$\begin{cases} 2(x-8) - 2 = 0 \\ 2 \times 2 + y = 0 \end{cases} \rightarrow \begin{cases} x = 9 \\ y = -4 \end{cases}.$

(ii) $\vec{a} \cdot \vec{c} = 0$ より，
$(x - 8) \cdot (-6) + 2(4 - x) = 0.$
∴ $x = 7.$

(iii) $\vec{a} = k\vec{c}$ となる実数 k が存在すればよいので，$(x - 8, 2) = k(-6, 4 - x)$ となり，

よって，
$\begin{cases} x - 8 = -6k \cdots ① \\ 2 = k(4 - x) \cdots ② \end{cases}.$

①式より，$k = -\frac{1}{6}(x - 8)$ となり，②式に代入すると，

$2 = -\frac{1}{6}(x - 8)(4 - x)$
$\rightarrow \quad x^2 - 12x + 20 = 0$
$\rightarrow \quad (x - 2)(x - 10) = 0.$
∴ $x = 2, 10 \quad \left(k = 1, -\frac{1}{3}\right).$

(2) (i) $\overrightarrow{AC} = k\overrightarrow{AB}$ となる実数 k が存在すればよいので，
$\overrightarrow{AB} = (2, 4) - (-1, 2) = (3, 2),$
$\overrightarrow{AC} = (x, 5) - (-1, 2) = (x + 1, 3),$
であるので，$(x + 1, 3) = k(3, 2)$ となり，よって，

$\begin{cases} x + 1 = 3k \\ 3 = 2k \end{cases} \rightarrow \begin{cases} x = \frac{7}{2} \\ k = \frac{3}{2} \end{cases}.$

(ii) $\overrightarrow{AB} \cdot \overrightarrow{BC} = 0$ となればよいので，
$\overrightarrow{BC} = (x, 5) - (2, 4) = (x - 2, 1)$ より，
$3(x - 2) + 2 \cdot 1 = 0 \rightarrow x = \frac{4}{3}.$

(iii) $(x - 2)^2 + 1^2 = 1 \rightarrow x = 2.$

問題 5.8

(1) この直線の方向ベクトルは $\vec{u} = (2, 1)$ であるので，このベクトルと直交するベクトルを $\vec{x} = (x_1, x_2)$ とすると，$\vec{x} \cdot \vec{u} = 0$ より，$2x_1 + x_2 = 0$ となり，$x_1 = C_1$ とおくと $x_2 = -2C_1$ となる．よって，直線と直交するベクトルは一般に $\vec{x} = C_1(1, -2)$ であり，例えば $(1, -2)$ は直交するベクトルの1つである．

(2) この直線の法線ベクトルは $\vec{n} = (3, -2)$ であるので，直線と平行なベクトルは，このベクトルと直交し，このベクトルを $\vec{x} = (x_1, x_2)$ とすると $\vec{x} \cdot \vec{n} = 0$ より，$3x_1 - 2x_2 = 0$ となり，$x_2 = 3C_1$ とおくと $x_1 = 2C_1$ となる．
よって，直線と平行なベクトルは一般に

$\vec{x} = C_1(2, 3)$ であり，例えば $(2, 3)$ は平行なベクトルの 1 つである．

直線と垂直なベクトルは法線ベクトルと平行であればよいので，一般に $C_2(3, -2)$ であり，例えば $(3, -2)$ は垂直なベクトルの 1 つである．

問題 5.9

(i) $\overrightarrow{PS} = \overrightarrow{PA} + \overrightarrow{AS} = 2\vec{a} + \vec{b}$.

(ii) $BQ : QC = 7 : 3$ より，
$\overrightarrow{QC} = \frac{3}{7}\overrightarrow{BQ} = \frac{3}{7}\vec{b}$ となり，
$CR : CD = 1 : 3$ より，$\overrightarrow{CD} = 3\overrightarrow{CR} = 3\vec{a}$ となるので，
$\overrightarrow{QD} = \overrightarrow{QC} + \overrightarrow{CD} = 3\vec{a} + \frac{3}{7}\vec{b}$.

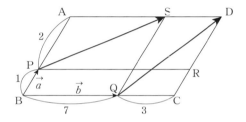

問題 5.10

(1) $\overrightarrow{AP} = \frac{3}{5}\vec{a}$, $\overrightarrow{AQ} = \overrightarrow{AP} + \overrightarrow{PQ}$,
$\overrightarrow{PQ} = \frac{3}{8}\overrightarrow{PD} = \frac{3}{8}(\overrightarrow{AD} - \overrightarrow{AP})$
$= \frac{3}{8}\left(\vec{b} - \frac{3}{5}\vec{a}\right) = -\frac{9}{40}\vec{a} + \frac{3}{8}\vec{b}$.
$\therefore \overrightarrow{AQ} = \frac{3}{5}\vec{a} + \left(-\frac{9}{40}\vec{a} + \frac{3}{8}\vec{b}\right)$
$= \frac{3}{8}(\vec{a} + \vec{b})$.

(2) $\overrightarrow{AC} = \vec{a} + \vec{b}$ より，$\overrightarrow{AQ} = \frac{3}{8}\overrightarrow{AC}$
よって，$k = \frac{3}{8}$.

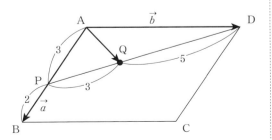

問題 5.11

(i) C は線分 AB を $s : (1-s)$ に内分する点であるので，
$\overrightarrow{OC} = \frac{(1-s)\overrightarrow{OA} + s\overrightarrow{OB}}{s + (1-s)}$
$= (1-s)\vec{a} + s\vec{b}$.

(ii) $\overrightarrow{AD} = \overrightarrow{AO} + \overrightarrow{OD} = -\vec{a} + \frac{1}{3}\vec{b}$ となる．
$\overrightarrow{OC}$ と $\overrightarrow{AD}$ が垂直になるので，
$\overrightarrow{OC} \cdot \overrightarrow{AD} = 0$ より，
$\{(1-s)\vec{a} + s\vec{b}\} \cdot \left(-\vec{a} + \frac{1}{3}\vec{b}\right) = 0$,
$-(1-s)|\vec{a}|^2 + \left(\frac{1-s}{3} - s\right)\vec{a} \cdot \vec{b} + \frac{s}{3}|\vec{b}|^2$
$= 0$,
$OA = OB = 1$, $\angle AOB = 90°$ であるので，
$|\vec{a}| = 1$, $|\vec{b}| = 1$, $\vec{a} \cdot \vec{b} = 0$ となる．
よって，
$-(1-s) + \frac{s}{3} = 0$.
$\therefore s = \frac{3}{4}$.

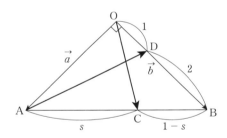

第 6 章 微分積分の計算 解答

問題 6.1

(1) $\displaystyle\lim_{n\to\infty}\frac{3n-4}{\sqrt{n^2+3n}}=\lim_{n\to\infty}\frac{3-\dfrac{4}{n}}{\sqrt{1+\dfrac{3}{n}}}=\frac{3}{1}=3.$

(2) $\displaystyle\lim_{n\to\infty}(\sqrt{n+3}-\sqrt{n})=\lim_{n\to\infty}\frac{(n+3)-n}{\sqrt{n+3}+\sqrt{n}}$
$\displaystyle\qquad=\lim_{n\to\infty}\frac{3}{\sqrt{n+3}+\sqrt{n}}=0.$

(3) $\displaystyle\lim_{n\to\infty}\frac{(\sqrt{2})^n+2^{n+2}}{(\sqrt{2})^n-2^n}=\lim_{n\to\infty}\frac{\left(\dfrac{\sqrt{2}}{2}\right)^n+2^2}{\left(\dfrac{\sqrt{2}}{2}\right)^n-1}$
$\displaystyle\qquad=\frac{4}{-1}=-4.$

(4) $\displaystyle\lim_{n\to\infty}\frac{e^n-e^{-n}}{e^n+e^{-n}}=\lim_{n\to\infty}\frac{1-e^{-2n}}{1+e^{-2n}}=\frac{1}{1}=1.$

(5) $-e^{-n}\leqq e^{-n}\cos n\leqq e^{-n}.$
$n\to\infty$ のとき $-e^{-n}\to 0$, $e^{-n}\to 0$ である。
よって, $\displaystyle\lim_{n\to\infty}e^{-n}\cos n=0.$

(6) $\displaystyle\lim_{n\to\infty}\{\log(n+2)-\log n\}=\lim_{n\to\infty}\log\frac{n+2}{n}$
$\displaystyle\qquad=\lim_{n\to\infty}\log\left(1+\frac{2}{n}\right)$
$\displaystyle\qquad=\log 1=0.$

問題 6.2

(1) $\displaystyle S_n=\sum_{k=1}^{n}\frac{1}{(2k-1)(2k+1)}$
$\displaystyle\qquad=\sum_{k=1}^{n}\frac{1}{2}\left\{\frac{1}{2k-1}-\frac{1}{2k+1}\right\}$
$\displaystyle\qquad=\frac{1}{2}\left\{\left(\frac{1}{1}-\frac{1}{3}\right)+\left(\frac{1}{3}-\frac{1}{5}\right)\right.$
$\displaystyle\qquad\qquad\left.+\cdots+\left(\frac{1}{2n-1}-\frac{1}{2n+1}\right)\right\}$
$\displaystyle\qquad=\frac{1}{2}\left(1-\frac{1}{2n+1}\right).$
$\therefore\ \displaystyle\lim_{n\to\infty}S_n=\lim_{n\to\infty}\frac{1}{2}\left(1-\frac{1}{2n+1}\right)=\frac{1}{2}.$
よって, 級数は収束し, その和は $\dfrac{1}{2}$ である.

(2) $\displaystyle S_n=\sum_{k=1}^{n}\log\frac{k}{k+1}$
$\displaystyle\qquad=\sum_{k=1}^{n}\{\log k-\log(k+1)\}$
$\displaystyle\qquad=(\log 1-\log 2)+(\log 2-\log 3)$
$\displaystyle\qquad\quad+\cdots+\{\log n-\log(n+1)\}.$
$\therefore\ \displaystyle\lim_{n\to\infty}S_n=\lim_{n\to\infty}\{\log 1-\log(n+1)\}=-\infty.$
よって, 級数は $-\infty$ に発散する.

(3) $\displaystyle\sum_{n=1}^{\infty}\cos n\pi=\sum_{n=1}^{\infty}(-1)^n$
$S_{2m}=(-1+1)+(-1+1)+(-1+1)$
$\qquad+\cdots+(-1+1)$
$\qquad=0.$
$\therefore\ \displaystyle\lim_{m\to\infty}S_{2m}=0.$
$S_{2m+1}=S_{2m}-1=-1$
$\therefore\ \displaystyle\lim_{m\to\infty}S_{2m+1}=-1.$
したがって, $\displaystyle\lim_{m\to\infty}S_{2m+1}\neq\lim_{m\to\infty}S_{2m}$ で $\displaystyle\lim_{n\to\infty}S_n$ は存在しない. よって, 級数は発散 (振動) する.

問題 6.3

(1) $\displaystyle\lim_{x\to-2}\frac{x^2-2x-8}{x+2}=\lim_{x\to-2}\frac{(x+2)(x-4)}{x+2}$
$\displaystyle\qquad=\lim_{x\to-2}(x-4)$
$\displaystyle\qquad=-2-4=-6.$

(2) $\displaystyle\lim_{x\to 0}\frac{\sqrt{x+4}-2}{x}=\lim_{x\to 0}\frac{(x+4)-4}{x(\sqrt{x+4}+2)}$
$\displaystyle\qquad=\lim_{x\to 0}\frac{1}{\sqrt{x+4}+2}$
$\displaystyle\qquad=\frac{1}{2+2}=\frac{1}{4}.$

(3) $\displaystyle\lim_{n\to 1}\left(\frac{1}{x-1}-\frac{2}{x^2-1}\right)$
$\displaystyle\qquad=\lim_{n\to 1}\frac{(x+1)-2}{(x-1)(x+1)}$
$\displaystyle\qquad=\lim_{n\to 1}\frac{x-1}{(x-1)(x+1)}$
$\displaystyle\qquad=\lim_{n\to 1}\frac{1}{x+1}=\frac{1}{2}.$

問題 6.4

(1) $\displaystyle\lim_{x\to 0}\frac{\sin 3x}{4x} = \frac{3}{4}\lim_{3x\to 0}\frac{\sin 3x}{3x} = \frac{3}{4}.$

(2) $2x = X$ とおくと，
$$\lim_{x\to\infty}\left(1+\frac{1}{2x}\right)^{3x} = \lim_{X\to\infty}\left(1+\frac{1}{X}\right)^{3\times\frac{X}{2}}$$
$$= \left\{\lim_{X\to\infty}\left(1+\frac{1}{X}\right)^X\right\}^{\frac{3}{2}} = e^{\frac{3}{2}}.$$

(3) $\displaystyle\lim_{x\to\infty}x\log\left(1+\frac{2}{x}\right) = \lim_{x\to\infty}\log\left(1+\frac{2}{x}\right)^x$
$$= \log\left\{\lim_{\frac{x}{2}\to\infty}\left(1+\frac{1}{x/2}\right)^{2\cdot\frac{x}{2}}\right\}$$
$$= \log e^2 = 2.$$

問題 6.5

$f'\left(\dfrac{\pi}{3}\right)$

$= \displaystyle\lim_{h\to 0}\frac{\sin\left(\frac{\pi}{3}+h\right)-\sin\left(\frac{\pi}{3}\right)}{h}$

$= \displaystyle\lim_{h\to 0}\frac{2\cos\dfrac{\left(\frac{\pi}{3}+h\right)+\frac{\pi}{3}}{2}\sin\dfrac{\left(\frac{\pi}{3}+h\right)-\frac{\pi}{3}}{2}}{h}$

$= \displaystyle\lim_{h\to 0}\frac{2\cos\left(\dfrac{\pi}{3}+\dfrac{h}{2}\right)\sin\dfrac{h}{2}}{h}$

$= \displaystyle\lim_{\frac{h}{2}\to 0}\cos\left(\dfrac{\pi}{3}+\dfrac{h}{2}\right)\frac{\sin\dfrac{h}{2}}{\dfrac{h}{2}}$

$= \cos\dfrac{\pi}{3} = \dfrac{1}{2}.$

別解

$f'\left(\dfrac{\pi}{3}\right)$

$= \displaystyle\lim_{h\to 0}\frac{\sin\left(\frac{\pi}{3}+h\right)-\sin\left(\frac{\pi}{3}\right)}{h}$

$= \displaystyle\lim_{h\to 0}\frac{\sin\frac{\pi}{3}\cos h + \cos\frac{\pi}{3}\sin h - \sin\frac{\pi}{3}}{h}$

$= \displaystyle\lim_{h\to 0}\left(\sin\frac{\pi}{3}\cdot\frac{\cos h - 1}{h} + \cos\frac{\pi}{3}\cdot\frac{\sin h}{h}\right)$

$= \sin\dfrac{\pi}{3}\displaystyle\lim_{h\to 0}\frac{\cos^2 h - 1}{h(\cos h + 1)}$
$\quad + \cos\dfrac{\pi}{3}\displaystyle\lim_{h\to 0}\frac{\sin h}{h}$

$= -\sin\dfrac{\pi}{3}\displaystyle\lim_{h\to 0}\frac{\sin^2 h}{h(\cos h + 1)} + \cos\dfrac{\pi}{3}$

$= -\sin\dfrac{\pi}{3}\displaystyle\lim_{h\to 0}\frac{\sin h}{\cos h + 1}\cdot\frac{\sin h}{h} + \cos\dfrac{\pi}{3}$

$= \cos\dfrac{\pi}{3} = \dfrac{1}{2}.$

問題 6.6

関数 $f(x) = x^2 + x$ について，x が a から b まで変化するときの平均変化率は，

$\dfrac{f(b)-f(a)}{b-a} = \dfrac{(b^2+b)-(a^2+a)}{b-a}$
$= \dfrac{(b^2-a^2)+(b-a)}{b-a}$
$= \dfrac{(b+a)(b-a)+(b-a)}{b-a}$
$= a+b+1.$

また，$x = c$ における微分係数は，

$f'(c) = \displaystyle\lim_{h\to 0}\frac{f(c+h)-f(c)}{h} = 2c+1$

であるので，

$f'(c) = \dfrac{f(b)-f(a)}{b-a}$ より，

$2c+1 = a+b+1 \;\to\; c = \dfrac{a+b}{2}.$

問題 6.7

(a) × $\{f(x)g(x)\}' = f'(x)g(x) + f(x)g'(x).$

(b) × $\left(\dfrac{f(x)}{g(x)}\right)' = \dfrac{f'(x)g(x) - f(x)g'(x)}{\{g(x)\}^2}.$

(c) × $\{f(x)^3\}' = 3f(x)^2 f'(x).$

(d) ○

(e) × $f(x) \neq 0$ のとき $\{\log|f(x)|\}' = \dfrac{f'(x)}{f(x)}.$

(f) × $\left\{\dfrac{1}{f(x)}\right\}' = -\dfrac{f'(x)}{\{f(x)\}^2}.$

(g) × $\{\sqrt{f(x)}\}' = \dfrac{f'(x)}{2\sqrt{f(x)}}.$

問題 6.8

(1) $y' = 3(2x-3)^2(2x-3)' = 6(2x-3)^2.$

(2) $y' = 2\sin 3x(\sin 3x)' = 2\sin 3x \cos 3x (3x)'$
$= 6\sin 3x \cos 3x \ (=3\sin 6x)$.

(3) $y' = (x^2)'\cos 2x + x^2(\cos 2x)'$
$= 2x\cos 2x - x^2 \sin 2x (2x)'$
$= 2x(\cos 2x - x\sin 2x)$.

(4) $y' = \dfrac{(\cos x)'(x+1) - \cos x(x+1)'}{(x+1)^2}$
$= \dfrac{-(x+1)\sin x - \cos x}{(x+1)^2}$
$= -\dfrac{(x+1)\sin x + \cos x}{(x+1)^2}$.

(5) $y' = (x)'e^{-2x} + x(e^{-2x})'$
$= e^{-2x} + xe^{-2x}(-2x)' = e^{-2x} - 2xe^{-2x}$
$= (1-2x)e^{-2x}$.

(6) $y' = e^{x^2-2x}(x^2-2x)' = 2(x-1)e^{x^2-2x}$.

(7) $y' = (x)'\log x + x(\log x)' = \log x + x \cdot \dfrac{1}{x}$
$= \log x + 1$.

(8) $y' = \dfrac{(\log x)' x^2 - \log x (x^2)'}{(x^2)^2}$
$= \dfrac{\dfrac{1}{x} \cdot x^2 - 2x\log x}{x^4}$
$= \dfrac{1 - 2\log x}{x^3}$.

問題 6.9

(1) 導関数は $f'(x) = 5 - 2x$ となるので, $x=1$ における微分係数は $f'(1) = 5 - 2\cdot 1 = 3$.

(2) 導関数は,
$f'(x)$
$= \dfrac{(2x+5)'(x+1) - (2x+5)(x+1)'}{(x+1)^2}$
$= \dfrac{2(x+1) - (2x+5)}{(x+1)^2}$
$= -\dfrac{3}{(x+1)^2}$

となるので, $x=-2$ における微分係数は,
$f'(-2) = -\dfrac{3}{(-1)^2} = -3$.

(3) 導関数は,
$f'(x) = \left\{(x^2-5)^{\frac{1}{2}}\right\}'$
$= \dfrac{1}{2}(x^2-5)^{-\frac{1}{2}}(x^2-5)'$
$= \dfrac{x}{\sqrt{x^2-5}}$

となるので, $x=3$ における微分係数は,
$f'(3) = \dfrac{3}{\sqrt{4}} = \dfrac{3}{2}$.

問題 6.10

(1) $\dfrac{dx}{dt} = 4t,\ \dfrac{dy}{dt} = 3$ となるので,
$\dfrac{dy}{dx} = \dfrac{\dfrac{dy}{dt}}{\dfrac{dx}{dt}} = \dfrac{3}{4t}$.

よって, $t=1$ に対応する点における接線の傾きは $\dfrac{3}{4}$.

(2) $\dfrac{dx}{dt} = \dfrac{1}{t},\ \dfrac{dy}{dt} = 2t+1$ となるので,
$\dfrac{dy}{dx} = \dfrac{\dfrac{dy}{dt}}{\dfrac{dx}{dt}} = \dfrac{2t+1}{\dfrac{1}{t}} = t(2t+1)$.

よって, $t=2$ に対応する点における接線の傾きは 10.

(3) $\dfrac{dx}{dt} = 1 - \cos t,\ \dfrac{dy}{dt} = \sin t$ となるので,
$\dfrac{dy}{dx} = \dfrac{\dfrac{dy}{dt}}{\dfrac{dx}{dt}} = \dfrac{\sin t}{1 - \cos t}$.

$t = \dfrac{\pi}{3}$ に対応する点における接線の傾きは,
$\dfrac{\sin \dfrac{\pi}{3}}{1 - \cos \dfrac{\pi}{3}} = \dfrac{\dfrac{\sqrt{3}}{2}}{1 - \dfrac{1}{2}} = \sqrt{3}$.

問題 6.11

両辺の対数をとると $\log y = \log x^{2x} = 2x\log x$.
両辺を x で微分すると,
$\dfrac{d}{dx}\log y = \dfrac{y'}{y} = 2\log x + 2x \cdot \dfrac{1}{x}$
$= 2(\log x + 1)$.
したがって $y' = 2(\log x + 1)x^{2x}$.

問題 6.12

x^n を $(x-1)^2$ で割った商を $Q(x)$, 余りを $px + q$ とすると,

$x^n = (x-1)^2 Q(x) + px + q$ ……(i)
両辺を x で微分すると,
nx^{n-1}
$= 2(x-1)Q(x) + (x-1)^2 Q'(x) + px$ ……(ii)
そこで, 恒等式(i), (ii)において $x = 1$ とおくと,
$1 = p + q,\ n = p.$
これを解くと,
∴ $p = n,\ q = 1 - n.$
よって $nx + 1 - n$

問題 6.13

(1) $3x - 2 = t$ とおくと, $3dx = dt$ より,
$$\int (3x-2)^4 dx = \int t^4 \frac{1}{3} dt = \frac{1}{3} \times \frac{1}{5} t^5 + C$$
$$= \frac{1}{15}(3x-2)^5 + C.$$

(2) $\int x\sqrt{x}\,dx = \int x^{\frac{3}{2}} dx = \frac{2}{5} x^{\frac{5}{2}} + C.$

(3) $2x = t$ とおくと, $2dx = dt$ より,
$$\int \cos 2x\, dx = \int \cos t \frac{1}{2} dt = \frac{1}{2} \sin t + C$$
$$= \frac{1}{2} \sin 2x + C.$$

(4) $\int x^2 e^{-x} dx$
$= -x^2 e^{-x} + \int 2x e^{-x} dx$
$= -x^2 e^{-x} - 2x e^{-x} + \int 2 e^{-x} dx$
$= -x^2 e^{-x} - 2x e^{-x} - 2 e^{-x} + C$
$= -(x^2 + 2x + 2) e^{-x} + C.$

(5) $\int \log x\, dx = \int 1 \cdot \log x\, dx$
$= x \log x - \int x \cdot \frac{1}{x} dx + C$
$= x \log x - x + C.$

(6) $\int x \sin x\, dx = -x \cos x + \int \cos x\, dx$
$= -x \cos x + \sin x + C.$

(7) $x^2 + 1 = t$ とおくと, $2x dx = dt$.
$$\int \frac{x}{x^2+1} dx = \int \frac{1}{t} \times \frac{1}{2} dt = \frac{1}{2} \log|t| + C$$
$$= \frac{1}{2} \log(x^2+1) + C.$$

(8) $\dfrac{x+1}{(x-2)(x-1)} = \dfrac{a}{x-2} + \dfrac{b}{x-1}$ とおく.
右辺を通分して分子のみを比較して次の恒等式を得る.
$x + 1 = a(x-1) + b(x-2).$
$x = 1$ を代入すると $b = -2.$
$x = 2$ を代入すると $a = 3.$
$$\int \frac{x+1}{(x-2)(x-1)} dx$$
$$= \int \left(\frac{3}{x-2} - \frac{2}{x-1} \right) dx$$
$$= 3 \log|x-2| - 2 \log|x-1| + C.$$

問題 6.14

(a) ○

(b) ○

(c) × 任意の実数 $a,\ b$ に対して,
$$\int_a^b f(x)\,dx = -\int_b^a f(x)\,dx.$$

(d) ○

(e) ×

(f) ○

問題 6.15

(1) $\int_0^3 \sqrt{x+1}\,dx = \int_0^3 (x+1)^{\frac{1}{2}} dx$
$= \left[\frac{2}{3} (x+1)^{\frac{3}{2}} \right]_0^3$
$= \frac{2}{3} \left(4^{\frac{3}{2}} - 1^{\frac{3}{2}} \right)$
$= \frac{2}{3}(8 - 1) = \frac{14}{3}.$

(2) $4 - x^2 = t$ とおくと, $-2x dx = dt$, $x = 0$ のとき $t = 4$, $x = \sqrt{3}$ のとき $t = 1$ より,
$$\int_0^{\sqrt{3}} \frac{x}{\sqrt{4-x^2}} dx = \int_4^1 \frac{1}{\sqrt{t}} \left(-\frac{1}{2} \right) dt$$
$$= \frac{1}{2} \int_1^4 t^{-\frac{1}{2}} dt$$
$$= \frac{1}{2} \left[2 t^{\frac{1}{2}} \right]_1^4 = 4^{\frac{1}{2}} - 1 = 1.$$

(3) $1 + \log x = t$ とおくと, $\frac{1}{x} dx = dt$, $x = 1$ のとき $t = 1$, $x = e$ のとき $t = 2$ より,

$$\int_1^e \frac{(1+\log x)^2}{x}dx = \int_1^2 t^2 dt = \left[\frac{1}{3}t^3\right]_1^2$$
$$= \frac{1}{3}(8-1) = \frac{7}{3}.$$

(4) $x^2+1=t$ とおくと，$2xdx=dt$，$x=0$ のとき $t=1$，$x=1$ のとき $t=2$ より，
$$\int_0^1 xe^{x^2+1}dx = \int_1^2 e^t \frac{1}{2}dt = \frac{1}{2}(e^2-e)$$

(5) $e^x+1=t$ とおくと，$e^xdx=dt$，$x=0$ のとき $t=2$，$x=1$ のとき $t=e+1$ より，
$$\int_0^1 \frac{e^x}{(e^x+1)^2}dx = \int_2^{e+1} \frac{1}{t^2}dt = \left[-\frac{1}{t}\right]_2^{e+1}$$
$$= -\frac{1}{e+1} + \frac{1}{2}$$
$$= \frac{e-1}{2(e+1)}.$$

(6) $x=3\sin\theta$ とおくと，$dx=3\cos\theta d\theta$.
$$\sqrt{9-x^2} = \sqrt{9(1-\sin^2\theta)} = 3|\cos\theta|$$
$$= 3\cos\theta.$$
$x=0$ のとき $\theta=0$，$x=3$ のとき $\theta=\frac{\pi}{2}$ より，
$$\int_0^3 \sqrt{9-x^2}dx = \int_0^{\frac{\pi}{2}} 9\cos^2\theta d\theta$$
$$= 9\int_0^{\frac{\pi}{2}} \frac{1+\cos 2\theta}{2}d\theta$$
$$= \frac{9}{2}\left[\theta + \frac{1}{2}\sin 2\theta\right]_0^{\frac{\pi}{2}} = \frac{9}{4}\pi.$$

(7) $\int_1^e x\log x dx$
$$= \left[\frac{1}{2}x^2\log x\right]_1^e - \int_1^e \frac{1}{2}x^2 \times \frac{1}{x}dx$$
$$= \frac{1}{2}e^2 - \int_1^e \frac{1}{2}xdx = \frac{1}{2}e^2 - \frac{1}{2}\left[\frac{1}{2}x^2\right]_1^e$$
$$= \frac{1}{2}e^2 - \frac{1}{4}(e^2-1) = \frac{1}{4}(e^2+1).$$

問題 6.16

$f(x)$ を積分して，$x^2\cos x + C$ を得たので，$f(x)$ はこの式を微分すればよいので，
$$f(x) = (x^2\cos x + C)' = 2x\cos x - x^2\sin x.$$
∴ $\boxed{ア} = 2x\cos x - x^2\sin x$.

$f(x)$ を微分した結果が $\boxed{イ}$ であるので，
$$\boxed{イ} = (2x\cos x - x^2\sin x)'$$
$$= 2\cos x - 2x\sin x - 2x\sin x - x^2\cos x$$
$$= (2-x^2)\cos x - 4x\sin x.$$

問題 6.17

(i) $I_n = \int 1 \cdot (\log x)^n dx$
$$= x(\log x)^n - \int x\{(\log x)^n\}' dx$$
$$= x(\log x)^n - \int x \cdot n(\log x)^{n-1}(\log x)' dx$$
$$= x(\log x)^n - n\int (\log x)^{n-1} dx$$
$$= x(\log x)^n - nI_{n-1}.$$
∴ $\boxed{} = nI_{n-1}$.

(ii) $I_3 = x(\log x)^3 - 3I_2$
$$= x(\log x)^3 - 3\{x(\log x)^2 - 2I_1\}$$
$$= x(\log x)^3 - 3x(\log x)^2 + 6(x\log x - I_0).$$
$I_0 = \int dx = x + C$ より，
∴ $I_3 = x(\log x)^3 - 3x(\log x)^2 + 6x\log x - 6x + C.$

第 7 章 微分・積分の応用

解答

問題 7.1

(1) 導関数は $f'(x) = \dfrac{(x+1)'}{x+1} = \dfrac{1}{x+1}$ となるので，$x=0$ における微分係数は $f'(0) = 1$ となる．また，$f(0) = \log 1 = 0$ であるので，接線の方程式は，
$$y - 0 = 1 \cdot (x - 0).$$
$$\therefore \quad y = x.$$

(2) 導関数は
$$f'(x) = (e^{3x})' \sin 2x + e^{3x}(\sin 2x)'$$
$$= 3e^{3x} \sin 2x + 2e^{3x} \cos 2x$$
$$= e^{3x}(3\sin 2x + 2\cos 2x)$$
となるので，$x=0$ における微分係数は
$$f'(0) = e^0(3\sin 0 + 2\cos 0) = 2$$
となる．また，$f(0) = e^0 \sin 0 = 0$ であるので，接線の方程式は，
$$y - 0 = 2 \cdot (x - 0).$$
$$\therefore \quad y = 2x.$$

問題 7.2

(1) $\displaystyle\lim_{x \to 2} \dfrac{(x-2)'}{(x^3-8)'} = \lim_{x \to 2} \dfrac{1}{3x^2} = \dfrac{1}{12}.$

(2) $\displaystyle\lim_{x \to \infty} \dfrac{(x+2)'}{(e^x)'} = \lim_{x \to \infty} \dfrac{1}{e^x} = 0.$

(3) $\displaystyle\lim_{x \to 0} \dfrac{\{x + \log(1-x)\}'}{(x^2)'}$
$$= \lim_{x \to 0} \dfrac{1 + \dfrac{1}{1-x}(1-x)'}{2x}$$
$$= \lim_{x \to 0} \dfrac{1 - \dfrac{1}{1-x}}{2x} = \lim_{x \to 0} \dfrac{\dfrac{(1-x)-1}{1-x}}{2x}$$
$$= \lim_{x \to 0} \dfrac{-\dfrac{x}{1-x}}{2x}$$
$$= \lim_{x \to 0} \left\{-\dfrac{1}{2(1-x)}\right\} = -\dfrac{1}{2}.$$

(4) $\displaystyle\lim_{x \to 0} \dfrac{(\sin 3x - x)'}{(\sin 3x + x)'} = \lim_{x \to 0} \dfrac{3\cos 3x - 1}{3\cos 3x + 1} = \dfrac{2}{4}$
$$= \dfrac{1}{2}.$$

問題 7.3

$\displaystyle\lim_{x \to 4 \pm 0} f(x) = -\infty$ を満たすのは(a), (b), (e), (f) で，$\displaystyle\lim_{x \to \pm\infty} f(x) = 0$ を満たすのは(c), (e), (f) で，(e)か(f)のどちらかであり，増減表より，これらすべてを満たすのは(e)となる．

問題 7.4

(1) $y = x^3 - 3x^2 + 8$ を微分すると
$y' = 3x^2 - 6x = 3x(x-2)$ となる．
したがって，$y' = 0$ となるのは $x = 0, 2$.
また，$x = 0$ のとき $y = 8$,
$x = 2$ のとき $y = 4$ となる．
よって $y' = 3x(x-2)$ の符号を調べると，増減表は次のようになる．

x	$\cdots$	0	$\cdots$	2	$\cdots$
y'	+	0	−	0	+
y	↗	8	↘	4	↗

したがって，$x = 2$ のとき極小値 $y = 4$, $x = 0$ のとき極大値 $y = 8$ をとる．

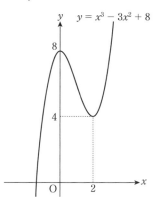

(2) $y = x^4 - x^3$ を微分すると
$y' = 4x^3 - 3x^2 = x^2(4x-3)$ となる．
したがって，$y' = 0$ となるのは $x = 0, \dfrac{3}{4}$.
また，$x = 0$ のとき $y = 0$, $x = \dfrac{3}{4}$ のとき
$y = -\dfrac{27}{256}$ となる．
よって $y' = x^2(4x-3)$ の符号を調べると，増減表は次のようになる．

x	$\cdots$	0	$\cdots$	$\dfrac{3}{4}$	$\cdots$
y'	$-$	0	$-$	0	$+$
y	$\searrow$	0	$\searrow$	$-\dfrac{27}{256}$	$\nearrow$

したがって，$x = \dfrac{3}{4}$ のとき極小値 $y = -\dfrac{27}{256}$ をとる．

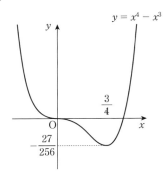

(3) $y = x + \dfrac{9}{x}$ を微分すると

$$y' = 1 - \dfrac{9}{x^2} = \dfrac{(x+3)(x-3)}{x^2}$$

となる．

したがって，$y' = 0$ となるのは $x = \pm 3$.

また，$x = -3$ のとき $y = -6$，$x = 3$ のとき $y = 6$ となる．よって $y' = \dfrac{(x+3)(x-3)}{x^2}$ の符号を調べると，増減表は次のようになる．

したがって，$x = 3$ のとき極小値 $y = 6$，$x = -3$ のとき極大値 $y = 6$ をとる．

x	$\cdots$	-3	$\cdots$	0	$\cdots$	3	$\cdots$
y'	$+$	0	$-$	/	$-$	0	$+$
y	$\nearrow$	-6	$\searrow$	/	$\searrow$	6	$\nearrow$

したがって，$x = 3$ のとき極小値 $y = 6$，$x = -3$ のとき極大値 $y = 6$ をとる．

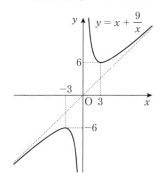

問題 7.5

(1) $y = -x^3 + 6x^2$ の導関数は

$$y' = -3x^2 + 12x = -3x(x-4)$$

となり，第 2 次導関数は

$$y'' = -6x + 12 = -6(x-2)$$

となる．したがって，$y' = 0$ となるのは $x = 0, 4$. また，$y'' = 0$ となるのは $x = 2$.
$x = 0$ のとき $y = 0$，$x = 2$ のとき $y = 16$，$x = 4$ のとき $y = 32$ となる．
よって $y' = -3x(x-4)$，$y'' = -6(x-2)$ の符号を調べると，増減表は次のようになる．

x	$\cdots$	0	$\cdots$	2	$\cdots$	4	$\cdots$
y'	$-$	0	$+$	$+$	$+$	0	$-$
y''	$+$	$+$	$+$	0	$-$	$-$	$-$
y	$\searrow$	0	$\nearrow$	16	$\nearrow$	32	$\searrow$

したがって，$x = 0$ のとき極小値 $y = 0$，$x = 4$ のとき極大値 $y = 32$ をとる．また，変曲点は $(2, 16)$ である．

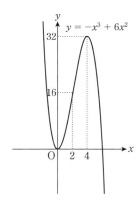

(2) $y = x^3 + 3x^2 - 9x + 2$ の導関数は

$$y' = 3x^2 + 6x - 9 = 3(x+3)(x-1)$$

となり，第 2 次導関数は

$$y'' = 6x + 6 = 6(x+1)$$

となる．したがって，$y' = 0$ となるのは $x = -3, 1$. また，$y'' = 0$ となるのは $x = -1$.
$x = -3$ のとき $y = 29$，$x = -1$ のとき $y = 13$，$x = 1$ のとき $y = -3$ となる．よって $y' = 3(x+3)(x-1)$，$y'' = 6(x+1)$ の符号を調べると，増減表は次のようになる．

x	$\cdots$	-3	$\cdots$	-1	$\cdots$	1	$\cdots$
y'	$+$	0	$-$	$-$	$-$	0	$+$
y''	$-$	$-$	$-$	0	$+$	$-$	$+$
y	↗	29	↘	13	↘	-3	↗

したがって，$x=1$ のとき極小値 $y=-3$，$x=-3$ のとき極大値 $y=29$ をとる．また，変曲点は $(-1, 13)$ である．

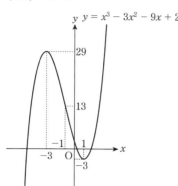

(3) $y = xe^{2x}$ の導関数は
$y' = 1 \cdot e^{2x} + x \cdot e^{2x}(2x)' = (1+2x)e^{2x}$
となり，第 2 次導関数は
$y'' = (1+2x)' \cdot e^{2x} + (1+2x) \cdot e^{2x}(2x)'$
$\quad = 4(1+x)e^{2x}.$

したがって，$y' = 0$ となるのは $x = -\dfrac{1}{2}$．また，
$y'' = 0$ となるのは $x = -1$．
$x = -1$ のとき $y = -\dfrac{1}{e^2}$，$x = -\dfrac{1}{2}$ のとき $y = -\dfrac{1}{2e}$ となる．よって $y' = (1+2x)e^{2x}$，$y'' = 4(1+x)e^{2x}$ の符号を調べると，増減表は次のようになる．

x	$\cdots$	-1	$\cdots$	$-\dfrac{1}{2}$	$\cdots$
y'	$-$	$-$	$-$	0	$+$
y''	$-$	0	$+$	$+$	$+$
y	↘	$-\dfrac{1}{e^2}$	↘	$-\dfrac{1}{2e}$	↗

したがって，
$x = -\dfrac{1}{2}$ のとき極小値 $y = -\dfrac{1}{2e}$ をとる．
また，変曲点は $\left(-\dfrac{1}{2}, -\dfrac{1}{e^2}\right)$ である．

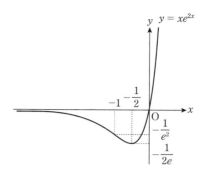

問題 7.6

(1) 点 P が動き出して t 秒後の加速度
$\alpha = \dfrac{dv}{dt} = 2t$ となるので，3 秒後の加速度は $2 \times 3 = 6$.

(2) (i) $\dfrac{dx}{dt} = 2t - 4 = 2(t-2) = 0$ より，$t = 2$.

(ii) $2 \cdot 3 - 4 = 2$.

(iii) $x = t(t-4) = (t-2)^2 - 4$ であるので，$t=0$ で $x=0$ を出発し，$t=2$ で $x=-4$ に行き，$t=4$ で $x=0$ に戻るので，点 P が動いた道のりは 8 である．

別解 点 P が動いた道のりは，
$\int_0^4 \left|\dfrac{dx}{dt}\right| dt = \int_0^4 |2t-4| dt$
$\quad = \int_0^2 (-2t+4) dt$
$\qquad + \int_2^4 (2t-4) dt$
$\quad = [-t^2 + 4t]_0^2 + [t^2 - 4t]_2^4$
$\quad = 8.$

問題 7.7

(1) $f(x) = e^{x^2}$ とおく．$f(0) = 1$.
$f'(x) = 2xe^{x^2}$ より，$f'(0) = 0$.
$f''(x) = 2(1+2x^2)e^{x^2}$ より，$f''(0) = 2$.
$f'''(x) = 4x(3+2x^2)e^{x^2}$ より，$f'''(0) = 0$.
$f^{(4)}(x) = 4(3+12x^2+4x^4)e^{x^2}$ より，
$f^{(4)}(0) = 12$.
∴ $e^{x^2} = 1 + \dfrac{2}{2!}x^2 + \dfrac{12}{4!}x^4 + \cdots$
$\quad = 1 + x^2 + \dfrac{1}{2!}x^4 + \cdots$.

別解 $e^x = 1 + \dfrac{x}{1!} + \dfrac{x^2}{2!} + \dfrac{x^3}{3!} + \cdots$ において, x を x^2 で置き換えると

$\therefore\ e^{x^2} = 1 + \dfrac{x^2}{1!} + \dfrac{x^4}{2!} + \cdots.$

(2) $f(x) = \cos^2 x$ とおく. $f(0) = 1$.
$f'(x) = -2\cos x \sin x$ より, $f'(0) = 0$.
$f''(x) = 2\sin^2 x - 2\cos^2 x$ より, $f''(0) = -2$.
$f'''(x) = 8\cos x \sin x$ より, $f'''(0) = 0$.
$f^{(4)}(x) = 8\cos^2 - 8\sin^2 x$ より $f^{(4)}(0) = 8$.

$\therefore\ \cos^2 x = 1 + \dfrac{-2}{2!}x^2 + \dfrac{8}{4!}x^4 - \cdots$
$\qquad = 1 - x^2 + \dfrac{1}{3}x^4 - \cdots.$

別解 $\cos^2 x = \dfrac{1 + \cos 2x}{2}$, $\cos 2x$ に対して

$\cos x = 1 - \dfrac{x^2}{2!} + \dfrac{x^4}{4!} - \cdots + (-1)^m \dfrac{x^{2m}}{(2m)!} + \cdots$

を適用する.

$\cos 2x = 1 - \dfrac{(2x)^2}{2!} + \dfrac{(2x)^4}{4!} - \cdots + (-1)^m \dfrac{(2x)^{2m}}{(2m)!} + \cdots$

$\qquad = 1 - \dfrac{4x^2}{2!} + \dfrac{4^2 x^4}{4!} - \cdots + (-1)^m \dfrac{4^m x^{2m}}{(2m)!} + \cdots.$

$\therefore\ \cos^2 x$
$= \dfrac{1}{2} + \dfrac{1}{2}\left(1 - \dfrac{4x^2}{2!} + \dfrac{4^2 x^4}{4!} - \cdots + (-1)^m \dfrac{4^m x^{2m}}{(2m)!} + \cdots\right)$
$= \dfrac{1}{2}\left(2 - \dfrac{4x^2}{2!} + \dfrac{4^2 x^4}{4!} - \cdots\right).$

(3) $f(x) = \sqrt{1+x^2}$ とおく. $f(0) = 1$.
$f'(x) = \dfrac{x}{\sqrt{1+x^2}}$ より, $f'(0) = 0$.
$f''(x) = \dfrac{1}{(1+x^2)\sqrt{1+x^2}}$ より, $f''(0) = 1$
$f'''(x) = -\dfrac{3x}{(1+x^2)^2 \sqrt{1+x^2}}$ より,
$f'''(0) = 0.$

$f^{(4)}(x) = \dfrac{3(-1 + 4x^2)}{(1+x^2)^3 \sqrt{1+x^2}}$ より,
$f^{(4)}(0) = -3.$

$\therefore\ \sqrt{1+x^2} = 1 + \dfrac{1}{2!}x^2 + \dfrac{-3}{4!}x^4 - \cdots.$

別解 $y = \sqrt{1+x^2}$ とおく.
$y(0) = 1$. $y^2 = 1 + x^2$.
$yy' = x$ より, $y'(0) = 0$.
$(y')^2 + yy'' = 1$ より, $y''(0) = 1$.
$3y'y'' + yy''' = 0$ より, $y'''(0) = 0$.
$3(y'')^2 + 4y'y''' + yy^{(4)} = 0$ より,
$y^{(4)}(0) = -3.$

$\therefore\ \sqrt{1+x^2} = 1 + \dfrac{1}{2!}x^2 + \dfrac{-3}{4!}x^4 - \cdots.$

別解 $\sqrt{1+x} = (1+x)^{\frac{1}{2}}$
$= 1 + \dfrac{1}{2}x - \dfrac{1}{8}x^2 + \dfrac{1}{16}x^3 + \cdots.$

において, x を x^2 で置き換えると,

$\therefore\ \sqrt{1+x^2} = 1 + \dfrac{1}{2}x^2 - \dfrac{1}{8}x^4 + \cdots.$

(4) $f(x) = \sqrt{1+\sin x}$ とおく. $f(0) = 1$.
$f'(x) = \dfrac{\cos x}{2\sqrt{1+\sin x}}$ より, $f'(0) = \dfrac{1}{2}$.
$f''(x) = \dfrac{-2\sin^2 x - 2\sin x - \cos^2 x}{4(1+\sin x)\sqrt{1+\sin x}}$ より,
$f''(0) = -\dfrac{1}{4}$.

$\therefore\ \sqrt{1+\sin x} = 1 + \dfrac{\frac{1}{2}}{1!}x + \dfrac{-\frac{1}{4}}{2!}x^2 + \cdots$
$\qquad = 1 + \dfrac{1}{2}x - \dfrac{1}{8}x^2 - \cdots.$

別解 $y = \sqrt{1+\sin x}$ とおく ($y \geq 0$).
$y(0) = 1$. $y^2 = 1 + \sin x$.
$2yy' = \cos x$ より, $y'(0) = \dfrac{1}{2}$.
$2(y')^2 + 2yy'' = -\sin x$ より,
$y''(0) = -\dfrac{1}{4}$.

$\therefore\ \sqrt{1+\sin x} = 1 + \dfrac{1}{2}x - \dfrac{1}{8}x^2 - \cdots.$

別解 $\sin x = x - \dfrac{x^3}{3!} + \dfrac{x^5}{5!} - \cdots$ より,

$x - \dfrac{x^3}{3!} = X$ とおく.

$\sqrt{1+X} = 1 + \dfrac{1}{2}X - \dfrac{1}{8}X^2 + \dfrac{1}{16}X^3 + \cdots$

において,X を x で表すと,概ね X^2 程度まで計算すればよい.

$\therefore \sqrt{1+\sin x} = 1 + \dfrac{1}{2}\left(x - \dfrac{x^3}{3!}\right)$
$\qquad\qquad\qquad - \dfrac{1}{8}\left(x - \dfrac{x^3}{3!}\right)^2 + \cdots$
$\qquad\qquad = 1 + \dfrac{1}{2}x - \dfrac{1}{12}x^3$
$\qquad\qquad\quad - \dfrac{1}{8}x^2 + \dfrac{1}{24}x^4 - \cdots$
$\qquad\qquad = 1 + \dfrac{1}{2}x - \dfrac{1}{8}x^2 - \cdots.$

問題 7.8

マクローリン展開を用いて近似値を求める問題で,題意より剰余項 $|R_n(x)| < 0.00005$ となる n を見つける問題.ここでは剰余項ではなく第 $n+1$ 項の絶対値が 0.00005 より小さくなる n を探す.いま,

$\sqrt[3]{130} = \sqrt[3]{125+5} = \sqrt[3]{5^3+5} = 5\sqrt[3]{1+\dfrac{1}{25}}$
$\qquad = 5 \times (1+0.04)^{\frac{1}{3}}$

より,5倍しているので,
$|R_n(x)| < 0.00001$ と変更する.したがって第 $n+1$ 項の絶対値が 0.00001 より小さくなる n を探す.

$(1+x)^{\frac{1}{3}}$
$= 1 + \dfrac{\frac{1}{3}}{1!}x + \dfrac{\frac{1}{3}\left(\frac{1}{3}-1\right)}{2!}x^2 + \cdots$
$\quad + \dfrac{\frac{1}{3}\left(\frac{1}{3}-1\right)\cdots\left(\frac{1}{3}-n\right)}{(n-1)!}x^{n-1} + \cdots,$

$x = 0.04$, $x^2 = 0.0016$, $x^3 = 0.000064$ であるから第 4 または 5 項の絶対値が 0.00001 より小さくなることが期待できる.

第 4 項 $= \dfrac{\frac{1}{3}\left(\frac{1}{3}-1\right)\left(\frac{1}{3}-2\right)}{3!}x^3$
$\qquad\quad = \dfrac{5}{81} \times 0.000064$
$\qquad\quad \approx 0.000004 < 0.00001.$

$\left(\dfrac{5}{81} \approx 0.06 \text{とした}.\right)$

近似値は,第 3 項まで計算しておけば得られることがわかった.

$\therefore \sqrt[3]{130}$
$= 5 \times (1+0.04)^{\frac{1}{3}}$
$\approx 5 \times \left\{1 + \dfrac{1}{3}x + \dfrac{1}{2!} \times \dfrac{1}{3} \times \left(-\dfrac{2}{3}\right)x^2\right\}$
$= 5 \times \left(1 + \dfrac{3x-x^2}{9}\right)$
$= 5 \times \left(1 + \dfrac{0.04 \times (3-0.04)}{9}\right)$
$= 5 \times \left(1 + \dfrac{0.1184}{9}\right)$
$\approx 5 \times 1.01316 = 5.0658.$

問題 7.9

(1) $\displaystyle\int_0^9 \dfrac{1}{\sqrt[3]{x-1}}dx$
$= \displaystyle\lim_{\varepsilon_1 \to +0}\int_0^{1-\varepsilon_1} \dfrac{1}{\sqrt[3]{x-1}}dx$
$\quad + \displaystyle\lim_{\varepsilon_2 \to +0}\int_{1+\varepsilon_2}^9 \dfrac{1}{\sqrt[3]{x-1}}dx$
$= \displaystyle\lim_{\varepsilon_1 \to +0}\left[\dfrac{3}{2}(x-1)^{\frac{2}{3}}\right]_0^{1-\varepsilon_1}$
$\quad + \displaystyle\lim_{\varepsilon_2 \to +0}\left[\dfrac{3}{2}(x-1)^{\frac{2}{3}}\right]_{1+\varepsilon_2}^9$
$= \displaystyle\lim_{\varepsilon_1 \to +0}\dfrac{3}{2}\left\{(-\varepsilon_1)^{\frac{2}{3}} - 1\right\}$
$\quad + \displaystyle\lim_{\varepsilon_2 \to +0}\dfrac{3}{2}\left\{(9-1)^{\frac{2}{3}} - \varepsilon_2^{\frac{2}{3}}\right\}$
$= -\dfrac{3}{2} + \dfrac{3}{2} \times 2^2 = \dfrac{9}{2}.$

(2) $\displaystyle\int_0^1 \log x\, dx = \lim_{\varepsilon \to +0}\int_\varepsilon^1 \log x\, dx$
$\qquad = \displaystyle\lim_{\varepsilon \to +0}\left\{[x\log x]_\varepsilon^1 - \int_\varepsilon^1 x \cdot \dfrac{1}{x}dx\right\}$
$\qquad = \displaystyle\lim_{\varepsilon \to +0}\left\{0 - \varepsilon\log\varepsilon - \int_\varepsilon^1 dx\right\}$
$\qquad = \displaystyle\lim_{\varepsilon \to +0}\left\{-\dfrac{\log\varepsilon}{\frac{1}{\varepsilon}} - (1-\varepsilon)\right\}$
$\qquad = \displaystyle\lim_{\varepsilon \to +0}\left\{\dfrac{\frac{1}{\varepsilon}}{\frac{1}{\varepsilon^2}} - 1 + \varepsilon\right\}$

$$= \lim_{\varepsilon \to +0}(2\varepsilon - 1) = -1.$$

(3) $\int_0^\infty x^2 e^{-x} dx$

$$= \lim_{a \to \infty} \int_0^a x^2 e^{-x} dx$$
$$= \lim_{a \to \infty}\left\{[-x^2 e^{-x}]_0^a + \int_0^a 2xe^{-x} dx\right\}$$
$$= \lim_{a \to \infty}\left\{-a^2 e^{-a} + [-2xe^{-x}]_0^a + \int_0^a 2e^{-x} dx\right\}$$
$$= \lim_{a \to \infty}\left\{-a^2 e^{-a} - 2ae^{-a} + [-2e^{-x}]_0^a\right\}$$
$$= \lim_{a \to \infty}\left\{-(a^2 + 2a + 2)e^{-a} + 2\right\}$$
$$= \lim_{a \to \infty}\left\{-\frac{a^2 + 2a + 2}{e^{-a}} + 2\right\} = 2.$$

問題 7.10

面積 S を表す式を，絶対値記号を用いて表し，次にそれを用いない形式で表す．

$$S = \int_a^d |f(x) - g(x)| dx,$$

または $S = \int_a^d |g(x) - f(x)| dx.$

図より $a \leq x \leq c$ で $f(x) \geq g(x)$，$c \leq x \leq d$ で $g(x) \geq f(x)$ であるから，

$$S = \int_a^c (f(x) - g(x)) dx + \int_c^d (g(x) - f(x)) dx.$$

問題 7.11

(1) 関数 $y = -x^2 + 3x$ と x 軸との共有点の x 座標は $0 = -x^2 + 3x = -x(x - 3)$ より，$x = 0, 3$ となる．よって，関数 $y = -x^2 + 3x$ と x 軸とで囲まれた図形の面積は，

$$\int_0^3 (-x^2 + 3x) dx = \left[-\frac{1}{3}x^3 + \frac{3}{2}x^2\right]_0^3 = \frac{9}{2}.$$

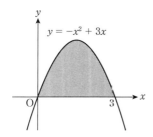

(2) 放物線 $y = x^2 + 2x$ と直線 $y = x$ との共有点の x 座標は，

$$x^2 + 2x = x \to x^2 + x = x(x + 1) = 0$$

より，$x = -1, 0$ となる．区間 $(-1, 0)$ では関数 $y = x$ が関数 $y = x^2 + 2x$ より上にあるので，放物線 $y = x^2 + 2x$ と直線 $y = x$ 囲まれた図形の面積は，

$$\int_{-1}^0 \{x - (x^2 + 2x)\} dx = \int_{-1}^0 (-x^2 - x) dx$$
$$= \left[-\frac{1}{3}x^3 - \frac{1}{2}x^2\right]_{-1}^0$$
$$= \frac{1}{6}.$$

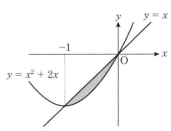

(3) 関数 $y = \sin x$ のグラフと x 軸との共有点は，$0 \leq x \leq \frac{3\pi}{2}$ では $x = 0, \pi$ となり，区間 $(0, \pi)$ では関数 $y = \sin x$ が x 軸より上にあり，区間 $\left(\pi, \frac{3\pi}{2}\right)$ では関数 $y = \sin x$ が x 軸より下にあるので，関数 $y = \sin x$ のグラフと x 軸，直線 $x = \frac{3\pi}{2}$ との間で囲まれた図形の面積は，

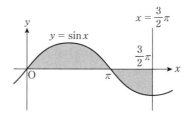

$$\int_0^\pi \sin x dx + \int_\pi^{\frac{3\pi}{2}} (-\sin x) dx$$
$$= [-\cos x]_0^\pi + [\cos x]_\pi^{\frac{3\pi}{2}}$$
$$= -\cos \pi + \cos 0 + \cos \frac{3\pi}{2} - \cos \pi$$
$$= 3.$$

問題 7.12

(1) 曲線 $y=\sqrt{2-x}$ と x 軸, y 軸で囲まれた図形は下図のようになるので, 回転体の体積は,
$$\pi\int_0^2 y^2\,dx=\pi\int_0^2 (2-x)\,dx=\pi\left[2x-\frac{1}{2}x^2\right]_0^2$$
$$=2\pi.$$

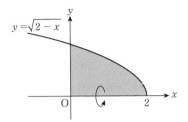

(2) 2 直線 $y=x$, $y=3x-6$ と x 軸とで囲まれた図形は下図のようになるので, 回転体の体積は,
$$\pi\int_0^3 x^2\,dx-\pi\int_2^3 (3x-6)^2\,dx$$
$$=\pi\left[\frac{1}{3}x^3\right]_0^3-\pi\left[\frac{1}{3^2}(3x-6)^3\right]_2^3$$
$$=9\pi-3\pi=6\pi.$$

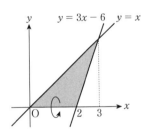

(3) 関数 $y=\sin x$ のグラフと直線 $x=\frac{\pi}{4}$ および x 軸とで囲まれるは次図のようになるので, 回転体の体積は,
$$\pi\int_0^{\frac{\pi}{4}}\sin^2 x\,dx=\pi\int_0^{\frac{\pi}{4}}\frac{1-\cos 2x}{2}\,dx$$
$$=\frac{\pi}{2}\left[x-\frac{1}{2}\sin 2x\right]_0^{\frac{\pi}{4}}$$
$$=\frac{\pi}{2}\left(\frac{\pi}{4}-\frac{1}{2}\sin\frac{\pi}{2}\right)$$
$$=\frac{\pi}{8}(\pi-2).$$

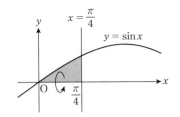

(4) だ円 $2x^2+\frac{y^2}{3}=1$ の $x\geqq 0$, $y\geqq 0$ の部分は下図のようになる. また, $2x^2+\frac{y^2}{3}=1$ より, $y^2=3(1-2x^2)$ となるので, 回転体の体積は,
$$\pi\int_0^{\frac{1}{\sqrt{2}}} y^2\,dx=3\pi\int_0^{\frac{1}{\sqrt{2}}}(1-2x^2)\,dx$$
$$=3\pi\left[x-\frac{2}{3}x^3\right]_0^{\frac{1}{\sqrt{2}}}=3\pi\times\frac{\sqrt{2}}{3}$$
$$=\sqrt{2}\,\pi.$$

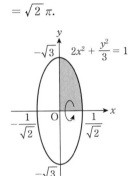

問題 7.13

(i) $f(x)=\sqrt{x}$ とすると, $S_k=\pi\{f(x_k)\}^2$ であるので,
$$S_k=\pi(\sqrt{x_k})^2=\pi x_k=\frac{k\pi}{n}.$$

(ii) $\displaystyle\lim_{n\to\infty}\sum_{k=1}^n \frac{1}{n}S_k$ は回転体の体積に等しいので,
$$\lim_{n\to\infty}\sum_{k=1}^n\frac{1}{n}S_k=\pi\int_0^1 y^2\,dx=\pi\int_0^1 x\,dx$$
$$=\pi\left[\frac{1}{2}x^2\right]_0^1=\frac{\pi}{2}.$$

別解
$$\lim_{n\to\infty}\sum_{k=1}^n\frac{1}{n}S_k=\lim_{n\to\infty}\sum_{k=1}^n\frac{1}{n}\cdot\frac{k\pi}{n}$$
$$=\lim_{n\to\infty}\frac{\pi}{n^2}\sum_{k=1}^n k$$
$$=\lim_{n\to\infty}\frac{\pi}{n^2}\cdot\frac{1}{2}n(n+1)$$
$$=\lim_{n\to\infty}\frac{\pi}{2}\left(1+\frac{1}{n}\right)=\frac{\pi}{2}.$$

問題 7.14

(1) $\displaystyle\int_0^1 \frac{1}{1+x}dx = \lim_{n\to\infty}\sum_{k=1}^n \frac{1}{1+\frac{k}{n}}\cdot\frac{1}{n}$

$\displaystyle\qquad\qquad\qquad = \lim_{n\to\infty}\sum_{k=1}^n \frac{1}{n+k}.$

(2) $\displaystyle\lim_{n\to\infty}\left(\frac{1^4}{n^5}+\frac{2^4}{n^5}+\cdots+\frac{n^4}{n^5}\right)$

$\displaystyle\qquad = \lim_{n\to\infty}\sum_{k=1}^n \left(\frac{k}{n}\right)^4 \cdot \frac{1}{n}$

であるので，これは，$\displaystyle\int_0^1 x^4 dx$ について，区間 $[0,1]$ を n 等分し，$x_k = \dfrac{k}{n}$，$\varDelta x = \dfrac{1}{n}$ としたときの積分の表式等しい．したがって，$\square = x^4$．

第 8 章 空間ベクトル，行列の計算 解答

問題 8.1

(i) (d) $z = 0$ であるので，点 A は xy 平面上の点である．

(ii) $\overrightarrow{AB} = \overrightarrow{OB} - \overrightarrow{OA}$
$= (-1, 3, 2) - (-3, -1, 0)$
$= (2, 4, 2).$

問題 8.2

(1) $(2, -2, 1)$ が中心で，半径 2 であるので，
$(x-2)^2 + (y+2)^2 + (z-1)^2 = 2^2,$
$x^2 - 4x + 4 + y^2 + 4y + 4 + z^2 - 2z + 1 = 4,$
$x^2 + y^2 + z^2 - 4x + 4y - 2z + 5 = 0,$
となる．よって，
$a = -4, b = 4, c = -2, d = 5.$

(2) $x^2 + 2x + y^2 - 4y + z^2 - 2z - 3 = 0,$
$(x+1)^2 - 1^2 + (y-2)^2 - 2^2 + (z-1)^2 - 1^2 - 3 = 0,$
$(x+1)^2 + (y-2)^2 + (z-1)^2 = 3^2,$
となるので，中心が $(-1, 2, 1)$ で，半径が 3 である．

(3) 原点と点 P を直径の両端とするので，球面の中心はこの 2 点の中点 $(2, -1, 3)$ となる．半径は原点とこの点との距離になるので，
$\sqrt{2^2 + (-1)^2 + 3^2} = \sqrt{14}.$
よって，球面の方程式は，
$(x-2)^2 + (y+1)^2 + (z-3)^2 = 14.$

別解 原点 O と点 P を直径の両端とするので，球面上の点を $Q(x, y, z)$ とすると，$\overrightarrow{OQ}$ と $\overrightarrow{PQ}$ は直交するので，$\overrightarrow{OQ}\cdot\overrightarrow{PQ} = 0$ が成り立つ．よって，球面の方程式は，
$x(x-4) + y(y+2) + z(z-6) = 0.$

(4) xy 平面の方程式は $z = 0$．したがって，
$x^2 + y^2 + 4x - 6y - 2 = 0$ より，
球と xy 平面の交線は円 $(x+2)^2 + (y-3)^2 = 15$ となる．よって，円の半径は $\sqrt{15}$．

問題 8.3

(1) 媒介変数を t とすると,
$(x,y,z) = (2,1,-3) + t(5,-4,2)$.
よって,
$$\begin{cases} x = 2 + 5t \\ y = 1 - 4t \\ z = -3 + 2t \end{cases}$$
または, $\dfrac{x-2}{5} = \dfrac{y-1}{-4} = \dfrac{z+3}{2}$.

(2) 媒介変数を t とすると,
$(x,y,z) = (1-t)(1,-1,3) + t(5,-3,4)$.
よって,
$$\begin{cases} x = (1-t) + 5t \\ y = -(1-t) - 3t \\ z = 3(1-t) + 4t \end{cases} \rightarrow \begin{cases} x = 1 + 4t \\ y = -1 - 2t \\ z = 3 + t \end{cases}$$
または, $\dfrac{x-1}{4} = \dfrac{y+1}{-2} = z+3$.

(3) 媒介変数を t とすると,
$(x,y,z) = (1-t)(1,3,-4) + t(4,2,-2)$.
よって,
$$\begin{cases} x = (1-t) + 4t \\ y = 3(1-t) + 2t \\ z = -4(1-t) - 2t \end{cases} \rightarrow \begin{cases} x = 1 + 3t \\ y = 3 - t \\ z = -4 + 2t \end{cases}$$
または, $\dfrac{x-1}{3} = \dfrac{y-3}{-1} = \dfrac{z+4}{2}$.

直線上の点で y 座標が 4 であるので, $y = 3 - t$ より, $t = -1$ となる. $x = 1 + 3t$ に代入すると, この点の x 座標は $x = -2$ となる.

問題 8.4

(1) それぞれの直線の方向ベクトルをとると
$\vec{u} = (1,2,4)$, $\vec{u'} = (2,a,-3)$ となり, この2つのベクトルが直交するとき, 直線が直交するので, $\vec{u} \cdot \vec{u'} = 0$ より,
$1 \cdot 2 + 2a + 4 \cdot (-3) = 0$ ∴ $a = 5$

(2) $\dfrac{x+4}{3} = \dfrac{y-2}{-1} = \dfrac{z-3}{-1}$
$\rightarrow \begin{cases} x = -3z + 5 \\ y = z - 1 \end{cases}$.
$\dfrac{x}{2} = \dfrac{y+7}{7} = \dfrac{z-2}{-1} \rightarrow \begin{cases} x = -2z + 4 \\ y = -7z + 7 \end{cases}$.
x の関係式より,

$-3z + 5 = -2z + 4 \rightarrow z = 1$.
よって, $x = 2$.
y のどちらの式に $z = 1$ を代入しても $y = 0$ となるので, 2直線は共有点を持ち, 交点の座標は $(2, 0, 1)$ となる.

(3) それぞれの直線の方向ベクトルをとると
$\vec{u} = (a,2,1)$, $\vec{u'} = (1,-2,1)$ となり, この2つのベクトルが直交するとき, 直線が直交するので, $\vec{u} \cdot \vec{u'} = 0$ より,
$a + 2 \cdot (-2) + 1^2 = 0$.
∴ $a = 3$.
$\dfrac{x}{3} = \dfrac{y-8}{2} = z \rightarrow \begin{cases} x = 3z \\ y = 2z + 8 \end{cases}$.
$x = \dfrac{y}{-2} = z - b \rightarrow \begin{cases} x = z - b \\ y = -2z + 2b \end{cases}$.
よって,
$\begin{cases} 3z = z - b \\ 2z + 8 = -2z + 2b \end{cases} \rightarrow \begin{cases} z = -1 \\ b = 2 \end{cases}$.
∴ $a = 3$, $b = 2$.

問題 8.5

(1) $\vec{n} \cdot \vec{p} = 0$ より, $2x + y - 3z = 0$.

(2) $\vec{n} \cdot (\vec{p} - \vec{a}) = 0$ より,
$3(x-1) - 2(y+2) + (z-3) = 0$.
∴ $3x - 2y + z - 10 = 0$.

(3) 法線ベクトルは,
$\vec{n} = \overrightarrow{AB} = (2,-3,3) - (1,-2,4)$
$= (1,-1,-1)$.
となるので,
$(x-1) - (y+2) - (z-4) = 0$.
∴ $x - y - z + 1 = 0$.

問題 8.6

(1) 平面 α, β の法線ベクトルの1つをそれぞれ $\vec{h}$, $\vec{h'}$ とすると,
$\vec{h} = (2,-3,1)$, $\vec{h'} = (1,2,k)$
となり, 2つの平面 α, β が垂直に交わっているとき, $\vec{h} \cdot \vec{h'} = 0$ となればよいので,
$2 \cdot 1 - 3 \cdot 2 + k = 0$.

∴ $k = 4$.

(2) 2つの平面の法線ベクトルの1つをそれぞれ $\vec{h}, \vec{h'}$ とすると,
$$\vec{h} = (a, 3, -4), \quad \vec{h'} = (4, b, -8)$$
となり, $\vec{h}$ と $\vec{h'}$ が平行になればよいので, $\vec{h'} = k\vec{h}$ を満たす実数 k が存在すればよい. よって,
$$(4, b, -8) = k(a, 3, -4).$$
$$\begin{cases} 4 = ka \\ b = 3k \\ -8 = -4k \end{cases} \rightarrow \begin{cases} a = 2 \\ b = 6 \\ k = 2 \end{cases}.$$

(3) 平面 α の法線ベクトルと xy 平面の法線ベクトルの1つをそれぞれ $\vec{h}, \vec{k'}$ とすると,
$$\vec{h} = (\sqrt{2}, -5, 3), \quad \vec{h'} = (0, 0, 1)$$
となり, 平面 α と xy 平面なす角は $\vec{h}, \vec{h'}$ のなす角と等しいので, この角を θ とすると,
$$\cos\theta$$
$$= \frac{\sqrt{2} \cdot 0 - 5 \cdot 0 + 3 \cdot 1}{\sqrt{(\sqrt{2})^2 + (-5)^2 + 3^2}\sqrt{0^2 + 0^2 + 1^2}}$$
$$= \frac{3}{6 \cdot 1} = \frac{1}{2}.$$
よって, $0 < \theta < 2\pi$ より, $\theta = \frac{\pi}{3}$.

問題 8.7

(1) 平面 α に垂直な直線の方向ベクトルの1つは
$$\vec{u} = (2, -1, -3)$$
となる. 媒介変数を t とすると,
$$(x, y, z) = (-3, 1, 4) + t(2, -1, -3)$$
よって, $\begin{cases} x = -3 + 2t \\ y = 1 - t \\ z = 4 - 3t \end{cases}$
または, $\dfrac{x+3}{2} = \dfrac{y-1}{-1} = \dfrac{z-4}{-3}$.

(2) 直線の媒介変数を t とすると,
$$\begin{cases} x = 3t \\ y = 4t \\ z = t \end{cases}$$
となるので, 平面の方程式 $x - y + 2z = 3$ に代入すると,
$$3t - 4t + 2t = 3.$$
∴ $t = 3$.

よって, 交点の座標は $(9, 12, 3)$.

(3) 直線の方程式より,
$$\begin{cases} x - y = -z + 2 \\ x - 2y = 2z + 1 \end{cases} \rightarrow \begin{cases} x = -4z + 3 \\ y = -3z + 1 \end{cases}.$$
$z = t$ とすると,
$$\begin{cases} x = -4t + 3 \\ y = -3t + 1 \\ z = t \end{cases} \text{ または, } \frac{x-3}{-4} = \frac{y-1}{-3} = z.$$

問題 8.8

(1) (i) 定義されない.

(ii) $AB = \begin{pmatrix} -2 & 1 \end{pmatrix} \begin{pmatrix} -1 \\ 3 \end{pmatrix}$
$= -2 \cdot (-1) + 1 \cdot 3 = 5.$

(iii) $BA = \begin{pmatrix} -1 \\ 3 \end{pmatrix} \begin{pmatrix} -2 & 1 \end{pmatrix}$
$= \begin{pmatrix} -1 \cdot (-2) & -1 \cdot 1 \\ 3 \cdot (-2) & 3 \cdot 1 \end{pmatrix}$
$= \begin{pmatrix} 2 & -1 \\ -6 & 3 \end{pmatrix}.$

(2) (i) 定義されない.

(ii) $AB = \begin{pmatrix} 3 & 1 & 2 \\ 4 & -2 & 1 \end{pmatrix} \begin{pmatrix} 1 & 2 \\ -3 & 4 \\ 2 & -1 \end{pmatrix}$
$= \begin{pmatrix} 3 \cdot 1 + 1 \cdot (-3) + 2^2 & 3 \cdot 2 + 1 \cdot 4 + 2 \cdot (-1) \\ 4 \cdot 1 - 2 \cdot (-3) + 1 \cdot 2 & 4 \cdot 2 - 2 \cdot 4 + 1 \cdot (-1) \end{pmatrix}$
$= \begin{pmatrix} 4 & 8 \\ 12 & -1 \end{pmatrix}.$

(iii) BA
$= \begin{pmatrix} 1 & 2 \\ -3 & 4 \\ 2 & -1 \end{pmatrix} \begin{pmatrix} 3 & 1 & 2 \\ 4 & -2 & 1 \end{pmatrix}$
$= \begin{pmatrix} 1 \cdot 3 + 2 \cdot 4 & 1^2 + 2 \cdot (-2) & 1 \cdot 2 + 2 \cdot 1 \\ -3^2 + 4^2 & -3 \cdot 1 + 4 \cdot (-2) & -3 \cdot 2 + 4 \cdot 1 \\ 2 \cdot 3 - 1 \cdot 4 & 2 \cdot 1 - 1 \cdot (-2) & 2^2 - 1^2 \end{pmatrix}$

$$= \begin{pmatrix} 11 & -3 & 4 \\ 7 & -11 & -2 \\ 2 & 4 & 3 \end{pmatrix}.$$

問題 8.9

(1) $\begin{pmatrix} 1 & -2 \\ 0 & 1 \end{pmatrix}^2 = \begin{pmatrix} 1 & -2 \\ 0 & 1 \end{pmatrix}\begin{pmatrix} 1 & -2 \\ 0 & 1 \end{pmatrix} = \begin{pmatrix} 1 & -4 \\ 0 & 1 \end{pmatrix}$,

$\begin{pmatrix} 1 & -2 \\ 0 & 1 \end{pmatrix}^3 = \begin{pmatrix} 1 & -2 \\ 0 & 1 \end{pmatrix}\begin{pmatrix} 1 & -2 \\ 0 & 1 \end{pmatrix}^2$

$= \begin{pmatrix} 1 & -2 \\ 0 & 1 \end{pmatrix}\begin{pmatrix} 1 & -4 \\ 0 & 1 \end{pmatrix}$

$= \begin{pmatrix} 1 & -6 \\ 0 & 1 \end{pmatrix}$,

$\begin{pmatrix} 1 & -2 \\ 0 & 1 \end{pmatrix}^4 = \begin{pmatrix} 1 & -2 \\ 0 & 1 \end{pmatrix}\begin{pmatrix} 1 & -2 \\ 0 & 1 \end{pmatrix}^3$

$= \begin{pmatrix} 1 & -2 \\ 0 & 1 \end{pmatrix}\begin{pmatrix} 1 & -6 \\ 0 & 1 \end{pmatrix}$

$= \begin{pmatrix} 1 & -8 \\ 0 & 1 \end{pmatrix}.$

$\therefore \begin{pmatrix} 1 & -2 \\ 0 & 1 \end{pmatrix}^n = \begin{pmatrix} 1 & -2n \\ 0 & 1 \end{pmatrix}.$

(2) (i) $2A - 3I = 2\begin{pmatrix} 1 & -2 \\ 2 & -3 \end{pmatrix} - 3\begin{pmatrix} 1 & 0 \\ 0 & 1 \end{pmatrix}$

$= \begin{pmatrix} 2 & -4 \\ 4 & -6 \end{pmatrix} - \begin{pmatrix} 3 & 0 \\ 0 & 3 \end{pmatrix}$

$= \begin{pmatrix} -1 & -4 \\ 4 & -9 \end{pmatrix}.$

(ii) $A\vec{a} = \begin{pmatrix} 1 & -2 \\ 2 & -3 \end{pmatrix}\begin{pmatrix} 2 \\ 3 \end{pmatrix} = \begin{pmatrix} -4 \\ -5 \end{pmatrix}.$

(iii) A^2

$= \begin{pmatrix} 1 & -2 \\ 2 & -3 \end{pmatrix}^2$

$= \begin{pmatrix} 1^2 - 2 \cdot 2 & 1 \cdot (-2) + 2 \cdot (-3) \\ 2 \cdot 1 - 3 \cdot 2 & 2 \cdot (-2) + (-3)^2 \end{pmatrix}$

$= \begin{pmatrix} -3 & -8 \\ -4 & 5 \end{pmatrix}.$

問題 8.10

(1) $(AB)^{-1} = B^{-1}A^{-1}$

$= \begin{pmatrix} -3 & 8 \\ 2 & -5 \end{pmatrix}\begin{pmatrix} 3 & -1 \\ -5 & 2 \end{pmatrix}$

$= \begin{pmatrix} -49 & 19 \\ 31 & -12 \end{pmatrix}.$

(2) $AA^{-1} = I$ が成り立つので,

$\begin{pmatrix} 1 & -3 & 2 \\ * & * & * \\ * & * & * \end{pmatrix}\begin{pmatrix} \Box & * & * \\ 2 & * & * \\ 1 & * & * \end{pmatrix} = \begin{pmatrix} 1 & 0 & 0 \\ 0 & 1 & 0 \\ 0 & 0 & 1 \end{pmatrix}.$

よって,1 行 1 列成分より,

$1 \cdot \Box - 3 \cdot 2 + 2 \cdot 1 = 1.$

$\therefore \Box = 5.$

問題 8.11

(a) × $(AB)^2 = ABAB$ で $AB = BA$ が成り立たなければ A^2B^2 とはならない.

(c) × 一般に $AB = O$ でも $A = O$ または $B = O$ とは限らない.したがって,
$(X + A)(X - B) = O$ でも,
$X - A = O$ または $X - B = O$ とは限らない.

(c) × $AC = BC \to (A - B)C = O$ でも,
$A - B = O$ とは限らない.

(d) × $(A + B)(A - B)$
$= A^2 - AB + BA - B^2$
で $AB = BA$ が成り立たなければ
$A^2 - B^2$ とはならない.

(e) ◯

(f) ◯

(g) ◯

(h) ×

問題 8.12

(1) $[A, b] = \begin{pmatrix} 2 & -1 & 3 \\ 3 & -2 & 8 \end{pmatrix}$ を行基本変形していく.

基本操作	x	y	b
$R_1 \div 2$	2	-1	3
	3	-2	8
$R_2 - 3R_1$	1	$-\frac{1}{2}$	$\frac{3}{2}$
	3	-2	8
$R_2 \times (-2)$	1	$-\frac{1}{2}$	$\frac{3}{2}$
	0	$-\frac{1}{2}$	$\frac{7}{2}$
	1	$-\frac{1}{2}$	$\frac{3}{2}$
	0	1	-7

これより,$y = -7$. $x - \frac{1}{2}y = \frac{3}{2}$ より,
$$x = \frac{3}{2} - \frac{7}{2} = -2$$
よって,$x = -2$, $y = -7$.

(2) $[\mathbf{A}, \mathbf{b}] = \begin{pmatrix} 1 & 2 & 2 \\ 3 & 6 & 4 \end{pmatrix}$ を行基本変形していく.

基本操作	x	y	b
$R_2 - 3R_1$	1	2	2
	3	6	4
	1	2	2
	0	0	-2

$\mathrm{rank}(\mathbf{A}) = 1 \neq \mathrm{rank}([\mathbf{A}, \mathbf{b}]) = 2$ より,解なし.

問題 8.13

(1) $[\mathbf{A}, \mathbf{b}] = \begin{pmatrix} 2 & -6 & a \\ -1 & 3 & -2 \end{pmatrix}$ を行基本変形していく.

基本操作	x	y	b
$R_1 \leftrightarrow R_2$	2	-6	a
	-1	3	-2
$R_1 \times (-1)$	-1	3	-2
	2	-6	a
$R_2 - 2R_1$	1	-3	2
	2	-6	a
	1	-3	2
	0	0	$a - 2$

解を持つのは $\mathrm{rank}(\mathbf{A}) = \mathrm{rank}([\mathbf{A}, \mathbf{b}])$ のときであるので,$a - 2 = 0$. よって,$a = 2$. このときの解は $x - 3y = 2$ より,$y = k$ とすると,解は,
$$\begin{cases} x = 3k + 2 \\ y = k \end{cases}.$$

(2) $[\mathbf{A}, \mathbf{b}] = \begin{pmatrix} a & 9 & 1 \\ 1 & a & 1 \end{pmatrix}$ を行基本変形していく.

基本操作	x	y	b
$R_1 \leftrightarrow R_2$	a	9	1
	1	a	1
$R_2 - aR_1$	1	a	1
	a	9	1
	1	a	1
	0	$9 - a^2$	$1 - a$

解が存在しないのは,
$\mathrm{rank}(\mathbf{A}) = 1 \neq \mathrm{rank}([\mathbf{A}, \mathbf{b}]) = 2$
のときであるので,$9 - a^2 = 0$, $1 - a \neq 0$.
よって,$a = \pm 3$.

第9章 行列の固有値と行列式

解 答

問題 9.1

(a) ○

(b) × $\begin{vmatrix} a+a' & b+b' \\ c+c' & d+d' \end{vmatrix}$
$= \begin{vmatrix} a & b+b' \\ c & d+d' \end{vmatrix} + \begin{vmatrix} a' & b+b' \\ c' & d+d' \end{vmatrix}$
$= \begin{vmatrix} a & b \\ c & d \end{vmatrix} + \begin{vmatrix} a & b' \\ c & d' \end{vmatrix} + \begin{vmatrix} a' & b \\ c' & d \end{vmatrix}$
$\quad + \begin{vmatrix} a' & b' \\ c' & d' \end{vmatrix}.$

(c) × $\begin{vmatrix} a & c \\ b & d \end{vmatrix} = \begin{vmatrix} a & b \\ c & d \end{vmatrix}.$

(d) ○

(e) × $\begin{vmatrix} ka & kb \\ kc & kd \end{vmatrix} = k^2 \begin{vmatrix} a & b \\ c & d \end{vmatrix}.$

問題 9.2

(1) $\begin{vmatrix} 5 & 3 & 2 \\ 3 & 1 & 4 \\ 7 & 2 & 9 \end{vmatrix}$
$= -3 \cdot \begin{vmatrix} 3 & 4 \\ 7 & 9 \end{vmatrix} + 1 \cdot \begin{vmatrix} 5 & 2 \\ 7 & 9 \end{vmatrix} - 2 \cdot \begin{vmatrix} 5 & 2 \\ 3 & 4 \end{vmatrix}.$

(2) $\begin{vmatrix} 1 & 2 & 2 & 3 \\ 3 & 4 & 1 & 2 \\ 5 & 6 & 1 & 3 \\ 5 & 7 & 2 & 9 \end{vmatrix}$
$= -5 \cdot \begin{vmatrix} 2 & 2 & 3 \\ 4 & 1 & 2 \\ 6 & 1 & 3 \end{vmatrix} + 7 \cdot \begin{vmatrix} 1 & 2 & 3 \\ 3 & 1 & 2 \\ 5 & 1 & 3 \end{vmatrix}$
$\quad -2 \cdot \begin{vmatrix} 1 & 2 & 3 \\ 3 & 4 & 2 \\ 5 & 6 & 3 \end{vmatrix} + 9 \cdot \begin{vmatrix} 1 & 2 & 2 \\ 3 & 4 & 1 \\ 5 & 6 & 1 \end{vmatrix}.$

問題 9.3

(1) $\begin{vmatrix} 2 & 3 \\ 5 & 4 \end{vmatrix} = 2 \cdot 4 - 3 \cdot 5 = -7.$

(2) $\begin{vmatrix} 1 & -1 & 2 \\ 4 & 0 & 7 \\ 2 & 1 & 5 \end{vmatrix} r_3(3,1;1)$
$= \begin{vmatrix} 1 & -1 & 2 \\ 4 & 0 & 7 \\ 3 & 0 & 7 \end{vmatrix}$ 第2列で展開
$= (-1)(-1)^{1+2} \begin{vmatrix} 4 & 7 \\ 3 & 7 \end{vmatrix} = 4 \cdot 7 - 7 \cdot 3$
$= 7.$

(3) $\begin{vmatrix} 1 & 5 & 4 & -2 \\ 0 & 2 & -3 & 6 \\ 0 & 0 & 3 & 2 \\ 0 & 0 & 0 & 4 \end{vmatrix}$ 第1列で展開
$= 1 \cdot \begin{vmatrix} 2 & -3 & 6 \\ 0 & 3 & 2 \\ 0 & 0 & 4 \end{vmatrix}$ 第1列で展開
$= 1 \cdot 2 \begin{vmatrix} 3 & 2 \\ 0 & 4 \end{vmatrix}$
$= 1 \cdot 2 \cdot 3 \cdot 4 = 24.$

(4) $\begin{vmatrix} 1 & 0 & 1 & 2 \\ 0 & 1 & -3 & 5 \\ -1 & 0 & 0 & 3 \\ 0 & 0 & 2 & -4 \end{vmatrix}$ 第2列で展開
$= 1(-1)^{2+2} \begin{vmatrix} 1 & 1 & 2 \\ -1 & 0 & 3 \\ 0 & 2 & 4 \end{vmatrix} r_3(2,1;1)$
$= \begin{vmatrix} 1 & 1 & 2 \\ 0 & 1 & 5 \\ 0 & 2 & 4 \end{vmatrix}$ 第1列で展開 $= 1 \begin{vmatrix} 1 & 5 \\ 2 & 4 \end{vmatrix}$
$= 1 \cdot 4 - 5 \cdot 2 = -6.$

(5) $\begin{vmatrix} 1 & 0 & 1 & 0 \\ 6 & 1 & 4 & -1 \\ -2 & -1 & -3 & 2 \\ 1 & 0 & 2 & -2 \end{vmatrix} c_3(3,1;-1)$
$= \begin{vmatrix} 1 & 0 & 0 & 0 \\ 6 & 1 & -2 & -1 \\ -2 & -1 & -1 & 2 \\ 1 & 0 & 1 & -2 \end{vmatrix}$ 第1列で展開
$= 1(-1)^{1+1} \begin{vmatrix} 1 & -2 & -1 \\ -1 & -1 & 2 \\ 0 & 1 & -2 \end{vmatrix} r_3(2,1;1)$

$$= \begin{vmatrix} 1 & -2 & -1 \\ 0 & -3 & 1 \\ 0 & 1 & -2 \end{vmatrix} \begin{array}{l}\text{第1列}\\\text{で展開}\end{array}$$

$$= 1(-1)^{1+1} \begin{vmatrix} -3 & 1 \\ 1 & -2 \end{vmatrix} = -3(-2) - 1^2$$

$$= 5.$$

(6) $\begin{vmatrix} a+1 & a+2 & a+3 \\ a+2 & a+3 & a+1 \\ a+3 & a+1 & a+2 \end{vmatrix} \begin{array}{l}c_3(1,2;1)\\c_3(1,3;1)\end{array}$

$$= \begin{vmatrix} a+6 & a+2 & a+3 \\ a+6 & a+3 & a+1 \\ a+6 & a+1 & a+2 \end{vmatrix} c_1(1, a+6)$$

$$= (a+6) \begin{vmatrix} 1 & a+2 & a+3 \\ 1 & a+3 & a+1 \\ 1 & a+1 & a+2 \end{vmatrix} \begin{array}{l}r_3(2,1;-1)\\r_3(3,1;-1)\end{array}$$

$$= (a+6) \begin{vmatrix} 1 & a+2 & a+3 \\ 0 & 1 & -2 \\ 0 & -1 & -1 \end{vmatrix} \begin{array}{l}\text{第1列}\\\text{で展開}\end{array}$$

$$= (a+6) \cdot 1 \cdot (-1)^{1+1} \begin{vmatrix} 1 & -2 \\ -1 & -1 \end{vmatrix}$$

$$= (a+6)\{1(-1) - (-2)(-1)\}$$

$$= -3(a+6).$$

問題 9.4

(1) (i) $\begin{vmatrix} a_1 & c_1 & b_1 \\ a_2 & c_2 & b_2 \\ a_3 & c_3 & b_3 \end{vmatrix} = - \begin{vmatrix} a_1 & b_1 & c_1 \\ a_2 & b_2 & c_2 \\ a_3 & b_3 & c_3 \end{vmatrix}$
$$= -|A|.$$

(ii) $\begin{vmatrix} a_1 & b_1 & c_1 \\ 3a_2 & 3b_2 & 3c_2 \\ a_3 & b_3 & c_3 \end{vmatrix} = 3 \begin{vmatrix} a_1 & b_1 & c_1 \\ a_2 & b_2 & c_2 \\ a_3 & b_3 & c_3 \end{vmatrix}$
$$= 3|A|.$$

(2) $|2A| = 2^3 |A| = 8 \cdot 6 = 48.$

(3) $|A^2 B^{-1}| = |A^2||B^{-1}| = |A|^2 |B|^{-1}$
$$= \frac{6^2}{3} = 12.$$

(4) $|A^{-1}| = |A|^{-1} = \frac{1}{2}$ である.

B は逆行列を持たないので,$|B| = 0$ であるの

で,$|A^{-1}B| = |A^{-1}||B| = \frac{1}{2} \cdot 0 = 0.$

問題 9.5

(1) $|A| = 0$ であればよいので,
$$\begin{vmatrix} 2 & a \\ 4 & 3 \end{vmatrix} = 2 \cdot 3 - 4a = 0. \quad \therefore \ a = \frac{3}{2}.$$

(2) (i) $|A| = \begin{vmatrix} 1 & 1 & 1 \\ 1 & x & y \\ 1 & x^2 & y^2 \end{vmatrix} \begin{array}{l}r_3(2,1;-1)\\r_3(3,1;-1)\end{array}$

$$= \begin{vmatrix} 1 & 1 & 1 \\ 0 & x-1 & y-1 \\ 0 & x^2-1 & y^2-1 \end{vmatrix}$$

$$= \begin{vmatrix} x-1 & y-1 \\ (x-1)(x+1) & (y-1)(y+1) \end{vmatrix} \begin{array}{l}c_1(1,x-1)\\c_1(2,x-1)\end{array}$$

$$= (x-1)(y-1) \begin{vmatrix} 1 & 1 \\ x+1 & y+1 \end{vmatrix}$$

$$= (x-1)(y-1)\{(y+1)-(x+1)\}$$

$$= -(x-1)(y-1)(x-y).$$

(ii) $|A| \neq 0$ であればよいので,正則となる x, y は $x \neq 1$ かつ $y \neq 1$ かつ $x \neq y$.

問題 9.6

(1) $\begin{vmatrix} 3 & 1 & -3 \\ -2 & 2 & 0 \\ 1 & -3 & x \end{vmatrix} c_3(2,1;1)$

$$= \begin{vmatrix} 3 & 4 & -3 \\ -2 & 0 & 0 \\ 1 & -2 & x \end{vmatrix} \begin{array}{l}\text{第2行}\\\text{で展開}\end{array}$$

$$= -2(-1)^{2+1} \begin{vmatrix} 4 & -3 \\ -2 & x \end{vmatrix}$$

$$= 2(4x-6) = 4.$$

$\therefore x = 2.$

(2) $\begin{vmatrix} x & 0 & -6 \\ -2 & x & -2 \\ 0 & -1 & 2 \end{vmatrix} c_3(3,2;2)$

$$= \begin{vmatrix} x & 0 & -6 \\ -2 & x & 2x-2 \\ 0 & -1 & 0 \end{vmatrix} \begin{array}{l}\text{第 3 行}\\ \text{で展開}\end{array}$$

$$= -1(-1)^{3+2} \begin{vmatrix} x & -6 \\ -2 & 2x-2 \end{vmatrix}$$

$$= x(2x-2) - 12$$

$$= 2(x^2 - x - 6) = 2(x+2)(x-3)$$

$$= 0.$$

$$\therefore \quad x = -2, 3.$$

問題 9.7

(1) $\begin{vmatrix} 3 & 1 & 1 \\ 3 & 2 & 2 \\ 2 & 3 & 4 \end{vmatrix} \begin{array}{l} c_3(1,3;-3) \\ c_3(2,3;-1) \end{array} = \begin{vmatrix} 0 & 0 & 1 \\ -3 & 0 & 2 \\ -10 & -1 & 4 \end{vmatrix}$

$$= \begin{vmatrix} -3 & 0 \\ -10 & -1 \end{vmatrix}$$

$$= 3.$$

x の分子

$\begin{vmatrix} 2 & 1 & 1 \\ 1 & 2 & 2 \\ -1 & 3 & 4 \end{vmatrix} \begin{array}{l} c_3(1,3;-2) \\ c_3(2,3;-1) \end{array} = \begin{vmatrix} 0 & 0 & 1 \\ -3 & 0 & 2 \\ -9 & -1 & 4 \end{vmatrix}$

$$= \begin{vmatrix} -3 & 0 \\ -9 & -1 \end{vmatrix}$$

$$= 3.$$

y の分子

$\begin{vmatrix} 3 & 2 & 1 \\ 3 & 1 & 2 \\ 2 & -1 & 4 \end{vmatrix} \begin{array}{l} c_3(1,3;-3) \\ c_3(2,3;-2) \end{array} = \begin{vmatrix} 0 & 0 & 1 \\ -3 & -3 & 2 \\ -10 & -9 & 4 \end{vmatrix}$

$$= \begin{vmatrix} -3 & -3 \\ -10 & -9 \end{vmatrix}$$

$$= -3.$$

z の分子

$\begin{vmatrix} 3 & 1 & 2 \\ 3 & 2 & 1 \\ 2 & 3 & -1 \end{vmatrix} \begin{array}{l} c_3(1,2;-3) \\ c_3(2,1;-2) \end{array} = \begin{vmatrix} 0 & 1 & 0 \\ -3 & 2 & -3 \\ -7 & 3 & -7 \end{vmatrix}$

$$= -\begin{vmatrix} -3 & -3 \\ -7 & -7 \end{vmatrix}$$

$$= 0.$$

$$\therefore x = \frac{3}{3} = 1, \quad y = \frac{-3}{3} = -1,$$

$$z = \frac{0}{3} = 0.$$

(2)

$\boxed{\text{ア}} = \begin{vmatrix} 0 & b_1 & c_1 \\ 1 & b_2 & c_2 \\ 0 & b_3 & c_3 \end{vmatrix} = 1(-1)^{2+1} \begin{vmatrix} b_1 & c_1 \\ b_3 & c_3 \end{vmatrix}$

$$= b_3 c_1 - b_1 c_3.$$

$\boxed{\text{イ}} = \begin{vmatrix} a_1 & 0 & c_1 \\ a_2 & 1 & c_2 \\ a_3 & 0 & c_3 \end{vmatrix} = 1(-1)^{2+2} \begin{vmatrix} a_1 & c_1 \\ a_3 & c_3 \end{vmatrix}$

$$= a_1 c_3 - a_3 c_1.$$

$\boxed{\text{ウ}} = \begin{vmatrix} a_1 & b_1 & 0 \\ a_2 & b_2 & 1 \\ a_3 & b_3 & 0 \end{vmatrix} = 1(-1)^{2+3} \begin{vmatrix} a_1 & b_1 \\ a_3 & b_3 \end{vmatrix}$

$$= a_3 b_1 - a_1 b_3.$$

問題 9.8

(1) この連立方程式が自明ではない解をもつのは,

$$\begin{vmatrix} 3 & -1 \\ a & 2 \end{vmatrix} = 3 \cdot 2 + a = 0,$$

$$\therefore a = -6.$$

(2) この連立方程式が自明ではない解をもつのは,

$\begin{vmatrix} a & 1 & 1 \\ 2 & a & 0 \\ -1 & -2 & 1 \end{vmatrix} \begin{array}{l} c_2(1,3) \end{array}$

$$= -\begin{vmatrix} 1 & 1 & a \\ 0 & a & 2 \\ 1 & -2 & -1 \end{vmatrix} \begin{array}{l} r_3(1,3;-1) \end{array}$$

$$= -\begin{vmatrix} 1 & 1 & a \\ 0 & a & 2 \\ 0 & -3 & -1-a \end{vmatrix} \begin{array}{l} \text{第 1 列} \\ \text{で展開} \end{array}$$

$$= -\begin{vmatrix} a & 2 \\ -3 & -1-a \end{vmatrix}$$

$$= a^2 + a - 6 = (a+3)(a-2)$$

$$= 0.$$

$$\therefore a = -3, 2.$$

問題 9.9

(1) $A = \begin{pmatrix} 4 & -5 \\ 2 & -2 \end{pmatrix}$ とおく.

$\det \mathbf{A} = \begin{vmatrix} 4 & -5 \\ 2 & -2 \end{vmatrix} = -8 + 10 = 2$.

余因子；$A_{11} = (-1)^{1+1}(-2) = -2$,
$A_{12} = (-1)^{1+2}2 = -2$,
$A_{21} = (-1)^{2+1}(-5) = 5$,
$A_{22} = (-1)^{2+2}4 = 4$.

よって，$\mathbf{A}^{-1} = \dfrac{1}{2}\begin{pmatrix} -2 & 5 \\ -2 & 4 \end{pmatrix}$.

(2) $\mathbf{B} = \begin{pmatrix} 2 & 1 \\ 4 & 3 \end{pmatrix}$ とおく．

$\det \mathbf{B} = \begin{vmatrix} 2 & 1 \\ 4 & 3 \end{vmatrix} = 6 - 4 = 2$.

余因子；$B_{11} = (-1)^{1+1}3 = 3$,
$B_{12} = (-1)^{1+2}4 = -4$,
$B_{21} = (-1)^{2+1}1 = -1$,
$B_{22} = (-1)^{2+2}2 = 2$.

よって，$\mathbf{B}^{-1} = \dfrac{1}{2}\begin{pmatrix} 3 & -1 \\ -4 & 2 \end{pmatrix}$.

(3) $\mathbf{A} + \mathbf{B} = \begin{pmatrix} -2 & 1 \\ 2 & 4 \end{pmatrix} + \begin{pmatrix} 1 & -3 \\ 2 & 1 \end{pmatrix}$
$= \begin{pmatrix} -1 & -2 \\ 4 & 5 \end{pmatrix} = \mathbf{C}$

とおく．$\det \mathbf{C} = \begin{vmatrix} -1 & -2 \\ 4 & 5 \end{vmatrix} = -5 + 8 = 3$.

余因子；$C_{11} = (-1)^{1+1}5 = 5$,
$C_{12} = (-1)^{1+2}4 = -4$,
$C_{21} = (-1)^{2+1}(-2) = 2$,
$C_{22} = (-1)^{2+2}(-1) = -1$.

よって，$(\mathbf{A} + \mathbf{B})^{-1} = \dfrac{1}{3}\begin{pmatrix} 5 & 2 \\ -4 & -1 \end{pmatrix}$.

(4) 余因子；$D_{11} = (-1)^{1+1}\begin{vmatrix} 1 & 1 \\ 1 & 1 \end{vmatrix} = 0$,
$D_{12} = (-1)^{1+2}\begin{vmatrix} 1 & 1 \\ 0 & 1 \end{vmatrix} = -1$,
$D_{13} = (-1)^{1+3}\begin{vmatrix} 1 & 1 \\ 0 & 1 \end{vmatrix} = 1$,
$D_{21} = (-1)^{2+1}\begin{vmatrix} 1 & 0 \\ 1 & 1 \end{vmatrix} = -1$,
$D_{22} = (-1)^{2+2}\begin{vmatrix} 1 & 0 \\ 0 & 1 \end{vmatrix} = 1$,
$D_{23} = (-1)^{2+3}\begin{vmatrix} 1 & 1 \\ 0 & 1 \end{vmatrix} = -1$,

$D_{31} = (-1)^{3+1}\begin{vmatrix} 1 & 0 \\ 1 & 1 \end{vmatrix} = 1$,
$D_{32} = (-1)^{3+2}\begin{vmatrix} 1 & 0 \\ 1 & 1 \end{vmatrix} = -1$,
$D_{33} = (-1)^{3+3}\begin{vmatrix} 1 & 1 \\ 1 & 1 \end{vmatrix} = 0$,

$\det \mathbf{D} = \begin{vmatrix} 1 & 1 & 0 \\ 1 & 1 & 1 \\ 0 & 1 & 1 \end{vmatrix} \; r_3(2, 1; -1)$

$= \begin{vmatrix} 1 & 1 & 0 \\ 0 & 0 & 1 \\ 0 & 1 & 1 \end{vmatrix}$ 第1列で展開

$= \begin{vmatrix} 0 & 1 \\ 1 & 1 \end{vmatrix} = -1$.

各余因子 D_{ij} は逆行列 $\mathbf{D}^{-1}$ の j 行 i 列に格納する．よって，

$\mathbf{D}^{-1} = \dfrac{1}{-1}\begin{pmatrix} 0 & -1 & 1 \\ -1 & 1 & -1 \\ 1 & -1 & 0 \end{pmatrix}$
$= \begin{pmatrix} 0 & 1 & -1 \\ 1 & -1 & 1 \\ -1 & 1 & 0 \end{pmatrix}$.

問題 9.10

(1) $f(\mathbf{e}_1) = f\left(\begin{pmatrix} 1 \\ 0 \end{pmatrix}\right) = \begin{pmatrix} 2 \\ 3 \end{pmatrix} = 2\mathbf{e}_1 + 3\mathbf{e}_2$,

$f(\mathbf{e}_2) = \begin{pmatrix} -5 \\ -4 \end{pmatrix} = -5\mathbf{e}_1 - 4\mathbf{e}_2$,

よって $\mathbf{F} = \begin{pmatrix} 2 & -5 \\ 3 & -4 \end{pmatrix}$.

(2) $f(\mathbf{u}_1) = f\left(\begin{pmatrix} 1 \\ 1 \end{pmatrix}\right) = \begin{pmatrix} -3 \\ -1 \end{pmatrix} = k\begin{pmatrix} 1 \\ 1 \end{pmatrix} + l\begin{pmatrix} 1 \\ 2 \end{pmatrix}$

を解く．

$\begin{cases} k + l = -3 \\ k + 2l = -1 \end{cases}$ より $k = -5, \; l = 2$.

∴ $f(\mathbf{u}_1) = -5\mathbf{u}_1 + 2\mathbf{u}_2$.

$f(\mathbf{u}_2) = f\left(\begin{pmatrix} 1 \\ 2 \end{pmatrix}\right) = \begin{pmatrix} -8 \\ -5 \end{pmatrix} = m\begin{pmatrix} 1 \\ 1 \end{pmatrix} + n\begin{pmatrix} 1 \\ 2 \end{pmatrix}$

を解くと，

$\begin{cases} m + n = -8 \\ m + 2n = -5 \end{cases}$ より $m = -11, \; n = 3$.

∴ $f(\mathbf{u}_2) = -11\mathbf{u}_1 + 3\mathbf{u}_2$.

よって $\mathbf{G} = \begin{pmatrix} -5 & -11 \\ 2 & 3 \end{pmatrix}$.

(3) $f(\mathbf{w}_1) = f\left(\begin{pmatrix} 2 \\ 1 \end{pmatrix}\right) = \begin{pmatrix} -1 \\ 2 \end{pmatrix} = k\begin{pmatrix} 2 \\ 1 \end{pmatrix} + l\begin{pmatrix} 3 \\ 2 \end{pmatrix}$

を解く.
$\begin{cases} 2k + 3l = -1 \\ k + 2l = 2 \end{cases}$ より, $k = -8$, $l = 5$.

∴ $f(\mathbf{w}_1) = -8\mathbf{w}_1 + 5\mathbf{w}_2$.

$f(\mathbf{w}_2) = f\left(\begin{pmatrix} 3 \\ 2 \end{pmatrix}\right) = \begin{pmatrix} -4 \\ 1 \end{pmatrix} = m\begin{pmatrix} 2 \\ 1 \end{pmatrix} + n\begin{pmatrix} 3 \\ 2 \end{pmatrix}$

を解くと, $\begin{cases} 2m + 3n = -4 \\ m + 2n = 1 \end{cases}$ より,

$m = -11$, $n = 6$.

∴ $f(\mathbf{w}_1) = -11\mathbf{w}_1 + 6\mathbf{w}_2$.

よって $\mathbf{H} = \begin{pmatrix} -8 & -11 \\ 5 & 6 \end{pmatrix}$.

(4) $\mathbf{w}_1 = \begin{pmatrix} 2 \\ 1 \end{pmatrix} = p_{11}\begin{pmatrix} 1 \\ 1 \end{pmatrix} + p_{21}\begin{pmatrix} 1 \\ 2 \end{pmatrix}$ より,

$p_{11} = 3$, $p_{21} = -1$.

$\mathbf{w}_2 = \begin{pmatrix} 3 \\ 2 \end{pmatrix} = p_{12}\begin{pmatrix} 1 \\ 1 \end{pmatrix} + p_{22}\begin{pmatrix} 1 \\ 2 \end{pmatrix}$ より,

$p_{12} = 4$, $p_{22} = -1$.

よって $\mathbf{P} = \begin{pmatrix} 3 & 4 \\ -1 & -1 \end{pmatrix}$.

(5) $\det \mathbf{P} = 1$, $\mathbf{P}^{-1} = \begin{pmatrix} -1 & -4 \\ 1 & 3 \end{pmatrix}$ より,

$\mathbf{P}^{-1}\mathbf{GP} = \begin{pmatrix} -1 & -4 \\ 1 & 3 \end{pmatrix}\begin{pmatrix} -5 & -11 \\ 2 & 3 \end{pmatrix}\begin{pmatrix} 3 & 4 \\ -1 & -1 \end{pmatrix}$

$= \begin{pmatrix} -3 & -1 \\ 1 & -2 \end{pmatrix}\begin{pmatrix} 3 & 4 \\ -1 & -1 \end{pmatrix}$

$= \begin{pmatrix} -8 & -11 \\ 5 & 6 \end{pmatrix} = \mathbf{H}$.

問題 9.11

(1) 固有方程式
$$\Phi_\mathbf{A}(t) = \det\begin{pmatrix} 3-t & 2 \\ 0 & 3-t \end{pmatrix} = (t-3)^2 = 0$$

より $t = 3$ (重解). したがって, 固有値は 3.

固有値 $\lambda = 3$ に対する固有ベクトル;

$\begin{pmatrix} 0 & 2 \\ 0 & 0 \end{pmatrix}\begin{pmatrix} x_1 \\ x_2 \end{pmatrix} = \begin{pmatrix} 0 \\ 0 \end{pmatrix}$ より $x_1 = c_1$, $x_2 = 0$.

∴ $c_1\begin{pmatrix} 1 \\ 0 \end{pmatrix}$.

(2) 固有方程式
$$\Phi_\mathbf{A}(t) = \det\begin{pmatrix} 3-t & -4 \\ 0 & 6-t \end{pmatrix}$$
$$= (t-3)(t-6) = 0$$

より $t = 3, 6$. したがって, 固有値は 3, 6.

固有値 $\lambda = 3$ に対する固有ベクトル;

$\begin{pmatrix} 0 & -4 \\ 0 & 3 \end{pmatrix}\begin{pmatrix} x_1 \\ x_2 \end{pmatrix} = \begin{pmatrix} 0 \\ 0 \end{pmatrix}$ より $x_1 = c_1$, $x_2 = 0$.

∴ $c_1\begin{pmatrix} 1 \\ 0 \end{pmatrix}$.

固有値 $\lambda = 6$ に対する固有ベクトル;

$\begin{pmatrix} -3 & -4 \\ 0 & 0 \end{pmatrix}\begin{pmatrix} x_1 \\ x_2 \end{pmatrix} = \begin{pmatrix} 0 \\ 0 \end{pmatrix}$ より

$x_1 = -4c_2$, $x_2 = 3c_2$.

∴ $c_2\begin{pmatrix} -4 \\ 3 \end{pmatrix}$.

(3) 固有方程式
$$\Phi_\mathbf{A}(t) = \det\begin{pmatrix} -t & 2 \\ 2 & 3-t \end{pmatrix} = t^2 - 3t - 4$$
$$= (t+1)(t-4) = 0$$

より $t = -1, 4$. したがって, 固有値は $-1, 4$.

固有値 $\lambda = -1$ に対する固有ベクトル;

$\begin{pmatrix} 1 & 2 \\ 2 & 4 \end{pmatrix}\begin{pmatrix} x_1 \\ x_2 \end{pmatrix} = \begin{pmatrix} 0 \\ 0 \end{pmatrix}$ より $x_1 = -2c_1$, $x_2 = c_1$.

∴ $c_1\begin{pmatrix} -2 \\ 1 \end{pmatrix}$.

固有値 $\lambda = 4$ に対する固有ベクトル;

$\begin{pmatrix} -4 & 2 \\ 2 & -1 \end{pmatrix}\begin{pmatrix} x_1 \\ x_2 \end{pmatrix} = \begin{pmatrix} 0 \\ 0 \end{pmatrix}$ より $x_1 = c_2$, $x_2 = 2c_2$.

∴ $c_2\begin{pmatrix} 1 \\ 2 \end{pmatrix}$.

(4) 固有方程式
$$\Phi_\mathbf{A}(t) = \det\begin{pmatrix} 2-t & -3 \\ 1 & 6-t \end{pmatrix} = t^2 - 8t + 15$$
$$= (t-3)(t-5) = 0$$

より $t = 3, 5$. したがって, 固有値は 3, 5.

固有値 $\lambda = 3$ に対する固有ベクトル;

$\begin{pmatrix} -1 & -3 \\ 1 & 3 \end{pmatrix}\begin{pmatrix} x_1 \\ x_2 \end{pmatrix} = \begin{pmatrix} 0 \\ 0 \end{pmatrix}$ より

$x_1 = -3c_1$, $x_2 = c_1$.

∴ $c_1\begin{pmatrix} -3 \\ 1 \end{pmatrix}$.

固有値 $\lambda = 5$ に対する固有ベクトル：
$\begin{pmatrix} -3 & -3 \\ 1 & 1 \end{pmatrix} \begin{pmatrix} x_1 \\ x_2 \end{pmatrix} = \begin{pmatrix} 0 \\ 0 \end{pmatrix}$ より $x_1 = -c_2,\ x_2 = c_2$.

∴ $c_2 \begin{pmatrix} -1 \\ 1 \end{pmatrix}$.

(5) 固有方程式
$$\Phi_A(t) = \det\begin{pmatrix} 3-t & 5 \\ 6 & 4-t \end{pmatrix} = t^2 - 7t - 18$$
$$= (t+2)(t-9) = 0$$
より，$t = -2, 9$. したがって，固有値は $-2, 9$.

固有値 $\lambda = -2$ に対する固有ベクトル：
$\begin{pmatrix} 5 & 5 \\ 6 & 6 \end{pmatrix} \begin{pmatrix} x_1 \\ x_2 \end{pmatrix} = \begin{pmatrix} 0 \\ 0 \end{pmatrix}$ より，$x_1 = -c_1,\ x_2 = c_1$.

∴ $c_1 \begin{pmatrix} -1 \\ 1 \end{pmatrix}$.

固有値 $\lambda = 9$ に対する固有ベクトル：
$\begin{pmatrix} -6 & 5 \\ 6 & -5 \end{pmatrix} \begin{pmatrix} x_1 \\ x_2 \end{pmatrix} = \begin{pmatrix} 0 \\ 0 \end{pmatrix}$ より，
$x_1 = 5c_2,\ x_2 = 6c_2$.

∴ $c_2 \begin{pmatrix} 5 \\ 6 \end{pmatrix}$.

問題 9.12

(1) A の固有値 $2, -3$ に対する固有ベクトルがそれぞれ $\vec{u},\ \vec{v}$ であるので，$A\vec{u} = 2\vec{u}$，$A\vec{v} = -3\vec{v}$ を満たす．よって，
$$A(3\vec{u} - \vec{v}) = 3A\vec{u} - A\vec{v}$$
$$= 3 \cdot 2\vec{u} - (-3\vec{v})$$
$$= 6\vec{u} + 3\vec{v}.$$
∴ ア $= 6$, イ $= 3$.

(2) 固有値を λ とすると $\begin{pmatrix} 4 & 3 \\ 1 & a \end{pmatrix} \begin{pmatrix} 3 \\ -1 \end{pmatrix} = \lambda \begin{pmatrix} 3 \\ -1 \end{pmatrix}$ を満たすので，
$$\begin{cases} 4 \cdot 3 + 3 \cdot (-1) = 3\lambda \\ 1 \cdot 3 - a = -\lambda \end{cases} \rightarrow \begin{cases} \lambda = 3 \\ a = 6 \end{cases}.$$

(3) A の固有値の 1 つが -1 であるので，$|A + E| = 0$ が成り立つので，
$\begin{vmatrix} a+1 & 3 \\ 3 & a+1 \end{vmatrix} = 0$
$\rightarrow (a+1)^2 - 3^2 = 0 \rightarrow a+1 = \pm 3$.
∴ $a = -4, 2$.

a は正の実数であるので，$a = 2$.
$A = \begin{pmatrix} 2 & 3 \\ 3 & 2 \end{pmatrix}$ となるので，固有方程式は，
$\begin{vmatrix} 2-t & 3 \\ 3 & 2-t \end{vmatrix} = 0$
$\rightarrow (2-t)^2 - 3^2 = 0 \rightarrow t - 2 = \pm 3$.
∴ $t = -1, 5$.
よって，もう 1 つの固有値は 5.

固有値 -1 に対する固有ベクトルは，
$\begin{pmatrix} 3 & 3 \\ 3 & 3 \end{pmatrix} \begin{pmatrix} x_1 \\ x_2 \end{pmatrix} = \begin{pmatrix} 0 \\ 0 \end{pmatrix}$ より $x_1 = -c,\ x_2 = c$.

固有値 -1 に対する固有ベクトルは，$c \begin{pmatrix} -1 \\ 1 \end{pmatrix}$.

問題 9.13

(a) ○

(b) × $|A - I| = 0$, $|A - 3I| = 0$

(c) ○ 固有値に重解がないので，対角化可能である．

(d) ○ $|A - 3I| = 0$ なので逆行列をもたない．

(e) ○ $|A| = 1 \cdot 3 \neq 0$ であるので，自明な解をもつ．

第10章 2変数関数の微分・積分 解答

問題 10.1

$f(x,y) = \dfrac{x^2 y - xy^2}{x^2 + y^2}$ とすると,

$$f(x, mx) = \frac{x^2 \cdot mx - x(mx)^2}{x^2 + (mx)^2}$$

$$= \frac{x(m - m^2)}{1 + m^2}$$

$$\to 0 \quad (x \to 0).$$

$\therefore \displaystyle\lim_{(x,y)\to(0,0)} \frac{x^2 y - xy^2}{x^2 + y^2} = 0.$

問題 10.2

$z = x^3 + xy - y^3 + 2x - 3y + 2$ を x で偏微分すると $z_x = 3x^2 + y + 2$ となり,
$x = 1$, $y = 0$ を代入すると,
$3 \cdot 1^2 + 0 + 2 = 5$.

[別解] $z = x^3 + xy - y^3 + 2x - 3y + 2$ と平面 $y = 0$ との共通部分は zx 平面における曲線 $z = x^3 + 2x + 2$ となるので, これを x で微分すると $\dfrac{dz}{dx} = 3x^2 + 2$.

よって, $x = 1$ に対応する点における接線の傾きは $3 \cdot 1^2 + 2 = 5$.

問題 10.3

(1) $z_x = 2x + 3y - 2$, $z_y = 3x$.

(2) $z_x = 3x^2 y^2 + 3$, $z_y = 2x^3 y - 1$.

(3) $z_x = e^{-\frac{x}{y}} \dfrac{\partial}{\partial x}\left(-\dfrac{x}{y}\right) = -\dfrac{1}{y} e^{-\frac{x}{y}}$,

$z_y = e^{-\frac{x}{y}} \dfrac{\partial}{\partial y}\left(-\dfrac{x}{y}\right) = \dfrac{x}{y^2} e^{-\frac{x}{y}}$.

(4) $z_x = -\sin xy \dfrac{\partial}{\partial x}(xy) = -y \sin xy$,

$z_y = -\sin xy \dfrac{\partial}{\partial y}(xy) = -x \sin xy$.

問題 10.4

(1) $z_x = 6x - 2y$, $z_y = -2x + 8y$,
$z_{xx} = 6$, $z_{xy} = -2$, $z_{yy} = 8$.

(2) $z = e^{-xy}$,

$z_x = e^{-xy} \dfrac{\partial}{\partial x}(-xy) = -y e^{-xy}$,

$z_y = e^{-xy} \dfrac{\partial}{\partial y}(-xy) = -x e^{-xy}$,

$z_{xx} = -y e^{-xy} \dfrac{\partial}{\partial x}(-xy) = y^2 e^{-xy}$,

$z_{xy} = -e^{-xy} - y e^{-xy} \dfrac{\partial}{\partial y}(-xy)$

$\quad = (xy - 1) e^{-xy}$,

$z_{yy} = -x e^{-xy} \dfrac{\partial}{\partial y}(-xy) = x^2 e^{-xy}$.

(3) $z_x = \cos(3x - 2y) \dfrac{\partial}{\partial x}(3x - 2y)$

$\quad = 3\cos(3x - 2y)$,

$z_y = \cos(3x - 2y) \dfrac{\partial}{\partial y}(3x - 2y)$

$\quad = -2\cos(3x - 2y)$,

$z_{xx} = -3\sin(3x - 2y) \dfrac{\partial}{\partial x}(3x - 2y)$

$\quad = -9\sin(3x - 2y)$,

$z_{xy} = -3\sin(3x - 2y) \dfrac{\partial}{\partial y}(3x - 2y)$

$\quad = 6\sin(3x - 2y)$,

$z_{yy} = 2\sin(3x - 2y) \dfrac{\partial}{\partial y}(3x - 2y)$

$\quad = -4\sin(3x - 2y)$.

(4) $z_x = \dfrac{1}{x^2 - y^2} \dfrac{\partial}{\partial x}(x^2 - y^2) = \dfrac{2x}{x^2 - y^2}$,

$z_y = \dfrac{1}{x^2 - y^2} \dfrac{\partial}{\partial y}(x^2 - y^2) = -\dfrac{2y}{x^2 - y^2}$,

$z_{xx} = \dfrac{2(x^2 - y^2) - 2x \dfrac{\partial}{\partial x}(x^2 - y^2)}{(x^2 - y^2)^2}$

$\quad = -\dfrac{2(x^2 + y^2)}{(x^2 - y^2)^2}$,

$z_{xy} = -\dfrac{2x}{(x^2 - y^2)^2} \dfrac{\partial}{\partial y}(x^2 - y^2)$

$\quad = \dfrac{4xy}{(x^2 - y^2)^2}$,

$z_{yy} = -\dfrac{2(x^2 - y^2) - 2y \dfrac{\partial}{\partial y}(x^2 - y^2)}{(x^2 - y^2)^2}$

$\quad = -\dfrac{2(x^2 + y^2)}{(x^2 - y^2)^2}$.

問題 10.5

(1) $\dfrac{\partial z}{\partial x} = \cos xy \dfrac{\partial}{\partial x}(xy) = y \cos xy$,

$$\frac{\partial z}{\partial y} = \cos xy \frac{\partial}{\partial y}(xy) = x\cos xy,$$

$$\frac{dx}{dt} = 3, \quad \frac{dy}{dt} = -1.$$

$$\frac{dz}{dt} = \frac{\partial z}{\partial x}\frac{dx}{dt} + \frac{\partial z}{\partial y}\frac{dy}{dt}$$

$$= (y\cos xy)\cdot 2 + (x\cos xy)\cdot(-1)$$

$$= (2y - x)\cos xy$$

$$= \{2(2-t) - (3t+1)\}$$

$$\cos(3t+1)(2-t)$$

$$= -(5t - 3)\cos(2 + 5t - 3t^2).$$

(2) $\quad \dfrac{\partial z}{\partial x} = -\sin(x-2y)\dfrac{\partial}{\partial x}(x-2y)$

$$= -\sin(x - 2y),$$

$$\frac{\partial z}{\partial y} = -\sin(x - 2y)\frac{\partial}{\partial y}(x - 2y)$$

$$= 2\sin(x - 2y),$$

$$\frac{\partial x}{\partial u} = 1, \quad \frac{\partial x}{\partial v} = 0, \quad \frac{\partial y}{\partial u} = 2u, \quad \frac{\partial y}{\partial v} = -1,$$

$$\frac{\partial z}{\partial u} = \frac{\partial z}{\partial x}\frac{\partial x}{\partial u} + \frac{\partial z}{\partial y}\frac{\partial y}{\partial u}$$

$$= -\sin(x - 2y)\cdot 1$$

$$+ 2\sin(x - 2y)\cdot 2u$$

$$= (4u - 1)\sin(x - 2y)$$

$$= (4u - 1)\sin\{u - 2(u^2 - v)\}$$

$$= (4u - 1)\sin(u - 2u^2 + 2v),$$

$$\frac{\partial z}{\partial v} = \frac{\partial z}{\partial x}\frac{\partial x}{\partial v} + \frac{\partial z}{\partial y}\frac{\partial y}{\partial v}$$

$$= -\sin(x - 2y)\cdot 0$$

$$+ 2\sin(x - 2y)\cdot(-1)$$

$$= -2\sin(x - 2y)$$

$$= -2\sin(u - 2u^2 + 2v).$$

(3) $\quad \dfrac{\partial z}{\partial x} = \dfrac{1}{x^2 + y^2}\dfrac{\partial}{\partial x}(x^2 + y^2) = \dfrac{2x}{x^2 + y^2},$

$$\frac{\partial z}{\partial y} = \frac{1}{x^2 + y^2}\frac{\partial}{\partial y}(x^2 + y^2) = \frac{2y}{x^2 + y^2},$$

$$\frac{\partial x}{\partial u} = 1, \quad \frac{\partial x}{\partial v} = 2, \quad \frac{\partial y}{\partial u} = 1, \quad \frac{\partial y}{\partial v} = -3,$$

$$\frac{\partial z}{\partial u} = \frac{\partial z}{\partial x}\frac{\partial x}{\partial u} + \frac{\partial z}{\partial y}\frac{\partial y}{\partial u}$$

$$= \frac{2x}{x^2 + y^2}\cdot 1 + \frac{2y}{x^2 + y^2}\cdot 1$$

$$= \frac{2(x + y)}{x^2 + y^2}$$

$$= \frac{2\{(u + 2v) + (u - 3v)\}}{(u + 2v)^2 + (u - 3v)^2}$$

$$= \frac{4u - 2v}{2u^2 - 2uv + 13v^2},$$

$$\frac{\partial z}{\partial v} = \frac{\partial z}{\partial x}\frac{\partial x}{\partial v} + \frac{\partial z}{\partial y}\frac{\partial y}{\partial v}$$

$$= \frac{2x}{x^2 + y^2}\cdot 2 + \frac{2y}{x^2 + y^2}\cdot(-3)$$

$$= \frac{4x - 6y}{x^2 + y^2}$$

$$= \frac{4(u + 2v) - 6(u - 3v)}{(u + 2v)^2 + (u - 3v)^2}$$

$$= \frac{-2u + 26v}{2u^2 - 2uv + 13v^2}.$$

問題 10.6

(1) $\quad \Delta z \approx \dfrac{\partial z}{\partial x}\Delta x + \dfrac{\partial z}{\partial y}\Delta y$ であるので,

∴ $\boxed{ア} = 3x^2 - 2y^2, \quad \boxed{イ} = -4xy.$

(2) $\quad z_x = 3x^2y^2, \, z_y = 2x^3y$ であるので,x の値が,0.01,y の値が 0.02 だけ増加したときの z の変化量は,

$$z_x(1,2)\cdot 0.01 + z_y(1,2)\cdot 0.02$$
$$= 3\cdot 1^2\cdot 2^2\cdot 0.01 + 2\cdot 1^3\cdot 2\cdot 0.02 = 0.2.$$

問題 10.7

(1) $\quad f_x = -\dfrac{2}{(1 + 2x + y)^2},$

$$f_y = -\frac{1}{(1 + 2x + y)^2},$$

$$f_{xx} = \frac{8}{(1 + 2x + y)^3},$$

$$f_{xy} = \frac{4}{(1 + 2x + y)^3},$$

$$f_{yy} = \frac{2}{(1 + 2x + y)^3}.$$

∴ $f(0, 0) = 1, \, f_x(0, 0) = -2,$

$f_y(0, 0) = -1, \, f_{xx}(0, 0) = 8,$

$f_{xy}(0, 0) = 4, \, f_{yy}(0, 0) = 2.$

よって,

$$\frac{1}{1 + 2x + y}$$

$$= 1 + (-2x - 1y)$$

$$+ \frac{1}{2!}(8x^2 + 2\cdot 4xy + 2y^2) + R_3$$

$$= 1 - (2x + y) + (4x^2 + 4xy + y^2) + R_3.$$

別解 $\dfrac{1}{1+X} = 1 - X + X^2 + \cdots$ より,

$$\dfrac{1}{1+2x+y}$$
$$= 1 - (2x+y) + (2x+y)^2 + R_3$$
$$= 1 - (2x+y) + (4x^2 + 4xy + y^2) + R_3.$$

(2) $f_x = e^x \cos y$, $f_y = -e^x \sin y$,
$f_{xx} = e^x \cos y$, $f_{xy} = -e^x \sin y$, $f_{yy} = -e^x \cos y$.
∴ $f(0,0) = 1$, $f_x(0,0) = 1$, $f_y(0,0) = 0$,
$f_{xx}(0,0) = 1$, $f_{xy}(0,0) = 0$, $f_{yy}(0,0) = -1$.

$$e^x \cos y = 1 + x + \dfrac{1}{2!}(x^2 - y^2) + R_3.$$

別解 $e^x = 1 + x + \dfrac{1}{2!}x^2 + \cdots$,

$\cos y = 1 - \dfrac{1}{2!}y^2 + \cdots$ より,

$$e^x \cos y = \left(1 + x + \dfrac{1}{2!}x^2 + \cdots\right)$$
$$\times \left(1 - \dfrac{1}{2!}y^2 + \cdots\right)$$
$$= 1 + x + \dfrac{1}{2!}(x^2 - y^2) + R_3.$$

問題 10.8

(1) (i) (a) 極小値をとる
$z_x = 2x$, $z_y = 2y$, $z_{xx} = 2$, $z_{xy} = 0$, $z_{yy} = 2$,
$z_{xx} = 2 > 0$, $z_{xy}^2 - z_{xx}z_{yy} = -4 < 0$ より,
$(x,y) = (0,0)$ で極小値 0 をとる.

(ii) (c) 極値をとらない
$z_x = 2x$, $z_y = -2y$, $z_{xx} = 2$, $z_{xy} = 0$,
$z_{yy} = -2$,
$z_{xy}^2 - z_{xx}z_{yy} = 4 > 0$ より,
$(x,y) = (0,0)$ で極値をとらない.

(iii) (c) 極値をとらない
$z_x = y$, $z_y = x$, $z_{xx} = 0$, $z_{xy} = 1$, $z_{yy} = 0$,
$z_{xy}^2 - z_{xx}z_{yy} = 1 > 0$ より,
$(x,y) = (0,0)$ で極値をとらない.

(iv) (b) 極大値をとる
$z_x = -2x + y$, $z_y = x - 2y$, $z_{xx} = -2$,
$z_{xy} = 1$, $z_{yy} = -2$,
$z_{xx} = -2 < 0$, $z_{xy}^2 - z_{xx}z_{yy} = -3 < 0$ より,
$(x,y) = (0,0)$ で極大値 0 をとる.

(2) $z_x = 2x - 2y + 10$, $z_y = -2x + 10y - 2$,
$z_{xx} = 2$, $z_{xy} = -2$, $z_{yy} = 10$.
$\begin{cases} 2x - 2y + 10 = 0 \\ -2x + 10y - 2 = 0 \end{cases} \rightarrow \begin{cases} x = -6 \\ y = -1 \end{cases}.$
$z_{xx} = 2 > 0$, $z_{xy}^2 - z_{xx}z_{yy} = -16 < 0$,
$z(-6, -1)$
$= (-6)^2 - 2(-6)(-1) + 5(-1)^2$
$\quad + 10(-6) - 2(-1)$
$= -29,$
より $(x,y) = (-6,-1)$ で極小値 -29 をとる.

問題 10.9

$f(x,y,\lambda) = x + y - \lambda(x^2 + y^2 - 2)$ より,
$\begin{cases} f_x = 1 - \lambda(2x) = 0 \\ f_y = 1 - \lambda(2y) = 0 \\ f_\lambda = -(x^2 + y^2 - 2) = 0 \end{cases}.$

$x = y = \dfrac{1}{2\lambda}$ となるので, $x^2 + y^2 = 2$ より,

$\lambda = \pm \dfrac{1}{2}$ となり, よって, $(1,1), (-1,-1)$.

$x + y$ の極大値は 2, $(1,1)$.
$x + y$ の極小値は -2, $(-1,-1)$.

別解 $y = y(x)$ とすると, $x^2 + y^2 = 2$ より
$2x + 2yy' = 0$.

$y' = -\dfrac{x}{y}$.

$F(x) = x + y(x)$ とすると,
$F'(x) = 1 + y' = \dfrac{y-x}{y} = 0$ より, $x = y$.
$x^2 + y^2 = 2$ より, $(1,1), (-1,-1)$.
$x + y$ の極大値は 2, $(1,1)$.
$x + y$ の極小値は -2, $(-1,-1)$.

問題 10.10

(1) $\displaystyle\int_1^2 \left\{\int_0^2 xy^2 dx\right\} dy = \int_1^2 \left[\dfrac{1}{2}x^2 y^2\right]_0^2 dy$
$$= \int_1^2 2y^2 dy = \left[\dfrac{2}{3}y^3\right]_1^2$$
$$= \dfrac{14}{3}.$$

別解
$$\int_1^2\left\{\int_0^2 xy^2 dx\right\}dy = \int_0^2 x dx \cdot \int_1^2 y^2 dy$$
$$= \left[\frac{1}{2}x^2\right]_0^2 \cdot \left[\frac{1}{3}y^3\right]_1^2$$
$$= 2 \cdot \frac{7}{3} = \frac{14}{3}.$$

(2) $\int_1^3\left\{\int_2^4(2x+y)dy\right\}dx$
$$= \int_1^3\left[2xy + \frac{1}{2}y^2\right]_2^4 dx = \int_1^3(4x+6)dx$$
$$= [2x^2 + 6x]_1^3 = 28.$$

(3) $\int_0^1\left\{\int_0^{1-y} y dx\right\}dy = \int_0^1[xy]_0^{1-y}dy$
$$= \int_0^1(1-y)y dy$$
$$= \int_0^1(y - y^2)dy$$
$$= \left[\frac{1}{2}y^2 - \frac{1}{3}y^3\right]_0^1 = \frac{1}{6}.$$

問題 10.11

(1) $x + 2y \leqq 2 \to x \leqq -2y + 2$
または $y \leqq -\frac{1}{2}x + 1$ であり,
$x + 2y = 2$ は $x = 0$ のとき $y = 1$, $y = 0$ のとき $y = 2$ であるので,
$$\iint_D f(x,y)dxdy$$
$$= \int_0^1\left\{\int_0^{-2y+2} f(x,y)dx\right\}dy$$
または $\int_0^2\left\{\int_0^{-\frac{1}{2}x+1} f(x,y)dy\right\}dx.$

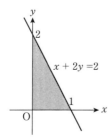

(2) $x + y \leqq 2 \to x \leqq -y + 2$ または
$y \leqq -x + 2$ であり, $x + y = 2$ は $x = 0$ のとき $y = 2$, $y = 0$ のとき $y = 2$ であるので,

$$\iint_D f(x,y)dxdy$$
$$= \int_0^2\left\{\int_0^{-y+2} f(x,y)dx\right\}dy$$
または $\int_0^2\left\{\int_0^{-x+2} f(x,y)dy\right\}dx.$

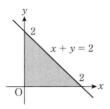

(3) 領域 D は下図のようになるので,

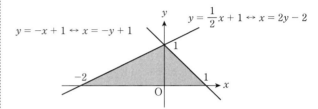

$$I = \int_{-2}^0\left(\int_0^{\frac{1}{2}x+1} f(x,y)dy\right)dx$$
$$+ \int_0^1\left(\int_0^{-x+1} f(x,y)dy\right)dx$$
$$= \int_0^1\left(\int_{2y-2}^{-y+1} f(x,y)dx\right)dy.$$

よって,
$\boxed{ア} = \frac{1}{2}x + 1,\ \boxed{イ} = -x + 1,$
$\boxed{ウ} = 2y - 2,\ \boxed{エ} = -y + 1.$

問題 10.12

(1) 領域は下図のようになるので,
$$\int_1^2\left\{\int_2^{x+1} f(x,y)dy\right\}dx = \int_2^3\left\{\int_{y-1}^2 f(x,y)dx\right\}dy.$$

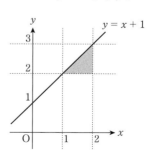

(2) 領域は次の図のようになるので,

$$\int_0^1 \left\{ \int_x^{\sqrt{x}} f(x,y) dy \right\} dx = \int_0^1 \left\{ \int_{y^2}^y f(x,y) dx \right\} dy$$

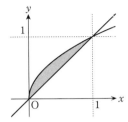

(3) 領域は下図のようになるので,

$$\int_0^{\sqrt{3}} \left\{ \int_{y^2}^3 f(x,y) dx \right\} dy$$
$$= \int_0^3 \left\{ \int_0^{\sqrt{x}} f(x,y) dx \right\} dy.$$

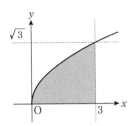

問題 10.13

(1) 領域 D を曲座標 r, θ で表すと $1 \leq r \leq 2$, $0 \leq \theta \leq \pi$ となるので,

$$\iint_D \frac{1}{\sqrt{x^2+y^2}} dxdy = \int_0^\pi \left\{ \int_1^2 \frac{1}{r} \cdot r dr \right\} d\theta$$
$$= \int_0^\pi d\theta \cdot \int_1^2 dr$$
$$= [\theta]_0^\pi \cdot [r]_1^2 = \pi.$$

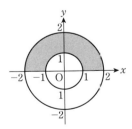

(2) 領域 D を曲座標 r, θ で表すと $0 \leq r \leq 1$, $0 \leq \theta \leq \frac{\pi}{2}$ となるので,

$$\iint_D xdxdy = \int_0^{\frac{\pi}{2}} \left\{ \int_0^1 r\cos\theta \cdot rdr \right\} d\theta$$
$$= \int_0^{\frac{\pi}{2}} \cos\theta d\theta \cdot \int_0^1 r^2 dr$$
$$= [\sin\theta]_0^{\frac{\pi}{2}} \cdot \left[\frac{1}{3} r^3\right]_0^1 = \frac{1}{3}.$$

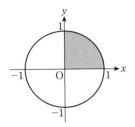

(3) 領域 D を曲座標 r, θ で表すと $0 \leq r \leq 3$, $0 \leq \theta \leq \frac{\pi}{2}$ となるので,

$$\iint_D xdxdy = \int_0^{\frac{\pi}{2}} \left\{ \int_0^3 r\cos\theta \cdot r\sin\theta \cdot rdr \right\} d\theta$$
$$= \int_0^{\frac{\pi}{2}} \sin\theta\cos\theta d\theta \cdot \int_0^3 r^3 dr$$
$$= \int_0^{\frac{\pi}{2}} \frac{1}{2}\sin 2\theta d\theta \cdot \int_0^3 r^3 dr$$
$$= \left[-\frac{1}{4}\cos 2\theta\right]_0^{\frac{\pi}{2}} \cdot \left[\frac{1}{4} r^4\right]_0^3 = \frac{81}{8}.$$

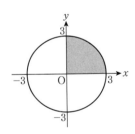

© Shigeki Yamamoto, Hiroshi Igarashi 2016

理工系のための数学基礎

2016年 9月15日　第1版第1刷発行

著　者　山本茂樹
　　　　五十嵐浩

発行者　田中久米四郎

発　行　所
株式会社　電気書院
ホームページ　www.denkishoin.co.jp
(振替口座　00190-5-18837)
〒101-0051　東京都千代田区神田神保町1-3 ミヤタビル2F
電話(03)5259-9160／FAX(03)5259-9162

印刷　株式会社シナノ パブリッシング プレス
Printed in Japan／ISBN 978-4-485-30243-9

- 落丁・乱丁の際は，送料弊社負担にてお取り替えいたします．
- 正誤のお問合せにつきましては，書名・版刷を明記の上，編集部宛に郵送・FAX (03-5259-9162) いただくか，当社ホームページの「お問い合わせ」をご利用ください．電話での質問はお受けできません．また，正誤以外の詳細な解説・受験指導は行っておりません．

JCOPY 〈(社)出版者著作権管理機構 委託出版物〉

本書の無断複写(電子化含む)は著作権法上での例外を除き禁じられています．複写される場合は，そのつど事前に，(社)出版者著作権管理機構(電話: 03-3513-6969，FAX: 03-3513-6979，e-mail: info@jcopy.or.jp)の許諾を得てください．また本書を代行業者等の第三者に依頼してスキャンやデジタル化することは，たとえ個人や家庭内での利用であっても一切認められません．